不锈钢表面处理技术

第二版

陈天玉　编著

化学工业出版社

·北京·

《不锈钢表面处理技术》全面地介绍了不锈钢处理的各种技术，包括除油、除氧化皮、抛光技术、电镀、化学镀技术、钝化技术以及化学着色、电化学着色技术、腐蚀刻蚀技术，第二版中还增加了钢铁材料上镀不锈钢镀层的技术。书中既有原理介绍，又有大量的实用配方和应用实例，还有许多最新的研究成果。

本书可供不锈钢制品的生产管理人员、产品开发技术人员参考，又可供表面处理技术人员阅读。

图书在版编目（CIP）数据

不锈钢表面处理技术/陈天玉编著．—2版．—北京：化学工业出版社，2016.1（2023.6重印）

ISBN 978-7-122-25661-4

Ⅰ.①不…　Ⅱ.①陈…　Ⅲ.①不锈钢-金属表面处理　Ⅳ.①TG142.71②TG178

中国版本图书馆CIP数据核字（2015）第270952号

责任编辑：段志兵　　文字编辑：孙凤英
责任校对：程晓彤　　装帧设计：张　辉

出版发行：化学工业出版社（北京市东城区青年湖南街13号　邮政编码100011）
印　　装：北京虎彩文化传播有限公司
710mm×1000mm　1/16　印张30　字数549千字　2023年6月北京第2版第6次印刷

购书咨询：010-64518888　　售后服务：010-64518899
网　　址：http://www.cip.com.cn
凡购买本书，如有缺损质量问题，本社销售中心负责调换。

定　　价：98.00元

前　言

《不锈钢表面处理技术》一书2004年9月出版，已经有十多年的时间了。其间不锈钢表面处理技术在国内有了许多新的进展，主要表现在下列各方面。

（1）不锈钢氧化皮的快速清除。不锈钢经热加工后表面生成一层结合力很强的黑色氧化皮，要除尽这层氧化皮才有实用价值。在研制酸洗工序方面，既要有效快速地除去氧化皮，又要防止过腐蚀和氢脆现象，兼顾环保。如太原钢铁公司不锈钢冷轧厂在引进推广中性电解液（pH 5～7的硫酸钠溶液）时，在D_K10～14A/dm^{2}下电解10～12s，85℃条件下进行冷轧不锈钢带除鳞，可以机械化高速工作，获得满意的表面质量。

（2）在不锈钢化学抛光方面，采用更环保的配方，尽可能用少量硝酸、磷酸、盐酸、硫酸和表面活性剂，获得了镜面光亮，极适合小零件大批精饰。

（3）在电化学抛光的配方方面有了很大的改变，硝酸尽量少用或不用，也取得了满意的效果。为了环保，不用铬酸作添加剂，或首次使用少量的铬酸后，后续可不必再加铬酸，同样可以得到满意的结果。

（4）在不锈钢的电镀方面，利用不锈钢电镀前的活化剂，有效地增强了不锈钢上镀层的结合力，研究出在不锈钢的化学镀镍磷镀层、化学镀铜和化学镀铬之前代替闪镀镍的活化法，极大地方便了化学镀工艺的连续性生产，从而降低了化学镀的成本、提高了生产率和经济效益。

（5）不锈钢耐高温抗氧化和耐磨涂层方面有了更多的发展，包括涂饰各种涂膜、等离子渗碳、激光强化、等离子喷涂陶瓷金属复合涂层等技术。

（6）不锈钢钝化方法上，传统采用50%硝酸溶液，并含有铬酸盐。现在发展出环保的钝化工艺，就是采用柠檬酸溶液，改善了工艺条件。

本书修订中，在不锈钢着黑色、化学着彩色、电化学着彩色的配方中删除代码添加剂，增补实名添加剂，表示配方的透明和新进展，有利于为读者提供技术空间的深入探讨，并节约成本。另外，在不锈钢蚀刻加工方面，增补不锈钢模具化学蚀刻、抛光、镀铬和不锈钢印字。

本书最后，增加了一章，即第11章，介绍在普通钢上电镀不锈钢镀层，作为仿不锈钢的装饰镀层等技术内容。

本书第二版的完成，除了笔者总结了这一领域的研究工作外，同时也参考了大量国内外有关学者的著作，吸收了他们对不锈钢表面技术处理领域的研究成果。有使用和开发这一领域的研究成果的读者，可向本书所示或相应的参考文献列出的原创作者咨询。对于那些已经公之于世的技术创新者表示衷心的感谢！

陈天玉

2016年1月

第一版前言

在近20～30年间，不锈钢的出现和大量的使用，推动了不锈钢工业的进程。不锈钢由于具有优良的性能和银光闪闪的外表，备受人们的青睐。不锈钢具有优越的耐蚀性、耐磨性、强韧性和良好的可加工性，外观的精美性，以及无毒无害性，广泛地应用于宇航、海洋、军工、化工、能源等方面，以及日用家具、建筑装潢、交通车辆的装饰上。

不锈钢的表面自然色调虽可提供美感和清洁感，但其银白色的光泽又会给人以寒冷感和疏远感的反映。随着对不锈钢应用范围的日益扩大，人们对其表面色彩的要求也在不断提高。国外彩色不锈钢的生产和应用，近20年来已进入高潮，并不断向高级化和多样化的装饰性、艺术性方向发展。彩色不锈钢在装饰性材料上的应用，扩大了不锈钢的应用范围，为不锈钢提供了新的信息，开拓了新的市场。

不锈钢着色膜的显色机理不同于铝合金着色膜。不锈钢着色不是用染料着色形成有色的表面层，而是在不锈钢表面形成无色透明的氧化膜对光干涉的结果，其色泽已证明经久耐用。不锈钢表面所着色泽主要取决于表面膜的化学成分、组织结构、表面光洁度、膜的厚度和入射光线等因素。通常薄的氧化膜显示蓝色或棕色，中等厚度膜显示金黄色或红色，厚膜则呈绿色，最厚的则呈黑色。因而不锈钢着色工艺远较铝合金更为困难，工艺要求更高，其色彩均匀性不易控制，工艺重现性较差。近年来，国内科技研究工作者对不锈钢着色技术已作了不少开拓性研究，仍需要做大量工作，尤其是着色膜的色彩稳定性、均匀性及重现性等的深入研究。从大量的文献资料来看，国内彩色不锈钢的技术工作尚处于研制阶段，缺乏实际使用的经验，可以预料，随着我国国民经济的发展和人民生活水平的不断提高，发展并应用这一新型材料为四化服务，有着广阔的前景。

近年来，我国各地不锈钢加工的工厂如雨后春笋般发展起来，迫切需要不锈钢的加工技术，诸如化学抛光和电化学抛光、钝化、化学着色和电化学着色，花纹图案装饰和腐蚀烂板等。这些在技术资料上虽有粗略的介绍，散见于有关书籍手册中，但还缺乏一本专业的有关不锈钢表面处理的书籍来指导和帮助从事不锈钢的加工者。我国各地有关单位已经适应这一形势，开展了这方面的课题探索，并发表了许多有见识的论文，对不锈钢着色的重现性不好这一难题取得了不少的解决办法，在实验室基础上对着色工艺进行了大量的系统的研究，掌握了较全面的各类数据，参考国外有关专利，借鉴他国经验，结合我国工作情况，找出规律性关键问题，为解决色彩重现性作出了贡献。为方便读者在使用时查阅，本书中涉及的配方、工艺条件和添加剂，均注明来源，便于使用者于生产中与研制单位联系。

近代科学技术的日新月异，本身就是各个学科、各个领域的互相渗透、有机结合的结果，彩色不锈钢的诞生，也就是材料科学、电子科学、表面科学、检测技术良好结合的成功实例。人们相信，只要各个专业、各个学科的互相渗透，取长补短，不久的将来，彩色不锈钢工业一定会蓬勃发展，彩色不锈钢一定会出现在人们的生活和工作中，为国争光，为四个现代化服务。

彩色不锈钢的应用前景，从国外情形看，建筑行业由于采用彩色不锈钢，是彩色不锈钢的消耗大户。建筑行业的装饰，长期以来都是采用阳极氧化着色铝型材，铝材着色膜与彩色不锈钢着色膜相比，金属光泽差，耐蚀性、耐磨性和耐候性及美观性都不如不锈钢。随着彩色不锈钢的出现，国外形成彩色大楼热。据介绍，日本东京佛教会议厅的屋面和天花板，使用彩色不锈钢达 3 万平方米，我国台北市亚洲投资信托公司总部大楼甚至于外墙和窗框使用了 73t 彩色不锈钢，美国建筑银行大楼使用了 27t 彩色不锈钢，令人耳目一新的是美国休斯敦市 21 层彩色大楼，用彩色不锈钢装饰外墙和窗框，从早晨日出到晚上日落，由于阳光入射角的改变，入射光从东方直至西方，该大楼显示出不断变幻的天蓝色、金黄色、红色和绿色，连续变化交相辉映，不同的角度观望有不同的色彩的精美情景，吸引着来往的人群。除建筑装饰外，彩色不锈钢的需求还将不断扩大，发展前景极为可观。

在编写本书过程中，查阅和收集了国内外有关不锈钢的文献资料，根据我国的实际需要，选取那些在生产中使用较为广泛、性能较为稳定的技术和工艺，作为本书的主要内容。对某些目前还在实验室阶段中取得的成果，虽未广泛使用，但有参考价值，值得进一步试验、运用、发展，推广的项目也作了介绍。

全书共分 10 章，第 1～3 章为不锈钢表面处理的准备工序，第 4～5 章为不锈钢电镀与涂层（包括扩渗层），第 6～9 章为钝化与着色，第 10 章为腐蚀加工。

在编写本书过程中，力求以通俗易懂的语言，全面地、深入地、细致地将不锈钢各方面技术一一介绍给读者。读者参考本书的有关内容，在实际工作中将会受益。这里要感谢参考过的文献资料的作者，他们的工作和文献使本书内容得以更完整和丰富。

虽然作者力求把这一工作做好，但限于本人的水平，收集的资料有限，书中可能有疏漏和错误之处，敬请读者批评指正。加之科学技术发展突飞猛进，昨日的技术已不适应今日的要求，特此勉励大家为不锈钢的技术发展共同努力。

陈天玉

目　录

第1章　不锈钢表面预处理[1～5]

1.1　概　　述

1.1.1　预处理的必要性

预处理是不锈钢制件表面在进入表面处理（包括酸洗、化学抛光与电化学抛光、电镀、钝化、着黑色、着彩色、化学加工等）前的重要处理步骤。在不锈钢制件的成型过程中，表面都有可能粘上油污、存在毛刺、形成粗糙表面和氧化物，因而在表面处理前，首先必须把油污、毛刺、不平表面和氧化物除去，才能使后续加工获得满意的效果。

1.1.2　处理去除的污物

不锈钢表面在预处理中要去除的污物可分为有机物和无机物两大类。

（1）有机污物。包括矿物油（诸如柴油、机油、凡士林、石蜡等）以及动物油和植物油（如豆油、茶油、菜籽油、猪油、牛油等），这些油污主要来自不锈钢零件加工过程中使用的润滑油、切削油、淬火油、磨光膏和抛光膏以及手指印。

（2）无机污物。包括泥土、尘埃颗粒、热处理时生成的氧化物等污物。

1.1.3　不锈钢制件预处理的步骤

（1）表面机械整平。消除不锈钢表面的粗糙状态，经过机械磨光、抛光达到一定的表面光洁度。

（2）除油。除净表面的油污。

（3）酸洗。除去表面的氧化物。

（4）弱腐蚀。活化待处理表面，除去表面钝化膜，露出金属结晶组织。

1.1.4　不锈钢表面预处理方法

（1）机械法。应用磨光机、抛光机或其他机械消涂表面粗糙状态，进行磨光、抛光。

（2）化学法。应用碱性溶液除油，酸性溶液酸洗和有机溶剂溶解油脂和除污。

（3）电化学法。应用电化学除油和电化学浸蚀。

（4）滚光、离心滚光、离心盘光饰和旋转光饰，适用于小零件，兼有整平和除氧化皮的作用。

（5）喷砂。适用于大面积处理，兼有去污和除去氧化皮的作用。

因此，要根据表面状态的不同，对不锈钢后续处理的质量要求，采用适当的预处理方法。

为了阐述方便，氧化皮的清除和酸洗将在第 2 章中叙述。

1.2　表面机械整平

1.2.1　磨光

（1）磨光的作用。磨光是用磨光轮或磨光带对不锈钢表面进行磨削加工，可以去掉表面的毛刺、氧化皮、锈蚀、孔眼、划伤、焊瘤、焊渣、焊缝波，以提高表面平整度。

（2）磨光质量的影响因素。有磨光的次数、磨料的种类和粒度、磨光速率、磨光轮上使用的磨光膏等因素。磨光后表面粗糙度可达到 $Ra \geqslant 0.4\mu m$。

（3）磨光线速度 v（磨光轮圆周线速度）为 13～30m/s。由此可推算出，使用直径 $D=300mm$ 的磨光轮，转速为 $\frac{v \times 1000 \times 60}{\pi D}=800 \sim 2000r/min$；使用直径 $D=400mm$ 的磨光轮，转速为 600～1400r/min；$D=500mm$ 时，则为 500～1200r/min。

（4）磨料。主要有人造金刚砂（碳化硅 SiC，紫黑闪光晶粒），人造刚玉［氧化铝（Al_2O_3），白至灰暗色晶粒］和天然金刚砂（$Al_2O_3 \cdot Fe_2O_3$，发红至黑色砂粒）。

（5）磨料粒度的选择。磨光时磨料颗粒一般采用逐渐减小分几次的磨光。如果表面粗糙度较小，也可一次性磨光，最后在磨光轮上加磨光膏油磨，可达到较精的磨光效果。磨料粒度的选择见表 1-1。

表 1-1　磨料粒度的选择

分　类	粒度/目	用　　途
粗磨	12～20	磨削量大，除去厚的不平度
	24～40	磨削量大，除去氧化皮、毛刺、粗糙表面
中磨	50～80	磨削量中等，除去粗磨后留下的磨痕
	100～150	磨削量较小，为精磨作准备
精磨	180～240	磨削量小，可得到比较平滑的表面
	280～360	磨削量很小，为镜面抛光作准备

（6）磨光轮。由棉布、人造棉（无纺布）、毛毡、呢绒或皮革叠合起来经缝合或压黏制成磨光轮，有成品可购。使用前要钻中心孔，在磨光机上用废粗砂轮修磨圆周，以防止磨光轮在旋转时发生振动。在使用前要将事先配好的胶液趁热（60～70℃）用刷子涂刷在轮沿上，然后滚压上磨粒，晾干（一昼夜）后即可使用。磨料磨耗后可重复涂刷磨料再使用。

（7）磨光带。适用于磨光带专用磨光机。其优点在于磨削面积大，使用寿命长。磨光带由足够长的衬里、黏结剂和磨料构成。用合成树脂作黏结剂可适用于湿磨，磨光带有成品可购。磨光带不锈钢磨光参数的选择见表 1-2。

表 1-2　磨光带不锈钢磨光参数的选择

类型	磨　　粒	粒度/目	磨带速率/(m/s)	状　　态
粗磨	人造磨粒(ZA・Al_2O_3)	36～60	3～5	干磨
中磨	人造磨粒(ZA・Al_2O_3)	80～150	3～5	干磨、稀油润滑
细磨	Al_2O_3，SiC	180～240	3～5	稠油润滑

1.2.2　抛光

抛光用于不锈钢预处理，目的是减少表面粗糙度（*Ra*）的数值<0.4μm，使表面获得光亮平整的外观，为后续的化学抛光或电化学抛光作准备。

（1）抛光原理。填平论认为：当抛光轮高速旋转时，不锈钢表面在力的作用下与抛光轮摩擦而产生局部高温，使金属的塑性提高，微观不平处的凸起部分在高温下流动至凹入部分，发生填平，从而使细微不平的表面得到改善。

（2）抛光轮。由软质布片，如棉布、无纺布层叠而成，不必缝合，在高速旋转下，涂上抛光膏，将表面压向抛光轮，从而得到光亮表面。

（3）抛光轮圆周速度。抛光不锈钢采用的圆周速度为 30～35m/s。当用直径 $D=300\text{mm}$ 的抛光轮时，其旋转速度为 2000r/min 时，其圆周速度 $v=\dfrac{0.3\times3.14\times2000}{60}=$

31.4m/s。用直径 D=250mm 的抛光轮，其转速为 2400r/min。

（4）抛光膏。有白、黄、绿、红等抛光膏品种，由于不锈钢硬度较大，适宜用绿色抛光膏，绿色抛光膏含氧化铬绿色磨料和硬脂酸等黏合剂。在抛磨时不锈钢表面与抛光轮摩擦产生的热量熔化黏合剂，使氧化铬发生磨削作用，产生镜面效果。

1.3 除 油

1.3.1 有机溶剂除油

有机溶剂除油就是利用有机溶剂能溶解油脂的性质，把油污除去。只有表面沾污了用一般化学除油难以除去的，如黄油、凡士林、抛光膏结垢等才采用有机溶剂除油。有机溶剂除油的最大缺点是：溶剂挥发后在表面上会留下一层极薄的油膜。所以有机溶剂除油只能作为预除油，随后再用化学除油。

常用有机溶剂的部分物理化学常数见表 1-3。

表 1-3 常用有机溶剂部分物理化学常数

物理化学常数	三氯乙烯	四氯化碳	氟里昂113	四氯乙烯	苯	二甲苯	溶剂油200#	丙酮
分子式	C_2HCl_3	CCl_4	$C_2Cl_3F_3$	C_2Cl_4	C_6H_6	$C_6H_4(CH_3)_2$	—	C_3H_6O
相对分子质量	131.4	153.8	187.4	165.9	78.1	106.2	—	58.08
沸点/℃	85.7～87.7	76.7	47.6	121.2	78～80	136～144	140～200	56
密度/(g/cm³)	1.405	1.585	1.572	1.62～1.63	0.86	—	0.78	0.79
闪点/℃					−11	25		−10
可燃性	不燃	不燃	不燃	不燃	可燃	可燃	可燃	可燃

最常用的还有汽油，因其价廉易得，毒性小，溶解力强而受到欢迎，但其缺点是易燃易爆、不可加温。当油污含量达到 30%时，应予以更换。

有机溶剂除油常用浸洗法，适用于小零件；对大型设备表面可采用擦拭法。不燃性有机溶剂可使用专用除油设备，可进行蒸气除油或喷射除油。设备基本上是密封的，溶剂可蒸馏循环再生使用，增加了安全可靠性，降低了成本。如三槽式三氯乙烯除油设备，见图 1-1，第 1 槽加温浸泡，溶解除油，第 2 槽以比较干净的冷液除去第 1 槽浸泡后残留的油渍，第 3 槽进

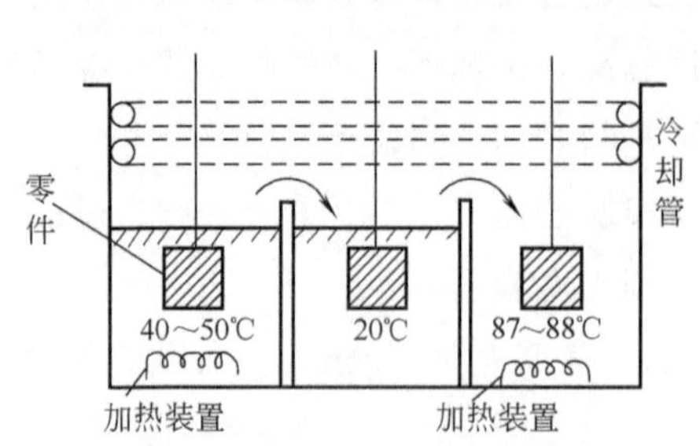

图 1-1 三槽式溶剂除油装置

行蒸气除油。

三氯乙烯受紫外线照射会分解出剧毒的光气和氯化氢。因此，应避免日光直射和防止水分带入槽内，最好采用密闭装置操作。

1.3.2　化学除油

化学除油就是利用碱性化学物质溶液除去不锈钢表面上的油污，以达到清洁表面的作用。

(1) 化学除油原理。

① 皂化作用。动物和植物油脂由于其分子结构的原因可被碱所皂化，称为可皂化油，生成可溶性的肥皂（化学结构为脂肪酸钠）和甘油（化学结构为丙三醇）。皂化的化学方程通式可表示为：

脂肪酸甘油酯＋氢氧化钠══脂肪酸钠＋甘油
（动植物油）　　　　　　（肥皂）

② 乳化作用。非皂化油，如矿物油能与乳化剂乳化形成乳浊液（其体系属于水包油），使其从金属表面上脱落。

乳化作用机理：乳化剂分子的一端含憎水基团而另一端含亲水基团，见图 1-2，在除油过程中，乳化剂以其憎水基团吸附于油表面产生亲和作用，而其亲水基团与水分子相结合，在乳化剂分子定向排列的作用下，油-溶液界面的表面张力大为降低，在溶液的对流和搅拌等作用下，油污就能脱离表面，以微小油珠状态分散在除油液中，这时乳化剂的分子包围在小油珠表面，防止小油珠重新黏附在表面上，见图 1-3，变成乳浊液。乳浊液是液相油分散在液相水中，这种乳化作用便起到了除油的作用。

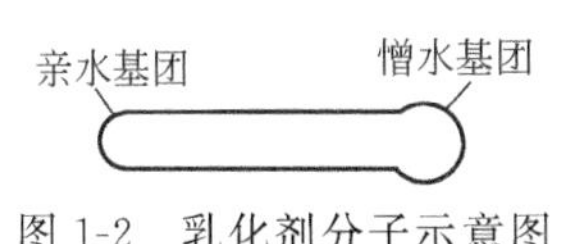

图 1-2　乳化剂分子示意图

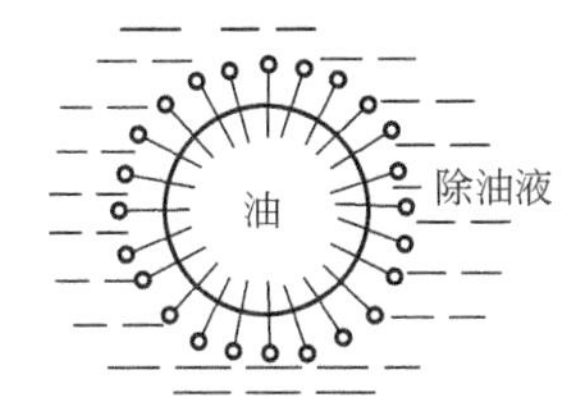

图 1-3　表面活化剂分子的定向排列

(2) 化学除油溶液中的碱性化学品。

① 氢氧化钠（NaOH）。俗称片碱或苛性钠，有很强的皂化能力。对不抛光钢表面也具有一定的氧化作用，吸附力很强，不易用水洗净。

② 碳酸钠（Na_2CO_3）。属碱式盐，水解能释放出少量的碱，故水溶液呈碱性，0.5%水溶液的 pH 为 11.83。是表面活性剂的极好载体，其本身具有一定的去污能力，俗名纯碱，但水洗性不是很好。

③ 磷酸三钠（$Na_3PO_4 \cdot 12H_2O$）。水溶液呈碱性，0.5%水溶液的 pH 为 11.8。对污物有分散和润湿作用，具有较好的表面活性作用，对皮肤刺激小，是手工擦拭时的首选清洁剂，且水洗性极好。

④ 硅酸钠（Na_2SiO_3）。俗称水玻璃和泡花碱。其湿润、乳化、抗絮凝作用均佳，价格低廉。除油后要将硅酸钠彻底洗净，否则在酸洗时形成硅胶，影响后续加工。

⑤ 焦磷酸钠（$Na_4P_2O_7 \cdot 2H_2O$）。水溶液呈碱性，0.5%水溶液的 pH 为 10.1，表面活性好，水洗性好，有螯合作用，防止金属溶入后生成不溶性硬水皂膜。

（3）表面活性剂。表面活性剂是强的乳化剂，能加速除油过程。常用的有下列几种。

① 十二烷基硫酸钠。有良好的湿润作用，但有很强的起泡作用，因此，使用浓度不可过高，一般为 0.5～1g/L，属于阴离子型表面活性剂，水洗性良好。

② OP-10 乳化剂。具有良好的润湿作用和乳化作用，除油效果很好，但水洗性不好，必须在除油后加强清洗。因此，使用浓度不宜过高，一般采取 3～5g/L。

③ TX-10（聚氧乙烯辛烷基酚醚）。有良好的润湿作用和乳化作用，能耐热浓硫酸的氧化作用，可与浓硫酸配合作酸性除油用。使用前先用热水稀释成 30%（体积比）使用，常用量为稀释液 3～5mL/L。属非离子型表面活性剂。

④ 6501（十二烷基二乙醇酰胺）、6503（十二烷基二乙醇酰胺磷酸酯）和三乙醇胺油酸皂。都是较新型的乳化剂，对矿物油有极佳的除去效果，水洗性良好，不会被硬水中的钙、镁离子沉淀，其使用量可以大些。

（4）不锈钢化学除油溶液的配方和工作条件见表 1-4，可根据不锈钢表面油污的性质和严重程度适当选用。

表 1-4　不锈钢化学除油溶液配方和工作条件

配方号	1	2	3	4	5	6	7
氢氧化钠/(g/L)	50	60	20				20
碳酸钠/(g/L)	40	20					
磷酸钠/(g/L)	30	40			20	20	
硅酸钠/(g/L)	5		20	100			
焦磷酸钠/(g/L)			20				
OP-10/(mL/L)		2	2	3		3	3
6501 洗净剂/(mL/L)					8		
6503 洗净剂/(mL/L)					8		
三乙醇胺油酸皂/(mL/L)					8		
温度/℃	80～100	70～90	70～80	70～80	60～70	60～70	60～70
时间/min	30	30	30	20	20	30	30

（5）影响除油效果的因素。

① 温度。一般除油温度控制在70～90℃，温度对除油质量和速率有密切的关系。温度愈高，油脂易软化，流动性增大，皂化作用增强，溶液对流增强，乳化作用加强，因而除油速率愈快。

② 油脂的性质。对沾有较多非皂化油的表面，采用表1-4中配方1～3的除油效果不如采用配方4～7含有乳化剂的除油效果好。

③ 热水清洗。化学除油后，表面宜用60℃热水清洗，将皂化生成的肥皂洗去，以及附着表面的多余乳化剂和硅酸钠洗去，以免黏附于表面上，不利于后续处理。

④ 搅动溶液或翻动零件，经常更新不锈钢表面的乳化液层，可加速乳化后油滴分散到溶液中的速度，能显著提高除油效果。

⑤ 超声波强化除油，使用频率在16kHz以上的高频声波，即超声波向除油溶液发射时，反复产生减压与增压的作用，在减压时溶液界面瞬时出现真空空穴，在增压时溶液中出现冲击波，使表面油污膜的完整性被破坏，并出现空洞现象，形成剧烈的搅拌作用。超声波是直线传播的，但反射减弱。超声波通过超声发生装置中的振子发射到表面上的效果最佳。超声波还可用于有机溶剂除油、电化学除油及酸洗，以提高效率。

⑥ 更新溶液。除油溶液在使用过程中由于油污的进入越来越脏，除了开始可补充1～2次原料外，根据除油速率变慢和除油质量变坏，应把除油溶液更新重配。

1.3.3　电化学除油

电化学除油又称电解除油，是在直流电的作用下，在碱性除油溶液中将不锈钢表面作为阴极或阳极进行电解，从而除去油污。

1.3.3.1　电化学除油机理

电化学除油时，除了有化学除油的皂化作用和乳化作用外，还在电流的作用下，使水分子分解，在表面上析出气泡，随着气泡的增大，将油膜撕裂，脱离表面，呈小油滴状进入溶液中。产生的气体对溶液起搅拌作用，加速了除油的速率。因此，电化学除油所需的电流较大，一般在5～10A/dm²。

不锈钢表面处于阴极时，由于水的电解析出氢气，反应式如下：

$$2H_2O+2e \xlongequal{} H_2\uparrow+2OH^-$$

析出的氢气泡体积小、数量多，擦刷作用大。

不锈钢表面处于阳极时，析出的是氧气，反应式如下：

$$2OH^- -2e \longrightarrow \frac{1}{2}O_2\uparrow+H_2O$$

析出的氧气只有氢气体积的一半，由于数量少，阳极除油效率不如阴极除油大。

1.3.3.2 阴极除油和阳极除油的比较

阴、阳极电解除油的比较见表1-5。

表1-5 阴、阳极电解除油的比较

阴极电解除油	阳极电解除油
①产生氢气多,除油速率快	①产生氧气少,除油速率慢
②氢有还原能力,能除去氧化物	②氧有氧化能力,能分解有机物
③不腐蚀基体	③能除去表面膜及残渣
④活化表面	④钝化表面
⑤基体易渗氢,造成氢脆	⑤不发生氢脆
⑥溶液中的无机杂质会在表面上析出,呈黑灰沉淀	⑥有使沉渣溶解的作用,在溶液中含有氯离子时基体表面易受腐蚀

1.3.3.3 电化学除油溶液配方及工作条件

电化学除油溶液配方及工作条件见表1-6，也可参照表1-4化学除油配方。

表1-6 电解除油溶液配方和工作条件

配方号	1	2	3	4
氢氧化钠/(g/L)	60	30	50	30
碳酸钠/(g/L)	30	20	40	
磷酸三钠/(g/L)	30			
硅酸钠/(g/L)	5	40	40	50
OP-10乳化剂/(mL/L)		2		
烷基苯磺酸钠/(g/L)			1	
三聚磷酸钠/(g/L)			5	
温度/℃	80	60	80	80
电流密度/(A/dm^2)	10	10	5	10
时间 在阴极上/min		1～2	1	1
在阳极上/min	5～10	1～2	0.5	0.5

1.3.3.4 影响电化学除油的因素

(1) 温度。温度愈高，电解液的导电性愈强，除油效率愈高，但一般宜在70～80℃即可。

(2) 电流密度。电流密度愈大，产生的气体愈多，除油效率愈高。但一般宜在5～15A/dm^2之间即可。

(3) 时间。分阴极时间和阳极时间，阴极时间长易除去油，但易渗氢，且易有金属杂质析出，故一般宜在1～2min内。阳极时间长，虽有除去表面在阴极时析出沉渣的作用，但同时有氧化作用，时间过长，特别是有氯离子存在下易使表面发生点腐蚀，故一般阳极时间以0.5min为宜。溶液中没有氯离子存在时，也可在专用阳极除油溶液中进行5～10min。为了取得最佳效果，可采用阴极和阳极的联合除油，要采用反向双掷电闸，即先在阴极除油1～2min，后在阳极除油0.5～1min。可以减轻渗氢和氧化作用。

(4) 乳化剂。在电解除油中，有机表面活性剂的乳化作用已降至次要地位。乳化剂往往有很强的发泡作用，为了避免在液面上电解时覆盖大量含有氢气和氧气的泡沫（这些泡沫在电极上产生火花时会引起爆鸣），必须控制有机表面活性剂的用量在1～2g/L之内。

(5) 对极。与不锈钢零件在除油时相对应的电极可采用不锈钢板或低碳钢板。对极面积要比不锈钢零件面积大些，主要起导电作用。

1.4　滚动光饰

1.4.1　滚筒滚光

(1) 滚光作用。滚筒滚光是将不锈钢零件放入盛有碱性除油液的滚筒中，利用滚筒的旋转，使零件相互摩擦，达到除去表面油污的作用。

如果要求提高表面光洁度，可在滚筒内的碱性溶液中加入磨料，利用在转动中使磨料与零件表面摩擦，达到整平表面，使零件表面光泽的目的。

如果要求除去氧化皮，可在滚筒内加入酸类和非离子型表面活性剂，如OP-10，利用转动作用，既除去油污，又除去氧化皮。

滚光可以全部或部分替代磨光和抛光工作，它适用于大批量的小零件处理之用。但不适用于有外螺纹的或要求精密的高光洁度的零件的滚光。

(2) 滚光用滚筒。滚筒截面有圆形、六角形和八角形等形式。有角滚筒比圆形滚筒更易使筒内零件翻动时相互碰撞，光洁度提高快些。滚筒外圆直径取300～600mm为宜，长度取500～800mm为宜。滚筒内腔，如分数格以盛装不同的小零件，其长度可更长些，每格自备密封开启门。滚筒转速采用45～65r/min。直径大的滚筒取慢转速。

滚筒的制作材料可采用5～10mm厚的钢板或不锈钢板，也可用10～20mm厚的硬质木料制作，最好在外面包薄铁皮。

为了使筒内的零件有一定的压力，并能相互滚动，滚筒内零件装载量按滚筒直径D计，不少于$\frac{1}{3}D$，不大于$\frac{2}{3}D$。如果零件装得太满，则会造成零件只有转动没有滚动，零件装得太少，则会缺少滚动摩擦的压力。

（3）滚光溶液和磨料。滚光溶液分为中性溶液、酸性溶液和碱性溶液。中性溶液使用的成分全是表面活性剂，如OP、6501、6503等，主要用于除油和磨光。酸性溶液主要成分为硫酸、盐酸或其他酸，含量都很低，如15～25mL/L，以防腐蚀，其主要目的是除氧化物，在酸中再加入表面活性剂OP-10 0.5～1mL/L，同时兼有除油作用，俗称酸性除油液，滚光时间1～2h，经过第1次酸性滚光后，经过水洗净后，再经过第2次碱性溶液滚光。碱性溶液含氢氧化钠20～30g/L、OP-10 0.5～1mL/L，时间1～2h，其目的是提高光洁度。

为了提高光洁度，除去零件凹处的油污，可加入适当的磨料。磨料包括有钢材磨料（铁钉、钢珠及冲床下脚边角碎粒）、天然磨料（金刚砂、花岗岩碎块、大理石和石灰石颗粒）、陶瓷磨料（有球形、圆柱形、棱锥形、立方形、角锥体、圆锥体等）、树脂黏结磨料、动植物磨料（玉米芯、核桃碎壳、锯末、毛毡块、碎皮革等，适用于干磨）。如果不锈钢零件表面没有锈蚀或氧化皮，可直接一次或多次性用溶液滚光。

1.4.2　离心滚光

（1）离心滚光原理。离心滚光操作原理见图1-4，它是在一个转塔内的四周安放一些装有零件和磨料的转筒，转塔高速旋转，带动转筒以低转动的速度反方向旋转。转塔旋转产生的离心力使转筒中的装载物压在一起，转筒的旋转使磨料对零件产生滑动磨削，从而起到除毛刺或光饰表面的作用。

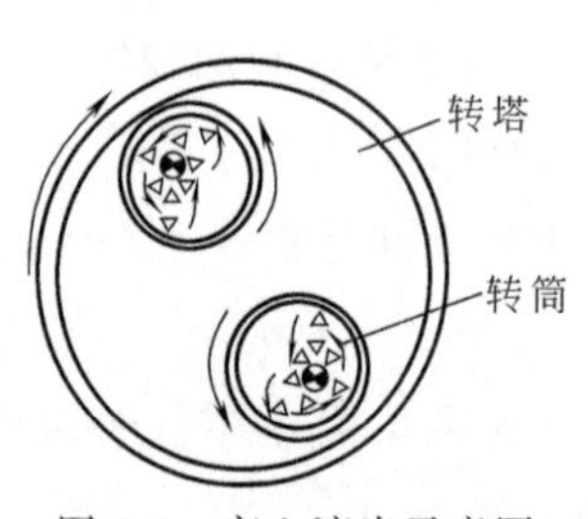

图1-4　离心滚光示意图

（2）离心滚光的效率与质量。离心滚光可使加工时间大大缩短，只需一般滚光时间的1/50。加工时零件之间的碰撞小，不同批次加工的表面质量一致，也能保持高的尺寸精度和光饰质量。

（3）离心滚光能使零件表面产生高的压应力，从而可提高零件的疲劳强度，其效果通常比用其他光饰方法处理后再作喷丸处理的效果更好，成本更低，效率更高。

（4）离心滚光的运转速率对磨削效果的影响。改变转塔和转筒的运转速率，可得到不同的磨削效果。其表现如下。

① 在高速运转时，用硬而低磨损的磨料（如钢材磨料和天然磨料），可起到去毛刺的作用。

② 在低速运转时，则起到光饰表面的效果。

③ 也可以把这两种方式合在一起进行，即先高速后低速运转，就可以起到去毛刺和光饰表面的效果。

(5) 离心滚光的缺点。

① 只能处理小零件。

② 加工过程中不能检查零件的加工质量。

③ 设备制造成本较高。

1.4.3 离心盘擦光

(1) 离心盘擦光原理。离心盘擦光原理示意图见图 1-5，离心盘擦光机的主要结构是圆柱形容器、碗形盘和驱动系统。在固定不动的圆柱筒下部，装有一个由驱动系统带动的能高速旋转的碗形盘，盘的线速度可达 10m/s。零件和磨料放入筒内。工作时由于盘的旋转，使装载物沿筒壁向上运动，其后因零件的自重而从筒的中心滑落到离心盘中部。如此反复，使装载物呈圆柱形运动，从而对零件产生磨削光饰作用。加工后装载物从盘的侧门放出，用筛网或磁盘将零件与磨料分开。

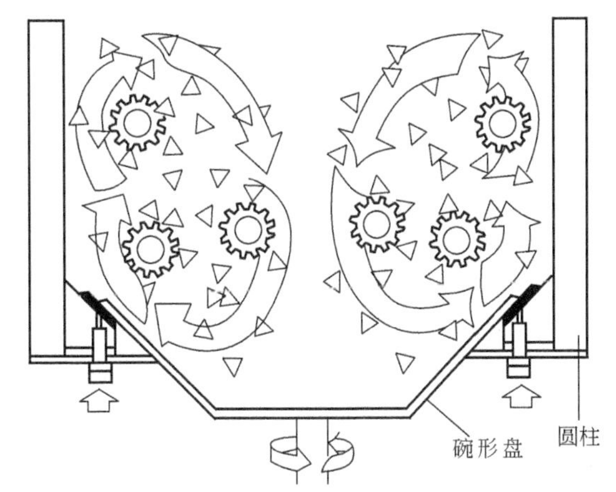

图 1-5　离心盘擦光原理示意图

(2) 碗形盘和圆柱之间的间隙控制。碗形盘和圆柱之间的间隙越小，能处理的零件也越小，使用的磨料也越细。

(3) 离心盘擦光的速率与质量。离心盘擦光的速率快，可与离心滚光相当，而擦光质量与振动擦光相同，开口容器便于在加工过程中对零件的加工质量进行检查。

1.4.4 旋转光饰

(1) 旋转光饰原理。旋转光饰原理示意图见图 1-6。将零件固定在一转轴上，并浸入盛有磨料泥浆的旋转筒内，零件表面由于受到快速运动泥浆的磨削作用而达到表面光饰加工的目的。

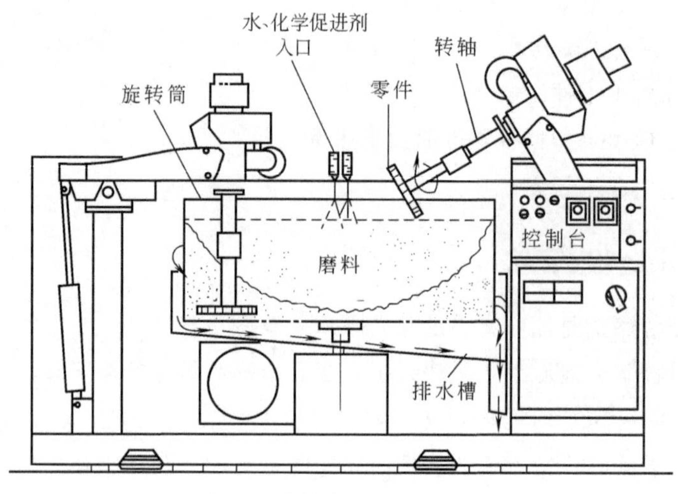

图 1-6　旋转光饰原理示意图

（2）旋转光饰使用的磨料。可分为以下几种。

① 湿态光饰。用的是氧化铝矿砂，并从筒的中心上部的管道中通入水和磨光溶液，以进行湿态光饰。

② 干态光饰。用的是细磨料和碎玉米芯、胡桃壳碎粒等混合组成的磨料进行干态光饰。

③ 旋转光饰的加工时间。不超过 20min，一般在 30s 左右。

（3）旋转光饰的特点。

① 因零件是单个地固定在转轴上，而不会有碰撞的可能，因此，适合于精密而怕碰撞的零件（如齿轮、链轮、轴承等）。

② 可进行去毛刺、倒圆角，获得很精细的表面。

③ 加工效率低，成本较高。

1.5 喷　砂

1.5.1　喷砂原理

喷砂是用压缩空气流将石英砂喷在不锈钢零件表面，对表面进行清理或修饰加工。喷砂可分为干喷砂和湿喷砂两种。

1.5.2　喷砂的用途

（1）除去铸件、锻件或热处理后不锈钢表面存在的型砂、氧化皮。

（2）除去不锈钢表面上的锈蚀物、积炭和焊渣等。

（3）提高不锈钢表面粗糙度，从而提高其后表面覆盖层的结合力。

（4）除去零件边缘的毛刺、方向性磨痕。

（5）使不锈钢表面消光。

1.5.3　干喷砂工艺

（1）干喷砂前准备。油污零件在喷砂前应先除油，然后晾干。因为油污的或湿的表面影响喷砂效果。

（2）干喷砂工艺条件。干喷砂工艺条件见表1-7。

① 磨料。应用最广泛的是经过清洁的筛选过的石英砂，更由于其价廉和易得。

② 压缩空气。根据需喷砂零件的壁厚参照表1-7选用适宜的压力。压强在0.5～0.1MPa范围选用（1MPa＝1000kPa≈10kg/cm^2≈10工业大气压）。要求压缩空气无油和水。

表1-7　干喷砂工艺条件

零件类别	石英砂粒度/mm	压缩空气压力/MPa
厚3mm以上的较大零件	2.5～3.5	0.3～0.5
厚1～3mm的中型零件	1.0～2.0	0.2～0.4
厚1mm以下的板材零件	0.5～0.2	0.1～0.15

（3）干喷砂设备。由三部分组成。

① 喷嘴。用耐磨的白口铸铁或陶瓷制成。

② 空压机。要配备活性炭过滤器、油水分离器和空气包。

③ 喷砂室。收集喷出的砂子以备回收，并有防尘装置。

1.5.4　湿喷砂

（1）湿喷砂原理。将石英砂与水混合成砂浆［石英砂占20%～30%（体积比）］，在搅拌下用压缩空气将砂浆压入喷嘴吹向零件表面，也可将砂、水分别在流向喷嘴前混合吹出。在水中视其必要性，可加入缓蚀剂——亚硝酸钠。

（2）湿喷砂特点。

① 消除了砂尘对空气的污染。

② 可使用较细的磨料，获得较精细的表面。

参 考 文 献

[1]　电镀手册编写组．电镀手册．北京：国防工业出版社，1977.
[2]　表面处理工艺手册编审委员会．表面处理工艺手册．上海：上海科学技术出版社，1991.
[3]　曾华梁等．电镀工艺手册．第2版．北京：机械工业出版社，1997.
[4]　电镀工艺手册编委会．电镀工艺手册．上海：上海科学技术出版社，1998.
[5]　李鸿年，张炳乾，张绍恭，宋子玉等．实用电镀工艺．北京：国防工业出版社，1990.

第2章 不锈钢氧化皮的清除和酸洗

2.1 不锈钢氧化皮的清除

2.1.1 不锈钢氧化皮的结构

不锈钢表面存在的氧化皮结构致密，与基体附着力强，在以后的钝化、电镀、着色等装饰处理之前必须首先要清除干净。

(1) 不锈钢氧化皮的化学组成。不锈钢内含有铬、镍、铁、少量的碳和硅，可能存在锰、钛、钼、钨等元素，在冶炼、熔铸、热轧、热处理、焊接等工艺过程中，不可避免地会生成氧化皮，氧化皮组成物中存在着多种多样的氧化物结构。不锈钢氧化皮化学组成物见表2-1[1]。

表2-1 不锈钢氧化皮化学组成物

分子式	名称
FeO	氧化亚铁
Fe_2O_3	氧化铁
Fe_3O_4	四氧化三铁
Cr_2O_3	氧化铬
NiO	氧化镍
SiO_2	二氧化硅
$Cr_2O_3 \cdot FeO$	铬尖晶石
$Ni \cdot Fe_2O_3$	镍尖晶石

(2) 不锈钢氧化皮的复杂性及其危害性。不锈钢氧化皮结构的复杂性使氧化皮的完整性受到破坏，不完整性包括膜的晶体结构和电子结构的不均匀性。不完整的氧化皮不但没有装饰性外观，而且使金属表面的电化学腐蚀加快。氧化膜中新的氧

化物的形成，由于体积差异，会在金属表面产生应力，氧化物与基体的热膨胀系数不同，也会产生相应的应力。表面应力的存在加快了表面的应力腐蚀。因此，不锈钢表面因各种原因形成的不完整的氧化物、氧化皮有害无益。去除不锈钢表面的这些氧化皮对顺利进行下道工序加工，防止不锈钢表面腐蚀，保持表面光洁，延长不锈钢零部件的使用寿命，具有重要的实际意义。

2.1.2　不锈钢氧化皮的清除

有机械法、化学法和电化学法。机械法在第1章中的磨光、抛光、滚光等诸节中已阐述。由于不锈钢氧化皮组成的复杂性，要使表面氧化皮清除干净，又要使表面达到高度清洁和平整，并非易事。清除不锈钢氧化皮一般要分两步进行，第一步为预处理，第二步为去灰渣。

2.1.2.1　不锈钢氧化皮预处理

预处理使氧化皮变得疏松，然后再进行酸洗，易于除去。预处理又可分为下列方法。

（1）碱性硝酸盐熔融处理法。碱性熔融物含有氢氧化物87%（质量分数），硝酸盐13%（质量分数），熔融盐中两者的比例应严格控制，使熔融盐具有最强的氧化力、最低的熔点和最小的黏度。在生产过程中只分析硝酸钠含量不少于8%（质量分数）。在盐浴炉中进行处理，温度为450～470℃，时间对铁素体不锈钢为5min，奥氏体不锈钢为30min。

在预处理过程中，铬的氧化物与碱发生反应，生成物是亚铬酸钠：

$$Cr_2O_3+2NaOH \longrightarrow 2NaCrO_2+H_2O$$

生成的亚铬酸钠（$NaCrO_2$）再被硝酸钠氧化，转变为易溶于水的铬酸钠（Na_2CrO_4）。反应式如下：

$$2NaCrO_2+3NaNO_3+2NaOH \longrightarrow 2Na_2CrO_4+3NaNO_2+H_2O\uparrow$$

同样，铁的氧化物和尖晶石也可被硝酸盐氧化，变成疏松的三价的氧化铁，易被酸洗时除去。

$$2FeO+NaNO_3 \longrightarrow Fe_2O_3+NaNO_2$$

$$2Fe_3O_4+NaNO_3 \longrightarrow 3Fe_2O_3+NaNO_2$$

$$2FeO\cdot Cr_2O_3+NaNO_3 \longrightarrow Fe_2O_3+2Cr_2O_3+NaNO_2$$

由于高温作用，形成的氧化物部分剥落，以沉渣的形式沉入浴炉底。

碱性硝酸盐熔融预处理工艺流程：蒸气除油→预热（150～250℃，时间20～30min)→熔融盐处理→水淬→热水洗。

熔融盐处理不适于有焊缝间隙或卷边的组合件。零件从熔融盐炉取出后水淬时，会溅起一股带刺激性的碱、盐雾，故水淬时应采用深井式防溅水淬槽，见图 2-1。水淬时先将零件筐吊入槽内，停在水平面上方，关闭槽盖，再把零件筐降到水中，直到淹没即可。

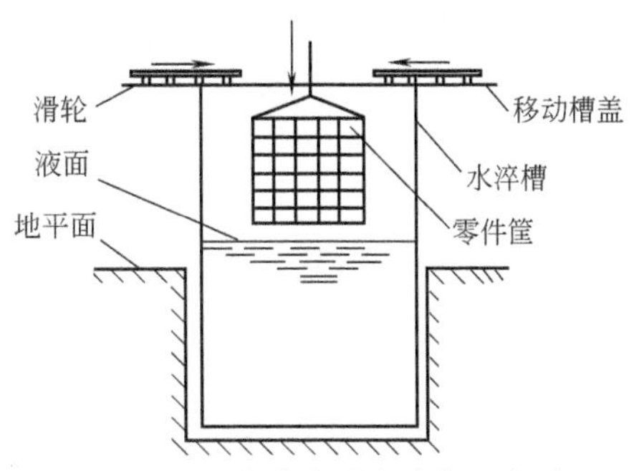

图 2-1　深井式防溅水淬槽示意图

（2）碱性高锰酸钾预处理。处理液中含有氢氧化钠 100～125g/L，碳酸钠 100～125g/L，高锰酸钾 50g/L，溶液温度95～105℃，处理时间 2～4h。碱性高锰酸钾的处理效果虽不如熔融盐处理，但其优点是适用于有焊缝或卷边的组合件。

（3）浸渍法预处理。为使氧化皮松动，直接采用下列强酸浸渍预处理，为防止酸对基体金属的溶解，要严格控制酸浸时间和酸液温度。浸渍法酸液预处理法所用溶液成分及工艺条件见表 2-2。

表 2-2　浸渍法酸液预处理法所用溶液成分及工艺条件

配方号	1	2	3	4	5	6	7
硝酸（d=1.4）	200～250g/L	100g/L	4%（质量分数）	15%（体积分数）	90～100g/L		
氟化钠	15～25g/L	4g/L					
氯化钠	15～25g/L						
盐酸（d=1.19）			36%（质量分数）				2～4份体积
氢氟酸（d=1.13）				2.5%（体积分数）		50～60g/L	
磷酸（d=1.65）					90～100g/L		
硫酸铁[$Fe_2(SO_4)_3$]						200～240g/L	
硫酸（d=1.84）							6～8份体积
水							100份体积
温度/℃	10～40	50～60	35～40	10～40	10～40	65～70	70～80
时间/min	15～90	20～60	3～6	7～8	5	20～30	20～50
适用钢种	奥氏体不锈钢			马氏体不锈铜		奥氏体不锈钢	厚氧化皮不锈钢

(4) 电化学法。利用电化学溶解及电极上析出气泡的机械作用剥离氧化皮。其优点是腐蚀性较小，速度快。电化学法去氧化皮溶液成分及工艺条件见表 2-3。

表 2-3 电化学法去氧化皮溶液成分及工艺条件

配方号	1	2	3	4
硫酸(d=1.84)	14.4%(质量分数)			
硫酸钠	13.3%(质量分数)			
硝酸钠	2.3%(质量分数)			
硝酸(d=1.4)		50～250g/L		
盐酸(d=1.19)		1～12g/L		
氢氧化钾			3%(质量分数)	
氢氧化钠				95～105g/L
碳酸钠				100～200g/L
高锰酸钾				80～90g/L
阳极电流密度/(A/dm^2)	25～35	30～100	20～50	35～45
温度/℃	80	60	电压 50～100V	60～70
时间/min	0.5～1	0.5～1	0.75～1.25	7～9
注		可获得乳白色表面	可退除氮化钛膜	文献[2]

2.1.2.2 不锈钢去灰渣

不锈钢氧化皮从盐浴炉出来后表面上剩下的氧化物灰渣可在下列溶液中除去(见表 2-4)。

表 2-4 不锈钢去灰渣用溶液及工作条件

配方号	1	2	3	4
硫酸	2%(质量分数)			
硝酸钠	15%(质量分数)			
氯化钠	2.5%	3%～8%(质量分数)		
盐酸		10%～18%(质量分数)	20 份体积	
磷酸			5 份体积	
硝酸			5 份体积	30～50g/L
水			20 份体积	
过氧化氢				5～15g/L
温度/℃	70～80	70～80	10～40	室温
时间/min	3～5	3～5	3～5	1～2

2.1.2.3　除氢

不锈钢在酸洗过程中有一定量的氢原子吸附在基体内，易造成氢脆现象。对高强度不锈钢要进行除氢处理。除氢方法如下。

（1）碱性溶液阳极电解法。在氢氧化钠50～60g/L，碳酸钠10～20g/L，磷酸三钠50～60g/L，硅酸钠10～20g/L，温度80℃的溶液中，在阳极上，电流密度$10A/dm^2$，时间10min，可有效去除吸附在表面上的氢。

（2）加热法。即将不锈钢零件放在烘箱内在200℃温度时烘1～2h以去除氢。

2.2　不锈钢的酸洗

不锈钢表面酸洗溶液和工艺条件见表2-5。

配方1　含过氧化氢的酸洗液，是世界产权组织的一份公开专利。它的特点是不使用硝酸、氢氟酸酸洗体系，环境污染小，由于含有大量的表面活性剂乙基己基硫酸钠，属于非直链碳链，在酸洗过程中，能有效除去污迹，同时含有大量的过氧化氢和少量磷酸，能使表面清洁和光亮，但过氧化氢易氧化分解，在使用过程中，要视反应程度及时适量补充，才能保持酸洗速率和质量。

配方2　采用两步法酸洗工艺，在常温下快速去除不锈钢表面的厚氧化皮，具有酸洗速率快，使用温度低的优点。不含硝酸，对空气污染小，处理后表面洁净，不失光，不褪色，不泛黄。特别适用于厚氧化皮和焊接处黑皮及夹杂物的常温快速去除。酸洗工艺流程：化学除油（常规碱性化学除油）→热水洗→两步流水洗→第一步酸洗→第二步酸洗→流水洗→转入下道工序。第一步酸洗是除去焊接处黑皮及夹杂物，以及部分氧化皮，并附有灰色膜，光泽较差，然后转入第二步酸洗，达到近似镜面光亮。在酸洗液中加入的盐酸和硫酸，除去不锈钢表面的铁氧化物。双氧水的强氧化性可使不锈钢表面难溶于酸的氧化物结构发生变化，增加酸洗速率。但双氧水不稳定，易于分解，必须加入稳定剂，同时，要及时补加浓度下降的双氧水的含量，稳定剂主要含有醇类（乙醇、乙二醇、苯甲醇等）和有机酸类（苯甲酸、水杨酸、乙酸等）稳定剂，还能改善酸洗表面的质量。酸洗液中的氢氟酸对难溶的铁铬氧化物、锰氧化物、钼氧化物有较强的溶解能力，而且对含硅的灰色膜能溶解除去，氟离子对溶解的金属离子能形成络合物，提高酸洗液的稳定性。表面活性剂能降低表面张力，提高酸洗浸蚀力，使处理后的表面光洁，以非离子型表面活性剂JFC为佳。缓蚀剂防止过腐蚀，自行复配的缓蚀效率可达到90%。

表 2-5 不锈钢表面的酸洗溶液和工艺条件

配方号	1	2		3	4	5	6	7	8	9
		第 1 步	第 2 步							
盐酸(d=1.19)	270～320mL/L	300mL/L			400～500mL/L	150mL/L		280～330mL/L	100mL/L	
磷酸(80%)	12～17mL/L	60mL/L								
过氧化氢(30%)	13～130mL/L	120mL/L	240mL/L					230～280mL/L		
乙基己基硫酸钠	7～26g/L									
表面活性剂 JFC		2mL/L	2mL/L							
双氧水稳定剂		80mL/L	80mL/L①					乙醇 110～130mL/L		
氢氟酸(40%)			300mL/L	50～80mL/L			40～60g/L		50mL/L	40mL/L
硫酸(d=1.84)			200mL/L			300mL/L	80～100g/L	190～240mL/L		
酸洗缓蚀剂			0.3～1.0g/L②		BMAT 3mmol/L	若丁 0.8g/L 乌洛托品 0.8g/L		六亚甲基四胺 2～3g/L	尿素 5g/L	苯胺 0.5g/L 硫脲 0.3g/L 乌洛托品 0.3g/L
硝酸(65%～68%)				200～300mL/L			60～80g/L		200mL/L	150mL/L
DR-A 添加剂③				70～100mL/L③						
阴离子表面活性剂④				10～20mL/L④						
温度/℃	室温	室温	室温	室温	40	40～60	15～25	15～30	15～40	40
时间/min	洗清洁光亮为止	1～2	2～3	10～30		30～60	1～2	3～5	15	30
参考文献	[1]	[2]		[3]	[4]	[5]	[6]	[7]	[8]	[9]

① 双氧水稳定剂选用醇类（乙醇、乙二醇、苯甲醇等）和酸类（苯甲酸、水杨酸、乙酸等）复配，提高双氧水的稳定性，改善酸洗效果。

② 酸洗缓蚀剂选用硫脲、硫氰酸铵、乌洛托品复配而成，缓蚀率可达到 90%以上。

③ DR-A 添加剂和阴离子表面活性剂。BMAT 为苯并咪唑。

④ 均由湖北十堰 442062 东风汽车制动系统有限公司技术部皮启德研制，需者可与其本人联系。

配方 3 适用于对壁厚在 0.3mm 以下的超薄型不锈钢螺纹管的酸洗。关键在于酸洗液中添加两种表面活性剂，有效地提高了酸洗速率及质量生产实践检验，该工艺简单、槽液稳定，调整方便，不产生废品，生产效率提高 3 倍以上，所谓超薄型不锈钢螺纹管是指将厚度为 0.3mm 的不锈钢薄板剪成 62.8mm×(300～700)mm 小料后，卷曲成直径 ϕ20mm 的金属筒，用氩弧焊成长圆形管后挤压呈螺纹状，成型后进行热处理，表面产生一层致密的厚氧化皮，传统工艺是先松动氧化皮，预浸蚀和酸洗之后，清除表面残渣，该工序工艺多，酸洗时间长，工件不光亮、易腐蚀，易报废，且质量总是存在问题。为此，取消了松动氧化皮、除残渣工序，直接在酸洗液中添加 DR-A 添加剂和阴离子表面活性剂，结果显示，酸洗不仅干净、光亮，无过腐蚀，氧化皮残渣易除掉，质量好，生产效率高，效果满意。这种添加剂 DR-A 由湖北东风汽车制动系统有限公司技术部皮启德研制（十堰 442062）。

影响浸渍时间的因素如下。

① 硝酸。是酸洗液的主成分，含量低于 200mL/L 时效果差，浸渍时间长，不光亮，易过腐蚀，含量太高，高于 300mL/L 时氧化氮弥漫，升温快，易腐蚀。溶液随生产量的增加，硝酸会消耗分解，酸洗效果减弱。一般浸渍 50min 后，氧化皮还不掉，就需要补加药品，先捞出槽底的沉积物，再按各成分含量的 1/3 补加，不用补加水，每半年更换一次溶液。

② 氢氟酸。能加速不锈钢氧化皮的浸渍速率，因此，浓度过低时，浸渍速率太慢；过高，溶液升温快，浸蚀过快，易过腐蚀，一般宜控制在 50～80mL/L 较好。要勤加少加为宜。

③ 添加剂 DR-A 具有催化、促进、提高对氧化皮的腐蚀溶解的作用。

④ 阴离子表面活性剂。主要起润湿、降低氧化皮的附着力，降低水的表面张力，可提高工件表面光亮度，缩短浸渍时间。

⑤ 温度。一般在室温下即可进行生产，但装载量过多，溶液升温较快，以溶液容积与装载量之比为 2∶1 较合适，溶液搅动，工件翻动可避免因叠压、窝气而造成氧化皮酸洗不净，工作温度宜控制在 10～30℃之间，或采用水套降温的方法控制液温。

⑥ 压力清洗。用 1～6MPa 的液体工作压力，水流量≤13L/min、功率 1.6kW 配套动力的 DM8032A 型单相电容电动机的高压水枪喷射，人工逐件清洗黏附在管子上的、来源于清洗水中的沉淀物和溶解剥落下来的碎氧化皮颗粒，就能解决每根管子的残存物总量不得大于 3mg 的问题。

配方 4 用 1＋1 的浓盐酸，应用苯并咪唑类化合物作缓蚀剂，可广泛应用于多种不锈钢和碳钢的腐蚀：其缓蚀率在 40℃时可达 81%～96%。苯并咪唑可试用酸性镀铜液中使用的2-巯基苯并咪唑M，N N—C—SH H 代替，市面上可购得，用沸水溶解，加少许氢氧化钠助溶，浓度在0.5～1.0g/L之间使用。（苯并咪唑用量原为3mmol/L，若分子量为140，则为0.3g/L左右。）

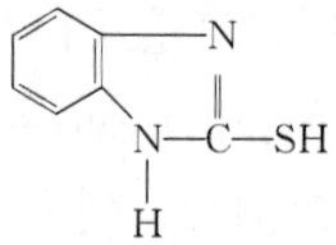

配方5　使用常用的盐酸和硫酸混合酸洗，需要加温溶液才能除去氧化皮，时间较长，为防止过腐蚀，要使用酸洗缓蚀剂：若丁和乌洛托品（又名H促进剂）。

配方6　使用硝酸、硫酸和氢氟酸，在常温下腐蚀反应较强烈，因此，时间较短些，要控制得准确些，以防过腐蚀。

配方7　溶液不含氟化物，以免污染环境，常温情洗，能使表面达到高度清洁和平整。操作过程中严格控制温度，不超过30℃，否则会使盐酸挥发，双氧水分解，不锈钢过腐蚀。采用盐酸和硫酸两酸合用，比单一使用盐酸或硫酸的效果好。单一酸对不锈钢表面氧化皮难以完全除去，不能达到光亮的目的，六次甲基四胺抑制对不锈钢的过腐蚀。双氧水可氧化不锈钢表面的氧化膜，以利于溶解于酸中，并可提高表面光亮度。双氧水不稳定，除了添加稳定剂——乙醇外，还要及时补充其快速消耗。此外严格控制温度，温度过高，易使双氧水分解。因此，在配制溶液时最先加入硫酸，其为发热过程，待冷却后，再加入盐酸、乙醇、六亚甲基四胺，最后在使用前加入双氧水，才开始酸洗工作。

配方8　溶液适用于大型不锈钢（1Cr18Ni9Ti）容器表面有氧化皮而采用涂刷法处理，其工艺流程为：涂刷酸洗后→流动水冲洗→中和（7.0%碳酸钠水溶液）→流动水冲洗（用pH 0～14广泛试纸测表面显中性）→晒干→钝化（钝化液硝酸450mL、重铬酸钾20g、水900mL）时间大于0.5h→流动水冲洗→晒干。酸洗液中加入0.5%尿素作为氢脆抑制剂。

配方9　酸洗液适用于0Cr18Ni9Ti不锈钢在温度为1050℃的热处理炉内保温1h后表面形成的黑色氧化皮的清除，酸洗液基本成分配比为150mL硝酸和40mL氢氟酸，并加有缓蚀剂：苯胺、硫脲和乌洛托品，通过正交试验，在很好地清洗掉不锈钢表面氧化物时，避免对不锈钢发生点蚀。腐蚀速率为1.3g/(m^2·h)，低于《化工设备化学清洗质量标准》中规定的腐蚀速率不大于6.0g/(m^2·h)，清洗温度40℃，清洗时间30min，能彻底清洗掉不锈钢热处理后表面的黑皮。通过金相形貌观察：经过固溶体处理后的不锈钢为单相奥氏体组织，酸洗后未产生点蚀现象。

2.3　不锈钢酸洗用缓蚀剂

2.3.1　使用缓蚀剂的必要性

用于镍铬钢的浸蚀溶液，在其工作条件下，除具有浸蚀活性外，还必须对合金具有一定的钝化性，一是保证合金基体不受过腐蚀和大量渗氢；二是为了提供光亮浸蚀所必需的条件，使合金微凸表面呈活化状态而优先溶解，微凹表面呈钝态被保护，在生产中是向溶液内添加缓蚀剂。

2.3.2　水溶性缓蚀剂的作用机理

一般认为在金属基体上生成了：

① 致密的氧化膜或吸附膜；

② 难溶的金属盐类保护膜；

③ 难溶的络合物覆盖膜；

④ 其他的阻滞电极反应的物质。

大多数有机缓蚀剂的阻滞效应只有在酸性介质中才相当大，并且是由于特性吸附或络合效应的作用，改变了固-液相界面的性质，即双电层结构，增大了电极反应的壁垒，从而在较大程度上提高了金属离子化的活化能和氢的超电压，对电极反应产生了一定的抑制作用。有些有机缓蚀剂大都是具有电化学惰性及分子中含有极性基团的胺类、醛类、杂环化合物等有机表面活性剂，它的分子都具有两部分，一是非极性基团即憎水基，一般为碳氢链部分；二是极性基团即亲水基，如羟基、羰基、磺酸基、氨基、醚键等。缓蚀剂的分子如果极性较弱，则主要产生物理吸附，吸附力小。如果分子极性较强，或含有多个极性基团的，则主要产生化学吸附，吸附力大，如羧酸、磺酸盐、含氮化合物、杂环化合物等。在较高酸度（$pH<1$）的浸蚀液中，缓蚀剂在金属氧化物上的吸附力比它在金属洁净基体上的吸附力要小得多，同时还由于在氧化物（微观阴极）上伴有不析出氢的氧化去极化作用，缓蚀剂对钢表面的氧化膜层的溶解速率无不利影响。

2.3.3　缓蚀剂的作用效率

取决于其化学性质、浓度和浸蚀液的组成、酸度、温度以及被浸蚀金属的成分和电极电位。

（1）缓蚀剂的浓度。浓度增加，其缓蚀效率也有所增大，但过高浓度时，缓蚀

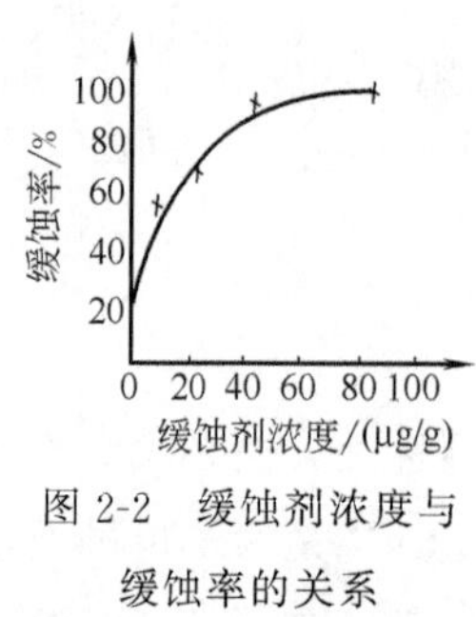

图 2-2　缓蚀剂浓度与缓蚀率的关系

率会降低生产效率，对有机缓蚀剂来讲，其含量在 0.1%～2%之间。见图 2-2 缓蚀剂浓度与缓蚀率的关系。图中形象地表示：当缓蚀剂浓度达到 0.005%时，缓蚀率将不再有所升高。

(2) 温度的影响。温度升高，使缓蚀剂的吸附力降低，并使形成的阻化膜的稳定性降低，因此，对镍铬钢的浸蚀处理，工作温度不宜太高。

(3) 酸液浓度对缓蚀率的影响。几种缓蚀剂在不同浓度的盐酸溶液中的缓蚀效果见表 2-6，几种缓蚀剂在不同浓度的硫酸溶液中的缓蚀率见表 2-7，几种缓蚀剂在盐酸与氢氟酸混合酸中的缓蚀率见表 2-8。

表 2-6　几种缓蚀剂在不同浓度盐酸溶液中的缓蚀效果

缓蚀剂及其浓度	$w(HCl)=10\%$ (20℃)		$w(HCl)=20\%$ (30℃)	
	浸蚀速率/[g/(m²·h)]	缓蚀率/%	浸蚀速率/[g/(m²·h)]	缓蚀率/%
无缓蚀剂	2.1904	0	11.600	0
乌洛托品 5g/L		89.6	—	—
乌洛托品 5g/L+As_2O_3 0.075g/L		91.5	—	—
02 缓蚀剂 0.8g/L	0.1031	95.3	0.5398	95.2
ПБ-5 0.8g/L	0.1088	95.1	0.4463	96.1
沈 1-D 10g/L		—	0.3800	96.6
若丁 0.8%	0.1123	94.9	1.5533	86.2
沈 1-D 10g/L+As_2O_3 0.15g/L		—	0.1500	98.6

注：1. ПБ-5 为乌洛托品与苯胺的缩合物。
2. 02 及沈 1-D 为甲醛与苯胺的缩合物。

表 2-7　几种缓蚀剂在不同浓度硫酸溶液中的缓蚀率（25℃）　%

缓蚀剂种类及其浓度	硫酸浓度(质量分数)			
	10%	20%	30%	60%
若丁 5g/L	96.3			
硫脲 4g/L	74			
乌洛托品 5g/L	70.4			
乌洛托品 5g/L+As_2O_3 0.1g/L	93.7			
十二烷基吡啶卤盐 5g/L		99		
可溶性酚 3～5g/L		98		
二苯基咪唑啉 5g/L			98	
硫脲 0.025%+碘化钾 0.035%				95

表 2-8 几种缓蚀剂在盐酸 7%（质量分数）和氢氟酸 6%（质量分数）中，30℃，4h 浸蚀条件下的缓蚀率比较

缓蚀剂种类及其浓度		缓蚀率/%
粗吡啶	0.1%～0.5%(质量分数)	95～98
重质吡啶	0.5%(质量分数)	97
四甲基吡啶釜残液	0.1%～0.5%(质量分数)	97～99
页氮	0.1%～0.5%(质量分数)	97～98
乌洛托品	0.5%(质量分数)	96
若丁	0.5%(质量分数)	95

(4) 缓蚀剂分子中的亲核性。分子中含亲核性很强的氨氮、羧氧、羟氧等配体的多元阳离子、非离子、两性表面活性剂能发挥很好的缓蚀和增光作用。由于不锈钢在浸蚀电解质溶液中去除表面氧化层后带的是负电荷，易吸附阳离子表面活性剂和在酸中呈阳离子特性的其他表面活性剂。其中如烟酸、喹啉、安替比林，苯并咪唑、乌洛托品和甘油、三乙醇胺、聚乙二醇、聚乙烯亚胺、柠檬酸、磺基水杨酸、环氧-醇胺系缩聚物，如 DE、DPE 以及 HEDP 等应用较多。而以含氮杂环阳离子活性剂和能形成鎓离子的高分子非离子型活性剂为最好。

2.3.4 BMAT 缓蚀剂

张果金、魏宝明和邱玉珠介绍了一种新型缓蚀剂——苯并咪唑类化合物 BMAT，抑制 3161、18-8、1Cr13、2Cr13 等不锈钢在 $w(\mathrm{HCl})=5\%$ 中均匀腐蚀的性能和机理[4]。

(1) BMAT 浓度为 3mmol/L，$t=40$℃，各种不锈钢在 $w(\mathrm{HCl})=5\%$ 和 $w(\mathrm{HCl})=5\%$、$c(\mathrm{BMAT})=3\mathrm{mmol/L}$ 中不锈钢的腐蚀速率和 BMAT 的缓蚀率见表 2-9。

表 2-9 在 $w(\mathrm{HCl})=5\%$ 和 $w(\mathrm{HCl})=5\%$、$c(\mathrm{BMAT})=3\mathrm{mmol/L}$ 中不锈钢的腐蚀速率和 BMAT 的缓蚀率

不锈钢号	316L	18-8	1Cr13	2Cr13
腐蚀速率/[g/(m^2·h)]				
$w(\mathrm{HCl})=5\%$	2.011	3.024	11.000	181.900
$w(\mathrm{HCl})=5\%$、$c(\mathrm{BMAT})=3\mathrm{mmol/L}$	0.3718	0.3682	0.9927	2.4600
缓蚀率/%	81.50	87.80	91.00	98.60

从表 2-9 中可知，BMAT 对上述不锈钢在 $w(\mathrm{HCl})=5\%$ 的溶液中均有抑制作用，还表明缓蚀剂 BMAT 能有效抑制局部微电池引起的腐蚀。缓蚀率随合金中含碳量的增加而相应提高。

(2) BMAT 的添加量对缓蚀率的影响。图 2-3、图 2-4、图 2-5 三图的曲线表明，每一种不锈钢当 BMAT 用量超过一定浓度时，缓蚀率随 BMAT 浓度的变化趋于平缓。可选择的最佳浓度为：对 316L 为3mmol/L，对 18-8 为 2mmol/L，对 2Cr13 为 1mmol/L。

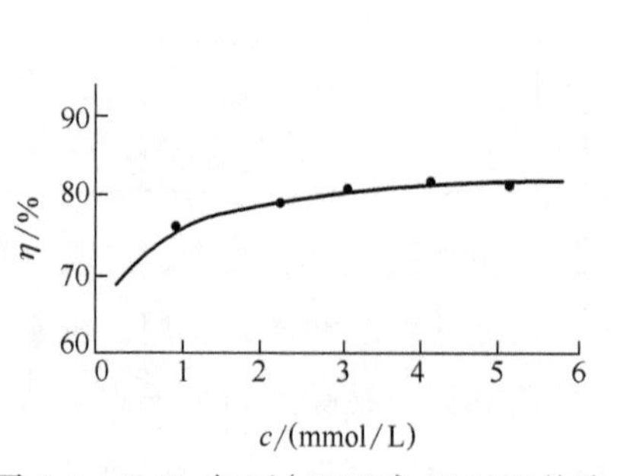

图 2-3 316L 在 5% HCl 中 BMAT 的浓度对缓蚀率的影响（$t=40℃$）

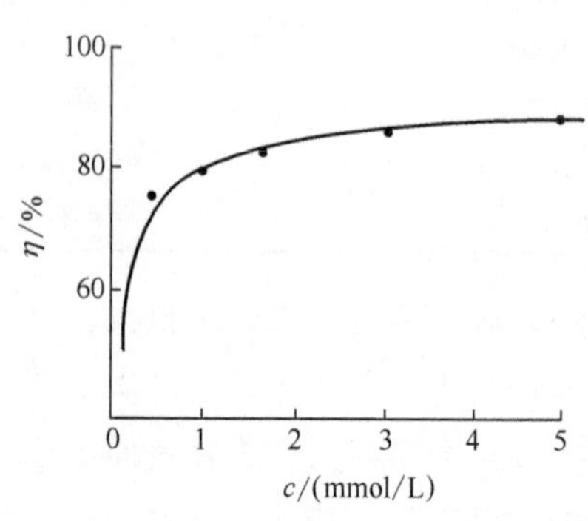

图 2-4 18-8 在 5% HCl 中 BMAT 的浓度对缓蚀率的影响（$t=40℃$）

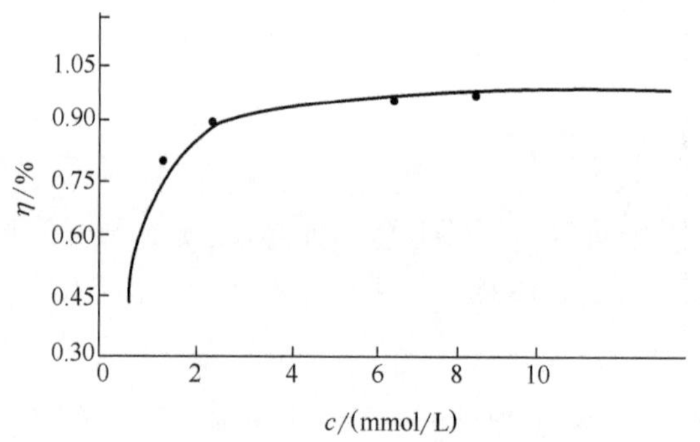

图 2-5 2Cr13 在 5% HCl 中 BMAT 的浓度对缓蚀率的影响（$t=40℃$）

(3) 温度对缓蚀率的影响。表 2-10 列出添加 BMAT 3mmol/L 在不同温度时的缓蚀率。从表 2-10 可见，随着温度的升高，BMAT 在不锈钢上的缓蚀率呈增大的趋势，表明吸附反应为吸热反应。

表 2-10 不同不锈钢在添加 3mmol/L 的 BMAT 时不同温度的缓蚀率 %

温度/℃	20	30	40	50	60
316L	69.4	78.1	81.5	87.9	93.9
18-8	36.3	36.8	87.8	88.0	90.0
2Cr13	97.4	98.1	98.6	99.1	

2.3.5　BMAT 缓蚀剂对抑制酸洗应力腐蚀的影响[13]

盐酸作为酸洗液，含有大量的 Cl^-，对不锈钢会产生应力腐蚀开裂。为此，张果金等人研究了 BMAT 在 $w(HCl)=5\%$ 的溶液中对不锈钢的应力腐蚀开裂的抑制作用，见表 2-11 的负载-拉伸实验结果。

表 2-11　负载-拉伸实验结果

钢种	断裂时间/min			最大应变/%		
	空气	$w(HCl)=5\%$	$w(HCl)=5\%$，$c(BMAT)=3mmol/L$	空气	$w(HCl)=5\%$	$w(HCl)=5\%$，$c(BMAT)=3mmol/L$
316L	5760	4720	5557	84.2	68.9	80.7
2Cr13	2301	930	1535	33.2	13.6	22.3

从表 2-11 所列出的评定指标分析，不论对何种钢，与在空气中相比，在 $w(HCl)=5\%$ 中其断裂时间和最大应变都大大降低，断裂时间的缩短和最大应变的减少，必然是由于在 $w(HCl)=5\%$ 中，不锈钢发生了严重的应力腐蚀开裂所致，加入 BMAT 后，两种不锈钢的两项评分指标都明显改善。这说明 BMAT 对不锈钢的应力腐蚀破裂有优良的抑制作用。

2.4　不锈钢的中性电解除鳞[10]

目前国际上普遍采用中性电解技术去除不锈钢表面的铁鳞。氧化皮在电流的作用下强制溶解，处理速度快，效率高，表面“酸洗”质量好。

2.4.1　硫酸钠电解除鳞原理

一般采用 20%的硫酸钠（Na_2SO_4）溶液，温度 85℃，pH 5～7，控制六价铬离子含量 3～5g/L，阴极电流密度 10～14A/dm^2，阴极处理时间 10～12s。

(1) 电极板表面发生的电化学反应如下。

硫酸钠在水中电离：

$$Na_2SO_4 = 2Na^+ + SO_4^{2-}$$

在阴极上钠离子接收电子，水解放出氢气和氢氧化钠。

$$2Na^+ + 2e + 2H_2O = H_2\uparrow + 2NaOH$$

阳极上则 SO_4^{2-} 放出电子，表面生成硫酸，并放出氧气，腐蚀性强，材质采用高硅铸铁。

$$SO_4^{2-} - 2e + H_2O \longrightarrow H_2SO_4 + \frac{1}{2}O_2 \uparrow$$

阳极表面层液的腐蚀性强，要采用高硅铸铁。在电解过程中同时有氢气和氧气放出，应防范产生电火花，以免产生爆鸣。

（2）阴极区钢板表面的铁鳞的除去。不锈钢带上的铁鳞即氧化铁（Fe_2O_3）作为相对阳极，被表面生成的硫酸发生化学溶解，同时被氢气冲击、撕裂和搅拌，加速溶解成三价铁离子，加速作用很重要，使基体金属避免发生过腐蚀现象，反应式如下：

$$Fe_2O_3 + 3H_2SO_4 \longrightarrow Fe_2(SO_4)_3 + 3H_2O$$

而 $Fe_2(SO_4)_3$ 中的三价铁离子又会与阴极表面生成的氢氧离子生成氢氧化铁沉淀，应及时排走，以免堵塞通道，影响电解效率，反应为：

$$Fe^{3+} + 3OH^- \longrightarrow Fe(OH)_3 \downarrow$$

不锈钢表面铁鳞中含有氧化铬成分（Cr_2O_3），溶解后生成三价铬离子，部分形成氢氧化铬［$Cr(OH)_3$］沉淀，随氢氧化铁沉淀而被排除，部分三价铬被生成的氧原子氧化而形成六价铬离子（CrO_4^{2-}）留在溶液中，六价铬离子的含量控制在3～5g/L。

2.4.2　硫酸钠电解除鳞的影响因素

（1）硫酸钠浓度。以20%浓度为佳。随着硫酸钠浓度的提高，溶液电阻减小，导电性增强，电解效率提高，但浓度超过25%，溶液温度下降时易造成硫酸钠结晶析出，堵塞管路和换热器，损坏阀门、水泵。故停止生产时，首先要排出电解液，硫酸钠浓度可用比重计控制在1.18～1.20g/cm^3，大致在20%上下。

（2）溶液温度。为了保持硫酸钠有足够的溶解度，电解液应保持在较高的温度下运转，一般控制在80～85℃，温度过高，水分蒸发量大，而且热能损耗过大，并不合算。

（3）溶液pH。溶液酸性过大，如pH＜3，优先使金属基体溶解，铁鳞溶解减慢；碱性过大，如pH＞10时，优先发生析氧反应，铁鳞溶解速率也减慢。但在化学反应中，溶液中的铁离子与氢氧根离子结合，生成氢氧化铁不断排出，溶液随着反应的进行，不断消耗氢氧根离子pH逐渐减低，为了保持pH在中性即pH在5～7，必须按pH变化及时补充氢氧化钠，以保持pH在5～7之间。

（4）电流密度。随着电流密度的增大，除鳞速度加快。

图2-6为冷轧304不锈钢电流密度与铁鳞去除效果的关系。电解时间为10s，由图2-6可见，随着电流密度的增加，铁鳞去除效果明显提高。当电流密度提高到

$15A/dm^2$ 以后，除鳞效果没有明显的变化。电流密度过大，会加大电极板的消耗。实际生产中，根据钢种的不同，电流密度选为 $10\sim15A/dm^2$，一般 AISI300 系列不锈钢电解电流密度值比 AISI400 系列要高一些。

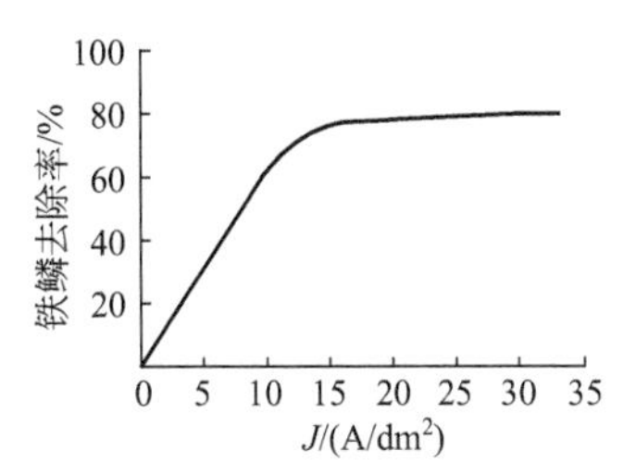

图 2-6 电流密度与铁鳞去除效果的关系

（5）电解液循环。电解液中电极表面反应物（酸和碱）不断补充到不锈钢表面上，在其表面上生成的氢氧化铁不断地排到电解液中，产生的气泡及时排走，可加快除鳞速度，电解液循环流量应保持槽内液体每小时至少更换 8～10 次，使溶液循环流量保持紊流的效果最好。合理地设计酸槽结构，使电解液利用泵力从槽体两侧直接喷射到钢板和电极表面，将电解产物及时冲刷。

（6）板极间距。实际生产中，根据带钢板厚度调整电极间距，间距越小，电流效率越高，但钢带易碰到电极板，产生划伤，上下电极间距以 200～300mm 为好。

① 电压降与钢带厚度的关系见图 2-7。钢带越厚，带钢电阻越小；电极间距减小，极板间硫酸钠溶液的电阻减小，在电解电流不变时，系统电阻减小，电压降低。

② 电极间距和钢带厚度对节能的影响见图 2-8。由于电压降低，因电阻产生的放热无用功也减少，从而提高整个系统的电解效率，即产生了节能效果。

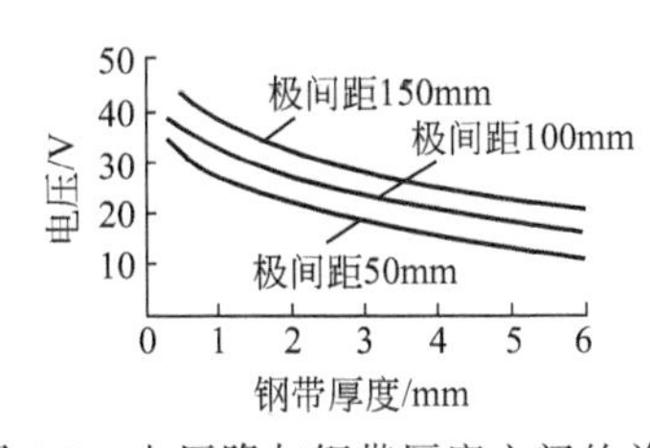

图 2-7 电压降与钢带厚度之间的关系

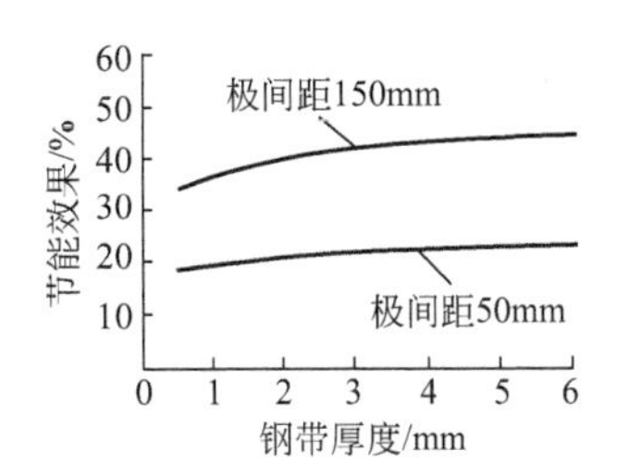

图 2-8 电极间距和钢带厚度对节能的影响

2.4.3 不锈钢电解除鳞的工艺设备

图 2-9 为硫酸钠电解加热循环系统工艺原理图：钢带借助胶辊输送入电解槽中，移动速度按电解处理时间 10～12s 计电解槽中布置有阴极和阳极，由电解整流器送入电流至阳极板和阴极板上，阴极电流密度为 $10\sim14A/dm^2$。固体硫酸钠（Na_2SO_4）直接倒入循环罐内，加水搅拌溶解，稀释成 20%浓度，用循环泵经过滤器、换热器，出口设有温度传感器，加热到 85℃温度时，自动控制气动阀，溶

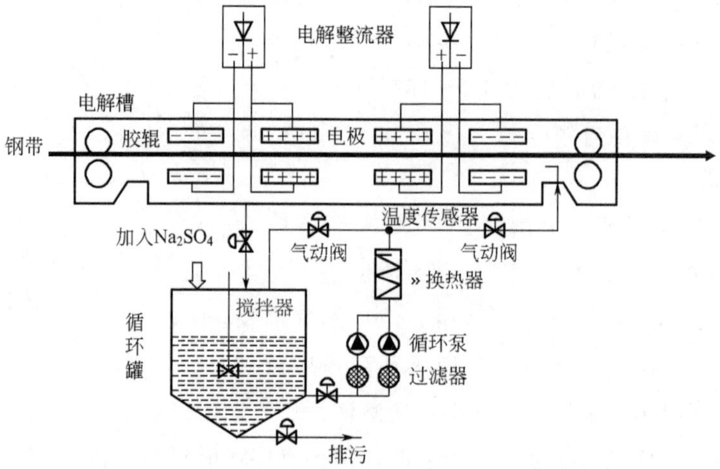

图 2-9　Na_2SO_4 电解加热循环系统工艺原理图

液由循环泵泵入电解槽循环使用，循环泵流量 $200m^3/h$，扬程 30m，上下电极间距根据钢带板形控制在 200～300mm 之间。电解产生的铁鳞或氢氧化铁［$Fe(OH)_3$］等污泥沉积在循环罐锥形底部，通过自动排污系统排出，进行分离处理，清液回收利用。电解槽和电极板每隔 10d 左右清理冲洗一次，以免堵塞。

2.4.4　电解除鳞技术安全与经济效益

生产高质量不锈钢板，采用中性电解除鳞技术，不锈钢制作的质量有大幅提高，极大地提高了市场竞争力，虽然设备复杂，投资运行成本高，但还是以电解除鳞安全，钢带表面质量好而合算，经济效益高。

2.5　不锈带钢的磨料水射流除鳞工艺[11]

2.5.1　磨料水射流除鳞机理

传统的酸洗方法去除带钢表面的氧化皮，对环境、人员和设备具有巨大的危害。磨料水射流除鳞系统是近年来发展起来的一种新的除鳞方法。

（1）在纯高压水射流除鳞时，水在高压的作用下以喷嘴高速喷射至带钢表面，由于高速喷射的水流具有一定的质量和动能，当其撞击到不锈钢带表面上，从而方向发生改变时，将对不锈钢带产生一定的压力，即打击力，其大小直接影响到系统的除鳞效果。

（2）磨料水射流是磨料与高速流动的水互相混合而形成的液-固两相介质射流。

它的除鳞机理与纯水射流的除鳞机理有很大的不同。磨料水射流是利用高流动的水的动能传递给磨料，从而使磨料对钢带靶物起碰撞、冲蚀和磨削作用。高速粒子流还对靶物产生高频冲蚀，从而大大提高射流的品质和工作效率。要保证除鳞效果，需控制好系统压力、流量、带钢移动速度、靶距及磨料浓度等影响除鳞效果的因素。

2.5.2　磨料水射流除鳞工艺

（1）实验条件。

① 磨料选择。石榴石耐磨度强，熔点高，密度大，性能稳定，价格适中，粒度为 80 目。石榴石化学成分为 $Fe_3Al_2(SiO_3)_6$，平均尺寸 200μm，密度 3.9～4.1g/cm^3，硬度 1300HV，抗压强度 180MPa。

② 喷嘴。孔径 0.8mm 的四孔红宝石喷嘴。

③ 高压泵。315kW 卧式高压柱塞泵。

④ 混合方式。磨料和水混合方式分为前、后两种混合式。本实验选择后混合式，具有方便实现连续供砂，喷嘴和管路磨损小，设备使用寿命长等特点。

（2）实验装置及原理。

① 实验装置。不锈钢带磨料水射流除鳞实验系统包括：低压供水部分、增压装置、高压管路、供砂装置、混合喷射装置，以及不锈钢带输送装置等部分。

② 实验原理。见图 2-10 不锈带钢磨料水射流实验原理图。除鳞时，水经过低压管路进入高压柱塞泵进行增压，高压水通过高压管路与渣浆泵输入的磨料在混合喷射装置中混合，磨料在水射流能量加速的作用下通过喷嘴喷向移动的不锈带钢，通过磨料与不锈带钢表面的高速碰撞、冲蚀与磨削作用，去除带钢表面的鳞皮。

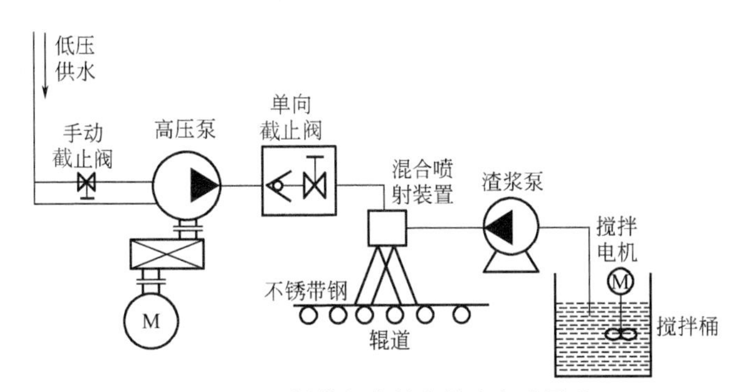

图 2-10　不锈带钢磨料水射流实验原理

（3）实验方法。

① 在搅拌桶中加入水和石榴石，开启搅拌电机，搅拌均匀，用浓度计测量搅拌桶中磨料的浓度（%）。

② 测量并调整喷嘴到不锈带钢之间的距离［靶距（mm）］。

③ 启动辊道电机，通过调节变频器控制辊道速度，从而调节不锈带钢的移动速度（m/min）。

④ 启动润滑泵和高压泵，调节变频器，控制高压泵的压力（MPa）。

⑤ 开启渣浆泵进行除鳞。

⑥ 不断改变参数，重复以上实验，以便找出最佳除鳞参数组合。

2.5.3　除鳞结果与分析

（1）除净率 C。为不锈带钢经过除鳞后除干净区的面积与总除鳞面积的比值。

（2）系统压力 p。其他条件不变的条件下调节系统压力，作出系统压力 p 与除净率之间的关系图，见图 2-11。

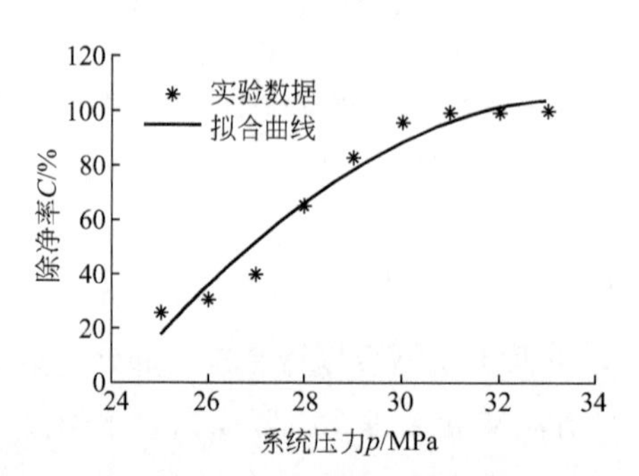

图 2-11　系统压力与除净率之间的关系曲线

（$Q=30m^3/h$，$v=5m/min$，$S=80mm$，$L=40\%$）

由图 2-11 可知，在其他参数一定时，不锈带钢除净率随压力 p 的增大而大致呈线性增大，即压力越大，除鳞效果越好。考虑到工作成本，在保证除鳞效果时，选择压力 $p=30MPa$ 为宜。

（3）系统流量 Q。在系统压力足以克服鳞皮的破坏强度 30MPa 的前提下，系统流量与除净率之间的关系曲线见图 2-12。由图 2-12 可见，增加系统流量 Q 达到 $35m^3/h$ 时，可以提高除净率，再增加流量 Q，对提高除净率的作用不是很大。

（4）不锈带钢移动速度 v。不锈带钢移动速度与除净率之间的关系曲线见图 2-13。

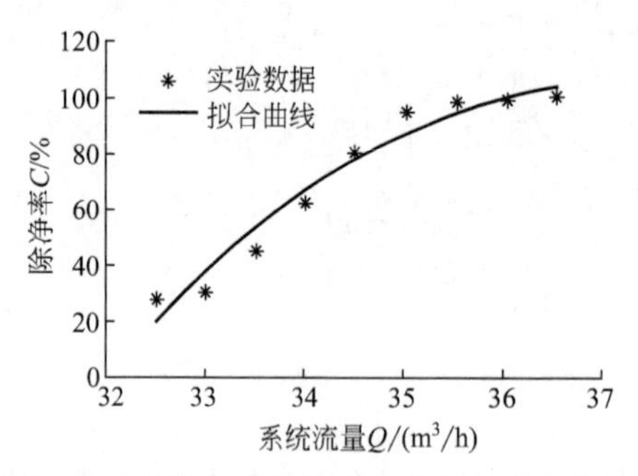

图 2-12　系统流量与除净率之间的关系曲线

（$p=30MPa$，$v=5m/min$，$S=80mm$，$L=40\%$）

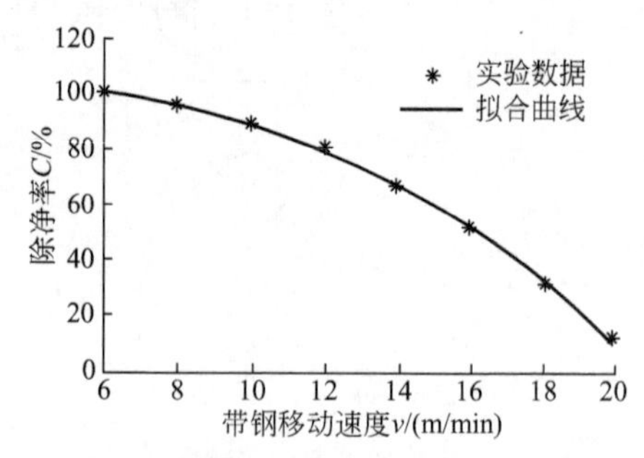

图 2-13　带钢移动速度与除净率之间的关系曲线

（$p=30MPa$，$Q=35m^3/h$，$S=80mm$，$L=40\%$）

由图 2-13 可见，不锈带钢的移动速度越小，射流对带钢的作用时间越长，除鳞效果越好。随着速度的增加，除净率逐渐降低；但不锈带钢的移动速度小时，除鳞效率低。在保证除鳞效果的基础上，尽量提高除鳞效率，可取 $v=10\text{m/min}$ 作为最佳移动速度。

（5）靶距 S（mm）。喷嘴出口至不锈带钢之间的距离不是越小越好，虽然在小面积范围内的除鳞效果很好，但除鳞宽度偏小，即除净率偏低。靶距与除净率之间的关系曲线见图 2-14。由图 2-14 可见，最佳除净率的靶距 $S=100\text{mm}$。

（6）磨料体积分数 L（%）。磨料体积分数与除净率之间的关系曲线见图 2-15。

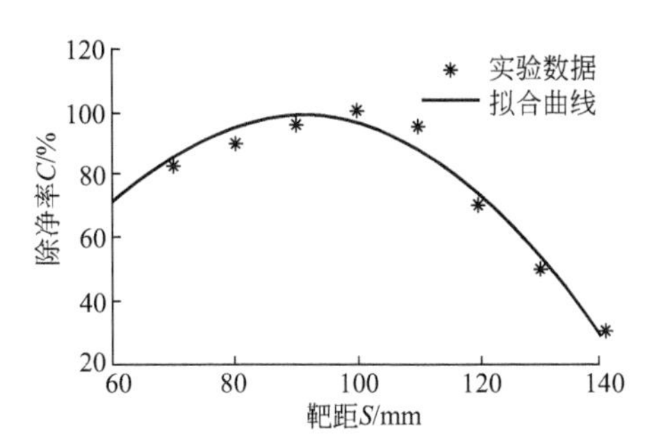

图 2-14　靶距与除净率之间的关系曲线

（$p=30\text{MPa}$，$Q=35\text{m}^3/\text{h}$，$v=10\text{m/min}$，$L=40\%$）

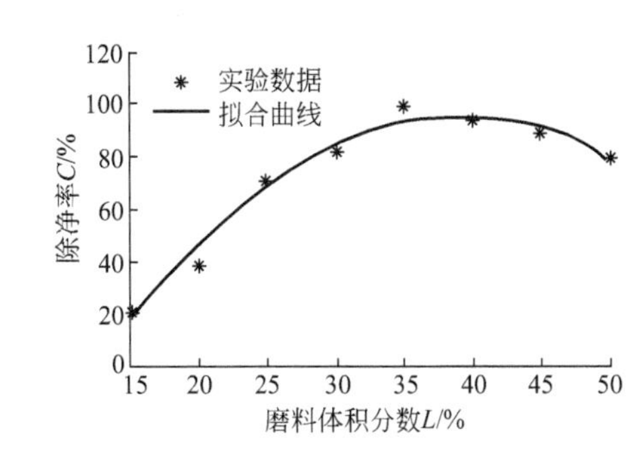

图 2-15　磨料体积分数与除净率之间的关系曲线

（$p=30\text{MPa}$，$Q=35\text{m}^3/\text{h}$，$v=10\text{m/min}$，$S=100\text{mm}$）

由图 2-15 可见，磨料浓度越大，打击力就越大，除鳞效果越好。当磨料浓度较小时，由于射流中磨料对不锈带钢表面的打击不力，鳞片无法除净；但磨料浓度太大，磨料的输送速度会减慢，固液两相流由层流变成紊流，在砂管中易引起堵塞，导致除鳞效果下降，故磨料浓度的最佳值应为磨料体积分数 $L=35\%$。

2.5.4　磨料水射流的最佳工艺参数

根据上述除鳞实验，对实验数据进行曲线拟合，定量分析系统参数与除净率之间的关系，可以得出最佳工艺参数为：

系统压力 $p=30\text{MPa}$；

系统流量 $Q=35\text{m}^3/\text{h}$；

靶距 $S=100\text{mm}$；

不锈钢带移动速度 $v=10\text{m/min}$；

磨料体积分数 $L=35\%$。

基于最优参数条件下设计的系统，既可提高除鳞效果，也可节约成本。

2.6 不锈钢表面喷射玻璃丸处理[12]

2.6.1 不锈钢表面的喷砂处理

(1) 工艺条件。磨料采用河砂(ϕ150～180μm)、石英砂(ϕ150～180μm)或石英砂(ϕ75～90μm),工艺条件:喷嘴16mm,表压<6kgf/cm^2(1kgf=9.80665Pa,下同),喷射角70°～90°,喷嘴与样板距离200～300mm。

(2) 不锈钢表面喷砂后的质量。喷砂后表面粗糙,显深灰色,无金属光泽。

2.6.2 不锈钢表面的喷玻璃丸处理

玻璃丸是球状物,当喷射到金属表面,形成无数微小半圆形表面,它使光线反射后使表面呈显均匀浅银灰色金属光泽表面,玻璃丸可满足这种技术要求。

(1) 喷射玻璃丸设备。

喷射玻璃丸装置见图2-16。

图中虚线区设备设在空气压缩机房内。

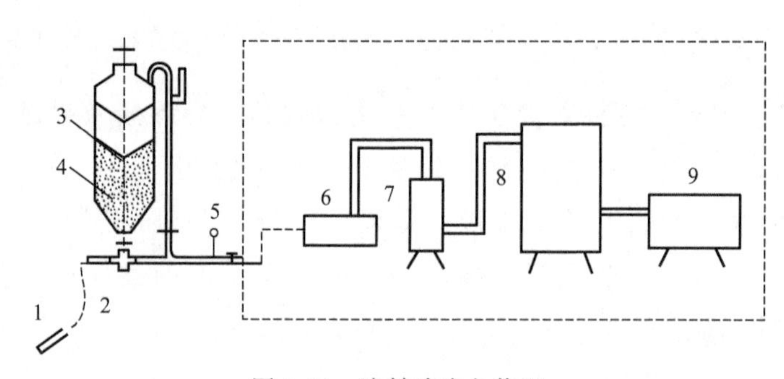

图2-16 喷射玻璃丸装置

1—喷射枪;2—输丸软管;3—喷丸器;4—玻璃丸;5—压力表;6—压缩空气分配器;7—油水分离器;8—储气罐;9—空压机

① 喷枪。共4支喷枪,嘴芯用T10钢制成,经热处理达HRC60,直径为ϕ7mm,当磨损至ϕ10mm时应予更换。

② 喷丸器。容积为0.14m^3,(青岛第二铸造机械厂生产的ϕ2014型设备)。

③ 输丸软管。内衬有编织布的耐压橡胶软管。

④ 玻璃丸。由河北定州抛光材料厂生产的WB-Ⅱ型玻璃丸,成圆率>95%,密度为2.49g/cm^3,硬度HB470g/mm^2,粒度ϕ150～250μm。

(2) 喷射玻璃丸工艺。

① 压缩空气压力。喷丸器的表压不得小于 5kgf/cm^2。

② 喷射角。平面喷射时，喷射角为 60°～70°，直角处喷射角可接近 90°。

③ 靶距。喷嘴与工件距离为 200～300mm。

(3) 操作程序。

① 喷丸前检查。工件上的砂眼、划伤、凹坑等缺陷应补焊、修抛、整平，有油污应清洗干净。

② 对工件外露孔眼及碳钢部位要封口并有保护措施。

③ 喷丸。喷前检查压缩空气是否有油水杂质，然后开启各阀门，工作进度为 20～30min/m^2。

④ 喷射结束。关闭各阀门后，检查有无漏喷或局部表面过热而产生的变形和色差，若有，应立即补喷。

⑤ 工件清理。工件在清理室内，拆除封口和保护物，用压缩空气吹净工件表面，再用干净棉纱擦净，用塑料保护罩将工件保护好。

⑥ 玻璃丸经多次喷射后，要通过 200 目筛网筛选，以备循环使用。

参 考 文 献

[1] WO，9836044.1998-08-20.

[2] 肖鑫，钟萍．不锈钢常温快速酸洗工艺．电镀与涂饰，2005，24 (1)：65-66.

[3] 皮启德．超薄型不锈钢螺纹管酸洗工艺．材料保护，2005，38 (1)：60-61.

[4] 张果金，魏宝明，邱玉珠．适用于多种不锈钢和碳钢的盐酸酸洗缓蚀剂．材料保护，1996，29 (8)：19-21.

[5] 孔繁清等．不锈钢基体上化学镀铜工艺研究．表面技术，2002，31 (6)：34.

[6] 文斯雄．马氏体不锈钢电镀硬铬工艺简介．材料保护，2002，35 (10)：56.

[7] 王成，江峰．不锈钢氧化皮常温无氟清洗．电镀与精饰，2000，22 (2)：22-23.

[8] 李信洲，邢根宝．大型不锈钢工件表面酸洗钝化试验．防腐包装，1983，(4)：14-16.

[9] 龚利华，戴志仁．不锈钢热处理后表面氧化物的清洗研究．材料保护，2007，(9)：42-44.

[10] 原金钊．中性电解除鳞在不锈钢酸洗中的应用．材料保护，2006，39 (6)：69-70，73.

[11] 陈可卿，成鹏飞，彭敏．不锈带钢磨料水射流除鳞工艺研究．表面技术，2009，38 (6)：70-72.

[12] 邱发均，潘水保．不锈钢表面喷射玻璃丸处理工艺．电镀与精饰，1990，12 (2)：47-48.

[13] 张果金，魏宝明，邱玉珠．可抑制不锈钢酸洗应力腐蚀的缓蚀剂．材料保护，1997，30 (12)：27-29.

第3章 不锈钢抛光

3.1 概 论

3.1.1 抛光的实用性

由于不锈钢具有强度高、耐蚀性强、耐热性好等许多优点，所以不锈钢在工业上的应用比较广泛，石化工业、电子机械、医疗器械、轻工产品、个人住宅装饰、高级宾馆设施，无不应用不锈钢制造品。但是，不锈钢在生产过程中经过铸造、模锻压、热处理等工艺加工，表面上生成一层黑色氧化皮，或在机械加工的切削过程中留下微观不平度。为了取得不锈钢表面的光洁度、光亮度和使用寿命，必须对不锈钢进行适当的机械抛光，继而化学抛光或电化学抛光，才能真正地提高其自身的价值，发挥其应有的实用性。

3.1.2 金属电化学抛光的历史

金属电化学抛光技术早在1911年由俄国化学家许宾塔斯基发明，但在其后的几十年中并没有得到多大的发展。直到1936年法国学者捷润特进行了深入的研究，最早用于制取金相样品，其理论和实践才得以初步建立。

3.1.3 金属化学与电化学抛光的特点

它去除了机械抛光过程中产生的拜尔培层，在表面上生成了具有高耐蚀性和反光率的金属氧化物层，同时也降低了表面的应力和摩擦系数，具有更好的耐蚀性和光亮度。生产过程中表面不产生渗氢现象。对于形状复杂或体积较小的零部件也可进行抛光处理。

不锈钢的抛光工艺过程包括表面化学预处理、机械抛光、化学抛光或电化学抛光，最后钝化。抛光的效果取决于表面的原始粗糙度，机械抛光后，表面光洁度越高，化学抛光或电化学抛光后的光洁度也越高，光亮度也越亮。

3.2　抛光对不锈钢的组织和性能的影响

3.2.1　表层微观组织形貌

（1）机械抛光的影响。对奥氏体镍铬不锈钢，如 1Cr18Ni9Ti 的机械抛光，仅靠磨料在很大的定向压力作用下整平表面，因此，表面存在一定量的塑性变形组织特征——纤维组织，即拜耳培层。

（2）电化学抛光的影响。马胜利等研究了 1Cr18Ni9Ti 不锈钢在磷酸/硫酸体系电解液中的电化学抛光后[1]，表层组织由典型的纤维状组织转变为均匀致密的颗粒状晶粒组织形貌。这显然与抛光过程的机理有关。

通常当电流通过电解液时，不锈钢在阳极上，金属表面微观突凸处发生着优先溶解现象，且晶粒中不同晶面微观溶解速率也不相同，从而导致晶粒边缘的出现。但在不同电化学抛光条件下，表面的显微组织形貌有很大的差异。如在 65%(质量分数）磷酸、25%(质量分数）硫酸、10%(质量分数）水的电解液中，当阳极电流密度为 30A/dm^2、T 为 70℃下抛光 15min 时，可获得较好的表面抛光效果。当阳极电流密度（D_A）过低（D_A<20A/dm^2）或过大（D_A>40A/dm^2），或温度过高（>90℃）或过低（<50℃），或抛光时间过长（>25min）或过短（<10min），均不利于表面抛光质量的提高。如在 D_A=20A/dm^2 时，表面被腐蚀。

1Cr18Ni9Ti 不锈钢电化学抛光时测得的阳极电位-电流密度极化曲线见图 3-1。从曲线可见，在 AB 区间，曲线呈直线状，阳极表面金属只能溶解，不会形成钝化膜，因而被腐蚀，显露出结晶组织。从曲线 B、C、D 三点上看，阳极表面析出大量的氧气附着在表面上，导致 D_A=40A/dm^2 时表面出现腐蚀条纹。

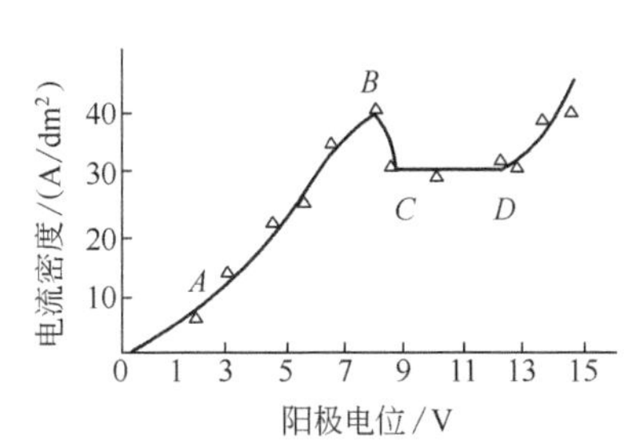

图 3-1　实验测得的 1Cr18Ni9Ti 电化学抛光时的阳极电位-电流密度曲线

3.2.2　表面粗糙度和光亮度

（1）机械抛光表面粗糙度和光亮度。机械抛光表面粗糙度测量值 Ra = 0.51μm，而光亮度仅为 10%，对此实验结果可能的解释是机械抛光表面上会出现很多不规则的晶面，向各个方向均有反射光线。

(2) 电化学抛光表面粗糙度和光亮度。图 3-2(a) 表示固定硫酸与水的比值为 2.5，$D_A=30A/dm^2$，$T=70℃$，$t=15min$ 的情况下，研究磷酸含量对抛光效果的影响。磷酸含量为 65%(质量分数) 时，粗糙度 (Ra) 接近于 0.3μm，而光亮度达到 80%。马胜利等人指出，在磷酸含量最理想的条件下，抛光有强烈的阳极极化现象。这表明阳极表面有钝化膜生成。因此，电化学抛光时，电解液组成、浓度的选择应使金属表面处于局部钝化和局部活化的中间状态，以达到整平表面、增加光泽的效果。为了达到粗糙度 (Ra) 值最小，既要达到整平表面，又要增加光亮度，选择最佳的电流密度 (D_A)、电解液温度 T 和抛光时间 t，使电解抛光处于阳极腐蚀和阳极氧化的中间状态。

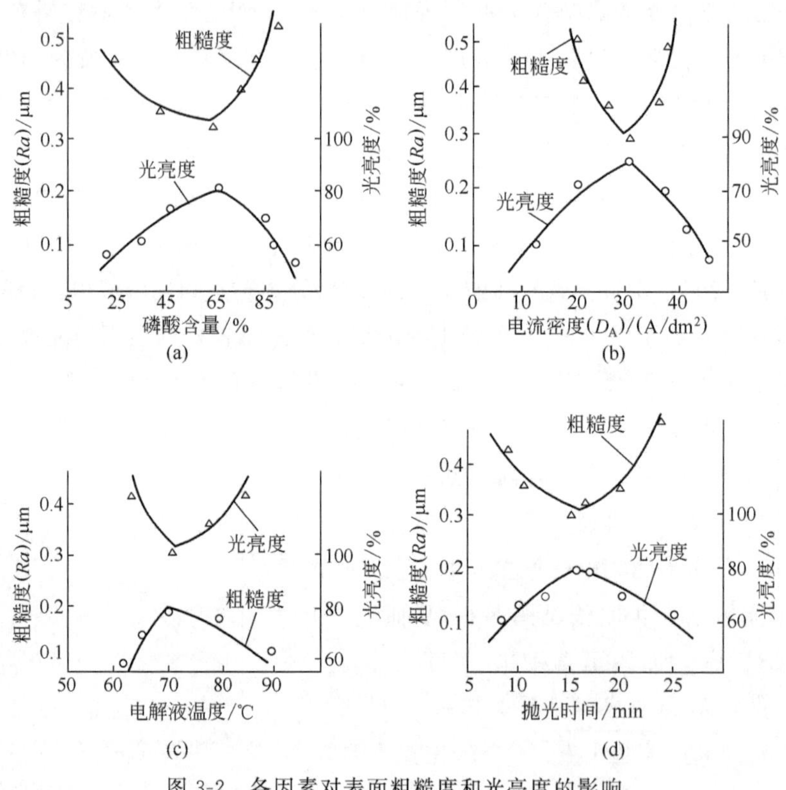

图 3-2 各因素对表面粗糙度和光亮度的影响

从图 3-2(b)～(d) 来看，工艺操作参量对抛光效果的影响均显示为抛物线极值关系。只使金属阳极溶解，不能生成阳极钝化膜，阳极金属处于腐蚀状态，虽可整平表面，但金属无光泽，相反，会导致阳极钝化膜的溶解加速，阳极氧化程度增加，严重时出现过腐蚀。只有阳极钝化膜的生长速率和溶解速率大致相同时，才能达到较好的抛光效果。即阳极金属局部钝化-局部活化状态是获得高光亮度、低粗糙度的抛光效果的关键。电化学抛光的表面上不存在有破碎晶粒的变形层，表面钝化膜更具规则的结构和均匀性，因而大大增加金属的光泽性。

3.2.3 表面显微硬度

（1）机械抛光随着时间的延长，表面显微硬度基本上无明显变化，见图3-3抛光时间对表面显微硬度（HV）的影响，并高于电化学抛光显微硬度（HV）。

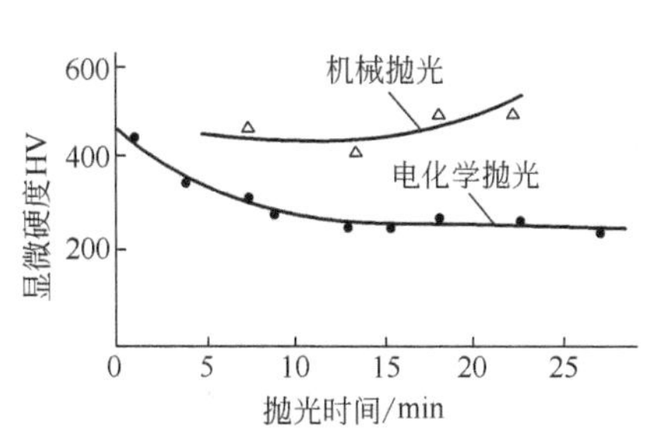

图3-3 抛光时间对表面显微硬度（HV）的影响

（2）电化学抛光随着抛光时间的延长，表面显微硬度开始时明显下降，15min后下降趋势变得平缓，这主要是因为电化学抛光时冷作硬化层被逐渐溶解，使表面硬度下降而后趋于平缓。

3.2.4 表面耐蚀性

腐蚀实验采用失重法，即在50g/L三氯化铁和1.83g/L盐酸介质在温度50℃中进行。每隔1h取出试样观察其表面腐蚀状态，并在光电分析天平上称量其失重值（mg）。

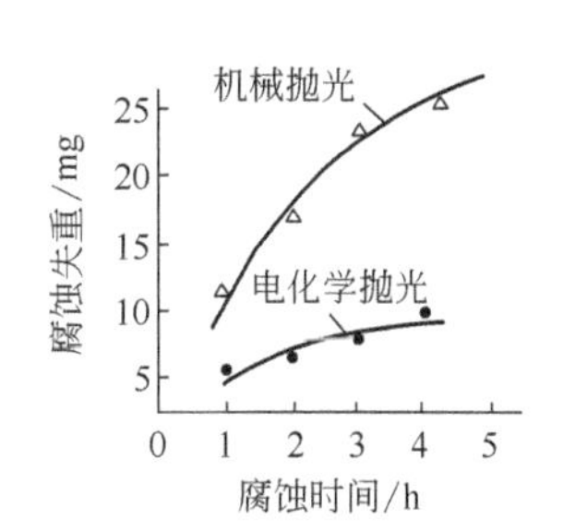

图3-4 抛光条件对1Cr18Ni9Ti表面耐蚀性的影响

（1）机械抛光表面耐蚀性。从图3-4抛光条件对不锈钢1Cr18Ni9Ti表面耐蚀性影响的曲线看出，机械抛光的耐蚀性明显低于电化学抛光，这主要是机械抛光表面的冷作硬化变形层的腐蚀速率较高，加之在机械研磨过程中，不可避免地有磨料微粒嵌入变形层中，加大了变形层的腐蚀速率。

（2）电化学抛光使金属表面冷作硬化层溶解，表面活性降低，更重要的是，表面有一连续的钝化膜形成，显著提高其耐蚀性。

3.3 机械精细镜面抛光——乳化液抛光

3.3.1 常规机械抛光

常规机械抛光是不锈钢抛光的三种抛光（即机械抛光，化学抛光和电化学抛光）的第一道工序。有时两者相结合，如机械抛光-化学抛光或机械抛光-电化学抛光。机械抛光用于初级抛光，将表面的凹凸不平度加工到一定的粗糙度，然后再进行化学抛光或电化学抛光。化学抛光和电化学抛光可以除去表面微观不平度，从而提高到镜面光亮。对于毛坯表面由于存在宏观不平度，要先用机械抛光的方法达到 $Ra \leqslant 0.8\mu m$ 的粗糙度，再用化学抛光或电化学抛光的方法提升到 $Ra \leqslant 0.05\mu m$ 以上的粗糙度，才能获取最后的光亮度——镜面光泽。只有轧制的光洁度较高的板材制件或机械精加工制件，才可不经机械抛光而直接进行化学抛光或电化学抛光。

3.3.2　乳化液机械抛光

杭州木板总厂林勇等人对压制大型塑料贴面板（2700mm×1480mm×4mm）自用的SUS321模板用机械精细抛光的方法获得满意的最后的镜面，即不再用化学抛光或电化学抛光[2]。他们采用BQL-32型三盘式抛光机进行机械抛光。原采用氧化铬（Cr_2O_3）悬浮液对SUS304不锈钢需8h可以抛出镜面，后改用价廉的SUS321不锈钢板，即使抛光24h以上，也得不到镜面光泽。经过对抛光工艺的研究，研制了一种新型的ZH-1抛光乳化液，可以在很快的抛光速率下达到良好的效果。磨料采用 M_2 型抛光用白刚玉（氧化铝 Al_2O_3）微粉，其磨削力比氧化铬强，抛光速率快，出光时间只需后者的1/5，抛光后的光洁度也高。用羊毛毡贴衬抛光盘，具有组织松软、均匀、弹性好、浸含量大的优点。它能吸收一部分机械振动能，有较高的刃口等高性能，因此，具有很好的抛光作用。用ZH-1抛光乳化液出光快，只要抛光时间超过1h，所有测试点的表面粗糙度（Ra）值均小于 $0.04\mu m$，光洁度大于12，光泽可鉴，呈精密镜面。

3.3.3　ZH-1抛光乳化液[18,19]

LN	7%	石油磺酸皂	6.8%
三乙醇胺	适量	20# 机油	72.4%
P_1（P_2）	3.4%		

使用方法：将已混溶的上列各物添加3%～4%的水配成乳化油。待使用时再加水和磨料，乳化油的用量为2%～5%，磨料的用量为乳化液∶磨料＝11∶1。

ZH-1抛光乳化液中的基础油和石油磺酸皂等有机添加剂具有润滑性能，添加极压添加剂LN更具有良好的极压性能，因此，在重荷和速度相对较低的操作条件下更能发挥其优越性。抛光盘的转速为56r/min。通过MS-800四球试验机按GB 308标准进行测试，ZH-1抛光乳化液最大无卡咬负荷 P_B 值为88kg，而原先采用氧化铬悬浮液介质的 P_B 值却在10kg以下。可见，ZH-1乳化液具有良好的极压润滑性。抛光液与抛光机和抛光液循环系统接触，要求抛光液具有防锈性能，在

ZH-1乳化液中含有石油磺酸皂、三乙醇胺等多种有效的防锈添加剂。奥氏体不锈钢的导热性很差。对不锈钢抛光时散发的摩擦热要求抛光液有良好的冷却效果。ZH-1抛光乳化液是水包油型乳化液，其冷却性能大于磨削油而接近于水，因此，在快速抛光过程中不会发生过烧伤现象。

3.3.4　精细镜面机械抛光工艺过程

清洁表面（用水洗擦拭，再用汽油或丙酮擦洗，以除去表面的油污及灰尘）→去除表面氧化层［在开始抛光的20min内用较大的抛光压力（3～4）$\times 10^4$Pa，磨料和抛光乳化液的供应量大些，12mL/(cm^2·s) 除尽氧化层］→镜面抛光［显露金属基体后，磨削量和磨削压力应减少，当出现镜面光泽时不再加压，靠磨头自重修饰抛光，抛光液流量减少到8mL/(cm^2·s)，继续抛光40min即可得到镜面光亮］。

3.4　化学抛光

化学抛光是通过添加剂控制化学反应，使金属表面微观突起部分的溶解速率大于微观凹洼处的溶解速率，从而使表面抛光。因此，抛光液的组成对抛光质量起着决定的作用。

化学抛光的优点如下。

① 适应性强。可以处理形状复杂的零件，能使不锈钢内外表面都可获得均匀的光洁度。

② 操作简单，生产效率高。

③ 所用设备简单，价格便宜。

化学抛光的缺点是：化学抛光表面质量略差于电化学抛光。

3.4.1　化学抛光溶液组成及中低温工艺条件

不锈钢化学抛光溶液组成及中低温工艺条件见表3-1。

3.4.1.1　配方1

本配方中不使用硝酸，而只使用硝酸钠60g/L，代替硝酸，从而消除传统的三酸抛光液，消除对环境和人体健康的危害。该配方具有抛光效果好、出光速率较快、无黄烟等优点。化学抛光的工艺流程是：脱脂（脱脂液为常规碱性除油液，常温下除油15min）→水洗→化学抛光→水洗→中和（5%碳酸钠溶液）→水洗→干燥（或后序其他工作）。

表 3-1　不锈钢化学抛光溶液成分及中低温工艺条件

配方号	1	2	3	4	5	6	7	8	9	10
磷酸(80%)	120mL/L		80～120mL/L			100～120mL/L		255～340g/L		
硫酸(d=1.84)							50～100mL/L		0.1g/L	80mL/L
硝酸钠	60g/L							120～150g/L		
盐酸(d=1.19)	60mL/L	200mL/L	80～120mL/L		20～30mL	130～150mL/L	50～100mL/L	290～360g/L		
草酸				3g/L					12.5g/L	150～200g/L
添加剂	15mL/L①				20～30mL②	LBXQ-10A 4～6g/L B 35～45mL/L, C 8～12mL/L③		复配表面活性剂 10～15g/L④		
过氧化氢(30%)		400mL/L		80mL/L	20～30mL				62mL/L	
硝酸(62%～68%)			40～80mL/L			50～60mL/L	85～170mL/L			
氟化氢铵				12g/L						
尿素			5g/L	10g/L			20～40g/L			
氟化钠							20～40g/L			
十二烷基苯磺酸钠				0.5g/L					0.5g/L	
十六烷基氯化吡啶			1～3g/L							
苯甲酸钠			1～2g/L	0.96g/L						
亚硝酸钠			1～1.5g/L							
丙三醇							适量			
乙酸								150～240g/L		6～10mL/L
聚乙二醇(M=6000)		2g/L								
表面活性剂 OP-10										5～10mL/L
硫脲										8～10g/L
水					20～30mL					
温度/℃	60	15～35	室温	室温	室温	70	室温	75～85	50	50～60
时间/min	3～5	2～5	5～10	3～10	光亮为止	2	1～3	1～3	15～20s	3～5
参考文献	[3]		[5]	[6]	[7]	[8]	[9]	[10]		

① 添加剂配比见配方 1 说明。
② 添加剂请向南京工业大学材料学院陈步荣，周永璋咨询。
③ 添加剂 LBXQ-10 A、B、C 可向济南山东省机械设计研究院冯涛联系购买。
④ 复配表面活性剂可向西安眉坞化工纸业有限公司屈战民咨询。

（1）磷酸。磷酸在化学抛光过程中既能起溶解作用，又在不锈钢表面生成一层不溶性磷酸盐转化膜，可以有效地抑制不锈钢的过度溶解，当磷酸超过150mL/L时，会增大不锈钢表面的磷酸盐转化膜的厚度，抑制溶解反应的进行，不能达到抛光效果。当磷酸浓度低于90mL/L时，不锈钢表面磷酸盐转化膜不连续，不能抑制不锈钢表面在盐酸和硝酸的作用下发生过腐蚀。实验结果表明，磷酸在120mL/L时的抛光质量最优，表面接近镜面光亮，能看清人的五官。

（2）硝酸钠。取代了原来使用的硝酸，避免添加过程中产生黄烟，还可有效地除去不锈钢表面上的氧化层。硝酸钠低于40g/L时，氧化层难以除去，表面含有蚀坑和麻点出现。当硝酸钠超过80g/L时，对不锈钢表面会产生钝化作用，使溶解速率降低，会产生黄烟，表面光亮度下降。实验结果表明，硝酸钠为60g/L时，抛光质量最好。

（3）盐酸。用于除去不锈钢表面上的氧化层。当盐酸低于40mL/L时，氧化层去除不完全，抛光效果不理想；当盐酸超过80mL/L时，不锈钢表面会产生过腐蚀，抛光性能降低，且酸雾挥发严重。实验结果表明，当盐酸为60mL/L时，抛光质量最佳，表面接近镜面光亮，反射能看清人的五官。

（4）添加剂。在抛光过程中起着十分重要的作用，对抛光速率和抛光效果有很大的影响。添加剂由乌洛托品、聚乙二醇、二甲基硅油、十二烷基二苯醚二磺酸钠按1∶3∶1∶1的质量比复配而成。配制方法是：首先选取50g乌洛托品溶于1L水中，然后按质量比依次添加其他三种药品，乌洛托品起缓蚀作用，防止抛光过程中产生过腐蚀；聚乙二醇是大分子有机物（*M*6000），起到黏度调节和抑制酸雾作用；二甲基硅油起消泡作用；十二烷基二苯醚二磺酸钠在不锈钢表面形成吸附层，起到增光作用。实验结果表明，复合型添加剂控制方便，添加简单，有效提高抛光效果，添加量以15mL/L为宜。

（5）温度。当80℃时，抛光速率快，但易产生过腐蚀，抛光液使用寿命较短。当低于50℃时，抛光速率慢，表面呈雾状，抛光效果较差。以60℃时的抛光效果最好，接近镜面光亮，可照见人影。

（6）时间。抛光时间过长，生产效率低，腐蚀量大，抛光液消耗量增加。抛光时间应控制在3～5min为宜。如果在最佳温度和在此时间内得不到最佳抛光效果，表明溶液成分有变化，应作适应调整，或化学分析后调整再操作，才能保持最佳效果。

3.4.1.2　配方2

本配方含有盐酸和双氧水，双氧水比较不稳定，加有聚乙二醇，作为稳定剂和光亮剂，在室温下操作。在时间上抛光光亮即可取出，依靠双氧水的氧化作用，如果双氧水的光亮作用不足，应即时补加，以保持其光亮作用。本配方不含磷酸、硝酸、硫酸，也可作为清洁生产的无害化配方。盐酸废物被碱中和后以氯化钠无害化排出。本化学抛光只能满足一般的光亮要求。如果要求镜面光亮，一般都要先进行机械抛光，再采用电解抛光才能达到镜面光亮。

3.4.1.3　配方3

本配方为三酸体系化学抛光、不锈钢制品在加工过程中表面生成黑色氧化皮时，经过常规碱性化学除油后即可进行化学抛光。

（1）磷酸。当磷酸在80～120g/L时，抛光效果较好；过高，超过170mL/L时，抑制溶解反应，使黑色氧化皮难以除去；而≤60mL/L时，磷化膜不连续，难以抑制表面被硝酸和盐酸过溶解。

（2）硝酸。在其他成分适中时，硝酸在40～80mL/L时可得光亮、平整的抛光面。

（3）盐酸。用于除去不锈钢表面的黑色氧化皮。在其他成分适中时，盐酸含量在80～120mL/L时，抛光效果最好，过高则光亮度下降。

（4）亚硝酸钠。在其他成分正常的情况下，亚硝酸钠的含量为1～1.5g/L，温度在室温，时间为5～10min时的光亮度最好。当其含量达2.0g/L时，氧化氮大量逸出，污染环境。

（5）添加剂。十六烷基氯化吡啶适量（1～3g/L）时可得极佳光亮度的抛光面。苯甲酸钠作为缓蚀剂，尿素则抑制氮氧化物的产生。

（6）时间和抛光温度。温度在50～60℃时，抛光时间短，可得到较好的效果，但加热后难以控制，在室温下也可获得同样的抛光效果，故选择室温。此时抛光时间在5～10min，也便于控制。

3.4.1.4　配方4

本配方是不使用三强酸，而是在pH等于3～4的范围内操作的，有利于过氧化氢的稳定，充分发挥其抛光作用，在工艺流程中要除油（常规碱性除油去净为止）和酸洗（盐酸100mL/L，加六次甲基四胺1g/L，室温，15～20min），然后进行化学抛光。抛光后要用碳酸钠5g/L溶液中和20min。

（1）氟化氢铵。主要是对Fe^{2+}配位成配位离子（Fe^{2+}成$[FeF_6]^{3-}$）。在其他成分存在下，氟化氢铵10～14g/L均可使抛光表面光亮如镜，可选取12g/L。

（2）双氧水。是强氧化性的弱酸，实验抛光溶液的pH为2～3，恰为双氧水的稳定pH。双氧水与氟化氢铵共同作用的结果使抛光效果变好。在双氧水未加时，只有其他成分，表面无抛光的变化；当加到20mL/L时，表面略发黑；当双氧水加到 60～140mL/L 时，抛光表面为光亮如镜。从成本和时间考虑，取 80mL/L 为宜。

(3) 尿素。起增溶作用，避免大量气泡逸出，使反应稳定，在其他成分存在下，尿素在 8～14g/L 时都可获得光亮如镜的表面。可选取 10g/L 为宜。

(4) 苯甲酸钠。其在抛光液中起缓蚀作用。在其他成分常规含量下，苯甲酸钠以 0.96g/L 为宜。

(5) 草酸。抛光液中没有草酸，铁不能充分溶解。草酸在 2～4g/L 时均可使抛光表面光亮如镜，以取 3g/L 为宜。

(6) 十二烷基苯磺酸钠。主要起润湿作用。在其他成分存在下，十二烷基苯磺酸钠 0.4～1.0g/L 均可获得光亮如镜的抛光表面。以选取 0.5g/L 为宜。

(7) 时间与温度。抛光时间小于 3min，抛光效果不明显，时间超过 15min，抛光过度，有锈迹麻坑出现，一般以 5～10min 为好，温度以室温为好，过高，会使双氧水和草酸分解，使抛光液失效。故最好是现用现配，失效后重配。

3.4.1.5 配方 5

也是在常温下使用双氧水和盐酸并加有自制的添加剂，加水各占 1/4 质量分数。也可获得较好的光亮效果。

(1) 双氧水。抛光液光亮的形成效果是依靠适量的双氧水在溶液中产生 Fe^{3+}，形成黏性膜，以达到光亮效果。双氧水含量过高，会加速 Fe^{2+} 向 Fe^{3+} 的转化，使黏性膜转弱或消失，使不锈钢表面溶解加快，造成过腐蚀，使光亮度降低。双氧水的用量为 30～50mL。

(2) 盐酸。盐酸用量在 10mL 之内时，化学溶解作用较小，产生的 Fe^{2+} 少，因而转化成 Fe^{3+} 的数量也较少，不能满足抛光所需形成黏性膜的要求，抛光效果较差。当盐酸用量超过 20mL 后，抛光效果较好。但超过 30mL 后，失重较多，使抛光成本增加。故其用量以 20～30mL 为好。

(3) 添加剂。为一种易溶于水的无机物，其阴离子能与从不锈钢中溶解出来的铁离子、镍离子、铬离子络合，从而控制和稳定腐蚀化学反应，并形成抛光所要求的黏性膜。有关添加剂的组成可向南京工业大学材料学院陈步荣、周永璋咨询(210009)。在基础配方：双氧水 20～30mL、盐酸 20～30mL、水 20～30mL、添加剂的用量在 20～30mL 时，光亮效果最好。添加剂量达到 40mL 时，光亮作用反而下降，且腐蚀失重迅速上升。

(4) 水。水的用量应控制在 20～30mL，水量过高，表面光亮效果下降；水量过低，表面虽光亮但不均匀，且腐蚀失重较大，抛光成本增加。故水量也应严格控制。

3.4.1.6　配方 6

本抛光液适用于 304 不锈钢（0Cr18Ni9）。

（1）磷酸。既起溶解作用，又形成不溶性磷酸盐转化膜，使出现的微观表面凸出峰面优先溶解而达到光亮效果，其最佳含量为 110mL/L。含量过低，抑制不了盐酸和硝酸的过溶解，使表面无光泽；其含量过高，使磷酸膜太厚，抑制溶解反应的进行，从而导致氧化皮难以除去，不产生新的光洁表面。

（2）硝酸。其含量过低，抛光面粗糙发灰、麻点；含量过高，不锈钢表面易形成钝化膜，从而使光亮度下降，并产生大量酸雾。其最佳含量为 60mL/L。

（3）盐酸。起溶解作用。其最佳含量为 140mL/L，含量过低，溶解速率慢；含量过高，溶解腐蚀加剧，都得不到满意的效果。

（4）添加剂共有三种，即 LBXQ-10A（开缸剂）LBXQ-10B（光亮剂）和 LBXQ-10C（辅助光亮剂），由济南市山东省机械设计研究院研制。需要者可向该研究院购买（济南市济泺路 129 号，250031，电话 0531-85957193）。三种添加剂的作用如下。

① A 剂。又称开缸剂，主要作用是对新配抛光液起老化作用，促使磷酸盐转化膜的形成，从而抑制磷酸对金属的过溶解作用。新配抛光液添加 5～6g/L 即可。

② B 剂。又称光亮剂，含多元醇、缓蚀剂、酚黄、无机盐等成分，以 40mL/L 为佳。含量过低，光亮效果差，在补加光亮剂后，如再次抛光时，先将返工件在 15%盐酸内放置数分钟后再抛光，含量过高，会降低抛光速率。

③ C 剂。又称辅助光亮剂，含有多种表面活性剂，其主要作用是与光亮剂协同，保证不锈钢表面洁净光亮，抑制不锈钢表面产生灰膜，C 剂还有防止酸雾逸出的作用。以 10mL/L 为佳。

（5）温度。抛光液温度以（70±5)℃为宜。温度过低，抛光溶解反应速率缓慢，不锈钢表面氧化皮难以除去，抛光效果差。温度过高，抛光反应太快，不易控制，能耗较高。硝酸、盐酸易分解外逸，致使污染环境，又降低抛光液有效成分。化学抛光是放热反应，其释放热量与抛光载荷有关，即抛光件表面积与抛光液体积之比有关，即载荷愈大，其释放热量愈大。化学抛光所释放的热量要大于抛光槽所散失的热量及工件带走的热量，因此，在抛光时不仅要停止加热，还要进行冷却。可选用聚四氟乙烯管、钛管，起始时作为蒸气加热管，抛光温度上升时又可通入冷却液作为降温冷却管，以控制抛光液的温度不超过 80℃。为了使抛光液具有一定的寿命，根据处理工件面积（m^2）来计算槽液体积，用于 304 类型不锈钢，每升可抛光 0.5m^2。当用于 1Cr18Ni9Ti 不锈钢，抛光时间采用 2min，其使用寿命长达 1.2m^2/L。因此，适当大的体积而较低的载荷，使抛光液的温度比较稳定，使用抛光液的周期（寿命）也较长，溶液抛光载荷应控制。如 1 个日处理量 1Cr18Ni9Ti 不锈钢为 100m^2 的抛光量，则日耗体积为 83L，如要使使用寿命为 3d：则：$100m^2 \div 1.2m^2/L \times 3d = 250L$。如抛光 304、316 不锈钢，寿命可延长一倍。

（6）时间。抛光时间取决于不锈钢的表面状况。一般情况下以 2～5min 为宜，即可获得非常光亮的镜面光洁度。时间少于 2min，抛光效果不理想，时间过长，多于 5min，易产生过腐蚀。新配的抛光液，各种成分均处于上限，时间可取上限 2min。如果抛光一段时间后，各成分会消耗至下限，时间可适当延长至下限（<5min）。各成分低于下限，则可适当调整或更换。

（7）工艺流程。抛光表面在抛光前务必进行化学去油，可采用常规的碱性化学除油溶液在常温或中温中除油，将表面除尽油渍和其他污物后经流动水清洗后即可进行化学抛光。化学抛光液属强酸性，要用流动水立即冲洗净，然后进行中和，用 2%碳酸钠溶液浸洗，然后用热水清洗，如果需要长期保存，还要进行化学钝化，再冷水清洗，最后烘干。

3.4.1.7　配方 7

本配方可适用于 69111 不锈钢零件的化学抛光，表面被抛光溶液浸蚀和整平，获得比较光亮的表面。69111 不锈钢是属于半奥氏体沉淀不锈钢，由于它易于加工成型，且经冷作硬化时效处理能获得优良的机械性能，且具有优良的化学稳定性。为了有效地去除加工过程如冷冲压中产生的毛刺、机械划伤，应力层加热处理过程中生成的氧化物等，改善表面粗糙度，本配方的化学抛光工艺效能高，成本低、操作简单，有较高的抛光速率，抛光溶液具备一定的致钝性，以保证零件基体不易产生过腐蚀和大量渗氢，同时还具备高的化学稳定性、较小的温度波动和一定的黏度等性能。

（1）预处理。化学抛光前零件必须认真地在碱性化学除油溶液（氢氧化钠 20～30g/L，碳酸钠 30～40g/L、磷酸三钠 30～40g/L，OP-10 乳化剂 3～5g/L）中，温度 60～80℃、时间 10～15min 彻底除去表面油污，使表面洁净，然后在流动水洗净后，将零件在 30%～50%的盐酸中预浸蚀 1min，这是为了延长化学抛光溶液的使用寿命。

（2）化学抛光。小零件可放在塑料篮子内、大零件可用尼龙绳吊挂，以减少对化学抛光溶液中金属离子的积累，避免化学抛光溶液过早老化。当化抛液中的金属离子如 Fe^{2+} 为 50g/L、三价铬为 Cr^{3+} 20g/L 时，表明抛光溶液已老化，只能全换或部分更换，才能确保化学抛光正常进行。在老化之前，化学抛光进行中，盐酸、硝酸消耗较多，应及时补充至工艺范围内。

（3）温度。可在室温下操作，温度在 25℃为宜。开始抛光时温度偏低，化学抛光速率慢。冬季温度过低，易使零件表面致钝面停止化学抛光的进行，此时应用盐酸溶液活化零件表面后才可继续进行化学抛光。当温度升高时，化学抛光速率明显加快。化学抛光是个放热反应，温度会持续上升，操作中会放出盐酸白色蒸气和氧化氮棕色气体，基体金属以高价离子形式溶解，产生过腐蚀现象，导致零件报废，故应采取降温措施，暂停工作。

（4）后处理。零件经化学抛光后，需经流动水清洗干净，并在5%的碳酸钠水溶液中进行中和，除去表面带有的酸迹。实践检验，69111不锈钢零件化学抛光去除量为1～5μm，一般不会造成超差。本工艺工效高，操作方便，溶液稳定，成本低，适用于形状复杂的零件。

3.4.1.8　配方8

本配方为高性能环保不锈钢抛光剂，抛光后工件表面可达到镜面光亮效果，且废水处理简单，处理后对环境无污染。

（1）磷酸。主要增加抛光液黏度，在不锈钢表面形成黏性膜和钝化膜，可使不锈钢表面达到平整和抛光功效。其含量低只有腐蚀作用，其含量过高，表面钝化，达不到抛光目的。磷酸含量控制在250～340g/L时，抛光效果最佳。

（2）盐酸。主要起溶解作用。单独的盐酸对不锈钢不起溶解作用，与硝酸等相结合才有溶解能力。盐酸在290～360g/L之间，表面抛光均匀，光亮度高；其含量高，腐蚀增大；含量低，腐蚀降低。

（3）冰醋酸。为弱腐剂，与盐酸共同起腐蚀作用，降低溶液的腐蚀能力，使不锈钢表面腐蚀均匀。使用硫酸代替冰醋酸、抛光均匀程度稍差。冰醋酸含量高低对抛光效果影响不大，为了节约成本，一般控制在150～240g/L为宜。

（4）硝酸钠。为强氧化剂，在抛光液中代替硝酸，使用比较方便。其作用是溶解表面形成的钝化膜，对表面有增光作用。以120～150g/L较好。含量高，反应速率快，生产效率高，但不易控制。含量低，速度慢，效果较差。

（5）复合表面活性剂。复合表面活性剂是由多种表面活性剂及其他有特效成分的化合物经过实验而组成的，控制方便，添加简单，能有效地提高抛光效果。其添加量在10～15g/L，工件要求达到镜面或近似镜面效果时添加量可增加到20g/L。复合表面活性剂的组成：起光亮作用的有有机胺、明胶、苯甲酸、水杨酸、磺酸和各种苯二酚等，添加量为3～5g/L；起黏度调节作用的有丙二醇、纤维素醚和聚乙二醇等，添加量为5～10g/L；起缓蚀作用的有六亚甲基四胺、若丁、有机胺等，添加量为0.1%～1.0%；起消泡作用的有磷酸三丁酯、二甲基硅油和醇类物质，添加量为0.01%～0.1%。总之，复合表面活性剂可以在工件表面产生吸附黏膜，增强浸润效果，而且起缓蚀、增光、消泡等作用，可使反应平稳的进行。复合表面活性剂可向研制者屈战民求购（西安眉坞化工纸业有限公司，710301）。

（6）温度。化学抛光的反应速率同溶液温度几乎呈正比，温度越高，对材料的溶解能力越强，反应速率越快，当温度低于 50℃，反应速率非常慢，几乎无抛光作用。温度在 75～85℃为宜。

（7）搅拌。在抛光过程中，表面会产生许多气泡，若不进行搅拌，工件凹部和内侧由于气泡滞留，产生抛光不均匀，出现过腐蚀、条纹状抛光表面。若搅拌速率过快，使泡沫增高，溶液有效高度降低，工件局部在泡沫中抛光，影响整体表面抛光效果。实践证明，搅拌采用移动的方式，以 8～12 次/min 为宜。

（8）化学抛光工艺流程。化学除油（磷酸 3kg、无水柠檬酸 4kg，甲基乙基酮 3kg），OP-10（辛基酚聚氧乙烯醚 2kg，水 88kg）→流动水洗→浸蚀（奥氏体适用：硫酸 150～180g/L，硝酸钠 40～50g/L，氯化钠 10～20g/L，温度 60～80℃，时间 5～8min；若为马氏体适用：硝酸 140～150mL/L，磷酸 100～120mL/L，室温，时间 5～10min；表面若残留有含碳灰渣，可用超声波去除或用硫酸 30～50g/L，铬酐 80～100g/L，氯化钠 2～4g/L，室温处理 5～10min）→流动水洗→化学抛光。

3.4.1.9　配方 9

这是以双氧水和草酸配合的不锈钢化学抛光剂，硫酸含量为 0.1g/L，仅起着调整酸度的作用。十二烷基苯磺酸钠起润湿作用，使抛光均匀。加温至 50℃，以提高抛光速率。本抛光液采用无毒物质作为主要成分，牟培兴曾用此液作为手表轴齿化学抛光工艺实验作了总结[9]。

3.4.1.10　配方 10

本配方均不含各种强酸，解决废水排放、环境污染和处理成本高的问题，所获得的表面光亮度为一般。通过加温和延长时间可提高亮度。

3.4.2　高温型不锈钢化学抛光液

在不锈钢化学抛光液中加入添加剂的目的是使抛光面变得更加光亮。在磷酸和硫酸组成的抛光液中，添加硝酸、盐酸后可提高对不锈钢中的镍的溶解能力，但它们易于分解，放出氧化氮和盐酸，对环境不利，且溶液老化失效快，因此，不宜多加或使用。

3.4.2.1　硫酸型抛光液[20]

在硫酸型抛光液中选用黏性大的磷酸作为不锈钢抛光液的基础，这是不可或缺的，它对添加剂的影响较小。在抛光液中，选用的添加剂大都是各种硫酸盐。硫酸型化学抛光液的基本组成是：

硫酸	60mL	液温	200℃
磷酸	20g		

添加量：适量。如下列各种硫酸盐大都不溶于浓硫酸和浓磷酸中。添加时要将

添加剂制成饱和水溶液、再加入硫酸、磷酸混合液中。常用的添加剂有以下几种。

（1）硫酸盐。

① 硫酸铬［$Cr_2(SO_4)_3$］。加入2g时，对25Cr、18Cr-8Ni不锈钢几乎无影响，在13Cr不锈钢表面形成褐色膜。加入5g硫酸铬后，有氢气产生，加入10g时，开始有剧烈氢气产生，然后溶解停止，钝化膜形成，然后钝化膜再度溶解。18Cr-8Ni不锈钢表面形成黑色不溶性盐，水洗后得到黑色光泽表面。25Cr不锈钢形成膜后浸入各种酸洗液中得到白色光亮表面。

② 硫酸镍（$NiSO_4$）。对13Cr不锈钢会使光亮表面变成乳白色。对25Cr不锈钢无溶解促进作用，形成不溶性盐，出现点蚀。对18Cr-8Ni不锈钢，可得到更加光亮的抛光面。

③ 硫酸亚铁（$FeSO_4$）。抛光液中加入5g对13Cr不锈钢无明显作用。升至15g，不锈钢溶解明显加快。25Cr不锈钢也被剧烈溶解，难得到光亮表面。18Cr-8Ni不锈钢则溶解量不大，表面变成银白色。

④ 硫酸高铁［$Fe_2(SO_4)_3$］。加入硫酸高铁，液温在250℃时，各种不锈钢可获得光亮表面。

⑤ 硫酸铜（$CuSO_4$）。铜会在不锈钢表面析出，又易被抛光液中的硫酸溶解，形成黑色不溶性盐，经过后处理后可得到光亮表面（后处理配方：氢氟酸HF15mL，硝酸$HNO_3$40mL，水45mL，室温，不溶性膜迅速除去而露出光亮表面）。

（2）氯化物。

① 氯化铜（$CuCl_2$）。会增加被抛光不锈钢的溶解量，引起点蚀。经过适当后处理后仍可获得一定程度的光亮表面。

② 氯化铁（$FeCl_2$、$FeCl_3$）。对不锈钢有相当大的溶解作用。允许量在5g以内，过量而使不锈钢急剧溶解而形成粗糙表面。适量添加可使13Cr、18Cr-8Ni和25Cr不锈钢变成银白色。

③ 氯化锰（$MnCl_2$）。在高温时可促进13Cr、25Cr、18Cr-8Ni不锈钢的溶解，获得很好的抛光效果。

④ 氯化锡（$SnCl_2$、$SnCl_4$）。由于氯化锡适度水解而产生盐酸，可获得很好的抛光效果。随着添加量的增加，不锈钢的溶解量也增加。添加氯化亚锡会被抛光液中的氧化剂氧化成四氯化锡，实际起作用的是四氯化锡，可使13Cr和18Cr-8Ni不锈钢得到相当光亮的表面。25Cr表面形成褐色不溶性盐，经过适当后处理后可得到银白色表面。

3.4.2.2 磷酸型抛光液[20]

在不锈钢中的铁和铬在高温磷酸液中易形成可溶性磷酸盐，但镍较难溶解，必须加入硫酸和添加剂才有明显的抛光效果。基本磷酸型化学抛光液的组成如下：

磷酸	80mL	液温	200℃
硫酸	20mL	添加剂	如下适量

（1）硫酸盐。

① 硫酸铬 [$Cr_2(SO_4)_3$]。13Cr 不锈钢浸入抛光液中时，化学溶解加快，随着硫酸铬浓度的升高而加剧，表面形成黑色不溶性盐，有局部点蚀。25Cr 不锈钢的溶解量比 13Cr 的少、浸渍瞬间即发生溶解，氢气停止析出，表面形成灰白色不溶性盐，阻止钢进一步溶解。18Cr-8Ni 不锈钢形成黑灰色较薄不溶性盐，后处理后得到光亮表面。

② 硫酸镍（$NiSO_4$）。13Cr 不锈钢抛光时因溶解量大，其表面难以获得很光亮的效果。

③ 硫酸铁 [$FeSO_4$，$Fe_2(SO_4)_3$]。对 13Cr 不锈钢会被加速溶解，引起点蚀。对 25Cr 和 18Cr-8Ni 不锈钢无明显浸蚀。

④ 硫酸锌（$ZnSO_4$）。13Cr 不锈钢浸入抛光液中时，出现锌析出和周期溶解。18Cr-8Ni 和 25Cr 不锈钢在抛光液中当温度升高后，抛光效果显出来。

⑤ 硫酸铝 [$Al_2(SO_4)_3$]。由于硫酸铝分解产物被积蓄形成黏液膜，从而阻止剧烈反应，抑制点蚀，可以获得很好的抛光效果。

⑥ 硫酸铜（$CuSO_4$）。对 13Cr 不锈钢，由于铜的析出，使得不锈钢溶解变得比较均匀，有较好的抛光效果。但对 25Cr 不锈钢产生点腐蚀。对 18Cr-8Ni 不锈钢不能大幅提高抛光效果。

（2）氯化物。

① 氯化铜（$CuCl_2$）。对 13Cr 不锈钢有好的抛光效果。对 25Cr 不锈钢能改善抛光效果。对 18Cr-8Ni 不锈钢会形成黑色不溶性盐，产生点蚀。

② 氯化铁（$FeCl_2$、$FeCl_3$）。对 13Cr 不锈钢在短时间内就显高的溶解量，对 25Cr 不锈钢的溶解缓慢，有薄黑膜形成，后处理后可得到光亮表面，对 18Cr-8Ni 不锈钢可增大溶解量。

③ 氯化锰（$MnCl_2$）。对 13Cr 不锈钢、18Cr-8Ni 不锈钢有良好的增光效果。

④ 氯化锡（$SnCl_2$、$SnCl_4$）。均显非常好的抛光效果。

⑤ 硝酸盐。在高温中非常不稳定，生成棕色氮氧化物气体，抛光液很快老化，抛光重现性差。对 18Cr-8Ni 不锈钢能提高抛光效果，对 13Cr 和 25Cr 不锈钢不显

增光效果。

⑥ 有机酸。有机酸添加剂在温度120℃以下最能发挥作用，如草酸有溶解钢铁的能力。在130～150℃乙酸为比较稳定的抛光光亮剂。这是由于其具有抑制化学溶解作用的结果。

3.4.2.3　硫酸型和磷酸型化学抛光液的比较

(1) 硫酸型化学抛光液比磷酸型化学抛光液具有较高的溶解量，活性较强，但抛光面较粗糙，且在高温下稳定性差。硫酸亚铁、氯化亚锡和草酸是硫酸型溶液的有效抛光剂。

(2) 磷酸型化学抛光液在200℃下，且有氯离子时才对含镍不锈钢18Cr-8Ni有抛光效果。

3.4.2.4　高温型不锈钢化学抛光液

磷酸	100mL	硝酸锰	5g
硫酸	10mL	液温	230℃
氯化亚锡	5g（或硫酸亚铁10g）	处理时间	15s

在230℃下抛光液稳定。

添加硫酸亚铁形成$Fe(H_2PO_4)_2$可溶性盐，可满足抛光的基本条件，易获得平滑的光亮表面。

添加硫酸对铬的溶解能力增强。

添加氯化亚锡可使镍活化而增加其溶解。

添加硝酸锰因其有较强的氧化能力，有抑制选择性溶解的功能。

在130℃时，13Cr不锈钢会形成不溶性磷酸膜；在180～230℃时不溶性膜消失，出现光亮表面。18Cr-8Ni和25Cr不锈钢在高温时由于硝酸锰、氯化亚锡的分解而形成硝酸、盐酸，有助于均匀溶解，可得光亮的平滑表面。

化学抛光液适用的不锈钢品种有13Cr、25Cr、25%Cr2%Ti 1%W、Cr-Mn、18Cr-8Ni、16%Ni13%Cr3%Mn、20%Cr10%Cu、17%Cr10%Mn0.8%Cu等不锈钢品种。烧结时具有均匀微细组织的品种的抛光效果最好。

3.4.2.5　中温型不锈钢化学抛光液

在磷酸-盐酸型溶液中加入适量硝酸，可使化学抛光液的工作温度降到100℃以下，使化学抛光向实用化迈进了一大步[20]。

(1) 抛光黏液膜理论。在化学抛光初始阶段，金属首先被化学溶解或腐蚀，它的重量将迅速下降。当腐蚀的金属离子达到或超过抛光液中的络合剂所能络合的程度时，一种含过量金属离子的多核聚合型金属络合物形成，它具有很高的黏度，形成黏液膜，阻止金属进一步快速溶解，腐蚀失重将减少并趋于稳定，只允许金属表面进行精细溶解，或即微观的凸出部被溶解，凹下处则很少溶解，使金属的微观表面得以整平，产生出光亮的效果。

(2) 磷酸浓度的影响。在抛光液中其他成分不变，不锈钢的失重和反射率随磷酸浓度的变化曲线见图 3-5。

由图 3-5 可见，在抛光初始阶段，不锈钢的溶解量是随着磷酸浓度的升高而上升的。当磷酸浓度达到或超过 13％时，不锈钢溶解量下降，并趋于较稳定状态。由于抛光液的黏度迅速增加，加快金属表面附近黏液膜的形成，阻止金属进一步溶解并达到抛光效果。当磷酸浓度超过 17％时，抛光液黏度太高，无法除去表面凸起的部位，或不溶性盐附着在金属表面，金属表面光亮度或反射率逐渐下降。因此，仅当磷酸浓度为 13％～17％时，抛光液才具有最佳抛光效果。

(3) 硝酸浓度的影响。不锈钢的失重和反射率随硝酸浓度的变化曲线见图 3-6。

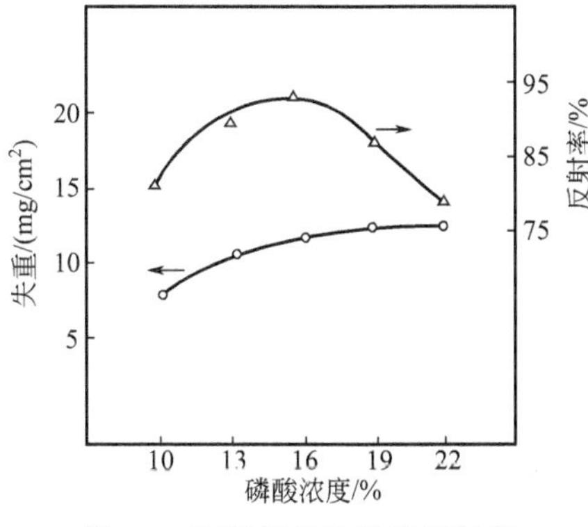

图 3-5 不锈钢的失重和反射率随磷酸浓度的变化曲线

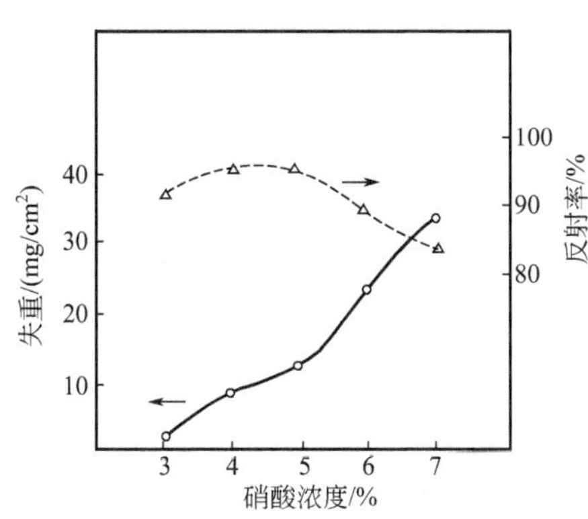

图 3-6 不锈钢的失重和反射率随硝酸浓度的变化曲线

由图 3-6 可见，金属的溶解速率是随着硝酸浓度的增高而上升的。在低硝酸浓度时，金属的溶解为低水平溶解。在高浓度时，抛光时会产生麻点。当硝酸浓度为 4％～5％时，才能获得最佳抛光效果。

(4) 盐酸浓度的影响。不锈钢的失重和反射率随盐酸浓度的变化曲线见图 3-7。

从图 3-7 可见，金属的溶解随盐酸浓度的增加变化微小，当盐酸浓度为 6％～8％时，光亮度（反射率）上升，超过 10％后，不锈钢表面出现腐蚀点，与过多 Cl^- 吸附在金属表面有关。因此，8％～10％的盐酸含量最适宜。

(5) 水含量的影响。不锈钢的失重和反射率随水含量的变化曲线见图 3-8。

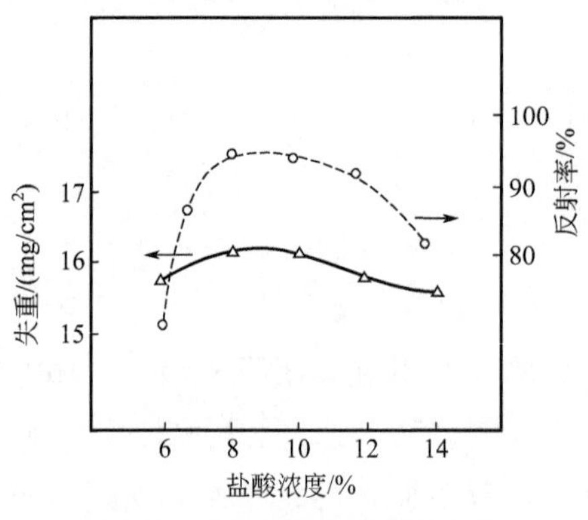

图 3-7　不锈钢的失重和反射率随盐酸浓度的变化曲线

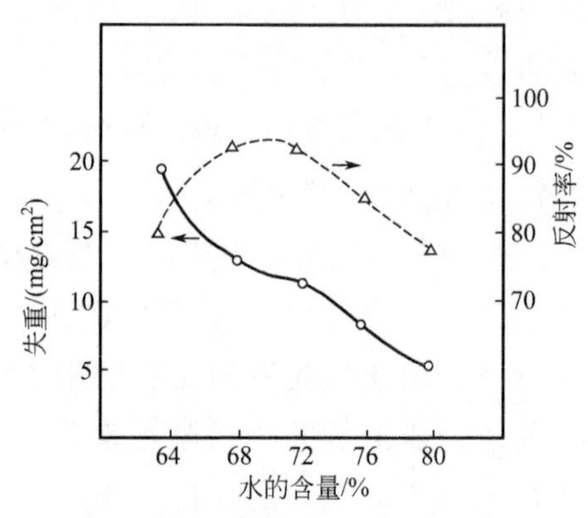

图 3-8　不锈钢的失重和反射率随水含量的变化曲线

由图 3-8 可见，当水含量在 68％～72％时，可获得最佳抛光效果。过高水含量会降低抛光液黏度，不易形成黏液膜，表面光亮度下降。水含量太低，金属表面腐蚀快，难获好的抛光效果。水含量为 64％～80％时，金属溶解速率逐渐下降，在 68％～72％时下降速率最慢，相应光反射率最高，此时即为最佳抛光条件。

（6）浸渍时间对抛光效果的影响。不锈钢的失重和反射率随抛光时间的变化曲线见图 3-9。由图 3-9 可见，开始时，金属表面的腐蚀较快，随着浸渍时间的延长，金属的溶解变慢并达到近稳定状态。此时金属表面的光反射率达到最高峰，相应的抛光时间为 4～6min。当浸渍时间进一步加长，金属的腐蚀又迅速加快，表面的反射率随之下降。

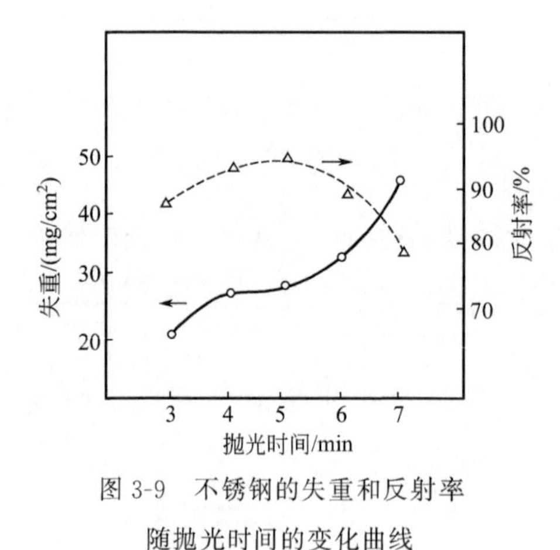

图 3-9　不锈钢的失重和反射率随抛光时间的变化曲线

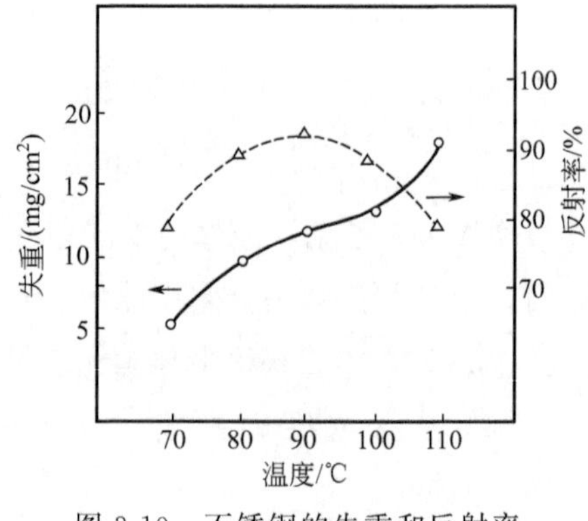

图 3-10　不锈钢的失重和反射率随温度的变化曲线

（7）抛光温度的影响。不锈钢的失重和反射率随温度的变化曲线见图 3-10。由图 3-10 可见，失重的温度曲线是典型的反应速率温度曲线。随着温度的升高，金属的溶解加速，腐蚀失重量逐渐上升。当温度达到90℃左右时，金属的溶解已足以形成具有良好的抛光作用的黏液膜，此时抛光效果最佳。温度继续升高，抛光液的黏度下降，抛光效果减弱、表面易产生孔蚀。因此，85～95℃之间的温度可获得最佳抛光效果，光反射率可达90%以上。

3.4.3　不锈钢化学抛光溶液组成与高中温工艺条件

不锈钢化学抛光溶液组成与高中温工艺条件，见表3-2。

3.4.3.1　配方1

配方1的组成很简单，只有硝酸和乙酸，按体积比为2∶3，将溶液加热到95～96℃时，溶液呈沸腾状况，不锈钢浸入溶液中，抛光反应十分剧烈，似锅中开水状翻滚，抛光效果最佳。

3.4.3.2　配方2

在抛光液中加入适量的添加剂如3～10g/L甘油、7～8g/L明胶或1～10g/L糊精等以提高溶液的黏度，可提高抛光效果，使被抛光的不锈钢制件在不断的摆动下，及时排出抛光反应过程中生成的气体，使被抛光表面平整、光亮。

3.4.3.3　配方3

本配方中盐酸与硝酸起溶蚀作用，过多会造成过腐蚀，过少会影响抛光效果。加入较多的磷酸，使溶液黏度增大，易与不锈钢中的铬、镍、铁形成高黏度聚合多核配合物的黏液膜，抑制硝酸和盐酸对基体表面的过腐蚀，抑制表面过快溶解而产生抛光效果。但磷酸加入不得过量，否则使抛光速率太慢。

烟酸作为光亮剂使用，可大大提高溶液的抛光能力，使抛光表面达到镜面光亮。烟酸也用异烟酸（γ-氯苯甲酸）或其他吡啶化合物替代，如吡啶-2,3-二羧酸（喹啉酸）、吡啶-2-2羧酸（皮考啉酸）。

磺基水杨酸的作用是去除抛光表面的污点，提高抛光质量。

聚乙二醇可吸附在金属表面，促使形成高黏性膜，提高溶液的抛光效果。

选择适当的温度80～95℃，时间1～5min，可使原始粗糙度 $Ra3.2$ 提高到0.1～0.2。

3.4.3.4　配方4

配方4溶液组分只有铬酐和硫酸，铬酐不能加入浓硫酸中，否则铬酐不溶于浓硫酸，只有先用尽可能少量的水把铬酐溶解后，在不断搅拌下加入浓硫酸，搅拌均匀并加热至80～100℃后即可使用。

表 3-2 不锈钢化学抛光溶液组成及高中温工艺条件

配方号	1	2	3	4	5	6	7	8	9	10	11
硫酸(d=1.84)		227mL		800mL				60mL		20mL	10mL
盐酸(d=1.19)		67mL	45～55mL		60g		100～130mL		8%～10%		
硝酸	2L	40mL	45～55mL		132g	65g	40～50mL		4%～5%		
磷酸			150mL			250g	140～160mL	20g	13%～17%	80mL	100mL
无机添加剂								5～15g		5～15g	5～10g
氢氟酸					25g						
乙酸	3L										
添加剂		适量									
磺基水杨酸			3.5g								
烟酸			3.5～4.0g								
聚乙二醇			35g			40g					
铬酐				约 200g							
六亚甲基四胺					2g		0.8～1.5g				
三乙醇胺						10g					
苯并咪唑						3g					
尿素							1～3g				
水		666mL	加至 1000mL	少许	加至 1L	加至 1L	加至 1L		68%～72%		
复合添加剂							30～40mL				
FH-1 添加剂									52mg/L		
温度/℃	95～96	50～80	80～95	80～100		80～90	80～90	200	85～95	200	230
时间/min	1～3	3～20	1～3	5～15		3～5	1～5	1～5	4～6	1～2	15s
参考文献	[20]	[20]	[20]	[20]	[20]	[20]	[4]	[20]	[20]	[20]	[20]

用水量是配制成败的关键，因为用水过量，就会变为黑化工艺，使不锈钢表面被氧化成黑色。

3.4.3.5　配方5

配方5适用于热压或焊接形成的较厚的氧化后工件的光亮浸蚀。它具有工艺可靠，高效，操作简便，浸蚀后表面洁白，色泽均匀，无过腐蚀，使用寿命长，表面粗糙度比浸蚀前可降低2级等特点，可作为粗糙制件的光亮浸蚀或预抛光之用。

3.4.3.6　配方6

配方6抛光溶液适用于表面粗糙度不小于 Ra1.6制件的抛光作业。其中三乙醇胺、苯并咪唑和聚乙二醇及磷酸均起缓蚀和光亮作用。若抛光表面光亮度不足，可适当提高三种有机物的浓度，或添加3～10g/L甘油，以提高抛光效果，也可适当调整工艺条件的温度和时间。

3.4.3.7　配方7

经配方7化学抛光后，可使奥氏体不锈钢制品表面达到镜面光亮。工艺流程：有机溶剂除油（汽油）浸泡5～10min，晾干→化学除油（常规碱性化学除油60～90℃，20min去净为止）→如果表面有黑皮，要使氧化皮松动（氢氧化钠170～190g/L，高锰酸钾90～110g/L，90～105℃，20～30min）→流动水洗→化学抛光→流动水洗→钝化（硝酸280～350g/L，室温，3～5min）→中和（碳酸钠50～60g/L，室温20～30s）→流动水洗→烘干→包装。

（1）磷酸。本配方的磷酸最佳含量在140～160mL/L之内，其原理同于配方1。

（2）盐酸。本配方的盐酸最佳含量在100～130mL/L之内，主要起溶解作用。较低时，抛光效果较差，过高时，则会产生过腐蚀、粗糙、超差等现象。

（3）硝酸。本配方硝酸含量为40～50mL/L，起溶解作用，达到抛光效果。其含量过低，溶解速率减小，表面发灰，不光亮。过高，则表面形成的钝化膜过厚，降低抛光速率，并有大量氮氧化物气体析出。

（4）尿素。作为酸雾抑制剂，防止抛光过程中产生大量黄烟。

（5）六亚甲基四胺。起缓蚀作用，调整腐蚀速率，防止不锈钢表面过腐蚀。

（6）复合添加剂。由黏度调节剂和光亮剂组成。在不锈钢表面形成吸附层，增强溶液对不锈钢表面的均匀溶解作用，对抛光起决定性作用。黏度调节剂采用纤维素醚或明胶；光亮剂采用含氮的杂环化合物或芳香胺类有机物。（其具体配制可向仇启贤、景兴斌、张晓东、樊伟红或刘桂芳等人咨询，他们的联系地址为西安北方庆华机电集团有限公司冲压件厂，710025）。

（7）维护。实验发现，抛光液的抛光效率下降时，补加效果不佳，应彻底更换化学抛光液。

3.4.3.8　配方 8

配方 8 可参阅 3.4.1.1 一节的说明，除了以硫酸为主酸外，还加了磷酸，相当于硫酸体积的 1/3 的重量，磷酸可提高抛光液在不锈钢表面保持黏度较高，有利于表面抛光效果。添加剂加入的目的是使表面变得更加光亮。要使不锈钢表面光亮，首先要使不锈钢表面钝化膜溶解，并使表面活化。选用添加剂随抛光液类型、不锈钢种类而异。对 13Cr、18Cr-8Ni-8、25Cr 等不锈钢在不同类型化学抛光液中选用的添加剂有硫酸盐，如硫酸铬、硫酸镍、硫酸亚铁、硫酸高铁、硫酸铜，又如氯化物：氯化铜、氯化铁、氯化锰、氯化锡等。添加剂硫酸盐、氯化物大都不溶于浓硫酸中，添加时要将添加剂制成饱和水溶液，再加入硫酸、磷酸混合液，搅拌均匀，再升高溶液温度，即可开始化学抛光。随时注意被抛光表面的变化，才能获得良好的效果。有时不锈钢表面会形成表面膜，掩盖了表面膜下的外观，要除去表面膜，才可获得银白色美丽的光亮外观。这层表面膜可在 15％硝酸和 1％氢氟酸的混合酸中浸渍洗脱表面膜。或在下列除膜配方中除去抛光过程中出现的不溶性膜：硝酸 40mL/L，氢氟酸 15mL，水 45mL。

这一类的缺点是操作温度较高，但反应快速是其优点。在设备上要使用陶瓷槽。

3.4.3.9　配方 9

配方 9 是在磷酸-盐酸型溶液中加入适量硝酸，可使化学抛光液的工作温度由 200℃下降到 100℃以下，使化学抛光向实用化方面大大迈进一步，在 3.4.3.5 一节中对中温型不锈钢化学抛光液对磷酸、硝酸、盐酸、水含量、时间、温度等条件就抛光效果和反射率作了实例，取得了最佳数据，可操作性很强，在配方中使用了 FH-1 添加剂，原作者方景礼教授认为：FH-1 是一种有机聚合物添加剂，它可强烈吸附在金属表面，因而可迅速使金属溶解量下降，金属表面反射率迅速升高，当 FH-1 添加剂浓度达到 12mg/L 以上时，吸附趋于饱和，金属的溶解量也达到最低的稳定值，使表面反射率达到最高状态。有关 FH-1 的咨询可请教方景礼教授[20]，方景礼的电子信箱：E-mail：jlfang2000@yahoo.com。

3.4.3.10　配方 10 和配方 11

请参阅本章 3.4.1.2 节和 3.4.1.4 节。

3.4.4　化学抛光溶液的添加剂

添加剂[9]有抑制腐蚀和增加光亮的作用，可在不锈钢表面形成复杂的吸附层，活化零件表面微凸点，钝化微凹点，使抛光有效进行。这类添加剂是指抛光液的黏度调节剂、缓蚀剂、腐蚀剂、活化剂和消泡剂，由于它们的存在，化学抛光能平稳进行，达到表面抛光的效果。

添加剂的种类包括无机盐、有机盐、有机化合物、表面活性剂等。

（1）无机盐。主要有硫酸盐、磷酸盐、硝酸盐、乙酸盐、钼酸盐、氯化物、氟化物等。

（2）有机化合物主要有丙三醇（甘油）、若丁、有机胺、明胶、糊精、十二烷基硫酸钠、硫脲、多元醇、纤维素醚、聚乙二醇、氯烷基吡啶、卤素化合物、磺基水杨酸、偶氮染料等。

（3）具有强烈增光作用的光亮剂有苯甲酸、水杨酸、磺酸、苯二酚、含氟季铵盐等。

添加剂的种类和浓度对抛光质量起决定作用，一般用量为0.1%～1.0%，视抛光液的组成与温度而定。硫脲在高温下易分解变质，所以不宜在高温下使用。有些添加剂，如骨胶、染料、水杨酸、对苯二酚等应预先配成饱和溶液再加入抛光液中。

作为缓蚀剂有若丁（邻二甲苯硫脲）、乌洛托品［六亚甲基四胺 $(CH_2)_6N_4$］，一般用量在1～5g/L为宜。

作为光亮剂有氯烷基吡啶、卤素化合物和磺基水杨酸，其用量为3～5g/L。

纤维素醚和聚乙二醇的混合物作为黏度调节剂的添加量为20～40g/L。

3.4.5 化学抛光典型工艺流程

（1）不锈钢表面有焊缝，且油污较重，采用1号工艺流程：手工除焊瘤、毛刺、焊渣等→手工去油（汽油擦洗）→化学除油（氢氧化钠30～65g/L，碳酸钠20～40g/L，磷酸钠20～35g/L，OP-10乳化剂2～3mL/L，60～80℃，除尽为止，一般为20～30min）→水洗→化学抛光→水洗→中和（碳酸钠3～5g/L，氢氧化钠1～2g/L，室温，时间0.5～1h）→水洗→干燥→验收。

（2）不锈钢表面油渍很轻而有较薄的氧化皮者可采用2号工艺流程：化学除油→水洗→酸洗（硫酸300～400g/L，氢氟酸80～140g/L，室温，时间5～10min）→水洗→活化（硫酸10mL/L，盐酸1mL/L，温度40～60℃，时间以零件析出气体10～20s即可）→水洗→化学抛光（见表3-1）→水洗→钝化［硝酸（d=1.42）450mL/L，硫酸（d=1.84）50mL/L，温度60～70℃，时间2～3min］→水洗→中和［氨水（d=0.889）2%（质量分数），室温，5～10min］→水洗→脱水→烘干→验收。

如果需要电镀、着色等，则在化学抛光和水洗后即可转入下道工序进行加工。

3.5　电化学抛光

电化学抛光是以被抛光工件为阳极，不溶性金属为阴极，两电极同时浸入电化学抛光槽中，通以直流电而产生有选择性的阳极溶解，阳极表面光亮度增大，这种过程与电镀过程正好相反。

电化学抛光机理——黏性薄膜理论如下。抛光主要是阳极电极过程和表面磷酸盐膜共同作用的结果。从阳极溶解下来的金属离子与抛光液中的磷酸形成溶解度小、黏性大、扩散速率小的磷酸盐，并慢慢地积累在阳极附近，粘接在阳极表面，形成了黏滞性较大的电解液层。密度大、导电能力差的黏膜在微观表面上分布不均匀，从而影响了电流密度在阳极上的分布。很明显，黏膜在微观凸起处比凹洼处的厚度小，使凸起处的电流密度较高而溶解速率较快。随着黏膜的流动，凸凹位置的不断变换，粗糙表面逐渐整平。不锈钢表面因此被抛光达到高度光洁和光泽的外观。

由此可见，溶液浓度和黏度是个重要因素，特别是溶液的黏度，往往表现在新配的抛光液虽然组分浓度达到了要求，但由于黏度尚未达到要求而抛不光，只有在经过一段时间的电解后才开始抛光良好。特别是溶液与零件的界面浓度和黏度，在抛光中起着重要作用。这就是为什么要求零件在进入抛光液前表面水膜要均匀，否则零件表面带水膜的不均匀性，破坏了黏膜的正常生成，发生局部过腐蚀现象。水洗后的零件最好甩干后迅速下槽，这样通电抛光后，表面过腐蚀现象即可避免。

电化学抛光还不能完全取代机械抛光。电化学抛光只是对金属表面上起微观整平作用。宏观的整平要靠机械抛光。电化学抛光对材料化学成分的不均匀性和显微偏析特别敏感，使金属基体和非金属夹杂物之间常被剧烈浸蚀，有时，有不良的冶金状态，金属晶粒尺寸结构的不均匀性、轧制痕迹、盐类或氧化物的污染、酸洗过度以及淬火过度等均会对电化学抛光产生不良影响。这些缺陷常常要靠先期的机械抛光来弥补。

电化学抛光与手工机械抛光相比，能发挥下列优点：

① 产品内外色泽一致，清洁光亮，光泽持久，外观轮廓清晰；

② 螺纹中的毛刺在电解过程中溶解脱落，螺纹间配合松滑，防止螺纹间咬合时的咬死现象；

③ 抛光面抗腐蚀性能增强；

④ 与机械抛光相比，生产效率高，生产成本低。

3.5.1　电化学抛光溶液的组成和工艺条件

电化学抛光溶液的组成及工艺条件见表3-3。

表 3-3　不锈钢电化学抛光溶液组成及工艺条件

配方号	1	2	3	4	5	6	7	8	9	10	11	12	13
磷酸(80%)	600mL/L	600mL/L	300mL/L	(85%) 500g/L	560mL/L	66mL/L	560mL/L (d=1.83)	40%～45%(质量分数)	600mL/L	60%～70%(质量分数)			
硫酸(d=1.84)	300mL/L	150mL/L	450mL/L	130g/L	400mL/L	242mL/L	400mL/L	34%～37%(质量分数)	300mL/L	15%～20%(质量分数)	15%～20%	48%	50%
铬酐	50g/L				50g/L	15g/L	50g/L	3%～4%(质量分数)		5%～10%(质量分数)			
水	100mL/L				40mL/L	余量 mL/L	50mL/L			余量	加至 100%	37%	10%
整平剂		15g/L①											
LE-14 抛光剂			250mL/L②										
聚乙二醇(M6000)				24g/L									
甘油				30g/L		242mL/L		17%～20%(质量分数)	30mL/L				40%
明胶					7～8g/L								
柠檬酸($C_6H_8O_3$)											50%～70%		
氟硼酸(HBF_4)												14%	
草酸$(COOH)_2$												1%	
糖精									2～4g/L				
硫酸铵		35g/L											
相对密度					1.76～1.82	1.4～1.5	1.72	1.65	1.5～1.6	1.6～1.7			
电压/V	7～15		12(10～13)	5～10	10～12	10～15	6～12		6～12	6～15		4～9	
阳极电流密度/(A/dm²)	10～30	25	1	8～15	20	15～35	20～30	8～150	30～60	20～30	15～30	5～50	80～100
温度/℃	55～65	60～65	60(50～70)	75～95	55～65	60～100	85～95	75～95	50～70	55～65	40～60	40～85	80～95
时间/min	5～10	1	2～5	5～12	4～5	2～10	5～10	5～15	5～8	1～5	5～10	10～15	5～9
参考文献	[13]	[14]		[15]	[16]	[20]	[21]	[22]	[17]	[18]	[20]	[20]	[20]

① 整平剂为自制，可向沈阳工业大学理学院孙雅茹、姚思童、徐炳辉咨询。

② LE-14 抛光剂可向上海利尔应用化学研究所购买（上海市漕宝路 1555 弄伦敦园 4 号 101 室，TEL 021-64796131）。

3.5.2　电化学抛光溶液的组成和工艺条件对抛光的影响

3.5.2.1　配方1

见表3-3，用双极性电化学抛光法对不锈钢杯内壁进行抛光，可以得到理想的抛光效果，解决了采用传统的电化学抛光法抛光不锈钢内壁存在阴极安装困难而易短路，可能会使得工件被击穿的问题，采用双极性电化学抛光工艺，工件不与电源的电极相连，使得不锈钢工件内壁完成抛光。

(1) 双极性电化学抛光原理。双极性电化学抛光原理图见图3-11。

杨建桥教授首先采用了双极性电化学抛光装置，结构示意图见图3-12。工件不与电镀电源的电极相连，不锈钢工件处于阳极与阴极之间，面对阴极的是工件内壁，面对阳极的是工件外壁。阳极与阴极之间的电流通路被工件阻断，必须从工件"穿过"，形成电流回路。当电流到达工件表面时，导电过程就由溶液中的离子导电转化为工件金属中的电子导电、工件表面发生电子得失的电化学反应，从而使电流导通。在工件与溶液接触的两个界面上都有电化学反应发生，工件面向阴极的一侧(不锈钢内壁)是电流流出的界面，发生阳极反应，完成抛光，而工件面向阳极一侧，即不锈钢外壁是电流流入的界面，发生还原反应，无抛光作用。

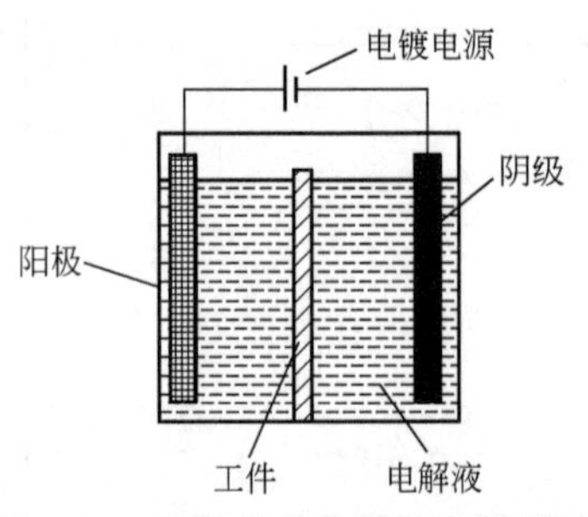

图3-11　双极性电化学抛光原理图

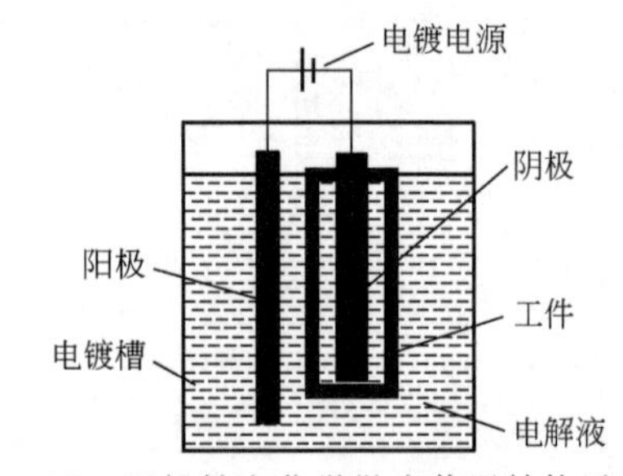

图3-12　双极性电化学抛光装置结构示意图

(2) 抛光工艺。

① 抛光液配置。首先加入水，然后在搅拌下慢慢加入磷酸，再加入硫酸，最后加入铬酐，至完全溶解。

② 添加剂。加入少量添加剂可改善电抛光溶液的性能，起缓蚀作用的有羟基、羧基类，起整平作用的有氨基及环烷烃类（有甘油、明胶），起光亮作用的有糖类及其他杂环类（如淀粉、糖精等），它们相互匹配，起到协同作用。

③ 温度。温度较低时，抛光速率较慢，温度过高时，零件抛光后表面有云雾状膜，可在3%硝酸溶液中浸亮。

④ 补充。若表面抛光后不光亮时，可按硫酸∶磷酸=8∶1（体积比）补加抛

光液。

⑤ 抛光后仔细清洗，以防残留抛光液腐蚀杯壁。

3.5.2.2　配方 2

现代电路板表面贴装技术（SMT），实现电子产品组装的高密度、高可靠性、小型化、低成本和生产自动化。SMT 激光模板是由计算机设计出的各种电子产品线路图，通过激光切割机在不锈钢片上打出点状、条状的孔洞，不锈钢激光模板尺寸大、壁薄，对其抛光要求为变形小，孔壁光滑，腐蚀量小于 0.005mm。经激光切割后的模板孔隙在显微镜下能观察到 0.02mm 的毛刺，应采用电抛光技术去除毛刺，并保持 SMT 激光模板孔壁光滑，处理后不锈钢片厚度均匀，尺寸差在 0.005mm 范围内，达到表面光亮，必须解决处理过程中控制尺寸变化和达到光亮之间相互矛盾的技术问题。目前国内外采用的电抛光技术中，钢板面积大，特别薄（在 0.1mm 以下）的精密件作电抛光处理尚无先例。原因为：一方面，抛光处理电流密度过高，造成尺寸变化较大，不适用于对尺寸变化要求严格的不锈钢精密制品；另一方面，光洁度要求高的电抛光溶液大多含有铬离子，溶液易老化。本配方为无铬精密电抛光溶液。

（1）工艺流程。电解除油→水洗→去毛刺处理→水洗→精密电抛光→水洗→钝化→水洗→干燥。

① 除油。氢氧化钠 20g/L，碳酸钠 30g/L，碳酸三钠 15g/L。

② 去毛刺处理。磷酸 40g/L，硫酸 10g/L，乌洛托品 1～2g/L，电解时间 5min，常温电流密度 5～10A/dm^2。双面腐蚀量 0.001～0.002mm，呈灰色。小毛刺除去，大毛刺尺寸明显减少。

③ 电抛光。见配方 2。

④ 钝化。硝酸 20%，重铬酸钾 2.5g/L，时间 10min，室温，取出水洗吹干。

（2）工艺参数。

① 添加剂。包括整平剂和促进剂。

a. 整平剂。在温度 60～65℃，抛光时间 1min 下，整平剂含量对抛光腐蚀量的影响见图 3-13。

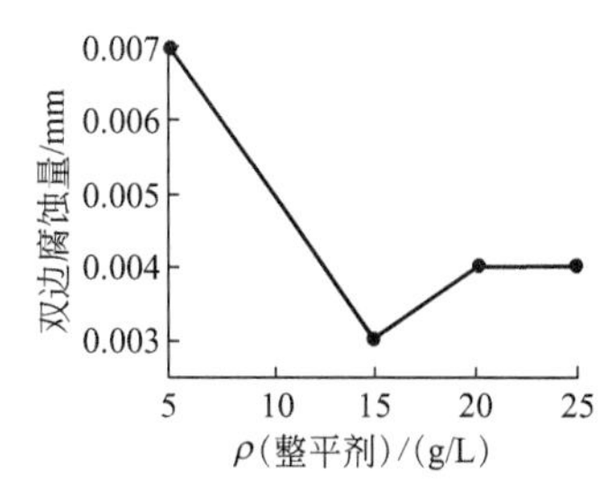

图 3-13　整平剂含量对抛光腐蚀量的影响

由图 3-13 可知，整平剂的最佳含量为 15g/L。整平剂中包含 1.5g/L 糖精，为黄色黏稠液，其研制可向沈阳工业大学理学院孙雅茹、姚思童、徐炳辉咨询。

b. 促进剂。为了提高溶液的导电性，加入硫酸铵作为促进剂，其量以 1min 达到光亮为准，加入量为 35g/L。导电盐的选择应不能包含影响抛光质量的金属离子。

② 电流密度。电流密度低（10～20A/dm²），金属处于活化状态，抛光表面发生浸蚀，化学溶解比电化学溶解占优势，工件暗灰不光亮。电流密度过高（30～40A/dm²），氧气泡剧烈析出，工件表面发生过热，溶解尺寸加快（0.007mm），孔隙处有细条纹，降低抛光均匀性。当电流密度为 25A/dm² 时，溶液少量起泡，表面光亮均匀，试片双边减薄尺寸<0.005mm。

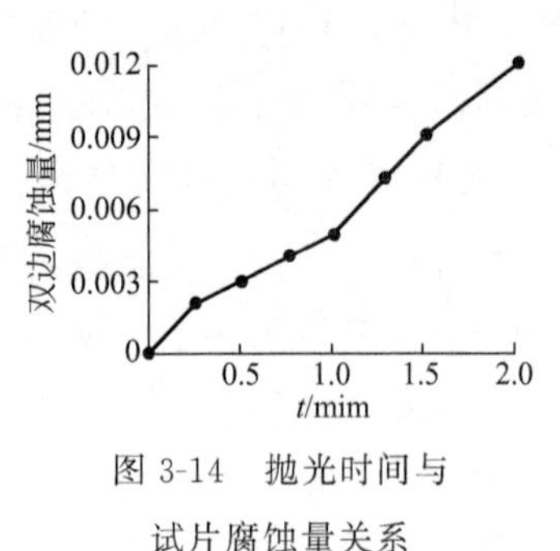

图 3-14　抛光时间与试片腐蚀量关系

③ 温度。电流密度 25A/dm² 时，温度低，常温时表面暗灰，升至 50℃时表面银灰，腐蚀量小（0.003～0.004mm/min）。温度 60～75℃时，钢片光亮，尺寸减薄达到要求。

④ 时间。在电流密度 25A/dm²，温度 65℃，抛光时间与双边腐蚀量的关系曲线见图 3-14。

由图 3-14 可见，抛光 1min，双边腐蚀量在 0.004mm 以内，表面均匀光亮，孔壁光滑，无毛刺。

3.5.2.3　配方 3

这里介绍上海利尔应用化学研究所提供的 LE-14 不锈钢电化学抛光剂，可使用他们的这种抛光剂加上由磷酸 300mL/L 和硫酸 450mL/L 的电化学抛光液，可对奥氏体和马氏体不锈钢在 50～70(60)℃，电压 10～13(12)V、时间 2～5min 内都有镜面抛光效果。在生产过程中需保持二酸含量和 LE-14 抛光剂浓度，否则影响光亮度。因此，工件在进出槽时，不可将水带入抛光槽中，否则槽液变稀，影响光亮度。此外，工件在抛光前应先进行除油，清洗干净。工件在一般情况下，可以不必进行除锈处理。在工作时溶液会升温，应注意工作液的温度，可适当控制处理时间，以保持温度不超过（50～70℃）。在抛光过程中会产生沉淀物，应定期弃去槽中沉淀物，如磷酸与硫酸的金属化合物，并适量保持酸的浓度。

3.5.2.4　配方 4

采用重铬酐、加入少量的高分子聚乙二醇的磷酸-硫酸体系，在低电流、较高温度下抛光，获得光亮如镜的效果。温度对表面光亮度起决定性作用。电流密度、电力线分布均匀性、溶液组成、极板间距对抛光质量有重要影响，富铬钝化膜大大提高了不锈钢表面的耐蚀性能。

（1）电抛光原理。不锈钢工件作阳极，同样大小的铅板作阴极，施加电压，首先在阴极产生氢气泡，随着电流不断加大，气泡大量产生，由于来不及破裂，于是向阳极扩散，当达到一定电流时，气泡充满整个液面，同时，阳极也产生少量氧气泡。通电后溶液和两极表面产生阻抗。按 6V、10A 计算，将有 60W 热量产生，即使停止加热，溶液温度也逐渐升高，到达 90℃时，产生热量和散失热量平衡，溶液温度维持在 75～95℃。

不锈钢表面抛光包括平滑化和光泽化两方面。平滑化和黏稠液体膜密切相关，而光泽化和固体氧化膜的产生相关，见图 3-15 *I-U* 变化曲线。由 *I-U* 变化曲线可知，*AB* 段形成的钝化膜不能有效地保护酸对不锈钢表面的腐蚀，而 *CD* 段电流过大，造成不锈钢表面加速溶解，在 *BC* 段，阳极表面溶解，金属离子不断进入附近的溶液中，由于金属离子产生的速率大于向溶液扩散的速率，受到扩散作用的控制，于是在金属表面和电解液之间形成一层黏稠的金属盐液体膜，同时，钝化膜也有效的形成。不锈钢表面凹凸不平，凸处比凹处液体黏膜薄，浓度差、温差和电阻抗要小些，因而分配到的电流大些，凸处比凹处溶解的速率要快，正是黏膜层的存在产生选择性溶解，到达平滑化的目的。但是一个平滑的表面，如果入射光朝多个方面散射，光亮度不高，对电抛光来说，在一定的工艺条件下，被抛光工件表面产生一层极薄的固体氧化膜，使得金属表面溶解时，结晶不完整的晶粒优先溶解，去除抛光表面微观不平，使表面达到光亮如镜的效果。

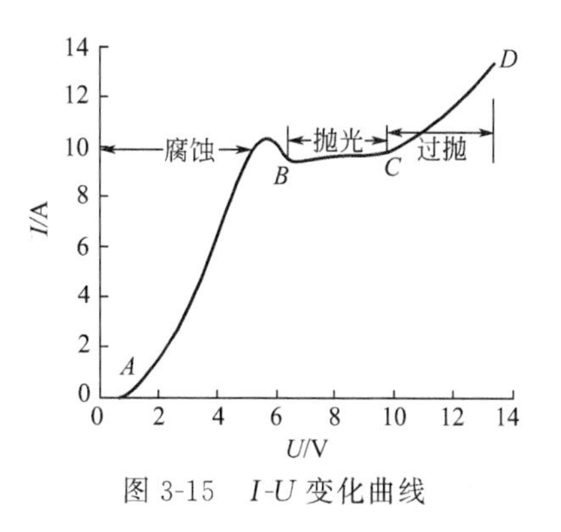

图 3-15 *I-U* 变化曲线

(2) 聚乙二醇和两极间距对抛光质量的影响。聚乙二醇 16g、24g、40g，阴阳极间距 1cm、1.5cm、2cm，改变其中一个因素，重复上述过程。实验结果表明，聚乙二醇含量为 24g，两极板间距为 1.5cm 时，光亮效果最好。因为聚乙二醇分子量很大，通电以后，易和溶液形成黏稠的膜，少量的聚乙二醇能起到显著调控黏度的作用。当聚乙二醇含量过高时，溶液阻力大，温度上升过快，表面溶解困难；而聚乙二醇含量过低，表面溶解较快，抛光不均匀，钝化膜较难形成，整平效果较差。极板间距离过近，氢气泡逸出困难，造成大量气泡覆盖在表面；极板间距离过远，影响电流效果（聚乙二醇配制成 18.5%浓度的水溶液，称取 130g，其含量为 24g）。

(3) 抛光对不锈钢表面的化学组成的影响。从 X 射线能谱仪（XPS）分析可见，抛光后不锈钢表面 Fe_2O_3 含量减少，Cr_2O_3 含量增加。抛光后，在不锈钢表面形成富铬钝化膜，大大提高了不锈钢表面的耐蚀性能。

(4) 电力线分布对抛光质量的影响。电流密度分布和抛光液分散能力的均匀性决定工件表面的抛光效果，要得到均匀抛光面，应根据工件形状设计阴极，使工件表面电力线分布尽量均匀。在同样的工艺条件下，圆形比长方形样品的电力线分布要均匀些，光亮效果要好。

（5）温度对抛光质量的影响。温度对提高光亮度起决定性作用。有时抛光后不锈钢表面虽然不平整，但抛光时只要有足够的温度，照样有好的亮度。但温度过高（40～60℃），使黏膜层难以维持，溶液对流加快，电阻减小，甚至出现过抛或腐蚀；温度过低，黏膜层黏度大，传质较困难，极化加大，固体氧化膜难以形成，抛光后表面为雾状，不光亮，模糊不清。要根据溶液黏度、组成，选择适当的温度。

（6）结论。采用无铬酐，加入少量高分子聚乙二醇的磷酸-硫酸体系溶液，在低电流、较高温度下抛光，可获得光亮如镜的效果。温度起决定性作用，而电力线分布均匀性，溶液组成、极板间距有重要影响。

3.5.2.5 配方5

配方是由天津手表厂和武汉材料保护研究所在厂所三结合实验小组进行实验而获得成功的。

（1）电解抛光的优点。天津手表厂抛光工人经生产实践证明，手表外壳的电解抛光与手工机械抛光相比，电解抛光的优点是：表壳内外色泽一致，光亮清洁；当机芯装入表壳时，在拧紧后盖的过程中，螺纹中毛刺插入机芯的现象大大减少，因而降低了停表率；螺纹间配合松滑，能防止不锈钢之间咬合时的咬死；抗腐蚀性能强；光泽持久；外观轮廓清晰；更主要的是减轻工人繁重的体力劳动，提高生产率，降低产品成本，节省人力、物力和棉布等。但不足之处，如，由于公差配合的关系，电解抛光不能进行二次返修，表面平整度尚不及手工机械抛光，偶尔还出现疖疤，造成返修困难。目前还须反复实践，不断总结，不断改进。

（2）电解抛光工艺过程。表壳经机械加工后经过砂边，磨角头，磨四角面后进行电解抛光：化学去油（常规碱性化学去油溶液，温度80～90℃，时间30min抛光膏去除为止）→热水洗（60～70℃）→冷水洗→上挂具→电解抛光（见配方5）→热水洗（40～60℃）→冷水洗→中和（碳酸钠50g/L）→冷水洗→钝化（硝酸50mL/L）→冷水洗。

（3）电解抛光工艺条件。

① 阴阳极面积比：(2∶1)～(2.5∶1)。

② 阴极板材料：0Cr18Ni9不锈钢板。

③ 挂具。主杆用黄铜元棒制成，挂针用黄铜丝制成，外套聚氯乙烯套管。把表壳的管孔插进黄铜丝制成的挂针上，四角面朝下。

（4）电解液的配制与调整。

① 配制。以1L为例：将500mL磷酸（d=1.65～1.70）倒入容器内，再加入400mL硫酸（d=1.82～1.84），混合后加热至80℃，再称50g铬酐加水40mL，溶解后倒入容器内，搅拌，电解液呈黄色，液面浮有红黄色微粒，最后倒入7～8g

明胶，发生强烈还原反应，呈黄绿色，加水调整至1L。通电处理后即可电解抛光。

② 调整。在生产过程中电解液要经常保持黄绿色，即电解液中含有 Cr^{6+} 30%、Cr^{3+} 70%，此称为“铬标”7。开始时需要根据化学分析数据调整，以后可按操作工人经验来调整。当电解液中含 Cr^{6+} 高时，可按比例加入明胶使其还原；当电解液中 Cr^{3+} 高时，可按比例加入铬酸溶液，在生产中，根据电解液的最佳抛光质量是在电解液的中间阶段，而不是在电解液的新配阶段和电解液的老旧阶段，而电解液的老旧程度可以用 Fe^{3+} 含量来检验，当含铁量近乎3%时，电解液即老旧了；也可以用寿命统计来计算，当电解液寿命超过200A·h/L时，电解液也就老旧了。经验证明：生产五万多只表壳时，180L的槽液就需要调配。

③ 抛光中溶液的变化。

a. 磷酸与硫酸的变化。随着电解抛光表壳数量的增多，槽中磷酸和硫酸的含量直线下降。

b. 由于表壳含有铬，故槽中 Cr^{3+} 与 Cr^{6+} 含量相应增加，但 Cr^{6+} 增加较 Cr^{3+} 为快；故在生产中随时加入明胶使 Cr^{6+} 还原，以维持槽液的正常生产。同时，槽中铁（Fe^{3+}）含量相应增加。

c. 调配。采用1/3的老旧溶液和2/3的新配溶液相混合，可调配得到最佳抛光质量。

（5）金属的抛除量。测定方法。把表壳和后盖沿中心线对切，取其半块，切口处研磨平整，清洗干净，固定在方铁块上，切口处朝上，用万能工具显微镜测量其螺纹内径，外径在电抛光前后金属去除量的变化，前后相减即为金属的抛除量。

在几次重复实验中，表壳螺纹内径的金属抛除量每分钟约为0.01mm，外径为0.002mm，表壳电解4min，后盖为2min，总电解时间为6min，总金属抛除量为0.05～0.07mm，在配合公差范围之内进行放大照相，齿形在电解抛光前后基本无变化。

（6）电解抛光的疵病及消除方法。见表3-4。

表3-4　电解抛光的疵病及消除方法

常见疵病	产生原因	消除方法
表面有壳的疤疖	表面有氧化皮，机械加工时未全部去尽	加强检查
表面有不亮的疤疖	①零件表面水锈严重 ②去油不干净 ③零件表面脱铬	①不要长期放在带水处 ②应将抛光膏去尽 ③调整溶液 Cr^{6+} 和 Cr^{3+}，达“铬标”
表面呈乳白色	①可能材料含铬量少及有其他元素加入 ②槽液温度低	①检查材料成分 ②温度要高于55℃

续表

常见疵病	产生原因	消除方法
表面局部粗糙	电流局部过大或屏蔽	零件间隔不应少于20mm
表面呈橘皮纹	槽液温度高	温度应低于65℃
表面有沟纹	①电流密度过大 ②槽液相对密度低 ③悬挂方法不当	①按工艺规范调整 ②调整相对密度至1.76～1.82 ③四角面应朝下
表面局部有密集的乳白点	①Cr^{6+}过高 ②电流密度过大 ③电解液不易扩散 ④沉淀泛起，吸附在零件表面	①加入0.5g/L明胶 ②降低电流密度 ③加入少量水，搅动一下电解液 ④过会儿再抛光
表面亮度低并较粗糙	含水量多	加入3～5g/L铬酐及0.5g/L明胶，溶解后再抛光
局部产生可抹去的乳白膜	中间断电	检查导电接触，使接触良好
在管孔上部有流条	零件与挂具间产生的气泡上升的轨迹，把管孔边缘被绝缘	挂具针朝下斜一点，修去绝缘
经电解抛光后，反角面角棱处有刃	在砂磨两侧时带有大的毛刺	
表面有高度亮点	可能是电解液中含铬酐少	按比例加入少量铬酐及明胶

3.5.2.6 配方6

本配方的优点是一反常规，含有多量硫酸与少量磷酸，并含有大量甘油作为添加剂，以弥补磷酸的量少不足而带来的影响，并加入少量铬酐，只在配制时加入，以后不需再加，这对废水处理也有利。而不锈钢中铬在抛光过程中不断补充到电解液中，可弥补铬的含量。而被溶解下来的其他成分如铁、铜等金属与磷酸生成难溶的磷酸盐沉淀，而使电解液有自净化作用，只需定时每半月或1个月，清除槽底的沉淀，和刷洗或敲击除去在阴极上电沉积的金属杂质，可不必报废或更换部分抛光液，再按比例适量补加磷酸、硫酸、甘油，以补充槽液的不足即可使抛光液恢复抛光能力。这是开封路云鹤提出的具有独创性的举措。

(1) 抛光液的调整。如果槽液中因硫酸较高，吸水性较强，槽液相对密度低于1.4时（用比重计测出），此时应加热槽液至近100℃，蒸发浓缩法除去部分水分，使槽液体积短缺，然后按硫酸∶磷酸＝8∶1（体积比）加入槽内，使溶液相对密度提升到1.4～1.5范围内，不需化验，调好温度和电流密度即可试抛光，如果还显粗糙不光亮，可适量加入甘油，表面立即可抛至光亮细致，且不发生过腐蚀。

(2) 对抛光槽的要求。由于槽液中含有多量的甘油，在电抛光过程中，会产生大量泡沫。为防止泡沫溢出槽外，故电抛光槽的高度应比液面高 300～400mm，在调整槽液面时应留有足够的空间。

(3) 电焊或热处理零件的两步抛光法工艺流程。对于有焊渣或氧化皮厚的电焊或热处理零件的抛光，不必事先酸洗除黑皮，而本槽液的硫酸含量较高，可采取两步抛光法工艺：第一步，零件进入槽抛光 2～3min 后取出，将已疏松了的焊渣及厚氧化皮用金属丝刷刷除，牢固的可敲去，水洗净后沥去水后再进行第二步进槽抛光 3～5min 即可抛光亮。

(4) 温度。低于 60℃时抛光速率较慢。当温度高于 100℃时，抛出的表面有一层雾状膜，但只需在 3%的硝酸溶液中浸一下即可除去，并能保持光亮。采用铅衬里的钢板套槽比较理想，可以在夹套里用蒸汽进行加热，又可利用流动冷水冷却降温。这比全塑料板焊接的塑料槽适用，因为 PVC 塑料板只能在 70℃以下的温度时才能不变形的工作。

(5) 甘油。甘油能与磷酸生成络合物 [$C_3H_5(OH)_2PO_4$]，并能与金属离子形成衍生物，在阳极表面形成一层更牢固的阻化膜，阻滞阳板溶解，从而使抛光表面非常细致光亮，同时，甘油还能防止不锈钢在电解液中发生化学腐蚀，所以当甘油含量低时，抛光表面虽然光亮，但有腐蚀粗糙之处；此时对甘油稍加提高，即可克服粗糙，使光亮表面细致。但甘油含量不必过高，应少量调整，因甘油太多会产生过多泡沫，影响操作。

3.5.2.7　配方 7

朱琳娣、诸立平（杭州张小泉剪刀厂）对剪刀所采用的马氏体不锈钢的抛光进行了研究。由于剪刀所用的不锈钢为马氏体不锈钢，其最大特点是含铬 12%～14%，而含镍为零，含碳量为 0.25%～0.35%（3Cr13）或 0.35%～0.45%（4Cr13），为了保持有良好的剪切力，要求材料要冷作硬化过。一般地说，适用于奥氏体不锈钢的电抛光液，并不一定适用于马氏体不锈钢的电抛光，他们通过对 4Cr13 不锈钢的电化学抛光，在一定配比的硫酸、磷酸、铬酐的水溶液中，具有良好的抛光效果。对温度、相对浓度、电流密度、极间距、极板面积等作了一系列探索，取得了时间短、效率高、操作方便的可行方法。经过抛光后的制件，其机械抛光后的丝路基本平整。整个制件显得丰满厚实，具有强烈的光泽和高度的光洁度。

(1) 3Cr13、4Cr13 不锈钢制品电化学抛光工艺流程：上挂→电解除油（常规碱性化学除油液，55～60℃，D_A2～5A/dm^2，1～2min)→热水洗→冷水洗→酸洗[硫酸 10%～15%（体积分数）室温，30～50s,] →冷水洗→甩干→电化学抛光（配方 7)→二次水洗→钝化（重铬酸钾 15g/L，氢氧化钠 3g/L，pH＝6.5～7.5，温度 60～80℃，时间 3min)→流动冷水洗→热水洗→干燥→下挂。

（2）搅拌。搅拌方式为阴极移动，能使溶液互相扩散和对流，温度保持均匀，减小溶液浓差，避免阴暗面，增强电抛光效果。

（3）电抛光液老化。经过分析，电抛光溶液杂质达到铁60g/L，三价铬20～25g/L，不论如何调整电流和温度，对抛光均无济于事，表明溶液已老化，溶液需部分更换予以更新。

（4）溶液控制。电抛光溶液的密度要控制在$1.72g/cm^3$，在操作中，要控制使零件不带水入槽，在使用磷酸时，要求其相对密度达到$d=1.83$，接近100%的磷酸含量。不得使用含水分高的磷酸，否则在使用前要采用蒸浓措施。

3.5.2.8　配方8

本配方适用于马氏体不锈钢电化学抛光。方刚系统地总结了医疗用具、食品工业用具、餐具、厨房用具等特殊用途的不锈钢电化学抛光及钝化技术，经过实验，批量生产及成品各项性能指标的检测，此工艺已得到成功使用。

（1）钝化。电化学抛光后会在其表面形成一层酸性的膜，干燥后这一层膜会留在其表面上，过一段时间后，在空气中发生氧化而导致腐蚀，膜上还会附着一些对人体有害的物质，从而影响表面状况和相应的使用性能。钝化工艺为硝酸（$d=1.42$）18%～23%（质量分数），铬酐1.5%～2.0%（质量分数），水75.5%～80%（质量分数），在室温时钝化40～50min，或35～38℃为20～25min，或45～50℃时为10～15min。

（2）电化学抛光发生故障。见表3-5。

表3-5　电化学抛光发生故障的可能原因

故障现象	可能原因
零件表面局部烧焦	可能由于电流过大，或上夹不牢所致
棱角处及尖端腐蚀	①可能由于电抛光时间过长 ②电流密度偏大 ③溶液温度过高
零件表面有阴阳面及局部发雾	①零件没有与电极相对 ②零件之间相互重叠阻挡
同一槽内零件有地方亮有地方不亮	①下槽零件太多太大 ②夹具太大导致不同地方电流密度相差较大
零件抛光不亮且发雾	①溶液成分比例失调，应予调整相对密度和含量 ②溶液使用时间过长，应予局部更换
零件表面局部有黑斑	表面氧化皮未除净

3.5.2.9　配方9

（1）磷酸。含量为600mL/L，是保证抛光液正常进行的主要成分。含量过高时，槽液电阻增大，黏度提高，导致所需电压较高，使整平速率迟缓。磷酸含量过低，活化倾向大，钝化倾向小，导致不锈钢表面不均匀腐蚀。

(2) 硫酸。是活化剂，硫酸含量过多，活化倾向太大，易使抛光表面出现过腐蚀，呈现均匀的密集麻点，硫酸过低时，出现严重的不均腐蚀。

(3) 丙三醇（甘油）。能起到良好的缓蚀作用。在较高的温度下，单纯的磷酸也能腐蚀不锈钢，但磷酸与丙三醇结合，能形成 $C_3H_5(OH)_3PO_4$ 络合物，络合物与金属衍生物形成磷酸盐膜，防止电解液对不锈钢在不通电下的磨蚀，有缓蚀的作用。

(4) 糖精。糖精在阴极过程中，能为金属表面吸附，有助于被抛光表面的光亮作用。在阳极过程中，在不规则的表面形成一层吸附薄膜，成为表面隔离物，当不通电时，薄膜防止不锈钢表面受电解液浸蚀，当通电后，电力线的分布表现为凸起部分比凹入部位要大得多，因此，电力线首先在凸起部位上击穿隔离薄膜而开始溶解，在凹入处被有效的保护，以致达到选择性溶解，呈现平滑光亮表面。

(5) 电流密度。电化学抛光通常是在高电流密度下进行的。在电流密度低时，金属处于活化状态，被抛光表面发生浸蚀，阳极溶解产物少，化学溶解比电化学溶解占优势，以致光洁度差。当电流密度超过合适的数值后，会发生剧烈的氧气析出，金属表面发生过热和过腐蚀，引起剧烈的不规则溶解，增大了电能的消耗。由于阳极被抛光物的迅速溶解，致使靠近阳极的溶液浓度提高，电阻增大，故电流密度不能超过合适的数值。

(6) 温度。适当的高温度，会使整平过程加速，电流效率提高，从而提高了表面光洁度和光亮度。温度过低，会使电解液黏度提高，导致阳极溶解产物从金属表面向整个电解液的扩散和溶液向阳极的补充更加困难。但温度过高会使被溶解的金属量不断增加，槽内产生蒸气和气体，把电解液从金属表面挤开，反而降低了金属的溶解速率。温度过高使电解液附近的黏度降低，从而加速溶解产物向外扩散，又导致溶解速率的加速，影响产品表面光洁度。

(7) 时间。延长抛光时间，超过达到一定的表面光亮度所需时间的上限，不仅不能进一步提高表面光亮度，反而会损坏表面光亮度，并使零件尺寸变小。故在抛光过程中，要仔细观察并确定最佳的达到最好光亮度的时间。

3.5.2.10 配方 10

(1) 磷酸。在阳极区制品表面上生成稠性黏膜，有利于增进抛光效果，对不锈钢表面的整平精饰有极大的影响。其含量偏低时，溶液相对密度小，黏度低，离子扩散速率大，金属溶解加快，不利于抛光效果。若含量过高，密度增大，黏度高，使抛光缓慢，且成本增加。

(2) 硫酸。硫酸与磷酸一起形成阳极黏稠薄膜，有利于表面抛光。硫酸有助于提高溶液的电导率，降低电阻，从而降低槽压，节约电能。有利于改善分散能力和提高阳极电流效率。若硫酸含量过高，将使铬酐（CrO_3）磺化，生成铬酐磺化物（$CrO_3 \cdot SO_3$）沉淀，会降低表面光洁度，缩短电解抛光溶液的使用寿命。

（3）铬酐。它是强氧化剂，使表面形成钝化膜，避免表面腐蚀，有利于获得光洁表面。

（4）金属杂质。杂质来自不锈钢表面溶解下来的铁、镍和铬。杂质含量过多，对抛光质量有不利影响，俗称为电抛光溶液老化，其中铁（Fe^{3+}）含量不宜超过50g/L，三价铬（Cr^{3+}）含量不宜超过15g/L。杂质的积累除在阴极上有部分析出外，要靠更换电解液加以降低。

3.5.2.11 配方 11～13

配方 11、12、13 中不使用磷酸、硝酸的较环保的组成，废水处理较方便，抛光效果尚可。

3.5.3 电化学抛光溶液的配制

溶液的配制应根据配方各成分的含量分为体积含量［%(体积分数)］或 mL/L 和质量含量［%(质量分数)］或 g/L，在计算用量上有所不同。

（1）体积含量。以表 3-3 中配方 5 为例，假设槽液容积为1000L，计算用量及配制步骤如下。

① 磷酸用量。560mL/L×1000L＝560L，量取磷酸 560L 加入槽内。

② 硫酸用量。400mL/L×1000＝400L，量取硫酸 400L，在不断搅拌下加入磷酸中。

③ 水的用量。40mL/L×1000L＝40L，置于另外一容器中。

④ 铬酐用量。50g/L×1000L＝50kg，称取 50kg 铬酐加入 40L 水中，搅拌使溶解成铬酸溶液。

⑤ 将铬酸溶液在搅拌下缓慢加入磷酸-硫酸溶液中，搅拌均匀，溶液呈黄色。

⑥ 明胶用量。8g/L×1000L＝8kg。称取明胶 8kg，并粉碎成粉状，在搅拌下加入⑤步骤的溶液中，加入要缓慢，分少批量撒入，此时起强烈的还原反应，部分 Cr^{6+}（即铬酸中的铬）转变为 Cr^{3+}，电解液转变呈黄绿色。

⑦ 在表 3-3 配方 6 中不含有明胶而含有甘油，则应将计算量的甘油在搅拌下分批加入槽内，此时也起强烈的还原反应，并产生大量泡沫，为防止泡沫的产生使溶液溢出槽外，加入甘油时要特别小心，溶液也转呈黄绿色。静置冷却。

⑧ 测量溶液的相对密度。用比重计测量冷却后的槽液，是否在 1.76～1.82 范围内，如果超过上限 1.82，则应加少量水调整到 1.82 之内。如果低于 1.76，则应

将槽液升温到80℃，蒸除水分，使相对密度上升至1.76以内。

⑨ 通电处理。在阳极上挂上厚度不小于2mm的不锈钢板，在阴极上挂上铅板（要有足够的面积），在温度70～80℃，$D_A=60\sim80A/dm^2$ 下通电处理，时间按40A·h/L计算。

⑩ 试投入零件电化学抛光。如果抛光质量良好，即可投入试用。如果抛光质量未达要求，可继续电解，或分析测量溶液成分含量，进行必要的调整。通电处理的不足可能使溶液中铬离子、镍离子含量不足，造成新配电解液抛光表面出现点状腐蚀，或表面光泽不够理想。加入铬酐、甘油、明胶可以使电解液中的六价铬和三价铬更快地增加到必需的含量，但镍离子含量还要靠电解不锈钢的溶入产生。通电处理可使电解液呈现微绿色，表明已有一定量的镍离子、铬离子溶入电解液中，方可获得试抛光的成功。

(2) 质量含量。以表3-3中配方10为例［磷酸60%～70%(质量分数)、硫酸15%～20%(质量分数)、铬酐5%～10%(质量分数)，水余量，相对密度1.6～1.7］，配制步骤如下，假设槽体积为1000L。

① 首先要测量所使用的磷酸和硫酸的相对密度，假定测出的磷酸相对密度 $d_1=1.7$，硫酸相对密度 $d_2=1.8$。

② 然后从各种酸的相对密度的化学资料的表中查得：在100g酸液中磷酸含量 $p_1=86.25g$，硫酸含量 $p_2=88g$。

③ 计算磷酸所需体积 V_1 和硫酸所需体积 V_2。按以下公式：

$$V=\frac{xd_0\times1000}{pd}\times1000L$$

式中，x 为配方中酸的质量分数；d_0 为溶液相对密度，取平均值=1.65。

$$V_1=\frac{65\times1.65\times1000}{86.25\times1.7}\times1000=731.5L$$

$$V_2=\frac{17.5\times1.65\times1000}{88\times1.8}\times1000=182.3L$$

④ 水量=1000－731.5－182.3=87.2L（估算量）。

⑤ 铬酐用量。由于铬酐是固体酸，所需质量按公式计：

$$\frac{xd_0\times1000}{100}\times1000=\frac{5.5\times1.65\times1000}{100}\times1000=9.08kg$$

⑥ 将铬酐计算量加入所需水中，搅拌溶解。

⑦ 将磷酸计算量加入铬酐溶液中，搅拌均匀。

⑧ 将硫酸计算量182.3L在搅拌之下加入步骤⑦的溶液中。

⑨ 测量相对密度。已配好的溶液待温度冷却至室温后用比重计测量相对密度。

如果相对密度高于 1.7，应将适量的水加入电解液中，稀释电解液使相对密度在 1.6～1.7 范围内。

如果相对密度在 1.6～1.7 范围内，但电解液体积不足，则根据体积不足数，适量按比例补充磷酸、硫酸、铬酐量。

如果相对密度低于 1.6，而体积已足或略超过所配体积，则将电解液加热至 80℃，蒸除水分，直到相对密度达到 1.6～1.7 的范围内。

⑩ 通电处理。在阴极上挂上铅板，在阳极上挂上不锈钢板，按在本节（1）中所述进行通电处理。在温度 70～80℃下，用 D_A 为 60～80A/dm^2，时间按 40A·h/L 计算通电处理，然后投入试抛光，直到抛光良好为止。

3.5.4　电化学抛光工艺流程

电化学抛光工艺流程要根据表面不同的情形、不锈钢的种类选择适合的操作程序。

（1）工艺流程 1。适合于炼钢出来的材料，表面有一层氧化皮，经电化学抛光能获得光亮如镜的表面。碱性化学除油（氢氧化钠 50～80g/L，碳酸钠20～30g/L，磷酸三钠 20～30g/L，洗衣粉 7～10g/L，温度 95～100℃，时间 15～30min）→热水洗→冷水洗→去污粉擦洗→冷水洗→上夹具（接触点用螺钉拧紧）→下电化学抛光槽［电化学抛光液按配方 4，抛光件放在阳极上，铅板放在阴极上，阴阳极面积比 1∶(2～3.5)，调整好阴阳极之间距离 100～300mm］→给电抛光（电压 6～12V，阳极电流密度30～60A/dm^2，温度 50～80℃，时间 8～3min）→断电出槽→冷水洗→拆卸夹具→冷水洗→热水洗→冷水洗→钝化处理［硝酸(d=1.40)600～700mL/L，重铬酸钾 8～10g/L，室温，时间30～40min］→冷水洗→冷水洗→中和（碳酸钠 20～30g/L，室温，时间 2min)→热水洗→干燥（0.3～0.5MPa 压缩空气吹干并烘干）。

（2）工艺流程 2。采用三次不同的抛光方法。抛光不锈钢零件可按此工序进行。机械抛光→化学除油→冷水洗→酸蚀（工业盐酸加缓蚀剂六亚甲基四胺 1～2g/L，室温，时间 1.0～2min；或工业硫酸 200～250g/L，缓蚀剂硫脲 0.3～0.5g/L，温度 80～98℃，时间 3～5min）→冷水洗→冷水洗→化学抛光（按表 3-1 中配方 8 或其他）→冷水洗→电解抛光（按表 3-3 中配方，适当选取）→热水洗→冷水洗→钝化→冷水洗→中和→冷水洗→冷水洗→热水洗(90～98℃)→烘干。

（3）工艺流程 3。适合于切削加工马氏体不锈钢制品，经一次电化学抛光、钝化得成品。装夹具→电化学除油（氢氧化钠 15～25g/L，碳酸钠 25～35g/L，磷酸三钠 10～20g/L，温度 55～60℃，阳极 D_A 2～5A/dm^2，时间 1～2min)→热水洗→冷水洗→酸蚀［硫酸（d=1.84）10%～15%(质量分数)，室温，30～60s］→

冷水洗→电化学抛光（溶液按表 3-3 配方 7 配制）→冷水洗→冷水洗→钝化（硝酸 250mL/L，重铬酸钾 20g/L，室温，时间<30min；或重铬酸钾 15g/L，氢氧化钠 3g/L，pH 6.5～7.5，温度 60～80℃，时间 3min）→冷水洗→冷水洗→中和（只用钝化前一个配方时进行，碳酸钠 20～30g/L）→冷水洗→冷水洗→热水洗→干燥（压缩空气吹干）。

（4）工艺流程 4。适合于有焊接缝氧化皮的不锈钢。装夹具→除油→水洗→去氧化皮（氢氧化钠 95～105g/L，碳酸钠 100～200g/L，高锰酸钾 80～90g/L，温度 60～70℃，零件挂阳极，D_A 35～45A/dm^2，时间 7～9min，阴极挂铅板）→水洗→酸洗 [硫酸 10%～15%(质量分数)]→水洗→光亮浸蚀（硫酸 100mL/L，硝酸 170mL/L，氢氟酸 50mL/L，室温，5～10min）→水洗→电化学抛光（按表 3-3 配方 11 进行）→水洗→水洗→钝化（硝酸 500mL/L，重铬酸钾 10g/L，室温，时间 10min）→水洗→水洗→中和（碳酸钠 20～30g/L，室温，2min）→水洗→水洗→热水洗→吹干→下夹具。

3.5.5 电化学抛光溶液的维护和工艺要求

（1）不锈钢工件在电化学抛光前必须彻底除油，并用去污粉擦洗，以免油污污染抛光槽液。

（2）在使用过程中需要经常测量电化学抛光液的相对密度。如果相对密度小于配方规定值，表明电化学抛光液含水过多，可用蒸发法将溶液加热至 80℃以上，将多余水分除去，体积不足部分可按配方比例补充磷酸和硫酸。在工件进入电化学抛光槽前，最好将工件上所附着的水分沥干或吹干。如果相对密度太高，超过配方规定值，表示水分过少，要适当补充少量水，使相对密度降至规定值。有条件的最好按周期化验分析溶液，根据结果及时进行调整。

（3）溶液的老化。由于抛光过程中不锈钢表面的溶解，溶液中的铁、镍、铬含量将逐渐升高，此时溶液逐渐失去抛光能力。无论如何增高温度，开大电流，均无助于恢复抛光能力。分析溶液，如铁含量超过 60g/L，三价铬含量超过 25g/L，说明溶液已经老化，在高浓度磷酸的存在下，铁、铬（三价）均呈酸式磷酸二氢铁 [$Fe(H_2PO_4)_3$] 或磷酸二氢铬 [$Cr(H_2PO_4)_3$] 形式存在，不易沉淀，只有当形成磷酸铁（$FePO_4$）或磷酸铬（$CrPO_4$）时才会沉淀于槽底。磷酸浓度较低的溶液具有自净化能力。对于抛光溶液再生，恢复抛光能力，有两种方法可供选择。一个方法是适当用水稀释溶液，降低酸度，铁、铬、镍等杂质可局部呈磷酸盐沉淀，除去槽底沉淀，然后再加热蒸发除去水分，恢复原有的相对密度，此法操作起来较繁琐，需要消耗较大的能源和时间。另一方法是更换部分溶液，最好保留 20%的旧溶液，补充80%的新溶液。可以少通电或不通电处理，很快即可实现正常抛光。

（4）清理阴极铅板。在抛光过程中阴极铅板表面会沉积出一层厚厚的铁、镍等杂质，影响阴极表面导电，导致电流下降，使抛光表面的阳极电流密度也上不去，严重影响抛光质量。因此，要及时将阴极板上的沉积物除去，有时形成硬质厚膜，要强力敲打才能除下，最后冲洗干净，以保持整个电路通畅。

（5）阴极与阳极面积比。阴极面积控制在阳极面积的1/2～1/3.5。在此情况下，可以防止三价铬的增长，过多的三价铬在阳极表面被氧化成六价铬。三价铬含量过多，易使抛光液老化。

（6）阴阳极之间的极距。阴极与阳极之间的距离过大、电阻增大，电能消耗增大，溶液容易升温，影响抛光质量。距离过小，易造成短路打火，烧黑制品。阴极与阳极之间的距离以100～300mm为宜。

（7）象形阴极。对抛光一些复杂的大型工件，可制作象形阴极，以保持阳极电流分布均匀，特别是对内腔工件，有适当的象形阴极安置在内腔中，才能使内腔各部位抛光一致。

（8）进出槽要切断电源。在电化学抛光时，由于电流密度较高，给电流较大，因此，工件在进出抛光槽时，要先切断电源，不可带电挂或摘夹具，以防止产生电火花，引起电解产生，并会使聚集在槽面上的氢气和氧气混合气发生爆炸。

（9）控制槽液温度。由于强大的电流通过槽液，会使槽液升温，在连续操作中要采取冷却措施，使用冷冻机冷却不断升温的槽液。抛光液的温度应适度维持在规定的工艺范围内，使不锈钢表面抛光整平速率维持正常，以便有效降低电解液的黏度，减少阳极黏膜的厚度，加速阳极溶解产物的扩散，使溶液对流加快，有利于阳极上滞留气泡脱附，避免产生斑点、麻点。温度过高，会导致溶液过热，加速六价铬向三价铬的转变（$Cr^{6+}+3e \longrightarrow Cr^{3+}$），易产生表面腐蚀。温度过低，使溶液黏度增大，阳极表面黏膜增厚，不利于阳极溶解物的扩散，使抛光整平效果明显降低。

（10）控制合适的阳极电流密度。不锈钢零件电化学抛光时，阳极电流密度与金属的溶解几乎呈正比。只有选择好阳极电流密度，并控制在一定的阳极电位区间，才能获得良好的电化学抛光质量，阳极电流密度的最佳值，要根据不同的电解液配方，通过实际抛光，观察抛光所得最佳值确定。在合适的阳极电流密度下，根据黏膜理论，微观表面凸出部位优先溶解，有利于整平精饰表面。阳极电流密度过小，零件表面发生一般的阳极溶解，起不到抛光效果。阳极电流密度过大，黏膜被击穿，氧气猛烈析出呈气流状，表面过热，导致电抛光液扩散加剧，黏膜被破坏，不复存在，发生电化学腐蚀。所以在电抛光过程中必须控制阳极电流密度在最佳值，也就是在确定的工艺范围内。

（11）阳极移动。阳极移动使阳极溶解产物加快扩散出去，起到搅拌作用，有效地排除阳极表面滞留的气泡，避免产生的气流生成条纹，防止局部过热造成表面过腐蚀。阳极移动有助于提高阳极电流密度，提高不锈钢零件的电化学抛光表面质量。

（12）氯离子的危害。在电化学抛光液中不允许有活性氯离子存在，氯离子能破坏电化学抛光中表面形成的保护性黏膜，使不锈钢表面形成过腐蚀性的麻点。氯离子可在阳极高电流密度上氧化成氯气逸出而除去。氯离子的来源可能是用盐酸酸洗后未洗净而带入槽液，或原料中的不纯物氯离子引入。

（13）六价铬和三价铬的最佳配比。在电化学抛光液中六价铬有氧化性，对不锈钢表面起钝化保护作用，三价铬对维护电抛光有作用。新配成的电抛光液如果没有化学反应产生三价铬，还不能获得良好的抛光表面。只有当电解到溶液中有一定量的三价铬存在时，才能出现理想的抛光表面。如果配方中加有铬酐，即六价铬，通过电解反应，在阴极上产生氢气还原部分六价铬成为三价铬；如果配方中没有铬酐，则三价铬要靠阳极溶解不锈钢所含的铬而得。这就是为什么新配的电解抛光液要充分电解后才能进行正常的抛光工作。在含有铬酐的溶液中，加入明胶或甘油，它们能和铬酐起强烈的还原反应，部分六价铬转变为三价铬（Cr^{3+}）。六价铬是黄色的，三价铬是绿色的。它们在电解液中使溶液呈黄绿色。这就是为什么通电处理后才可电解抛光。最佳的抛光质量是在电解过程的中间阶段。在生产过程中电解抛光液要保持黄绿色。此时，根据化学分析数据，六价铬与三价铬的配比是：含Cr^{6+} 30%，含Cr^{3+} 70%。为了维持该配比，可观察电解液的颜色，如果颜色呈黄色为主，表明电解液含Cr^{6+}偏高，可加入适量的明胶或甘油，使其部分六价铬还原为三价铬，或通过大阴极小阳极电解产生三价铬。如果颜色呈深绿色，表明电解液含Cr^{3+}高了，按比例适量加入用水溶解好的铬酐溶液，或通过大阳极小阴极电解抛光液，使三价铬部分转变成六价铬。同时可改善溶液的抛光质量。

（14）金属抛除量。如果电解抛光时阳极电流密度为20A/dm^2，时间为4min时，用工具金相显微镜观测，不锈钢零件的螺纹内径的金属抛除量为每分钟约0.001mm，螺纹外径的金属抛除量为0.002mm，齿形基本无变化，仅齿的顶部略有抛钝。阳极电流密度增加，其金属抛除量呈比例增大。对于精密尺寸的不锈钢零件的尺寸应考虑电化学抛光后的金属抛除量（损耗）。

（15）电焊或热处理后零件的电化学抛光。凡电焊或热处理后的零件在电化学抛光时按两次进行，第一次进槽抛光3～5min后取出，将已疏松了的焊渣和热处理氧化皮用金属丝刷将它刷掉，或用小锤敲掉，再第二次进槽再抛光3～5min，可获得较好的效果。

(16) 中和工序。经过电化学抛光后的零件，如果不再进行后续加工，如电镀、着色等其他工序，要进行钝化和中和。中和的作用是充分地消除在电化学抛光和钝化后表面所吸附的酸性物质。中和一般是在碳酸钠 20～30g/L 的溶液中进行的。路云鹤认为，经过电化学抛光后的零件表面有一层均匀的钝化膜，可不需要再进行钝化处理。不锈钢零件电化学抛光后，经过 40℃的温水清洗，再冷水清洗，中和并清洗后用压缩空气吹干，才可以有效地避免残留酸液腐蚀抛光表面。

3.5.6　电化学抛光用电源、设备和夹具

(1) 电源。抛光对电源波形要求不严，因此，一般使用的直流发电机、硅整流器或可控硅整流器等均可。电源电压空载要求 0～20V 可调，带负荷的负载为 8～10V 工作电压。工作电压低于 6V，抛光速率慢，光亮度不足。

(2) 电化学抛光槽。可用聚氯乙烯硬板材焊接而成，其上装有三根电极棒，中间为可移动的阳极棒，接电源阳极，两侧为阴极棒，并连接电源阴极。槽上应有加温和冷却装置。加热可安装钛加热管，降温可安装通冷水的钛管。也可以采用厚度 5mm 的钢板制成内外夹套槽，内槽上面衬铅皮 5mm 厚，或衬软的厚度 3mm 的聚氯乙烯塑料片，夹套中可通水和蒸气，以便进行加热和冷却，可以自如地控制槽内抛光液的温度。

(3) 夹具材料。用铝合金或纯钛材料制作的夹具比较理想。它们导电好，有一定的弹性和刚性，耐腐蚀，寿命长。铝或钛离子进入槽液无不良影响。不宜使用铜、黄铜或磷铜作夹具，铜离子进入电解液中，在阴极上析出，在断电取零件的瞬时，在不锈钢表面会立即置换上一层结合力不良的铜层覆盖在抛光表面，严重影响抛光质量。为了提高夹具的使用寿命，夹具裸露部位必须包上聚氯乙烯胶带，或涂上聚氯乙烯糊状树脂或绿钩胶，然后在 200℃烘箱上烤熔成膜，如此要进行多次，使膜达到一定的厚度。然后在接触点处用小刀刮去绝缘膜，露出金属面以利于导电。每次使用时都要在碱液中活化接触点。

(4) 夹具的导电能力。电化学抛光时所用的电流密度比较高，一般情况下，一槽电流通过可达数以千安计，夹具设计制作时要考虑零件所用最大电流要能够通过夹具的导电板而不至于过度发烫，对铝板以每平方毫米通过电流不超过 4A 为宜。夹具温升太高，不便于提放，更易使夹具失去弹性及夹持零件的能力。夹具连接零件的接触面积要合理。根据抛光表面形状和电流在溶液中的分布，要适当增加导电接触点，最少不小于 3 点，导电板与零件的接触点必须紧密牢固，在抛光过程中不得松动，对于重量较大的零件可用螺钉拧紧，又要有较小的装卡印痕。铝夹具在使

用前，要用热碱腐蚀一下才可使用，以除去铝在空气中长时间放置后生成的氧化膜，影响电流的正常导入工作。

（5）抛光槽液位高度。在电化学抛光过程中，特别是含有甘油或添加剂的抛光液，会产生大量泡沫浮于液面，为防止泡沫溢出槽外，方便调整槽液的相对密度，液面应留有空间，因此，抛光槽液位高应比槽总高度低300mm。在设计槽的高度时，根据最大抛光零件长度（a）、距槽底空250mm、距液面水平面50mm，液面水平面距槽口300mm，即可求得槽的高度 $h=250+50+a+300$（mm）$=a+600$（mm）。

（6）抛光槽阳极移动装置。置放夹具和零件的阳极杆为可移动的，移动速率以每分钟往复10～20次，左右行程为100mm。

3.5.7　电化学抛光常见故障及可能原因

电化学抛光常见故障及可能原因见表3-6。

3.5.8　不锈钢电化学抛光溶液的分析[23]

3.5.8.1　硫酸、磷酸的连续测定

（1）方法原理。不锈钢电化学抛光液一般含有硫酸、磷酸、铬酐及少量的水，以及在电解过程中溶入的 Fe^{3+}、Cr^{3+}、Ni^{2+}、Mn^{2+} 等杂质。当采用标准碱液连续滴定时，这些金属杂质的盐类会水解，使分析结果偏高。因此，在滴定过程中要加入络合剂掩蔽金属杂质，以防止水解。络合掩蔽剂采用六偏磷酸钠或EDTA。

采用六偏磷酸钠时，由于其水溶液pH=6，采用甲基红和溴甲酚绿混合指示剂在第一个等电点滴定时pH=5，所以六偏磷酸钠不消耗碱，用酚酞为指示剂进行第二个等电点滴定时pH=9.5，六偏磷酸钠就会耗去相应量的碱，此碱量需在计算中扣除。其反应式如下。

第一个等电点时（pH=5）：

$$H_2SO_4+2NaOH \longrightarrow Na_2SO_4+2H_2O$$

$$H_3PO_4+NaOH \longrightarrow NaH_2PO_4+H_2O$$

$$H_2CrO_4+NaOH \longrightarrow NaHCrO_4+H_2O$$

第二个等电点时（pH=9.5）：

$$NaH_2PO_4+NaOH \longrightarrow Na_2HPO_4+H_2O$$

$$NaHCrO_4+NaOH \longrightarrow Na_2CrO_4+H_2O$$

$$(NaPO_3)_6+6NaOH \longrightarrow 6Na_2HPO_4$$

表 3-6　电化学抛光常见故障及可能原因

常见故障	可能原因																												
	零件表面有夹杂物、气泡、缩孔等，显微组织不均匀	电解液成分不当	电解液相对密度高	电解液相对密度低	硫酸含量过高	硫酸含量过低	磷酸含量低	铬酐含量太高	铬酐含量太低	糖精含量过少	温度过低	温度过高	电流密度小	电流密度大	甘油含量不足	前处理清洗不良	时间太长	新配液电解不足	气体运动造成	极距不当	阳极产物扩散慢	挂具上零件遮挡	挂具接触不牢	零件表面带水	零件与阴极未相对	零件电流密度不均	电解液使用时间太长	表面氧化皮未除净	表面水锈严重
表面有点腐蚀	○	○																		○									
不透明灰色膜											○					○													
不均匀条纹、沟纹		○		○			○				○	○		○								○							
表面局部腐蚀、有斑点状					○							○									○			○					
表面光亮度低、并较粗糙		○		○			○			○	○							○											
挂具接触点或凹处有黑灰色影形																						○							
边缘有色条纹、气带条纹												○	○		○		○		○										
表面麻糊			○																										
接触点电火花击穿																							○						
上面有密集均匀麻点、侧面较少					○							○		○															
抛光速率慢，光亮度不足						○					○													○					
抛光速率快，但粗糙					○										○							○							
局部烧焦														○									○						
棱角处及尖端腐蚀												○		○			○												
工件有阴阳面，局部发雾																							○		○	○	○		
工件有处亮、有处不亮																							○						
不光亮、发雾		○																									○		
表面有亮的疤疖、亮点										○																		○	
表面有不亮的疤疖																○													○
表面呈乳白色	○															○													
表面呈橘皮状								○																					
表面有密集乳白点									○																				

注：○表示可能存在对应关系。

若是采用 EDTA，从络合能力看比六偏磷酸钠好，但第一个等电点时，0.05mol/L 的 EDTA 溶液的 pH 约为 4，离第一个等电点较远，需消耗一定量的氢氧化钠，到达第二个等电点时进一步消耗氢氧化钠，需分别扣除。

扣除方法：取一个同本操作中所加络合掩蔽剂用量相同的络合掩蔽剂，加水稀释，进行空白实验，(不加电化学抛光液)，分别以甲基红、溴甲酚绿指示剂用氢氧化钠标准液滴定至第一个等电点，由红变绿，记录耗用的氢氧化钠毫升数，以酚酞为指示剂用氢氧化钠标准液滴至第二个等电点，由绿色变紫红色，记录耗用的氢氧化钠毫升数，分别在计算中减去。

（2）试剂。

① 标准 0.5mol 氢氧化钠溶液。称取 20g 氢氧化钠溶于蒸馏水中，用水在量瓶中稀释至 1L。

标定：称取在 120℃干燥 2h 后的分析纯苯二甲酸氢钾（$KHC_8H_4O_4$）4g（四位有效数字 P）于 250mL 锥形杯中，加水 100mL，温热使其溶解，加入酚酞指示剂 2 滴，用配制好的氢氧化钠溶液滴定至淡红色为终点，记录耗用的氢氧化钠溶液为 V(mL)。

计算：标准氢氧化钠溶液的摩尔浓度

$$M=\frac{P\times 1000}{V\times 204.2} \quad (\text{mol/L})$$

② 0.1mol 六偏磷酸的溶液。称取 120℃ 干燥 2h 后的分析纯六偏磷酸钠 61.20g，溶于蒸馏水中，用水在容量瓶中稀释至 1L。不需标定。

③ 0.05mol EDTA 标准溶液。②和③中两者择其一，称取分析纯 EDTA（乙二胺四乙酸二钠，其分子式 $C_{10}H_{14}N_2O_8Na_2\cdot 2H_2O$）20g，溶解于热蒸馏水中，冷却后，用水在容量瓶中稀释至 1L。

标定：称取分析纯金属锌 0.4g（准确称重至四位有效数字 P），在 250mL 锥形瓶中用 1∶1 试剂盐酸加热溶解锌至完全形成氯化锌，冷却，移入 100mL 容量瓶中，加水稀释至刻度，摇匀。用移液管吸取 20mL 于 250mL 锥形瓶中，加水 50mL，以氨水调节至微碱性，加入 pH＝10 缓冲溶液（溶解 54g 氯化铵于水中，加入 350mL 浓氨水，加水稀释至 1L）10mL，铬黑 T 指示剂（0.5g 铬黑 T 和氯化钠 50g 研磨而成）少许，摇匀，以配好的 0.05mol EDTA 标准溶液滴定至由红变蓝色为终点，记录耗用的 EDTA 溶液 V(mL)。

计算：标准 EDTA 溶液浓度

$$M=\frac{P\times\frac{22}{100}\times 1000}{V\times 65.38} \quad (\text{mol/L})$$

④ 甲基红指示剂（pH 4.2～6.3）。称取甲基红 0.1g 溶解于 60mL 乙醇中，溶解后加水稀释至 100mL。

⑤ 溴甲酚绿指示剂（pH 3.6～5.2）。称取溴甲酚绿 0.1g 溶解于 2.88mL 的 0.05mol 氢氧化钠溶液中，加水稀释至 250mL。

⑥ 酚酞指示剂（pH 8.3～10.0）。称取 1g 酚酞溶解于 80mL 乙醇中，溶解后加水稀释至 100mL。

（3）分析方法。

① 用六偏磷酸钠作掩蔽剂。

a. 吸取试液 5mL 于 250mL 容量瓶中，加水稀释至刻度，摇匀。

b. 吸取此液 10mL 于 300mL 锥形瓶中（相当于原液 0.2mL），加水 80mL。

c. 用移液管准确加入六偏磷酸钠溶液 20mL。

d. 加甲基红 4 滴、溴甲酚绿 6 滴。

e. 以 0.5mol 氢氧化钠标准溶液滴定至绿色为终点，记录耗用量 V_1。

f. 加酚酞 5 滴。

g. 以 0.5mol 氢氧化钠标准溶液滴定至红色（保持 20s 不退），记录耗用量 V_2。

h. 另用移液管吸取 0.1mol 六偏磷酸钠溶液 20mL 于 250mL 锥形瓶中，加水 80mL。

i. 加酚酞 5 滴。

j. 用 0.5mol 氢氧化钠溶液滴定至红色，记录耗用量 B（mL）。

计算：

$$含硫酸\ c_{H_2SO_4}=\frac{\frac{1}{2}(V_1-V_2+B)M\times98}{0.2}\quad(g/L)$$

$$含磷酸\ c_{H_3PO_4}=\frac{\left(V_2-B-\frac{C}{2}\right)M\times98}{0.2}\quad(g/L)$$

式中，M 为标准氢氧化钠溶液的摩尔浓度；C 为中和所取试液中的 CrO_3 相应的标准氢氧化钠溶液的容积，mL。

设 n 为所取试样容积，mL；c_K 为三氧化铬浓度，g/L；x 为所取试样中含三氧化铬质量，g；

则有：$$\frac{x}{n}\times1000=c_K,\quad x=\frac{c_K n}{1000}$$

$$MC=\frac{\frac{x}{100}}{\frac{0.2}{1000}}=50x$$

式中，100 为 CrO_3 相对分子质量，0.2 为所取试样容积，mL。

移项　$C=\frac{50x}{M}$，将 $x=\frac{c_K n}{1000}$代入

$$C=\frac{\frac{c_K n}{1000}\times 50}{M}$$

$$C=\frac{c_K n}{M\times 20}$$

② 用 EDTA 作掩蔽剂。

a. 吸取试液 5mL 于 250mL 容量瓶中，加水稀释至刻度，摇匀。

b. 吸取此液 10mL 于 300mL 锥形瓶中（相当于原液 0.2mL），加水 80mL。

c. 用移液管准确加入 0.05mol EDTA 标准溶液 20mL。

d. 加甲基红 4 滴、溴甲酚绿 6 滴。

e. 用 0.5mol 氢氧化钠标准溶液滴定至绿色为终点，记录耗用量为 V_1。

f. 加酚酞 5 滴。

g. 用 0.5mol 氢氧化钠标准溶液滴定至红色（保持 20s 不褪色），记录耗用量为 V_2。

h. 另用滴定管取 0.05mol EDTA 于 250mL 锥形瓶中，加水 80mL。

i. 加甲基红 4 滴，溴甲酚绿 6 滴。

j. 用 0.05mol 氢氧化钠溶液滴定至绿色，记录耗用量为 A。

k. 加酚酞 5 滴。

l. 继续用 0.05mol 氢氧化钠溶液滴定至红色，记录耗用量为 B。

计算：

$$含硫酸\ c_{H_2SO_4}=\frac{\frac{1}{2}(V_1-V_2-A+B)M\times 98}{0.2}\quad (g/L)$$

$$含磷酸\ c_{H_3PO_4}=\frac{\left(V_2-B-\frac{C}{2}\right)M\times 98}{0.2}\quad (g/L)$$

C 的计算与①用六偏磷酸钠掩蔽的公式相同。

3.5.8.2　铬酐和三价铬的测定

(1) 方法原理。在硫酸溶液中，六价铬被亚铁离子还原为三价铬：

$$2H_2CrO_4+6H_2SO_4+6FeSO_4 = Cr_2(SO_4)_3+3Fe_2(SO_4)_3+8H_2O$$

以苯基代邻氨基苯甲酸（PA 酸）为指示剂指示反应终点。

三价铬在酸性溶液中，在硝酸银催化下，以过硫酸铵氧化成六价铬，得到总铬量。

$$Cr_2(SO_4)_3+3(NH_4)_2S_2O_8+8H_2O = 2H_2CrO_4+3(NH_4)_2SO_4+6H_2SO_4$$

然后测定总铬量消耗的亚铁量减去六价铬消耗的亚铁量，即得三价铬量。

硝酸银对氧化反应起催化作用，银离子和过硫酸铵生成过硫酸银，过硫酸银能将三价铬氧化成六价铬。氧化反应完成后，硝酸银仍恢复原来的状态。过量的过硫酸铵对测定有干扰作用，必须经煮沸后完全分解出氧气。分解反应如下：

$$2(NH_4)_2S_2O_8+2H_2O = 2(NH_4)_2SO_4+2H_2SO_4+O_2\uparrow$$

（2）试剂。

① 硫酸。1＋1，即 1 体积分量的硫酸加入 1 体积分量的水中。

② 苯基代邻氨基苯甲酸（PA 酸）指示剂。0.27g PA 酸溶于 5mL 的 5％碳酸钠溶液中，以水稀释至 250mL。

③ 标准 0.1mol 硫酸亚铁铵溶液。

配制：称取分析纯硫酸亚铁铵 40g ［$FeSO_4 \cdot (NH_4)SO_4 \cdot 6H_2O$］溶于冷的 5＋95 硫酸（5 体积分量的硫酸溶于 95 体积分量的水中）500mL 中，溶解完毕后以 5＋95 硫酸稀释至 1L。亚铁溶液在空气中易氧化，应加入纯铝片若干，以还原被氧化的高铁。应于使用前定期标定。铝片的存在，有效维持亚铁离子浓度的稳定（1 个月左右）。同时投入少量 $NaHCO_3$，产生的 CO_2 气体隔绝空气的氧化。

标定：以重铬酸钾标定。用移液管吸取标准 0.1mol 重铬酸钾溶液（配制：取分析纯重铬酸钾于 150℃干燥 1h，在干燥器内冷却，准确称取 29.421g，溶解于水，在量瓶中稀释至 1L。不需标定）10mL 于 250mL 锥形瓶中，加水 70mL 及 1＋1 硫酸 10mL，磷酸 1mL。加入 PA 酸指示剂 4 滴，溶液呈紫红色，用配制好的 0.1mol 硫酸亚铁铵溶液滴定至紫红色转绿色为终点，记录耗用的硫酸亚铁铵的体积 V(mL)。（终点前应逐滴观察。）

计算：标准硫酸亚铁铵溶液的摩尔浓度

$$M=\frac{10\times 0.1\times 6}{V} \quad (\text{mol/L})$$

④ 1％硝酸银溶液。称取 1g 重的硝酸银溶解于 100mL 水中。或用 0.1mol/L 硝酸银标准溶液。

⑤ 过硫酸铵。固体。

（3）分析方法。

① 吸取电解液各 5mL 于 A、B 两个 250mL 锥形瓶中，各加水 50mL（A、B 各用于测定铬酐和三价铬之用）。

② 各加 1+1 硫酸 10mL。

③ 于 B 瓶中加硝酸银 10mL。

④ 于 B 瓶中加过硫酸铵 2g，煮沸至冒大气泡 2min 左右，冷却。

⑤ 向 A、B 两瓶中加 PA 酸 5 滴，摇匀。

⑥ 用标准 0.1mol 硫酸亚铁铵溶液滴定 A、B 两瓶各至由紫红色变绿色为终点，记录分析 A、B 各耗用标准硫酸亚铁铵溶液各为 V_1 和 V_2 的体积(mL)。V_1 为分析铬酐时耗用硫酸亚铁铵溶液的体积(mL)，V_2 为分析总铬酐时耗用硫酸亚铁铵溶液的体积(mL)。

（4）计算。

$$含铬酸\ c_{CrO_3}=\frac{\frac{1}{3}\times MV_1\times 100}{5\times\frac{5}{100}}=MV_1\times 133.3$$

式中，100 为 CrO_3 的相对分子质量。

含三价铬

$$C_{Cr^{3+}}=\frac{\frac{1}{3}M(V_2-V_1)\times 52}{5\times\frac{5}{100}}=M(V_2-V_1)\times 69.33$$

式中，52 为 Cr 的相对原子质量。

注：如果铬酐或三价铬含量过高，可适当减少电解液所取体积。

参　考　文　献

[1] 马胜利，井晓天．电化学抛光对 1Cr18Ni9Ti 组织和性能的影响．材料保护，1998，31（8）：26-28.

[2] 林勇，张九渊，张伯侯，孙国强，高华峰．不锈钢板镜面抛光技术．表面技术，1990，(19) 5：38-43.

[3] 姚颖悟等．不锈钢化学抛光工艺的研究．电镀与精饰，2010，32（9）：5-7，20.

[4] 仇启贤等．不锈钢化学抛光工艺的研究．电镀与环保，2010，30（6）：38-39.

[5] 姚维学．HNO_3-H_3PO_4-HCl 体系化学抛光不锈钢的研究．电镀与环保，2010，30（6）：36-37.

[6] 张明熹，焦翠欢，崔广华．H_2O_2-草酸体系化学抛光不锈钢的研究．电镀与环保，2010，30（5）：22-24.

[7] 陈步荣，周永璋．不锈钢常温化学抛光工艺．电镀与环保，2003，23（3）：27-28.

[8] 冯涛，张玉．奥氏体不锈钢化学抛光工艺的研究．山东表面工程，2005，(4)：96-98.

[9] 文斯雄．不锈钢化学抛光实践．电镀与环保，2003，23（5）：40.

[10] 屈战民．高性能环保不锈钢化学抛光剂的研制．电镀与涂饰，2005，24（3）：24-26.

[11] 牟培兴．手表轴齿化学抛光工艺试验总结．电镀与环保，1990，10（2）：15-17.

[12] 唐春华．不锈钢表面处理技术．电镀与涂饰，1990，3.

[13] 杨建桥，霍苗．不锈钢杯内壁的电化学抛光．电镀与精饰，2009，31（5）：24-25.

[14] 孙雅茹，姚思童．不锈钢激光模板精密电抛光工艺．材料保护，2008，41（10）：31-33.

[15] 李广武，赵芳，井涛．不锈钢电抛光工艺的研究．电镀与环保，2005，25（2）：27-29.

[16] 天津手表厂，武汉材料保护研究所．0Cr18Ni9不锈钢表壳电解抛光．材料保护，1971，（5）：24-26.

[17] 周国华，葛志坚．不锈钢的电化学抛光．第7届电子电镀年会论文集．1998：300-302.

[18] 文斯雄．不锈钢电抛光．电镀与精饰，1997，19（3）：20-21.

[19] 彭敏，曲宁松，朱荻．不锈钢电抛光工艺研究．航空精密制造技术，2001，37（3）：9-10.

[20] 方景礼．金属材料抛光技术．北京：国防工业出版社，2005：241-269.

[21] 朱琳娣，诸立平．3Cr13、4Cr13不锈钢制品的电化学抛光．电镀与精饰，1989，11（4）；45-47.

[22] 方刚．不锈钢的电解抛光及钝化．电镀与精饰，2001，23（3）：38-40.

[23] 徐红娣，李光萃．常用电镀溶液分析．第3版．北京：机械工业出版社，1978：374-380.

第4章 不锈钢电镀

4.1 概 论

4.1.1 不锈钢钝化膜对电镀的影响

不锈钢是一种表面极易钝化的金属。钝化能使金属表面电极电位向正方向移动，从而使钝化表面很稳定，能经受腐蚀介质在一定时间一定范围内的腐蚀，不会被浸蚀。这层致密的钝化膜影响不锈钢基体与其上镀层间的结合力，明显的出现起泡、脱落；不明显的，表面镀层看似平整，但经不起弯曲划痕等结合力试验。因此，要获得结合力可靠的镀层，彻底除去不锈钢表面钝化膜就是非常关键的问题。

4.1.2 不锈钢钝化膜的反复性

用一般酸洗活化法，例如，使用混合酸，即硝酸 300mL/L，氢氟酸 100mL/L，盐酸 30mL/L，温度 50～60℃，时间 1～10min，进行酸洗，企图使不锈钢表面钝化膜彻底除去，并立即电镀，镀层表面虽然很好，但经弯曲试验，镀层有起皮现象，表明镀层结合力不好。可以认为是镀层与基体不锈钢之间的钝化膜存在所致。

根据南京大学戴安邦教授在元素周期表一书中所阐述的“软硬酸碱理论”分析：不锈钢表面钝化膜中的铬离子和镍离子分别是“硬酸”和“交易酸”，酸洗液中氟离子为硬碱，它们之间有很强的亲和力，易生成配阴离子，牢固地吸附在表面，进而使金属表面与溶液之间又形成新的阻隔层。虽然这些配阴离子在酸性介质中会被溶解掉，但水洗后不可避免地保留部分配阴离子于不锈钢表面，生成新的钝化膜。这就是用一般酸洗方法作为镀前处理不能满足不锈钢上电镀层结合力要求的原因。

4.1.3 电解活化-预镀镍处理方法——不锈钢电镀前处理方法之一

4.1.3.1 阳极活化机理

在电解活化液中含有盐酸和氯化镍，在活化液中氯离子浓度很高。

在电解活化时，首先对不锈钢表面钝化膜进行阳极活化，阳极的电极过程为

$$Fe-2e \longrightarrow Fe^{2+}$$ （铁溶解为铁离子）

$$2Cl^{-}-2e \longrightarrow 2Cl \longrightarrow Cl_2 \uparrow$$

在阳极活化过程中，初生态氯原子有很强的氧化性，它不断氧化新形成的表面金属铁等为离子。氯离子与不锈钢钝化膜表面形成的铁、铬、镍离子的配位体的稳定常数又较高，因此，易生成配阴离子而不断溶解，于是溶解过程易于进行，起到了阳极活化作用。同时，不锈钢在阳极电解活化时，金属离子冲破氧化膜进入溶液，使金属与氧化膜之间起松动作用，与此同时，阳极初生态氯气的逸出，使得钝化膜更容易受到破坏，从而获得活化洁净的表面。

4.1.3.2 预镀镍处理

在同一槽液中，利用换向闸刀开关，将极性变换，原来的阳极变成阴极进行预镀镍。

阴极电极过程：溶液中的镍离子接受电子转变为金属镍原子，覆盖在阴极表面上。

$$Ni^{2+}+2e \longrightarrow Ni$$

在这短短的瞬间镀上镍，避免了在不锈钢表面再形成钝化膜。镍层不要求一定的厚度，只要有一薄层覆盖在整个不锈钢表面上，避免再次钝化表面，然后随之再进行镀其他镀层，如镀铜、镀镍、镀铬、镀银等，可达到结合力满意的要求[1]。

4.1.4 电解活化-预镀镍后的镀层结合力试验

（1）常温弯曲试验。薄片状不锈钢镀一定厚度的铜层后进行反复弯曲，直至不锈钢镀铜片折断，观察不锈钢基体与镀层的断面不分层起皮为合格。

（2）低温弯曲试验。这是在更严酷的条件下进行的结合力试验。将样品按前节方法镀好镀层后，放在−196℃的液氮中浸泡，再拿到常温中冷却到常温 25℃，如此反复进行 5 次，然后在常温下进行弯曲至折断，或用锉刀摩擦镀层等方法，不锈钢基体与镀层不起皮分层为合格。这种试验适用于航天用镀层的考验。

（3）高温试验。这也是在更严酷的条件下进行的结合力试验，即将镀有镀层的不锈钢加热至 400～500℃，不耐高温的锡、锌镀层可降低至 200～300℃，然后冷

却至常温，进行弯曲到折断，或用尖锐钢针划镀层，基体与镀层之间不起皮分层为合格。

4.1.5　阳极电解活化-预镀镍一步法溶液成分及工艺条件

表 4-1 列出阳极电解活化-预镀镍溶液成分及工艺条件。

表 4-1　阳极电解活化-预镀镍溶液成分及工艺条件

配方号		1	2
氯化镍($NiCl_2 \cdot 6H_2O$)/(g/L)		240	350
盐酸(HCl)/(mL/L)		120	140
温度/℃		15～30	15～40
阳极活化	时间/min	2	1.5
	电流密度/(A/dm²)	2～3	2～3
阴极镀镍	时间/min	6	5
	电流密度/(A/dm²)	2～5	3～5

在日常工作中，活化液可在宽范围内长期使用，操作方便。活化液保持一定量的氯离子浓度和一定的酸度，酸度不可太高，以免造成对不锈钢表面的过腐蚀，是保证活化的基本条件。适量的镍离子是保持预镀镍的必要条件。最好通过溶液分析及时加以调整。溶液中铁离子、铬离子通过阳极溶解，逐渐增加是不可避免的。当杂质含量达到 10g/L 的数量时，会影响活化和预镀的质量，此时溶液可采取局部更换。也可以将阳极活化和预镀镍分两个槽使用，即由一步法更改为两步法，这样只要更换阳极活化槽即可，阳极活化槽液内只含有盐酸，预镀镍槽液成分不变，仍含有一步法所含有的氯化镍和盐酸。在操作上阳极活化后不经水洗立即进行预镀镍，工艺条件不变，详见 4.1.8 节。

4.1.6　化学活化-预镀镍一步法——不锈钢电镀前处理方法之二

为了节省能源，将阳极电解活化改为化学活化也已实验成功，并用于实际工作中。这一方法就是将已浸蚀过的洁净的不锈钢零件在盐酸-氯化镍槽液中放置 15min，使不锈钢表面被化学活化-预镀镍溶液中的盐酸浸蚀，当产生小气泡 2min 后，再进行阴极冲击预镀镍。

在初始浸渍时会产生大量的新生态氢原子，起还原作用，使表面氧化膜被还原溶解：

$$2H^+ + 2e \longrightarrow 2H \longrightarrow H_2\uparrow$$

氢原子立即变成氢气，机械地冲破氧化膜，然后在阴极过程中镍离子在阴极不锈钢表面上放电沉积成结合力牢固的镍层。

$$Ni^{2+} + 2e \longrightarrow Ni$$

表 4-2 列出化学活化-预镀镍一步法溶液成分及工艺条件。

表 4-2 化学活化-预镀镍溶液成分及工艺条件

配方号		1	2	3
盐酸(HCl)/(mL/L)		80～100	100～120	120～140
氯化镍($NiCl_2 \cdot 6H_2O$)/(g/L)		160～200	200～250	300～400
铁离子(Fe^{3+})/(g/L)		<10	<10	<10
溶液温度/℃		25～40	20～40	20～40
化学活化浸渍时间/min		10～15	8～12	5～10
预镀镍	阴极电流密度/(A/dm²)	5～10	5～12	5～15
	阴极时间/min	2～6	2～5	2～4
	阴极移动/(次/min)	20～30	20～30	20～30

注：配方 1 适用于不锈钢滚镀前处理[2]。

采用化学活化-预镀镍一步法。工艺流程如下：化学除油→热水洗→冷水洗→浸蚀[硫酸70～90mL/L，$Fe_2(SO_4)_3$ 90～110g/L]→水洗→入滚筒→活化（配方 1，不通电运转3～5min）→预镀镍（开启电流施镀 10～15min）→断电出桶→回收→冷水清洗→继续施镀其他电镀。

4.1.7 阴极活化-预镀镍两步法——不锈钢电镀前处理方法之三

为了避免不锈钢在阳极活化时铁、铬等金属元素溶入预镀镍槽而成为杂质，造成预镀镍槽的不稳定，将阳极电解活化改为阴极电解活化，并与预镀镍槽分开设立，利用阴极产生的氢气还原和破坏表面氧化膜以净化表面。在阴极电解活化后，不锈钢不经水洗，立即迅速转入预镀镍槽中，这一工艺也取得比较好的效果。不过要求转移的时间尽量短些。

表 4-3 列出了阴极活化槽溶液成分及工艺条件。

表 4-3 阴极活化槽液成分及工艺条件

配方号	1	2	3
盐酸(HCl)/(mL/L)	150～300		150～200
硫酸(H_2SO_4)/(mL/L)		500	
电压/V		6～8	

续表

配方号	1	2	3
时间/min	2～3	先阳极 0.5～1 后阴极 0.25～0.5	先阳极 1 后阴极 2
温度/℃	15～35	15～30	15～30
阴极电流密度/(A/dm²)	3～5	(控制电压)	1～2
阳极材料	铅	铅	铅

表 4-4 列出预镀镍溶液成分及工艺条件。

表 4-4　预镀镍溶液成分及工艺条件

配方号	1	2
盐酸/(mL/L)	120	140
氯化镍($NiCl_2 \cdot 6H_2O$)/(g/L)	240	350
温度/℃	15～30	15～40
电流密度/(A/dm²)	2～5	3～5
时间/min	6	5

4.1.8　化学活化和预镀镍两步法——不锈钢电镀前处理方法之四

采用化学活化法，用比较长的时间对不锈钢进行活化，当不锈钢表面产生有氢气泡上浮，并持续 1～2min 即可取出，为了缩短转移时间，不经水洗，立即转入预镀镍槽进行冲击镀镍，也取得满意的效果。表 4-5 列出化学活化溶液成分及工艺条件。预镀镍溶液成分及工艺条件见表 4-4。

表 4-5　化学活化溶液成分及工艺条件

配方号	1	2	3
盐酸(HCl)/(mL/L)	100～500		
硫酸(H_2SO_4)/(mL/L)		100～300	
硝酸(HNO_3)/(mL/L)			60～100
氢氟酸(HF)/(mL/L)			10～15
温度/℃	15～30	60～80	15～30
时间①/min	5～10	10～15	5～10

① 时间至表面产生气泡并持续 1～2min 为止。

4.1.9　不锈钢预镀镍添加剂 KN-505

KN-505 添加剂直接加入到现在使用的瓦特镀镍液或氨基磺酸盐镀镍液中使用，可得到良好的电镀结合力和光亮的镀镍层。

不锈钢表面用 KN-505 镀镍之后，也可以直接镀金，减少工艺，效果良好。

(1) 使用范围。KN-505 镀镍既可以适用于挂镀，也可以适用于滚镀，也可以适用于连续镀的高速钢带，除了适用于 SUS304、305 等其他 SUS，也适用于接合力难镀的铍青铜、磷青铜。

(2) KN-505 工艺流程。脱蜡→水洗→酸洗→水洗→KN-505 镀镍→水洗→其他电镀→水洗→烘干→包装。

(3) KN-505 镀镍溶液成分及工艺条件。KN-505 镀镍溶液成分及工艺条件见表 4-6。

表 4-6　KN-505 镀镍溶液成分及工艺条件

镀液组成及工艺条件	挂镀及滚镀	高速电镀
氯化镍/(g/L)	150～200(180)	180～250(200)
KN-505/(mL/L)	80～100	80～100
温度/℃	40(30～50)	40(30～50)
pH	2.0 以下	2.0 以下
阴极电流密度/(A/dm^2)	1～12	1～12
搅拌	空气或机械搅拌	空气或机械搅拌
过滤	连续过滤	连续过滤
阳极	镍板	镍板

(4) 技术管理与溶液维护。

① KN-505 添加剂可直接加入现今的电镀液里使用，但要得到高品质时，重新开缸是最佳方法。

② KN-505 添加剂添加 100mL/L 时较稳定，KN-505 不足时，出现结合力不良，故要保持适量多一些，比规定量多（2 倍）没有影响，但不经济。

③ KN-505 消耗量。400～500A/h 时消耗量为 10mL/L，即当电镀槽为 100L 时，在电流 400A 时，KN-505 的消耗量为 1000mL/h，即 2500mL/(kA·h)（每千安·小时消耗量为 2.5L）。

④ pH 的维护。使用时期内 pH 必须维持在 2.0 以下。在补充 KN-505 的时期内 pH 不会有变化，如因混入多量的水洗液时 pH 会上升，是造成镀层结合力不良的原因。

⑤ 镀液进行活性炭过滤时有 20％的 KN-505 被吸收，故用活性炭过滤后要补充 20％的 KN-505 添加剂，即添加 KN-505 20mL/L。

注：KN-505 添加剂为上海品意电子科技有限公司生产，在上海市漕宝路 3185 弄 3-1503 室，电话 021-51097618，E-mail：birchpark@vip.citiz.net。

4.1.10 不锈钢预镀纳米镍新工艺

不锈钢预镀纳米镍工艺在预镀前不需预浸程序，就可直接电镀，电镀镍后也不必很快就进行其他后续镀层的电镀，为不锈钢工件的自动化电镀提供可靠的保障[31]。

(1) 工艺特点。

① 环保型：无氰化物。

② 镀层薄：厚度200～300nm（相当于0.2～0.3μm）。

③ 均镀好：采用沃特逊法计达95%以上。

④ 焊接性能好：可钎焊、熔焊。

⑤ 结合力好：环形剪切法实验，结合强度为15kN/cm²，可进行二次加工。

⑥ 镀液稳定：不需大处理。

⑦ 表面质量高：预镀工件表面比闪镀镍表面更加光亮、饱满。

⑧ 前处理要求低、镀液为弱碱性（pH8～14）。

⑨ 主盐浓度低：硫酸镍30g/L，带出量低。

⑩ 滚镀挂镀均匀。

⑪ 工作条件宽：pH8～14，易维护。

⑫ 添加剂消耗补加少：消耗量20～30mL/(kA·h)。

⑬ 电流密度范围广：0.5～20A/dm²、低电压不漏镀，高电压不烧焦。

⑭ 金属杂质容纳能力强：添加剂可配位化合金属杂质并共沉积，(但对氰化物较敏感)。

(2) 溶液配方及操作条件。不锈钢预镀纳米镍溶液组成及操作条件为：

硫酸镍	30g/L	SF-300B添加剂	65mL/L
硫酸钾	30g/L	pH	8～14
氢氧化钾	35g/L	温度	45～55℃
乙酸钠	20g/L	阴极电流密度	0.5～20A/dm²
氨水	20mL/L	时间	1～3min
SF-300A添加剂	65mL/L	阳极	镍板

注：1. 加热棒最好用陶瓷，在加热时需空气搅拌，以使镀液温度均匀。

2. SF-300A为晶核抑制剂，SF-300B为镍离子配位化合物，SF-300C为镀液消耗补加剂(非开缸剂)，消耗量为0.02～0.03L/(kA·h)。

3. SF系列产品研制人为储荣邦（南京724研究所，210011），戴昭文（江苏表面协会，南京，210000），杨立保（南京四方表面技术有限公司，211100），可向他们咨询。

(3) 不锈钢预镀纳米镍工艺流程。除油→水洗→水洗→电化学抛光（Ⅰ）[盐酸（35%）200mL/L、乙酸钠40g/L，时间30s，阳极电流密度$D_A>15A/dm^2$］→水洗→电化学抛光（Ⅱ）［溶液成分及操作条件同（Ⅰ），一般二次电化学抛光就行］→水洗→电化学抛光（Ⅲ）［特种不锈钢表面氧化层较厚，需要三次电化学抛光，配方和操作同（Ⅰ），但不可延长抛光时间而减少次数，会影响抛光质量］→水洗→活化［盐酸∶水＝1∶2（体积比），时间4s］→水洗→不锈钢预镀纳米镍（1～3min）→水洗→后续电镀。

（4）纳米预镀镍的发展前景。

① 解决不锈钢产品的结合力，得到有效保障。由于不锈钢具有较高的化学稳定性，电镀前须经特殊的前处理，才能将其表面透明且附着牢固的钝化膜除去，才能保证结合力，前处理既要有效除去自然氧化膜，又要防止其再氧化，这两点缺一不可。但不锈钢在大气中会很快生成一层钝化膜，操作连贯性差，经前处理后未能转入下道工序，可能失去前处理的意义。在操作过程中要求迅速连续进行，难度很大，可操作性不强，结合力不能得到有效保障。而不锈钢预镀纳米镍工艺不需预浸，镀层只需0.25μm，就可解决结合力问题。

② 纳米镍镀层中的镍与不锈钢中的铁原子形成致密、均匀的镍铁合金镀层，有效阻止了不锈钢表面再次钝化，保证镀层的结合力。镀层有超强结合力：360°折曲实验无脱落；高速冲击不脱皮；能承受高温焊接要求；自身有高防腐能力，能调节后续各镀层不同厚度的要求，使该工艺在不锈钢自动化电镀线生产领域得到应用。

4.2　不锈钢电镀铬

4.2.1　不锈钢镀铬的目的

（1）防锈性提高。不锈钢中的马氏体不锈钢如2Cr13、3Cr13、9Cr18、9Cr18 MoV、Cr17N12等含铬12%（质量分数）以上，但不含镍或含少量镍的不锈钢，在大气中会变色而发生腐蚀。为了提高耐蚀性，可镀装饰铬或硬铬。

（2）改善外观。不锈钢制品与电镀装饰铬合装在一起，外观上有明显的差异，为了使外观色泽一致，也常将不锈钢镀铬。

（3）提高不锈钢的硬度。特别是奥氏体不锈钢的硬度低，虽然耐蚀性较好，但不耐磨，为此需镀硬铬，以提高硬度，增加耐磨性，延长使用寿命。

（4）乳白色铬层。为了获得不耀眼的柔和的镀层，如在不锈钢量具（卡尺、千分尺等）的刻度尺或盘上可镀乳白硬铬，既富装饰性又达到光学要求。

4.2.2 不锈钢镀铬预处理通用方法

(1) 不锈钢镀铬前可采用活化-预镀镍的方法获得底层，然后在镀镍层上镀铬，可获得结合力良好的铬层。

(2) 小电流阴极活化-阶梯式电流给电-冲击电流镀铬-正常电流镀铬至所需厚度出槽，如此四个阶段的处理和电镀可以得到结合力良好的镀层。

(3) 碘化钾阴极处理法。在含碘化钾 1g/L 的硫酸 5%～10%(质量分数) 的溶液中进行阴极处理。电压 6V，时间 30s，温度室温，阴极电流电解，在不锈钢表面上产生一层棕黑色膜层，充分漂洗以除去硫酸，留下棕色膜的不锈钢制品进入镀铬槽中镀铬，能获得结合力非常良好的装饰铬或硬铬镀层。棕色膜在镀铬时迅速溶解，不产生明显的污染，原来的表面也没有任何恶化。

由于不锈钢的成分品种繁多，形状各异，镀前状态不一，要根据实际情况，采取适当的工艺流程和工艺规范，以及特殊的工夹具等。

4.2.3 不锈钢镀铬预处理新型活化液[34]

(1) 不锈钢电镀铬的预处理——活化处理可有效去除不锈钢表面的钝化膜，解决镀层与基体的结合力问题。该活化液的稳态电位为－0.55V，腐蚀速率在 12h 内为 2g/(m^2·h)，随后缓慢下降，它能有效去除不锈钢表面的钝化膜，且对不锈钢基体的腐蚀很小；用该配方活化的不锈钢电镀后，可获得光亮平滑、均匀致密、硬度较高、结合力好的镀铬层，特别在航空领域，需要在不锈钢工件表面电镀硬铬，以提高不锈钢制件的表面硬度、耐磨性及装饰性。

(2) 不锈钢表面的钝化膜。不锈钢表面有一层薄而极其致密的钝化膜，其组织结构复杂，主要由铁的氧化物（FeO、Fe_2O_3）、铬的氧化物（CrO、Cr_2O_3）和碳化物等组成。该钝化膜影响镀层与基体的结合力，严重时甚至使电沉积过程不能顺利进行。因此，不锈钢电镀的关键主要取决于电镀的预处理，即活化处理，既要充分除去表面钝化膜，又要考虑活化液时不锈钢基体的腐蚀作用，应避免基体腐蚀而造成制件尺寸不符合要求。

(3) 活化液组成及操作条件。

硫酸铵 $(NH_4)_2SO_4$	98～102g/L	氟硅酸 (H_2SiF_6)	5～6g/L
硫酸（分析纯）H_2SO_4	85～90g/L	温度	室温
磷酸（分析纯）H_3PO_4	5～6g/L	时间	小于 12h

(4) 采用该活化液获得铬镀层综合性能检测结果。

镀层外观	光亮	硬度（QB/T 3822—1999）/HV	734.3
附着力（按 GB/T 5270—2005 标准）	合格	镀层厚度/μm	24.4
孔隙率（按 QB/T 3823—1999）/(个/cm^2)	3个		

镀铬层表面显微结构：利用金相显微镜的微观形貌观测（450×）组织均匀致密，晶粒细小均匀，无微裂纹。

（5）工艺流程。施镀基底材料为18-8奥氏体不锈钢片。工艺流程为：打磨→水洗→化学除油→水洗→浸蚀→水洗→除挂灰→水洗→活化处理→水洗→电镀铬→水洗→烘干。

4.2.4　普通镀铬溶液成分及工艺条件

普通镀铬溶液成分及工艺条件见表4-7。

表4-7　镀铬溶液成分及工艺条件

溶液成分及工艺条件		低浓度	中浓度	高浓度
铬酐(CrO_3)/(g/L)		150～180	230～270	320～360
硫酸(H_2SO_4)/(g/L)		1.5～1.8	2.3～2.7	3.2～3.6
防护装饰铬	温度/℃		48～53	48～56
	电流密度/(A/dm^2)		15～30	15～35
缎面铬	温度/℃	58～62	58～62	58～62
	电流密度/(A/dm^2)	30～45	30～45	30～45
耐磨硬铬	温度/℃	55～60	55～60	
	电流密度/(A/dm^2)	30～45	50～60	
乳白铬	温度/℃	74～79	70～72	
	电流密度/(A/dm^2)	25～30	25～30	

4.2.5　不锈钢电镀铬稀土添加剂镀液

（1）采用稀土为添加剂的镀铬，可获得较均匀的铬层，使用较低的铬酐和电流密度，其溶液组成和工艺条件见表4-8。

表4-8　稀土为添加剂的镀铬溶液组成及工艺条件

溶液组成与工艺条件	①CE稀土镀铬	②CF 201稀土镀铬	③
铬酐(CrO_3)/(g/L)	150(80～180)	110～180	130～150
硫酸(H_2SO_4)/(g/L)	0.8(0.4～1.0)	0.4～0.8	0.5～0.6
三价铬(Cr^{3+})/(g/L)	0.5(0.5～1.5)	<3	0.2～0.8

续表

溶液组成与工艺条件	①CE 稀土镀铬	②CF 201 稀土镀铬	③
添加剂/(g/L)	CE 0.5(1.0～1.5)	CF 201 1～3	1.3～1.5
温度/℃	装饰铬 25～40 硬铬 40～60	25～40 40～50	45～50
电流密度/(A/dm²)	装饰铬 5～10 硬铬 30～60	10～20 40～50	20～25

（2）说明。CE 稀土添加剂使镀液深镀能力和分散能力提高，沉积速率加快，提高光泽，增加硬度，消除黄膜，因铬酐用量低，电流密度低，使铬酐、电能、废水处理费用降低。

（3）CF-201 添加剂在稀土镀铬液中兼有除杂功能，覆盖能力特佳，添加剂常温溶解。

4.2.6 不锈钢电镀铬复合型添加剂镀液

（1）不锈钢镀铬复合型添加剂的实验结果。为了降低电镀铬对环境的危害，采用正交实验法对含纳米氧化铈（CeO_2）的镀铬工艺进行优选，获得了低铬电镀硬铬的最佳工艺参数和操作条件。实验结果表明，加入含纳米氧化铈的复合添加剂，降低了镀铬液中铬酐的含量和生产能耗，且降低电沉积铬的阴极电流密度（使之为 5～10A/dm^2），从而改善了镀液的分散能力，提高铬的沉积速率和电流效率（18%～20%），从而获得光滑致密的镀铬层。

（2）含稀土添加剂的镀铬溶液组成和工艺参数见表 4-9[35]。

表 4-9 含稀土添加剂的镀铬溶液组成和工艺参数

溶液组成与工艺条件	1	2	3
铬酐(CrO_3)/(g/L)	250	80	80
硫酸(H_2SO_4)/(g/L)	2.5	0.70	0.70
三价铬(Cr^{3+})/(g/L)	3.0	3.00	3.00
氧化铈(CeO_3)/(g/L)		3.00	3.00
甲酸(HCOOH)/(mL/L)			2.00
碳酸钠(Na_2CO_3)/(g/L)			15.9
温度/℃	30	30	30
电流密度/(A/dm^2)	30	30	30

采用 3 号工艺配方，时间 120min，可获得镀层厚度达 48.2μm，电流效率达到 17.1%与通常 13%比，提高 1.3 倍显微硬度达到 1250HV 的光亮平滑的镀铬层。

（3）添加剂对镀铬液极化的影响。由某电化学工作站测得基础镀液和含稀土添加剂的镀液的阴极极化曲线见图4-1。

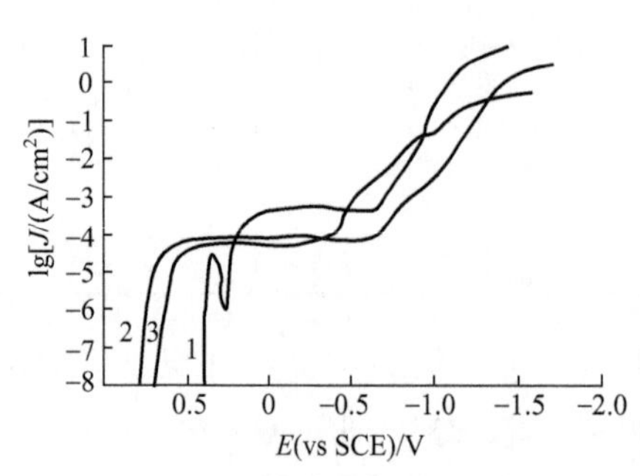

图4-1　基础镀液和含稀土添加剂的镀液的阴极极化曲线

1—250.00g/L CrO_3、2.50g/L H_2SO_4、3.00g/L Cr^{3+}；2—80.00g/L CrO_3、0.70g/L H_2SO_4、3.00g/L Cr^{3+}、3.00g/L CeO_2；3—80.00g/L CrO_3、0.70g/L H_2SO_4、3.00g/L Cr^{3+}、3.00g/L CeO_2、2.00mL/L 甲酸和0.15mol/L碳酸钠

从图4-1可见，曲线2和曲线3的开路电位高于基础镀液曲线1的开路电位。开路电位向正方向移动，其交换电流密度越大，金属离子在水溶液中的沉积速率越大，因此，添加剂起到了抑制析氢的作用，使析氢电流明显降低，促进了析铬反应的发生，从而起到提高电流效率的作用。

从图4-1阴极极化曲线中看出，加入稀土添加剂以及复合型添加剂后，能增大镀液的阴极极化度，这是因为稀土有利于阴极表面膜的形成和加强，增加了膜的钝化性，从而增大了阴极极化。电流的实际分布为：

$$\frac{J_{近}}{J_{远}}=1+\frac{\Delta l}{l_1+\frac{l\Delta\varphi}{\rho\Delta J}}$$

式中，$J_{近}$为近阴极电流密度；$J_{远}$为远阴极电流密度；Δl为远近阴极与阳极之间的距离之差；l_1为近阴极到阳极之间的距离；ρ为镀液电导率；$\Delta\varphi/\Delta J$为阴极极化率。

若$\frac{J_{近}}{J_{远}}=1$，表示近远阴极的电流相等，电流分布均匀，因此，影响电流实际分布的因素有Δl、ρ、l_1和$\Delta\varphi/\Delta J$。但添加剂的加入不会影响阴极与阳极的几何位置，电导率也几乎不变，因此，影响电流分布的途径是阴极极化度，极化度越大，$\frac{\Delta l}{l_1+\frac{I\Delta\varphi}{\rho\Delta J}}$的值越小，$\frac{J_{近}}{J_{远}}$相对来说更接近1。因此，稀土添加剂增大了基本镀液的阴极极化度，使电流分布均匀，镀液的分散能力得到改善，从而可获得致密的镀层。

4.2.7　不锈钢电镀铬有机阴离子添加剂

4.2.7.1　KCA、KCB镀铬添加剂

（1）镀铬工艺电流效率的提高。镀铬工艺的电流效率低，一般只有10%～13%。特别是镀较厚铬层的硬铬工艺，要镀0.05mm厚的铬层，往往需耗时

100min（假定电流密度为 50A/dm²，电流效率为 13%）。而一般的耐磨镀硬铬的厚度常常都在 0.05mm 以上，为了提高生产效率，缩短电镀时间，故开发镀铬新型高效低成本的添加剂具有十分重要的意义。但近年来镀铬添加剂的研究热点是稀土阳离子添加剂，电流效率可提高 1.3 倍，即可达到 17.1%，而市面上所售为含稀土阳离子的氟化物或氟化配合物作为镀铬添加剂，其价格较高，稳定性较差，而氟化物对阳极铅的腐蚀也很严重，使用户望而生畏。即使使用铅锑、铅锑锡合金为阳极，腐蚀仍有存在。值得庆幸的是，目前开发的有机添加剂，不含稀土添加剂，也不含氟化物，已经面市多年，在提高镀铬电流效率方面可以达到 20%以上，而且在整平性和光亮度上也有显著的提高。

（2）不锈钢有机添加剂镀铬液组成及工艺条件见表 4-10。

表 4-10　不锈钢有机添加剂镀铬液组成及工艺条件

溶液组成与工艺条件	1	2
铬酐(CrO_3)/(g/L)	200～250	200～300
硫酸(H_2SO_4)/(g/L)	2～2.5	2～3
三价铬(Cr^{3+})/(g/L)	2～3	2～5
镀铬添加剂 KCA/(g/L)	5	
镀铬光亮剂 KCB/(mL/L)	5	
镀铬添加剂 CWS/(g/L)		3
温度/℃	50～55	55
电流密度/(A/dm²)	30～40	40

（3）说明。

① KCA 添加剂和 KCB 光亮剂均为国产有机磺酸类物，具有极强的抗氧化性，在铬酸中不被氧化分解。A 剂具有提高整平度、快速沉积铬层的作用，B 剂具有提高光亮度和硬度的作用，两者相互配合使用，可使光亮度相得益彰的增大。B 剂与其他类型镀铬添加剂合用也可提高镀铬层的光亮度，是一种广谱光亮剂，但不可过量使用，以免增大内应力，发生脆性作用。[这两种添加剂和光亮剂经常被采用，与同种类型外国产品相比并不逊色。光亮剂需用者可向笔者咨询（15325079760）。] 不锈钢直接镀铬时，在施镀开始时采用电流阶梯式升高，从 3A/dm²、3.5A/dm²、4A/dm²……至额定电流密度，每次电流升高间隔几分钟，以提高铬层的结合力，此时产生氢气还原表面氧化膜。

② CWS 镀铬添加剂主要组成为酰化烷基磺酸，由国外进口，价格比国产要稍高些，可获得光亮、细致的铬层，当电流密度在 40A/dm²，每小时可镀得 0.04mm，铬层维氏硬度可达 800HV。如有求购使用者也可向笔者咨询。

4.2.7.2　XG-A 镀铬走位剂

（1）镀液成分及操作条件。

铬酐	120～250g/L（Bé12°～23°）
硫酸	0.6～1.2g/L［m(铬酐)∶m(硫酸)＝200∶1］
三价铬	0.5～3.0g/L（开缸时）
XG-A 走位剂	1～2g/L（消耗量：每添加 1kg 铬酐时补加走位剂 10g）
温度	32～50℃
电流密度	15～50A/dm^2

注：XG-A 走位剂需用者可向笔者咨询。

（2）经济效益。

① 可降低铬酐浓度。形状简单的产品铬酐取下限，如 150g/L，凹凸较复杂的产品则铬酐取上限，如 250g/L。而通常的装饰铬镀液的铬酐高达 350g/L，可降低铬酐 40%～70%，因而使镀件和挂具出槽时带出的铬酐损耗减少，有利于含铬废水对六价铬的处理费用的降低。

② 镀液可在较低温度 32℃时工作，在夏季的气温下可以对镀铬液停止供热保温，减少用电费用，达到节能的效果。

③ 提高电流效率。使用 XG-A 走位剂的镀铬电流效率可达 18%～25%，而标准镀铬的电流效率为 13%。由于电流效率的提高，可减少镀铬时间 1/3，可减少用电量。

④ 覆盖能力高，普通镀铬深孔能镀进 25%～30%，而用 XG-A 走位剂的深孔能镀进 80%以上，使镀层厚度的分布也较均匀。

（3）常见故障及解决办法见表 4-11。

表 4-11　添加 XG-A 走位剂镀铬故障及解决办法

故障现象	可能原因	解决办法
深镀能力差	①硫酸浓度偏高 ②电流密度偏低 ③走位剂用量偏少	①根据分析加碳酸钡降低硫酸含量 ②提升电流密度 ③适量补加走位剂
高电流密度区烧焦而低电流密度区露黄或挂具接触点有黄印	①硫酸浓度偏高 ②镀液温度偏低而电流密度偏高 ③三价铬浓度偏高 ④阳极导电不良 ⑤挂具接触不良	①根据分析加碳酸钡降低硫酸含量 ②提升温度至 32℃以上和电流密度 ③用大阳极面积小阴极面积电解 ④清理阳极接触点导电 ⑤修理挂具接触不良
沉积速率慢	①镀件装挂不当 ②硫酸浓度过低或过高	①调整镀件装挂，防止互相遮挡 ②根据分析结果调整硫酸为铬酐的 0.5%

续表

故障现象	可能原因	解决办法
覆盖能力差	①硫酸浓度高 ②温度过高 ③三价铬或铁等金属浓度高	①根据分析加碳酸钡降低硫酸含量 ②调整温度低于50℃ ③大阳小阴面积电解降低三价铬
局部表面未镀上铬	①镀件表面有氧化膜或油污 ②电流密度太低 ③挂具接触不良 ④镀件互相屏蔽	①清理镀件表面 ②提高电流密度在15A/dm² 以上 ③清理挂具接触点和导电通路 ④调整镀件挂装位置,防止遮挡
镀层边缘发黑或呈暗色	①电流密度太高 ②镀液温度太低 ③前处理不良 ④入槽时电流太大	①电流密度不超过50A/dm,2min ②温度不低于32℃ ③做好除油和活化

4.2.8 镀铬层的质量检验

(1) 外观。要求光泽均匀，结晶细致，不粗糙、不起皮、不鼓泡、不漏底、不发暗、不烧焦。

(2) 附着强度。检测标准 GB/T 5270—2005。

① 交叉划痕法：不起皮。

② 弯曲实验：薄片折断后断口不起皮。

③ 热冷法：大件加热250℃恒温1h，冷却后不起泡、掉皮、剥落。

(3) 显微硬度。用显微硬度计（如国产631型显微硬度计）测量，但铬层厚度不小于20μm时，才可以准确测量。检测标准 QB/T 3822—1999。

(4) 孔隙率。用贴滤纸法测孔隙：将滤纸浸透检验液紧贴在受试表面上，滤纸底下不得残留空气泡，滤纸粘贴时间10min后，揭下滤纸晾干。观察蓝点数量即为铬上孔隙数量。

检验液成分：铁氰化钾 10g/L

氯化铵 30g/L

氯化钠 60g/L

孔隙率计算

$$孔隙率=\frac{孔隙斑点数(个)}{受检镀层面积(cm^2)}$$

一般孔隙率要求1～3个/cm² 以内为合格。孔隙率愈低，耐蚀性愈高。铬层厚度愈高，孔隙率愈低。检测标准 QB/T 3823—1999。

4.2.9　不锈钢片镀硬铬[3]

4.2.9.1　镀硬铬的制品材料及要求

制件为纺机梳片，材料为2Cr13马氏体不锈钢，零件尺寸为6mm×120mm×0.9mm，要求镀硬铬，以期提高零件的耐磨性能，延长使用寿命。对铬层的具体要求如下。

① 铬镀层与不锈钢表面结合力良好。

② 片状平板零件的边角不允许铬层出现毛刺、结瘤、烧焦。

③ 铬层厚度单边0.01mm，基材厚度为0.9mm，镀铬后达到（0.920±0.005）mm尺寸。

④ 铬层晶体细致、均匀、光滑。

⑤ 零件全面镀铬，只允许端头处有较轻度的绑扎挂具的痕迹。

⑥ 铬层硬度要求HRC65（洛氏硬度值），即相当于维氏硬度（HV）800。

4.2.9.2　镀铬溶液成分及工艺条件

采用稀土为添加剂的镀铬溶液，以期获得较均匀的铬层，工艺路线采用阴极活化，小电流起镀和阶梯式给电的方式，以保证良好的结合力。

（1）稀土镀铬电解液。

铬酐（CrO_3）	130～150g/L	三价铬	0.2～0.8g/L
硫酸（H_2SO_4）	0.5～0.6g/L	三价铁	<10g/L
稀土添加剂	1.3～1.5g/L		

（2）工艺条件。

温度	45～50℃	断电	3～5s
预热	10～20s	阴极活化：小电流活化 D_K	5～8A/dm^2
阳极处理电流密度（D_A）	15～20A/dm^2	时间	3min
		阶梯式逐步转为正常电流密度（D_K）	20～25A/dm^2
时间	15～20s		

4.2.9.3　镀前表面处理

（1）先由钳工进行倒角去毛刺，后在有机溶剂中清洗。

（2）表面用软布细砂轮抛光，去除表面加工痕迹，达到平滑光亮。

（3）化学除油，用洗衣粉或熟石灰擦洗。

4.2.9.4　挂装零件

（1）用ϕ5mm粗铜条作为上挂钩。

（2）用ϕ0.7mm细铁丝在其两头约3mm处加以绑扎牢固，每件间距8～

10mm，每挂 20 件。

（3）绑扎完毕，在下面扎一道铁丝作保护阴极，再下面绑吊一绝缘重物，使镀件垂直向下。

（4）将绑扎的上端绕于铜丝挂钩上。

（5）入槽前在稀盐酸中弱浸蚀以活化表面，并除去铁丝表面上的锌层，然后在水中彻底清洗干净，切勿将盐酸带入铬槽。

（6）镀件下槽，将铁丝全部浸没在镀液中，以防烧断。

4.2.9.5　电流分布控制

（1）上面的零件的边角有相互保护作用，最下一个零件用铁丝作保护阴极。

（2）采用稍高温度和较低的电流密度，温度 45～55℃，取 55℃，D_K 30～40A/dm^2，取 (30±2)A/dm^2。

（3）镀件阴极和对应阳极的间距尽可能相近合宜，使电流分布均匀，消除边缘放电。

4.2.9.6　小电流起镀

（1）先阳极处理。不锈钢片入槽后经预热首先进行阳极处理，使表面金属稍微溶解，以达微观粗糙。

（2）小电流起镀。由于在阳极处理过程中，同时伴随一定量的氧析出，镀层表面有碳化物出现。小电流起镀时阴极上没有铬析出，只发生氢离子放电

$$2H^+ + 2e \longrightarrow 2[H]$$

所生成的新生态氢原子［H］具有很强的还原能力，能把极薄的氧化膜还原为金属：

$$2[H] + MO = M + H_2O$$

同时产生大量的氢气，使表面附着的碳化物冲刷掉，使阴极表面处于高度活化状态。然后再逐步升高电流密度，有利于铬酸离子还原成金属原子，形成晶核，致密地分布在零件表面，从而为获得结合力良好的镀层创造条件。

（3）阶梯式给电。D_K 大致分为 5～8A/dm^2、8～11A/dm^2、11～14A/dm^2、14～17A/dm^2 等中间阶梯，其间所历时间约 8min，最后加到正常 D_K 20～25A/dm^2，此法保证铬层的结合力优良。

4.2.10　马氏体不锈钢镀硬铬[4]

4.2.10.1　镀前处理

（1）除油。

① 有机溶剂除油。除去抛光后的油污。

② 化学除油。氢氧化钠 10～20g/L，碳酸钠 20～30g/L，磷酸三钠 20～30g/L，乳化剂 OP-10 3～5g/L，温度 70～90℃，时间 10～30min，至油污除尽为止。

③ 电化学除油。有条件采用此法最佳，阴阳极交替除油，阳极除油时间不超过 0.5min。

（2）浸蚀处理。根据不锈钢表面氧化膜的情况选择表 4-12 所列溶液之一进行浸蚀。

表 4-12 不锈钢浸蚀溶液成分及工艺条件

配方号	1	2	3	4
硝酸(HNO_3)(d=1.5)	6%～8%(质量分数)			30～50g/L
硫酸(H_2SO_4)(d=1.84)	8%～10%(质量分数)	5%～10%(质量分数)		
氢氟酸(HF)(d=1.14)	4%～6%(质量分数)	2%～5%(质量分数)		
盐酸(HCl)(d=1.17)			100～150g/L	
三氯化铁($FeCl_3$)			200～250g/L	
双氧水(H_2O_2)(30%)				5～15mL/L
水	余量	余量		
温度/℃	15～25	15～25	15～25	15～25
时间/min	1～2	1～1.2	1.5～2.5	0.5～1
用途	氧化皮较严重	氧化膜较轻	氧化膜较轻微	浸蚀后表面有较重的挂灰

（3）活化处理。可按表 4-13 中任选一种。

表 4-13 活化溶液成分及工艺条件

配方号	1	2
盐酸(HCl)(d=1.17)	150～200g/L	
柠檬酸($C_6H_8O_7$)		200～250g/L
温度/℃	15～25	15～25
时间/min	0.5～1	1～2

4.2.10.2 镀硬铬

（1）预镀镍。采用预镀冲击镍镀层作底层，以强化镀铬层结合力。预镀镍溶液成分：

氯化镍（$NiCl_2 \cdot 6H_2O$）	200～250g/L	氯化镁（$MgCl_2 \cdot 6H_2O$）	20～30g/L
盐酸（HCl）（d=1.17）	20～30g/L	时间	3～5min

（2）小电流阴极活化处理。采用的镀铬成分及工艺条件可选自表 4-14。

表 4-14　镀硬铬溶液成分及工艺条件

溶液成分及工艺条件	中等浓度	稀土镀液
铬酐(CrO_3)/(g/L)	200～250	100～170
硫酸(H_2SO_4)(d=1.84)/(g/L)	2.0～2.5	0.3～1.0
CS 镀铬添加剂/(g/L)		0.8～2.0
三价铬(Cr^{3+})/(g/L)	<5	<2
温度/℃	60±2	25～45
电流密度/(A/dm^2)	40～60	30～50

(3) 镀铬工艺过程。带电下槽→预热→阴极小电流活化（D_K<3A/dm^2，时间 1～2min)→阶梯式升电流（每 1～2min 提升一次电流，经过 5～10min 内五次提升)→冲击镀铬（高于正常电流 1 倍左右，冲击镀时间 2～3min)→正常镀硬铬（正常电流密度镀至时间达到硬铬层要求厚度为止)。

马氏体不锈钢镀硬铬前不能进行阳极反镀，以避免表面出现褐黑色挂灰，影响镀层结合力。

4.2.10.3　镀铬后处理

除氢，200～250℃保温 2h，以消除或减轻析氢导致的氢脆。

4.2.11　不锈钢内孔件镀硬铬[5]

4.2.11.1　零件类型

如喷涂糖衣片采用的高压无气喷涂机上使用的涂料缸，采用 2Cr13 不锈钢材料，具有高化学稳定性，但硬度不高，易于磨损。要求内孔表面镀硬铬，增加耐磨性和减少与介质的亲和力，镀层技术要求如下。

① 铬层厚度 0.04～0.07mm。

② 铬层结晶细致、均匀，从端面向内孔观察要有镜面光亮，不允许有凹痕、麻点、烧焦、皱纹等。

③ 两端口部镀后尺寸锥度差小于 0.01mm，不允许有椭圆度。

④ 铬层硬度（HV）大于 800。

4.2.11.2　工装夹具

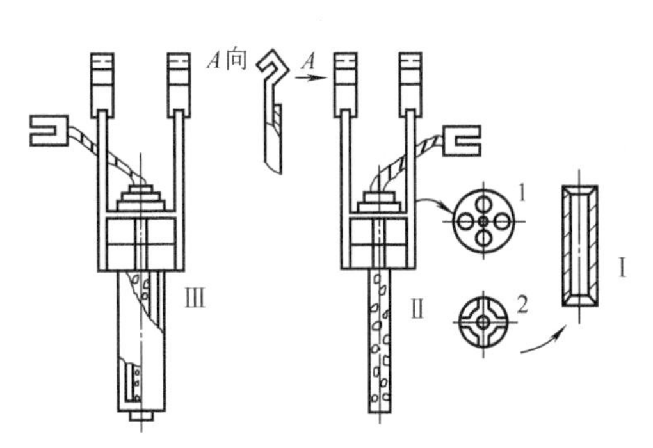

图 4-2　涂料缸内孔镀铬夹具

Ⅰ—零件；Ⅱ—夹具；Ⅲ—装挂状态；
1—上绝缘块；2—下绝缘块

见图 4-2，阳极用含锑 8%的铅-锑合金制成，阳极面积是阴极面积的 1/3～1/2，锥度 1∶50，下小上大，浇铸成型后车削成型。阳极上钻有孔以利于电解液对流，同时增加阳极面积。阴阳极之间采用非金属隔电绝缘，即用聚氯乙烯或有机玻璃做成有孔的上下绝缘块，将阳极位置固定在零件内孔中心，有利于溶液和气体自由逸出。

4.2.11.3　镀液成分和工艺选择

（1）溶液成分。

铬酐（CrO_3）	200～250g/L	三价铬（Cr^{3+}）	2～5g/L
硫酸（H_2SO_4）	2.2～2.7g/L	三价铁（Fe^{3+}）	<8g/L
铬酐、硫酸比	(85～95)∶1		

（2）工艺条件。

温度	(50±2)℃
下槽预热	30～60s
阳极处理	D_A 25～30A/dm²，时间 20～25s，断电 15s
小电流施镀	D_K<10A/dm²，时间 4min，转正常电流密度（35～40A/dm²）

4.2.11.4　工艺流程

检查内孔→检测镀前尺寸→绝缘（零件非镀面和挂具外表面用聚氯乙烯塑料胶带包扎紧）→装挂具（按图 4-2 所示）→装阳极→电化学除油→热水洗→冷水洗→入槽预热→阳极处理→小电流施镀（4min）→转正常电流镀铬→取出阳极、零件入回收槽→冷水洗两次→去氢→送检。

4.2.11.5　工艺技术探讨

（1）镀层结合力。

① 预热。零件与电解液温差在±1℃。

② 阳极处理时间。只要能达到去除表面氧化膜即可。控制在 25s 以内。时间控制长短有决定性影响。

③ 活化时间。活化使零件表面处于高度活化状态。活化产生的氢气把表面残留的氧化膜还原成金属，显露其基体结晶表面，活化 4min 后转入正常电流电镀。这种阶梯式给电可获结合力好的镀层。

（2）镀层耐磨性。由于镀液成分和操作条件的改变会显著影响镀层的硬度。

① 铬酐浓度。稀溶液得到的铬层硬度高，耐磨性好。见图 4-3 硬度和铬酐浓度的关系，铬酐浓度自 200g/L 开始升高而硬度（HV）随之下降。故选用铬酐 200～250g/L，铬层硬度（HV）可达 900。

② 铬酐/硫酸的酸比值。此比值对硬度很关键。图 4-4 表示硬度和硫酸浓度的关系。内孔镀铬的酸比值控制在（85～95）∶1 较好，电流效率稍有降低，但铬层硬度高，耐磨、光亮、密实。

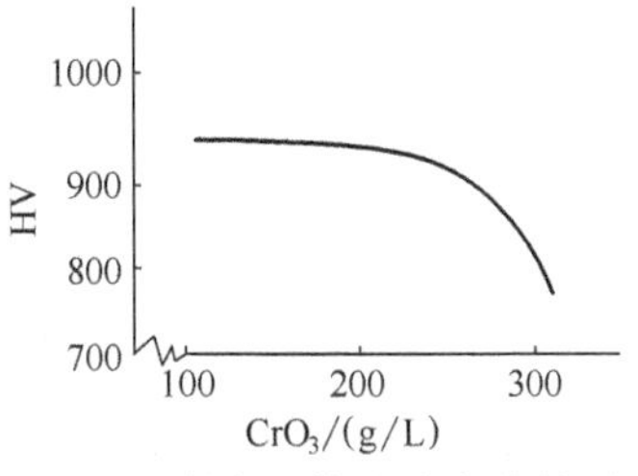

图 4-3　硬度和铬酐浓度的关系

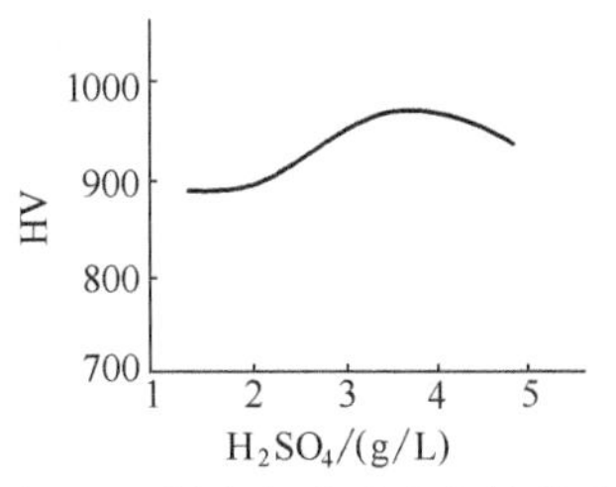

图 4-4　硬度和硫酸浓度的关系

③ 电流密度（D_K）和镀液温度（T）。图 4-5 为硬度与温度（T）和 D_K 的关系，当 $D_K=35\sim40A/dm^2$、$T=45\sim50$℃时，镀层硬度高。

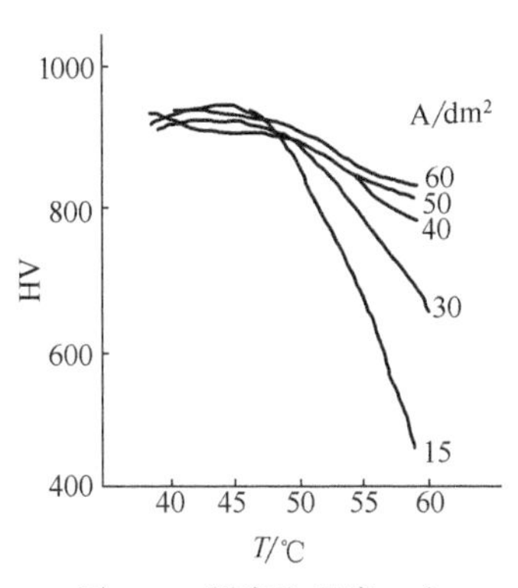

图 4-5　硬度和温度、电流密度的关系

(3) 镀层的光泽性。

① 三价铬或铁的影响。图 4-6 表示三价铬或铁对镀层的影响，内孔镀铬的三价铬（Cr^{3+}）含量取 2～5g/L 为佳。过少则沉积速率慢，过多则缩小光亮范围。三价铬含量高易使内孔上端铬层沉积减缓，下端铬层沉积加快。铁应控制在 8g/L 以下，过高使电流波动，难以获得光泽镀层。

② 温度与电流密度的影响。图 4-7 所示内孔镀硬铬，温度和电流密度应取下限。因为孔内阴阳极距近，溶液对流性差，内孔温度比外面高，温度取上限会使镀层发乌无光。电流密度取中等，即 $35\sim40A/dm^2$，T 为 50～55℃，可得沉积光亮硬铬，见图 4-7Ⅱ区所示。

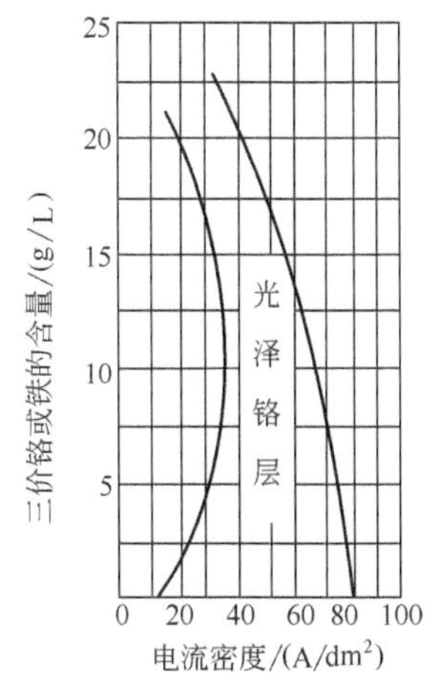

图 4-6　三价铬或铁对镀层影响

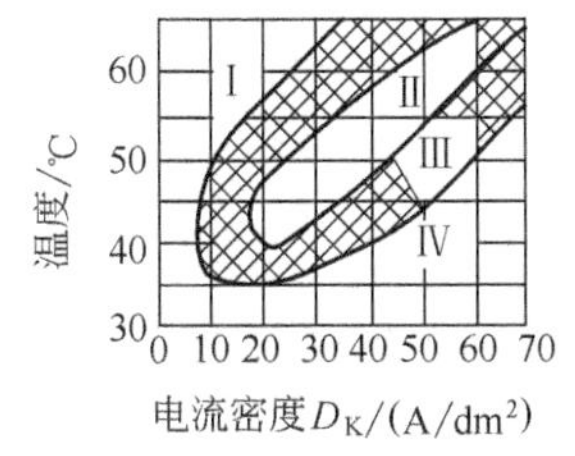

图 4-7　温度与电流密度对镀层的影响

4.2.12 不锈钢盲孔器件镀硬铬[6]

4.2.12.1 产品形状及要求

产品，如腈纶纺丝机中复式加热器结合件，如图 4-8 所示，由不锈钢 SUS304 制成。要求内表面镀硬铬 0.03mm，镀层细致、均匀、结合力强，孔隙率低，硬度（HV）1000。

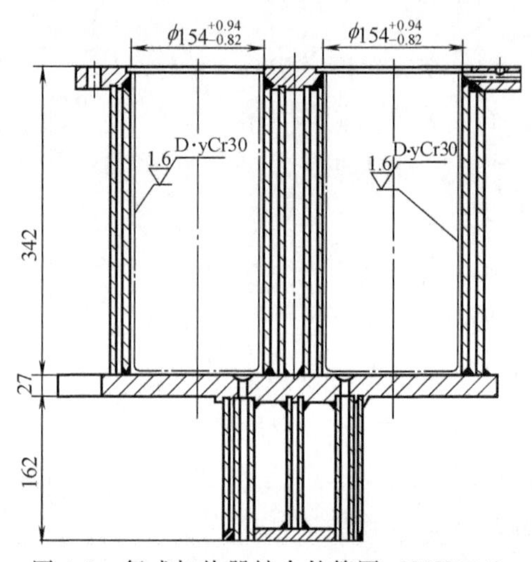

图 4-8 复式加热器结合件简图（SUS304）

4.2.12.2 小样实验

为解决镀层结合力、硬度及焊缝处的电镀质量，进行小样实验。小样实验用材料为国产不锈钢 1Cr18Ni9Ti，相当于 SUS304，尺寸为 50mm×75mm。

(1) 镀液配方及工艺条件。

铬酐（CrO_3）	180～200g/L	M_B 促进剂	5～8g/L
硫酸（H_2SO_4）	1.8～2.0g/L	温度	50～52℃
三价铬（Cr^{3+}）	3～5g/L	阴极电流密度	30～40A/dm²

其中 M_B 促进剂主要成分为稀土元素和硼酸，可提高电流密度和铬层硬度。

(2) 小电流阴极活化处理。在镀铬槽中，首先按 2A/dm² 开电流（电压 3V 左右），然后每隔 1～2min 升一次电流，升幅为 3～5A/dm²（电压升 0.5～1V），如此连续 5～8 次，再采取冲击电流 2～3min，最后回到正常电流电镀。

(3) 小样实验结果

① 结合强度。试样放入烘箱加热到 250℃，恒温 1h，在空气中冷却，无起泡掉皮，锄头敲打无剥落。

② 孔隙率。贴滤纸法（见 QB/T 3823—1999）检测，完全达到硬铬孔隙率 1

级标准：不大于 4 孔/cm^2。

③ 硬度。用显微硬度计（按 QB/T 3823—1999）测定，硬度（HV）值基本上都在 1000 左右。

4.2.12.3　模拟实验

制作了单孔不锈钢 1Cr18Ni9Ti 模拟零件，见图 4-9，按小样实验结果，在 1400L 镀铬槽内作镀铬模拟实验。

（1）象形阳极。模拟零件底部为封闭式，必须采用象形阳极，只有当阴极部位与对应阳极的距离相等时，电流在阴极表面不同部位的分布才基本均匀，所得铬层厚度也基本均匀。如图 4-10 所示，象形阳极，实验结果显示，各角处全部镀上铬，整个镀层表面结晶细致光滑。

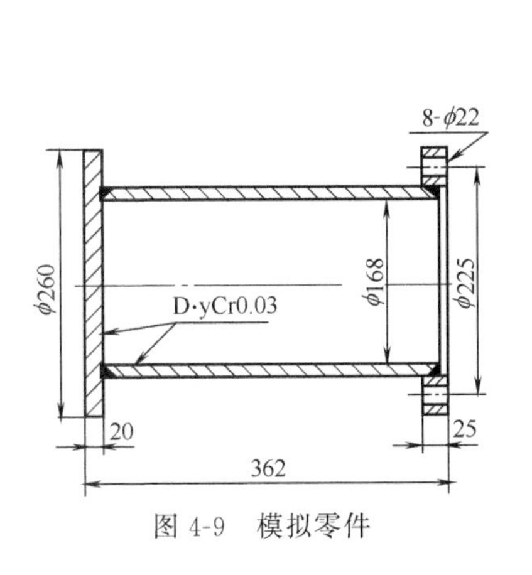

图 4-9　模拟零件

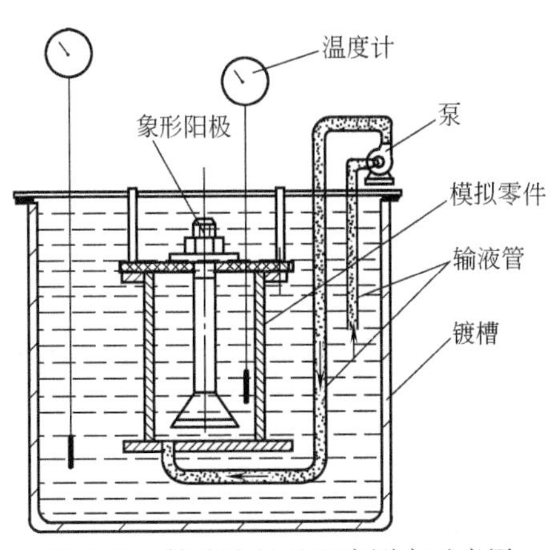

图 4-10　镀液流量及温度测定示意图

（2）槽液流动形式及泵的流量。镀铬液温度对镀层硬度、光泽等影响很大，必须严格控制。在筒体电镀过程中，由于电流密度大至 35A/dm^2，势必使筒体内液温急剧上升，故必须进行槽液循环。在模拟零件底部钻一个 ϕ19mm 小孔，从小孔内注入槽液，以利于气体随溶液一起向上自由排出，在模拟零件内外插入 WT2-280 型压力表式温度计各一支，如图 4-10 所示，当流量为 7L/min 时，筒内外温度基本稳定一致。

（3）镀层厚度及硬度测试。在模拟零件内加挂长 300 的 T 形试片，厚度 1.5mm，材料 1Cr18Ni9Ti 一起入槽紧贴模拟零件内壁电镀，试片能真实反映电镀工况，试片镀层各部位厚度、硬度都达到要求。

4.2.12.4　试生产

（1）工艺流程。机械抛光至 $\overset{1.6}{\triangledown}$ 以上→工业汽油擦洗→轻质碳酸钙擦净油污→水洗→装挂具和象形阳极→弱腐蚀［硫酸 3%～5%(质量分数)，室温，时间 30～

60s]→水洗→水洗→入镀槽→预热（温度 50～52℃，时间 1～2min）→阴极小电流处理（D_K 2A/dm^2 开始，每次升幅 3～5A/dm^2，5～8 次）→冲击电镀（D_K 45A/dm^2，2～3min）→正常电流电镀（D_K 30～40A/dm^2，时间至镀层厚度达到要求）→出槽清洗→下挂具→检验。

（2）注意事项。

① 装挂象形阳极与孔同心，不得偏移，以免发生局部电流过分集中，产生烧焦发毛的现象。

② 装卸挂具不得碰伤绝缘保护层，保证电镀过程中挂具通电良好和不得短路。

③ 严格控制镀铬电流密度和温度，中途不得断电。

④ 不采取阳极处理，小电流活化处理不当而影响镀层结合力以致发生掉皮。

（3）效果。获得的镀层表面光滑细致，色泽均匀，达到供方图纸要求。因此，采用特定的镀液组成和工艺，并配以特制的象形阳极，完全能镀出符合图纸要求的铬层，并已批量生产，验收合格。

4.2.13 不锈钢卡尺镀乳白铬[7]

4.2.13.1 镀层要求

卡尺主尺刻线面镀乳白铬，散光性好，结晶细致，厚度均匀，其他部位不镀铬。

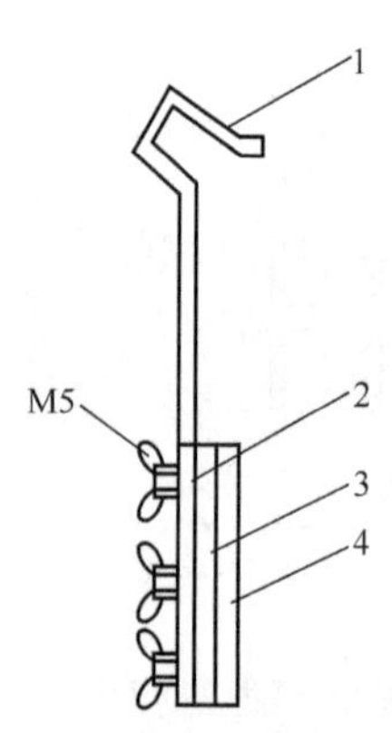

图 4-11 不锈钢卡尺主尺局部镀铬夹具图
1—导电钩；2—盖板；3—定位板；4—底板

4.2.13.2 局部镀铬夹具设计要求

设计的夹具遮盖能力强，绝缘性能好，电力线分布均匀，装拆零件方便。组合夹具见图 4-11，由盖板、定位板、底板、导电钩组成。盖板、定位板、底板均采用 3～5mm 厚聚氯乙烯塑料板制成，装挂好的零件用螺钉紧固，每只夹具可装 8 把不锈钢卡尺主尺。塑料板不得在高于 60℃的热水中清洗。使用中阳极比夹具长时，可装上 ϕ1.5～2mm 铜丝做阴极保护圈，以免烧毛铬层。

4.2.13.3 镀铬溶液成分和工艺条件

铬酐（CrO_3）	280～320g/L	三价铬（Cr^{3+}）	≤3g/L
硫酸（H_2SO_4）	3.9～4.1g/L	阴极电流密度	28～30A/dm^2
酸质量比（铬酐与硫酸）	100∶(1.3～1.4)	温度	(50±1)℃
		时间	50～60min

（1）铬酐浓度过低时，镀液分散能力变差，影响镀层的均匀性。

（2）铬酐与硫酸比值减少时，铬层反光性增强，散光性变劣，不能得到乳白铬。

（3）镀液中三价铬将迅速升高，应定期采用小阴极大阳极通电处理以降低三价铬。

4.2.13.4　工艺流程

卡尺主尺刻线面吹砂［吹砂后，存放在防锈水中，含有亚硝酸钠（$NaNO_2$）180～200g/L，碳酸钠（$Na_2CO_3 \cdot 10H_2O$）6～10g/L，室温，存放时间不超过24h，以保持吹砂面的均匀性］→流动冷水洗→电解除油［氢氧化钠（NaOH）33～40g/L，碳酸钠（$Na_2CO_3 \cdot 10H_2O$）20～30g/L，磷酸三钠（$Na_3PO_4 \cdot 12H_2O$）20～30g/L，硅酸钠（Na_2SiO_3）3～5g/L，温度60～80℃，电流密度3～5A/dm^2，时间先阴极除油3～5min，后阳极除油1～2min］→热水洗→冷水洗→活化［硫酸（H_2SO_4）100～150g/L，室温，时间1min］→冷水洗→装入夹具→冷水洗→入槽预热（时间1～2min）→阳极腐蚀（0.5～1min）→阴极低电流密度活化（持续时间2min，上升时间不少于5min，使镀件表面活化）→冲击电流（持续时间3min）→正常电流电镀→回收槽清洗→流动热水洗（40～60℃）→拆卸夹具→热水浸泡（90～100℃）→去氢（温度140～160℃，时间2～3h）→检验。

4.2.13.5　不合格铬层退除

氢氧化钠（NaOH）	60～80g/L	温度	室温
阳极电流密度（D_A）	3～8A/dm^2		

当铬层退净时应立即取出，否则会出现条纹和腐蚀麻点等疵病。

退净的零件经活化后即可重新镀铬。

4.2.14　不锈钢补镀硬铬[8]

4.2.14.1　补镀硬铬的适应性

（1）由于电网停电，镀铬中途断电，来电后需要继续补镀铬以达到规定厚度者。

（2）由于工作上的失误，不锈钢表面局部镀上硬铬而另一部分尚未镀上铬，需要在已镀硬铬表面和未镀上硬铬的不锈钢表面上继续镀硬铬至规定厚度者。

（3）镀完硬铬后铬层厚度未达到规定尺寸，或在磨光硬铬层后产品尺寸未达规定要求者。

以上诸种情况，可以不采用退除铬层重镀铬，而可实施在表面上补镀硬铬。

4.2.14.2　工艺分析

铬上补镀铬和不锈钢镀铬的表面活化处理不尽相同，铬上镀铬是要将镀铬表面作为阳极进行腐蚀一定时间，以形成微观粗糙的活化表面，再将镀件转换成阴极，再阶梯递升电流到工艺规范的电流进行镀铬。不锈钢表面电镀是将表面作为阴极以小电流活化，利用阴极释放的原子态氢还原不锈钢表面的钝化膜（或称氧化膜），达到活化目的。在此情况下，为使漏镀的不锈钢活化，又要使铬层表面活化，应选择阴极活化为主，阳极腐蚀为辅的办法，即镀件先作为阳极腐蚀 2min，再阴极活化时间相当于 15min，随后阴极电流逐步上升，不锈钢表面和铬层表面逐步达到铬的析出电位，沉积了铬层。

4.2.14.3　补镀硬铬工艺流程

化学除油（用去油剂在室温下擦洗）→水洗→酸洗［盐酸10%（质量分数）清洗］→水洗→酸洗漏镀处（4+1 氢氟酸）→水洗→入槽→预热→阳极腐蚀（D_A15～20A/dm^2，时间 2min）→阴极活化（D_K 5A/dm^2，阶梯递升电流，每隔 1～2min 提升一次电流，提升幅度 1～4A/dm^2，约提升 8 次，共 10～15min 升至正常电流）→正常镀铬（D_K 15～40A/dm^2，时间镀至最小厚度超过所需厚度）→水洗→检验→除氢。

经过上述工艺流程的补镀铬，原来漏镀处经检查也全部补镀齐，无一处铬层脱落。

4.2.15　高钨不锈钢合金电镀硬铬[36]

高钨不锈钢（如 AMS5616 材料质量分数为 0.17%C，13%Cr，2%Ni，3%W）广泛用于精密的仪器中，特别是航空产品。高钨不锈钢零件电镀硬铬可提高其硬度、耐磨性、耐腐蚀性等，但易出现漏镀、局部偏薄等缺陷。作者杨燕采用一些特殊的工艺措施，保证航空产品中高钨不锈钢零件电镀硬铬的质量。

4.2.15.1　工艺流程

零件→吹湿砂→碱性除油→热水洗→冷水洗→活化→冷水洗→镀铬→除氢。

4.2.15.2　吹湿砂

在前处理中采取吹湿砂处理，以活化其表面，与吹干砂相比，吹湿砂能使高钨不锈钢表面更细，更适合于精密零件，同时还具有污染小的优点，吹湿砂的零件在清洗后可立刻进行电镀铬。

4.2.15.3　除油

高钨不锈钢镀铬前的除油和常规镀铬的除油工艺方法大体相同，可选用有机溶剂除油、电化学除油。化学除油方法，零件表面必须清洁至水膜不破，若采用电化学除油，应避免阴极除油，以防氢脆的发生。

4.2.15.4　活化

在 25～30mL/L H_2SO_4 溶液中室温浸渍 2～5min。

4.2.15.5　镀硬铬

(1) 镀铬溶液组成与一般不锈钢镀硬铬相同。镀前对不镀部分进行绝缘保护，镀前在50～60℃热水中预热，再带电入槽。

(2) 采用阶梯小电流停留较长时间送电。阶梯小电流大小因面积不同应作相应调节。对形状复杂的零件，所用阶梯小电流的停留时间较长，且停留时间随电流的增大而缩短。停留较长时间的阶梯小电流送电，使阴极在较长一段时间内产生大量的新生态氢原子，且随着电流的增大，新生态氢原子会相应的增加。这些新生态氢原子具有较高的还原能力，使不锈钢表面的钝化膜不断地得到还原，从而使零件表面得到活化，尤其是阶梯小电流中的大电流能充分活化零件的复杂部位。停留较长时间的阶梯小电流送电加上吹湿砂的前处理，不仅有利于提高镀层与基体的结合力，更有利于保证镀层的完整，确保电镀质量。

(3) 冲击镀。在阶梯小电流处理后，用1.5～2.0倍的正常电流密度冲击镀30～60s，可在较短时间内生成致密且结合力良好的薄铬层，对于形状较复杂的零件，这种冲击镀是必不可少的，它可有效地保证镀层的完整性。之后恢复正常电流密度进行镀硬铬。

4.2.15.6　镀后处理

零件在电镀硬铬后，必须在4h内进行除氢处理，温度为190℃，时间3h，以防止氢脆。

4.2.15.7　小结

本工艺电镀硬铬的优点较好地解决了复杂零件的漏镀问题，镀铬层试片断裂后，无镀铬层与基体分离，硬度≥850HV（相当于洛氏硬度HRC65，硬度与镀铬液温度和电流密度有关）。

4.2.16　中温中电流密度下转高效率镀硬铬

2Cr13不锈钢在普通镀铬工艺上得到高电流效率18.3%～19%的最佳耐磨性硬铬层。[43]

4.2.16.1　在实验室条件下优化工艺参数的结果

研究温度与电流密度对镀速、电流效率及磨损失重的影响，确定工艺因素对镀层性能的影响程度，得到最佳耐磨性和较高电流效率的镀硬铬工艺。实验结果表明，当温度为48～50℃、电流密度为25A/dm^2时，镀层的外观良好，结构致密，镀速为14.8～15.4mg/(cm^2·h)，电流效率为18.3%～19.0%，镀层具有最高的耐磨性，且与不锈钢基体结合良好。降低温度或增加电流密度，有利于提高耐磨性和电流效率。

4.2.16.2　基本工艺

（1）前处理。试片经打磨、化学除油、酸洗、弱腐蚀、水洗后带电下槽。

（2）施镀步骤。预热 10～20s→阴极小电流活化 1～2min→阶梯式给电，1～2min 提升一次电流，5～10min 内提升 5 次→冲击镀铬 2～3min 电流为正常电流的 2 倍→正常镀铬。

（3）电解液组成及工艺条件。铬酐 250g/L，硫酸 2.5g/L，三价铬 0～5g/L，温度 48～56℃，电流密度 20～25A/dm^2，40min。

（4）实验方法。改变温度和电流密度，全面交叉实验。

（5）测试方法。

① 结合力。采用循环加热骤冷实验。

② 镀层孔隙率。采用贴滤纸法。

4.2.16.3　实验结果与讨论

（1）温度与电流密度对镀速的影响。图 4-12 为温度与电流密度对镀速的影响。

由图 4-12 可见，同一电流密度下，温度较低，镀速［mg/(cm^2·h)］反而较高，即在低温（48℃）和高电流密度（25A/dm^2）下能得到较高的镀速。

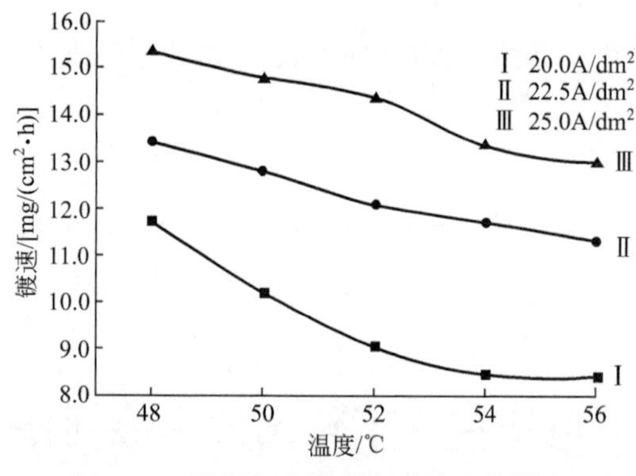

图 4-12　温度与电流密度对镀速的影响

（2）温度与电流密度对电流效率的影响。图 4-13 为温度与电流密度对电流效率的影响。

由图 4-13 可知，随着温度的升高，电流效率下降；而随着电流密度的升高，电流效率提高，但当温度太低时，镀层发灰，光泽性不好；而太高的电流密度下，镀层边缘烧焦、发黑。在实验工艺范围内，电流效率在 11.8%～19.0%之间变化，镀层质量良好。故低温与高电流密度有利于得到较高的电流效率，而一般的镀铬的电流效率为 13%。

（3）温度与电流密度对硬铬层耐磨性的影响。由图 4-14 为温度与电流密度对耐磨性的影响。

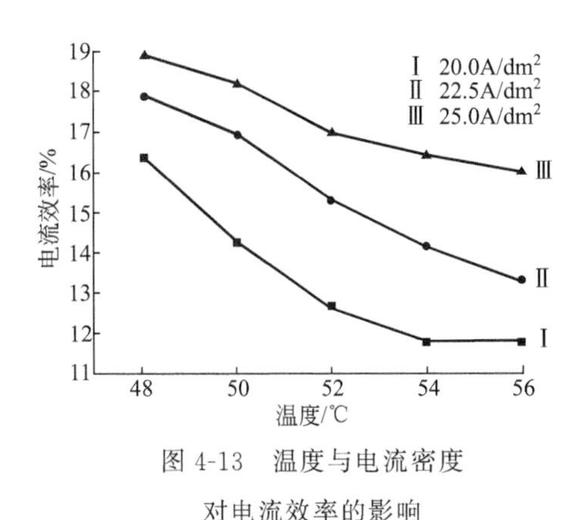

图 4-13　温度与电流密度对电流效率的影响

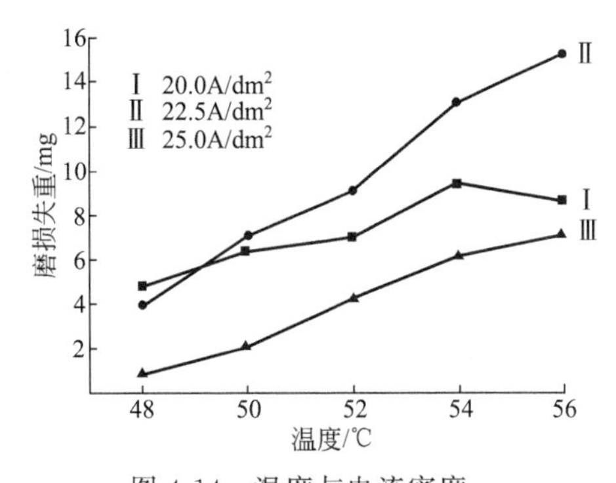

图 4-14　温度与电流密度对硬铬镀层耐磨性的影响

由图 4-14 可知，降低温度有利于提高耐磨性；减小电流密度会降低耐磨性。

硬度很高时，镀铬层的脆性较大，这主要是由于反应中析氢的影响。随着温度下降和电流密度的提高、镀层硬度提高的同时，镀层中含氢量增加，使镀层氢脆性升高。硬铬层一般要求在 4h 内做除氢处理。

当电流密度为 $25A/dm^2$、48℃下所得镀铬层的耐磨性较好，并且镀层的纵向耐磨性较均匀，梯度变化小。

（4）结合力和孔隙率检测。在最佳条件（$25A/dm^2$，48～50℃）下电镀硬铬，对获得的镀铬层进行结合力和孔隙率分析。

① 结合力。循环加热骤冷实验测得：所有试样循环 4 次以上，均无镀层脱落、起皮的现象，表明不锈钢上镀铬层结合力良好。

② 孔隙率测定。结果见表 4-15。

表 4-15　硬铬镀层的厚度与孔隙率的关系

镀层厚度/μm	＜5	8～10	＞15
孔隙率/(个/cm)	＞3	＜1.52	0

由表 4-15 可知，当镀层厚度大于 15μm 时，镀层孔隙率为 0，即无孔隙存在。

4.3　不锈钢电镀锌、铜、锡、镉、镍

4.3.1　不锈钢镀锌[9]

不锈钢镀锌有两种工艺流程可以获得合格的镀锌层。不锈钢材料为 3Cr13，簧片零件。

（1）闪镀镍法。阳极电解除油→热水洗→冷水洗→酸洗→冷水洗两次→闪镀镍→冷水洗两次→镀锌（氧化锌 9～10g/L，氰化钠 10～13g/L，氢氧化钠 75～80g/L，低氰镀锌光亮剂 HT 0.5～1g/L，温度 15～30℃，阴极电流密度 1～4A/dm^2）→冷水洗两次→除氢→钝化→冷水洗→热水洗→烘干。

（2）镀锌活化。阳极电解除油→热水洗→冷水洗→酸洗→冷水洗两次→镀锌（2min）→冷水洗两次→退锌（盐酸 1＋1）→冷水洗两次→镀锌（时间至所需厚度）→冷水洗两次→除氢→钝化→冷水洗→热水洗→烘干。

后一工艺流程方法是在不锈钢基材上镀锌时析出氢对表面的钝化膜起还原活化作用，从而保证基体与第二次镀锌层的结合力。此法可节省冲击闪镀镍的工序。按此法镀锌，零件外观及结合力均良好。不仅可以镀锌，还可以镀镉、镀镍等金属，在执行过程中，第一道退锌后应尽可能缩短各工序间的停留时间，电镀时应带电下槽。

4.3.2 不锈钢镀锌发黑[10]

（1）发黑处理。通过一些特殊处理，对不锈钢 1Cr13、3Cr13、4Cr13 作镀锌上电镀黑镍和锌层发黑处理。

① 镀黑镍溶液成分和工艺条件。

成分	含量	条件	参数
钼酸铵［$(NH_4)_6Mo_7O_{24}\cdot 4H_2O$］	30～40g/L	pH	4.5～5.5
		温度	20～25℃
硫酸镍（$NiSO_4\cdot 7H_2O$）	120～150g/L	阴极电流密度	0.15～0.3A/dm^2
硼酸（H_3BO_3）	20～25g/L	时间	15～20min

② 镀锌层发黑溶液成分及工艺条件。

成分	含量	条件	参数
钼酸铵［$(NH_4)_6Mo_7O_{24}\cdot 4H_2O$］	300g/L	温度	30～40℃
		时间	10min
氨水（$NH_3\cdot H_2O$）（d=0.89）	600mL/L		

（2）镀锌-镀黑镍工艺流程。电解除油→水洗→弱腐蚀（硫酸 110mL/L，硫脲 10g/L，洗洁剂适量）→水洗→镀锌［NH_4Cl 220～280g/L，$ZnCl_2$ 30～35g/L，H_3BO_3 25～30g/L，聚乙二醇1～2g/L，硫脲 1～2g/L，海鸥洗涤剂 0.5～1mL/L，pH 5.6～6.0，温度 10～35℃，阴极电流密度（D_K） 1～1.5A/dm^2，时间 30s］→水洗→退锌（$ZnCl_2$ 50g/L，HCl 50mL/L，室温，时间退尽为止）→水洗→弱腐蚀（$ZnCl_2$ 50g/L，HCl 50mL/L，室温，时间退尽为止）→水洗→镀锌（时间 5min）→镀黑镍→水洗→封闭处理（CrO_3 2.5～5g/L，pH 1.5～5，温度 10～30℃，时间

10～20s)→水洗→干燥（低于 50℃）。

（3）镀锌发黑处理工艺流程。前处理至镀锌与镀黑镍前工艺流程相同→镀锌（时间 10～15min)→水洗→锌层发黑→水洗→烘干。

4.3.3　不锈钢镀光亮铜[11]

用 SUS304 进口不锈钢（相当于国产 0Cr18Ni9 牌号）生产的不锈钢器皿，包括汤锅、饭锅等，存在一个较大的缺点就是导热性能较差。表现在加热时有火焰正对部位局部高温过热，而同时无火焰加热的其余部位的温度相对较低，差异较大，造成有火焰局部食物烧焦。参照国外产品样本，发现采用锅底镀铜可以克服这个缺点，取得满意的效果。

镀铜工艺过程：机械抛光→不镀部分用绝缘涂料保护封闭→碱液除油→水洗→酸蚀活化［浓盐酸 70%(质量分数)，水 30%(质量分数)，室温，时间 5～20min］→水洗→预镀镍［$NiCl_2 \cdot 6H_2O$ 150～250g/L，HCl(d=1.19) 50～150mL/L，室温，时间 2～5min，电流密度（D_K）3～5A/dm^2，阳极镍板］→水洗→镀酸性光亮铜→水洗两遍→中和（碳酸钠 5%)→水洗→热水洗→烘干。

酸性光亮镀铜溶液成分和工艺条件见表 4-16。

表 4-16　酸性光亮镀铜溶液成分及工艺条件

配方号	1	2	3	4
硫酸铜($CuSO_4 \cdot 5H_2O$)/(g/L)	180～220			
硫酸(H_2SO_4)/(g/L)	50～70			
N(亚乙基硫脲)/(mg/L)	0.3	0.5	0.7	1.0
M(2-巯基苯并咪唑)/(mg/L)	0.5	0.8	1.0	1.0
SP(聚二硫二丙烷磺酸钠)/(g/L)	0.016	0.016	0.02	0.01
P(聚乙二醇)(相对分子质量 6000)/(g/L)	0.05	0.05	0.1	0.1
AEO 乳化剂/(g/L)				0.05
C12(十二烷基硫酸钠)/(g/L)	0.05～0.1(或不加)			
氯离子(Cl^-)/(mg/L)	10～80			
温度/℃	20	30	40	10～40
阴极电流密度/(A/dm^2)	2～3	3～4	3～5	2～3
空气搅拌或阴极移动	需要			
阳极板	含磷量 0.1～0.3 的磷铜板			

上述光亮剂必须组合使用，搭配恰当，才能镀出镜面光亮、整平性和韧性良好的镀铜层。推荐配方：SP 40g、M 1.2g、N 0.8g、P 100g，配 10L；开缸：2～4mL/L，SP 33g、M 3.1g、N 2.7g、P 10g，配 20L，消耗量 400～500mL/KAH，控制较为容易。为了便于掌握，国内外推出一系列的组合光亮剂作为商品供应给用户采用，主要品种见表 4-17。

表 4-17 酸性光亮镀铜用组合光亮剂

组合光亮剂品种	SCB 型	510 型	210 型	1209 型
硫酸铜($CuSO_4 \cdot 5H_2O$)/(g/L)	160～220	200～240	200～220	200～240
硫酸(H_2SO_4)(d=1.84)/(g/L)	50～70	60～80	60～80	55～75
氯离子(Cl^-)/(mg/L)	20～80(30)	70～150	80～120	30～80
SCB-1/(mL/L)	4～5			
SCB-2/(mL/L)	0.5～1			
510Mu/(mL/L)		6(5～10)		
510A/(mL/L)		0.3(0.5～0.8)		
510B(ML/L)		0.3(0.2～0.4)		
210 Mu/(mL/L)			10	
210 A/(mL/L)			0.5～0.6	
210 B/(mL/L)			0.4～0.5	
209 A/(mL/L)				A 0.5
209 B/(mL/L)				B 0.5
209 C 开缸剂/(mL/L)				C 8
温度/℃	10～40	20～30	25～28	15～38
阴极电流密度/(A/dm²)	2～6	1～6(3～5)	2.5(1～6)	1.5～8
搅拌	阴极移动	空气或移动	空气或移动	空气或移动
消耗量/[mL/(kA·h)]	SCB-2 250	510Mu 60(20～80) 510A 80～100 500B 70～80	210Mu 70 210A 70 210B 70	209A 50～80 209B 50～80 209C 30～60
生产商	江苏常熟洞泾化工厂	丹阳华美可公司	安美特公司	上海永生助剂厂

上述镀液在工作时最好能连续过滤。为了保证不锈钢的铜层有一定的导热性，电镀时间应为 20min。

铜镀层结合力实验，结果如下。

① 弯折法。将不锈钢镀铜样片折弯 180°不脱层。

② 加热法。将镀铜的不锈锅底加热烧水、煮汤不鼓泡、不剥离。

酸性镀铜常见故障、可能原因及纠正方法见表 4-18。

表 4-18 光亮酸性镀铜常见故障、可能原因及纠正方法

可能原因＼现象	结合力不好	光亮不好	低电流密度区不亮	产生白雾	光亮树枝状条纹	边缘有毛刺	粗糙针孔	表面呈麻砂状	橘皮状	麻点	烧焦	零件光亮不匀	高电区山脉纹	同一挂具上零件光亮不匀	镀液浑浊	整平不好	低电流密度区镀层不亮	纠正方法
镀前处理不良	○						○		○									提高前处理质量
预镀层太薄或不良	○						○											改进预镀
N 不足		○	○													○		加 N
N 过多					○						○						○	加 SP 或电解处理
M 不足		○	○													○		加 M
M 过多								○		○	○						○	加 SP 或电解处理
SP 不足		○				○					○							加 SP
SP 过多			○	○														加 N 或电解处理
C12 不足			○					○										加 C12（十二烷基疏酸钠）
C12 过多			○	○														活性炭处理
氯离子过量		○	○															用碳酸银、或加亚铜、锌粉除去过量氯离子
A 剂不足			○	○														补加 A 剂
氯离子不足		○			○		○				○			○		○		加 HCl（按每毫升 HCl 含 Cl^- 400mg 计量加）
A 剂过量										○	○			○				加 B 剂平衡 A 剂
$CuSO_4$ 过量							○											稀释与调整镀液
Mu 不足											○			○				补加开缸剂 Mu
$CuSO_4$ 不足											○							加 $CuSO_4$
B 剂过量		○	○															加 A 剂平衡 B 剂
温度过高		○	○				○									○		冷却镀液（<30℃）
温度低于 10℃											○							降低电流密度或加热镀液
镀液中产生铜粉或 Cu^+		○	○				○					○			○	○		检查铜阳极是否有磷加 0.1～0.5mL/L H_2O_2
金属或有机杂质污染		○	○				○				○					○		处理过滤镀液
机械杂质污染							○								○			过滤镀液
阳极面积不足		○	○													○		增加阳极面积
搅拌不好			○				○				○						○	改进设备
导电不良	○	○	○														○	改进设备
H_2SO_4 超过 100g/L		○														○		稀释与调整镀液

注：N、M、SP、C12 等符号意义见表 4-16。○表示故障对应的可能原因。Mu、A、B 见表 4-17 内组分。

4.3.4 不锈钢防氮化镀焦磷酸铜[12]

(1) 不锈钢局部软氮化的非氮化部位的保护。不锈钢 1Cr18Ni9Ti 制成的盲栓见图 4-15，要求盲栓的 M20×1.5 螺纹段软氮化，其余表面抛光至粗糙度 $Ra \leqslant 0.4 \mu m$。为达到盲栓局部热处理的目的，并保证其余表面不产生过腐蚀，在硫酸镍-盐酸溶液中采取化学浸蚀和闪镀镍工艺，解决了不锈钢在焦磷酸盐镀铜溶液中镀层的结合力问题，并控制最佳溶液成分和工艺条件镀取得致密的防氮化铜层。在热渗介质中有较高的化学稳定性及与基体有良好的结合力。在渗氮后铜层易于退除而不损伤零件。

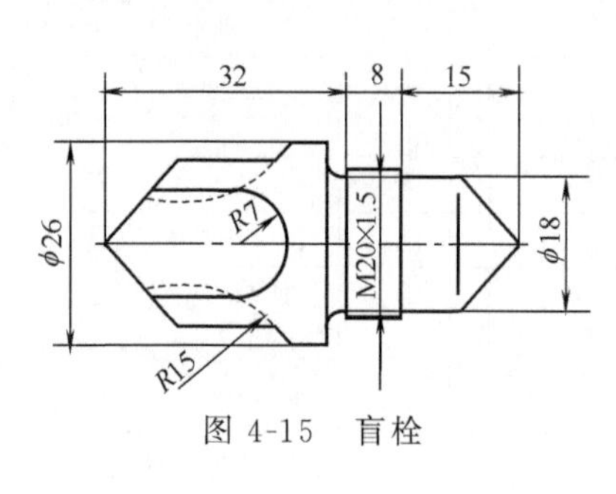

图 4-15 盲栓

(2) 焦磷酸盐镀铜溶液成分及工艺条件。

焦磷酸铜 ($Cu_2P_2O_7 \cdot 3H_2O$)	60～70g/L	温度	42～45℃
		$P_2O_7^{4-}$ 与 Cu^{2+} 比	7.5～8
焦磷酸钾 ($K_4P_2O_7 \cdot 3H_2O$)	280～350g/L	阴极移动	20 次/min
		阴极电流密度	
柠檬酸铵 [$(NH_4)_2HC_6H_5O_7$]	20～25g/L	冲击镀 D_K 2.4A/dm²，镀 1min	
		正常镀 D_K 1.2A/dm²，镀 75min	
pH	8.6～8.9		

(3) 工艺流程。镀前检验（符合图纸要求）→汽油清洗→螺纹段塑料带绝缘→去污粉清洗→扎挂→水洗→浸入活化闪镀镍槽［硫酸镍 270g/L，盐酸 100～150g/L，室温，浸渍活化时间 30s，后预镀镍 2min，电流密度（D_K）8A/dm²，时间镀 120s］→冷水洗→焦磷酸盐镀铜→冷水洗→热水洗→下挂→除去螺纹上的塑料带→软氮化（氨 320L/h，甲醇 120 滴/min，温度 570℃，时间 4h）→冷却→化学退铜（铬酐 200～250g/L，硫酸铵 80～100g/L，室温，时间退净为止）→冷水洗→热水洗→干燥。

经过不锈钢盲栓防氮化镀铜生产实践，验证在硫酸镍-盐酸溶液中对 1Cr18Ni9Ti 不锈钢进行化学浸蚀活化-闪镀镍处理，能可靠地保证镀层有良好的结合力，不产生过腐蚀。

通过控制焦磷酸盐镀铜的最佳工艺参数，采取冲击镀，可以镀获结晶细致、平滑、光亮、孔隙率近于零的铜层，防氮化能力可靠，无一渗漏现象发生。

4.3.5 不锈钢镀锡铈合金[13]

4.3.5.1 不锈钢镀锡铈合金的应用

不锈钢镀锡铈合金可提高其钎焊性能，使不锈钢在电子行业的应用更加广泛。

4.3.5.2 镀锡铈合金酸性溶液成分及工作条件

成分	含量	条件	参数
硫酸亚锡（$SnSO_4$）	30～45g/L	温度	低于40℃
硫酸（H_2SO_4）（$d=1.84$）	120～160g/L	电流密度	1～3A/dm^2
		时间	30～50min
硫酸高铈（$CeSO_4 \cdot 4H_2O$）	10～20g/L	阴极移动	需要
镀锡添加剂（SS820）	15mL/L	阳极	纯锡板
镀锡添加剂（SS821）	1mL/L	阴阳极面积比	2∶1
镀锡稳定剂	20～30mL/L		

注：SS820、SS821、稳定剂由浙江黄岩荧光化学厂生产。

4.3.5.3 锡铈合金镀液的配制

先取1/2体积的去离子水、加入硫酸，搅拌同时进行，趁溶液温度上升，加入硫酸亚锡，搅拌溶解冷却后，再加入硫酸高铈，溶解后，再加入预先用水稀释至5倍的SS820、SS821和稳定剂，最后加水至所需体积，搅拌均匀，放入阳极锡板，阴极铁板，通电电解2～4h后，即可试镀。

新配镀液应维持相对密度波美度18°Bé。

4.3.5.4 锡铈合金镀液各成分的作用

（1）硫酸亚锡。硫酸亚锡为主盐，提供亚锡离子，亚锡离子为二价锡，不可使用双氧水，以防止亚锡离子转变为四价锡，四价锡会引起溶液浑浊。适当的亚锡离子可使电流密度开大，使沉积速率提高。但亚锡离子浓度过高，如超过45g/L，溶液均镀能力下降，镀层结晶粗糙，甚至产生毛刺，亚锡离子浓度过低，如30g/L以下，虽然分散能力好，但电流密度开不大，否则镀锡层易烧焦。

（2）硫酸。硫酸是导电剂。主要是防止亚锡离子水解，变成氢氧化锡沉淀，硫酸适量使溶液稳定，锡层结晶细致。硫酸含量过高，如大于160g/L，加速锡板溶解，镀层由光亮银白色变成灰色，毛刺逐步加重。硫酸含量过低，如小于120g/L，亚锡离子易水解，溶液变浊，产生沉淀。硫酸在120～160g/L，能增加导电性，提高阴极的极化作用，使镀层光亮、细致。

（3）硫酸高铈。在锡层中引入微量稀土金属铈，镀层硬度提高，钎焊性和抗氧化性均增加。镀液中铈的存在，使电流密度增加，均镀能力和光亮范围增加，溶液更加稳定，但含铈量过高，镀层钎焊性降低。硫酸高铈含量取8～15g/L最佳。

(4) 光亮剂。SS820 是开缸剂，开缸时一次性加入 15mL/L。SS821 是补充剂，每通电 1kA 电量时添加 100～300mL。光亮剂的加入使阴极极化作用提高，整平性提高，使镀层细致光亮。光亮剂过量使镀层发黑。光亮剂应按量勤加少加。

(5) 稳定剂。防止溶液变浊，延长清液使用周期。加入过量，降低电流效率，影响镀层亮度。虽然加有稳定剂，但溶液亚锡离子氧化变浊的过程仍不可避免，只不过变浊的周期延长些。当溶液变浊时，要使用 SY800 镀锡处理剂 30mL/L，当加入处理剂稍加搅匀后，立即停止静置，沉淀向槽底凝聚沉降，经过半小时即可用虹吸法抽出上层清液，弃去底层浊液，然后用适量新配镀液补充损失的槽液，最好分析溶液成分，对含量加以调整。

4.3.5.5 不锈钢镀锡铈合金工艺流程

化学除油→水洗→阴极电解活化 [盐酸 50%(体积分数)，水50%(体积分数)，温度室温，电流密度 (D_K) 1～3A/dm^2，时间 7～10min，阴极不锈钢待镀件，阳极布包碳精板]→水洗→闪镀镍 [氯化镍 180～220g/L，盐酸 120～160g/L，室温，阴极电流密度 (D_K) 1～4A/dm^2，时间 5～10min，阳极镍板]→水洗→活化 [硫酸 5%(质量分数)，时间 5s]→水洗→酸性镀光亮铜→水洗→活化 [硫酸 5%(质量分数)，时间 5s]→水洗→镀锡铈合金→水洗→中和 (磷酸三钠 50～100g/L，时间 5～10s)→水洗→钝化 (铬酐 50～60g/L，硫酸 2～3g/L，室温，时间 20～30s)→水洗→水洗→热水→甩干→验收。

4.3.5.6 镀层性能测试

(1) 耐蚀性。中性盐雾实验 [氯化钠 5%(质量分数)，温度 (35±2)℃，喷雾 8h，停 16h 为 1 周期] 若 2 周期无锈点即为合格。

(2) 结合强度实验。

① 弯折法。反复弯曲 90°共 6 次，弯曲处无起皮脱落为合格。

② 加热法。在烘箱中加热至 (150±5)℃，保温 2h，表面无变化，仍保持原光泽，无起泡脱皮，再立即浸入冷水骤冷，光泽无变化，未起泡脱皮为合格。

③ 蒸气法。在沸腾水面上暴露在相对湿度 90%的 100℃蒸气中保持 1h 仍保持色泽不变无起泡脱皮为合格。

4.3.5.7 效益

不锈钢镀锡铈合金，可以代替铜件镀银。工艺无毒，环境保护效果好，力学强度好，耐蚀性好，可焊性好，产品质量高。镀液稳定，维护方便，成本低廉，经济效益好。

不锈钢镀锡铈合金常见故障、产生原因及解决方法见表 4-19。

表 4-19　不锈钢镀锡铈合金常见故障、产生原因及解决办法

故障现象	可能原因	解决办法
镀层粗糙,有毛刺,阳极溶解不规则,产生大量黑色挂灰脱落	①硫酸浓度过高 ②硫酸亚锡浓度过高 ③电流密度过大	①降低硫酸含量 ②降低硫酸亚锡含量 ③降低电流密度
表面局部无镀层	①前处理不良 ②光亮剂溶解不当 ③SS821 光亮剂过多	①加强前处理 ②加强光亮剂搅拌 ③适当补充 SS820
堆锡	阴阳极面积比例失调	调整阴阳极比例为 2∶1
溶液浑浊,镀层粗糙发黑	溶液中四价锡过高	应用 SY800 处理剂处理镀液,然后用 SS820 调整光亮度
镀层小电流处不够光亮	光亮剂少	补充 SS821 光亮剂
阳极严重发黑	溶液中铜杂质含量高	通电处理沉积铜杂质
镀液析氢,出现大量小气泡	①电流密度过大 ②硫酸亚锡浓度不足 ③接触不好 ④SS821 光亮剂过量	①降低电流密度 ②补充硫酸亚锡 ③改善电接触 ④用水稀释
镀层发黑、发花	光亮剂失去平衡	适量补充 SS820 光剂
镀层经一天或几天就发黄	①后处理不足 ②溶液中有机杂质含量太多	①加强后处理 ②用活性炭吸附过滤、再补加光亮剂

4.3.6　不锈钢镀氰化镉

4.3.6.1　不锈钢上的镉层

在不锈钢 1Cr18Ni9Ti 上镀氰化镉，镀层厚度均匀，致密光亮。镉不溶于碱，在稀硫酸与盐酸中溶解很慢。在室温干燥的空气中几乎不发生变化，在海洋性气候和高温大气环境中，镉层属于阳极性镀层，镉的保护性能比锌好。但镉的污染危害性很大，价格昂贵，故一般较少采用。

4.3.6.2　氰化镀镉溶液成分及工艺条件

氧化镉（CdO）	40～50g/L	磺化蓖麻油	2～12mL/L
氰化钠（NaCN）	110～130g/L	NaCN 与 Cd 比	（3～4）∶1
氢氧化钠（NaOH）	20～30g/L	温度	25～35℃
硫酸镍	1～1.5g/L	电流密度（D_K）	2A/dm^2
三乙醇胺［$N(C_2H_4OH)_3$］	20mL/L	阴极旋转速率	120r/min

4.3.6.3　磺化蓖麻油的制备

（1）磺化。称取 4 份重的医药级蓖麻油和 1 份重的化学纯硫酸（$d=1.84$），

在不断搅拌下将硫酸缓慢地分批加入蓖麻油中，反应为放热反应并析出气体，控制温度不得超过40℃，超过40℃应冷却，再加硫酸，硫酸加完后如仍有气体析出，应继续搅拌2h，气体冒完后，表明磺化完成，静置24h。

（2）盐析。加入10%氯化钠溶液5份重搅拌后在分液漏斗中静置24h，将下层水分分离除去，以便把反应中的副产物肥皂等清洗掉。盐析过程可重复进行2～3次。

（3）中和。在搅拌下缓缓加入10%的氨水，使溶液呈微碱性，放置24h，溶液应呈浅褐色半透明状态，即得磺化蓖麻油。

4.3.6.4 不锈钢氰化镀镉工艺流程

有机溶剂除油→化学除油（氢氧化钠30g/L，磷酸三钠50g/L，碳酸钠30g/L，硅酸钠10g/L，温度80～90℃，时间30min)→水洗→浸蚀［盐酸10%(体积分数)，硝酸8%(体积分数)，温度40℃，时间15s］→活化［盐酸50%(体积分数)，温度40℃，3min］→水洗→预镀镍［硫酸镍250g/L，硫酸镁30g/L，硼酸30g/L，氯化钠20g/L，十二烷基硫酸钠0.3g/L，pH 2～3，温度25～45℃，电流密度（D_K）1A/dm^2，时间30～40min］→水洗→活化［硫酸20%(质量分数)，氯化钠5%(质量分数)，水75%，温度40℃，时间3min］→水洗→氰化镀镉→水洗→钝化（铬酐120g/L，硫酸4g/L，室温，时间1～2min)→水洗→干燥。

不锈钢氰化镀镉常见故障、可能原因及纠正方法见表4-20。

表4-20 不锈钢氰化镀镉常见故障、可能原因及纠正办法

故障现象	可能原因	纠正方法
阴极析出氢气太多，阴极电流效率低，镀层发脆	①氰化钠与镉的比值过高 ②有机杂质污染电镀溶液 ③阴极电流密度过高	①调整氰化钠与镉比值为3～4 ②加入活性炭处理 ③降低电流密度在2～4A/dm^2
镀层颜色发暗，或有斑点	重金属杂质影响	小电流电解处理
镀层粗糙、烧焦或不亮	①氰化钠含量不足 ②添加剂含量不足 ③阴极电流密度过大	①补充氰化钠 ②添加磺化蓖麻油2mL/L ③降低电流密度在2～4A/dm^2
镀层有光亮条纹，孔隙率高	①碳酸钠含量过高 ②有机杂质污染溶液	①用冷却法或加氰化钡除碳酸钠 ②加活性炭处理去除有机杂质
电镀溶液均镀能力差	①镉含量过高 ②氰化钠含量过低	①加氰化钠使与镉比值为3～4 ②加氰化钠使与镉比值为3～4
阳极发暗或发黑，溶解不良	①氰化钠含量过低 ②阳极面积太小	①适量补充氰化钠 ②增加阳极面积

4.3.7 不锈钢镀光亮镍

4.3.7.1 不锈钢镀光亮镍工艺

不锈钢上的光亮镍层是微带黄光的银白色金属，它的硬度比铜、锌、锡、镉、金、银等要高，但低于铬和铑。光亮镍在空气中具有很高的化学稳定性，对碱有较好的稳定性。不锈钢上通过运用光亮剂，可不经抛光直接镀取光亮镍，以提高表面的硬度、耐磨性和整平性，在外观上使不锈钢与其他镀镍件一致，并且避免不锈钢与其他光亮镍之间产生接触电位差的腐蚀。

不锈钢镀光亮镍的溶液中光亮剂近年来的发展很快，品种很多。归纳起来，光亮剂的发展经历了四个年代。第一代的也是最原始的产品为糖精加丁炔二醇。可以镀取整平性很高的光亮镍。其运用兴盛于20世纪60～70年代。但由于丁炔二醇在镀镍槽中的不稳定性，寿命较短，有机杂质积累很快，需要经常处理镍槽，于是，通过环氧氯丙烷或环氧丙烷与丁炔二醇结枝，合成了第二代镀镍光亮剂，如BE、791光亮剂，情况有所好转，BE和791保留有炔基，后来又将吡啶基聚合上去，形成了第三代产品，出光速率更快，光亮剂用量更少了，使用寿命更长了。现在又进一步运用镀镍光亮剂中间体多种组合构成新型光亮剂已发展到第四代产品了。它的使用量更少，出光速率更快，处理周期更长，深镀能力更强了。

光亮镀镍溶液成分及工艺条件见表4-21、表4-22。

表4-21　第一代至第二代光亮剂镀镍溶液成分和工艺条件

溶液成分和工艺条件	丁炔二醇型	BE型	791型	氯化镉型
硫酸镍($NiSO_4 \cdot 7H_2O$)/(g/L)	250～300	250～300	250～300	200～250
氯化镍($NiCl_2 \cdot 6H_2O$)/(g/L)	40～50	40～50	40～50	30～40
硼酸(H_3BO_3)/(g/L)	40～45	40～45	40～45	35～40
十二烷基硫酸钠/(g/L)	0.1～0.2	0.1～0.2	0.1～0.2	
糖精/(g/L)	0.8～1	0.8～1	0.8～1	0.5～1
丁炔二醇/(g/L)	0.4～0.5			
BE光亮剂/(mL/L)		0.4～0.6		
烯丙基磺酸钠/(g/L)		0.4～2		
791光亮剂/(mL/L)			4～6	
氯化镉/(g/L)				0.01～0.05
pH	4～4.6	4～4.8	4～4.8	4.2～4.6
温度/℃	50～55	45～50	50～55	20～35
电流密度/(A/dm^2)	2～5	2～5	2～5	0.5～1.5
搅拌方式	阴极移动	阴极移动	阴极移动	滚镀

表 4-22 第三代至第四代光亮剂镀镍溶液成分和工艺条件

溶液成分和工艺条件	开宁 90#	安美特 SM6	上海永生 5#	武汉风机 N-100
硫酸镍($NiSO_4 \cdot 7H_2O$)/(g/L)	240	270	280～320	220～320
氯化镍($NiCl_2 \cdot 6H_2O$)/(g/L)	55	60	45～55	50～70
硼酸(H_3BO_3)/(g/L)	40	50	40～45	35～45
主光剂/(mL/L)	90#:10	SM-6:1	5# A:0.6～0.8	N-100:0.5
柔软剂/(mL/L)		A-5(4X)10	5# B5～6	
辅助剂/(mL/L)		SA-1:3		走位水 N-101:8
湿润剂/(mL/L)		Y-17:1.5	LB:1～2	WT-300:1
温度/℃	55～65	55～60	57～62	45～65
pH	4～4.8	4～4.8	4～4.8	4～5
电流密度/(A/dm²)	2～8.5	1～8	2～8	2～8
搅拌方式	空气或机械	空气或机械	空气或机械	空气或机械
过滤	循环	循环	循环	循环
消耗量/[mL/(kA·h)]	90#:325～375	SM-6300 约 350	5# A、B 各 40～60	N-100 100～150 N-101 120～160

4.3.7.2 第四代镀镍光亮剂

第四代镀镍光亮剂的以下配方量是采用最新的镀镍用中间体组成的。镀镍光亮剂分挂镀和滚镀两类，每类分柔软剂 A 剂（又称初级光亮剂）和主光剂 B 剂（又称次级光亮剂）。如果使用中间体配制光亮剂，挂镀镍时间 2.5～3min 即可达到全光亮（镜面光亮）。从经济成本核算，挂镀镍光亮剂为 15 元/L，比外购光亮剂 45～50 元/L 的价格要降低 3 倍。中间体提供单位由浙江省瑞安市南方电镀技术研究所（电话 13806806441）全部优惠一次性配套供应。以下是 2014 年修改后的最新配方。

(1) 挂镀镍光亮剂。

① A 剂柔软剂配方（初级光亮剂）。

BS1（糖精）	180g/L	SSO_3（低区走位剂、杂质容忍剂）	8g/L
NS2	55g/L	配槽量	8～10mL/L
PS（低电区光亮剂、整平剂）	50g/L	消耗量	80～100mL/(kA·h)
EX8（走位、去杂剂）	10g/L		

② B 剂主光剂配方（次级光亮剂）。

PPSOH（强整平剂）	150g/L	TPP	1.5g/L
PPS（丙烷磺酸吡啶鎓盐）	50g/L	配槽量	0.4～0.6mL/L
MPA	20g/L	消耗量	80～100mL/(kA·h)
PME（光亮剂）	65g/L		

（2）滚镀镍光亮剂。

① A 剂柔软剂配方（初级光亮剂）

BS1（糖精）	170g/L	EX8	10g/L
MS1	45g/L	TPP（杂质容忍剂）	1g/L
PS（走位、光亮、整平、抗杂质、减脆性）	50g/L	配槽量	8～10mL/L
		消耗量	180～220mL/(kA·h)

② B 剂主光剂配方（次级光亮剂）。

PPSOH	150g/L	PA	8g/L
MPA	20g/L	TPP	0.8g/L
PPS	25g/L	配槽量	0.4～0.6mL/L
PME	45g/L	消耗量	180～220mL/(kA·h)

注意事项如下。

① 当镀层出现不良情况，可采用霍尔槽小试，及时按出现的现象对配方量进行调整。小试时温度为工作温度，电流 2A，搅拌镀 5min，时间 2～3min，应为全光亮，整平区应占 2/3 长度，一般操作 3 个月以上性能不变。

② 维护成本低廉，大处理周期可延长至 0.5～1 年以上。

③ 防止光亮剂变质，一次用中间体以使用 1～2 个月为宜。中间体单独保存，不易变质，可长期存放。混合好的水剂，中间体在长期存储中可能发生复杂的聚合氧化反应，色泽明显加深，性能变差。而外购的光亮剂储存时间长了，性能不如自己用中间体现用现配为好。

不锈钢镀光亮镍工艺流程：有机溶剂除油→化学除油（氢氧化钠 40g/L，碳酸钠 30g/L，磷酸三钠 50g/L，OP-乳化剂 3mL/L，温度 80～90℃，时间 30min）→水洗→阴极电解活化（盐酸水溶液 1+1，室温，D_K 1～3A/dm^2，时间 5min，阳极布包炭精板）→闪镀镍（氯化镍 180～220g/L，盐酸 120g/L，室温，电流密度 4A/dm^2，时间 5～10min，阳极镍板）→水洗→活化［硫酸 5%（体积分数），时间 5s］→水洗→镀光亮镍（时间 5～10min，或按厚度所需时间）→水洗→钝化（重铬酸钾 150g/L，重铬酸钠 150g/L，硫酸 30～50mL/L，室温，时间 20～25s）→水洗→水洗→热水洗→甩干→烘干→验收。

不锈钢镀光亮镍常见故障、可能原因及纠正方法见表 4-23。

表 4-23　不锈钢镀光亮镍常见故障、可能原因及纠正方法

故障现象	可 能 原 因	纠 正 方 法
结合力不好	①阴极电解活化不充分 ②闪镀镍时间太短 ③前处理油污未除净 ④镀液中有铬酸污染 ⑤有机杂质过多	①加强阴极电解活化 ②延上闪镀镍时间不少于 5min ③加强镀前除油 ④用硫酸亚铁还原六价铬，然后碱化、沉淀铁质过滤除去 ⑤双氧水活性炭大处理镀液

续表

故障现象	可 能 原 因	纠 正 方 法
镍层发雾	①镍含量过低 ②湿润剂不足,质量差 ③镀液中有油及有机杂质	①分析调整硫酸镍 ②补充湿润剂,检查其质量 ③用活性炭吸收
镍层有针孔	①湿润剂不足 ② pH 过低 ③镀液中有油或有机杂质 ④铁杂质过高	①补充湿润剂 ②调 pH 至 4～4.8,用碱调 ③用活性炭吸收 ④双氧水高 pH 法沉淀除铁
镀层粗糙、毛刺	①预镀镍和光亮镍液中有悬浮物质 ②电流密度过大 ③ pH 过高 ④杂质含量过高	①过滤镀液 ②降低电流密度 ③降低 pH,用酸调到 4～4.8 ④用双氧水高 pH 法沉淀杂质,过滤除去
镀层脆性	①光亮剂含量过高 ② pH 过高 ③镀液有铬酸 ④铅、锌杂质过多 ⑤电流密度过大	①补充柔软剂或糖精 ②降低 pH,用酸调到 4～4.8 ③用硫酸亚铁还原铬酸,然后除铁 ④电解法或加去杂质消除影响 ⑤电流密度降至 5A/dm^2
镀层不光亮	①光亮剂不足 ②温度过低 ③硫酸镍含量低 ④有机杂质过多	①补充光亮剂 ②提高温度至工艺值 ③分析补充硫酸镍 ④双氧水活性炭大处理
低电区发暗,发黑、镀不上	①镀液有铜、锌杂质 ②镀液有铬酸 ③电流密度太小	①低电流电解或加去杂剂 ②用硫酸亚铁还原铬酸再除铁 ③提高电流密度至工艺值

4.3.7.3　光亮镀镍液的大处理

光亮镍液使用了一段时间后，由于光亮剂的分解产物所造成的有机杂质的积累，以及其他一些金属杂质的污染，使镍槽不能得到理想的光亮镍镀层，就要进行大处理。大处理的过程如下。

① 用稀硫酸将镀液 pH 降至 3～3.5，(用 3.5～5.4 精密 pH 试纸测定)。

② 加 30%双氧水 2～4mL/L，搅拌 30min，使有机杂质氧化分解至低分子，使二价亚铁杂质氧化至三价铁，便于沉淀。

③ 加热镀液至 65～70℃，过量的双氧水分解，维持 60min，并搅拌溶液。

④ 一边搅拌，一边加新配制的氢氧化镍或碳酸镍，提高 pH 至 5.5，以便沉淀三价铁、锌和铜等杂质。

氢氧化镍或碳酸镍由氢氧化钠 80g 或碳酸钠 106g 与 280g 硫酸镍反应生成 95.7g 的氢氧化镍或 118.7g 碳酸镍，生成的副产物硫酸钠用水清洗几次，过滤弃去清液，得到绿色沉淀物即可应用。

⑤ 加 QT 去铜剂 1～3mL/L，搅拌 60min，使铜杂质沉淀。

⑥ 在搅拌下趁热加入化学纯粉末活性炭 3～5g/L，继续搅拌 2h，使有机杂质被充分吸收，静置 12h 后过滤。

⑦ 用硫酸调整 pH 至 4～4.8。挂上镍阳极板和阴极铁板小电流电解镀液，如电解得到色泽均匀的银灰色，补充光亮剂恢复生产。如果电解出来的铁板上为灰黑色或花斑色，说明镀液中还有杂质存在，要通过小电流（D_K＝0.2～0.1A/dm^2）继续电解，时间直至得到均匀的银灰色为止。必要时可用化学方法消除杂质的有害影响。

4.3.8　不锈钢滚镀光亮镍

前面提到各种镀镍都是挂镀镍，要使不锈钢采用滚镀镍，在前处理方面不能采用挂镀镍的方法，因为滚镀镍时在滚筒内因为电流密度都比较低，要通过活化和冲击镀镍，它们所使用的电流密度都在 4～5A/dm^2 之间，要达到活化和冲击镀完整的镍层是无法实现的，保证不了预镀镍的要求，使不锈钢上在预镀镍层上镀镍达不到要求。因此，滚镀不锈钢上的光亮镍层，关键是选择正确的预处理工艺，以保证后续的光亮镍的光亮度和结合力。[2]

4.3.8.1　预镀镍槽使用 KN-505 添加剂

在本章的 4.1.9 节中介绍不锈钢预镀镍添加剂 KN-505，在使用的瓦特镀镍液或氨基磺酸盐镀镍液中加入 KN-505 添加剂，就可以得到结合力良好的镀镍层。如果镀镍槽内含有光亮剂，也可得到光亮的镍层。也可以在半光亮镍中加入 KN-505，作为预镀半光亮镍层，然后在不经水洗后直接镀光亮镍。但 KN-505 镀镍液为了保证结合力，pH 必须维持在 2.0 左右，电流密度要求在 1A/dm^2 即可。

4.3.8.2　采用 10%硫酸溶液，加温长时间活化后滚镀镍

不锈钢表面存在的致密的氧化膜使基体与镀液隔绝，活化的目的就是除去氧化膜，使镀液和基体接触，让镀镍反应顺利地在基体上进行，因此，活化是镀镍成功与否的关键。活化液用 10%的硫酸溶液，为了提高活化效果，活化液温度保持在 50～60℃，在最初 2min 时，活化无任何迹象。活化可以在滚筒中进行，然后在镀体表面开始有少量气泡冒出，滚筒应为透明的塑料制成，可以明显观察到零件的反应情况，气泡的冒出，表示有的地方氧化膜已经被活化反应掉，除锈液已经和基体接触了，随着反应的进行，气泡越来越多，经过 5min 的活化，将滚筒取出，先在冷水中冲洗，马上将滚桶中水沥出后浸入镀液中，立即带电滚镀镍。试样表面光亮镍层出现。操作过程要快速，工件不可变干，以免表面再生成氧化膜，操作过程一定要仔细观察，不可走过场。

4.3.8.3　赵政明等介绍不锈钢滚镀前处理工艺[42]

（1）不锈钢滚镀工艺流程一。化学除油（一般常规碱性化学除油溶液及工艺条件）→热水洗→冷水洗→浸蚀（硫酸 70～90mL/L，硫酸镁 90～110g/L，室温，3～10min）→水洗→入滚筒→活化［氯化镍 $NiCl_2 \cdot 6H_2O$ 160～200g/L，盐酸（d=1.17）80～100mL/L，T20～40℃，活化时间：不通电 10～15min］→预镀镍（阴极电流密度 5～10A/dm^2，电镀时间 2～6min,）→断电出筒→回收→冷水洗→继续镀其他镀层。

（2）不锈钢滚镀工艺流程二。化学除油（YB-5 100g/L，温度 15～80℃）→热水洗→冷水洗→浸蚀（硫酸 100mL/L，硫酸镁 80～100g/L，室温，时间 5～10min）→水洗→浸渍活化（乙酸 50g/L，氟化铵 50g/L，室温，0.5～2min）→水洗→入滚筒→活化［氯化镍 60～200g/L，盐酸（d=1.17）100mL/L，室温，先不通电滚镀 5min］→预镀镍（开启电流，50A/筒，每筒 1～2kg 电镀时间 10～15min）→断电出筒→回收→冷水洗→继续镀其他镀层。

4.4　不锈钢镀贵金属

4.4.1　不锈钢镀光亮银[14]

4.4.1.1　不锈钢镀光亮银工艺

不锈钢表面经活化-预镀镍处理后可直接镀光亮银，结合力好。采用 Sj-Ag 光亮剂光亮镀银，光亮度高，阴极极化提高，银层结晶细致。光亮镀银溶液成分及工艺条件见表 4-24。

表 4-24　光亮镀银溶液成分及工艺条件

溶液成分及工艺条件	预镀银	光亮镀银
氰化银(AgCN)/(g/L)	4～6	30～40
氰化钾(总)(KCN)/(g/L)	60～80	70～90
碳酸钾(K_2CO_3)/(g/L)	5～10	20～30
酒石酸钾钠($KNaC_4H_4O_6 \cdot H_2O$)/(g/L)		30～50
Sj-Ag 光亮剂/(mL/L)		15～20
温度/℃	15～30	15～30
电流密度(D_K)/(A/dm^2)	0.1～0.3	0.3～1.0

连续过滤镀银溶液，使溶液净化度高，减小浓差极化，提高阴极电流密度，从而提高沉积速率。

不锈钢镀光亮银工艺流程：化学除油（氢氧化钠 60～90g/L，碳酸钠 10～20g/L，磷酸三钠 20～40g/L，表面活性剂 1～2g/L，温度 45～55℃，时间 10～20min）→水洗→光亮浸蚀（盐酸 60～80g/L，硝酸 250～300g/L，氢氟酸 100～120g/L，室温，时间2～8min）→水洗→活化-预镀镍（$NiCl_2 \cdot 6H_2O$ 180～200g/L，HCl 50～160mL/L，室温，时间为不通电 5～6min，通电 5～6min，D_K 2～10A/dm^2）→水洗→弱腐蚀（KCN 60～80g/L）→预镀银→镀光亮银→回收→水洗→电解钝化[$K_2Cr_2O_7$ 20～35g/L，$Al(OH)_3$ 0.5～1g/L，室温，D_K 0.1～0.5A/dm^2，时间 2～3min]→水洗→去离子热水清洗→干燥（60～80℃）。

其中氢氧化铝由硫酸铝铵和氨水新制取，加入能提高银的抗变色能力。

不锈钢镀光亮酸性铜，再镀普通银工艺流程[15]：喷砂→装挂→化学除油→热水洗→电解除油（氢氧化钠 40～60g/L，磷酸三钠 20～40g/L，碳酸钠 20～30g/L，硅酸钠 3～10g/L，温度 60～80℃，时间 1～5min，D_K 10A/dm^2）→热水洗→冷水洗→腐蚀（$FeCl_3 \cdot 6H_2O$ 250～330g/L，HCl 150～170g/L，温度室温，时间 1.5～2min）→冷水洗→冲击镀镍（$NiSO_4 \cdot 7H_2O$ 250g/L，HCl 70～90mL/L，温度室温，时间为不通电 1～5min，通电 3～5min，D_K 2～3A/dm^2）→冷水洗→镀光亮酸性铜（$CuSO_4 \cdot 5H_2O$ 140～180g/L，H_2SO_4 40～60g/L，Cl^- 0.02～0.08g/L，光亮剂 KG-1 4～6mL/L，温度 10～40℃，时间 5～10min，D_K 2～4A/dm^2）→水洗→活化（H_2SO_4 25～50g/L，室温，时间 2～5s）→冷水洗→预镀银（AgCN 4～6g/L，KCN 70～90g/L，K_2CO_3 5～30g/L，温度 18～35℃，D_K 1～2.5A/dm^2，时间 1～2min）→镀银（AgCN 20～30g/L，KCN 45～80g/L，K_2CO_3 18～50g/L，D_K 0.5～0.8A/dm^2）→回收→热水洗→吹干→除氢（220～240℃，时间 2min）→验收。

4.4.1.2 镀银层质量检验

（1）外观。结晶细致均匀，不得有起皮、鼓泡、漏底。

（2）结合力。

① 划针实验。在零件表面用尖针划相互平行和交错的间距不大于 2mm 的深达基体金属的划痕，未观察到起皮、脱落现象。

② 骤冷实验。镀件放在酒精灯上加热到 300℃后迅速放入冷水中冷却，未起皮、鼓泡。

③ 焊接实验。将两块电镀件用膏状钎焊料进行对焊、搭焊面积 20mm×20mm，焊好后用手掰未发现镀层有剥离现象。

④ 拉伸实验。拉断焊处，断面观察镀层与基体结合力完好。

4.4.1.3 不锈钢镀银常见故障、可能原因及纠正方法

不锈钢镀银常见故障、可能原因及纠正方法见表 4-25。

表 4-25 不锈钢镀银常见故障、可能原因及纠正方法

常见故障	可能原因	纠正方法
镀层粗糙发黄、阳极容易钝化	①银含量偏高 ②游离氰化钾含量低 ③碳酸钾含量过高	①稀释镀液至规定含量 ②补充氰化钾至规定含量 ③用氯化钡或氰化钡除去碳酸钾
银层结合力不好	①镀银前活化不够 ②闪镀镍时间太短 ③预处理不良	①活化要有足够的时间 ②闪镀镍时间不少于 5min ③加强除油处理
镀层发暗有斑点	①游离氰化钾含量低 ②有机杂质污染	①根据分析补加氰化钾 ②加活性炭于滤芯桶内进行处理，循环过滤溶液
镀银层薄，粗糙，呈灰白色	①氰化钾含量少 ②阴极电流密度过大	①适量补充氰化钾 ②适当降低电流密度
光亮银层上有条纹	光亮剂含量过高	加活性炭于滤芯桶内进行循环处理，过滤溶液

4.4.2 不锈钢镀金[16]

(1) 不锈钢酸性镀金配方。不锈钢 1Cr18Ni9Ti 经过阴极电解活化和高氯化物预镀镍对结合力取得较好的效果，镀前处理良好的去油和充分的活化也是结合力良好的关键。阴极活化槽液在新配后要充分电解一段时间后才有良好的结合力。阴极活化用的阳极要用石墨板，防止铁、铜、镍等金属杂质进入溶液，以免在阴极活化过程中沉积在阴极上，影响镀层的结合力。为了提高金的光亮度，在镀金前，在预镀镍后进行光亮镀镍。酸性镀金溶液成分及工艺条件如下。

金［以氰化金钾 $KAu(CN)_2$ 的形式加入］ 6～8g/L	pH 5.2～5.8
柠檬酸氢二铵［$(NH_4)_2HC_6H_5O_7$］ 100～120g/L	温度 20～30℃
酒石酸锑钾［$KSb(C_4H_4O_6)_3$］ 0.15～0.25g/L	阴极电流密度（D_K） 0.1～0.3A/dm^2
	阳极 镀铂钛网、石黑、不锈钢

pH 应经常测量。pH 过高可加柠檬酸降低，pH 过低可加氨水升高。pH 过高过低使镀金层无光亮。

(2) 不锈钢酸性镀金工艺流程。有机溶剂去油（汽油洗）→吹干（电吹风吹）→上挂具→化学去油（磷酸三钠 30～40g/L，碳酸钠 28～35g/L，温度80～90℃，时间不少于 20min，除尽油为止）→热水洗→冷水洗→电解除油（磷酸三钠 30～35g/L，碳酸钠 30～35g/L，水玻璃 2～4g/L，温度 70～80℃，电流密度 3～6A/dm^2，时间阴极 2～4min，阳极 1～1.5min）→热水洗→冷水洗→酸洗（盐酸 5%，室温，5～10s）→水洗→阴极电解活化（盐酸 50%，室温，D_K 2～4A/dm^2，时间 1～3min，阳极石墨套

装)→预镀镍（氯化镍 180～220g/L，盐酸 120～150g/L，室温，D_K 3～6A/dm²，时间2～4min，阳极镍板，带电入槽)→光亮镀镍（硫酸镍 250～300g/L，氯化镍 50～60g/L，硼酸 40～45g/L，润湿剂十二烷基硫酸钠 0.15g/L，糖精 0.5～1g/L，光亮剂丁炔二醇或 BE 0.4～0.6g/L，温度 50～55℃，D_K 2～4A/dm²，时间 5min)→镀金(时间按需要不少于 10s)→回收两次（蒸馏水)→水洗→热蒸馏水洗→干燥。

（3）镀金层结合力冷热实验。将不锈钢制件（如 1Cr18Ni9Ti 表带）镀金后放入 250℃烘箱中加热 5min，随即速浸入冷水中，目测镀层有无脱皮起泡现象。

（4）不锈钢镀金常见故障、可能原因及纠正方法见表 4-26。

表 4-26 不锈钢镀金常见故障、可能原因及纠正方法

常见故障	可能原因	纠正方法
金层光亮度不足	①柠檬酸二铵含量不足 ②酒石酸锑钾含量不足 ③ pH 过高或过低 ④金含量不足	①补充柠檬酸二铵 ②适量补充酒石酸锑钾 ③调整 pH 至规定范围 ④适量补充金量
金层暗红色	①金含量不足 ②电流密度太低	①保持金含量不少于 6g/L ②电流密度提高至不低于 0.1A/dm²
金层硬度差不耐磨	①酒石酸锑钾含量不足 ②pH 过高过低	①补充酒石酸锑钾 0.1～0.15g/L ②调整 pH 至 5.2～5.8
镀金液均镀能力差	①柠檬酸铵含量低 ②电流密度太低	①柠檬酸铵含量不低于 100g/L ②电流密度提高至不小于 0.1A/dm²
镀金层发白	①酒石酸锑钾含量过多 ②溶液中含镍杂质	①小电流电解除去锑 ②加强镀镍后清洗

4.4.3 不锈钢件直接镀金

（1）传统不锈钢件镀金前预镀镍层存在的问题。由于镍层的存在容易对人体的健康产生不良影响，因此，国际上限制镀金前预镀镍层，因为镍盐有毒，含致癌物，所以炊具、餐具不允许镀镍，镍层易引起皮肤过敏、瘙痒，故不适用于与皮肤接触的表带、首饰、戒指、手链等预镀镍的镀金层。对于大平面不锈钢预镀镍，由于边缘易烧焦，导致亮度不均匀，镀金前也不宜镀镍；要求弯曲的零部件镀镍后暗脆，导致弯曲时镀层爆裂，所以在不锈钢上不预镀镍而直接镀金是非常必要的。

（2）闪金工艺[32]。闪金配方在常规镀金液配方基础上的调整有：添加足量的络合剂 EDTA，提高主盐在强酸中的稳定性，添加有机酸，使 pH<2.5，加速破坏钝化膜，加大缓冲剂的量和新的导电盐，以提高承受较高冲击电流的能力，可获得满意的效果。

溶液配方及操作条件如下。

主盐：氰化金钾	1～2g/L	增硬剂：硫酸钴	1～7g/L
络合剂：Na_2EDTA（EDTA二钠）	5～10g/L	表面活性剂：CF-2	1～2mL/L
		pH：	<2.5（用甲酸调）
缓冲剂：柠檬酸-柠檬酸钾（1∶1）	40～60g/L	阳极：	镀铂钛网
		溶液波美度：	12°～16°Bé
导电盐：磷酸二氢钾	10～15g/L	温度：	(45±5)℃
酸性调整剂：甲酸	100～200mL/L		

电流密度/A/dm^2 和时间/s：冲击过程，先在电压7V、电流密度6～10A/dm^{2}处理10～20s；

闪镀金过程，再降至电压4V，电流密度1～2A/dm^2，时间保持20～30s，此时金镀层呈现金黄色，均匀性好，时间根据需要选定，可延长至60s。对于薄金件，可一次完成。

（3）镀金层耐磨性与结合力测试。

① 镀金层耐磨性测试。用橡皮在一定压力下进行擦拭，以刚磨去金属露出白色基体为止。耐磨性（次数）与镀金时间的关系为：10s为12次，15s为13次，20s为15次，25s为30次，30s为30次。耐磨次数越多，则金层的耐磨性越好。

② 镀金层结合力测试。采用钢针划痕办法：周围金层不剥落说明结合力优良。

4.4.4 不锈钢餐具局部镀金[33]

不锈钢餐具局部镀金，传统工艺较为复杂，研制了可剥塑料胶作为阴极保护膜，以烙烫法对花纹图案进行剥离加工；采用可直接在不锈钢上镀金的电解液，工艺简单易行，生产成本低，产品美观华丽，花纹图形清晰，镀金层色泽鲜艳，达到出口标准[33]。

（1）可剥塑料胶的研制。以过氯乙烯为主料，加入适量溶剂和少量添加剂的可剥塑料胶。

① 可剥塑料胶的组成（质量分数）。

成膜主体材料	过氯乙烯树脂	12%
主要溶剂	二甲苯	43%
辅助溶剂	丙酮	39%
黏附剂	6101环氧树脂	1.6%
平光剂	硬脂酸钙	0.1%
黏附剂	羊毛脂	1.2%
增塑剂	邻苯二甲酸二丁酯	3.1%

② 可剥塑料胶的使用。

a. 在镀前准备工序中，可制作专用挂具承载制件浸蘸，易于操作。

b. 成膜快，固化成膜在60～65℃烘干时间为15～30min，自然干燥1～2h。

c. 固化成膜后附着力较好，镀后手工剥离，不留痕迹。

d. 剥离后胶皮经回收、添加溶剂稀释后可反复使用。

③ 保护膜的剥离加工。

a. 剥离裸露制件被镀花纹图形。要求线条清晰，图形几何形状正确美观。

b. 剥离方法。用刀刻法和烙烫法较为适宜，刀刻法是用普通壁纸刀沿轮廓线切割，然后去除图形表面的胶膜，此法适用于简单花纹图案，烙烫法适合于复杂图形。工具由20～35W内热式电烙铁，将铜头改制成针锥状，在通电下用烙铁针尖部沿图形轮廓线轻划，用热能将胶膜烫开，然后再剥去图形表面的胶膜。烙烫法加工易于操作，被烙烫周边不翘起，镀金时能起到有效的保护作用。

（2）镀金工艺。

① 工艺流程。上挂具→化学除油→超声波清洗→浸蘸保护胶→烘干→下挂具→烙烫花纹→上镀金挂具→镀金→手工剥胶皮→交验。

② 镀金工艺。国内外一些电镀原料供应商推出了酸性、低浓度，可直接在不锈钢材料上镀金的电解液，使镀金生产线设备大为减少，工艺过程也简化了。在提高餐具表面光亮度的同时，控制金盐含量、阴极电流密度和pH等工艺条件，镀金层外观为光亮的金黄色，以达到用户要求。

在本章中提供的不锈钢件直接镀金工艺也可符合不锈钢餐具局部镀金的要求。

4.4.5 不锈钢上激光和喷射局部镀金[17]

4.4.5.1 激光强化喷射电镀技术的应用

为了更好地将激光强化喷射电镀技术应用于实际，复旦大学叶匀分、郁祖湛设计制作的一套激光强化喷射电镀装置，在不锈钢基体上直接局部电沉积金获得成功。图4-16为激光强化喷射电镀系统示意图。

该系统利用气体压力输送液体，使镀液流速稳定。与镀液接触材料均为聚乙烯、聚四氟乙烯和玻璃，避免了镀液被污染。

4.4.5.2 实验条件

镀液组成：

氰化金钾［$KAu(CN)_2$］	7g/L	pH	6.4
磷酸盐	180g/L	温度	(20±2)℃
添加剂	微量		

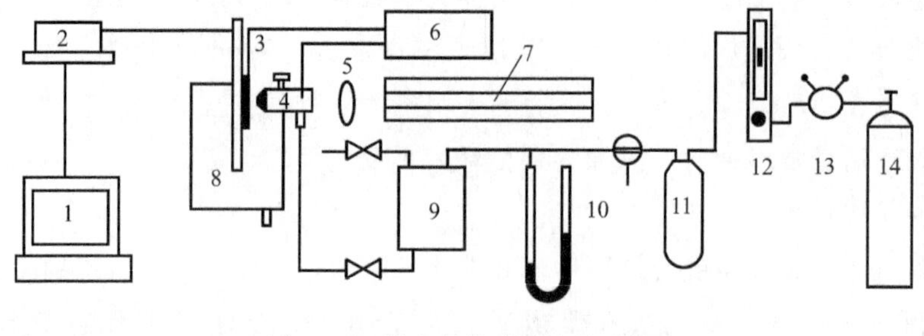

图 4-16 激光强化喷射电镀系统

1—微处理机；2—X-Y平台；3—不锈钢基体；4—喷嘴；5—聚焦镜；6—恒电流仪；7—A-237型氩离子钨盘激光器；8—积液槽；9—镀液槽；10—水银U形压差计；11—缓冲罐；12—气体转子流量计；13—减压阀；14—氮气钢瓶

激光功率：0.8W；

激光波长：514.5nm；

阳极：ϕ0.5mm镀铂黑的铂丝绕制而成，其表观面积约1.5cm^2；

阴极：ϕ25mm 1Cr18Ni9Ti不锈钢圆盘，该极板表面粗糙度小于0.006μm；

阴极移动速率：80μm/s；

喷嘴直径：0.5mm；

施加的阴极电流在5～12mA范围内，采用恒电流方式。

4.4.5.3 实验结果

（1）镀层厚度分布。其中心部分镀层较厚，边缘较薄。因为极板中心吸收了激光能量，使照射区温度升高，对流增强，扩散层变薄，使电沉积速率提高，电流密度增加，对边缘影响不大。

（2）喷嘴至阴极间距离的选择性影响。在激光功率0.8W，电流密度0.64A/cm^{2}的条件下，在流速为2.76m/s时，阴极愈靠近喷口，镀金线的选择性愈好，而在流速为6.4m/s时，喷嘴至阴极距离L=4.5mm处，选择性最好。

（3）喷嘴至阴极距离L对电沉积速率的影响。在激光功率0.8W，电流5mA，喷嘴出口流速u=2.76m/s时，喷嘴至阴极距离L=4.5mm处的电沉积速率最大。这可能是由于喷射的“缩脉”现象，使喷射束横截面最小，实际电流密度增大，导致电沉积速率增大之故。

（4）流体流速对电沉积速率的影响。在激光照射下，反应区温度上升，使电荷传递速率加快，流体流速加大，使反应区温度下降，导致电荷传递速率下降，流体流速的增加使电沉积速率出现最大值。

（5）激光对电流效率的影响。在流体流速u=4.89m/s，激光照射功率为

0.8W 的条件下，在相同的电流密度条件下，有激光照射时，电流效率要比单一喷射镀高 20%左右。这主要是因为电极表面吸收了激光的能量，使反应区域的温度有所升高，微区的镀液热对流增强，使扩散层变薄，使电流效率增加。

（6）激光辐射对电镀质量的影响。一般情况下直接在不加特殊处理的不锈钢基体上是无法获得结合良好的镀层的。而在激光喷射电镀的情况下，用胶带实验、刀割法均表明镀层与基体结合良好。用质谱仪对镀金线进行元素深度分布分析，结果表明，在基体与镀层之间有约 0.2μm 的“互融”层，使镀层与基体的结合力增强，可能是激光照射相互扩散所致。用扫描电镜来观察镀层表面的沉积形态，激光照射使电沉积金属的晶粒聚集直径变小，使镀层更加致密。

4.4.6　不锈钢镀活性铂[18]

（1）牢固的高活性不锈钢镀铂电极。施晶莹等人研究在低毒、较缓和的条件下预处理不锈钢去除其表面钝化膜的方法，并在铂的电沉积过程中采用超声波振荡技术，改善镀层与基体的结合力，得到牢固高活性的不锈钢镀铂电极。

（2）不锈钢基底预处理及电沉积过程。不锈钢基底（ϕ0.6mm）→抛光（金相砂纸打磨）→化学除油（氢氧化钠 300g/L 溶液，煮沸 1min）→混合酸洗（硝酸、盐酸比为 1∶4，时间 20～30min）→水洗→超声波清洗（时间 5min）→热水洗→冷水洗→阳极活化［硫酸 25%～30%（质量分数），室温，D_A 30～50mA/cm^2，时间 1～2min］→水洗（蒸馏水两次）→超声波电沉积（H 型电解槽中振荡电沉积活性铂）。

（3）电镀活性铂溶液成分及工艺条件。

氯铂酸（H_2PtCl_6）	3.3×10^{-2}mol/L（约 8.8g/L）	盐酸（HCl）	0.5mol/L（约 44mL/L）
乙酸铅［$Pb(CH_3COO)_2$］	3.3×10^{-2}mol/L（约 10.7g/L）	电流密度（D_A）	10～60mA/cm^2

（4）电极活性测量。采用三电极系统。

电解液	硫酸（H_2SO_4）0.5mol/L（约 49g/L）	辅助电极	铂片
研究电极	不锈钢镀铂电极	参比电极	饱和甘汞电极（所标电位均相对于此电极）

测试条件：

扫描电位	−0.2～0.9V	扫描速率	0.1V/s

以−0.2～0.15V 电位区氢吸附电量表征电极活性。

（5）超声波振荡的技术效果。不锈钢镀铂采用超声波振荡技术后所得的电极活性提高2倍。将制备好的电极搁置振荡3min后，其活性仅衰减10%，而未采用超声波振荡的电极活性却衰减35%。

(6) 电流密度的选择。在相同沉积电量下，电流密度在30～60mA/cm^{2}之间变化时，应用较小电流密度所得的电极活性比较大电流密度（60mA/cm^2）的高，但当电极经受60min振荡后，电流密度为40mA/cm^2，所得电极活性衰减最少，也就是镀层与基底结合力最佳，见表4-27。由此得出制备电极的最佳电流密度，即先以小电流密度沉积，后改换大电流密度沉积的方法。

表4-27 不同电流密度下铂电极振荡衰减数

衰减测试	铂电极振荡衰减数/%			
	30mA/cm^2	40mA/cm^2	50mA/cm^2	60mA/cm^2
振荡3min	10	12	20	11
振荡60min	47	46	79	27

(7) 最佳电流密度组合的电极活性。在超声波振荡下，以30mA/cm^{2}的电流密度电沉积30min，后继续以60mA/cm^{2}的电流密度沉积5min，所得电极镀层晶粒更加细小均匀。其双层电容值为1.40×10^{-3}F/cm^2，是光亮铂电极的350倍，与氢吸附结果相符，说明电极活性的改善可主要归因于表面粗糙度的增加。

采用超声波振荡技术进行电沉积可提高电极活性，在最佳电流密度组合下，可制备牢固高活性不锈钢镀铂电极，并且有一定的电化学稳定性。

4.4.7 不锈钢镀铑[19]

(1) 铑镀层的特性。

① 外观。呈带青蓝光的有光泽的银白色。有很强的光反射能力。

② 化学稳定性。铑是铂族金属之一，具有很高的耐蚀性，又没有明显的氧化绝缘膜。对无机酸及其盐类、有机酸及其盐类、硫化物及二氧化碳等均有较高的稳定性，抗变色性强。

③ 导电性。表面接触电阻仅为5mΩ，电子工业中应用广泛。

④ 硬度。硬度可达750～800kg/cm^2，有优异的耐磨性，经久耐用。适宜于手饰涂层。

(2) 镀铑溶液成分及工艺条件。

铑（以硫酸铑的形式存在）	2～3g/L	电流密度	0.8～1.2A/dm^2
硫酸（分析纯，d=1.84）	20～25g/L	阳极	镀铂钛网
温度	38～42℃		

(3) 镀液中各成分的作用及影响。

① 硫酸铑。硫酸铑是电镀液的主盐，呈络合盐形式。因使用的是不溶性电极，铑离子逐渐消耗，铑离子过低，电流效率下降，铑镀层呈暗红色，无光泽。在电镀过程中按安培分钟向槽液补充硫酸铑溶液［铑的电化当量为1.28g/(A·h)］。

② 硫酸。硫酸中的 SO_4^{2-} 是形成三价铑（Rh^{3+}）的主要络合物 $Rh_2(SO_4)_3$。提高硫酸浓度，三价铑与 SO_4^{2-} 的络合作用越强。配位体被置换的反应倾向越小。硫酸浓度太高时，若工件不带电入槽，会有很强的腐蚀作用。

(4) 不锈钢镀铑工艺流程。不锈钢工件上挂具→三氯乙烯清洗→除蜡水洗→水洗→活化（氰化钾5%）→水洗→电解除油→水洗→过酸→纯水清洗→活化→纯水清洗→预镀三价金→清洗→电解→过酸→纯水清洗→镀铑→回收→电解除油→清洗→过酸→纯水清洗→烘干→检验。

(5) 镀铑件性能测试。

① 热实验。试样在200℃温度的烤箱中加热30min，将试样取出，立刻放入冷水中，擦干，观察外观，镀层应无变色及起泡。

② 弯曲实验。将试样向内侧90°弯曲电镀件，然后用胶纸粘在扭曲部位，从拉出的胶纸中看镀铑层应没有剥离。

③ 人工汗测试。人工汗装入干燥器中，将试样底面接触喷有人工汗的脱脂棉，并在试样的表面喷上雾状人工汗，密封在(40±2)℃的条件下24h。试样用水清洗后，颜色没有改变，有少量的镀层有锈，但能擦干净，人工汗实验合格。

(6) 不锈钢镀铑常见故障、可能原因及纠正方法见表4-28。

表4-28 不锈钢镀铑常见故障、可能原因及纠正方法

故障现象	可能原因	纠正方法
结合力不好	①基体金属未用贵金属预镀 ②浸入镀液有置换反应	①不锈钢镀铑前先镀金 ②带电入槽
镀铑镀不上	镀铑液老化，生成 Rh^{5+} 和 Rh^{3+}	加双氧水，搅拌加热还原为 Rh^{3+}，处理后再调整含量
铑层呈粉状，镀液变黑	被有机物污染	加活性炭3g/L，加热到60℃，搅拌2h，过滤镀铑液
有气孔	阳极产生氧气泡，附着表面	镀件不要靠阳极太近
镀铑后产生黄渍	镀铑后处理不好	镀铑后要电解除油、清洗过酸后烘干

4.5 不锈钢镀复合镀层

本节介绍不锈钢镀镍-HAP复合镀层[20]。

（1）HAP羟基磷灰石的生物活性。羟基磷灰石是一种重要的生物活性材料，与骨骼、牙齿的无机成分极为相似，具有良好的生物相容性，埋入人体后易与新生骨结合，所以HAP已广泛应用于临床医学，作为人工骨骼、牙齿的替换材料。

（2）HAP粒子与金属镍的共沉积。HAP的脆性大，易从惰性材料上剥落而严重影响质量。白晓军等人研究将HAP粒子与金属镍共沉积在不锈钢基体上，不锈钢含有铬和较多的稳定奥氏体元素镍，耐蚀性好，具有高塑性，易加工成型，亦无毒，而且其在医疗上已有广泛应用。研究了采用有效的预处理方法，将镍-HAP复合镀层与不锈钢牢固结合起来，使之在临床医学得以应用。

（3）镍-HAP复合镀的工艺程序。预浸蚀（硫酸10%，60℃，30min）→水洗→阴极活化→水洗→预镀镍→水洗→复合镀。

① 阴极活化工艺。

硫酸（98%）	650mL/L	电压	10V
水	350mL/L	时间	2min
温度	室温		

② 预镀镍工艺。

盐酸（HCl）（37%）	120mL/L	电流密度（D_K）	16A/dm^2
氯化镍（$NiCl_2 \cdot 6H_2O$）	240g/L	时间	2min
温度	室温		

③ 复合镀液组成及工艺条件。

硫酸镍（$NiSO_4 \cdot 7H_2O$）	250g/L	HAP	40g/L
氯化镍（$NiCl_2 \cdot 6H_2O$）	35g/L	pH	2.0
硼酸	40g/L	温度	（50±2）℃
十二烷基硫酸钠（$C_{12}H_{25}SO_4Na$）		电流密度（D_K）	2.5A/dm^2
	0.08g/L	搅拌速率	一定

（4）复合镀工艺参数对镀层结合力的影响。镀液pH和温度分别对镀层硬度和厚度的影响见图4-17。硬度和厚度随pH和温度的变化均具有峰值。从实验中还可见，过高的pH时，镀层光亮不均匀。电流密度（D_K）的影响是当D_K过高时，镀层容易烧焦，过低，镀层不够光亮。选用一定的速率搅拌，并采用在镀槽中加挡板，使HAP粒子在镀液中均匀分散形成悬浊液，使HAP粒子在镀层中均匀分布。

（5）HAP粒子的含量对结合力及镀层性能的影响。在镀液中依次加入20g/L、30g/L、40g/L、50g/L、60g/L、70g/L、80g/L、90g/L HAP粒子，在不锈钢上镀出复合镀层，采用锉刀法测试其性能，得出当HAP含量为40g/L时的结合力最好，显微硬度为312.95。HAP含量过大，使镍与基体的结合力下降。

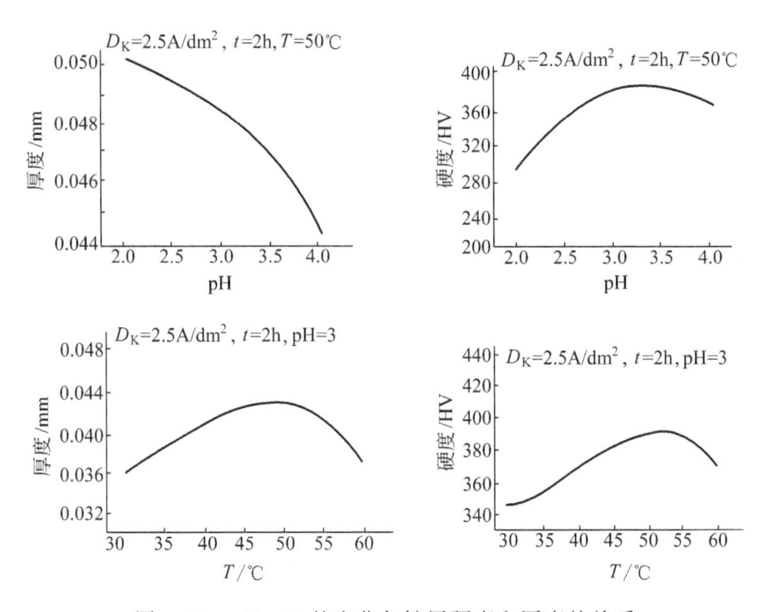

图 4-17　pH、T 的变化与镀层硬度和厚度的关系

4.6　不锈钢化学镀镍

4.6.1　不锈钢双层化学镀镍[21]

不锈钢化学镀镍前处理采用闪镀镍。

(1) 工艺流程。低温除油→水洗→活化（1∶1 盐酸，时间 1～3min）→水洗→闪镀镍→水洗→预镀碱性化学镍→水洗→酸性化学镀镍→水洗→烘干。

(2) 闪镀镍工艺。

氯化镍（$NiCl_2 \cdot 6H_2O$）	220～240g/L	电流密度（D_K）	2～20A/dm²
盐酸（HCl）（d=1.17）	100～120mL/L	时间	2～4min

先浸泡 1～3min，使工件表面充分活化和润湿后，大电流冲击，可获得结合力好的闪镀镍层。成分简单，溶液稳定。电流开到 20A/dm² 也不致烧焦。

(3) 预镀碱性化学镍。闪镀镍后，如果直接用酸性化学镀镍，其反应过程中需要克服能峰的激活能很大，反应不易进行。使用碱性化学镀镍预镀，可降低克服能峰激活能，使反应顺利进行。

碱性化学镀镍成分和工艺条件：

硫酸镍（$NiSO_4 \cdot 7H_2O$）	26～30g/L	次磷酸钠（$NaH_2PO_2 \cdot H_2O$）	22～25g/L

氯化铵（NH_4Cl）	25～35g/L	三乙醇胺［$N(CH_2CH_2OH)_3$］	100g/L
柠檬酸钠（$Na_3C_6H_5O_7 \cdot 2H_2O$）	10～15g/L	pH	9～10
		温度	40～45℃
焦磷酸钠（$Na_4P_2O_7 \cdot 10H_2O$）	60g/L	时间	3～5min

pH要保持在9～10之间。pH用三乙醇胺调节。pH过低，反应不能进行，过高，易造成溶液分解。温度也不能过高，以避免溶液分解。

预镀碱性镀镍不能产生自催化反应，必须经触发处理后才能进行自催化反应。用经浸锌处理后的铝条触发。浸锌选用的工艺如下：

氢氧化钠（NaOH）	500g/L	三氯化铁（$FeCl_3 \cdot 6H_2O$）	1g/L
氧化锌（ZnO）	100g/L	温度	15～27℃
酒石酸钾钠（$KNaC_4H_4O_6 \cdot 4H_2O$）	10g/L	时间	0.5min

（4）酸性化学镀镍的选择，要求溶液有高的稳定性、高的沉积速率，镀层要有高的抗蚀性，高的耐磨性，要有与底层的良好结合力。预镀碱性化学镍后的镍层具有很好的催化活性，酸性化学镀镍反应容易进行。

酸性化学镀镍溶液成分和工艺条件：

硫酸镍（$NiSO_4 \cdot 7H_2O$）	26～30g/L	乳酸（$C_3H_6O_5$）（85%）	15mL/L
次磷酸钠（$NaH_2PO_2 \cdot H_2O$）	22～25g/L	丙酸（$C_3H_6O_2$）	5mL/L
		三氧化钼（MoO_3）	0.005g/L
柠檬酸钠（$Na_3C_6H_5O_7$）	8～10g/L	pH	4.4～4.8
乙酸钠（CH_3COONa）	8～10g/L	温度	85～90℃
苹果酸（$C_4H_6O_3$）	15g/L	沉积速率	10μm/h
琥珀酸（$C_4H_6O_4$）	5g/L	镀层含磷量	10%

本工艺需控制的是pH和温度。

4.6.2　不锈钢单层化学镀镍[22]

4.6.2.1　化学镀镍采用单层化学镀的必要性

（1）镀前处理中单独用盐酸除氧化膜的速度慢且难除净，影响镀层与基体的结合力。

（2）预镀镍的覆盖能力不好，不能保证形状复杂的不锈钢工件表面各部位都形成均匀的镍催化层。

（3）工件从除氧化膜、预镀镍至化学镀镍的工序较长，不锈钢新鲜表面可能被重新氧化成膜，影响结合力。

（4）预镀镍容易污染化学镀镍溶液。因此，对于形状复杂的不锈钢工件宜采用混合酸除氧化膜，盐酸-氟化铵溶液加温活化，镀前基体预热后，在不锈钢基体上化学镀镍，得到结合力良好的镀层。

4.6.2.2 不锈钢表面上单层化学镀镍工艺流程

机械抛光→有机溶剂除油→化学除油→热水洗→电化学除油→热水洗→冷水洗→混酸除膜→冷水洗→活化→热水洗→化学镀镍

4.6.2.3 混酸除膜溶液成分

盐酸（HCl）(d=1.17)	25%(质量分数)	水	57%(质量分数)
硝酸（HNO_3）(d=1.6)	8%(质量分数)	温度	室温
氢氟酸（HF）(d=1.13)	10%(质量分数)	时间	1～2min

利用混酸可很快除去不锈钢表面难溶于盐酸的铬酸铁（$FeCrO_4$）以及不锈钢含有的硅或氧化硅（Si，SiO_2），使基体表面的化学活性增加，使化学沉积镍的速率加快。

4.6.2.4 活化溶液成分及工艺条件

盐酸（HCl）(d=1.17)	10%(质量分数)	水	85%
		温度	60℃
氟化铵（NH_4F）	5%(质量分数)	时间	1～2min（视工件大小）

在活化和热水洗工序中考虑对基体预热，使工件温度与镀液温度接近，消除镀层与基体因温差而产生的应力，这对提高镀层与基体的结合力十分重要。

4.6.2.5 化学镀镍溶液组成和工艺条件

硫酸镍（$NiSO_4 \cdot 6H_2O$）	24g/L	硫脲［$(NH_2)_2CS$］	0.1～0.3mg/L
乙酸钠（$NaCH_3COO \cdot 3H_2O$）	20g/L	pH	4.0～5.4
次磷酸钠（$NaH_2PO_2 \cdot H_2O$）	26g/L	温度	85℃
柠檬酸钠（$Na_3C_6H_5O_7 \cdot 2H_2O$）	12g/L	沉积速率	15μm/h

本工艺从混酸除膜，中温活化至化学镀镍的工序紧凑，操作方便，缩短了操作时间，从而提高了镀层与基体的结合力。

4.6.3 有氧化皮的不锈钢单层化学镀镍[23]

(1) 对几何形状较复杂的不锈钢零件，无法用电镀的方法获得理想的镀层，采用化学镀镍获得了理想的镀层，满足了在海洋性气候环境中的高抗腐蚀性和表面高硬度的要求。

(2) 有氧化皮不锈钢零件化学镀镍工艺流程。镀前检验→电解除油→水洗→松动氧化皮→水洗→酸洗→水洗→除挂灰→水洗→活化→水洗→化学镀镍→水洗→干燥（100～120℃，1～2h）→热处理（400℃，1.5h）。

① 松动氧化皮溶液成分及工作条件。

氢氧化钠（NaOH）	500～600g/L	温度	140～145℃
亚硝酸钠（$NaNO_2$）	120～140g/L	时间	30～50min
磷酸三钠（$Na_3PO_4 \cdot 12H_2O$）	60～70g/L		

② 酸洗溶液成分及工作条件。

盐酸（d=1.17）	>50%(体积分数)	溶液温度/℃	10、20、30、40、50
缓蚀剂若丁	0.5～1g/L	酸洗时间/min	30、20、10、5、3

③ 除挂灰。

经热处理的不锈钢零件在酸洗后表面留有挂灰，可在电解除油槽中用阳极处理除去。如氧化皮太厚，可反复进行上述工序。

④ 活化溶液成分及工作条件。

硫酸（H_2SO_4）（d=1.84）	90～120g/L	温度	14～20℃
硝酸（HNO_3）（d=1.6）	70～100g/L	时间	5～15min
氢氟酸（HF）（d=1.13）	18～22g/L		

活化后应水洗后尽快化学镀镍。活化时既要保持足够的时间，又要严防过腐蚀。活化工序对镀镍层的结合力影响较大。

⑤ 化学镀镍溶液成分及工艺条件。

硫酸镍（$NiSO_4 \cdot 7H_2O$）	20～25g/L	乙酸（CH_3COOH）	6～8g/L
次磷酸钠（$NaH_2PO_2 \cdot H_2O$）	10～18g/L	硫脲［$(NH_2)_2CS$］	0.0015～0.003g/L
乙酸钠（$CH_3COONa \cdot 3H_2O$）	10～15g/L	温度	90～95℃
		pH	4.3～5.0

零件入槽后用铁丝或铝丝触发其反应。

装载密度/(dm^2/L)	沉积速率/(μm/h)
1.0	12～18（第1小时），8～9（第2小时）
1.5	12～13（第1小时），4～5（第2小时）
2.0	8～13（第1小时），3～4（第2小时）

当镀层厚度要求<10μm时，装载量可适当增加。当厚度>15μm时，为降低镀层的粗糙度，可采用双溶液化学镀镍，第一次化学镀镍1h后，中间用稀盐酸活化表面，水洗后在二次新溶液中继续化学镀镍。

4.6.4　不锈钢化学镀镍钨磷合金[37]

4.6.4.1　不锈钢化学镍钨磷合金层能提高其硬度和耐磨性

不锈钢由于硬度较低（200～250HV），耐磨性较差，在不锈钢制品表面化学镀镍形成的非晶镀层，在保持不锈钢原有光泽度的前提下，能提高表面硬度，镍磷镀层表面硬度能提高1倍多（约500HV多），而镍钨磷镀层表面硬度能提高2倍多（约700HV）。

4.6.4.2　不锈钢上化学镀镍钨磷的前处理

试样采用316L不锈钢的前处理。

（1）手工去除机械加工时留下的污物。

（2）顺逆流2次冷水漂洗，2min。

（3）碱性除油。含清洁的碱性脱脂浴，70～80℃，15～20min。

（4）热水冲洗。70～80℃，2min。

（5）顺逆流2次冷水漂洗，2min。

（6）酸洗。盐酸20%～40%（体积分数）溶液，室温，3～5min。

（7）冷水冲洗。

（8）活化。硝酸15%～25%（体积分数），盐酸25%～35%（体积分数），水45%～55%（体积分数），60℃，15～30min。

（9）热水冲洗。70～80℃，2min。

（10）分顺逆流2次冷水漂洗，2min。

（11）预镀镍。工艺为：

氯化镍	200～250g/L	电流密度	16A/dm^2
盐酸（37%）	120～150mL/L	温度	室温
阳极	镍板	时间	2～3min

4.6.4.3　化学镀镍

见表4-29[37]。

表4-29　Ni-P、Ni-W-P化学镀镍工艺

镀液成分及工艺条件	Ni-P镀层	Ni-W-P镀层
硫酸镍($NiSO_4\cdot 6H_2O$)/(g/L)	30～31	26～39
次磷酸钠(NaH_2PO_2)/(g/L)	25～26	17～18
钨酸钠($Na_2WO_4\cdot 2H_2O$)/(g/L)	—	66～100
柠檬酸三钠($Na_3C_6H_5O_7$)/(g/L)	—	75～100
苹果酸($C_4H_6O_5$)/(g/L)	13～27	—
乳酸($C_3H_6O_3$)/(g/L)	17.5～18.5	6～7
硫酸铵[$(NH_4)_2SO_4$]/(g/L)	—	30～40
乙酸钠($NaCH_3COO$)/(g/L)	15～17	—
pH	5	9
温度/℃	90	90

4.6.4.4 化学镀层成分及性能[37]

(1) 两种化学镀层成分。镀层成分见表 4-30。

表 4-30 Ni-P、Ni-W-P 镀层成分

镀层成分(质量分数)/%	Ni-P 镀层	Ni-W-P 镀层
Ni	87.87	88.68
P	12.13	7.53
W	—	3.79

镀层成分采用能量色散谱仪(EDS)进行分析。

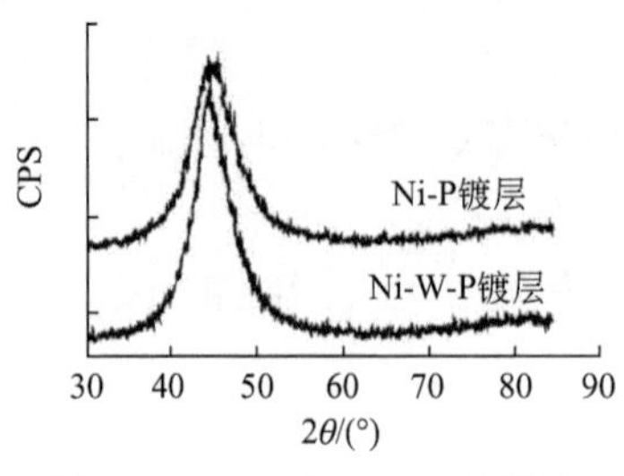

图 4-18 Ni-P/Ni-W-P 镀层的 X 射线衍射图谱

(2) 两种镀层结构。采用 Philips X′pert MPD Pro 型 X 射线衍射仪进行分析,图谱见图 4-18。由图 4-18 可以看出,2 种镀层的 X 射线衍射图为馒头包状,是典型的非晶态结构特征,只是 Ni-W-P 镀层的峰比 Ni-P 镀层的峰要尖锐,说明 Ni-W-P 镀层结构中微晶态成分占相当一部分,分析认为这与镀层中磷含量相对较低有关。

(3) 镀层外观。试样施镀 1.5h 后,2 种镀层都较光滑,有金属光泽,与原不锈钢试样的表面光亮度相当。与原不锈钢样品相比,Ni-P 镀层的颜色略发黄,Ni-W-P 镀层略带银白色。

(4) 镀层硬度及耐磨性。

① 硬度。采用 Microhardness Tester HV-1000 型显微硬度仪测得各镀层的硬度值,见表 4-31。

表 4-31 各镀层的显微硬度值及耐磨性能

检验项目	不锈钢	Ni-P 镀层	Ni-W-P 镀层
硬度(HV)	225	572	736
耐磨性能	牛皮纸上单向摩擦 50 次,损伤严重	牛皮纸上单向摩擦 50 次,损伤一般	牛皮纸上单向摩擦 200 次,损伤一般

由表 4-31 可见,化学镀两种合金镀层 Ni-P 和 Ni-W-P 镀层的硬度比不锈钢的硬度分别各提高 1~2 倍。

② 耐磨性。耐磨性采用牛皮纸在镀层上单向摩擦,由于硬度提高,与不锈钢相比,两种化学镀层的耐磨性能和抗划伤性能有显著的改善。

（5）结合力。采用 ASTM B571 标准中的热淬实验和网格实验判定。

① 热淬实验。将试样放入 250℃的烘箱中加热 1h 后立即放入冷水中，测试结果显示，两种镀层都未出现鼓泡或开裂现象，说明 2 种镀层与基体间的结合力可以满足 ASTM 标准中热淬实验的标准。

② 网格实验。采用刀尖在试样表面划间距 0.5mm 的多条平行线或矩形网格，刀尖划痕深至基体，实验结果显示，2 种镀层均无开裂脱落现象，说明镀层与基体间的结合力达到 ASTM 标准中网格实验的标准。

不锈钢属于难镀基体，要获得结合力强的镀层，对前处理而言，浸酸活化与预镀镍是否成功是关键所在。浸酸活化的 3 个因素：酸的种类、浓度及活化时间是否成功是关键所在。其中活化时间最难把握，时间过长，导致过腐蚀而失去光泽，使基体钝化从而加速氧化膜的生成。时间过短，又难以除去附着在基体表面上的致密氧化物薄膜，从而影响镀层结合力，时间以15～30min 为最佳。对预镀镍而言，电流密度是关键，其值过高，生成结构疏松发黑的镍层，其值过低，也不能有效获得致密且附着力好的镍层，影响后续化学镍层的质量。通过霍尔槽实验，对不锈钢表壳的电流密度值在 10～16A/dm^2 之间，对不同产品，其预镀镍电流密度都要通过霍尔槽实验来确定。

（6）耐腐蚀性。在 3%氯化钠溶液中，不锈钢、2 种化学镀层的试样在 168h 后，用肉眼观察 3 个试样均无腐蚀现象。没有用称重法进行腐蚀速率的定量计算，只用肉眼进行定性判断。

4.6.5　诱导体对不锈钢化学镀镍-磷合金的影响[38]

4.6.5.1　诱导体的作用

不锈钢表面在施镀前进行较好的预处理，但不锈钢表面极易生成一层薄而透明的氧化物膜，不具有催化活性，因此，在其表面进行化学镀比较困难。除了在镀前进行预处理外，选择合适的金属作为施镀时的诱导体也尤为重要。李宁在其所著的《化学镀实用技术》一书中提到用铁丝作为诱导体，但由于铁丝在空气中易生成铁锈，影响施镀效果，而王婷和魏晓伟提出以铝丝或铜丝作为不锈钢化学镀镍磷合金的诱导体，取得了较好的效果。

4.6.5.2　在不同诱导体的作用下 Ni-P 合金镀层的结果

在两种诱导体的作用下，控制温度为（80±2)℃，pH 为 4.9±0.2，施镀时间为 2h。

（1）镀层厚度和硬度。结果见表 4-32。

表 4-32 不锈钢在不同诱导体的作用下的 Ni-P 合金镀层的硬度和厚度

诱导体	温度/℃	施镀时间/h	pH	硬度 HV0.1	厚度/μm
铝丝	80	2	5.01	321.4	40
钢丝	80	2	4.93	310.4	35

由表 4-32 可知，在铝丝的作用下，Ni-P 镀层较厚，硬度较高。

(2) 镀层的形貌。从表 4-32 中可以看出，在铝丝作用下的镀层较厚，这是因为铝在镀液中很活泼，与镍发生置换反应，在基体表面出现镍核沉积，使不锈钢具备催化活性。通过观察镀层的截面形貌，发现组织疏松，Ni-P 颗粒大小也有些不均匀且粗糙。而铜在施镀时不具备催化活性，也没有镍活泼，但在实验中由于对镀液 pH 的调节，使铜具有适中的自催化活性，可作为不锈钢的诱导体，触发镀液发生氧化还原反应，但其反应速率较铝小，通过观察可知，形核率保持稳定，所得镀层均匀致密，孔隙率小，但厚度没有在铝丝诱导的作用下大，硬度也不高，镀层表面不存在大颗粒状的 Ni-P 合金。

两种诱导体作用下的镀层表面都较平整，且具有金属光泽。铝丝作用下的镀层表面光亮白色，与未施镀的不锈钢表面相似，硬度与耐蚀性优于不锈钢。铜丝作用下的镀层表面略发黄。

(3) 镀层的耐磨性检测。腐蚀介质为 68%浓硝酸，镀层的耐腐蚀性检测结果见表 4-33。

表 4-33 不锈钢在不同诱导体的作用下镀层的耐腐蚀性检测结果

诱导体	腐蚀时间/s	腐蚀前外观	腐蚀后外观
铜丝	180	光亮淡黄色	发黑、起皱
铝丝	280	光亮白色	银色、起皱

由表 4-33 可见，铝丝诱导下所得镀层的耐蚀时间稍长。由于其沉积速率较快，厚度增加也较快，孔隙率越小，(当镀层厚度大于 15μm，基本无孔)，因此，铝丝比铜丝作用下的耐蚀性好。

由此可以认为，铝丝、铜丝作为诱导体，都能获得表面光洁的 Ni-P 合金镀层，且硬度均优于不锈钢本体。而铝丝作用所得 Ni-P 合金镀层较铜丝作用的膜层厚度大，硬度高，耐蚀性好。

4.6.6 不锈钢球阀化学镀镍磷合金[39]

本方法对奥氏体不锈钢 1Cr18Ni9Ti 球阀进行预处理后，不经预镀镍和诱导体触发，而直接进行化学镀镍 2h，镀层 Ni、P 质量分数分别为 88.37%和 11.63%，经过不同温度回火，镀层的显微硬度随回火温度的升高而增大。在350℃时达到最大值，为1000HV。镀层与基体的结合力随镀层回火温度的升高呈现先升后降的趋势。在300℃时达到最大值，为42.3N。Ni-P合金镀层在10%的盐酸、硫酸、盐酸与硫酸的混合酸中的耐蚀性远高于不锈钢基体，而经过回火后的镀层的耐蚀性比未经回火的低。因此，根据对球阀不同的性能要求选择不同的处理工艺[39]。

4.6.6.1　除锈液的组成及操作

除锈（活化）的目的就是除去氧化膜，使镀液和基体接触，让镀覆反应顺利进行。因此，该步骤是镀覆成功与否的关键。

除锈液组成与操作条件：

硫酸	10%	时间	5～6min
温度	50～60℃		

试件浸入除锈液中后刚开始无任何迹象，大约2min后，试件表面有少量气泡冒出，表明有地方氧化膜已经被反应掉。除锈液已经和基体接触了，随着反应的进行，气泡越来越多，经过5min的除锈，将试件取出，先在冷水中激冲，再用热的蒸馏水冲洗，马上将试件浸入镀液中，可以看到试件与镀液剧烈反应，经过2h的镀覆，试件表面光亮呈现银白色，镀覆效果较好。

4.6.6.2　化学镀高磷Ni-P镀液组成及工艺条件

硫酸镍（$NiSO_4 \cdot 7H_2O$）	25g/L	稳定剂	少量
次磷酸钠（$NaH_2PO_2 \cdot H_2O$）	20g/L	pH	4.6
柠檬酸三钠（$Na_3C_6H_5O_7$）	10g/L	温度	90℃
乙酸钠（$NaCH_3COO$）	15g/L	镀覆时间	2h
乳酸（$C_3H_6O_3$）	25g/L		

4.6.6.3　镀层形貌与组成

（1）表面形貌。用XJL-02光学显微镜（江南光学仪器厂生产）观察表面形貌，呈光亮的银白色，基体表面分布着胞状结构，从截面图看沉积层厚度大约有20μm。

（2）镀层组成。采用JEOL JXA-840A电子探针分析仪（日本电子株式会社研制）测得镀层中镍与磷的原子分数各为P 10.96%，Ni 89.04%。磷含量在11%～12%之间，表明该镀层属于高磷含量镀层。

4.6.6.4　镀层硬度及高磷-镍合金硬度随温度的升高而增大的机理

不锈钢基体、未经回火的镀层以及在各种温度条件下经回火处理后的镀层显微硬度测定结果见表4-34。试样在HV-1000型卧式显微硬度计（上海材料试验机械厂生产）上每次测3点。

表 4-34 不同状态镀层的显微硬度

回火温度/℃	显微硬度(HV)(3个点硬度值)		
镀态	520	515	529
200	596	624	629
250	679	637	664
300	749	798	784
350	1108	1008	1119
不锈钢基体	397	362	392

由表 4-34 可见，镀层的硬度较基体从 397HV 升高到 520HV（第 1 组），镀层经过热处理回火后，硬度进一步提高，在 300～350℃的间隔的硬度上升最快。原因是镀层发生了晶态转变，热处理使镀层与基体金属元素发生相互扩散，从而提高镀层硬度，且能使镀层经历如下变化：非晶态-晶态-晶粒聚集长大。磷原子的扩散聚集使磷原子聚集到镍的特定晶面上，迫使其适应镍的结构，形成共格关系，使其局部应力场引起严重畸变，故加快了硬度增加的趋势；当磷原子聚集到足够数量，满足镍磷原子数之比为 3∶1 的关系时，析出金属间化合物，与固溶体具有共格关系，引起共格沉淀硬化作用，所以此时硬度增加很多；非晶态 Ni-P 合金加热到一定温度形成的原子集团，逐渐发展成结晶核心，起到一定的强化作用，故硬度增加；晶化反应后，晶化相发生畸变，增加了镀层的塑变抗力，硬度提高；当有 Ni_3P 生成时，镀层被强化，Ni_3P 聚集粗化[40]。由此可见，镍磷镀层发生了典型的沉淀强化过程；而非晶态 Ni_3P 体积分数大于 Ni，成为基体，产生分散强化作用，所以高温热处理后具有较高的硬度。可以说镍磷镀层的晶化越完全，镀层的硬度越高，而随着温度的升高，镀层的晶化程度在不断提高，所以镀层硬度随温度的升高而增大，要求高耐磨性高硬度的镀层可选择对镀层进行 350℃回火处理。

4.6.6.5 镀层结合力实验

试件根据回火温度的不同在 WS-2002 划痕机上测试试件的结合力，实验结果见表 4-35 不同状态下镀层的结合力。

表 4-35 不同状态下镀层的结合力

回火温度/℃	结合力/N
无回火	21.4
200	23.8
250	31.1
300	42.3
350	23.2

从表 4-35 中可见，在 300℃以前，镀层结合力随着回火温度的上升而提高，在 300℃时镀层的结合力达到最高值，之后，回火温度再升高后，结合力反而下降。

因此，回火温度最好不要超过300℃。一般地说，镀层与基体的结合力是判断镀层性能好坏的重要依据。

4.6.6.6　镀层耐蚀性

（1）未经回火的镀层腐蚀速率测定。试样先算出其表面积，然后用分析天平测出试样在腐蚀前后的质量，经过240h的静态腐蚀（腐蚀液每2d更新一次），根据试样表面积及失重求出腐蚀速率。

（2）试样腐蚀速率的测定见表4-36。

表4-36　镀层的腐蚀速率

腐蚀介质	v(腐蚀速率)/[mg/(cm^2·h)]	
	Ni-P镀层	不锈钢
10%盐酸溶液	0.002826	0.064215
10%硫酸溶液	0.001935	0.037573
30%乙酸溶液	0.000395	0.000468
10%硫酸+5%盐酸混合溶液	0.002735	0.078176

从表4-36可见，镍磷化学镀层的腐蚀速率在10%盐酸溶液、10%硫酸溶液和硫酸与盐酸混合溶液都有二十多倍的差距。只有在乙酸中才相近。Ni-P镀层为非晶态合金镀层，从理论上讲，由于非晶态合金镀层组织结构均匀，无偏析、夹杂物和第二相，原子间呈现短程有序结构，没有晶界、位错以及与晶态有关的其他缺陷，是多种元素的固溶体，具有较好的化学和电化学均匀性，因此其，耐腐蚀性高[41]。

（3）表4-37为不同回火温度下镀层的腐蚀速率。

表4-37　不同回火温度下镀层的腐蚀速率

回火温度/℃	腐蚀速率/[mg/(cm^2·h)]	
	10%盐酸	10%硫酸+5%氯化钠
无回火	0.002583	0.002135
200	0.010315	0.004632
250	0.021263	0.008732
300	0.074965	0.024778
350	0.968520	0.063785

从表4-37可见，随着回火温度的上升，镀层的耐腐蚀性呈下降的趋势。刚开始下降不大，在300～350℃回火温度内，腐蚀速率上升很快，镀层回火发生晶化的完成，晶态结构相关的缺陷急剧增加，从而加大腐蚀倾向[39]。因此，要求高耐蚀性的镀层可选择镀态镀层，耐蚀性最好。如果既要求耐腐蚀又要求高耐磨、高硬度的条件，可选择较低的回火温度处理，以达到镀层耐磨性、硬度与耐腐蚀性的良好配合。

4.6.7 不锈钢上化学镀镍层的检测

（1）外观。不锈钢化学镀镍层应光亮、平滑、致密。

（2）孔隙率。镀层厚度10μm，按ASTM B 733—90方法检测应无孔隙。

（3）附着力。

① 热法。试件加热到150℃，保持1h，然后在冷水中急冷，镀层不起泡、不脱皮。

② 划痕法。将镀好的不锈钢试片用硬质钢刀把镀层划成1mm² 格子100个，划线深度达到基体，观察镀层是否起皮，数出起皮格子数目，用未起皮格子的百分数表示结合力强弱。

（4）沉积速率测定。称重法：用分析天平称重法计算单位时间内不锈钢试片在沉积前后的重量差来求得沉积速率。

（5）耐蚀性。

① 硝酸法。镀层厚度10μm，浸入浓硝酸中60s，不发生腐蚀。

② 乙酸盐雾实验。零件在连续喷雾360h，镀层外表有轻微发黄现象，基体金属和镀层均未发现腐蚀现象。

③ 中性盐雾实验（NSS实验）。不锈钢试片在化学镀镍1h后，以5%氯化钠溶液于YL-40C盐雾实验箱中连续喷雾8h，停歇16h时，取出零件洗净，观察镀层，评级方法按JISD 0201进行腐蚀评级，一般达9级为合格。

（6）硬度。用MICROMET 1型数字显微硬度计测定硬度，热处理后硬度（HV）可达1200。可满足航标要求。

4.6.8 不锈钢化学镀镍常见故障、可能原因及纠正方法

不锈钢化学镀镍常见故障、可能原因及纠正方法见表4-38。

表4-38 不锈钢化学镀镍常见故障、可能原因及纠正方法

故障现象	可能原因	纠正方法
镀层粗糙	①镀液成分超出工艺范围 ②镀液pH太高 ③镀液温度太高 ④亚磷酸盐(PO_3^{3-})浓度太高 ⑤镀液中有悬浮粒子 ⑥生产中直接加化学品至镀液中 ⑦用碱直接调整镀液pH ⑧镍超过上限，有游离镍离子存在 ⑨次磷酸钠浓度超过上限 ⑩前处理不良，带入污染物入槽	①化学分析，调整溶液 ②调整pH至工艺范围 ③调整温度至工艺范围 ④更换全部或部分镀液 ⑤冷却溶液至70℃，过滤 ⑥先用水溶解化学品，过滤入槽 ⑦用稀氨水调整部分镀液过滤入槽 ⑧稀释镀液，补充其他成分 ⑨稀释镀液，补充其他成分 ⑩改进前处理，漂洗好内腔盲孔

续表

故障现象	可能原因	纠正方法
溶液浑浊	①亚磷酸盐浓度过高 ②镀液不含或少含络合剂 ③镍盐超上限，含有游离镍离子 ④镀液 pH 太高	①更换部分或全部镀液 ②改进配方，选用适当的络合剂 ③稀释镀液，补充络合剂 ④用稀硫酸调整 pH 至规定值
沉积速率慢	①镀液 pH 太低 ②镀液温度太低 ③镍盐浓度太低 ④次磷酸钠浓度太低 ⑤镀液水分蒸发，浓度过高 ⑥络合剂过量 ⑦稳定剂过量	①用稀氨水调整 pH 至规定值 ②加温镀液至规定值 ③加镍盐至工艺值 ④补充次磷酸钠至工艺值 ⑤加水稀释至原来体积 ⑥加水稀释镀液，补充其他成分 ⑦加水稀释镀液，补充其他成分
镀层不完整	①装挂不当，腔、孔内存留气体 ②前处理不当，表面钝化、油污 ③漂洗水被杂质污染	①改进装挂，使腔、孔内不留有气体 ②改善前处理除油、活化、预镀工序 ③更换漂洗水，排除污染源
镀层厚度不够	①预计沉积时间太短 ②沉积速率慢	①用标准试件测定镀层厚度 ②见沉积速率慢原因和纠正方法
槽壁上大量析出氢气	①加温镀液方式不当，局部过热 ②槽壁上沉积有海绵状镍	①镀液循环泵至槽外加热后送回 ②使用前先清除槽壁上的海绵镍
结合力不好	①前处理工艺不当 ②温度波动太大 ③漂洗水被污染	①改进除油、活化、酸洗、预镀等工序 ②稳定温度 ③及时更换漂洗水
不沉积镍	①基体无催化活性 ②次磷酸钠低或无 ③稳定剂太多 ④镀液温度太低 ⑤镀液 pH 太低	①用铁丝或铝丝触发沉积 ②按分析补足次磷酸钠 ③稀释镀液，补充其他成分 ④调整温度至工艺规范 ⑤调整 pH 至工艺规范
镀液自然分解	①次磷酸钠加入过多或过快 ②调整 pH 加固体碱 ③镀液局部加热 ④稳定剂含量太低 ⑤槽壁或加热管上有镍析出 ⑥亚磷酸积累浓度过高 ⑦混入灰尘等不溶物	①不能直接加固体，溶解于水后要慢慢加入并充分搅拌 ②固体碱溶解后搅拌加入 ③采用间接加热法 ④适量补充稳定剂，溶解加入 ⑤用硝酸退除镍析出物 ⑥适当降低 pH 或重配镀液 ⑦过滤镀液
溶液反应剧烈，呈沸腾状，有灰色镍粉	①入槽零件过多 ②温度过高，局部过热 ③溶液落入金属或固体粒子 ④次磷酸钠含量过高 ⑤ pH 太高	①减少零件入槽 ②降低温度至工艺规范内 ③过滤溶液 ④稀释溶液，补充其他成分 ⑤在搅拌下慢加稀酸调整 pH

续表

故障现象	可能原因	纠正方法
镀层发暗	溶液被锌、铜等金属污染	①用小电流处理镀液 ②补充次磷酸钠后用废件处理至镀层发亮为止
镀层有麻点	气体停留在镀件表面上	①可搅动溶液 ②抖动零件

4.7 不锈钢化学镀铜[24]

（1）不锈钢化学镀铜的应用。不锈钢化学镀铜应用于电子工业、计算机工业及航空工业中电子元件的高效电磁干扰的屏蔽。

（2）不锈钢基体上化学镀铜存在的问题。不锈钢基体上化学镀铜易造成镀层鼓泡，这不仅影响了镀层与基体的结合力，而且直接影响到外观质量。为此，将镀前酸处理过的不锈钢放在烘箱中加热，以除去酸洗时渗入到基体的氢，采用此方法解决了镀层起泡问题，得到所需要的化学镀铜层。

（3）不锈钢化学镀铜工艺流程。NiCr 不锈钢（经过 600℃真空热处理）→化学除油［氢氧化钠（NaOH）10%(质量分数)］→水洗→热水洗→除锈（盐酸1：1溶液，温度 80～100℃，时间5min）→水洗→干燥→除氢（在烘箱中温度 200℃，时间 2h）→酸处理［稀硫酸 5%(质量分数)，时间 1～5min］→水洗→去离子水洗→化学镀铜→水洗→抗铜变色处理（苯并三氮唑 1g/L，温度 65℃，时间 2min）→纯水洗→热纯水洗→干燥。

（4）化学镀铜溶液成分及工艺条件见表 4-39。

表 4-39 化学镀铜溶液成分及工艺条件

配方号	1	2
硫酸铜($CuSO_4 \cdot 5H_2O$)/(g/L)	10～20	5
酒石酸钾钠($KNaC_4H_4O_6 \cdot 6H_2O$)/(g/L)	40～60	25
甲醛 37%(HCHO)/(mL/L)	10～15	5
氢氧化钠(NaOH)/(g/L)	8～14	7
氯化镍($NiCl_2 \cdot 6H_2O$)/(g/L)	0.15～0.3	0.1
亚铁氰化钾[$K_4Fe(CN)_6 \cdot 3H_2O$]/(g/L)	0.1～0.15	
聚乙二醇(*M*6000)/(g/L)	0.03～0.06	
乙醇(C_2H_5OH)/(mL/L)		33
搅拌	需要	需要
pH	12.5～13.0	11.5～13.5
温度/℃	25～40	30
沉积速率/(μm/h)	0.4～0.5	0.2～0.3

（5）化学镀铜溶液的配制。先将硫酸铜和酒石酸钾钠分别用纯水溶解，然后将硫酸铜溶液在搅拌下加入酒石酸钾钠溶液中，铜离子被酒石酸离子络合成蓝色络合物。再将氯化镍用少量水溶解后搅拌加入，再加入甲醛溶液，搅拌均匀。将氢氧化钠用纯水溶解成 200g/L 的浓溶液待用。在开始化学镀铜前，逐步在搅拌下加入蓝色络合液中，使溶液 pH 达到 12 左右（用 9～13 精密 pH 试纸测量），最后将稳定剂亚铁氰化钾、聚乙二醇用少量水溶解后搅拌加入，乙醇可直接加入，最后用纯水加入至溶液的规定体积，搅拌均匀后放入不锈钢件即可开始化学镀铜。

（6）操作要点。

① 装载量。按照每升镀液装载 $2dm^2$ 计算。

② 除氢和搅拌。不锈钢对氢渗很敏感，工件在酸洗过程中氢会渗入到基体中，如果不除氢，化学镀铜镀层致密小孔覆盖在不锈钢表面后，氢气无法逸出，造成很大的应力，使镀层起泡，加上化学镀铜本身伴随着析氢过程，氢气会残留在基体与镀层金属的晶格中，增大内应力，严重地减弱基体与镀层的结合强度。为此，从两方面着手解决镀层起泡问题。其一是把经过去油、酸洗后的工件在化学镀铜前进行热处理，除去渗入到基体中的氢，热处理温度和时间条件经实验确定为 180～200℃，2h，镀层无鼓泡，镀层结合力合格。温度过低或时间过短仍有轻微鼓泡，温度过高或时间过长都容易使表面再次生成不易去除的氧化皮，又需要较长时间的强酸处理，酸洗时氢会再次渗入基体。在所选定的温度和时间下虽表面会有新的氧化膜生成，但使用稀硫酸短时间酸洗即可，以免再次渗氢。其二是在化学镀铜过程中，采用某种搅拌（空气搅拌或机械搅拌），有利于铜离子向工件表面扩散，防止和减少副反应产物铜粉（即 Cu_2O）的生成，而且有利于反应产物氢气脱离工件表面。通过上述两种方法有效地解决了镀层鼓泡问题，提高了镀层与基体的结合强度。

③ 催化活性剂——镍离子。在化学镀铜溶液中加入少量镍离子后，镀层性质得到改善，在镀铜层中含有微量的镍，形成 $Cu_{89}Ni_{11}$ 金属化合物，它具有最佳的催化活性，提高镀层的催化活性。

④ 稳定剂的控制。在化学镀铜过程中，甲醛能将二价铜离子还原为金属铜镀层，还存在有副反应，即不完全反应生成暗红色的氧化亚铜（Cu_2O），它形成微粒悬浮在镀液中，呈胶体状态，极难用过滤除去，若与铜共沉积，使铜镀层疏松粗糙，与基体结合力极差。氧化亚铜被甲醛还原成金属微粒，又成为自催化中心，使镀液自发分解，消耗了镀液中的有效成分。为了抑制副反应的发生，加入稳定剂，以提高镀液的稳定性。但是，过量的稳定剂的加入，又成了化学镀铜反应的催化毒性剂，显著降低化学镀的速率，甚至停镀，故选用稳定剂，并控制其很低的适宜含量，对提高镀液稳定性有效。

⑤ 防铜层变色处理。对铜层进行防变色处理，在镀铜层表面形成一层稳定的络合膜，隔绝外界浸蚀性物质对镀铜层的作用，使镀铜层保持本色一定的时间。苯并三氮唑要先用乙醇溶解好，然后加入热蒸馏水中。防变色处理的温度不低于65℃，时间不少于2min，否则防变色达不到效果。

(7) 镀层结合强度检测——划痕实验法。在镀层表面用刀片划出1mm间距的直行线和90°交错的横行线形成小方格。观察划痕交错处镀层有无起层，进一步用黏性高的胶带贴于划痕表面，再撕下胶带，以铜层不脱落为合格。

(8) 不锈钢化学镀铜常见故障、可能原因及纠正方法见表4-40。

表4-40 不锈钢化学镀铜常见故障、可能原因及纠正方法

故障现象	可能原因	纠正方法
镀液容易分解	①镀液温度太高 ②铜含量太高 ③镀液中有铜粉 ④稳定剂不足 ⑤装载密度太大 ⑥ pH太高	①最好控制在15～25℃ ②稀释镀铜液 ③过滤溶液,空气搅拌 ④适量补充稳定剂 ⑤装载密度不超过2.5dm^2/L ⑥控制pH=12
铜层结合力不好	①氢气渗入基体 ②前处理不良 ③溶液中存在铜粉	①做好镀前除氢工序,镀铜时加强搅拌溶液 ②加强镀前酸处理 ③过滤溶液,空气搅拌溶液
镀铜沉积速率慢甚至不沉积	①甲醛浓度太低 ②铜含量太低 ③ pH太低	①按配方补充甲醛 ②按配方补充硫酸铜 ③升高pH至12～13

4.8 不锈钢化学镀钯[44]

(1) 工艺流程。304不锈钢试样砂纸打磨（分别用300号、800号、1500号砂纸逐级打磨）→去离水洗→化学除油（常规碱性化学除油液浸泡30min）→去离子水洗→酸洗（30%体积分数H_2SO_4，75℃，30s）→去离子水洗→化学镀钯→去离子水洗→晾干。

(2) 镀钯液组成及操作条件。

氯化钯（$PdCl_2$）	2～5g/L	盐酸（38%HCl）	4～8mL/L
次磷酸钠（$NaH_2PO_2 \cdot H_2O$）	10～20g/L	pH	9～10
氨水（$NH_3 \cdot H_2O$，28%）	100～200mL/L	温度	40～65℃
氯化钠（NaCl）	20～30g/L	时间	30～60min

（3）钯镀层耐蚀性。采用扫描电镜（SEM）观察镀钯表面钯膜的厚度为0.5～1.0μm，膜层致密。

① 采用失重法测定空白试样和镀钯试样分别在10%和20% H_2SO_4 溶液中，温度为20℃和沸点，结果见表4-41空白样和镀钯样在 H_2SO_4 溶液中的腐蚀速率及腐蚀现象。

表4-41 空白样和镀钯样在 H_2SO_4 溶液中的腐蚀速率及腐蚀现象

溶液	温度/℃	试样	时间/h	腐蚀速率/[g/(cm²·d)]	腐蚀现象
10% H_2SO_4	20	空白	240	0	无变化
		镀钯	240	0	无变化
	103	空白	3	4.2140	腐蚀剧烈，生成大量气泡
		镀钯	240	0	无变化
20% H_2SO_4	20	空白	240	0.0005	无变化
		镀钯	240	0	无变化
	105	空白	3	5.6490	腐蚀剧烈，生成大量气泡
		镀钯	240	0	无变化

由表4-41可知，在20℃的10% H_2SO_4 和20% H_2SO_4 中，空白和镀钯样耐蚀性良好，而温度提高至沸点，镀钯试样依然耐蚀率良好，而空白试样耐蚀性明显增大。

② 采用动电位极化曲线也可得到相同的耐蚀性结果。在20℃的两种浓度的 H_2SO_4 中均有较宽的钝化区。随着 H_2SO_4 浓度的提高，维钝电流也只有较小的变化，处于 $10^{-5}A/cm^2$ 数量级，当温度在100℃时，空白样在两种 H_2SO_4 溶液中的维钝电流均过大，已不能维持稳定的钝态。

③ 化学镀钯膜在沸腾的10% H_2SO_4 和20% H_2SO_4 中经240h浸泡后仍维持极低的腐蚀速率。

④ 不锈钢镀钯后的耐蚀性提高应归因于镀钯层促进了不锈钢表面的钝化。

4.9 不锈钢电刷镀

（1）不锈钢电刷镀的应用。

① 零件尺寸加工超差的修复。采用电刷镀可修复不锈钢大型零件在机械加工过程中局部不同程度的超差尺寸，经过局部电刷镀使零件超差尺寸达到规定的尺寸，节省了废品造成的损失。

② 零件尺寸磨损而超差的修复。不锈钢零件在使用过程中产生磨损、划伤、压痕、腐蚀等缺陷，经过表面修整平滑后，采用电刷镀的方法，恢复零件的固有尺

寸和性能，修复的零件可以满足使用要求。

（2）不锈钢电刷镀的工艺程序。

① 不锈钢电刷镀的难点。在奥氏体不锈钢中，含铬量为13%～15%，含镍量为9%～20%，还有少量的钛、硅、铝、钨、钼等元素，容易在空气中生成一层薄而致密的氧化膜，按照常规的镀前处理方法，不能将这层氧化膜除去，在没有除尽氧化膜的表面上镀覆，镀层与基体金属的结合力就会因氧化膜的存在而受到影响。

② 电刷镀前的机械法。机械法是利用油石、锉刀、水砂纸等工具将工件表面打磨平整，同时除去氧化膜。刷镀前，用油石蘸油或水细细地打磨转动着的圆形零件表面，当打磨到零件表面光泽发暗时即可。在打磨过程中，无论是用油或水，都不能使零件表面在没有油或水的保护下暴露于空气中，否则零件表面重新氧化，失去了打磨的效果，从而影响以后刷镀层的结合力。

③ 电化学净化活化。打磨完毕，要紧接着进行电净和活化。利用电流的作用，蘸上电净液除去表面存在的油污，然后用水冲洗干净，再进行活化，活化要进行多次不同型号的活化液清洁表面，再用水充分冲洗干净。

④ 电刷镀底层。在活化的洗净的表面上冲击闪镀上一层特殊镍层。这是电刷镀的关键环节，为以后的电刷镀的结合力打下基础。

⑤ 电刷镀过渡层，或称中间层，中间层有铜、镍等。

⑥ 电刷镀表面工作层。根据需要，已经可以按常规电刷镀各种工作层。

4.9.1 电净[25]

（1）电净液成分见表4-42。

表 4-42 电净液成分

电净液组成	1号电净液	2号电净液	3号电净液
氢氧化钠($NaOH$)/(g/L)	20～30	30～50	5～15
碳酸钠(Na_2CO_3)/(g/L)	20～25	40～45	
磷酸三钠($Na_3PO_4\cdot 12H_2O$)/(g/L)	40～60	140～180	30～40
氯化钠($NaCl$)/(g/L)	2～3	4～5	
pH	11～13	11～13	11～13

（2）电净液的性质和用途。电净液都是碱性溶液，pH为11～13。溶液呈无色透明，手摸有滑感，−10℃不结冰。

电净液具有较强的去油作用，同时具有轻度的除氧化膜作用。

（3）使用方法。用镀笔蘸上电净液，大型圆柱形工件夹在机床车头上旋转，镀笔固定在刀架上不动，将镀笔和工件接触，并保持一定的相对运动速率，如果是平面工件，则工件固定，镀笔在工件平面上接触，用手工移动保持相对运动速率。在通电的情况下在工件表面涂抹，达到去油的目的。

工件与镀笔之间的通电有两种方式：一种称为正极性电净，工件接负极，镀笔接正极，去油效果快捷。通电时工件表面产生大量的氢气，故工件有渗氢现象；另一种称为反极性电净，工件接正极，镀笔接负极，通电时工件表面产生氧气，其去油效果中等，作用温和，没有渗氢现象。在实际工作中，往往是采用高档电压（10～18V），先正极性电净后反极性电净联合应用，效果最佳。

（4）电净工艺条件。电压 10～18V，一般取 12V；时间 30～90s；电净液温度 15～50℃。

电净后立即用水冲洗干净，表面水膜分布均匀，金属表面呈现均匀的洁净状态，立即进行下道工序，不可使表面形成干斑。

4.9.2 活化[25]

（1）活化液成分见表 4-43。

表 4-43　活化液成分

活化液组成	1 号活化液	2 号活化液	3 号活化液
硫酸（H_2SO_4）（$d=1.84$）/（g/L）	160～180		
硫酸铵[（NH_4）$_2SO_4$]/（g/L）	220～235		
盐酸（HCl）（$d=1.17$）/（g/L）		20～30	
氯化钠（NaCl）/（g/L）		130～150	
柠檬酸三钠（$Na_3C_6H_5O_7\cdot 2H_2O$）/（g/L）			130～150
柠檬酸（$C_6H_8O_7$）/（g/L）			90～100
氯化镍（$NiCl_2\cdot 6H_2O$）/（g/L）			2～4
pH	0.2～0.4	0.2～0.8	3.5～4

（2）活化液的性质和用途。1 号活化液为硫酸型活化液，是酸性溶液，溶液呈无色透明，手摸无滑感，可长期存放。适用于不锈钢等金属去除表面氧化膜，作用比较温和。

2 号活化液为盐酸型活化液，是酸性溶液，呈无色透明，手摸无滑感，可长期存放。适用于不锈钢金属，作用快捷，只能反极性使用，主要用于去除不锈钢表面的氧化膜。若极性接反，会散发刺激味道，加剧阳极腐蚀。

3 号活化液是柠檬酸型活化液，是弱酸型溶液，呈淡绿色，可长期存放，去除不锈钢经 1 号活化液或 2 号活化液活化后显露在工件表面上的石墨和碳化物，提高镀层与基体金属的结合力，只能反极性接电。

（3）活化液的使用方法

① 用镀笔蘸上1号活化液，通电情况下在不锈钢工件表面上反复涂抹。先用反极性活化，表面上先出现草绿色，然后逐渐呈现灰色。反极性活化之后，不用水冲洗，紧接着进行正极性活化，活化液中的氢离子夺取工件表面氧化膜中的氧生成水，使工件表面的氧化膜还原。

正、反极性电压9～12V(6～20V)；时间20～60s，至表面呈标准均匀银灰色泽为止。

② 2号活化液。用镀笔蘸上2号活化液，采用反极性通电，即工件表面接正极，镀笔接负极，反复涂抹。盐酸对表面氧化物有较高的浸蚀性，氯化钠能促使表面氧化皮疏松，起到快速刻蚀作用，表面出现黄绿色，后转灰色，再用温水冲洗。

只能反极性电压12V(6～15V)；时间10～15s。

③ 3号活化液。不锈钢工件接正极，镀笔接负极，溶液导电性较差，要使用较高电压，3号活化液只能反极性接电，柠檬酸具有明显的溶解经1号活化液、2号活化液产生的石墨和碳化物的能力，使基体金属晶格显露出来，工件表面变金属银灰色，有利于提高结合力。但柠檬酸型活化液不能单独使用。其工艺规范为：只能反极性，电压15～25V；时间20～30s，至显现银灰色为止。

3号活化液活化后不能直接刷镀金属，还要用1号活化液活化，正极性接电，电压9～12V，时间不宜太长，观察金属表面色泽达到标准均匀银灰色，20～60s，不用水冲，直接进行刷镀。

4.9.3　特殊镍刷镀液[25]

（1）特殊镍的性能和用途。

① 特殊镍用作打底层。使用特殊镍刷镀液可在不锈钢基体表面上获得结合力良好的镍底层。

② 特殊镍刷镀液的性质。特殊镍刷镀液为酸性溶液，pH小于1，呈深绿色，有较强的酸味，相当于电镀用的预镀镍溶液。

③ 特殊镍的厚度。特殊镍刷镀液的沉积速率慢，故只作为沉积过渡层，厚度不超过0.03～0.05mm。超过该厚度，镀层会出现开裂，影响整个镀层的各项性能指标，故一般特殊镍刷镀60～120s即可达到2～3μm。

④ 特殊镍镀层的性质。特殊镍镀层致密，孔隙少，硬度高，耐磨性好，但不能单独使用，故为了达到一定的厚度的镍，或一定的硬度，在特殊镍的基础上，用水冲洗后再镀中间层。

（2）特殊镍刷镀液的成分，见表4-44。

表 4-44 特殊镍刷镀液的成分

配方号	1	2	3
硫酸镍($NiSO_4 \cdot 7H_2O$)/(g/L)	396	330	330
氯化镍($NiCl_2 \cdot 6H_2O$)/(g/L)	15		
盐酸(HCl)/(g/L)	21		
乙酸(CH_3COOH)/(g/L)	69	30	30
柠檬酸($C_6H_8O_7$)/(g/L)		60	
硼酸(H_3BO_3)/(g/L)		20	
氨基乙酸(NH_2CH_2COOH)/(g/L)			20
pH	0.3～1.0	0.8～1.0	0.8～1.0

(3) 特殊镍镀液的配制方法（以配方 1 为例）。使用的原料都应为化学纯 CP 级。准确称取硫酸镍 396g，氯化镍 15g，盐酸 21g 和乙酸 69g 放入 1000mL 的烧杯中，加蒸馏水 600mL，加热并不断搅拌，使固体全部溶解，冷却至 25℃后倒入 1000mL 量筒或容量瓶中，加蒸馏水稀释至刻量。用盐酸将 pH 调整至 0.3～1.0 范围内。

(4) 特殊镍刷镀液的使用方法。

① 温度。操作使用前将溶液加热至 50℃才可使用。气温较低时镀液中可能有结晶析出，属正常现象。必须加热溶解后搅拌均匀方可使用。

② 接电。正极性接法，即工件接负极，镀笔接正极。不可反接。

③ 预热工件。先用 50～60℃热水将工件表面预热至 50℃，以备刷镀。

④ 无电擦拭。将镀笔蘸上特殊的镍刷镀液，在工件表面上无电擦拭 5～10s。其目的是防止由于镀液在基体表面分布不均而形成浓差极化，影响镀层与基体的结合强度。

⑤ 闪镀。采用高电压 18～24V 闪镀，在强电场的作用下，表面瞬间得到单一的完整的镍层。

⑥ 正镀。然后降到工作电压进行正常刷镀。

(5) 特殊镍刷镀工艺规范。

工作电压：10～18V，内镀 18～24V；

耗电系数：0.245A·h/($dm^2 \cdot \mu m$)；

阳极与阴极相对速率：6～20m/min（最佳 10～15min）；

安全厚度：小于 0.03～0.05mm；

富集型镀液：在循环使用过程中，随着水分、盐酸、乙酸的挥发，镀液中镍离子浓度升高，故属富集型镀液，电流效率基本不变，镀层硬度稳定，pH 略有下降，由 1 下降到 0.3，镀液可一直循环使用到耗尽为止。

4.9.4　快速镍刷镀液[25]

（1）快速镍的性能和用途。

① 快速镍的性能。镀液呈中性偏碱性（pH=7.5～8），镀液呈蓝色，有氨味。沉积速率快。

② 快速镍的用途。主要用于恢复尺寸和作耐磨镀层。一般用作中间层，刷镀中应用广泛。

（2）快速镍电刷镀液成分，见表 4-45。

表 4-45　快速镍电刷镀液成分

配方号	1	2	3
硫酸镍($NiSO_4 \cdot 7H_2O$)/(g/L)	254	250	265
柠檬酸铵[$(NH_4)_2HC_6H_5O_7$]/(g/L)	56	30	100
乙酸铵(CH_3COONH_4)/(g/L)	23		30
草酸铵[$(COONH_4)_2 \cdot H_2O$]/(g/L)	0.1		
氨水(NH_4OH 含量 25%～28%)/(mL/L)	105	100	调 pH
pH	约 7.5	7.2～7.5	7.2～7.5

（3）快速镍电刷镀工艺规范。

耗电系数：0.113 2A·h/(dm^2·μm)；

工作电压：8～20V（最佳 12～15V）；

阴阳极相对运动速率：6～35m/min（最佳 12～15m/min）；

单一镀层安全厚度：≤0.5mm；

电连接：只能作正极性接电；

使用温度：30～50℃，温度提高可改善镀层质量和提高生产效率。

（4）快速镍溶液的配制。以配方 1 为例：在 500mL 烧杯中，加入乙酸铵 23g，草酸铵 0.1g，柠檬酸铵 56g，加蒸馏水 200mL，加热搅拌溶解。另外，在 1000mL 烧杯中加入硫酸镍 254g，加蒸馏水 400mL，加热搅拌溶解，将 500mL 烧杯中的溶液在搅拌下加入到1000mL烧杯中的溶液中，冷却至 25℃后搅拌加入氨水 105mL，调整溶液 pH 为 7.5 左右。再倒入 1000mL 量筒或容量瓶中，加蒸馏水稀释至刻线。

（5）快速镍刷镀过程的空乏型变化。随着镀液的循环使用，镀液中镍离子浓度随循环使用由 50g/L 降低至 25g/L，属空乏型镀液。当镀液容积消耗掉 75%左右，镀液中析出大量盐类结晶和氢氧化物，黏度增加，无法使用，剩余 25%溶液报废。在循环过程中镀液 pH 和镀层硬度比较稳定。

4.9.5 低应力镍电刷镀液[25]

(1) 低应力镍电刷镀液的性质。溶液呈酸性，pH 为 3～3.5，呈深绿色，有乙酸气味。20℃时相对密度为 1.215，电导率为 0.073 3$\Omega^{-1}\cdot cm^{-1}$。

镀液长期存放，在低温下有结晶物析出，使用前要加热溶解，性能不变。

(2) 低应力镍镀层的特点和用途。

① 低应力镍镀层组织致密，孔隙率少，可用作防护镀层，一般用于中间层。

② 低于 20℃时沉积的镀层具有拉应力，在 30～50℃时沉积的镀层具有压应力。后者可作为拉应力镀层的夹心层，以改善厚镀层的应力分布。如，可与特殊镍、快速镍交替反复刷镀。

③ 镀层硬度。镀层在室温下硬度（HRC）为 50 左右，耐磨性差，不能用于耐磨层。

(3) 低应力镍电刷镀液成分如下。

硫酸镍（$NiSO_4\cdot 7H_2O$）	360g/L	对氨基苯磺酸钠（或糖精）	0.1g/L
冰醋酸（CH_3COOH）	30mL/L	十二烷基硫酸钠	0.01g/L
乙酸钠（CH_3COONa）	20g/L	pH	3～3.5

(4) 低应力镍电刷镀液的配制。在 1000mL 烧杯中，加入称量好的化学纯硫酸镍 360g，冰醋酸 30mL，乙酸钠 20g，加入蒸馏水 500mL，加热搅拌溶解，再加入对氨基苯磺酸钠 0.1g，十二烷基硫酸钠 0.01g，搅拌溶解，冷却至 20℃后用冰醋酸调整 pH 至 3，在 1000mL 量筒或容量瓶内用蒸馏水调到刻线。

(5) 低应力镍电刷镀工艺规范。

耗电系数：0.21A·h/($dm^2\cdot\mu m$)；

工作电压：6～20V；

阴阳极相对运动速率：6～20m/min；

安全厚度：≤0.05mm；

正极性接电：工件接负极，镀笔接正极。

(6) 低应力镍电刷镀过程的富集型变化。低应力镍电刷镀液在循环使用过程中，镍离子由 80g/L 逐渐升高至 160g/L，属富集型镀液，pH 由 3 逐渐降低至 0.4，镀层硬度稍有下降。

4.9.6 碱性铜电刷镀液[25]

(1) 碱性铜电刷镀液的性质。碱性铜电刷镀液呈微碱性，pH 为 7～8，显蓝紫色。铜离子含量均为 50g/L，20℃时相对密度为 1.13，电导率为 0.142$\Omega^{-1}\cdot cm^{-1}$。

工作通风要好，不要用手接触镀液。

（2）碱性铜电刷镀铜的性质及用途。碱性铜电刷镀铜层结晶致密，结合力好，多用作过渡层或中间层、钎焊层和导电层，防渗碳和防氮化层。

（3）碱性铜电刷镀液成分，见表 4-46。

表 4-46　碱性铜电刷镀液成分

配方号	1	2	3
硫酸铜($CuSO_4 \cdot 5H_2O$)/(g/L)	300	250	250
乙二胺($C_2H_8N_2$)/(mL/L)	170	135	250
氨三乙酸[$(CH_2COOH)_3N$]/(g/L)			150
硝酸铵(NH_4NO_3)/(g/L)	50		50
硫酸钠($Na_2SO_4 \cdot 10H_2O$)/(g/L)	30		20
pH	7.5～8	9.5～10	7～8

（4）碱性铜电刷镀液的配制。以配方 3 为例，在 1000mL 烧杯中加入硫酸铜 250g，蒸馏水 250mL，加热搅拌溶解，冷却至 20℃，量取二乙胺 250mL，在搅拌下缓慢滴入硫酸铜溶液，由于是放热反应，温度升高后要冷却后再加。在 500mL 的烧杯中，加入氨三乙酸 150g，加蒸馏水 100mL，加入氢氧化钠 92g，搅拌使两者溶解，冷却后加入硝酸铵 50g，硫酸钠 20g，搅拌溶解后加入硫酸铜乙二胺溶液中，冷却后加入 1000mL 量筒或量瓶中，加蒸馏水稀释至刻度，最后测量 pH，低了，加少许 10%氢氧化钠溶液以便升高 pH；高了，加少许 10%硫酸溶液以便降低 pH。

（5）操作方法及工艺规范。

耗电系数：0.18A·h/($dm^2 \cdot \mu m$)，在循环使用过程中耗电系数不变；

工作电压：6～15V；

接电方式：按正极性连接，工件接负极，镀笔接正极；

阴阳极相对运动速率：10～30m/min；

使用温度：20～50℃；

在循环使用过程中，铜离子浓度在剩余溶液中增加，碱铜刷镀液属富集型镀液。

沉积速率：12.8μm/min；

镀层最大厚度：一般为 0.02～0.03mm。

4.9.7　厚沉积碱性铜电刷镀液[25]

（1）厚沉积碱性铜电刷镀液的性质。

① 厚沉积碱性铜电刷镀液呈碱性，pH＝8.5～9.5，呈蓝紫色。

② 沉积速率快，一次镀厚能力大。

③ 可以直接在不锈钢工件上沉积铜，不会产生置换反应，乙二胺与铜形成的配离子最稳定，金属铁原子不能从胺合铜的配离子中置换铜。

④ 镀液价格较贵，且含乙二胺，有毒，加强劳动保护，不可与皮肤接触。

(2) 厚沉积碱性铜电刷镀铜液的用途。厚沉积碱性铜电刷镀铜主要用来沉积过渡层和需要用铜来沉积厚尺寸的场合。

(3) 厚沉积碱性铜电刷镀液成分。

甲基磺酸铜 [$Cu(CH_3SO_3)_2$]	322g/L	氯化钠 (NaCl)	1g/L
乙二胺 [$(NH_2CH_2)_2$]	178mL/L	pH	8.5～9.5

(4) 厚沉积碱性铜电刷镀液的配制。在 1000mL 烧杯中加入甲基磺酸铜 322g，加入蒸馏水 400mL，搅拌溶解后，在搅拌下缓慢滴加乙二胺 178mL，再加入氯化钠 1g，搅拌溶解，用乙二胺或甲基碳酸调节 pH 约 9，最后倒入 1000mL 量筒或量杯中，加蒸馏水至刻度。

如无甲基磺酸铜，可用碱式碳酸铜 [$Cu(OH)_2 \cdot CuCO_3$] 和甲基磺酸 (CH_3SO_3H) 配制成甲基磺酸铜。方法如下：称取碱式碳酸铜 161g 放入 1000mL 烧杯中，加蒸馏水 400mL，在搅拌下滴加甲基磺酸至碳酸铜中使恰好溶解为止，即化合得甲基磺酸铜。甲基磺酸不可过量，否则溶液 pH 将低于 8.5。如有少量甲基磺酸铜未溶解，可加热搅拌溶解。然后冷却至室温，在搅拌下缓慢滴加乙二胺 178mL，用乙二胺和甲基磺酸调节 pH 至 9 左右，加氯化钠 1g，搅拌溶解后倒入 1000mL 量筒或量瓶中，加蒸馏水至刻度。

(5) 操作方法和工艺规范。

耗电系数：$0.079A \cdot h/(dm^2 \cdot \mu m)$；

工作电压：8～14V (接正极性)；

阴阳极相对运动速率：6～12m/min；

最大镀铜厚度：0.5mm；

使用温度：10～50℃。

4.9.8 半光亮镍电刷镀液[25]

(1) 半光亮镍电刷镀液及半光亮镍镀层的性质。

① 半光亮镍电刷镀液为绿色酸性溶液。pH 为 2～4，20℃时的密度为 $1.2g/cm^3$，电导率为 $2.052\times10^{-3}\Omega^{-1}\cdot cm^{-1}$。

② 半光亮镍镀层的性质。结晶细致，平整光滑，抗腐蚀和耐磨性较好。具有一定的装饰性。

（2）半光亮镍电刷镀层的用途。半光亮镍用作表面工作层，具有一定的耐蚀性、硬度和耐磨性。

（3）半光亮镍电刷镀液组成。

硫酸镍（$NiSO_4 \cdot 7H_2O$）	300g/L	氯化钠（NaCl）	20g/L
冰醋酸（CH_3COOH）	48mL/L	硫酸联氨（$NH_2H_2SO_4NH_2$）	0.1g/L
无水硫酸钠（Na_2SO_4）	20g/L		

（4）半光亮镍电刷镀液的配制。在1000mL烧杯中加入蒸馏水600mL，加热至70℃，搅拌加入硫酸镍300g溶解后，依次加入硫酸钠20g，氯化钠20g，搅拌溶解后，加入冰醋酸48mL，搅拌均匀，再加入硫酸联氨0.1g，搅拌溶解后冷却至室温。用硫酸或氢氧化钠10%稀溶液调节pH=3，倒入量筒或量瓶中，加蒸馏水至刻度。

（5）使用方法和工艺规范。

耗电系数：0.122A·h/($dm^2 \cdot \mu m$)；

工作电压：6～10V（正极性接电）；

阴阳极相对运动速率：10～14m/min。

4.9.9　镍-钨合金电刷镀液[25]

（1）镍-钨合金电刷镀液的性质。镍-钨合金电刷镀液为酸性溶液，pH=1.4～2.4，呈深绿色，有轻度乙酸味。镍离子含量80～85g/L，钨离子含量14～16g/L。20℃时的相对密度为1.312，电导率为0.085$\Omega^{-1} \cdot cm^{-1}$。

（2）镍-钨合金电刷镀层的性质及用途。镍-钨合金电刷镀层硬度高，致密孔隙少，在较高的温度下仍具有一定的硬度，镀层应力较大，当镀层厚度>0.03mm时，会产生裂纹。主要用作表面耐磨工作层。

（3）镍-钨合金电刷镀液成分。

硫酸镍（$NiSO_4 \cdot 7H_2O$）	436g/L	硫酸钠（Na_2SO_4）	20g/L
钨酸钠（$Na_2WO_4 \cdot 2H_2O$）	25g/L	冰醋酸（CH_3COOH）	20mL/L
柠檬酸（$H_3C_6H_5O_7 \cdot H_2O$）	36g/L	十二烷基硫酸钠[$CH_3(CH_2)_{11}SO_4Na$]	0.01g/L
柠檬酸三钠（$Na_3C_6H_5O_7 \cdot H_2O$）	36g/L	pH	2.0

（4）镍-钨合金电刷镀液的配制。在1000mL烧杯中，加入蒸馏水400mL，加热至70℃，在搅拌下依次加入硫酸镍436g，柠檬酸三钠36g，硫酸钠20g，溶解后，加入冰醋酸20mL，另取500mL烧杯加蒸馏水150mL，加热至70℃，搅拌下加入柠檬酸36g，溶解后，加入钨酸钠25g，搅拌溶解后，加入含硫酸镍的溶液中，

搅拌均匀，用硫酸或氢氧化钠 10%稀溶液调节 pH 为 2，然后倒入1000mL量筒或量瓶中加蒸馏水至刻度。

（5）镍-钨合金电刷镀方法和工艺规范。

耗电系数：0.21A · h/(dm^2 · μm)；

工作电压：6～12V（接正极性电源）；

阴阳极相对运动速率：6～20m/min；

最大镀层厚度：0.03mm；

使用温度：30～50℃，低于此温度和相对运动速率较慢时，镀层表面易氧化变黑。

循环使用过程中，电流效率基本稳定，随着镀液的消耗，镍离子和钨离子的含量都按比例升高。镀液中镍与钨的比值保持 17%不变，溶液属富集型镀液，故镀层中镍和钨的含量基本不变，镀层硬度不变，镀液 pH 也较稳定。

循环使用最低量，当镀液容积消耗至只剩 20%时，黏度增大，变成蓝紫色，有焦煳味，不能继续使用，应予重配新液。旧液有条件可回收处理。

4.9.10　镍-钨-钴合金电刷镀液[25]

（1）镍-钨-钴合金电刷镀液的性质。镍-钨-钴合金电刷镀液是在镍-钨合金镀液的基础上加入少量的硫酸钴等成分组成的镍-钨-钴镀液。它是酸性镀液，pH=1.2～2.4，深绿色，20℃时相对密度为 1.29，电导率为 2.052Ω^{-1} · cm^{-1}。

（2）镍-钨-钴合金电刷镀层的性质和用途。镍-钨-钴镀层硬度高，致密、孔隙少，在较高的温度下仍具有一定的硬度，其优点是镀层的应力小，可沉积较厚的镀层，即可达 0.20mm，主要用来沉积耐磨的表面层。

（3）镍-钨-钴合金电刷镀液的成分。

成分	含量	成分	含量
硫酸镍（$NiSO_4 \cdot 7H_2O$）	393g/L	硫酸镁（$MgSO_4 \cdot 7H_2O$）	2g/L
钨酸钠（$Na_2WO_4 \cdot 2H_2O$）	23g/L	冰醋酸（CH_3COOH）	20mL/L
硼酸（H_3BO_3）	31g/L	甲酸（HCOOH）	35mL/L
柠檬酸（$H_3C_6H_5O_7 \cdot H_2O$）	42g/L	氟化钠（NaF）	5g/L
硫酸钠（Na_2SO_4）	6.5g/L	十二烷基硫酸钠[$CH_3(CH_2)_{11}SO_4Na$]	0.01～0.001g/L
硫酸钴（$CoSO_4 \cdot 7H_2O$）	2g/L		
硫酸锰（$MnSO_4 \cdot 4H_2O$）	2g/L		

（4）镍-钨-钴合金电刷镀液的配制。在 1000mL 烧杯中加入蒸馏水 350mL，加热至 70℃，加入硫酸镍 393g，搅拌溶解。另取 250mL 烧杯，加水 100mL，加热至 70℃，加入柠檬酸 42g，搅拌溶解后，加入钨酸钠 23g，加热搅拌溶解后，加入

含硫酸镍的溶液中，搅拌均匀。另取在250mL烧杯中加入蒸馏水100mL，加热至70℃，加入硼酸31g，加热搅拌溶解后，加入含硫酸镍的溶液中，搅拌均匀。另取在250mL烧杯中加蒸馏水50mL，加热至70℃，加入硫酸钠6.5g、硫酸钴2g、硫酸锰2g、硫酸镁2g和氟化钠5g，加热搅拌溶解后，加入含硫酸镍的溶液中，搅拌均匀。另加十二烷基硫酸钠0.01～0.001g充分搅拌溶解。再加入甲酸35mL和冰醋酸20mL，加热充分搅拌至溶液透明。冷却至室温，用10%稀硫酸或稀氢氧化钠溶液调节溶液pH为2。将溶液倒入1000mL量筒或量瓶中，加蒸馏水至刻度。

(5) 镍-钨-钴合金镀液工艺规范。镍-钨-钴合金镀液性能上比较类似于镍-钨合金镀液。

耗电系数：0.21A·h/(dm^2·μm)；

工作电压：6～12V（最佳10～12V）；

阴阳极相对运动速率：6～12m/min；

工作温度：30～50℃。

循环使用过程可参照镍-钨合金刷镀液。

4.9.11　镍-铁-钨-磷-硫合金电刷镀液[26]

(1) 镍-铁-钨-磷-硫合金电刷镀层的性质。镍-铁-钨-磷-硫合金电刷镀层具有近似于硬铬的耐磨性，又有与1Cr18Ni9Ti不锈钢相当的抗蚀性，银白色，刷镀后可降低表面粗糙度2～4级。合金中各元素质量百分比为镍（62%～64%）、铁（26%～28%）、钨（7%～9.5%）、磷（0.5%～2%）、硫（0.5%～2%）。

(2) 镍-铁-钨-磷-硫合金电刷镀液的性质。在刷镀过程中，溶液稳定，工艺参数稳定，易获得高质量的合金镀层。溶液中的金属离子浓度比值为$c(Ni^{2+})$∶$c(Fe^{2+})$∶$c(W^{6+})$=(30～33)∶(4～6)∶(2～4)。

(3) 镍-铁-钨-磷-硫合金电刷镀液成分。

成分	含量
硫酸镍（$NiSO_4 \cdot 6H_2O$）	150～300g/L（最佳值300g/L）
硫酸亚铁（$FeSO_4 \cdot 7H_2O$）	20～80g/L（最佳值60g/L）
钨酸钠（$Na_2WO_4 \cdot 2H_2O$）	5～20g/L（最佳值15g/L）
次磷酸钠（$NaH_2PO_2 \cdot H_2O$）	1～2g/L（最佳值1.5g/L）
硫酸钠（Na_2SO_4）	10～30g/L（最佳值20g/L）
硼酸（H_3BO_3）	30～60g/L（最佳值45g/L）
柠檬酸三钠（$Na_3C_6H_5O_7 \cdot H_2O$）	60～120g/L（最佳值100g/L）
糖精（$C_7H_5O_3NS$）	0.5～3g/L（最佳值1.5g/L）
氯化镉（$CdCl_2 \cdot 2.5H_2O$）	0.1～0.2g/L（最佳值0.15g/L）
pH	2.5～3.5

（4）镍-铁-钨-磷-硫合金电刷镀液的配制。在1000mL的烧杯内，加入蒸馏水300mL，加入硫酸镍300g，加热搅拌溶解。在另一个250mL烧杯中加入蒸馏水100mL，加入硫酸亚铁60g，加热搅拌溶解，加入钨酸钠15g，加热搅拌溶解，将此溶液倒入硫酸镍溶液中，在250mL烧杯中，加入蒸馏水100mL，加热至沸腾，加入硼酸45g，搅拌溶解，加入柠檬酸三钠100g，加热搅拌溶解，倒入含硫酸镍等盐的溶液中，搅拌均匀。在250mL的烧杯中加入蒸馏水50mL，加热至70℃，依次加入次磷酸钠1.5g，硫酸钠20g，糖精1.5g，氯化镉0.15g，搅拌溶解，加入1000mL的烧杯中，用10%硫酸或氢氧化钠稀溶液调节溶液pH为3，再倒入1000mL量筒或量瓶中，加蒸馏水至刻度。

（5）使用方法和工艺规范。

工作温度：30～50℃；

工作电压：6～12V；

阴极电流密度：80～100A/dm^2；

阴阳极相对运动速率：14～22m/min。

工艺流程：电净→水洗→活化→水洗→特殊镍→水洗→本合金刷镀→水洗→干燥。

4.9.12　酸性锡电刷镀液[25]

（1）酸性锡电刷镀液的性质。酸性锡电刷镀液为无色透明溶液，呈酸性，锡离子含量130g/L，20℃时相对密度为1.25，电导率为$3.18\times10^{-1}\Omega^{-1}\cdot cm^{-1}$，冰点−10℃。镀液温度高时，工作电流大，生产效率高，镀液供应一定要充分，这样可避免镀层氧化，提高镀层与基体的结合力。

（2）酸性锡电刷镀层的性能与用途。酸性锡镀液在低电压下刷镀所得的镀层光洁，呈白灰色，电流小，效率低。在高电压下刷镀镀层逐渐变成淡灰色，电流增大，效率高，表面结晶粗糙。

酸性锡经过电净与活化后可直接刷镀到不锈钢上。主要用于防氮化，以及划伤和凹坑的填补，改善零件间的配合性能，提高磨合密封性。

（3）酸性锡电刷镀液的成分。

硫酸亚锡（$SnSO_4$）	200g/L	草酸（$H_2C_2O_4$）	5g/L
氟化铵（NH_4F）	40g/L	β-萘酚	1g/L
酒石酸（$H_2C_4H_4O_6$）	20g/L	pH	1～1.5

（4）酸性锡电刷镀液的配制。在1000mL烧杯中，加蒸馏水600mL，加热至70℃，加入硫酸亚锡200g，继续加热搅拌直至完全溶解。在250mL烧杯中加蒸馏

水100mL，加入氟化铵40g搅拌溶解，加入硫酸亚锡溶液中，搅拌均匀，在250mL烧杯中，加入蒸馏水100mL，加热至70℃，加入酒石酸20g，草酸5g，搅拌溶解后，加入硫酸亚锡溶液中，搅拌均匀。在另一个50mL烧杯中，加入β-萘酚1g，加入甲醇数毫升，搅拌溶解后，在搅拌下加入硫酸亚锡溶液中，用10%稀硫酸调整pH=1～1.5，将整个溶液倒入1000mL量筒或量瓶中，加蒸馏水至刻度。盛于塑料容器中保存。

(5) 使用方法和工艺规范。

工作温度：10～60℃；

耗电系数：0.07A·h/(dm²·μm)；

工作电压：6～15V（最佳8～10V），电压高于15V，电流并无明显增加，阳极包套中的镀液出现沸腾，镀层粗糙；

阴阳极相对运动速率：20～40m/min，如果相对运动速率过小，<10m/min，在其他条件正常时，镀层厚度大于0.2mm时呈黑褐色粗糙层，结合力极差，用手即可搓掉，镀层完全没有延展性，无实际使用价值，通常相对运动速率必须大于20m/min；

镀液循环使用周期：镀液在循环使用过程中，当刷镀液容积消耗到60%时，锡离子由130g/L降到55g/L，已有75%的锡被沉积出来，酸性锡刷镀液属空乏型镀液，沉积速率由快变慢，镀液的pH基本稳定，建议停止使用，应回收处理后再用。

4.9.13　金电刷镀液

(1) 金电刷镀液的性质。金电刷镀液呈淡黄色，含金量15～25g/L，微碱性，pH为7～8.5。镀液中含有游离氰，属剧毒物，切勿入口入眼，要严格防护。

(2) 金电刷镀层的性质和用途。金是化学上最稳定的金属，又具有极佳的装饰性、还具有耐蚀性、减磨性，抗变色和抗高温氧化能力，还具有接触电阻小和优良的钎焊性。电刷镀金层晶粒细密，孔隙率低。可用于不锈钢标牌，大型不锈钢字上电刷黄色金层。刷镀金也常作为镀铑、镀铂、镀银的过渡层。

(3) 金电刷镀液成分。

氰化金钾 [$KAu(CN)_2$]	30～50g/L	柠檬酸 ($C_6H_8O_7 \cdot H_2O$)	45g/L
柠檬酸三铵 [$(NH_4)_3C_6H_5O_7 \cdot H_2O$]	25～50g/L	氨水 (NH_4OH)	50mL/L
磷酸二氢钾 (KH_2PO_4)	10～30g/L	pH	7～8.5

(4) 金电刷镀液的配制。在1000mL烧杯中加入蒸馏水700mL，加热至50℃，

在搅拌下加入氰化金钾 30～50g，溶解后，加入柠檬酸三钠 25～50g，搅拌溶解后，加入磷酸二氢钾 10～30g，搅拌溶解后，加入柠檬酸 45g，溶解后加入氨水约 50mL，并调节 pH 至 7～8.5，然后倒入量筒或量瓶中，加水至刻度。

（5）使用方法和工艺规范。

耗电系数：0.067A·h/(dm^2·μm)；

工作电压：3～8V；

阴阳极相对运动速率：4～19m/min。

4.9.14 不锈钢大轴外表面电刷镀修复工艺[27]

（1）修复目的物。材料为 1Cr18Ni9Ti 不锈钢结晶缸主轴长 5.6m，轴承部位直径尺寸为 $\phi140^{+0.034}_{0.00}$mm，自重 400kg，轴承部位尺寸单边超差 5～8mm，损伤面积达 19600mm^2，采用电刷镀修复工艺。

（2）刷镀工艺。

① 清洗。机械处理后用汽油清洗，擦干，非镀表面绝缘处理。

② 电净。用 1 号电净液（见表 4-42）进行电净，正接，电压 12V，时间 20s，后温水冲洗。

③ 活化。

a. 先用 2 号活化液（见表 4-43）进行活化。反接，电压 12V，时间 15s，温水冲洗。

b. 再用 3 号活化液（见表 4-43）活化。反接，电压 18V，时间 20～30s，后温水冲洗。

c. 再用 1 号活化液（见表 4-43）活化。反接，电压 12V，时间 20s，后温水冲洗。

d. 最后用 1 号活化液再活化。正接，电压 12V，时间 15s，不用水冲洗，直接打底层。

④ 打底层。

a. 用特殊镍液（见表 4-44 配方 1）无电擦拭 3～5s。

b. 闪镀特殊镍，正接，电压 18V。时间至表面呈现均匀的淡黄色镍层。

c. 刷镀特殊镍，正接，电压 14V，阴阳极相对运动速率为 20m/min，时间 20s，温水冲洗。

⑤ 刷镀工作层与中间层。

a. 快速镀镍液（表 4-45 配方 1）无电擦拭 3～5s。

b. 快速镀镍立即起镀，电压 12V，正接，阴阳极相对运动速率为 20m/min，时间 20min，不用水冲洗。

c. 立即用特殊镍无电擦拭 3～5s。

d. 立即起镀特殊镍，正接，电压 14V，速率同上，时间 3～5min，温水冲洗。

e. 再用快速镍无电擦拭 3～5s。

f. 起镀快速镍、正接，电压 12V，速率同上，在刷镀过程中打磨 1～2 次，时间直到刷镀至比图纸要求最大尺寸高出 2～3mm 为止。

g. 抛光，其尺寸比最大尺寸高 1.5～2mm。

⑥ 强化处理。抛光后，立即用沸水对刷镀层进行冲洗两次。擦干，涂机油。

经过使用表明，主轴一直运行正常，镀层与基体结合良好，表明刷镀工艺成功。

(3) 工艺分析。

① 加强表面预处理。采用电净和活化处理，活化是除去被刷镀工件表面的氧化膜和杂质，使基体表面露出新鲜的金属晶格，使镀层与基体表面结合良好。2 号活化液中的盐酸对表面氧化物有较高的浸蚀能力，其中氯化钠能促使该轴表面氧化皮疏松，起到快速刻蚀的作用，有效去掉表面氧化皮，但同时又在该表面上形成碳化物等，继而采用 3 号活化液，反接，其中的有机酸能有效地除去碳化物。由于反接，工件为阳极，析氧较剧烈，使表面形成新的致密氧化膜，故 3 号活化液活化后，要用 1 号活化液活化反接处理一下，立即正接处理，在表面生成新生态氢，将表面残留的微量氧化膜还原，从而保证刷镀层与轴基体的结合强度。

② 采用特殊镍打底。在特殊镍镀液中含有盐酸，对轴表面氧化物有较高的浸蚀作用和对基体有蚀刻作用，其中乙酸对 pH 有稳定的缓冲作用，同时，刻镀液有较宽的温度范围，这样能更彻底地消除该轴表面残留的或瞬间产生的氧化膜，以保证良好的结合力。

③ 高压闪镀镍。由于大轴是由多种金属元素组成的不锈钢，必须采用高压闪镀法，在强电场作用下，在该轴表面合金层瞬间得到单一的完整的镍层。

④ 无电擦拭。其目的是防止由于镀液在基体表面的分布不均而形成浓差极化，影响刷镀层与基体的结合力。

⑤ 工序间的热水冲洗。其目的是使轴表面温度与镀液温度尽量接近，减少由于温度差大造成的镀层与基体之间的应力。

⑥ 刷镀中间适时打磨。随着镀层的加厚，镀笔由于内阻而造成温度增加，沉积速率加快。使镀层内应力加大，易产生微裂纹、剥离现象，适时打磨可以起到阳极降温作用。

⑦ 特殊镍与快速镍交替刷镀加打磨。为解决镀层单边过厚，应力增加，中间

层采用了特殊镍镀层。如果镀层很厚，必须采用特殊镍与快速镍交替刷镀加打磨的办法。

⑧ 特殊镍与快速镍阴阳极相对运动速率比常规大。其目的是缩短刷镀时间，缩短与空气的接触时间，提高刷镀效率，降低镀层孔隙率。

⑨ 刷镀尺寸比最大尺寸加厚 2～3mm，由于轴类材质导热性能较差，随着刷镀时间的增长，使刷镀部位外表面温度上升，使该轴表面线膨胀 2～3mm。故该轴被刷镀部位抛光后仍比最大要求尺寸高出 1.5～2.0mm，否则将造成返工。

⑩ 沸水二次强化。轴最后用沸水连续冲洗的目的是使刷镀层的强度增大。

4.9.15 不锈钢大件内孔表面电刷镀修复工艺[28]

(1) 修复目的物。材料成分为 1Cr18Ni9Ti 的大体积零件，在机械加工过程中部分孔径超差，单边超差多的有 60μm，少的有 15μm，通孔直径 ϕ9mm、ϕ6mm，孔深 60mm，盲孔直径 ϕ4mm，孔深 25mm，对超差孔用刷镀方法修复好，而且结合力良好。

(2) 工艺流程。表面准备→有机溶剂处理→电净（正接，电净液见表 4-42 1 号电净液，但氯化钠含量为 8～12g/L，并且表面活性剂适量，工作电压 10～14V，时间 30～90s）→水洗→活化 a（反接，活化液见表 4-43 1 号活化液，但硫酸 80～90g/L，硫酸铵100～120g/L，工作电压 9～12V，时间 20～60s）→水洗→活化 b（反接，活化液见表 4-43 3 号活化液，工作电压 10～20V，时间10～60s）→水洗→用预镀液擦拭（无电擦拭 30～60s）→刷镀打底层（正接，打底层刷镀液参见表 4-45配方 1，并加缓冲剂 70～95g/L，工作电压 10～18V，镀厚 2μm，阴阳极相对运动速率 14m/min）→刷镀快速镍（正接，参见表 4-45 配方 1，含有络合剂 A 48～58g/L，络合剂 B 20～30g/L，缓冲剂 90～100mL/L，添加剂0.05～0.10g/L，pH7～7.5，工作电压 8～14V，阴阳极相对运动速率 12m/min）→刷镀半光亮镍（正接，半光亮镍刷镀液参见 4.9.8 节，加有缓冲剂硼酸 50～60g/L，工作电压 4～10V，阴阳极相对运动速率 13m/min）→检查、交验。

(3) 刷镀工艺要点。

① 用金相砂纸，油石等认真修整刷镀面，除去飞边、毛刺等。

② 认真搞好前处理，各工序间彻底清洗，以保证结合力。

③ 工作电压过高、过低都会影响镀层性能，电压高低与相对运动速率快慢、镀复面积大小呈正比。

④ 工件与镀笔之间，即阴阳极相对运动速率要适当，太慢会烧伤镀层，太快会降低电流效率及沉积速率。

⑤ 尽量缩短工序之间的间隔，被刷镀面要始终保持湿润状态，以免钝化，要不断补充镀液，保证金属离子浓度，提高沉积速率。

⑥ 控制好阴阳极面积比。刷镀孔时最好使用三角形阳极或三根细阳极并在一起使用，便于溶液下渗。阳极与孔内表面接触面积要均匀一致，即接触概率要均等，以免形成锥形孔或椭圆孔。

⑦ 由于不锈钢导电及导热性能差，在刷镀过程中，刷镀表面会因温度升高而发生热膨胀，所以镀层的有效厚度要比最大厚度多几微米。

⑧ 要准确控制镀液 pH，调整要及时。

⑨ 刷镀溶液的配制要采用化学纯或电镀级原料。

(4) 刷镀层质量要求。

① 刷镀层结晶细致，光滑。

② 与基体结合良好。

③ 孔径上下尺寸一致。

④ 刷镀层经高速磨削修整后不起皮、脱落。

⑤ 刷镀的零件放在炉子中，加热到 200℃，保温 2h 后浸水不鼓泡。

4.9.16　不锈钢导管表面损伤的电刷镀修复工艺[29]

(1) 电刷镀修复目的物。航空上使用的 1Cr18Ni9Ti 不锈钢导管，在使用过程中，表面产生划伤、压痕、腐蚀等损伤，当缺陷深度在 0.05mm 以内时，经电刷镀技术修复后，镀层质量完全满足使用要求。

(2) 工艺流程。除油→胶带粘贴→电净→冲洗→2 号活化液活化→冲洗→3 号活化液活化→镀特殊镍打底层→冲洗→镀高堆积碱铜作尺寸层→冲洗→修光→镀镍-钨-钴合金工作层→冲洗→吹干。

(3) 工艺条件。

① 镀前预处理。用丙酮擦洗待镀表面及邻近部位，用胶带将邻近部位粘贴保护好，将工件夹持到车床上，在刷镀过程中，工件转动，镀笔不动，工件和镀笔之间保持一定的相对运动速率。

② 电净。电净溶液参见表 4-42 1 号电净液，工作电压 12V，电极连接是镀笔接正极，工件接负极，镀笔与工件的相对运动速率9～12m/min。电净时间 30s，自来水冲洗干净。

③ 活化。先用 2 号活化液活化。2 号活化液成分参见表 4-43，再用 3 号活化液活化。3 号活化液成分参见表 4-43。3 号活化液处理除去 2 号活化液处理后在不锈钢表面上表现的污物（残留炭），污物的存在降低了打底层与基体的结合力，导致

镀层起皮、脱落或镀不上。经 3 号活化液活化后，表面呈银灰色，无黑斑、无挂水珠现象。工作电压 2 号活化 10V，3 号活化 18V，电极连接方式是镀笔接负极，工件接正极。镀笔与工件的相对运动速率9～18m/min，活化时间≤30s，活化后不必水洗直接刷镀。

④ 刷镀特殊镍打底层。采用特殊镍作打底层，镍层可提高镀层与不锈钢基体的结合力，有利于承受较大的负荷。特殊镍刷镀液见表 4-44。工作电压 10V，电极连接方式是镀笔接正极，工件接负极；镀笔与工件的相对运动速率为 9～12m/min；镀液补充方式是镀笔浸蘸镀液；刷镀时间为 60～120s；镀层厚度为 0.001～0.003mm，自来水冲洗干净。

⑤ 刷镀厚沉积碱性铜作为尺寸层。厚沉积碱性铜具有较高的沉积速率，可获得较厚的镀层，致密性好，可填补沟槽。镀液厚沉积碱性铜成分见 4.9.7 之（3）。工作电压为 12V；电极连接方式是镀笔接正极，工件接负极；镀笔与工件的相对运动速率为 9～18m/min；镀液补充方式是镀笔浸蘸镀液。一次镀成填平后，用自来水冲洗干净。

⑥ 刷镀镍-钨-钴合金作工作层。采用镍-钨-钴合金（又称镍-钨 D 合金）作工作层可提高导管表面镀层的耐磨性。镍-钨-钴合金电刷镀液成分见 4.9.10 之（3）。工作电压为 12V；电极连接方式是镀笔接正极，工件接负极；镀笔与工件的相对运动速率为 9～18m/min；刷镀时间为 5～10min；镀层厚度约为 0.01mm。最后用自来水冲洗干净，冷风吹干。

4.9.17 不锈钢套筒电刷镀锡[30]

（1）电刷镀锡目的物。15Cr11MoVA 不锈钢套筒是汽轮机组上的重要零件。由于它在高温、高压下长期工作，因而要求它的内部表面和小孔具有高强度，高的抗蚀性和耐磨性，而外部表面则要求具有良好的可加工性。为了满足这些要求，对套筒内表面和小孔要进行氮化处理，而对其外部表面应采取镀锡防渗氮措施。

（2）电刷镀锡工艺流程。电净（电净溶液见表 4-42 中的 1 号电净液，工作电压 16V，时间为电净至表面均匀润湿不挂水珠为止）→水冲洗→活化（活化溶液成分硫酸 80g/L，硫酸铵 110g/L，电压为+12V，反接，即工件接正极，镀笔接负极，表面活化至均匀浅灰色后，变电压为-12V，正接，即工件接负极，表面活化至均匀较深灰色为止）→水冲洗→刷镀锡［镀锡溶液成分参见 4.9.12 之（3），工作电压 3～7V，温度室温，阳极与工件之间的相对运动速率为 15～16m/min，镀锡层厚度为 6～7μm］→水冲洗→中和（用电净液无电擦拭）→热水浸泡（温度50℃热水，时间 5min）→干燥→氮化（镀锡后 3d 内）。

（3）刷镀锡防渗氮出现问题、可能原因及解决办法见表4-47。

表4-47　刷镀锡防渗氮出现问题、可能原因及解决办法

出现问题	可能原因	解决办法
在加工氮化后的套筒外表面时，发现车床加工进刀难，说明防渗氮面有氮原子渗入基体内部	①镀前套筒外表面粗糙，电刷镀时尖端放电，形成远近阳极，使镀层厚度不均匀，较薄处覆盖不充分，出现渗漏；较厚处则淌锡，（氮化温度＞500℃，锡熔点234℃）锡层太薄处发生渗漏 ②纯锡温度低于18℃时转变为灰锡，有25.6%体积膨胀，晶粒排列疏松、引起渗漏 ③由于阳极与工件的相对运动速率太高，使得液相传质、阴极放电，离子变成原子后迁移没有足够时间，使镀层表面出现微观漏镀 ④电压高时，使金属离子沉积按二维晶核快速生长，形成锡瘤，结晶粗糙，便渗漏	①要求套筒外表面粗糙度不大于1.6，使镀锡层厚度均匀。镀锡层厚度为6～7μm，既能防止渗氮，又不会出现淌锡 ②镀完锡的套筒至氮化时，期限不超过3d，存放环境温度高于18℃ ③阳极与工件的相对运动速率为15～16m/min ④刷镀时电压低，定在3～7V，温度室温，使表面活性剂不脱附，增大极化度，使结晶细密
加工氮化后的套筒外圆时发现小孔边缘崩裂掉渣	由氢脆引起小孔边缘内应力增加，因而加工时崩裂掉渣。氢脆由电净和活化引起	①电净的电压为16V，电净至表面均匀润湿不挂水珠为止，以防大量氢析出 ②活化的电压先为＋12V，后为－12V，正接的目的是除去电净和活化反接产生的氢，并溶解掉氧化皮，活化表面
氮化后的套筒外表面出现淌锡和发花现象	①淌锡是锡层太厚 ②发花是因为在刷镀时有镀液流入套筒内表面，在电极作用下，预先形成镀锡层和部分腐蚀。在氮化时在内表面发黑，因刷镀液有酸存在而腐蚀	①镀锡层厚度采取6～7μm，既能防止渗氮，又不会出现淌锡 ②用软橡胶塞将套筒的小孔塞紧，比外表面低1mm，不影响刷镀操作，再用绝缘涂料完全屏蔽内表面，防止在电刷镀过程中镀液渗入内表面
氮化后的套筒外表面出现腐蚀麻点	酸性镀锡液中所含卤素元素的存在，在高温氮化下基体表面出现腐蚀	①镀锡后立即在不通电下用电净液擦洗一遍以中和残余酸液 ②套筒再用60℃热水浸泡5min，再在空气中烘干

参　考　文　献

[1]　陈天玉．不锈钢表面处理技术．材料保护，2002，35（3、4）．

[2]　赵政明，周长虹．不锈钢滚镀前处理工艺．中国电镀材料信息，2002，2（1）：49.

[3]　奚兵．不锈钢片镀硬铬工艺．上海电镀，1998，4：33-36.

[4]　文斯雄．马氏体不锈钢电镀硬铬工艺简介．材料保护，2002，35（10）：56-57.

[5]　张定久．电镀不锈钢内孔硬铬工艺．上海电镀，1993，1：26-28.

[6]　杨平喜．不锈钢复式加热器盲孔镀硬铬．电镀与精饰，1991，13 (5)：43-45.
[7]　邱传芬．不锈钢卡尺的镀铬工艺．材料保护，1984，5：27-28.
[8]　尹有良．不锈钢腔体的补镀硬铬实践．电镀与精饰，1989，11 (3)：30.
[9]　周红红．不锈钢电镀预处理．电镀与精饰，2001，23 (6)：16.
[10]　诸震鸣．浅谈不锈钢电解发黑．电镀与精饰，1995，(2)．
[11]　周守禹．不锈钢锅底镀铜工艺．电镀与精饰，1985，4：46-47.
[12]　刘德成．1Cr18Ni9Ti 盲柱防氮化镀铜．材料保护，1985，(4)：27-30.
[13]　谭琼林等．不锈钢零件电镀锡铈合金．材料保护，1990，23 (11)：30-32.
[14]　杨子健．不锈钢镀银．电镀与环保，1997，11 (6)：8-9.
[15]　侯清强．不锈钢镀银工艺．电镀与精饰，1998，20 (1)：38-39.
[16]　应光耀．不锈钢镀金工艺．上海电镀年会论文集．1986：117-118.
[17]　叶匀分，郁祖湛．运用激光强化和喷射技术在不锈钢基体上直接局部电沉积金．上海电镀年会论文集．1986：164-168.
[18]　施晶莹，肖秀峰，朱则善，胡文云，陈衍珍．不锈钢上电沉积活性铂．电镀与精饰，2000，22 (2)：9-11.
[19]　杨富国．不锈钢件镀铑．表面技术，2000，29 (6)：48-49.
[20]　白晓军，金展鹏，曾强，黎樵燊．不锈钢基体上 NiHAP 复合镀层结合强度的研究．电镀与环保，2000，20 (1)：6-8.
[21]　吴智勇，陈亨远．不锈钢化学镀镍．全国通信设备结构与工艺学术会议，1997：203-204.
[22]　袁孝友．不锈钢基体化学镀镍工艺研究．电镀与环保，1997，17 (5)：18-19.
[23]　吴昊．不锈钢化学镀镍．电镀与精饰，2001，23 (6)：19-20.
[24]　孔繁清，闫慧忠，赵增祺．不锈钢基体上化学镀铜工艺研究．表面技术，2002，31 (6)：34-36.
[25]　林春华，葛祥荣．电刷镀技术便览．北京：机械工业出版社，1991.
[26]　张运明，惠文华．新型合金代铬刷镀溶液特性的研究．材料保护，1995，28 (11)：16-17.
[27]　葛树林，张同轩．不锈钢大轴刷镀工艺与分析．电镀与精饰，1987，9 (3)：33-34.
[28]　白祯遐．不锈钢零件电刷镀修复工艺探索．中国电镀材料信息，2002，2 (11)：58-59.
[29]　李建霞，张文信，刘诗汉．1Cr18Ni9Ti 不锈钢导管的电刷镀工艺．材料保护，1999，32 (12)：8.
[30]　林兴茂．不锈钢套筒电刷镀锡防渗氮．材料保护，1989，(07)：43-44.
[31]　储荣邦，戴昭文，杨立保．不锈钢预镀纳米镍新工艺．电镀与精饰，2013，35 (10)：14-16.
[32]　许耀生，陆毓芬，肖耀坤，翁惠燕．不锈钢件直接镀金工艺探讨．电镀与涂饰，1997，16 (1)：13-14，17.
[33]　王洪奎．不锈钢餐具局部镀金工艺．电镀与精饰，2005，27 (5)：35-36.
[34]　陈海燕．不锈钢镀铬预处理新型活化液的电化学特性．材料保护，2006，39 (3)：8-10.
[35]　陈海燕，朱有兰，何小颖．不锈钢电镀铬复合型添加剂工艺的研究．材料保护，2007，40 (8)：30-33.
[36]　杨燕．高钨不锈钢合金电镀硬铬工艺．材料保护，2005，38 (7)：64-65.
[37]　高岩，郑志军，朱敏，鲍贤勇，李北，陈杰．不锈钢化学镀 Ni-P/Ni-W-P 合金镀层的研究．材料保护，2005，38 (3)：35-37.

[38] 王婷，魏晓伟．诱导体对 304 不锈钢化学镀 Ni-P 合金镀层的影响．表面技术，2009，38（5）：37-38.

[39] 华戟云，邵红红．不锈钢球阀化学镀 Ni-P 合金镀层研究．电镀与涂饰，2005，24（11）：19-22.

[40] 袁叔贵，张绪．化学镀镍-磷合金的组织与结构研究．金属热处理，1996，（2）：18-21.

[41] 于媛，李立明，沈彬等．化学镀镍-磷合金的研究．表面技术，1990，19（2）：24-30.

[42] 赵政明等．不锈钢滚镀前处理工艺．中国电镀材料信息，2002，2（1）：49.

[43] 仝帅，高虹，邵忠财，王明．不锈钢电镀硬铬的研究．电镀与环保，2014，34（2）：5-7.

[44] 范崇智，左禹，唐聿明．18-8 不锈钢化学镀 Pb 工艺及其性能研究．材料保护，2007，40（5）：29-30，39.

第5章 不锈钢高温抗氧化涂层及耐蚀涂层

5.1 概 论

不锈钢在1000℃氧化损失十分严重，即使铬含量达到26%，仍然不能形成保护层。为提高其使用温度，必须采用涂层保护，即从不锈钢高温氧化机理、涂层与基体结合机理出发，以氧化物为主要原料，采用高温熔烧法产生粘接液相制得玻璃和陶瓷混合涂层。

5.2 不锈钢高温抗氧化涂层[1]

5.2.1 涂层的制备

基体为1Cr18Ni9Ti不锈钢片，经过420#砂布打磨除锈。粘接相成分为SiO_2 50%(质量分数)，Al_2O_3 20%(质量分数)，B_2O_3 10%(质量分数)，Na_2O 15%(质量分数)，K_2O 5%(质量分数)。陶瓷相为Cr_2O_3。

粘接相与陶瓷相分别按10∶1、10∶2、10∶4、10∶6的比例混合，研磨至150目以上，加水调成黏度为2～4m/s的悬浊液，沉淀50h后即为料浆。

采用刷涂或喷涂的方法将料浆涂覆在不锈钢基体上，室温晾干，150℃烘干，在空气中熔烧，其温度和时间的熔烧操作曲线见图5-1。

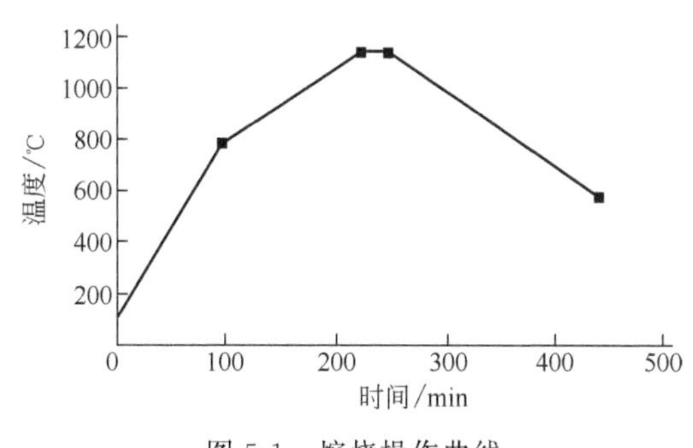

图5-1 熔烧操作曲线

5.2.2　涂层结构

以氧化物为原料，在烧结过程中，一部分氧化物成为液相，起粘接作用，另一部分氧化物作为陶瓷相存在。X-R 衍射分析表明，涂层是一种玻璃与陶瓷的混合物。

5.2.3　涂层性能

（1）涂层外观形貌。涂层玻璃粘接相与陶瓷相 Cr_2O_3 的不同比例，对涂层外观和性能的影响见表 5-1。

表 5-1　不同 Cr_2O_3 含量的涂层性能与形貌

序号	粘接相与 Cr_2O_3 比例	性能和形貌
1	10∶1	绿色，有光泽
2	10∶2	绿色，有光泽，较致密
3	10∶4	绿色，少光泽，质硬、致密
4	10∶6	绿色，无光泽，粗糙、质硬

由表 5-1 可见，随着 Cr_2O_3 量的增加，涂层的玻璃光泽逐渐减少，绿色加深，但烧成后比较致密、完整。

（2）热重分析。热重分析方法测得裸不锈钢片和带涂层的不锈钢片在 1000℃ 下在空气中加热不同时间后的重量增加量，其热重曲线见图 5-2、图 5-3。

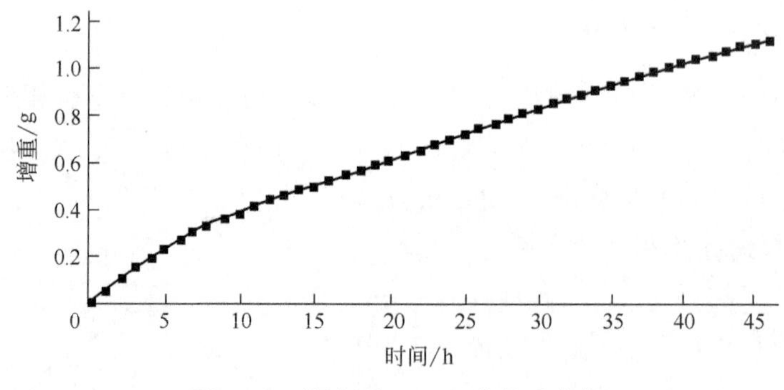

图 5-2　不锈钢片 1000℃的热重曲线

由图 5-2 可见，裸不锈钢经 45h 氧化增重从 8.509g 增至 9.609g，达 1.1g，增重显著。

由图 5-3 可见，2 号和 3 号样品在 50h 内没有明显增重，在 100h 内，氧化增重小于 0.2g，涂层保护性能良好，有效阻止不锈钢的氧化增重。

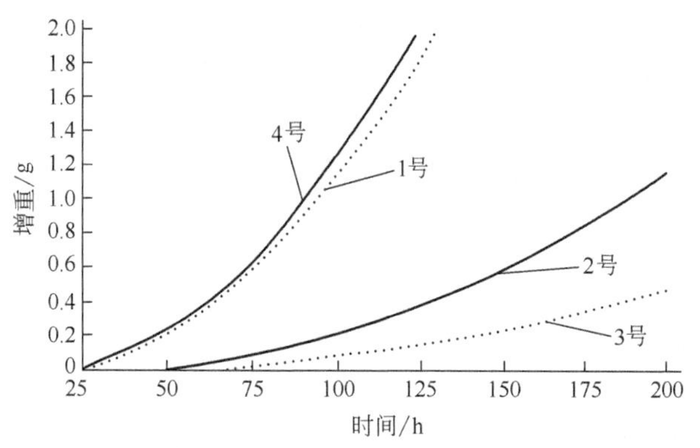

图 5-3　有涂层的不锈钢片实验 1000℃的热重曲线

（3）涂层热挥发性。将涂层物料放入刚玉坩埚中于 1000℃熔烧，与涂覆不锈钢片工艺相同，烧成后称重作为初始重量。1000℃恒温，每隔 10h 称重，共实验 50h，以确定涂层成分的变化。结果见表 5-2。

从表 5-2 中的数据可以看出，各种涂料在 1000℃时基本没有挥发，保证了涂层的使用寿命。

（4）涂层耐急冷、急热性。将试样从 1000℃在空气中急冷至 20℃，检验涂层耐急冷、急热性能，见表 5-3。

表 5-2　涂层热挥发性测试结果　　g

试样编号	稳定性测试时间/h					
	0	10	20	30	40	50
1	13.101	13.101	13.098	13.096	13.095	13.093
2	11.784	11.785	11.784	11.784	11.783	11.790
3	11.465	11.465	11.463	11.463	11.463	11.462
4	14.214	14.217	14.217	14.215	14.212	14.211

表 5-3　涂层耐急冷、急热性能测试结果

<table>
<tr><th rowspan="2">试样</th><th colspan="19">急冷、急热循环次数</th></tr>
<tr><th>1</th><th>2</th><th>8</th><th>9</th><th>10</th><th>11</th><th>12</th><th>13</th><th>14</th><th>15</th><th>16</th><th>17</th><th>18</th><th>19</th><th>20</th><th>21</th><th>22</th><th>23</th><th>24</th></tr>
<tr><td>1</td><td colspan="5">无裂纹</td><td colspan="6">有裂纹</td><td colspan="8">有剥落</td></tr>
<tr><td>2</td><td colspan="5">无裂纹</td><td colspan="8">有裂纹</td><td colspan="6">有剥落</td></tr>
<tr><td>3</td><td colspan="8">无裂纹</td><td colspan="8">有裂纹</td><td colspan="3">有剥落</td></tr>
<tr><td>4</td><td colspan="5">无裂纹</td><td colspan="6">有裂纹</td><td colspan="8">有剥落</td></tr>
</table>

从表 5-3 可知，Cr_2O_3 的增加，可以提高涂层的使用温度，延长使用时间，但当其超过一定量后，涂层的致密度下降，耐急冷、急热性能降低。

5.3　凝胶-封孔法制备不锈钢表面陶瓷膜层[2]

在不锈钢表面沉积陶瓷膜，能改善不锈钢的抗高温氧化性和耐磨性，拓宽其应用范围。

陶瓷膜的电沉积法是先在铝盐水溶液中电解，沉积一定厚度的氢氧化铝凝胶膜，再在硅酸钠溶液中封孔、置换，形成硅酸铝，经烧结后得到一层 $x\ Al_2O_3 \cdot y\ SO_2$ 的陶瓷膜。

5.3.1　凝胶-封孔法制备不锈钢表面陶瓷膜

（1）前处理。不锈钢片经碱液除油后，再进行电氧化处理，以提高不锈钢的表面粗糙度，增强凝胶层的附着力。然后浸渍在用硝酸和氟化钠配制的活化液中活化 1～3min。

（2）电沉积凝胶层。以铝为阳极，不锈钢为阴极，在下列溶液中按下列工艺沉积氢氧化铝凝胶膜。

硝酸铝［$Al(NO_3)_3$］	100g/L	电流密度（D_K）	14～18μA/m^2
硅酸钠（Na_2SiO_3）	40g/L	温度	常温
硫酸（H_2SO_4）	微量	阳极阴极面积比 $S_阳$∶$S_阴$	1∶1
pH	2.6～2.8	时间	10min

沉积液配制：先将硅酸钠溶于水，用 0.5％的硫酸（pH＝1）溶液调节 pH 至 2 左右。将硝酸铝用水溶解后，与硅酸钠溶液混合，得到乳白色沉积液。用硫酸将 pH 调至 2.6～2.8 之间。

（3）表面封孔处理。将沉积上氢氧化铝凝胶层的不锈钢片浸渍于下列的封孔液中。

封孔溶液及工艺条件：

硅酸钠（Na_2SiO_4）	50g/L	温度	30～50℃
氟化钠（NaF）	15g/L	时间	30min

经封孔、置换后，在表面形成硅酸铝无机膜层。

（4）烧结成瓷膜。将封孔后的无机膜置于箱式电炉中，逐渐加热升温至 1200℃，硅酸铝无机膜经过依次脱去吸附水、脱去结晶水、晶型转变、熔融烧结等阶段，形成含三氧化二铝和二氧化硅（$xAl_2O_3 \cdot ySiO_2$）的陶瓷膜层。

5.3.2　凝胶-封孔制备不锈钢表面陶瓷层的影响因素

（1）电沉积过程中的影响因素。

① 硅酸钠的影响。在电沉积氢氧化铝凝胶层时，尽管凝胶层的主要成分为氢

氧化铝［$Al(OH)_3$］，但添加硅酸钠能改变电极表面状态，从而使沉积凝胶成为可能。在电沉积溶液中硅酸钠含量对沉积凝胶层的影响见表5-4。

表5-4 硅酸钠含量对沉积凝胶层的影响

硝酸铝、硅酸钠的比例	观察现象与结果
1∶0	表面无凝胶层形成
1∶1	凝胶层呈斑点状分布，附着力差
(2～3)∶1	表面凝胶层连续均匀
4∶1	溶液中出现白色沉淀物，膜连续均匀

由表5-4可知，在电沉积溶液中添加硅酸钠能促进成膜，提高膜层附着力。硝酸铝与硅钠的质量比以（2～3）∶1适当。硅酸钠过多的引入会使溶液电阻加大。

② 溶液pH的影响。电沉积凝胶时，其生成速率必须大于其溶解速率，在一定范围内，pH的增加有利于凝胶的沉积。pH对沉积凝胶膜的影响见表5-5。

表5-5 pH对沉积凝胶膜的影响

pH	现　象
0.5～2.0	试片表面无凝胶膜
2.0～2.5	凝胶膜呈片状分布
2.5～3.0	凝胶膜连续均匀
3.0～4.0	凝胶流动性大，不易成膜
4.0～6.0	表面出现白色沉淀物

由表5-5可知，pH在2.5～3.0最佳，凝胶膜完整连续。pH过高过低都不利于膜的形成。

③ 电流密度的影响。阴极电流密度对沉积凝胶膜的影响见表5-6。

由表5-6可见，理想的电流密度范围应控制在14～18$\mu A/m^2$，电流密度过低，凝胶膜不形成或沉积时间过长。电流密度过高，析出一氧化氮（NO）气体过快，破坏凝胶膜的完整，并形成含泡沫的凝胶膜。

表5-6 阴极电流密度对沉积凝胶膜的影响

阴极电流密度/($\mu A/m^2$)	现　象
<5.5	表面无凝胶膜形成
9.5	有凝胶膜形成，但时间长
14	生成连续、均匀的凝胶膜
18	凝胶膜连续，但有气泡夹杂
>24	形成泡沫状凝胶膜

（2）封孔过程中的影响因素。

① 封孔液 pH 的影响。在封孔过程中，氢氧化铝凝胶中的氢氧根离子能被硅酸钠中的硅酸根离子取代，形成硅酸铝［$Al_2(SiO_3)_3$］反应式：

$$2Al(OH)_3 + 3Na_2SiO_3 = Al_2(SiO_3)_3 \downarrow + 6NaOH$$

随着时间的延长，反应释放出的氢氧化钠使溶液 pH 不断上升，影响膜层质量，缩短封孔液的使用寿命。因此，应定期用稀酸中和过量的碱，使 pH 保持在 6～7 之间。

② 封孔液温度的影响。温度的适当升高，会使凝胶反应速率加快，促进硅酸铝的形成。温度对沉积凝胶膜的影响见表 5-7。

表 5-7 温度对沉积凝胶膜的影响

温度/℃	现　象
<50	表面生成白色均匀的无机膜
50～65	表面膜层不完整，存在局部缺陷
>65	表面膜层呈片状脱落

由表 5-7 可知，温度控制在 40～50℃之间，既能保证膜的表面质量，又能使膜的生成保持一定的速率。但温度过高，膜的附着力变差。

（3）烧结的影响因素。烧结过程中的升温速率和烧结气体对陶瓷膜的质量影响较大。

干燥后的硅酸铝结晶膜，依次经过低温脱去游离水，中温分解出结晶水，高温玻璃化成瓷后，方可形成 $x\ Al_2O_3 \cdot y\ SiO_2$ 结构式的陶瓷膜层。

初始升温速率过快，会造成瓷膜开裂，而控制中温烧结过程保持还原气体，能防止不锈钢体的氧化，提高不锈钢片的强度。最后 1200℃高温烧结好才能获得表面光滑、平整、且具有良好的耐蚀耐磨性及高温抗氧化性的陶瓷-不锈钢复合材料。

5.4 不锈钢热浸镀稀土铝合金制备抗高温氧化层[3]

对 1Cr18Ni9Ti 不锈钢进行热浸镀稀土铝合金，浸镀液成分为 Al-6% Si-4%RE（混合稀土），其抗高温氧化性能明显优于原不锈钢，可以将使用温度提高到 900℃以下长期使用，具有完全的抗高温氧化性能。

不锈钢的热浸镀稀土铝合金处理方法：

浸镀液成分		浸镀时间	6min
	Al-6% Si-4%RE（混合稀土）	不锈钢材料	
浸镀温度	720℃		1Cr18Ni9Ti 板材，厚度 4.5mm

5.4.1　不锈钢热浸镀稀土铝合金的组织与性能

不锈钢经热浸镀后，镀层为带状组织，厚度为 55μm。镀层分两层，外层为富铝层，其成分基本上与镀液成分相同，内层为化合物层，经 X 射线衍射分析表明为铁铝化物（Fe_2Al_5）和镍与铝或钛的化合物 N_3(Al、Ti) 等多相组成。镀层厚度均匀，致密无孔洞。

此种镀层组织形态与浸镀纯铝的镀层组织相比，具有明显的差异。这主要是硅元素的加入产生的效果。即硅元素不仅有效地阻止铝原子的渗入，而且改变了镀层的组织形态。由于基体内富含铬、镍元素，使化合物层的厚度明显地减小并降低了化合物层的硬度，试验测得化合物层的厚度为 15μm，硬度（HV）550～700。化合物层为硬脆相，主要为铁铝化物（Fe_2Al_5）。化合物层太厚，将影响材料的力学性能，特别是弯曲性能和抗拉强度；同时，在高温氧化腐蚀过程中，虽然 Fe_2Al_5 相具有一定的热稳定性，但由于脆性大，易开裂，将影响抗高温氧化腐蚀性能。因此，减小化合物厚度，使扩散中的金属原子的均一化过程变慢，将提高材料的抗高温氧化腐蚀性能。

5.4.2　不锈钢热浸镀稀土铝合金的抗高温氧化性能

参照 YB 48—64 进行抗高温氧化性能实验。实验选择氧化温度为 900℃、800℃、700℃三个温度，保温时间为 500h，每 50h 称重一次。

实验设备：选用小型电阻式加热炉及光电天平（感量 0.1mg）进行测试。分别得到三个温度的原材料 1 与浸镀件 2 的氧化增重动力学曲线，见图 5-4。

从图 5-4 中可见，氧化增重服从抛物线规律。三个温度浸镀件的抗高温氧化性能均优于原材。

表 5-8 为原材料与氧化 500h 浸镀件的抗氧化性能比较。

表 5-8　原材料与浸镀件抗高温氧化性能比较

材　质	氧化增重 /(mg/cm²)			平均氧化速率 /[10^{-4}mg/(cm²·h)]			原材料与浸镀件氧化速率比		
	900℃	800℃	700℃	900℃	800℃	700℃	900℃	800℃	700℃
原材料	3.15	1.95	0.99	0.98	0.7	0.1	2	35	1/3
浸镀件	2.38	1.35	0.86	0.5	0.02	0.3			

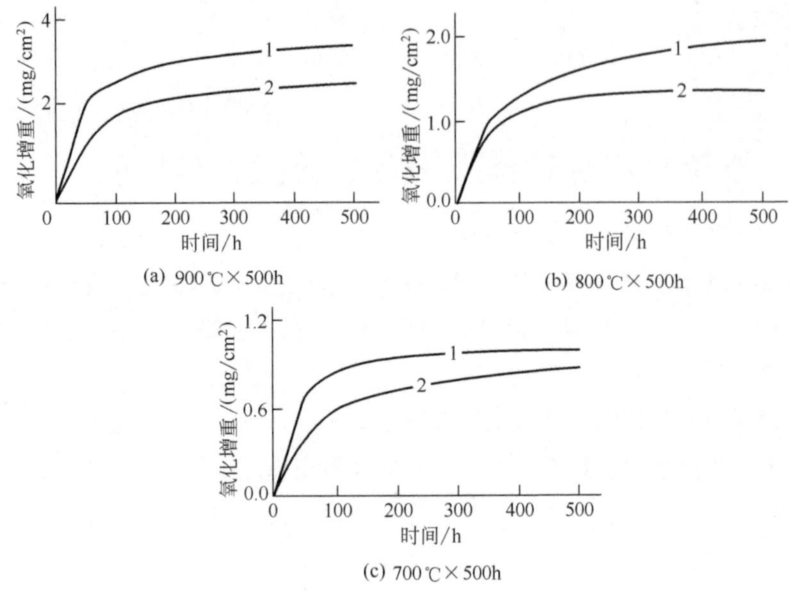

(a) 900℃×500h

(b) 800℃×500h

(c) 700℃×500h

图 5-4 1Cr18Ni9Ti 原材料与浸镀件氧化增重动力学曲线

1—原材料；2—浸镀件

从表 5-8 的分析结果可以得出以下结论。

900℃氧化 500h，原材料与浸镀件具有相似的氧化动力学趋势。

800℃氧化 500h，原材料的氧化速率为浸镀件的 35 倍，浸镀件的氧化速率非常小，从图 5-4(b) 中可知浸镀件在 200h 后的氧化速率趋于零，说明氧化扩散使合金层趋于稳定，已形成致密的氧化物保护膜，而原材料仍以一定的速率氧化。

700℃氧化 500h，浸镀件的氧化增重虽小于原材料，但氧化速率是原材料的 3 倍。从图 5-4(c) 来看，原材料的氧化曲线较平缓，合金均一化稳定时间较长，需要更长的时间才能形成致密的抗高温氧化合金属。

镀层经高温氧化 500h 后，镀层与基体均发生较充分的扩散，扩散导致化合物层厚度的变化。

900℃氧化 500h，由截面金相组织放大 150 倍的照片可见，镀层厚度由氧化前的 55μm 增长为 150μm，主要由氧化物层与扩散层组成。经 X 射线分析表明，氧化物层主要为 α-Al_2O_3 氧化膜，扩散层主要是形成 β-NiAl 单相层。在 Ni-Al 化合物中，β-NiAl 相具有最佳的抗氧化性。

800℃氧化 500h，从金相截面组织可见，形成完整氧化膜，氧化膜层金属并未开始向基体扩散，没有形成扩散层，氧化膜致密。

700℃氧化 500h，从金相截面组织可见，富铝层消失，但形成的氧化层较薄，合金层并未完全消失。

5.5 不锈钢离子镀 Ti(C，N)[4]

使用离子镀表面强化技术在材料表面沉积各种耐磨、耐热、耐腐蚀涂层可大大提高基体材料的性能。氮化钛（TiN）膜由于膜基结合力大、易于制备等优点而成为离子镀膜的首选。但氮化钛膜的硬度和耐磨性与其他离子镀膜如碳化钛（TiC）相比要低一些。而多元镀膜氮碳化钛［Ti(C，N)］膜是一种使用相对较多的新型二元涂层，其硬度和耐磨性比单一的氮化钛（TiN）强。膜基结合力比单一的碳化钛（TiC）高，基本综合了两种单一镀膜的优点。

目前对 Ti(C，N) 的研究，多集中在其硬度和耐磨性、耐高温抗氧化性方面的应用。对不锈钢零件表面进行强化处理，镀复Ti(C，N)膜以提高零件的耐热、耐蚀性能，从而延长其使用寿命。沈星等人研究了不锈钢材料表面镀复Ti(C，N) 膜层后的抗氧化性能及其抗氧化机理，以加速 Ti(C，N) 膜在实际生产中的应用。

5.5.1 不锈钢离子镀 Ti(C，N) 工艺过程

（1）试件准备。基体材料选用 1Cr18Ni9Ti 不锈钢，尺寸 14mm×10mm×5mm。试样经 600 目金相砂纸抛光，并清洗干净。

（2）镀膜设备。DLK-600HCD 镀膜机。

（3）沉积 Ti(C，N) 镀膜工艺条件：

主弧电流	160A	氩（Ar）流量	33mL/min
烘烤温度	300℃	乙炔（C_2H_2）流量	5mL/min
预镀时间	5min	氮（N_2）流量	50mL/min
镀膜时间	45min	膜层厚度	约 2μm
镀膜真空度	0.48Pa		

5.5.2 镀膜试样抗氧化实验

（1）设备：高温箱式炉。

（2）实验温度：750～950℃。

（3）氧化时间：24～96h。

（4）氧化处理后测定每个试样的质量变化，用分析天平。

（5）观察试样表面的形貌变化，采用 JSM-6300 扫描电镜。

（6）分析试样氧化前后的物相结构，使用转靶 X 射线衍射分析仪。

5.5.3 不锈钢离子镀 Ti(C，N）膜后的抗氧化性能

（1）不锈钢离子镀 Ti(C，N）膜氧化增重。试样的氧化增重见表 5-9。

表 5-9 不锈钢离子镀 Ti(C，N）膜与未镀膜氧化增重

试样	温度/℃	24h 增重/(mg/cm^2)	48h 增重/(mg/cm^2)	72h 增重/(mg/cm^2)	96h 增重/(mg/cm^2)
未镀膜	750	0.1212	0.1664	0.2410	0.2889
	850	0.2072	0.4223	0.7896	1.1594
	950	4.1522	4.2928	4.3998	4.4189
已镀膜	750	0.0044	0.0351	0.0601	0.1024
	850	0.0248	0.0564	0.0988	0.1109
	950	1.0094	1.2718	1.4231	1.6282

从表 5-9 中可见：

① 在 750℃下，镀膜与未镀膜试样的质量变化区别不大，这主要是因为不锈钢本身的抗氧化温度较高；

② 850℃和 950℃的温度和氧化时间的延长，从图 5-5 给出的两种试样随温度和时间变化的氧化曲线可以看出，镀膜试样的抗氧化性能明显优于未镀膜试样；两种试样的氧化过程均表现出混合动力学特征，兼有线性和非线性变化规律，即在初始氧化时，试样氧化比较严重，氧化程度随氧化时间的延长迅速增大；30h 后，氧化则趋于稳定，与氧化时间基本呈线性关系。

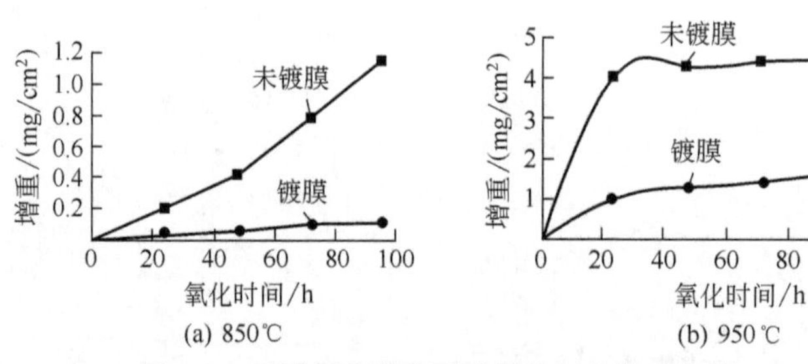

图 5-5 不同氧化温度下试样的氧化增重曲线

（2）试样断面观察。经 950℃高温氧化 1h 后，由断面 SEM 照片可见，Ti(C，N）膜层仍然比较稳定。在膜层和基体之间有一层 6～7μm 厚的过渡层，这主要是由于基体和镀膜层部分元素相互扩散造成的；基体本身未发现任何热裂纹，不锈钢基体受到了保护。未镀膜试样则存在微裂纹，基体氧化比较严重，元素能谱测定发现基体中合金元素在高温下严重损失。

（3）表面物相分析。图 5-6 为镀膜和未镀膜试样经 950℃氧化 1h 后的表面 X 射

线衍射 XRD 图谱。未镀膜试样的主要成分是铁的氧化物 Fe_3O_4，表明表面已严重氧化。已镀膜试样的主要组成相是二氧化钛（TiO_2）和三氧化二铬（Cr_2O_3），其中 TiO_2 仅存在于镀膜试样中的新相中。

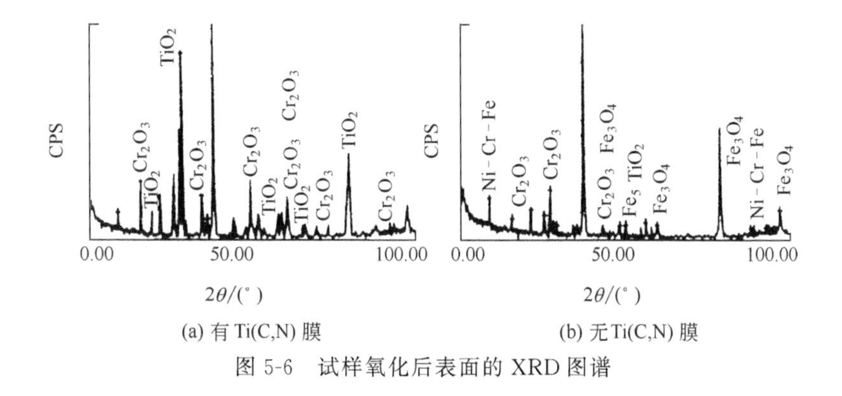

(a) 有 Ti(C,N) 膜　　(b) 无 Ti(C,N) 膜

图 5-6　试样氧化后表面的 XRD 图谱

（4）膜层抗氧化机理。Ti(C，N) 膜层是由 TiC 和 TiN 组成的复合结构。在高温下，TiN 极易与氧结合生成 TiO_2，TiC 中的 Ti 可能与氧结合生成 TiO_2，从而降低界面处的氧分压，保护基体中的合金元素不被氧化。

TiO_2（金红石）为正方结构，连续一致的 TiO_2 可以在一定程度上抑制铁离子向外表面扩散，保护基体在高温时形成的铬氧化层 Cr_2O_3 不被大范围破坏，减缓基体的氧化速率。此外，由于 TiO_2 的生成，减少外部环境中氧向基体扩散，防止氧化铁继续生成。

未镀膜试样由于没有 TiO_2 的保护，高温下的铁离子会融入先期形成的 Cr_2O_3，并通过氧化层向不锈钢基体内扩散，从而产生大量的氧化铁（Fe_3O_4），随着氧化铁含量的增加，逐渐隆起，并穿过表面，锈层脱落。

5.6　不锈钢表面纳米氧化钛 TiO_2 晶膜[5]

如何提高不锈钢在硫酸介质中的耐腐蚀性能，一直是世界各国研究的热点。钛及其合金表面由于生成一层致密的氧化钛（TiO_2）膜而具有极好的耐蚀性能，而 TiO_2 纳米晶膜由于具有特殊的物理化学性能，已在半导体、太阳能转换、催化剂、高能电池、环保等领域受到广泛关注。周幸福等人采用电化学方法合成得到前聚体 $Ti(OEt)_4$，再经溶胶-凝胶过程在不锈钢表面制成 TiO_2 纳米晶膜，从而提高不锈钢在硫酸介质中的耐蚀性能。TiO_2 膜均匀完整、具有纳米结构，晶粒粒径为 20nm，晶型结构主要为锐钛矿型。

5.6.1 TiO_2 纳米晶膜的制备——$Ti(OEt)_4$ 法[3]

（1）电解合成前聚体 $Ti(OEt)_4$ 法。电解液为四乙基溴化胺5mmol/L，其余为无水乙醇。试剂均为分析纯，无水乙醇和有机胺导电盐使用前均进一步除水。

牺牲阳极	工业纯钛（TAl）	电流密度	400A/m²
电解电源	WY-302晶体管稳压电源	温度	50～70℃
阴极	处理后的钛片	电解时间	5h

得到淡黄色溶液，即 $Ti(OEt)_4$ 乙醇溶液前聚体。操作均在无水条件下进行。

（2）不锈钢基片上 TiO_2 纳米晶膜的制备。

① 不锈钢基片的准备。不锈钢基片制成圆柱形样片，表面经金相砂纸磨光→丙酮洗→晾干→二次蒸馏水洗净→晾干。

② 将电解合成的 $Ti(OEt)_4$ 乙醇溶液前聚体加入少量乙酰丙酮改性后，再加入少量蒸馏水使其水解成溶胶。

③ 采用提拉法使不锈钢表面形成薄膜，在红外灯下干燥，在马弗炉中450℃烧结30min，得到与基体结合牢固的均匀完整的彩色 TiO_2 纳米晶膜。

可重复上述操作，以增加膜厚度。

5.6.2 溶胶-凝胶法制备 TiO_2 薄膜[11,14]

本工艺由四川理工学院化学制药工程学院（自贡643000）李敏娇、李志源、张述林、张苗于2010年9月提出[11]。

他们以钛酸丁酯为原料，采用溶胶-凝胶技术，在不添加其他溶剂的情况下，在201型不锈钢基体上制备了 TiO_2 薄膜，采用金相显微镜观察薄膜的表面形貌，利用X射线衍射仪对其晶型进行了表征，同时测量了薄膜试样的极化曲线，实验结果表明，在不锈钢表面涂敷 TiO_2 薄膜能够增强不锈钢基体的耐蚀性。

（1）TiO_2 薄膜的制备[14]。

① 基体的预处理。将201型不锈钢片用纯净水刷洗干净后浸入无水乙醇中超声清洗1h，再浸入丙酮液中清洗，烘干后备用。

② 二氧化钛溶胶的配制[14]。用40mL无水乙醇、3.5mL三乙醇胺、10.4mL钛酸丁酯在磁力搅拌条件下制得A溶液；用30mL无水乙醇和5mL蒸馏水混合制得B溶液。将B溶液缓慢滴加到A溶液中，完毕后再滴加0.5mL乙酰丙酮，继续搅拌2h。配制的溶胶陈放4d后再进行浸渍提拉制备纳米 TiO_2 涂层。

③ TiO_2 薄膜制备[15]。304不锈钢试片用机械抛光成镜面光亮，经丙酮、无水乙醇、蒸馏水三次超声清洗后吹干，将处理后的不锈钢片置于垂直提拉机的试片架上，试片浸入到 TiO_2 溶胶60s，然后以12mm/min的提拉速率取出，在不锈钢表面上得到 TiO_2 均匀涂膜。自然干燥，把涂膜试样在100℃烘箱中干燥20min，然后再在空气中冷却至室温，分别控制重复浸渍次数为3次、5次及7次进行提拉涂膜。不锈钢表面涂膜完成后，先在马弗炉内于250℃下保温30min，然后将马弗炉温度以5℃/min的升温速率升至550℃，保温2h后随炉自然冷却至室温，即可在不锈钢表面制备一层 TiO_2 薄膜。用肉眼观察该薄膜表面平整，呈现出由黄到蓝等不同颜色。

（2）TiO_2 薄膜的结构与性能检测。

① 金相显微镜观察。未涂覆 TiO_2 薄膜的表面基本纹路比较模糊，涂覆 TiO_2 薄膜的表面基本纹路清晰可见，并在日光下呈现黄色或淡蓝色。涂覆次数较少时，薄膜少观察到少许明显孔洞，但无裂纹。涂覆次数增多，膜的颜色出现有规律的变化，逐渐由黄色变为蓝色，薄膜变得均匀平整，色泽光亮。7次的薄膜透明、完整、连续，并呈蓝光光泽。

② X射线衍射谱图（XRD图谱）表明，TiO_2 薄膜晶型为锐钛矿型，其衍射峰的强弱与薄膜的厚度有关。

③ 耐蚀性能测试[11]。与不锈钢基体相比，涂覆有 TiO_2 薄膜的不锈钢试样在3%NaCl溶液中和10% H_2SO_4 介质中的耐蚀性能有明显提高，且随着涂覆次数的增加，试样的耐蚀性能也相应提高，如涂覆3次、5次和7次 TiO_2 薄膜在3.5% NaCl溶液中的致钝电流密度依次为0.022A/cm^2、0.018A/cm^2、0.013A/cm^2。致钝电流密度减小，说明耐蚀性增强，而在10% H_2SO_4 介质中浸泡7d后，涂覆3次、5次的薄膜颜色比较暗；涂覆7次的表面均匀平整，呈蓝色，有良好的保护作用。

5.6.3　不锈钢表面纳米 TiO_2 晶膜的特征[5]

（1）TiO_2 纳米晶膜的晶型。电解液经蒸馏提纯后的红外谱图证明了电化学溶解钛生成钛酸乙酯。由钛酸乙酯的水解产物为 $TiO_2 \cdot nH_2O$，与 TiO_2 的X射线衍射标准图对比表明，不锈钢表面 TiO_2 纳米晶膜主要为锐钛矿型，其中有少部分为金红石型。晶格尺寸通过Scherrer方程计算为20nm。

（2）TiO_2 纳米晶膜的外貌。不锈钢基体的纹路清晰可见，表明膜是透明的和完整连续的，且在日光下呈现彩色。用原子力显微镜（AFM）技术测得不锈钢表面 TiO_2 晶膜由纳米颗粒组成，表面较为平整。

5.6.4 不锈钢表面 TiO_2 晶膜的耐蚀性能[5]

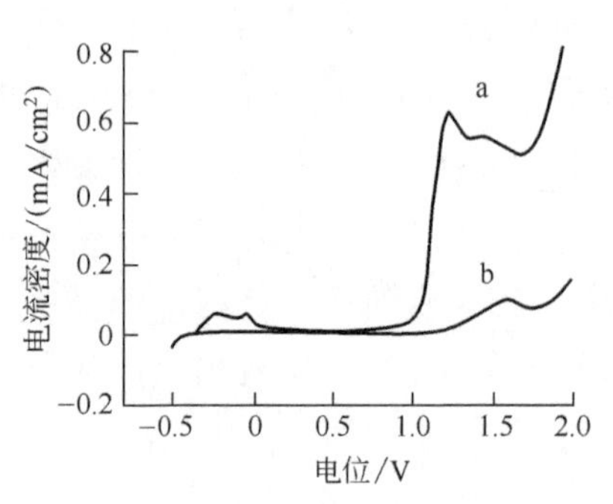

图 5-7 10% H_2SO_4 中的动电位极化曲线

a—奥氏体 18-8 不锈钢；b—表面修饰 TiO_2 纳米晶膜

(1) 10%硫酸中动电位极化曲线。图 5-7 为不锈钢（奥氏体 18-8）表面 TiO_2 纳米晶膜与基体不锈钢在 10%硫酸中的动电位极化曲线。与基体相比，耐蚀性能有了很大的提高，致钝电流 i_p 大幅下降。超钝电位向正移 0.25V。

(2) 把不锈钢 TiO_2 膜电极在 10%硫酸介质中浸蚀 7d 后，经显微镜观察发现，不锈钢表面 TiO_2 膜仍均匀完整地与基体牢固结合，且仍然呈现彩色。

5.7 不锈钢上热浸扩散铝铬涂层[6]

不锈钢上铝-4%铬的热浸扩散涂层使不锈钢具有优良的抗氧化性能。热浸扩散铝铬涂层已用于制造汽车消音器的不锈钢上。

热浸扩散分两个阶段进行：首先是溶剂法热浸镀铝铬，其次为热浸铝铬涂层的高温扩散处理。热浸扩散法具有成本低、效率高、设备简单和操作方便等优点。

5.7.1 不锈钢热浸扩散铝铬涂层工艺流程

0Cr18Ni9 奥氏体不锈钢→化学除油→水洗→酸洗除氧化膜→水洗→碱性脱氢→水洗→浸蘸水溶性助镀剂→烘干→在含 4%铬的铝合金中浸镀（820℃，2min）→空冷→洗盐→干燥→扩散处理→空冷→水洗→干燥→氧化实验。

5.7.2 工艺选择

5.7.2.1 水溶性助镀剂的选择

由于热浸镀铝铬的温度较高，前处理过的钢板在进入铝锅时表面易氧化。钢板表面的氧化膜既妨碍铝液和不锈钢基体的润湿性接触，又易黏附氧化铝（Al_2O_3）微粒，导致漏镀和表面挂渣。不锈钢通过浸渍水溶性助镀剂并烘干后，其表面能涂覆上一层保护性盐膜。经实验选用氟锆酸钾-氯化锂（K_2ZrF_6-LiCl）二元系水溶性助镀剂。

浸镀后的扩散处理工艺为770℃×2h+1150℃×2h。氧化实验条件为1000℃×40h。实验结果表明，K_2ZrF_6 含量低于8g/L时，易出现漏镀，K_2ZrF_6 含量达到12g/L后，镀层表面质量较好，取 K_2ZrF_6 的浓度为14g/L。在14g/L的 K_2ZrF_6 水溶液中添加适量的LiCl，不仅可以改善热浸镀层的外观质量，而且能提高铝铬涂层的抗氧化性能。图5-8表示LiCl添加量对铝铬涂层抗氧化性能的影响。由图5-8可知，LiCl的最佳添加量为2～3g/L，选取2.5g/L。因此，水溶性助镀剂的最佳配方为：K_2ZrF_6 14g/L，LiCl 2.5g/L。

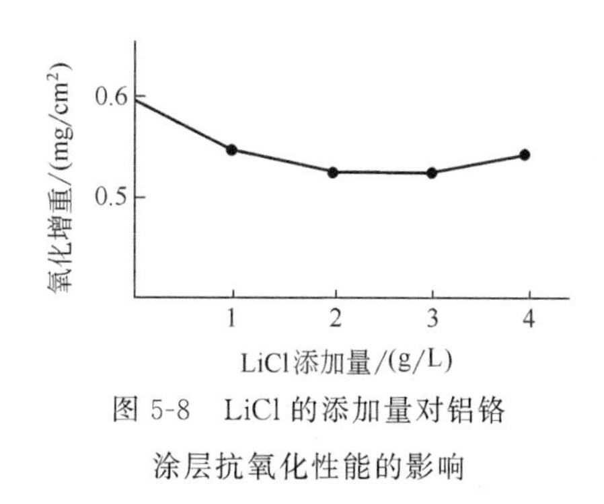

图5-8　LiCl的添加量对铝铬涂层抗氧化性能的影响

5.7.2.2　覆盖剂的选择

在高温下铝很易氧化。铝液表面不可避免地产生一层氧化铝膜。氧化铝膜易黏附于镀件表面，造成漏镀和表面粗糙。这样既浪费了铝材，又影响了涂层质量。采用覆盖剂，即在铝液表面覆盖一层由碱金属的氧化物和适量的氟化物组成的熔盐，一方面使铝液和空气相隔离而阻止铝液的氧化；另一方面熔解已形成的氧化铝，防止氧化膜聚积成膜或成渣。研究选用氯化钠-氯化钾-氟铝化钠-氟化铝（NaCl-KCl-Na_3AlF_6-AlF_3）四元系混合物作为覆盖剂，采用$L_9(3)^4$正交试验来选择最佳配方。试验条件如前所述，氧化实验参数为1000℃×40h。实验结果见图5-9覆盖剂的组成对铝铬涂层抗氧化性能的影响。

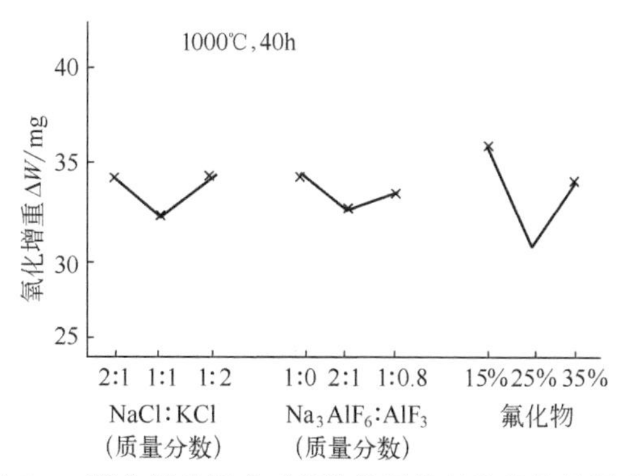

图5-9　覆盖剂的组成对铝铬涂层抗氧化性能的影响

实验结果表明：

① NaCl∶KCl(质量分数)＝1∶1时涂层的抗氧化性最好，其比值过大过小均会导致熔盐的熔点升高和黏度增大；

② 氟化物的最佳含量为25%，含量过低时对铝铬液态金属的保持作用和净化作用较小；含量过高时易产生黑色沉淀，并引起黏度的急剧增大；

③ Na_3AlF_6 ∶ AlF_3(质量分数)＝2∶1时，涂层的抗氧化性较好，比值过大，导致熔盐的熔点升高和黏度增大；比值过小，则熔盐对氧化铝的熔解作用较弱。

因此，$NaCl$-KCl-Na_3AlF_6-AlF_3四元系覆盖剂的最佳组成为：NaCl 37.5%，KCl 37.5%，Na_3AlF_6 16.5%，AlF_3 8.5%。

5.7.2.3　扩散处理工艺的选择

热浸铝铬涂层主要由热稳定性较差的单质态的铝和铬组成。通过合金化的扩散处理，铝铬合金涂层的抗氧化性能会大幅度提高。

对Al-4%Cr热浸镀层的扩散处理采用下述3种方法实验：

① 在850℃下恒温3h，空冷至室温；

② 在1050℃下恒温3h，空冷至室温；

③ 先在770℃下恒温2h，再在1150℃下恒温2h，空冷至室温。

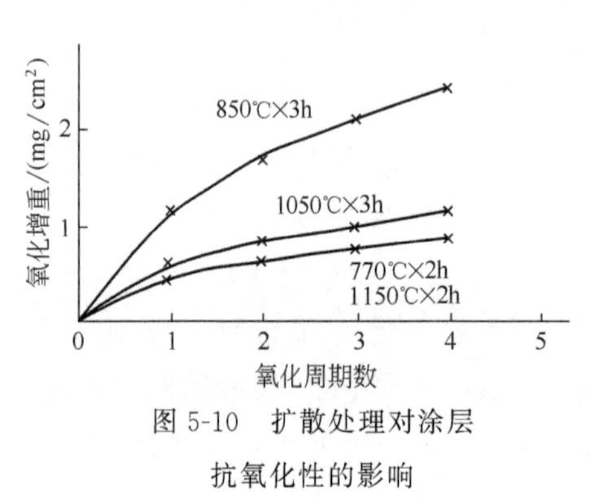

图5-10　扩散处理对涂层抗氧化性的影响

循环氧化实验：对扩散处理后的热浸Al-4%Cr试片在1000℃下进行4个周期，每个周期为1000℃×25h＋25℃×5h，实验结果见图5-10。

由图5-10表明，770℃×2h＋1150℃×2h的两步法扩散处理工艺对铝-4%铬涂层抗氧化性能的改善效果最佳，氧化增重值最小。

5.7.3　铝铬涂层的结构分析

(1) 铝-4%铬热浸镀涂层的结构。X衍射分析证明，铝-4%铬热浸镀涂层主要由单质态的铝和铬组成。电子探针分析表明，涂层中铝的含量为90%，铬的含量为10%。

(2) 770℃扩散处理2h后的铝铬涂层的结构变化。铝-4%铬热浸涂层经770℃下恒温2h的扩散处理后，涂层中铝和铬化合形成了金属间化合物。X射线衍射分析显示，涂层主要由$Al_{17}Cr_9$、Al_9Cr_4、$AlCr_2$、$Al_{12}Cr_2$等组成。

(3) 经两步法扩散处理后的铝铬涂层。铝-4%铬热浸涂层经两步法扩散处理后，涂层中的铝和基体中的镍化合生成热稳定性较好的铝镍化物(NiAl)。热浸扩散铝-4%铬涂层按组成特征可分为三层，对各层进行电子探针定量分析和X射线衍射定性分析。表层以 NiAl 相为主的均匀组织区，次层为有 NiAl 析出相的过渡区，底层为固溶 NiAl 的扩散区。分析结果见图 5-11（铝-4%铬涂层的 X 射线衍射图）、图 5-12（铝-4%铬热浸镀涂层的电子探针定量分析）和图 5-13（铝-4%铬两步法扩散涂层的电子探针定量分析）。

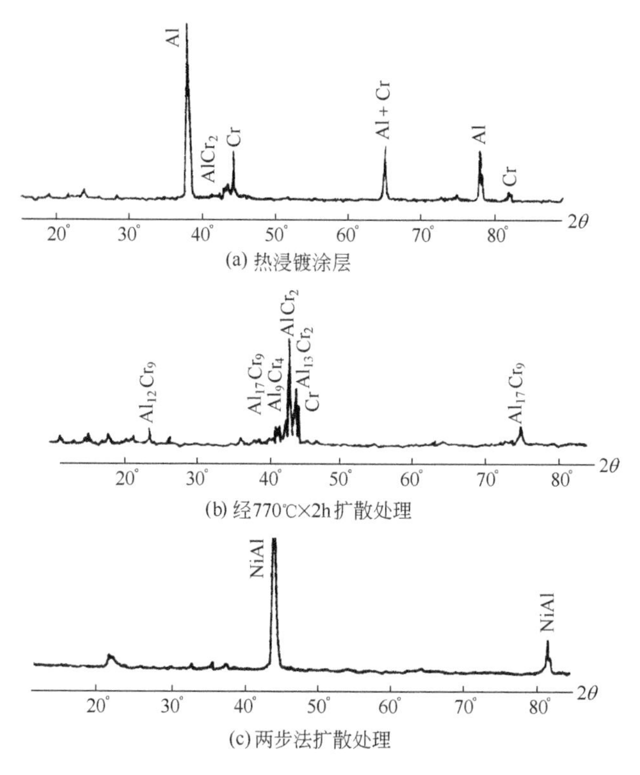

图 5-11　Al-4%Cr 涂层的 X 射线衍射图

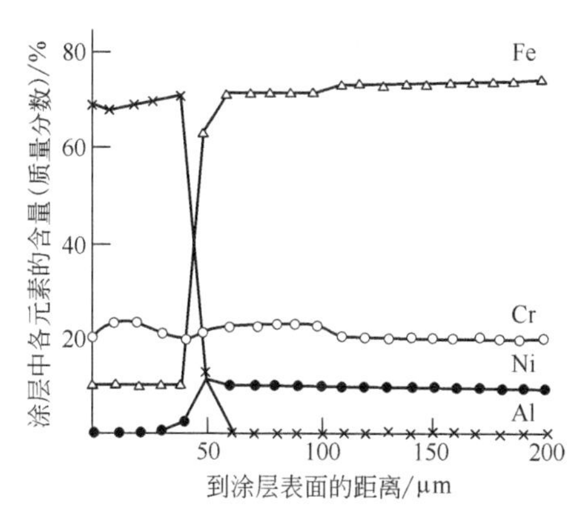

图 5-12　Al-4%Cr 热浸镀涂层的电子探针定量分析

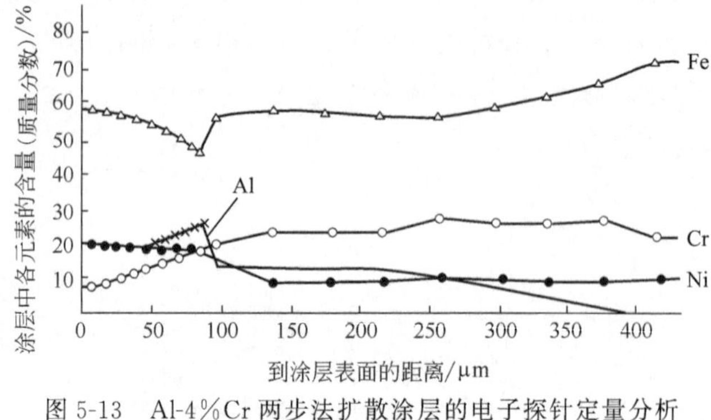

图 5-13　Al-4%Cr 两步法扩散涂层的电子探针定量分析

5.8　不锈钢低温离子渗扩氮化层[7]

(1) 不锈钢表面离子氮化。奥氏体不锈钢作为耐蚀材料应用于化工、食品等工业中，但由于其硬度低、抗磨性差，且不能通过相变的方法强化，使大多数不锈钢零部件因严重磨损过早失效。为解决这个问题，20 世纪 80 年代中期，张氏和贝尔以及依齐等发现奥氏体不锈钢在 400℃左右进行离子氮化，在表面形成硬度高、抗蚀性好的强化层。近年来应用：

① 等离子体源离子注入法；

② 等离子体浸没离子注入法；

③ 微波等离子体等对奥氏体不锈钢进行低温渗氮强化处理，可使耐磨性提高数百倍。

然而这些方法渗速慢，等离子体浸没离子注入奥氏体不锈钢氮化 450℃，3h 仅获得 3.8μm 厚的渗层。射频等离子体不锈钢氮化 400℃ 4h 得到的渗氮层为 1.5μm，表面氮浓度低，一般在 30%（质量分数）以下，设备复杂。

(2) 低压等离子体弧源离子渗扩氮。在 350～450℃之间对奥氏体不锈钢进行表面渗扩氮强化，可在表面形成 2～15μm 厚的含氮奥氏体过饱和层，即 γ_N 相，最大含氮量可达到 40%（质量分数）以上。显微硬度可达到 $HV_{0.1}$ 1200 以上，具有良好的抗蚀性、耐磨性。

5.8.1　不锈钢等离子体弧源低温离子渗扩氮方法

(1) 前处理。1Cr18Ni9Ti 奥氏体不锈钢表面磨光、除油。

(2) 设备。用自行改造的电弧等离子体辅助离子氮化、真空沉积多用炉，进行低温离子渗扩氮处理用。

（3）氮化工作气体。氮、氢、氩混合气作氮化工作气体，氮氢混合比为8∶1。

（4）工作气压：2×10^{-1}Pa。

（5）温度：350～500℃。

（6）电压：800～1000V。

（7）时间：2h，样品随炉冷却。

5.8.2　不锈钢渗扩氮层金相组织

（1）不同温度对金相组织的影响见表5-10。

表5-10　不同温度得到的金相组织

温度/℃	渗氮层厚度/μm	表面显微硬度(HV)	渗层组织腐蚀后外观
350	2～3	1200	白亮色
380	5～6	1200	白亮色
420	12～13	1200	白亮色
450			白亮色
460～480	30	1200	黑灰色
480～500	30	1200	黑灰色

（2）临界温度区。从表5-10可见，480～500℃温度下得到的渗层抗腐蚀性能非常差，渗层呈现黑灰色，有大量析出物出现。由此推断，高于临界温度，抗蚀性严重恶化，根据多相和X射线衍射结果，临界温度区在450～460℃。

渗氮温度提高，渗层厚度增加显著，但温度超过450℃，渗层结构发生变化，抗蚀性能严重恶化。

（3）过饱和奥氏体渗氮层的形成。在比较低的渗氮温度条件下，奥氏体不锈钢中的合金元素铁、铬、镍等扩散比较困难，相对来说，轻元素氮的扩散要容易得多，而铬与氮的亲和力比铁、镍大得多，自然，难以移动的铬会限制易于扩散的氮移动，造成一定范围内氮浓度的过饱和，形成所谓的γ_N相。420℃ XDS分析结果也表明，渗层中的合金元素处于零价位，即没有与氮形成氮化物。把γ_N作为氮过饱和固溶体，渗氮层表面氮浓度最高达到45%(质量分数)，有利于提高渗氮效率。

5.8.3　不锈钢渗扩氮层深度

420℃渗氮层中合金元素及氮碳氧的俄歇（AES分析）深度分布见图5-14。

（1）表面有部分氧化，氧化层较薄，约3nm，但氧元素明显存在的深度达到120nm左右。

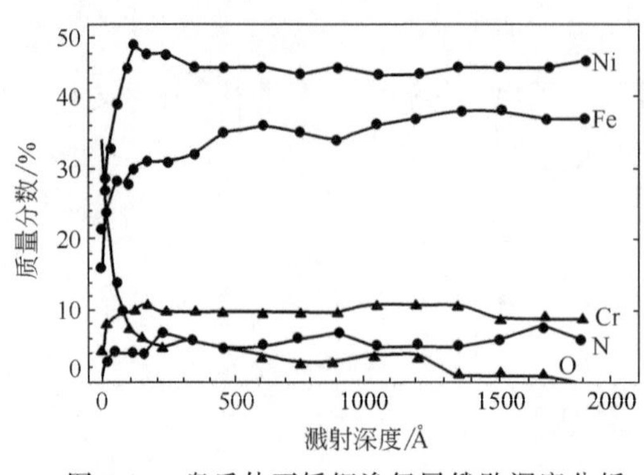

图 5-14　奥氏体不锈钢渗氮层俄歇深度分析
(1Å=10^{-10}m)

(2) 氮元素含量在 10nm 左右达到峰值，约 47%(质量分数)，随后渗层中氮浓度为 45%(质量分数)，基本保持不变。

(3) 铁元素的表面浓度在 50nm 后保持在 35%～36%(质量分数)。N/(Fe、Cr、Ni)质量比为 0.85。

利用弧光放电低压等离子体源离子渗氮在奥氏体不锈钢表面获得的氮浓度，远高于目前所采用的其他渗氮方法（低于 30%氮浓度），表面氮浓度提高，使表面与基体之间的氮浓度梯度增加，有利于氮原子向基体中扩散，在同样的温度、时间条件下可获得更深的渗层。

5.9　不锈钢热加工保护涂料[8]

5.9.1　保护涂料的效果

保护涂料能防止 1Cr18Ni9T 不锈钢在热加工后表面出现细微裂纹，和表面合金元素贫化层具有明显的效果。

5.9.2　保护涂料的配方设计

(1) 设计耐热涂料配方的考虑因素。

① 加热介质。镍铬不锈钢在二氧化硫、硫化氢气体中加热时会发生硫化腐蚀，1Cr18Ni9Ti 钢在 800℃即开始发生明显的氧化。

② 涂层的附着力。

a. 在运输和受热过程中涂层对底材应有良好的附着力；

b. 高温时有较好的润湿能力和良好的化学惰性，对底材不产生明显的腐蚀作用；

c. 高温时的黏度应恰当，不能在炉内流淌，对炉衬构成危害；

d. 在钢坯热加工时应有良好的塑性变形能力，不影响钢材的表面质量；

e. 烧结后涂层的膨胀系数与底材应有明显的差别，便于涂层自动剥离。

③ 原料来源方便，价格低廉。

④ 工艺简单易行，使用安全。

（2）玻璃作为涂料基本的化学成分和物理性能见表5-11。

表中B_2O_3、CaO、MgO等可降低高温黏度，Al_2O_3、SiO_2可降低高温腐蚀活性，B_2O_3、K_2O可增加高温的润湿能力。

（3）玻璃的物理性能。

表5-11　玻璃化学成分和物理性能

序号	SiO_2 /%	B_2O_3 /%	Al_2O_3 /%	CaO /%	MgO /%	Na_2O+K_2O /%	线膨胀系数 /K^{-1}	软化点 /℃
1	50～60	8～10	12.0～17.0	14～20	4～7	<0.8	5.2×10^{-6}	700
2	79～84	11～15	1.5～4.0			<5.0	3.3×10^{-6}	820
3	78～81	12～16	1.5～5.0	<2	<2	<6.0	8.9×10^{-6}	755

① 软化点。由表5-11可见，软化点低于不锈钢在800℃发生氧化的温度，涂层可以及时形成有效的保护层。

② 线膨胀系数。玻璃的线膨胀系数比不锈钢相差3～4倍，可使涂层在热加工后有较高的自动剥离率。

（4）涂料的配比见表5-12。

表5-12　涂料配比组成　%

序号	玻璃粉	高温填料	助熔剂	悬浮剂	黏结剂
1	70～80	5～9	3～6	3～7	7～12
2	70～80	15～23		3～7	5～8
3	78～80	20～26		4～8	3～6

No.2、No.3两种玻璃的碱含量较高，高温时的黏度较低，可通过加入高温填料调整。

黏结剂的加入，保证钢坯在推入加热炉和加热时不脱落。

悬浮剂为耐火粉。

溶剂为水。

助熔剂加入No.1涂料以加快高温熔化过程和降低高温黏度。

（5）制浆方法。将工业玻璃碎成≤3mm的颗粒，再粉碎至200目，加入200目的工业用耐火粉和其他组分，配入适量的水，搅拌均匀，即可浸、刷或喷涂在钢坯上，自然干燥或烘干。

5.9.3　保护涂料的性能

5.9.3.1　物相分析

将配好的No.1涂料的生料加热到1200℃保温3h，冷却到室温，与不烧结的生料同时用日本理学 PMX-Ⅲ型 X-射线衍射仪作物相分析。

① 在生料中只存在 Cr_2O_3、SiO_2、MgO 和玻璃等相。

② 已烧结的涂料中只存在 $MgCr_2O_4$ 和玻璃相，表明大部分晶相已溶入玻璃体中，Cr_2O_3 与 MgO 形成 $MgCr_2O_4$ 亚铬酸镁晶体析出。

5.9.3.2　差热失重分析

No.1 涂料的差热失重分析曲线见图 5-15。

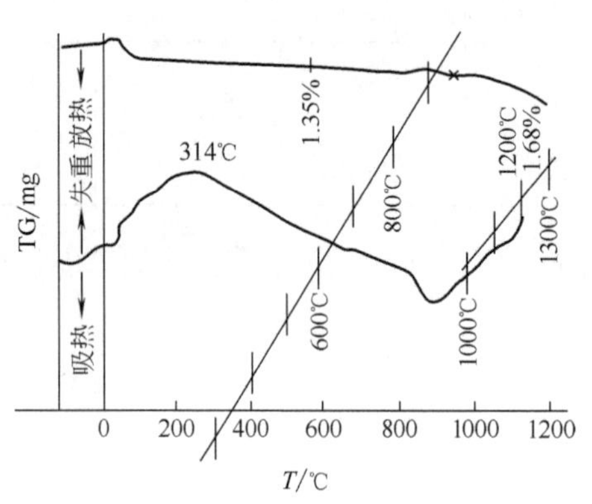

图 5-15　No.1 涂料的差热失重分析

差热曲线上只有一个钝的放热峰和吸热峰，是有机物氧化分解和脱水（314℃）及玻璃熔化引起的（1000℃）；没有因化学反应而形成的尖锐放热峰，说明 $MgCr_2O_4$ 晶体是在冷却过程中析出的，而不是在加热过程中形成的。

5.9.3.3　润湿边角

用德国产 2A-P 型高温显微镜观察 No.1 涂层在 1Cr18Ni9Ti 不锈钢上加热的变化，炉内通氩气保护，通气量为 1mL/min，在设定的温度下 0.5h 后测定润湿边角。加热过程中观察如下：

① 700℃涂层开始收缩，说明此时涂层开始烧结，具有一定的保护能力；

② 850℃开始出现边角钝化；

③ 950℃有少量液相熔出，硼酸盐熔化，并开始挥发鼓泡，试样体积胀大；

④ 1090℃可以观察到大量液相析出，润湿边角急剧减小，涂层熔体在基体上铺展开来，形成了更好的保护涂层；

⑤ 1100℃、1120℃、1200℃、1300℃，根据照片测出润湿边角分别为 26.72°、26.04°、21.24°、19.66°，可见高温时润湿边角只有 20°左右，因而覆盖致密，保护能力增强。

5.9.4　保护涂层保护能力检验

（1）顶锻实验。

① 实验过程。顶锻试样表面扒皮车光，部分试样用涂料保护，在煤气炉中加热至 1180℃，保温 3h 后顶锻。

② 顶锻实验结果。No.1、No.2、No.3 具有良好的保护能力，涂层均能自动剥落，试样表面仍保持金属光彩，酸洗后不出现裂纹；而不经保护的试样表面出现许多细裂纹，经酸洗后，这些裂纹更明显。

③ 涂层的保护效果。No.1 涂层的保护效果最好，No.2、No.3 涂层也有明显的保护作用。金相试样观察表明，涂层保护的试样，边缘区和中心区基本相同，而未经涂层保护的试样的最外层是氧化区，内层含有较多夹杂物的过渡区，夹杂物是加热气体中某些气体引起的反应物，再向中心才是正常的基体。由于高温氧化和硫化腐蚀，已有裂纹源沿晶界产生，这些裂纹源在热加工过程中受外力作用就会扩展成表面细微裂纹。

(2) 仪器分析。

① 用 SEM 能谱对夹杂物作定量分析表明：主要是铁、铬的硫化物，其中含有少量的镍、钛。

② 不保护试样的边缘区有较多的第二相沿晶界析出，呈大块状和薄片状，经涂层保护的试样，边缘区和中心区晶界析出相的数量和分布相近，用 TEM 选区电子衍射和 SEM 作定性分析表明，这些大块状的析出相主要是 Cr23C6，薄片状的主要是碳化钛（TiC），其中都含有少量的铁、镍等其他元素，没有硫化物，而在不保护试样的断裂部分，则发现了铁、铬、钛的硫化物，其中并不含镍。

③ 对比分析表明，1Cr18Ni9T 钢在煤气中加热会渗碳、渗硫，碳化物主要在晶界析出，硫化物主要在晶粒内部，硫化物是铁、铬、钛的硫化物。

④ EPA 分析表明，不经保护试样的边缘区有 160μm 左右的铬贫化层，和与此深度相当的渗硫层。经 No.1 涂层保护后，不发生硫化腐蚀和氧化，因而不再出现合金元素的贫化层。

采用三种涂层保护，防止不锈钢表面出现细微裂纹和合金元素贫化层有明显的效果。

5.10 不锈钢上电沉积烧结抗高温钇铬氧化薄膜[9]

(1) 1Cr18Ni9Ti 表面铬钇氧化物薄层的抗氧化性能。含有铬、钇活性元素的氧化物覆盖或弥散于不锈钢表面后，可以促进合金元素的选择性氧化，从而大幅度提高合金的抗高温氧化性能。

(2) 铬钇氧化物膜层的技术经济意义。用电沉积加低温烧结的方法在不锈钢表面获得氧化物（陶瓷相）膜层是一种价廉而高效的技术，具有实际开发价值，因其电解液的配方、制备、工艺参数等都易于操作和控制，形成的薄膜对改善合金的抗高温氧化能力十分明显。

5.10.1　铬钇氧化物薄膜的制备

（1）铬和钇的电解水溶液成分。铬和钇的电解水溶液成分见表 5-13。

表 5-13　铬和钇的电解水溶液成分

配方号	1	2	3	4
$[Cr^{3+}]:[Y^{3+}]$	1∶0	0∶1	3∶1	9∶1
$[Cr^{3+}]+[Y^{3+}]$总量/(mol/L)	0.01	0.01	0.01	0.01
pH	0.7	0.7	0.7	0.7
$[NO_3^-]$/(mol/L)	≥1	≥1	≥1	≥1

溶液 pH 的调整：滴加 0.5mol 硝酸调节。

硝酸根离子浓度的调整：添加硝酸铵（NH_4NO_3）调节。

（2）复合薄膜电沉积工艺条件。

预处理：沉积前经 360# 细砂纸打磨、去油、并经稀盐酸活化；

沉积电流密度：$8mA/cm^2$；

阳极：石墨；

烧结：沉积后在 300℃炉中烧结，重复沉积烧结 3 次。由于沉积的氢氧化物是凝胶状含水物质，质地疏松，经烧结脱水后表面膜层可能有孔隙，为了增加致密度，故采取三次沉积加烧结，每次沉积时间控制在 15～20s。

（3）阴极极化曲线。采用动电位扫描法测试阴极极化曲线，见图 5-16。电解还原反应主要是硝酸根离子（NO_3^-）在阴极上可能发生如下反应：

$$NO_3^- + 3H^+ + 2e \longrightarrow HNO_2 + H_2O，E^\circ = 0.94V \tag{5-1}$$

$$NO_3^- + H_2O + 2e \longrightarrow NO_2 + 2OH^-，E^\circ = 0.01V \tag{5-2}$$

$$2NO_2^- + 3H_2O + 4e \longrightarrow N_2O + 6OH^-，E^\circ = 0.15V \tag{5-3}$$

由于反应使阴极附近液层中的 OH^- 浓度增加，使阴极表面沉积氢氧化铬 $Cr(OH)_3$和氢氧化钇成为可能。当阴极界面上 pH 上升时，对阴极极化过程影响较大。

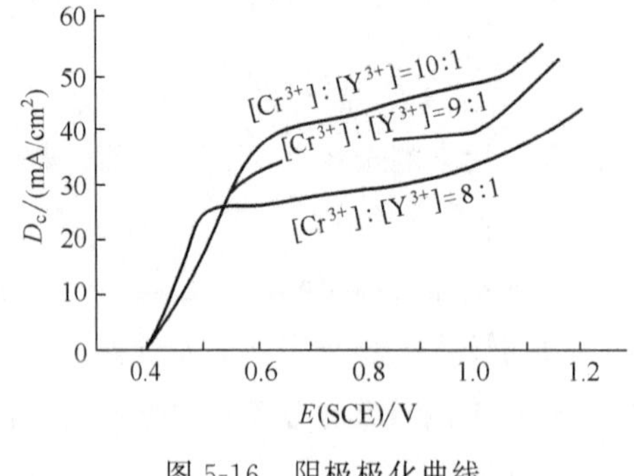

图 5-16　阴极极化曲线

由图 5-16 得到：

① 随着 $[Cr^{3+}]$与$[Y^{3+}]$ 比值的增加，极限电流密度（D_K）增大；

② 由观察判断，极限电流密度与析氢反应 $2H^+ + 2e \longrightarrow H_2$ 无关，是由反应式（5-1）、式（5-2）、式（5-3）引起的。由此确定了沉积的工作条件。

5.10.2　铬钇氧化物膜对不锈钢抗高温氧化性能的影响

5.10.2.1　氧化动力学曲线

在900℃进行高温氧化实验，氧化时间共96h，以不同时间间隙取出试样，用分析天平称重获取氧化动力学曲线，见图5-17。

从图5-17可见，除去10∶1试样，其余4种试样的氧化增重和未沉积试样相比下降约75%，另外，发现在每个坩埚底部都有黑色的氧化剥落物，对比发现空白试样坩埚内的剥落物最多，形状呈片状；而8∶1试样坩埚内的最少，呈极细的粉末状。

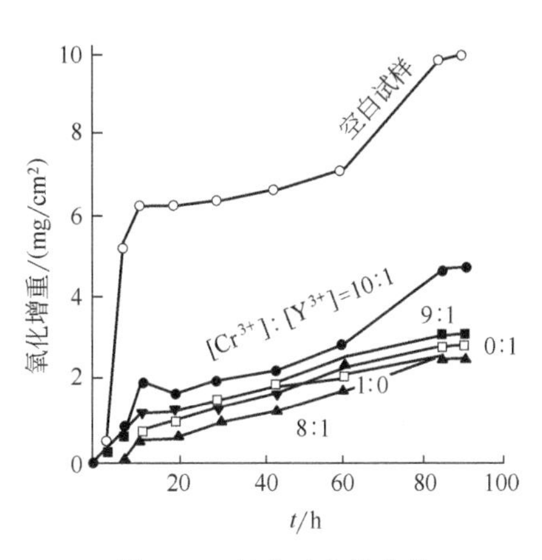

图5-17　氧化动力学曲线

5.10.2.2　促进活泼元素的选择性氧化

表面沉积氧化铬-氧化钇（Cr_2O_3-Y_2O_3）复合薄膜后，氧化膜中铬、钛、锰含量提高，而铁、镍基体元素含量下降，见表5-14氧化膜中主要元素组成对比，铬-钇氧化物薄膜促进了活泼元素的选择性氧化。

表5-14　氧化膜中主要元素组成对比(原子分数)　　%

试样	铁	铬	锰	镍	钛
未沉积	25.144	31.455	27.728	7.222	8.105
1∶0	4.104	33.041	31.796	0.346	30.714
0∶1	11.700	38.045	35.370	0.464	14.058
8∶1	6.673	37.982	39.762	0.371	15.201

5.10.2.3　电解液中沉积元素配比对膜层性能的影响

(1) 从SEM照片可见，未沉积试样表面呈大面积剥落，表面凹凸不平。

(2) $[Cr^{3+}]$∶$[Y^{3+}]$ =8∶1、9∶1、10∶1的试样表面弥散着细小的球状颗粒，其中8∶1试样表面光滑，颗粒均匀，未找到明显的剥落区。

(3) 对比试样的能谱分析证明，铬、钇原子比，即 $x(Cr)$∶$x(Y)$=85.341%∶14.655%，铬和钇的配合作用是明显的。

(4) 复合氧化物薄膜有效促进合金的选择氧化，必须以形成连续无裂纹均匀细晶膜为条件，铬∶钇=9∶1和10∶1试样表现出膜层的黏结力差，可以解释为跟氧化钇（Y_2O_3）的比例有关，钇的选择促进作用在于它比较容易和铬掺杂，改变铬膜中的传质机理和受热时的应力状况，提高铬与基体的附着力，当氧化钇的比例下降时，上述功用下降。

（5）钇和铬膜层在氧化初期起两大作用：

① 在合金表面提供理想的长核场所，从而阻碍氧向内扩散；

② 促进铬的选择氧化，显著降低合金发生选择氧化所需活性元素的临界含量。

1Cr18Ni9Ti 不锈钢表面沉积 Cr_2O_3-Y_2O_3 薄层后，抗氧化性能提高 3 倍。

5.11　不锈钢加铁稀土离子硫氮碳共渗层[10]

5.11.1　概论

（1）奥氏体不锈钢的氮化。由于奥氏体不锈钢内部含有大量合金元素，阻碍了碳、氮原子的扩散，故而它的氮化温度通常在620～650℃，渗层深度 0.1mm，离子纯氮化需要 20h 以上。由于时间长、温度高，增大了零件的变形量，满足不了精密零件的要求。

（2）奥氏体不锈钢的离子硫氮碳共渗。离子硫氮碳共渗降低零件表面摩擦系数，提高耐磨性、疲劳强度和抗咬合性，而且有显著的催渗效果。但它的最佳共渗时间在 4～6h，对需要长时间氮化的 1Cr18Ni12Mo2Ti 奥氏体不锈钢不适应。

（3）奥氏体不锈钢 1Cr18Ni12Mo2Ti 加铁稀土催渗离子硫氮碳共渗，可使共渗温度比普通氮化降低 60℃，渗层深度明显加厚，效果显著。

5.11.2　不锈钢加铁稀土催渗离子硫氮碳工艺

（1）材料：经固溶处理的 1Cr18Ni12Mo2Ti 不锈钢。

（2）实验设备：改进的 LD_2-50 型离子氮化炉。

（3）温度控制：采用 WDL-31 型光电温度计。

（4）共渗剂：炉内通入分解氨，将自制的特定稀土溶入含硫、含碳有机溶剂中，在炉内负压作用下通入炉中。

（5）炉内气压：500～800Pa。

（6）共渗温度：560～620℃。

（7）时间：8～12h。

（8）辅助铁板：方式见图 5-18。试样放在低碳钢板中间，间隙为 10～15mm。

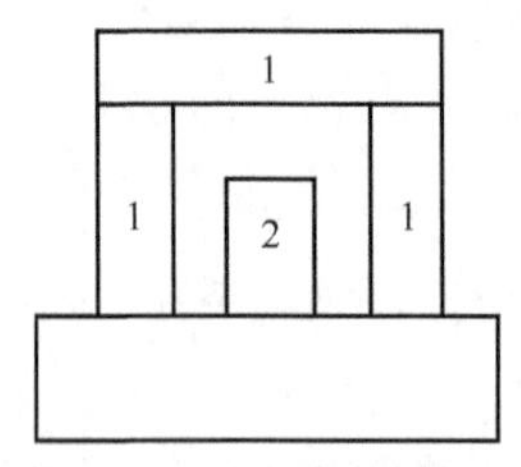

图 5-18　加辅助铁板示意图

1—低碳钢板；2—试样

5.11.3 不锈钢加铁稀土离子硫氮碳共渗中铁及稀土的影响

（1）铁及稀土对渗层厚度的影响。1Cr18Ni12Mo2Ti不锈钢在温度为585℃，时间为12h时经下列不同工艺处理的金相显微照片见图5-19，试样经磨制、抛光后未腐蚀进行硬度分布测量，在显微镜下，共渗表面均有一层黄色层。

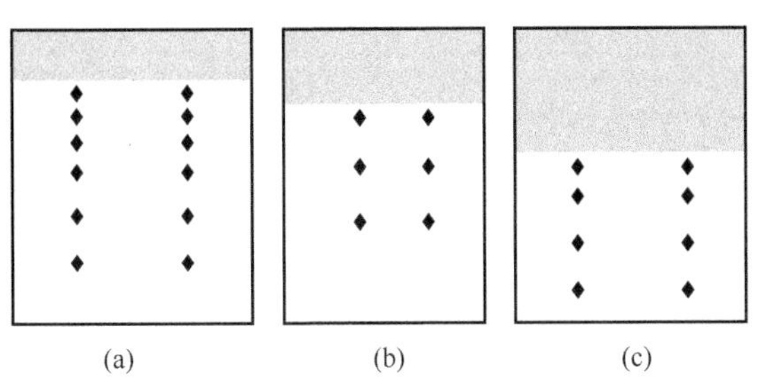

图5-19 不同处理后的金相照片（200×）
（a）未加铁的离子硫氮碳共渗层厚度最薄；（b）未加铁的稀土离子硫氮碳共渗层厚度稍厚；（c）加铁的稀土离子硫氮碳共渗层厚度最厚

显微硬度测量结果表明，黄色层内硬度极高，均大于$HV_{0.1}$860。

（2）铁及稀土元素对渗层深度的影响。图5-20示出3种工艺在相同时间12h不同温度下渗层深度的变化。

1Cr18Ni12Mo2Ti不锈钢在565℃、585℃、615℃温度下3种工艺的比较：

① 加铁稀土离子硫氮碳共渗比离子硫氮碳共渗增加渗层深度30%以上；

② 加铁、稀土离子硫氮碳共渗比未加铁的稀土离子硫氮碳共渗增加渗层深度10%以上。

由此可见，铁、稀土元素对离子硫氮碳共渗具有明显的催渗作用。

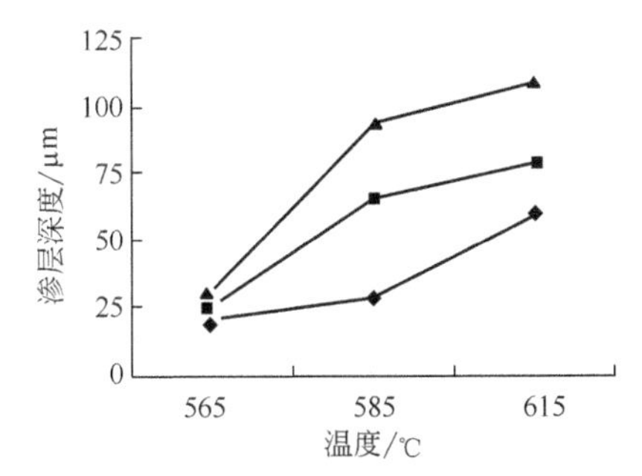

图5-20 温度对渗层深度的影响
—◆—离子硫氮碳共渗；—■—稀土离子硫氮碳共渗；
—▲—加铁稀土离子硫氮碳共渗

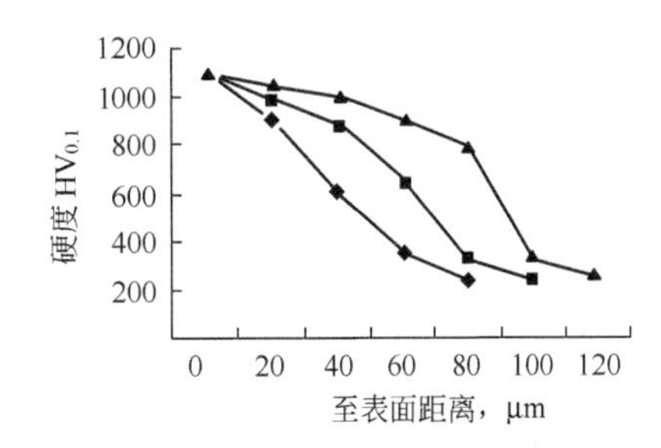

图5-21 不同工艺的硬度梯度曲线
—▲—加铁稀土离子硫氮碳共渗；
—◆—离子硫氮碳共渗；—■—稀土离子硫氮碳共渗

（3）铁及稀土元素对渗层硬度的影响。经 585℃、12h 不同工艺处理的试样硬度梯度曲线如图 5-21 所示，三者表面硬度均很高，$HV_{0.1}>1000$，加铁、稀土离子硫氮碳共渗层最深，硬度要高于其他二者，三者表面压痕边缘均清晰完整，脆性小于Ⅱ级，符合要求。

（4）稀土元素对渗层组织相结构的影响。图 5-22(a) 为离子硫氮碳（SNC）共渗，图 5-22(b) 为稀土离子硫氮碳（Re-SNC）共渗试样渗层的 X 衍射分析曲线。

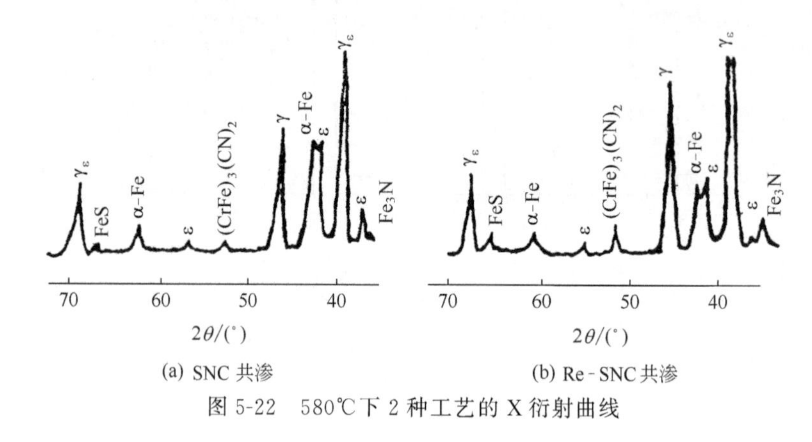

图 5-22　580℃下 2 种工艺的 X 衍射曲线

曲线中，稀土离子硫氮碳共渗层中 γ′相明显增加，这有利于渗层表面的韧性提高，ε 相、α-Fe 相明显下降。加入稀土略增加 $(FeCr)_3(CN)_2$ 相的量，因此，有利于增加渗层硬层。

5.11.4　不锈钢加铁稀土离子硫氮碳共渗的催渗机理探讨

（1）稀土对共渗过程的影响。目前，人们对稀土的催渗机理尚不十分清楚，一般认为，稀土元素的加入，有利于渗氮过程气相活化→吸附→分解→扩散。稀土元素有利于不锈钢表面的净化和活化，促进氮、碳原子的吸附和稀土元素在轰击试样表面时，产生更多的畸变区和位错区，有利于活性原子的渗入。

（2）辅助铁板对共渗过程的影响。在离子轰击的作用下，由低碳钢板溅射出来的铁原子弥补不锈钢表面溅射铁原子的不足，与活性很强的离子氮化合成氮化铁(FeN)，吸附于工件表面，随后进行分解、扩散过程，溅射出来的铁原子就是有效的“氮载体”，凝附于工件表面，保持表面的高氮势，从而加速渗氮过程。

5.12　不锈钢不饱和聚酯改性特种防腐涂层[12]

广州华南理工大学工业装备与控制工程学院（510640）刘钧泉、宋丽丽和广州市思迪克重防腐涂料有限公司龙乃健（510000）及广东市浪奇实业公司甘国兴（510660）于2006年5月报道了研制的适用于奥氏体不锈钢材料的重防腐涂料，通过盐雾实验对成膜物质进行了筛选，获得了由A、B组分组成的无色透明的重防腐涂料（代号为ST1C9901-1）经过附着力检测、浸泡实验及毒性检测实验证明，此种涂料适用于不锈钢材料的保护。一年多的生产应用表明，在含氯化物的介质中，该防腐涂料对不锈钢设备有很好的保护作用，涂饰该涂层的保护方法具有简便廉价的优点。

5.12.1　特种防腐涂料配方

这种防腐涂料是一种无色透明液体，由A、B双组分材料组成，A、B质量配比为1∶1。

A组分为：1# 改性树脂25%；2# 改性树脂51%；高沸点溶剂20%；助剂4%。

B组分中含有环氧树脂50%；增韧树脂10%；溶剂38%；助剂2%（均为质量分数）。

5.12.2　涂装工艺

（1）设备表面处理。先用打磨机或砂布打磨表面，除去铁锈，增加表面粗糙度，然后用ST1C1001清洗剂抹净表面。

（2）涂装时，首先准确称量A、B组分，混合、均匀搅拌，用刷涂、喷涂或浸涂的方法均匀薄涂于材料表面2～4遍（视腐蚀条件而定），一般为3遍，间隔涂覆时间为24h；稀释剂为ST1C1001；参考耗量为每遍0.08～0.1kg/m^2。

5.12.3　涂层性能测试

（1）工作介质浸泡实验。304奥氏体不锈钢制品涂敷该涂料内表面，接触介质浸泡实验一个月，参照GB 1763—89标准评定，实验结果显示，器皿内壁光滑，无任何腐蚀迹象，而不作任何处理的另一器皿出现锈点。实验表明，该涂料具有抗工作介质腐蚀的性能。

（2）毒性检测。将该涂料送广州市疾病控制中心（广州市卫生检验中心）检测。结果显示，器皿中的介质完全符合国家卫生标准，所制涂料可用于生产此类日用化工产品的设备中。

（3）附着力检测。参照GB 9286—1998标准，在304不锈钢试样上进行3种不同的表面处理：一是砂布打磨，二是打磨机打磨，三是用溶剂洗净表面，然后分别涂上涂料，采用划格法检测涂料的附着力，经测试，3类表面处理的涂层均达到5B等级，说明涂料对不锈钢有极强的附着力。

（4）质量检测。所制涂料经广东中诚表面防护材料质量检验中心及广东省产品质量监督检验中心防腐蚀与表面工程实验室的检验测定，各项检测指标都符合标准要求，具有附着力好、致密性好，硬度高、耐高温、耐酸碱及有机溶剂等特性。

5.12.4　涂层应用效果

（1）广州浪奇实业股份有限公司在生产洗洁精工艺中采用了该涂层对设备涂敷，经一年多的运转后显示，产品毒性、外观、色泽均合格，设备涂层仍保持无色透明状，平均脱落面积不超过1%。未涂敷涂料的原设备表面腐蚀起锈，导致产品变色。

（2）如广州某包装机械有限公司出口的不锈钢设备，经过一个多月的海上运输，到达目的地时已出现锈点。试用ST1C 9901-1特种防腐涂料对该设备进行涂敷后，设备运送至国外客户处仍保持崭新无瑕。该公司现在不锈钢出口设备上全面采用该防腐涂料涂敷工艺。

5.13　不锈钢表面导电聚苯胺膜层[13]

西安电子科技大学应用化学系（710071）白春钰、梁燕萍于2008年7月认为导电聚苯胺性能优异，应用前景广阔。他们采用原位聚合法在不锈钢表面制备了绿色导电聚苯胺（PAn）薄膜，研究苯胺（An）与硫酸的物质的量浓度比、苯胺（An）与过硫酸铵（APS）的物质的量浓度比以及反应温度对合成的影响。用点滴实验、阳极极化曲线评价聚苯胺薄膜的耐蚀性能，通过正交试验确定最优工艺条件、反应温度。在3.5%NaCl溶液中点腐蚀电位正移了1000mV左右，说明该聚苯胺薄膜具有较好的耐腐蚀性能。

5.13.1　聚苯胺膜实验

（1）前处理。不锈钢试样的前处理：不锈钢试片（10mm×5mm×0.5mm）→碱性除油→水洗→化学抛光→4% Na_2CO_3 中和→热水洗→冷水洗→自然晾干→待用。

（2）聚苯胺薄膜制备。分别配制50mL0.3mol/L的苯胺（An）硫酸溶液和等体积不同浓度的过硫酸铵（APS）溶液，然后将二者混合，放入待用的试片，在不同温度下搅拌至基片膜变绿色，取出试片用蒸馏水冲洗，100℃烘干，即制得耐蚀性聚苯胺薄膜。

（3）薄膜性能测定。

① 点滴实验。在室温下将10%HCl点滴在试片表面，记录产生锈斑的时间，以衡量膜的耐蚀性。每次做了点滴实验，计算平均时间。

② 阳极极化曲线测试。以工作电极（不锈钢试片）、辅助铂电极、参比电极（饱和甘汞电极）构成三电极测量体系。工作电极用石蜡封装，留下4mm×4mm的工作面。腐蚀介质为3.5%NaCl溶液。记录阳极电压与腐蚀电流的变化曲线，测量系统由计算机与电极钝化曲线测试仪组成。

5.13.2　聚苯胺膜实验结果

（1）反应温度。选定0.3mol/L苯胺，通过改变反应温度、苯胺与氧化剂的浓度比、苯胺与硫酸的浓度比，反应至基片膜变绿色。

按 $c(\mathrm{An}):c(\mathrm{H_2SO_4})=1:3$，$c(\mathrm{An}):c(\mathrm{APS})=1:1$ 的制备方法，改变反应温度，考察聚苯胺膜耐蚀性的变化，结果见表5-15。

表5-15　反应温度的影响

温度/℃	10	18	26	30	40	50
点滴时间/min	20	27	25	16	—	—

由表5-15可见，聚合反应对温度是比较敏感的，温度在30℃以下时，在试片表面形成具有耐蚀性的聚苯胺薄膜。30℃以上成膜困难，由于反应温度升高，反应速率加快，构成薄膜的颗粒尺寸变大，难以吸附在基体表面形成薄膜所致。反应温度为18℃，为最佳工艺条件。

（2）苯胺与硫酸浓度比的影响。质子酸在苯胺的聚合过程中的作用主要是提供质子，满足聚合反应所需要的pH，并以掺杂剂的形式进入聚苯胺骨架，赋予聚苯胺导电性，因此，可以在多种酸性介质中进行。本工作采用硫酸作为掺杂剂。在苯胺与硫酸的质量浓度比在1∶(1～5)范围内做点滴实验，用精密试纸检测聚合溶液的pH<2。实验结果见表5-16。在 $c(\mathrm{An}):c(\mathrm{APS})=1:1$，温度18℃的条件下进行实验。

表5-16　苯胺与硫酸浓度比的影响

$c(\mathrm{An}):c(\mathrm{H_2SO_4})$	1∶1	1∶2	1∶3	1∶4	1∶5
点滴时间/min	19	23	27	14	12

由表5-16可见，当苯胺与硫酸的质量浓度比为1∶3时，点滴时间最长为27min。随着硫酸浓度的增加，聚苯胺膜的耐蚀性先增后降，增加到1∶4以上，

耐蚀性下降。这可能是由于硫酸浓度增加，使反应速率加快，聚苯胺的粒径增长，膜厚随之增加，致密性和连续性光都较好，但当酸浓度过高，大粒径聚苯胺颗粒短时间内产生，影响薄膜进一步形成，反而使膜变薄，致密性和连续性都下降，导致耐蚀性反而下降。

（3）苯胺与过硫酸铵（APS）浓度比的影响。苯胺的氧化聚合电位较低，约为0.7V（vs SCE），过硫酸铵由于氧化能力强，后处理简单，在－5～50℃内有很高的氧化活性。实验结果见表5-17苯胺与过硫酸铵浓度比的影响。

表5-17 苯胺与过硫酸铵浓度比的影响

c(An)∶c(APS)	1.0∶0.5	1.0∶1.0	1.0∶2.0	1.0∶3.0
点滴时间/min	23	27	25	13

注：其他条件：c(An)∶c(H_2SO_4)＝1∶3，温度18℃。

由表5-17可见，当苯胺∶过硫酸铵的浓度比为1.0∶1.0时，薄膜的耐蚀性最好。在实验中氧化剂过硫酸铵用量过小，苯胺得不到良好的聚合，氧化剂用量过大，反应速率过快，短时间有大量聚苯胺沉淀生成，无法形成均匀性和稳定性良好的薄膜。

（4）正交试验设计优选结果。为获得苯胺聚合反应的最佳工艺条件，考察综合因素的影响，采用正交试验 $L_9(3^4)$ 正交表进行试验，因素水平见表5-18。

表5-18 正交试验因素水平表

因素	A	B	C
	c(An)∶c(H_2SO_4)	c(An)∶c(APS)	温度/℃
水平1	1∶1	1.0∶0.5	10
水平2	1∶2	1.0∶1.0	18
水平3	1∶3	1.0∶2.0	20

经过正交试验最优的因素为 $A_3B_2C_2$，即苯胺与硫酸的浓度比为1∶3、苯胺与过硫酸铵的浓度比为1∶1，反应温度为18℃，是最佳工艺条件。

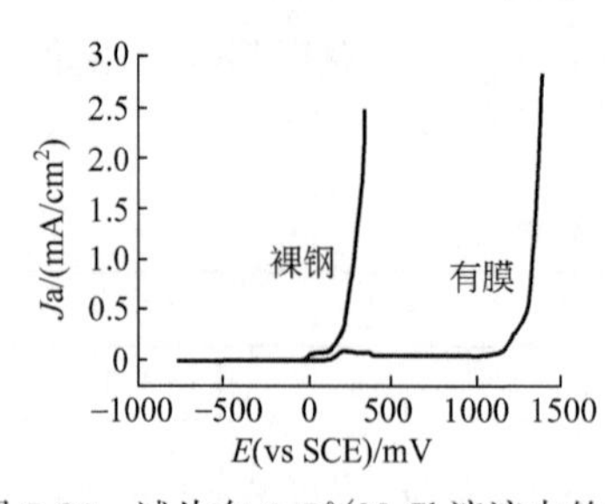

图5-23 试片在3.5%NaCl溶液中的阳极极化曲线（扫描速率5mV/s）

（5）阳极极化曲线。图5-23为裸露不锈钢试片和最优条件下制备的试片在3.5%NaCl溶液中的阳极极化曲线。由图5-23可见，无聚苯胺膜的裸露不锈钢试片在腐蚀电位200mV左右电流开始持续上升，表明发生点腐蚀；不锈钢涂覆导电聚苯胺膜的阳极极化曲线的钝化区域变宽（－750～1200mV），当腐蚀电位超过1200mV后，电流密度急速增大，发生点腐蚀，比裸露不锈钢试片高出 1000mV，说明聚苯胺膜的存在使不锈钢的抗点蚀能力大大提高。同时观察溶液中工作面膜层的颜色变化，由绿色→蓝色→紫色，之后开始有点蚀现象发生，曲线电流开始缓慢增大，表明该聚苯胺薄膜具有良好的耐腐蚀性能。

5.14 不锈钢真空等离子渗碳

采用普通渗碳工艺能够提高不锈钢的耐磨性，用气体渗碳时，由于受温度和控制方法的限制，不可能大幅缩短工艺时间。由于不锈钢表面有一层致密的 Cr_2O_3 钝化膜，阻止碳原子向钢件表面渗入，出现渗不进去或渗层不均匀现象。卢金斌、马丽采用等离子渗碳工艺[16]，对 1Cr18Ni9Ti 进行实验和渗后力学性能研究，结果表明，等离子渗碳速率快，经等离子渗碳后炉内冷却，渗层碳浓度梯度平缓，表面维氏硬度为 600～625HV，过渡层维氏硬度为 370～450HV，渗层耐磨性好，基体力学性能优良。

5.14.1 等离子渗碳原理与方法

（1）等离子渗碳基本原理。在真空状态下，以工件为阴极，施以直流电压，产生辉光放电，使电离出的碳离子轰击工件表面，把工件加热的同时，被工件吸收，然后向内部扩散。离子渗碳的反应过程如下，以甲烷 CH_4 渗碳剂（含碳氢原子的气体分子）为例。

$$CH_4 \xrightarrow{\text{辉光放电}} [C] + 2H_2$$

（2）等离子渗碳工艺过程。真空炉采用 LS-5 型渗金属炉，对不锈钢试样进行离子渗碳。采用双辉离子加热技术，在真空炉设置两个阴极，共用一个阳极并接地。一个阴极做成桶形，作为试样的加热极，另一阴极放置试样，置于桶形之中，两个阴极均施加高压直流电压，分别起辉，调节气压、电压使两个阴极间产生不等电位空心阴极效应。由于电子飞向阳极的行程增长，碰撞概率增加，离化率增大，碳离子增多，放电效果显著加强。

渗碳剂使用丙酮 CH_3COCH_3，其高温下热分解反应式为：

$$CH_3COCH_3 \longrightarrow 2[C] + CO + 3H_2$$

其中［C］为活性碳原子或离子。

（3）等离子渗碳工艺参数的优选。用正交试验方法优化离子渗碳工艺最佳参数：温度 950℃×1.0h（强渗）+950℃×0.5h（扩散、随炉冷却）。电压 400～500V，电流 0.8～1.2A，加热电压 600～750V，加热电流 2.8～3.3A，工作气压 100～300Pa，气氛为丙酮挥发。其获得的渗层均匀，在不锈钢表面不产生炭黑，离子渗碳中作为阴极的工件在异常辉光放电区工作，工件表面全部被负辉光覆盖，形成含碳离子的等离子区，因而不会产生渗碳层不均匀的现象。而且工作的狭缝小孔等部位同样可以获得均匀的渗碳层。

双辉离子渗碳作为渗碳的一种新工艺方法，空心阴极作用不但使离化率提高，还加热试样，不须外加热源，提高渗速，渗层质量好，碳化物细小分布，无共晶莱氏体组织。

5.14.2　渗碳速率分析

双辉离子渗碳新工艺可在表面获得相同的碳浓度，渗入速率比一般离子渗碳快10%。其原因为：①辉光放电对气体（丙酮）分解起到促进作用，有助于产生活性碳原子；②气体放电使活性碳原子输向阴极工件的运动速率增大，提高工件表面对活性碳原子的物理吸附速率；③真空条件下的除气作用和阴极溅射效应对工件表面的清洗作用及升温作用促进了活性碳原子的吸收，较快产生高的碳浓度梯度，加速碳原子的扩散速率。

5.14.3　不锈钢渗碳层的显微硬度

最外表面为疏松层，用 M-400-HI Leco 型显微硬度计测显微硬度并不是最大的（载荷 0.01N），次表面硬度最大值达到 600HV 以上，硬化层深度达到 350μm，其中维氏硬度在 500 以上的厚度达到 70μm，过渡层维氏硬度为 370～450HV。双辉离子渗碳不锈钢的表面主要是形成 Cr_7C_3，过渡层主要为 Cr_7C_3 和 $Cr_{23}C_6$ 碳化物细小粒子均匀弥散所致，提高硬度。

5.14.4　不锈钢离子渗碳后的耐磨性

不锈钢渗碳后在 ML-10 型磨料磨损试验机上与 GCr15 淬火钢试样进行耐磨比较实验。在试样上加载荷 1.5N，在 $360^{\#}$ 水砂纸的转动下，试样顶部受到砂纸相同的摩擦，测量失重用精度 0.1mg 的分析天平称量，测试试样的耐磨性。GCr15 淬火钢的平均失重为 0.03790g，不锈钢渗碳试样平均失重为 0.00329g，随着磨损转数的增加，GCr15 失重差距明显大于 1Cr18Ni9Ti，磨损停止时，渗碳表面光滑，而 GCr15 试样出现麻点，磨损失重比较明显。不锈钢的耐磨性与 GCr15 淬火钢相比，提高约 11 倍。这与其具有较好弥散分布的碳化物有关。由此可见，离子渗碳可提高表面硬度，增加硬化层的厚度，不须热处理，可直接使用。

5.14.5　不锈钢离子渗碳后的耐蚀性

刘伟、赵程、窦百香等人（青岛科技大学机电工程学院表面技术研究所，

266061）利用低温离子渗碳技术对 AISI 316L 奥氏体不锈钢进行表面渗碳处理[23]，通过电化学极化曲线测试技术和化学腐蚀实验研究其腐蚀行为，渗碳层为单相碳过饱和奥氏体固溶体，明显提高了其抗腐蚀性能，从而提高了使用寿命。

（1）渗碳温度的影响[23]。不同渗碳温度对 316L 不锈钢渗碳后 XRD 衍射谱表明，400℃离子渗碳处理后不锈钢仍保持原有的晶体结构，没有新相生成，可以获得无碳化物析出的具有单一 γ_c 相结构的渗碳层，γ_c 相的形成是由于：①Cr 和 C 具有很大亲和力，使 Cr 在渗碳过程中吸引大量的 C；②由于渗碳温度低，Cr 的扩散速率非常缓慢，在渗碳时间内无法完成形成铬碳化物所需的移动。

渗碳温度为 550℃，X 射线衍射谱中出现碳化物如 $Cr_{23}C_6$、Cr_7C_3、Fe_3C 等，铬碳化物的出现，表明部分 γ_c 相已开始析出分解，分解出的 C 与基材中的 Cr 原子结合生成 $Cr_{23}C_6$ 和 Cr_7C_3，从而降低了不锈钢表面自由铬的含量，以致达不到钝化所需的足够的 Cr 量，在腐蚀液中贫 Cr 区成为阳极区，发生优先溶解，从而导致不锈钢耐腐蚀性能恶化，表面层组织变为暗黑色。

由此可知，奥氏体不锈钢进行离子渗碳时，要严控制渗碳层内不析出铬碳化物，否则降低表面含铬量，削弱不锈钢的耐腐蚀性能，要严格控制渗碳温度。

（2）渗碳层的电化学腐蚀。电化学极化曲线采用 TD73000PCI-3691 型电化学测试系统测定，温度室温，中性腐蚀环境为 3.5%NaCl 水溶液，用标准三电极法连接电极，参比电极为饱和甘汞电极（SCE），辅助电极为铂电极，电位扫描速率为 1mV/s。

未渗碳处理试样和 400℃渗碳试样在 3.5%NaCl 溶液中的极化曲线见图 5-24。

由图 5-24 可见，未渗碳的阳极极化曲线没有明显的钝化区，开路电位为 −303mV;400℃渗碳后自腐蚀电位为 −232mV，存在明显的钝化区，且维钝电流密度比较低，其耐孔蚀性能明显优于基材。

（3）渗碳层的化学腐蚀。在室温下分别将试样浸入 20%H_2SO_4，5%HCl 和 2%HF 溶液中 24h，用电子分析天平（精度为 0.1mg）称量浸泡前后试样的质量变化，计算腐蚀速率，见图 5-25 未处理和 400℃渗碳试样在各种酸溶液中的腐蚀速率。

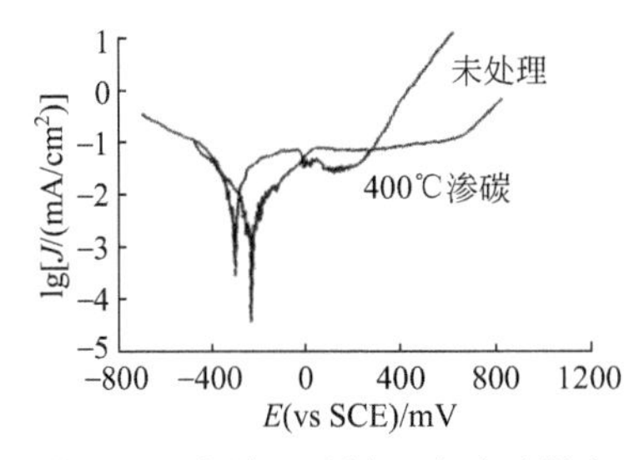

图 5-24　未处理试样和渗碳试样在 3.5%NaCl 溶液中的极化曲线

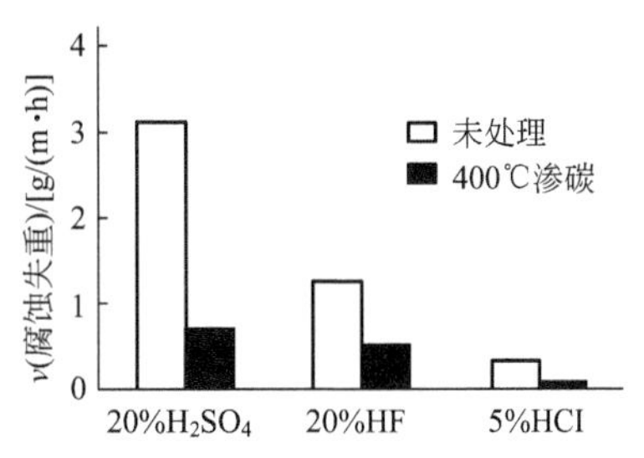

图 5-25　未处理和 400℃渗碳试样在各种酸溶液中的腐蚀速率

由图 5-25 可见，经过 400℃、8h 渗碳处理后的试样在各种酸溶液中的失重率都比未处理试样的失重率要小很多。在 3 种浸蚀液中，渗碳后试样表面都有极少量的气泡产生，但浸蚀液清澈，未处理试样的浸蚀液已变成淡青绿色，这是由于基材与酸液发生化学反应，生成 Fe 和 Ni 的化合物，而渗碳层中的碳过饱和固溶体结构具有良好的耐腐蚀性能，几乎不与稀酸发生反应，对基材有更佳的保护作用，证明渗碳层比基体具有更好的耐磨蚀性能。

5.15 不锈钢热浸镀铝合金对氚渗透的阻挡层

（1）氚在金属材料中的扩散渗透。人类的生存和发展离不开能源，对能源的需求迅速增长，但地球上化石燃料的储量有限，核能是可以大规模替代常规能源且干净、经济的现代能源。聚变堆中最关键的问题是氚的渗透。氚在一些金属材料中有很高的扩散渗透率，能在很多材料中溶解、扩散、渗透。在氚的生产、运输、储存以及燃料的后处理中，都有氚在材料中的扩散渗透问题。研究发展阻挡氚渗透技术具有极其重要科学意义和实用价值。

（2）氚阻挡层的应用前景。氚在金属中以间隙原子的形式扩散，在陶瓷材料中分子扩散，渗透能力比在金属中低几个数量级。但陶瓷的脆性及非致密性限制了它的应用。目前世界上开展聚变堆研究的国家均认为比较可行的方案是在反应堆用金属表面建立防氚渗透阻挡层（TPB），即在结构材料表面加上一薄层氚扩散系数低、表面复合常数低的陶瓷层，这既可保证材料的结构性能，又可抑制氚的渗透。目前，对不锈钢材料研究出的氚阻挡层有：氧化物涂层，钛基陶瓷涂层，硅化物涂层，铝化物等。其中铝/铁基＋Al_2O_3 涂层具有较好的应用前景。

（3）具体实施方案。先采用热浸镀铝法在不锈钢表面生成铁铝层，随后热处理原位生长氧化铝膜层。但是，不锈钢表面镀铝及随后的热氧化技术目前都还不成熟，有待于进一步的系统研究，研究发展不锈钢表面防氚渗透层技术有积极意义。北京有色金属研究总院能源材料与技术研究所韩石磊等人（100088）提出热浸镀铝法在不锈钢表面制备铁铝层，并分析了镀层的组织结构以及温度和合金元素对其厚度的影响。结构表明，热浸镀纯铝后，镀层由表面铝层和合金层组成，随着铝温度的升高，外层铝层减薄，而内层合金层增厚明显，镀层总厚度并没有太大的差异，加入合金元素硅对减薄镀层的作用明显[17]。

（4）国内外在该领域的发展趋势。结合反应堆的实际工况条件，特提出在不锈钢表面镀铝，然后将其进行原位氧化生成 Al_2O_3 膜层作为防氚渗透层。

5.15.1　防氚渗透膜层的实验

(1) 材料。基体材料采用已具工业规模且使用经验丰富的316L不锈钢。基片切割成40mm×10mm×4mm，热浸液采用高纯99.99%的铝，Si纯度为99.99%。

(2) 实验方法。热浸镀铝实验过程如下。

镀前处理：线切割→钻孔→打磨→清洗→烘干。

热浸镀铝：控制浸铝工艺，保证涂层厚度，减少涂层缺陷，通过浸镀温度影响分析和镀液成分影响分析（表面形貌观察和成分分析在Hitachi S4800型场发射扫描电镜及其附件能谱仪上进行），获得制备镀层的最佳参数。

5.15.2　防氚渗透膜的实验结果

(1) 热浸镀纯铝膜形貌。试样表面整体呈银白色，表面平整光滑，总体较均匀，没有裂纹及孔洞出现。镀层总厚度约60μm，共分2层，各层间界限明显。最外层约40μm，是由试样从铝液中提出时由于液态铝的黏度而附着的铝层，成分与铝液成分一致（其中有少量$FeAl_3$针状物析出，X射线衍射分析也表明表面主要是铝层）。

铝层下约20μm厚的为铁铝合金层，是在热浸铝过程中由铁铝相互扩散形成的，对铁铝合金层能谱（EDS）分析结果见表5-19。

表5-19　铁铝合金层能谱试样分析结果

元素	质量分数/%	原子数分数/%
Al	58.33	74.20
Fe	37.69	23.17
Cr	3.98	2.63
总量	100	100

从表5-19并结合EDS成分线扫描，铁铝合金层中铝的原子数分数为：74.20/(74.20+23.17)=76.2%合金层主要为Fe_2Al_5相。Fe_2Al_5相呈不均匀齿状，垂直于基体表面生长，使合金层与基体间的界面呈锯齿状。Fe_2Al_5的形成使得镀层与基体间为冶金结合，具有很强的结合力，因而镀层不易脱落。

(2) 浸镀温度对镀层的影响。

① 热浸镀温度过低，镀液黏度大，流动性差，表面铝层增厚，镀层粗糙。

② 热浸镀温度过高，铝液氧化严重，易产生漏镀和针孔。同时铁铝间相互扩散加快，形成的合金层变厚，对基体消耗过多。

③ 本实验的温度选定700℃、750℃、800℃、850℃进行实验，误差控制在

±5℃以内。

在浸铝时间相等的条件下，随着浸铝温度的升高，外层铝明显减薄，内层合金层变厚。镀层总厚度没有太大差异。合金层与基体间有严格的界限，其间并不存在其他化合物或固溶体的过渡区。合金层 Fe_2Al_5 相生长很快，呈舌头状垂直于试样表面，楔入基体，此特征在高温下表现明显。

（3）硅对镀层的影响。

① 在铝液中加入 Si，在不同温度下所得热浸铝，使合金层的厚度显著下降，且合金层不随温度的升高而增厚。800℃时镀层总厚度约为 25μm。其原因是由于 Si 在合金层中与 Fe、Al 形成富硅的相，用能谱仪点成分分析，Al、Fe、Si 原子含量之比为 71∶18∶8，而外层铝层中 Si 含量为 1.3%。可见在合金层中 Si 大量富集，形成 Fe-Al-Si 合金，对铁铝在高温下的扩散形成障碍。

② 硅的加入使合金层和基体间的界面变得平滑。在高温下也没有出现 Fe_2Al_5 垂直试样表面呈楔状进入基体的情况。外层铝的厚度随着浸铝温度的升高而变薄。在 850℃，铝液黏度过低，易产生漏镀现象。选取 800℃为浸镀最佳温度，在保证镀层和基体紧密结合的同时，减少合金层对基体的浸蚀。

③ 在铝液中加入 Si 1.5%对镀层的减薄作用明显，且不随温度的升高而增厚，界面平滑。硅分布不均匀，合金层中含量高。在不同温度下所得镀层的厚度不同，其中 800℃时镀层综合质量最好。

5.16　不锈钢稀土铈转化膜

通过化学方法在不锈钢表面上制备稀土铈转化膜具有颜色美观、耐腐蚀性高的特点。西安电子科技大学杜康等人（710071）研究了不锈钢在稀土铈盐中的化学成膜工艺，采用化学点滴实验、阳极极化曲线测试分析和表征了转化膜的耐蚀性[18]。

5.16.1　稀土转化膜的制备

（1）工艺过程。试片制作（不锈钢材料制成 50mm×20mm×0.5mm 试片）→碱性除油→去离子水冲洗→酸性除锈并活化→去离子水冲洗→抛光→活化→转化膜制备→漂洗→干燥→测试。

（2）转化膜工艺。

① $Ce_2(SO_4)_3$ 物质的量浓度（mol/L）对膜耐蚀性的影响见图 5-26。

② H_2O_2 用量对膜耐蚀性的影响，见图 5-27。

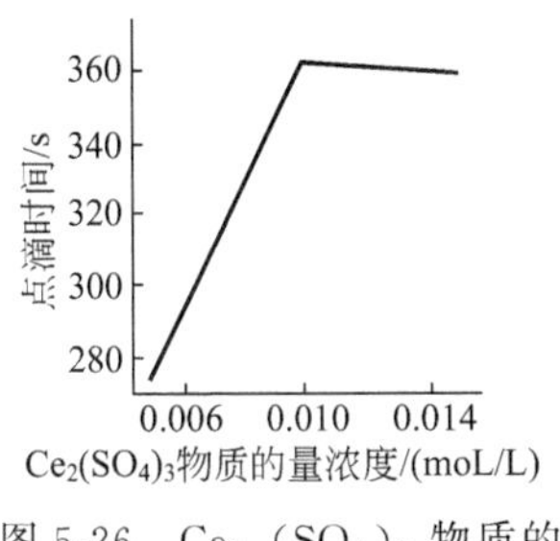

图 5-26　$Ce_2(SO_4)_3$ 物质的量浓度对膜耐蚀性的影响

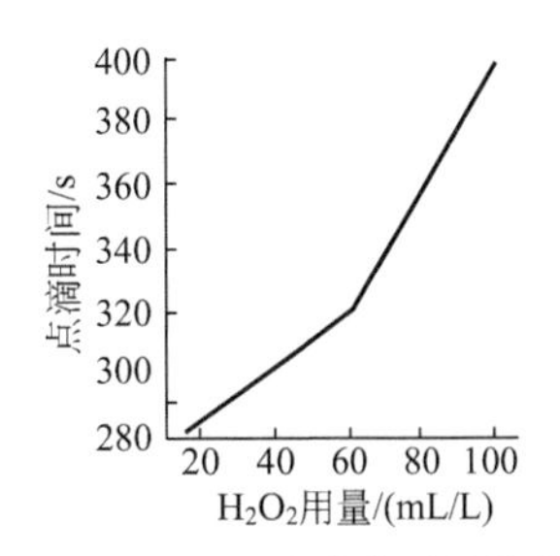

图 5-27　H_2O_2 用量对膜耐蚀性的影响

③ 钝化温度对膜耐蚀性的影响，见图 5-28。

④ 钝化时间对膜耐蚀性的影响，见图 5-29。

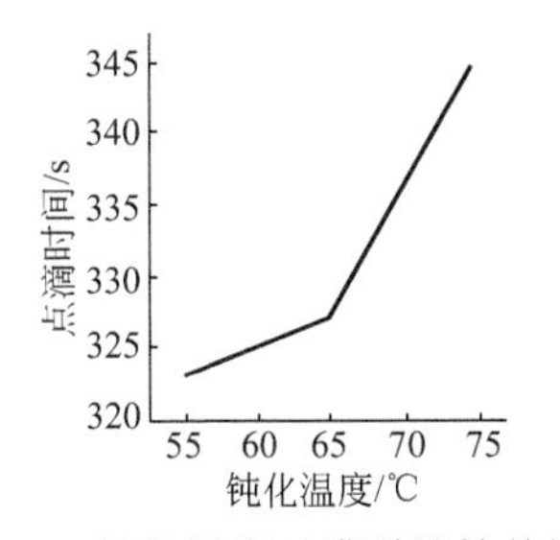

图 5-28　钝化温度对膜耐蚀性的影响

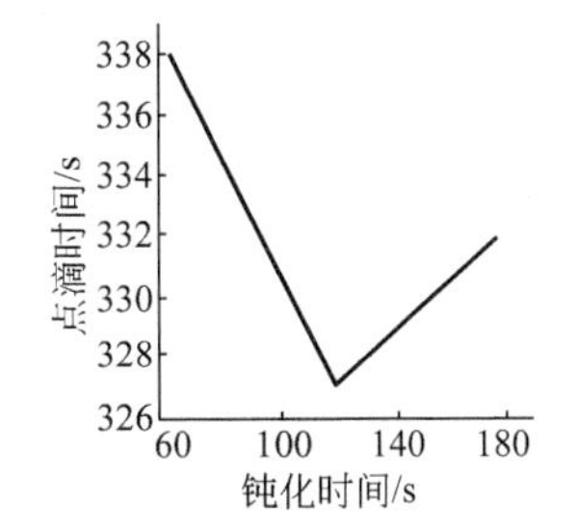

图 5-29　钝化时间对膜耐蚀性的影响

由图 5-26～图 5-29 可见，最佳钝化工艺参数为：0.01mol/L $Ce_2(SO_4)_3$，100mL/L H_2O_2，温度 75℃，钝化时间 60min。

实验前的初试结果表明最佳 pH 为 2.5。

5.16.2　极化曲线测试

极化曲线采用以工作电极（不锈钢试片）、辅助电极（铂电极）、参比电极（饱和甘汞电极）三电极测量体系，腐蚀介质是 3.5%NaCl 溶液，用计算机与恒电位仪记录阳极电压与腐蚀电流的变化曲线。未处理的不锈钢腐蚀电位为 20mV，稀土处理后的电位提高到 200～1000mV，随着 $Ce_2(SO_4)_3$ 和 H_2O_2 用量的增加其耐蚀性得到提高。温度和时间对耐蚀性的影响不太显著。化学点滴实验和电化学阳极极化方法在评定转化膜的耐蚀性上的结果是一致的。

5.16.3　转化膜的颜色和表面形貌

由 XJP-6A 型图像采集系统观测转化膜的形貌，通过测试结果发现，随着膜颜色的不断加深，膜表面越光滑，耐蚀性越好。铈在不锈钢表面沉积，呈现非均匀的复杂结构。转化膜由块状、棒状颗粒构成。转化膜表面粗糙、不均匀、呈金黄色块状颗粒状的耐蚀性较差。呈棕色的膜比较光滑、致密、均匀，颜色最深的耐蚀性较好。

5.17 不锈钢激光表面强化处理

5.17.1 激光处理对不锈钢表面显微硬度的影响[19]

激光表面处理达到激光表面相变强化。它有很多优点：使处理层组织细化、加热速度快；对工件特殊部位如槽内壁、小孔、深孔、盲孔等都可实现表面强化；能精确控制硬化层深度；可实现自冷淬火，避免对环境的污染，节省能源。利用激光表面强化技术，对不锈钢表面进行强化来解决其表面硬度不足，使奥氏体不锈钢1Cr18Ni9Ti不仅具有原有的优良机械性能、工艺性能和耐蚀性外，还提高其表面显微硬度，提高其使用寿命——耐磨性。

5.17.2 不锈钢的激光表面强化处理方法[19]

(1) 激光器。采用JHM-IGX-200B型脉冲激光器，波长为1.06μm，最大工作电流为400A，脉冲宽度为0.1～15ms，最大单脉冲能量为60J。

(2) 基本实验参数。电流分别取120A、140A、150A、160A、170A；扫描速率分别取1.4mm/s、1.2mm/s、1.0mm/s、0.8mm/s、0.6mm/s进行组合实验25次。

(3) 处理层显微组织采用XJZ-6A型金相显微镜观察并拍摄。

采用HVS-1000型显微硬度计测量处理层的显微硬度（加载0.98N，加载时间为20s）；以从试样的表面垂直测至比基体显微硬度值高$HV_{0.1}$20～30处的距离为处理层厚度。

5.17.3 激光表面硬化处理实验

(1) 表面晶粒细化。经过激光表面强化处理，电流140A，扫描速率为1.0mm/s的表面晶粒显著细化，由于脉冲激光处理在加热过程中骤热骤冷，因此，可获得极大的过冷度，晶粒来不及长大，使晶粒在短时间内得以充分细化。

(2) 表面硬度提高。对改变电流和扫描速率的试样表面分别进行显微硬度的测定，图5-30所示为不同电流下激光表面强化的硬度分布曲线（扫描速率0.5mm/s）。

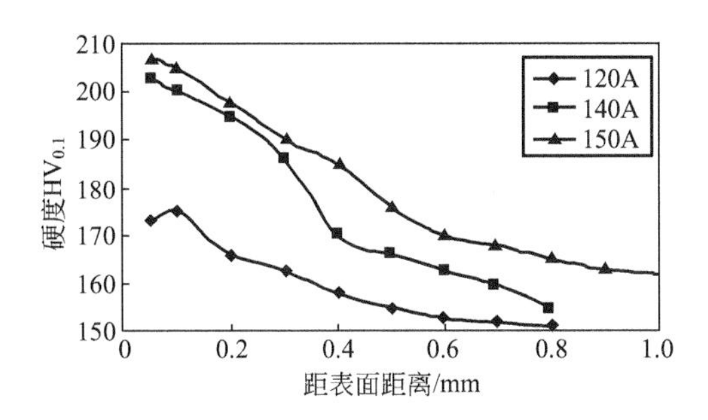

图 5-30 不同电流下激光表面强化的硬度分布曲线（扫描速率 0.8mm/s）

图 5-31 所示为不同扫描速率下激光表面强化的硬度分布曲线（电流 120A）。

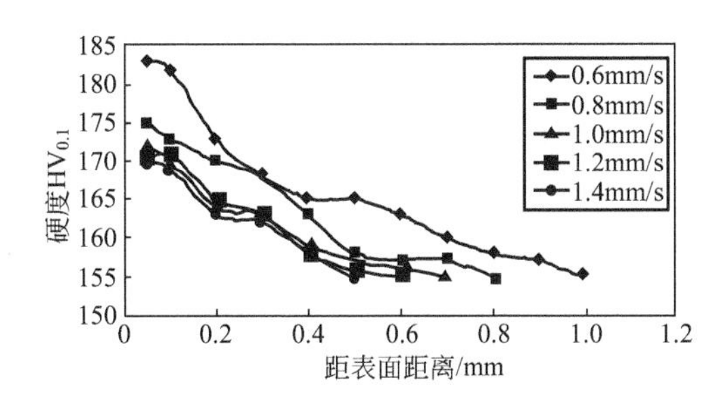

图 5-31 不同扫描速率下激光表面强化的硬度分布曲线（电流 120A）

由图 5-30 和图 5-31 可见，电流越大，激光密度越高，表面被加热的温度越高，最终冷却后得到的硬度越高；扫描速率越慢，激光束与试件表面的作用时间越长，熔池中熔体吸收较多的能量，表面强化效果越好，从而使表面硬度越高。

激光相变硬化后，淬硬层的组织细化，硬度比常规高出 15%～30%。这是因为激光加热相变完成时间很短，同时，加热区域的温度梯度很大，造成奥氏体相变在过热度很大的高温下短时间内完成，相变晶核既可以在原晶界和亚晶界形核，也可以在相变界面和其他晶体缺陷处形核。因此，快速加热相变结果，可获得超细晶粒，还可使马氏体中的位错密度增加，碳来不及扩散，奥氏体中碳含量相当大，在奥氏体向马氏体的转变中，出现高碳马氏体，致使硬度提高。激光相变硬化过程中各种因素共同促成了硬度的提高。故当电流为 140A、扫描速率为 1.0mm/s 时，最高硬度可达 224HV，但电流不能过大，否则可能熔化表面，反而使机械性能下降。激光扫描速率越慢，硬度越高，但激光扫描速率过慢也会造成表面过度熔化而影响机械性能。在本实验条件下，最优的参数为电流 140A，扫描速率 1.0mm/s，得到的硬度值可达 224HV。

5.18 不锈钢等离子喷涂 Al_2O_3-TiO_2-Cr_2O_3 陶瓷涂层[3]

5.18.1 等离子体喷涂陶瓷涂层的效能

在 1Cr17Ni4 马氏体不锈钢表面利用等离子体喷涂制备耐蚀耐磨的热障涂层，可作为轴和轴承等应用到高温、高压、高热水汽等腐蚀介质环境，选用陶瓷材料，如氧化铝（Al_2O_3）、氧化锆（ZrO_2）、氧化钛（TiO_2）、三氧化二铬（Cr_2O_3）等作为面层材料，可以起到较理想的耐热、耐蚀、耐磨效果。氧化铝具有较低的摩擦系数，较高的耐磨性能和高强度，但其断裂韧性较低。在等离子喷涂过程中，Al_2O_3 经历晶相转变，由较硬的 α 相转变为较软的 γ 相或 δ 相。在 Al_2O_3 中添加 TiO_2 可改善其断裂韧性，并提高其耐磨性。由于马氏体不锈钢和陶瓷涂层在杨氏模量和热膨胀系数上的差异，会产生基体与面层陶瓷材料之间的机械和热应力，导致涂层性能失效。因此，在基体与陶瓷涂层材料之间应选择具有耐腐蚀的过渡层，NiCrAlY 是热障涂层极好的抗热氧化黏结层。它使基体与陶瓷材料涂层在杨氏模量和热膨胀系数等上有良好的过渡，其机械和热应力得到很大程度上的缓解和消除，从而保证制备的涂层在高温、高压、高热水汽等腐蚀介质环境中的效能。

涂层的组织结构决定涂层的性能，涂层与基体的结合情况、涂层的致密度等决定涂层在高温、高压、高热水汽等腐蚀介质环境中的效能，而涂层的组织结构由喷涂工艺决定。

5.18.2 不锈钢金属和陶瓷等离子体喷涂工艺

中国核动力研究院表面物理与化学国家重点实验室（四川绵阳，621900）税毅、张鹏程、白彬和核燃料及材料国家重点实验室（四川成都，610041）邱绍宇等人采用等离子体喷涂方法在 1Cr17Ni4 马氏体型不锈钢表面制备 Al_2O_3-TiO_2、Cr_2O_3 陶瓷涂层和 NiCrAlY 金属涂层及 NiCrAlY/Al_2O_3-TiO_2、NiCrAlY/Cr_2O_3 复合涂层[20]，研究它们的组织结构和磨损特性、讨论喷涂工艺与耐磨损性能的关系。

（1）喷涂材料。

① 基体材料：1Cr17Ni4 马氏体不锈钢。

② 陶瓷粉末：1∶1 的 Al_2O_3-TiO_2、Cr_2O_3。

③ 热障涂层金属粉末 NiCrAlY：质量分数 Al 6.0%～11.0%，Y 0.5%～

1.0%，Cr 22.0%，Ni 余量。

(2) 涂层制备。

① 设备：采用 Sluzer Metco 9M 等离子喷涂设备喷涂制备涂层。

喷枪夹持在 FANUC SJ-700 六轴机械手上。

② 喷涂前处理：基体经喷砂处理。

③ 涂层厚度：控制在 150～300μm。

④ 喷涂功率：分别为 49kW 和 36kW。

⑤ 喷枪移动速率：200mm/s。

⑥ 喷距：分别为 140mm 和 100mm。

⑦ 送粉速率：1362g/h。

(3) 涂层组织分析。采用 KYKY1010B 型 SEM 分析涂层表面和截面形貌，判断涂层界面的结合及其粉末融合情况。

(4) 涂层磨损实验。用磨损试验机对涂层进行摩擦磨损实验。摩擦对象为 ϕ6mmSiC 陶瓷球，最大载荷 $F_n=10N$，转速为 600r/min，30000r 后称量磨损失重，评估涂层的耐磨性。SEM 观察磨痕形貌，以判断涂层磨损机理。

5.18.3 喷涂工艺参数

(1) 功率对粉末熔化状况的影响。

① 36kW 功率。Al_2O_3-TiO_2、Cr_2O_3 涂层表面有未熔颗粒存在。对合金涂层 NiCrAlY，36kW 功率比 49kW 功率的涂层熔化状况和平化都优良，可能是在 36kW 时合金粉末已熔化。

② 49kW 功率。喷涂时焰炬冲击的提高使涂层的熔滴平化不如 36kW 功率喷涂时的涂层。

(2) 功率对涂层组织的影响。

① 49kW 功率制备的 Al_2O_3-TiO_2、Cr_2O_3 涂层均比 36kW 功率喷涂的涂层与基体结合较紧密，Cr_2O_3 涂层已有微弱的微冶金结合，两种涂层孔隙小，孔隙率低，涂层较致密，因此，其耐磨性应更佳。

② 合金涂层 NiCrAlY 与基体产生了微冶金结合，在界面用在 SEM 上已看不出基体与涂层的分界线，与基体结合强度高，涂层呈层状，孔隙少。

③ 复合涂层。Al_2O_3-TiO_2、Cr_2O_3 与 NiCrAlY 过渡层结合较紧密，呈机械铰合结合。因此，从喷涂功率来看，提高喷涂功率，涂层与基体结合更紧密，涂层孔隙更小，孔隙率更低，致密度更高；从喷涂材料来看，合金涂层 NiCrAlY 与基体是微冶金结合，涂层孔隙率低。

（3）涂层磨损。制备的涂层在磨损试验机经相同转数磨损，其磨损数据为：

① 较大功率制备的涂层磨损失重较小，涂层较耐磨；

② 陶瓷涂层比合金涂层耐磨；

③ Cr_2O_3 涂层磨损失重最小，其耐磨性能最好；

④ Al_2O_3-TiO_2 及合金涂层 NiCrAlY 耐磨性能次之，即不如 Cr_2O_3 耐磨。

5.19　不锈钢涂覆 SiO_2-BaO-Al_2O_3-Cr_2O_3 陶瓷保护涂层[21]

5.19.1　陶瓷保护涂层的应用

在不锈钢表面采用料浆法涂覆工艺。工艺简单、成本低，对工件形状适应性强，有利于工业化规模生产。东北大学材料与冶金学院戴民、汤杰、樊占国（沈阳，110004）和沈阳建筑大学材料科学与工程学院礼航、王晓丹（沈阳，110168）等人确立以 SiO_2-BaO-Al_2O_3-Cr_2O_3 为主要化学组成的陶瓷涂层体系，并对涂层的制备工艺进行探讨，获得致密光滑的陶瓷涂层，有良好的热稳定性，涂层在空气中于 1000℃下 50h 连续氧化，增重约为裸样的 1/20，300h 中性盐雾浸蚀无明显变化，腐蚀等级为 9 级，外观评级为 A 级[21]。

5.19.2　陶瓷涂层制备

（1）组分的选择。

① 涂层组分的选择。基于涂层体系对基体的保护作用为惰性熔膜屏蔽型保护机理，高温时熔融玻璃相的黏结作用使涂层与基体结合，阻塞涂层的孔隙，使涂层更加密实，阻止或减缓扩散过程，减少腐蚀介质对基体的侵蚀，以达到保护基体的目的。

② 市售高温玻璃熔块作为黏结剂。化学组成见表 5-20。

表 5-20　玻璃熔块化学组成

成分	SiO_2	BaO	Al_2O_3	ZnO	CaO	TiO_2	MgO	B_2O_3
w/%	52.0	21.9	13.5	4.7	3.6	2.5	0.8	1.0

③ SiO_2-BaO-Al_2O_3-Cr_2O_3 涂层体系。玻璃熔块中掺加 Cr_2O_3、高岭土，调节涂层的高温黏度及涂覆性能，防止过多的玻璃相急冷时造成涂层从基体剥离。SiO_2-BaO-Al_2O_3-Cr_2O_3 涂层体系的化学组成见表 5-21。

表 5-21　涂层的化学组成

原材料	Cr_2O_3	高岭土	玻璃熔块料
w/%	28	5	67

（2）料浆制备。

① 料浆颗粒细度。料浆的平均粒径小于 5μm 时，采用刮涂的方法制备陶瓷涂层，涂覆效果良好。

② 料浆湿磨。按比例将高岭土、玻璃熔块及 Cr_2O_3 称量后经振动粗磨 2min，再以水作分散介质经玛瑙球湿磨 100h 制得涂层用粉体。

③ 粒度测试。用激光粒度仪测试其粒度分布，粉体粒度分布较窄，D_{SV} 为 1.52μm，95%的粉体粒径（D_{95}）在 3.40μm 以下。

④ 料浆黏度。经球磨后的料浆较稠，浸涂效果不好，加水调整，用福特黏度杯测量，控制在 12～16s 范围内，涂敷效果较好。

⑤ 料浆的陈伏。具有适宜的料浆密封后陈伏 7d，使粉体颗粒充分润湿，排出气泡。

（3）基体处理。试片为奥氏体不锈钢 1Cr18Ni9Ti，尺寸为 40mm×20mm×0.8mm，经除油、除锈、喷砂处理，以提高表面粗糙度，以强化基体与涂层的结合。

（4）浸涂与烧结。

① 涂层浸涂。将不锈钢试片浸入料浆中，然后缓慢提升。涂层厚度由提升速率控制，速率快则涂层薄，提升慢则涂层厚，但易流坠。

② 涂层干燥烧结。涂覆完好的样品悬挂于干燥箱中，60℃干燥 2h。然后放入 4kW 管式高温炉中，1050℃温度烧结 2～3min 后取出，冷却至室温。外观呈深绿色，有玻璃光泽，涂层厚度在 40～60μm。为了获得具有良好涂敷性能、连续致密的陶瓷涂层，最佳工艺参数的控制至关重要。

5.19.3　陶瓷涂层性能测试

（1）涂层物相分析。涂层表面 XRD 测试，主要物相由 Cr_2O_3、SiO_2、Al_2O_3、$BaAl_2O_4$ 及 $CaSi_2O_5$ 构成，同时包含部分玻璃相涂层。

（2）热震性能。

① 热震方法。采用先整体加热，然后循环空冷和循环淬水的方法，试样在 1000℃马弗炉中保温 10min，取出空冷或放入水中淬冷，室温为 20℃，热震温差 980℃，之后用放大镜观察陶瓷涂层表面。

② 热震测试结果。

a. 空冷循环次数最低为 29 次（共进行 41 次）。

b. 淬水循环次数最低为9次（共进行19次），表明陶瓷涂层保持完整，具有良好的热稳定性，其余试样由于高温试样投入水中后，使水产生强烈汽化，其换热系数远大于试样在空气中的热辐射及对流换热系数，从而形成更大的温度梯度，更大的热应力，加速涂层的破坏过程。

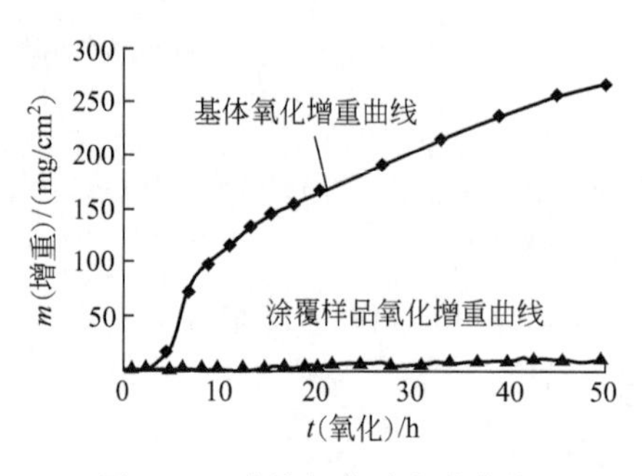

图5-32　连续氧化动力学曲线

(3) 氧化动力学性能。采用连续氧化的方法，测试试样在1000℃下的氧化增重情况。50h后，基体增重大约是涂层样品的20倍，见图5-32连续氧化动力学曲线。由图5-32可见，涂层对基体的保护作用显著，不锈钢的高温氧化遵循抛物线规律。本实验结果与之基本相符。

涂层的氧化增重过程包括物质在陶瓷涂层中的自扩散、氧在涂层与金属界面对基体的氧化反应，氧在氧化产物层中的扩散等过程。从实验结果看，涂层的增重呈线性规律。

(4) 中性盐雾性能。

① 中性盐雾实验。按照GB/T 10125—1997《人造气氛腐蚀试验　盐雾试验》进行。采用连续喷雾方式，每隔一定周期目视检查试样表面的腐蚀情况。进气压力控制在0.2～0.4MPa，喷雾压力在0.07～0.15MPa；喷雾温度为35℃，饱和器温度为40℃；实验时间为300h。

② 试样外观形貌。表面缺损率小于0.1%，颜色及光泽度未发生改变，按照GB/T 12335—90《金属覆盖层对底材呈阳极的覆盖层腐蚀试验后的试样评级》的规定，腐蚀等级可评为9级，外观评价可评为A级，表明陶瓷涂层有优越的抗中性盐雾腐蚀能力。(试样打孔处出现基体裸露，是悬挂及移动过程中磨损所致，不计)。

5.20　不锈钢表面 SiO_2-TiO_2-Al_2O_3-ZrO_2 复合涂层[22]

5.20.1　溶胶-凝胶法湿化学制备无机非金属涂层的优越性

采用溶胶-凝胶法（Sol-Gel）制备不锈钢表面涂层，耐高温、抗氧化、耐腐蚀等性能有很大进展。Al_2O_3 是两性氧化物，具有较好的抗腐蚀性能，ZrO_2 的化合价高，能增加溶胶的稳定性，TiO_2、SiO_2 具有较好的耐酸性。制备 SiO_2-TiO_2-Al_2O_3-ZrO_2 四元系统涂层，期望比现有涂层具有更好的性能。

5.20.2 溶胶-凝胶的制备

（1）化学品。

正硅酸乙酯 $Si(OEt)_4$（密度 0.929～0.936g/cm²），简写为 TEOS，分析纯。

硝酸铝 $Al(NO_3)_3$，化学纯。

钛酸正丁酯 $Ti(OBu^n)_4$，简写为 TBT_n 化学纯。

氧氯化锆 $ZrOCl_2$，金属醇盐前驱体，化学纯。

无水乙醇 EtOH，作溶剂，化学纯。

盐酸，或乙酸作催化剂、分析纯，并加入少量去离子水。

（2）分步水解法制备 SiO_2-TiO_2-Al_2O_3-ZrO_2 复合溶胶。

① 正硅酸乙酯在适量乙醇和去离子水中预水解 120min，其中 $n(EtOH)/n(TEOS)=4:1$，$n(H_2O)/n(TEOS)=1:1$。

② 加入氧氯化锆的乙醇混合液，搅拌 30min，必须完全溶解。

③ 加入适量的盐酸和水，搅拌 15min。

④ 加入钛酸正丁酯的乙醇溶液，其中 $n(EtOH)/n(TBT)=8:1$，$n(HCl)/n(TBT)=4:1$，搅拌 60min。

⑤ 加入硝酸铝的乙醇溶液，搅拌混合 60min，必须完全溶解，得到澄清透明的溶胶涂液，溶胶浓度均在 0.4～0.5mol/L 之间。

（3）溶胶涂液组成。SiO_2-TiO_2-Al_2O_3-ZrO_2 四元系统溶胶涂液组成如下（摩尔分数）：

SiO_2	10%～60%，	Al_2O_3	5%～25%，
TiO_2	20%～60%，	ZrO_4	5%～25%。

以 S_x、T_x、Z_x 分别表示 SiO_2、TiO_2、ZrO_2 摩尔分数的编号，余量为 Al_2O_3，所研究的溶液组成及溶胶凝胶时间见表 5-22。

表 5-22 不同 SiO_2-TiO_2-Al_2O_3-ZrO_2 溶胶体系组成及溶胶凝胶时间

溶胶浸涂液编号	氧化物含量(摩尔分数)/%				溶胶凝胶时间/d	
	SiO_2	TiO_2	Al_2O_3	ZrO_2	盐酸催化剂	乙酸催化剂
S_{20}	20	60	10	10	35	24
S_{30}	30	50	10	10	24	20
S_{40}	40	40	10	10	17	11
S_{50}	50	30	10	10	7	5

续表

溶胶浸涂液编号	氧化物含量(摩尔分数)/%				溶胶凝胶时间/d	
	SiO_2	TiO_2	Al_2O_3	ZrO_2	盐酸催化剂	乙酸催化剂
S_{60}	60	20	10	10	4	3
T_{20}	50	20	10	20	10	8
T_{30}	40	30	10	20	16	9
T_{40}	30	40	10	20	33	18
T_{50}	20	50	10	20	29	20
T_{60}	10	60	10	20	30	17
Z_5	20	50	25	5	32	24
Z_{10}	20	50	20	10	37	21
Z_{20}	20	50	10	20	28	17
Z_{25}	20	50	5	25	21	14

(4) 涂层的制备。

① 涂层涂覆。配制好的溶胶涂液陈化一段时间后，当黏度变化较慢时，即可涂覆。

② 涂覆浸渍法。在室温下采用浸渍提拉法在不锈钢基片上涂覆，即将基片匀速浸入溶胶涂液中，浸渍 60s 后，以 8cm/min 的速度匀速提升。所得涂层致密、透明，并且有耐酸、耐腐蚀等性能。

③ 涂层干燥和热处理。涂覆后将样片置于红外干燥箱中干燥 15min，然后在 500℃下热处理 1h，凝胶中粒子在 500℃、700℃、800℃热处理后的高温下进行了结构调整。最终形成 Ti-O、Si-O、Al-O 键的氧化物网结结构。XRD 图中出现锐钛矿和板钛矿相结构。

(5) 凝胶时间。用盐酸为催化剂或用乙酸为催化剂的溶胶凝胶时间见表 5-22 所示。由表 5-22 的结果发现，两者的凝胶时间有较大的差别。主要是由于在醇盐溶液中加入盐酸，氯离子和金属阳离子配位，形成新的分子前驱体，从而改变原前驱体的反应活性，使整个水解-缩聚反应得到改善，能更好地控制反应过程，更能提高溶胶的稳定性，故以盐酸为催化剂的绝大多溶胶能放置一个月左右，而以乙酸为催化剂的只能放 15d 左右。

5.20.3　涂层的耐腐蚀性

(1) 1mol/L HCl 浸渍。将未涂膜及涂膜的不锈钢片浸入 1mol/L 的盐酸 (HCl) 中，在 50℃保温不同时间，观察其表面浸蚀情况。从不锈钢片在盐酸中的腐蚀照片可见，未含涂层的不锈钢片浸泡96h后，发生点蚀，腐蚀速率增加。而含S_{20}涂层的不锈钢片浸泡24h后，涂层表面仍然致密，96h后，腐蚀介质通过孔隙渗透到不锈钢表面，在界面发生各种化学反应，造成复合涂层轻微脱落，出现腐蚀坑。

(2) 5% $CuSO_4$ 溶液浸渍。将未涂膜及涂膜的不锈钢片浸入5% $CuSO_4$ 溶液中，在微沸下保温16h后样品的失重情况见图5-33。从图5-33可见，无涂层的不锈钢片失重大于有涂层的不锈钢片，涂覆Z_5和T_{40}涂层的不锈钢片单位面积失重相对较小，而Z_5没有失重，该涂层具有较好的抗$CuSO_4$溶液腐蚀的能力。

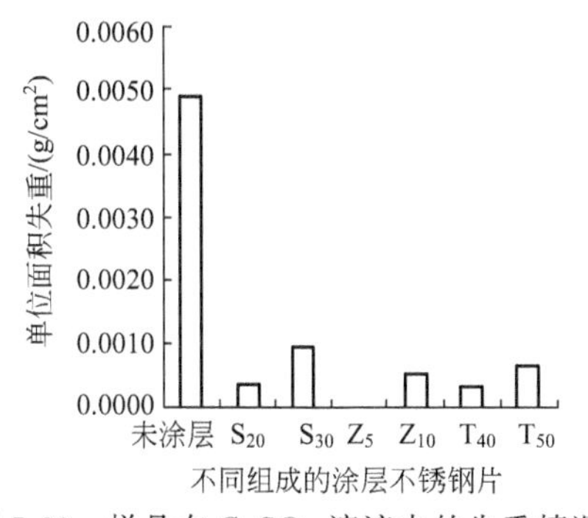

图5-33　样品在$CuSO_4$溶液中的失重情况

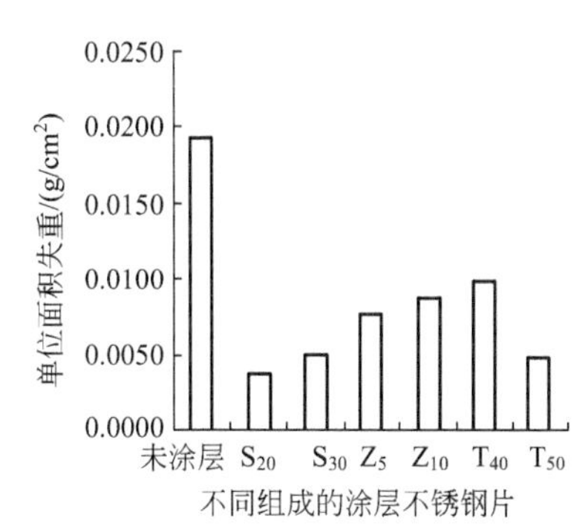

图5-34　样品在$FeCl_3$溶液中的失重情况

(3) 6% $FeCl_3$ 溶液浸渍。样品在$FeCl_3$溶液中的失重情况见图5-34。温度50℃保温24h，由图5-34可见，有涂层的不锈钢片单位面积失重明显增加。由于$FeCl_3$溶液中Fe^{3+}、Cl^-的存在，使腐蚀作用加速，使不锈钢产生蚀孔。由于S_{20}涂层的保护，腐蚀失重相对降低，耐腐蚀性较强。

参 考 文 献

[1] 朱建新，刘素兰，张丽清．不锈钢的高温抗氧化涂层．材料保护，2000，38 (9)：38-40.

[2] 易翔，肖鑫，郭贤烙．凝胶-封孔法制备不锈钢表面陶瓷膜层．电镀与涂饰，2000，19 (5)：21-23，27.

[3] 杨世伟，李莉，罗兆红，孟宪松．1Cr18Ni9Ti钢热浸镀Al-Si-RE的抗高温氧化性能．腐蚀与防护，2000，21 (2)：64-66.

[4] 沈星，万建国，刘德俊．不锈钢离子镀Ti(C，N) 膜后的抗氧化性能研究．材料保护，2002，35 (4)：26-27.

[5] 周幸福，褚道葆，林昌健．不锈钢表面纳米TiO_2膜的制备及其耐蚀性能．材料保护，2002，35 (7)：4-5.

[6] 曹启宏，张震寰．不锈钢上热浸扩散法铝铬共渗的研究．材料保护，1990，23 (12)：11-12.

[7] 王亮，许晓磊，于志伟，许彬，黑祖昆．等离子体弧源奥氏体不锈钢低温离子渗扩氮研究．表面技术，

1999，28（6）：17-19.

[8] 索进平，胡安定，张家福．不锈耐热钢热加工保护涂料．材料保护，1998，31（4）：16-18.

[9] 杨伟群，于维平．在不锈钢上电沉积烧结 Cr_2O_3-Y_2O_3 薄膜及其改性后的抗高温氧化性能．材料保护，1996，29（11）：14-16.

[10] 张翔，张俊．不锈钢加铁稀土离子硫氮碳共渗工艺的研究．表面技术，2004，33（2）：40-42.

[11] 李敏娇，李志源，张述林，熊苗．不锈钢表面涂覆 TiO_2 薄膜的耐蚀性研究．电镀与精饰，2010，32（9）：8-10.

[12] 刘钧泉，宋丽丽，龙乃健，甘国兴．一种不锈钢用涂层研究．电镀与涂饰，2006，25（5）：35-37.

[13] 白春钰，梁燕萍．不锈钢表面导电聚苯胺薄膜的耐蚀性能．材料保护，2008，41（7）：1-3.

[14] 肖正伟，曾振欧，赵国鹏．纳米 TiO_2 涂层在低碳钢上的防腐蚀性能．电镀与涂饰，2006，25（12）：33-35.

[15] 肖正伟，曾振欧，赵国鹏，邱国平．304 不锈钢上纳米 TiO_2 涂层的制备与防腐性能研究．电镀与涂饰，2007，26（7）：35-38.

[16] 卢金斌，马丽．不锈钢等离子渗碳工艺及渗层组织和性能的研究．材料保护，2007，40（2）：35-37.

[17] 韩石磊，李华玲，王树茂，蒋利军，刘晓鹏，李岩．不锈钢热浸铝中温度及合金元素对膜厚的影响．表面技术，2009，38（4）：20-22.

[18] 杜康，梁燕萍，贺格平，黄方方．不锈钢稀土铈转化膜的研究．表面技术，2007，36（2）：32-34.

[19] 韩莉，姜伟．1Cr18Ni9Ti 激光表面强化工艺的研究．表面技术，2008，37（1）：62-63，88.

[20] 税毅，张鹏程，白彬，邱绍宇．1Cr17Ni4 不锈钢金属和陶瓷等离子体喷涂工艺研究．表面技术，2005，34（5）：53-55，75.

[21] 戴民，汤杰，樊占国，礼航，王晓丹．SiO_2-BaO-Al_2O_3-Cr_2O_3 陶瓷保护涂层的制备及性能．材料保护，2009，42（8）：66-68.

[22] 丁率捷，姜建华，朱源泰．溶胶-凝胶法制备不锈钢表面 SiO_2-TiO_2-Al_2O_3-ZrO_2 涂层．电镀与涂饰，2006，25（5）：32-35.

[23] 刘伟，赵程，窦百香．奥氏体不锈钢离子渗碳后的腐蚀行为．材料保护，2009，42（7）：22-24.

第6章 不锈钢的钝化

6.1 概 论

6.1.1 不锈钢钝化的意义

不锈钢日益广泛应用的原因，主要是该系列材料的特点为耐腐蚀，即是不锈性质，不锈钢制造的零部件具有较长的寿命。

但是，不锈钢最易使人误解的也正是它的名称——不锈钢。其实在不锈钢制品的生产加工过程中也要注意采取防锈措施。这就是说，不锈钢在制成成品后，要经过表面防锈处理，进行装配以后，才能认为加工完毕，才能在以后的使用中防止各种腐蚀事故的发生。

凡不锈钢零件，如无电镀或其他涂层要求，一般都要在预处理（包括酸洗去黑皮、抛光等）后经过钝化处理，才能当成品使用或装配成部件。事实表明，不锈钢只有最后经过钝化处理，才能使表面保持长久的钝态稳定，因而，才能提高耐蚀性能。

对钝化工艺的操作控制和对钝化膜的质量检验都要有严格的规范。

6.1.2 不锈钢钝化的作用

（1）提高不锈钢在环境介质中的热力学稳定性。经过钝化的不锈钢，在金属电位序中处于较正的位置，即与贵金属相近，化学性质稳定，而未钝化的不锈钢为活化状态，处于电位较负的位置，与普通钢铁相近。

（2）预防不锈钢的局部腐蚀。一般不锈钢易产生的各种腐蚀，包括点腐蚀、晶间腐蚀、磨损腐蚀和腐蚀疲劳等，都与表面状态有关。钝化可以消除各腐蚀的萌生源，使临界点腐蚀的电位变正。

（3）钝化使不锈钢表面具有足够的清洁度。钝化可以清除不锈钢表面层的金属污染物，以及嵌入不锈钢的杂质，如铜、锌、镉、铅以及低熔金属、游离铁，使表面所含的铬、镍富集而稳定。这些金属的污染容易导致不锈钢的腐蚀破坏。

（4）消除不锈钢表面热加工氧化物。在钝化过程中使用含有氢氟酸的硝酸溶液，兼有浸蚀氧化物和钝化表面的作用。

（5）钝化处理作为后处理，要求不锈钢有各种预处理。包括喷砂、喷丸、电化学抛光和化学抛光等改善不锈钢表面状态后才进行钝化处理。

6.1.3　不锈钢钝化工艺的分类

（1）湿法钝化。包括化学法钝化和电化学法钝化。

化学法钝化：

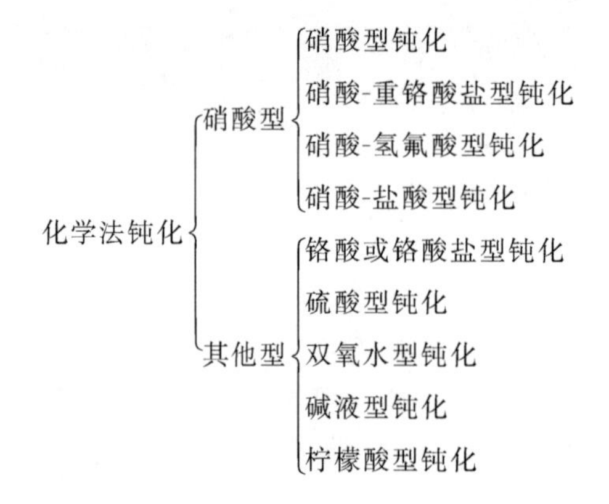

电化学法钝化：

① 直流电型钝化；

② 载波直流型钝化。

（2）干法钝化。有如下两类：

① 室温法钝化；

② 热处理法钝化。

6.1.4　不锈钢的可钝化性

根据不锈钢合金的组成、加工种类，可选择适宜的钝化工艺。但钝化效果既取决于钝化工艺，也取决于不锈钢材料本身。不锈钢的可钝化性归纳如下。

（1）不锈钢所含元素对钝化的影响。不锈钢的钝化能力，取决于不锈钢所含元素的可钝化性。在组成元素中，铬、镍属于钝化性强的元素，铁的钝化性则次之。因此，铬和镍的含量愈高，不锈钢的钝化性愈强，而且，钝化膜的稳定性随铬镍含量的提高而增加。

（2）不锈钢金相结构对钝化的影响。奥氏体型不锈钢、铁素体型不锈钢具有较均匀的组织，不必经过热处理的强化，可钝化性较好。马氏体型不锈钢经过热处理强化，其金相组织为多相组织，不利于钝化工艺的进行，因而马氏体本身的可钝化性不强，耐蚀性较低。

（3）不锈钢的加工状态对钝化的影响。经机械加工，如切削、抛光、磨光后的光洁表面加工状态的钝化性最好；铸造、喷砂、锻造所得工件的表面粗糙状态的钝化性最差。

（4）不锈钢所含其他元素对钝化的影响。不锈钢所含的其他元素，如锰、碳、硅等元素对钝化不利，而所含的硫、硒元素对钝化性更差。因此，在表面上存在的这些元素，应预先加以除去后才能钝化。

（5）经渗碳、渗氮、铜焊、钎焊的不锈钢零件不能钝化，因为钝化处理后，会损害上道工序的质量。

6.2 不锈钢的干法钝化工艺

6.2.1 常温自然钝化工艺

适用于奥氏体 Cr18Ni9Ti，而使用条件的腐蚀又很轻微的情况下采用。

将不锈钢零件经过除油、去氧化皮，抛光，然后将不锈钢置于清洁的空气中，如小零件可置于干燥器中存放 24h，由于不锈钢有自钝化能力，在空气中具有强烈的钝化趋势，表面形成自然钝化膜。

6.2.2 高温钝化工艺

在热处理炉中，加热处理可得钝化膜。也可使炉内抽成真空，或通入保护气体，如蒸气、氩气等，以防过度氧化。钝化前，必须仔细清理零件表面，以除去任何脏物。在较高温度下，通过变化温度和时间来获得无色的钝化膜。当钝化膜超过一定的厚度，会出现有色彩的钝化膜层。

6.3 不锈钢的硝酸钝化工艺

6.3.1 不锈钢硝酸钝化工艺配方

不锈钢硝酸钝化溶液由不同浓度的硝酸组成，可适用于各种不锈钢的钝化，属于通用型钝化液。硝酸型不锈钢钝化配方见表 6-1。

表 6-1 硝酸型不锈钢钝化配方及工作条件

硝酸浓度(体积分数)/%	工作条件		适用钢种	资料来源
	温度/℃	时间/min		
6～15	室温	10～30	通用型	美国不锈钢手册
20	室温	30	通用型	日本金属表面技术便览
	60	10		
20	49	30	通用型	中国台湾金属表面技术
20～40	室温～60	30～40	适用于300型和含铬≥17%400型不锈钢	美国金属手册
20～50	室温	30	通用型	法国QQ-P-35B
30～50	室温	30～60	通用型	中国航空工艺技术
50	室温	30	通用型	中国台湾金属表面技术

6.3.2 不锈钢硝酸钝化工艺特点

（1）不锈钢在硝酸溶液中处于钝态。不锈钢表面生成一层极薄的钝化膜层，决定了不锈钢在处理的前后色泽无变化，即重现性良好，是本工艺受到广泛采用的原因。

（2）不锈钢在硝酸溶液中呈无反应状态。不锈钢在硝酸溶液中的钝化工艺过程，由于是化学浸渍法、室温或中温处理，在硝酸溶液中呈无反应状态，使硝酸钝化液较为稳定，无需经常添加材料，操作方便。

（3）不锈钢的硝酸钝化后不必进行封闭处理。不锈钢在硝酸溶液中钝化产生的钝化膜虽薄，肉眼不可见，但膜层极其致密，即其孔径特小，不必进行钝化后的封闭处理，而这在其他钝化工艺之后，封闭是不可少的。

6.3.3 不锈钢硝酸钝化工艺要点

（1）不锈钢钝化前的处理。不锈钢在钝化前必须进行除油和酸洗。不锈钢表面的油污应彻底清除后，方可进入硝酸溶液，尽管钝化溶液中的硝酸为氧化剂，具有一定的去油能力。在不锈钢表面上允许有轻微的浮锈痕迹。由于不锈钢的轻微锈迹要比不锈钢本身电位负，故在硝酸溶液中，锈迹不会显现钝态而被溶解掉。

（2）硝酸钝化后必须进行中和处理。不锈钢在硝酸中钝化后，如未经中和，残存的硝酸附着在不锈钢表面上，虽经水洗，其硝酸含量已大大低于工艺范围，但不锈钢的钝化膜仍将遭到破坏，甚至比没有钝化处理的情况更糟糕。故钝化处理在用水清洗后，应将不锈钢放在5%(质量分数）的碳酸钠（Na_2CO_3）溶液中浸渍数秒，完成中和。

6.3.4　钝化工艺步骤

不锈钢钝化工艺包括3个基本步骤。

(1) 前处理。采用机械或化学方法，清除表面油脂、氧化物（包括氧化皮）污物等，按需要进行化学抛光或电化学抛光，并充分活化，以显露新鲜的金属基体，以便使不锈钢在钝化过程中形成完整、稳定的钝化膜。因此，前处理的优劣对所形成的钝化膜的性能和稳定性有很大的影响。

前处理的溶液和方法参阅有关前处理部分。

(2) 钝化处理。要根据不同的不锈钢种类，选用表6-1所列的适宜的钝化溶液。

① 时间的影响。钝化时间取决于硝酸的浓度，一般而言，钝化液浓度高，钝化力较高，可缩短浸渍时间，如30min以内，但不宜过短。钝化时间较长有利于钝化膜的稳定。

② 温度的影响。实验研究表明，低浓度的硝酸溶液，取较高的温度钝化，容易取得较好的效果。如硝酸含量20%～40%(体积分数)，操作温度应取60℃为好，硝酸的含量在40%(体积分数）以上的钝化液，温度以室温为宜。

(3) 补充处理。可进一步改善膜层的稳定性和中和硝酸的残留量。

① 奥氏体不锈钢不需要补充处理，但最好在1%的氢氧化钠溶液中进行短时间的室温中和处理。

② 铁素体不锈钢钝化后应在5%(质量分数）重铬酸钾（$K_2Cr_2O_7$）溶液中补充处理。

③ 马氏体不锈钢钝化后可在5%(质量分数）重铬酸钠（$Na_2Cr_2O_7$）溶液中补充处理，或在稀氢氧化钠（NaOH）溶液中短时间常温补充处理更好。

6.3.5　Cr18Ni13Mo3不锈钢的钝化[1]

Cr18Ni13Mo3不锈钢用作外科植入物的制造，表面经机械抛光、电化学抛光、化学钝化，工艺还不够完善，特别是钝化工艺，行业内的差距很大。为此，齐宝芬对外科植入物不锈钢产品的钝化条件进行了实验探索，得出一些实际使用的结果。

(1) 钝化液的选择。试样材料为Cr18Ni13Mo3、Cr18Ni14Mo3、Cr18Ni15Mo3等制作的骨连接用接骨板、接骨螺钉及髓内钉（梅花针）。实验钝化液的两种配方见表6-2，表6-2列出不锈钢产品30℃钝化后的表面点蚀电位（mV)，试样经机械抛光（800#砂纸＋布抛光)、清洗、干燥后分别放入两类钝化液中，钝化后测定不锈钢的耐腐蚀性能 E_b 值（表面点蚀电位）。如表 6-2 的 E_b 值所示，两种钝化液在相同条件下钝化的样品点蚀电位 E_b 值都无明显差异。理论上，目前对钝化膜的成膜机理有多种解释，其中之一是产品钝化后表面为含有铬的氧化膜，铬的存在对形成氧化膜起重要作用。不锈钢产品含铬量为 17%～20%，有足够的铬参与成膜，故钝化液中是否加入重铬酸钾（$K_2Cr_2O_7$）对钝化膜的性能影响不大。目前英美等国对外科植入物不锈钢产品的钝化也都共同推荐硝酸水溶液的钝化配方。

表 6-2　不锈钢产品 30℃ 钝化后表面点蚀电位 E_b　　mV

钝化液配方	钝化 2h	钝化 4h	钝化 6h
25% HNO_3	850	970	989
25% HNO_3+2.5% $K_2Cr_2O_7$	885	915	967

注：1. E_b 值为 3 个样品点蚀电位平均值。

2. 电化学测试体系为 0.9%氯化钠水溶液，(37±1)℃。

（2）钝化液温度的选择。化学反应速率随温度的升高而加快。钝化液中硝酸随温度的升高而挥发增大。因此，基于实际可操作性为原则，选择温度在 50℃ 以下。实验在硝酸 20%，时间 2h，不同的温度钝化后测出不锈钢的点蚀电位 E，见图 6-1。从曲线可见，50℃ 时的点蚀电位最高，30℃ 时的点蚀电位稍低，30℃ 以下的点蚀电位急剧下降，30℃ 以下的温度不可取，50℃ 时的产品耐蚀性最好。

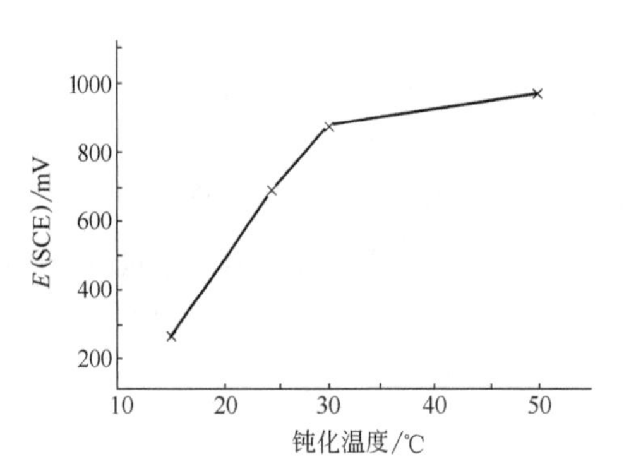

图 6-1　钝化温度与点蚀电位关系

（3）钝化时间的选择。

① 实验是在 25%硝酸+2.5%重铬酸钾的钝化液中，温度 30℃ 时，钝化时间分别为 2h、4h、6h、12h 的条件下钝化后，在 0.9%氯化钠水溶液中于 (37±1)℃ 电化学测试得样品的点蚀电位，见图 6-2。

从图 6-2 可见，钝化 6h 的点蚀电位达到最高值，且平行试样测试中的点蚀电位重现性好，产品耐蚀性能稳定。若钝化时间过短，如 2h，则同批产品中钝化性能质量不稳定，点蚀电位差异较大。

② 第二个实验是在 20%硝酸钝化液中，钝化温度为 50℃ 下，选择不同的时间钝化后，其在相同的条件下测得的点蚀电位见图 6-3。

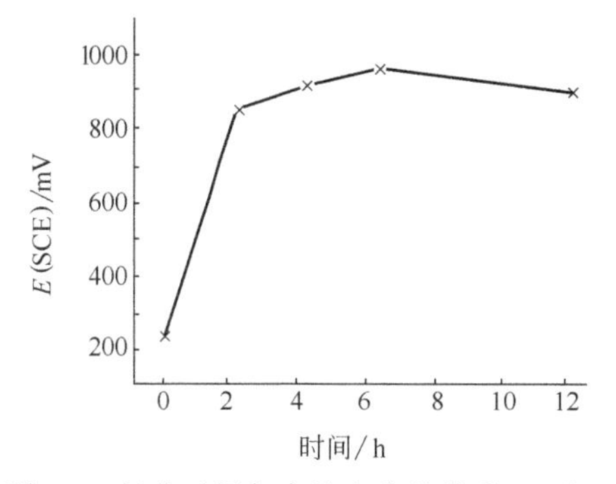

图 6-2　钝化时间与点蚀电位的关系（30℃）

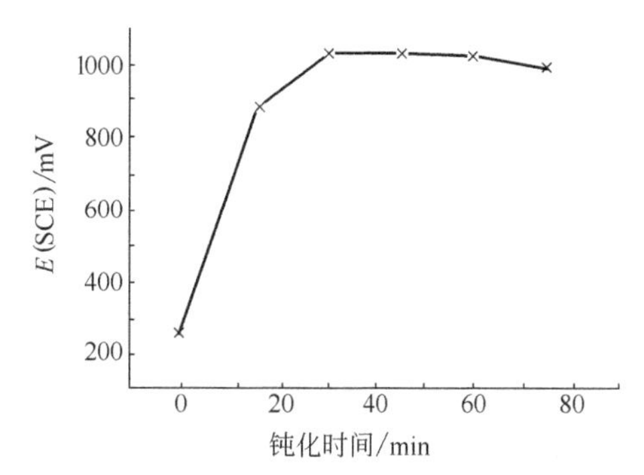

图 6-3　钝化时间与点蚀电位的关系（50℃）

从图 6-3 可见，在钝化温度 50℃，钝化时间以 30～60min 时的点蚀电位高且稳定，钝化性能好。

(4) 外科植入物不锈钢产品钝化工艺。钝化液应选用 20%～30%硝酸溶液，温度 50℃时钝化时间为 30～60min，温度 30℃时钝化时间为 6h。

6.4　不锈钢的硝酸-重铬酸盐钝化工艺

6.4.1　不锈钢的硝酸-重铬酸盐钝化配方及工艺条件

钝化溶液的组成以硝酸为主，添加少量重铬酸钾，以增强溶液的钝化能力，该型溶液在国外应用较广。硝酸-重铬酸钠钝化溶液配方及工艺条件见表 6-3。

表 6-3　硝酸-重铬酸钠钝化溶液配方及工艺条件

类型	浓度		工作条件		适用钢种
	硝酸(体积分数)/%	重铬酸钠(质量分数)/%	温度/℃	时间/min	
低温型 或 中温型	20～25 30～50 20～25	2～3 2～3 2～3	20～30 20～30 50～55	30 30～60 20	各种不锈钢和沉淀硬化钢,不包括高硫高硒钢
高温型	20～25	2～3	65～70	10	各种不锈钢和沉淀硬化钢,不包括高硫高硒钢
专用型	38～42	2～3	20～50	30	高硫高硒不锈钢
专用型	50	2	50	30	高锰不锈钢

6.4.2　各型不锈钢的特殊处理

(1) 铁素体、马氏体不锈钢在钝化后的补充处理。钝化后需进行的补充处理为：

重铬酸钠（$Na_2Cr_2O_7$）　4%～6%　时间　30min

温度　60～70℃

（2）易切削铬镍钢的钝化配方和工艺条件。

硝酸（HNO_3）　20%(体积分数)　温度　43～54℃

重铬酸钠（$Na_2Cr_2O_7$）　2%(质量分数)　时间　20min

（3）易切削铬钢和含铬12%～14%的钢，钝化配方及工艺条件：

硝酸（HNO_3）　40%～60%(体积分数)　温度　37～60℃

重铬酸钠（$Na_2Cr_2O_7$）　时间　10～20min

1.5%～2.5%(质量分数)

可防止出现云状花纹。

（4）400型马氏体不锈钢的钝化配方及工艺条件。

硝酸（HNO_3）　45%～55%(体积分数)　温度　60～70℃

重铬酸钠（$Na_2Cr_2O_7$）　时间　60～90min

2.5%～4%(质量分数)

钝化后再进行补充处理：

氢氧化钠　5%～10%　时间　15～30min

温度　60～70℃

6.4.3　PH15-5不锈钢的钝化[2]

（1）PH15-5不锈钢材料成分对钝化的影响。PH15-5不锈钢中的主要成分有铬、镍、钛、硅、钒、锰和钼等元素，这些成分中有的电极电位比铁正，有的电极电位比铁负。因此，在钝化溶液中易形成微电池腐蚀。微电池偶数越多，零件表面生成钝化膜的速率越快，如果微电池偶数增加到一定的数目后，零件在钝化溶液中的溶解速率大于成膜速率，就会发生零件腐蚀。为了防止零件在钝化过程中腐蚀，必须优选钝化溶液的配方和工艺条件。

（2）PH15-5不锈钢钝化的前处理。前处理包括除去该材料在热处理固熔时效后产生的氧化皮。对低温固熔时效的零件氧化皮较薄，一般为淡紫色，零件在电解除油后，经水洗，直接在盐酸500mL/L的溶液中在室温酸洗3～5min，表面氧化皮已基本除干净，且不腐蚀零件，不挂灰，可直接进行钝化处理。

对于高温固熔时效的零件氧化皮较厚，一般为黑紫色到黑色，去除这类氧化皮要按松动氧化皮→酸洗→去挂灰的步骤进行。松动氧化皮是在含有强氧化剂的浓碱溶液中进行的：

氢氧化钠（NaOH）　650g/L　温度　140℃

硝酸钠（$NaNO_3$）　220g/L　时间　20～40min

氧化皮中难溶的铬氧化物转变为易溶的铬酸盐，酸洗按低温固熔时效零件的酸洗液——盐酸液可基本除净氧化皮。但零件表面附有挂灰。挂灰必须在下列溶液中室温除去。

硝酸（HNO_3） 30～50g/L 时间 20～60s

双氧水（H_2O_2）30% 5～15g/L

在操作过程中，要控制如除挂灰的温度和时间，以免腐蚀零件。

（3）PH15-5不锈钢的钝化工艺。酸洗后的零件在空气中的耐蚀性较差，如暴露在空气中，零件表面会生锈。零件表面必须生成一层致密的耐蚀性好的钝化膜，才能提高使用寿命和好的产品外观。

PH15-5不锈钢材料遇硝酸就会腐蚀。为解决此难题，经实验发现，必须采用一种更强的氧化剂先使零件表面生成一层薄钝化膜，然后再利用硝酸的强氧化性让钝化膜层加厚的处理方法，才能达到高抗蚀性的钝化。分别采用高锰酸钾、重铬酸钾、重铬酸钠、铬酐等强氧化剂同硝酸配合做实验，结果见表6-4。

表6-4 不同工艺配方对钝化质量的影响

工艺配方	高锰酸钾＋硝酸	重铬酸钾＋硝酸	重铬酸钠＋硝酸	铬酐＋硝酸
钝化膜质量	零件在溶液中会腐蚀	钝化膜质量好，膜层质量外观满足HB 5292—84的要求	钝化膜质量较好，膜层质量外观满足HB 5292—84的要求	钝化膜不完整。按HB 5292—84检查，膜层上有沉积铜
成本分析		重铬酸钾价格昂贵	重铬酸钠价格适中	

由表6-4可见，重铬酸钠＋硝酸的钝化液最佳。在加工过程中易操作，不腐蚀零件。

PH15-5不锈钢钝化液配方和工艺条件：

硝酸（HNO_3） 380～420g/L 温度 50～60℃

重铬酸钠 20～30g/L 时间 30min

（4）PH15-5不锈钢钝化工艺条件的影响。

① 温度的影响。温度低于50℃，钝化膜不完整，按HB 5292—84标准膜层完整性检查时，零件表面有沉积铜；温度高于60℃会腐蚀零件表面，并且没有钝化膜。

② 钝化时间的影响。钝化时间影响膜层质量较大。钝化时间短，钝化膜厚度较薄，耐蚀性差；钝化时间太长，会腐蚀零件。

按上述工艺配方和条件钝化时，要控制好温度和时间，才能颜色均匀一致，耐蚀性好。

6.5 不锈钢的硝酸-氢氟酸型钝化工艺

6.5.1 硝酸-氢氟酸溶液的作用

该型溶液是兼有浸蚀和钝化作用的综合型配方。可在钝化之初，同时清除掉热加工氧化皮和表面极薄的贫铬层金属。当氧化皮除去后，整个反应转变为以钝化为主的过程。典型工艺为：

硝酸（HNO_3）	10%	温度	76℃
氢氟酸（HF）	1%	时间	3min

6.5.2 硝酸-氢氟酸钝化配方及工艺条件[3,4]

根据不同的钢种选择钝化液的配方。不锈钢钝化用硝酸-氢氟酸溶液及工作条件见表6-5。

表 6-5 硝酸-氢氟酸钝化溶液配方及工作条件

溶液成分(体积分数)/%		工作条件		适用钢种
硝酸	氢氟酸	温度/℃	时间/min	
15～25	1～4	约60	5～30	200型、300型、400型(铬>16%)沉淀硬化钢
10～15	0.5～1.5	约60	5～30	400型和易切削钢
10	0.5～1.5	约60	1～2	易切削钢，马氏体型时效钢(铬<16%)

6.6 柠檬酸-双氧水-乙醇钝化工艺

6.6.1 柠檬酸-双氧水-乙醇钝化配方及工作条件

不锈钢柠檬酸钝化工艺具有环保性、安全性、通用性，操作简单，维护方便，费用低廉，完全符合可持续发展的要求，应用前景广阔，值得广泛推广。其配方及工艺条件见表6-6。

表 6-6 柠檬酸-双氧水-乙醇钝化配方及工作条件

溶液组成及工作条件	1[15]	2[16]	3[17]	4[18]
柠檬酸	3%	3%	4%	4%
双氧水	10%	5%		5%
乙醇	5%	2.5%		2.5%

续表

溶液组成及工作条件	1[15]	2[16]	3[17]	4[18]
温度/℃	25	60	65	40
钝化时间/min	90	40	15	60
适于钝化不锈钢品种	316L 不锈钢	317 不锈钢	奥氏体不锈钢 304	

6.6.2 钝化膜的实验方法

（1）$FeCl_3$ 浸泡实验。参照《不锈钢三氯化铁点腐蚀试验方法》（GB/T 17897—1999），实验温度为 50℃，实验时间为 1d。根据国家标准，对于点蚀严重、均匀腐蚀不明显的材料，其耐点蚀性可以用腐蚀速率（即单位面积、单位时间的失重）表示。

$$腐蚀速率计算式为：v=\frac{W_0-W_1}{St}$$

式中，v 为腐蚀速率，mg/(cm^2 · d)；W_0 为实验前试样的质量，mg；W_1 为实验后试样的质量，mg；S 为试样的总面积，cm^2；t 为试验时间，d。腐蚀介质为 $FeCl_3$ 6%＋HCl 水溶液 0.05mol/L。

（2）电化学实验参照《不锈钢点蚀电位测量方法》（GB/T 17899—1999）。溶液采用质量分数为 3.5%的 NaCl 溶液，实验温度为 30℃，使用 CHI660B 型电化学综合测试仪，参比电极为 Ag/AgCl 电极，辅助电极为铂电极，扫描速率为 1mV/s。将试样（即工作电极）放入溶液中静置 10min 后，测定其自腐蚀电位。再从自腐蚀电位开始对试样进行阳极极化，直至阳极电流密度达到 500μA/cm^2 为止。以阳极极化曲线上对应电流密度为 100μA/cm^2 的电位中最正的电位值（符号为 E'_{b100}）来表示点蚀电位。[13]

6.6.3 工艺流程

砂纸打磨→水洗→超声波清洗→水洗→酸洗→水洗→钝化→水洗→干燥。

6.6.4 耐点蚀实验结果[11~18]

（1）316L 不锈钢经配方 1# 柠檬酸钝化后的耐点蚀实验结果[15]。

① $FeCl_3$ 浸泡实验。316L 不锈钢经 $FeCl_3$ 浸泡实验表明，焊缝两侧氧化皮存在的区域（热影响区）发生严重的点蚀，其他区域（包括母材区和焊缝区）则相对较为完好。

② 电化学阳极极化曲线实验。对 316L 不锈钢的母材区、热影响区和焊缝区进行电化学阳极极化曲线的测量，具体的点蚀电位值见表 6-7。

表 6-7　316L 不锈钢柠檬酸钝化前后点蚀电位[15]

材料	处理工艺	点蚀电位 φ_{1y}(相对 SCE)/mV
母材	原始母材 酸洗 酸洗加柠檬酸钝化	329 680 730
热影响区	原始热影响区 酸洗 酸洗加柠檬酸钝化	17 406 614
焊缝	原始焊缝 酸洗 酸洗加柠檬酸钝化	593 574 597

由表 6-7 可见，316L 不锈钢不同部位的耐蚀性能相差很大，母材区耐点蚀性能最佳，焊缝次之，热影响区最差。经柠檬酸钝化后，母材区和热影响区的耐点蚀性能大大提高，焊缝区的耐点蚀性能略有改善，从而提高了 316L 不锈钢的整体耐点蚀性能。

(2) 317 不锈钢经配方 2# 柠檬酸钝化后的耐点蚀实验结果。

① 三氯化铁浸泡实验。采用正交试验法，结果见表 6-8。

表 6-8　正交试验设计表及结果

试验号	A	B	C	D	v/[mg/(cm · d)]
	$w_{柠檬酸}$/%	$w_{双氧水}$/%	t/min	θ/℃	
1	3	5	20	40	9.1909
2	3	10	40	50	6.0714
3	3	15	60	60	5.9558
4	6	5	40	60	5.8208
5	6	10	60	40	9.3623
6	6	15	20	50	9.9433
7	9	5	60	50	7.6597
8	9	10	20	60	8.8571
9	9	15	40	40	7.8831

通过正交试验，可得最优方案为 $A_1B_1C_2D_3$，腐蚀速率为 5.1166mg/(cm^2 · d)，得到最佳钝化配方 2#，无钝化的空白实验的腐蚀速率为 10.157mg/(cm^2 · d)。最佳工艺钝化耐点蚀性比未钝化的提高了 1 倍左右。

② 电化学实验。表 6-9 为 317 不锈钢在 3.5% NaCl 溶液中的极化曲线的重要参数数值。

表 6-9　317 不锈钢的极化曲线参数

表面处理工艺	E'_{corr}/mV	E'_{b100}/mV
未钝化	−563	298
最佳工艺钝化	−403	589

从表 6-9 可知，经过最佳钝化工艺钝化后的 317 不锈钢的自腐蚀电位和点蚀电位均比未进行钝化的 317 不锈钢的大，且点蚀电位提高了 1 倍左右，即经过最佳钝化后的 317 不锈钢的耐均匀腐蚀性得到了相应的提高。

(3) 奥氏体不锈钢经配方 3# 钝化后的结果[17]。

① 由于本配方只使用柠檬酸 4%，不像其他配方使用氧化剂，钝化后不锈钢点蚀电位的重现性不是很好，必须在化学钝化后进行后处理，50%（体积分数）硝酸后处理时间为 10min，钝化后不锈钢的点蚀电位达到 1095mV，耐点蚀性能很强。

② 不锈钢柠檬酸化学钝化试样的 XPS 分析。所用仪器是 Phi5500 型 X 射线光电子能谱仪，激发源为 Al 靶，功率为 200W。表 6-10 是不锈钢钝化后表面和基体主要金属元素的原子数分数分布检测结果。

表 6-10　柠檬酸化学钝化后试样主要金属元素的原子数分数

元素	基体中原子数分数/%	表面的原子数分数/%
Fe	72.37	44.90
Ni	8.47	0
Cr	19.16	55.10

对表 6-10 进行分析，可得出钝化膜主要由金属氧化物组成，Fe 和 Cr 的氧化物在表面钝化膜中占的比例相当。金属 Cr 元素主要以 Cr_2O_3 的形式存在，同时还存在于 CrO_3、CrO_2、CrOOH、$Cr(OH)_3$ 等结构中。金属 Fe 元素以 Fe_3O_4 的形式存在，同时还存在于 FeO、Fe_3O_4、Fe_2O_3、FeOOH 等结构中。

(4) 304 不锈钢在配方 4# 钝化后的结果[18]。

① $FeCl_3$ 浸泡实验。为了得到优越的耐点蚀性能，以便得到最佳钝化配方及工艺，通过实验得到配方 4#。实验温度在 40～60℃范围内对结果的影响较小，最佳的腐蚀失重仅为 8.2mg/(cm^2·d)，而钝化时间是影响耐蚀性好坏的最主要因素，钝化时间为 60min。

② 极化曲线。表 6-11 为 304 不锈钢钝化前后阳极极化曲线参数。

表 6-11　304 不锈钢钝化前后阳极极化曲线参数

处理工艺	自腐蚀电位 φ_{corr}(相对 SCE)/mV	点蚀电位 φ_b(相对 SCE)/mV
无	−276	85
优化配方 4# 钝化处理	−201	141

由表6-11可见，经钝化处理的304不锈钢的耐腐蚀性明显提高。点蚀电位是钝化膜开始发生击穿破坏的电位，是不锈钢重要的电化学性能指标，它直接决定着不锈钢耐点蚀性能的好坏。[18]

③ XPS分析。处理后的钝化膜中Fe的含量减少，Cr和Ni的含量增加，O的含量变化不大。由于表面钝化膜中Cr、Ni元素含量明显增加，从而提高了304不锈钢的耐蚀性能。

6.7 不锈钢的碱性溶液钝化

6.7.1 不锈钢碱性溶液钝化的应用范围

碱性溶液钝化适用于3Cr13、4Cr13等马氏体不锈钢。因为马氏体不锈钢的耐蚀性较差，用酸性钝化液难以取得满意的效果。

6.7.2 不锈钢碱性钝化溶液配方及工作条件

氢氧化钠（NaOH）	14%	亚硝酸钠（$NaNO_2$）	2g/L
磷酸钠（$Na_3PO_4 \cdot 12H_2O$）	3%	温度	100～110℃

① 钝化时间。通过实验确定，一般为20～30min，色泽未出现彩色变化之前取出。

② 钝化预处理。零件钝化前需在稀硫酸溶液22mL/L中浸蚀30s。

③ 钝化后零件表面的碱性应充分洗净，干燥。

6.8 不锈钢的电解钝化

6.8.1 奥氏体不锈钢电解钝化工艺

奥氏体不锈钢电解钝化工艺分两步进行：先氧化后过电位钝化。

(1) 磷酸电解氧化。

磷酸	15%	温度	25～35℃
六偏磷酸钠	1%	时间	5min
钼酸钠	2%	电压	5V

(2) 硫酸过电位区钝化。

硫酸	10%	阳极电压	1V

原理，因硫酸过电位区钝化的氧化膜层孔径小于磷酸氧化膜层，故可提高耐蚀性能。

6.8.2　马氏体不锈钢电解钝化工艺

铬酐	5g/L	温度	15～30℃
钼酸钠	20g/L	阳极电流密度	0.3～0.4A/dm^2
硫酸铵	30g/L	阴极材料	1Cr18Ni9Ti不锈钢
硼酸	15g/L	阴阳极面积比	(2～3)∶1

电压（2～4V），要逐步加大，才能确保电流维持正常值。

本工艺的氧化膜厚度较大，还能保持不锈钢表面的光亮度。若用磷酸电解工艺，使不锈钢表面光亮度下降，其原因是酸度太强，不锈钢表面溶解明显。

封闭处理：以提高氧化膜的耐蚀性能。

重铬酸钠	8g/L	温度	10～35℃
钼酸钠	20g/L	阴极电流密度	0.5～1A/dm^2
碳酸钠	6～8g/L	时间	10min
pH	9～10		

然后再作阳极处理，时间为30s。

采用上述两个工艺处理的3Cr13不锈钢显微手术器械，在沸水中煮30～45min，无锈点出现。因采用的是低铬工艺，有利于污水处理。

不锈钢钝化工艺的关键是不能采用酸洗除锈，应用机械除锈，除油必须彻底，采用阴极电解除油。

6.9　不锈钢的载波钝化[5]

在直流钝化电位的基础上叠加一定频率和幅值的对称方波对不锈钢进行钝化，获得载波钝化膜。载波钝化膜的稳定性和耐蚀性远优于直流钝化膜。钝化过程中方波参数的变化对载波钝化膜的稳定性和耐蚀性有一定的影响。

6.9.1　不锈钢1Cr25的载波钝化

中科院金属腐蚀与防蚀研究所杜天保等人用在直流电位的基础上施加一个方波电波对不锈钢电极进行钝化。

(1) 电极。为1Cr25不锈钢圆棒ϕ1.0cm，其化学成分为含铁量67.2%，含铬量25.7%，含锰量5.4%，含钼量2%，含镍量<0.4%。采用环氧树脂涂封电极，只露出工作表面，依次用400#、1000#金相砂纸打磨光亮，再用丙酮、一次蒸馏

水冲洗干净。

（2）钝化。

硫酸（H_2SO_4）	50g/L	阴极还原时间	5min
阴极还原电位	－800mV		

然后进行载波钝化。钝化时直流电位恒定400mV。

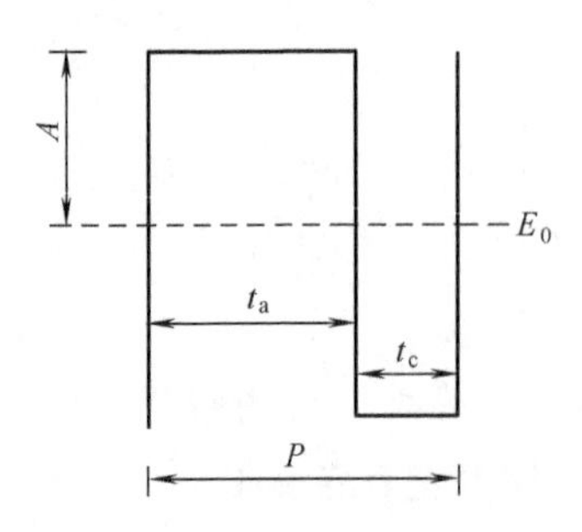

图6-4　载波钝化施加的方波
A—振幅；P—幅宽；
E_0—直流电位

载波钝化时在直流电位的基础上叠加方波钝化时间10min，得到载波钝化膜，所加方波见图6-4。

（3）电位衰减曲线测定。载波钝化膜浸泡在溶液中，电位突然降至腐蚀电位时的时间定为衰减时间t_p。

（4）阳极极化曲线测定。当电位衰减至腐蚀电位时，以5mV/s的扫描速率进行阳极极化，测得最大活化电流i_s和维钝电流i_p。

（5）阴极还原曲线的测定。载波钝化膜浸泡在溶液中，控制电位在－650mV，测量阴极还原电流，电流突然上升时的时间定为活化时间t_a。

所有电位均相对于SCE，实验在室温中进行。

6.9.2　载波钝化时载波参数对钝化膜的影响

（1）载波幅值对钝化膜性能的影响。

① 图6-5为施加不同幅值A，幅宽＝300ms，比值R＝2∶1方波的钝化膜电位衰弱曲线，可见载波钝化膜电位衰减时间明显大于直流钝化膜，而且随着幅值的增大，载波钝化膜的耐蚀性能明显增强，但当振幅A＝700mV时，耐蚀性又变差。

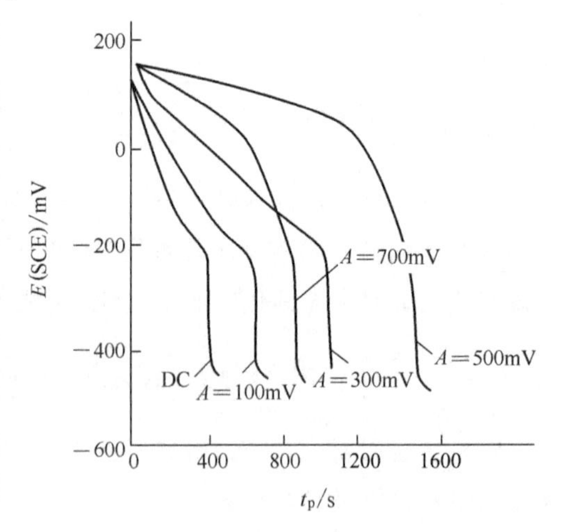

图6-5　不锈钢钝化膜电位衰减曲线

② 图6-6为不锈钢电极的阳极极化曲线。由图6-6可以看出，载波钝化后，阳极最大活化电流和维钝电流都明显小于直流钝化膜。这说明在电位衰减过程中，只是部分钝化膜较薄弱的环节即活性点发生溶解，裸露出基底金属，其他部分仍处于钝化状态，因而阳极极化时，裸基底金属发生再钝化，使活化电流

和维钝电流都明显减少。对于载波钝化膜，随着幅值 A 的增大，活化电流和维钝电流减少，说明钝化膜变得致密，厚度增加，活性点减少。而当幅值 $A=700\text{mV}$ 时，最大电位已达 1100mV，已进入过钝化区，这时钝化膜的厚度虽然增加，但膜已疏松，耐蚀性能变差。

③ 图 6-7 为上述钝化条件下钝化膜的阴极还原曲线，当幅值 $A=500\text{mV}$ 时，钝化膜的耐阴极还原能力最强。钝化膜的耐蚀性参数随幅值的变化见表 6-12。

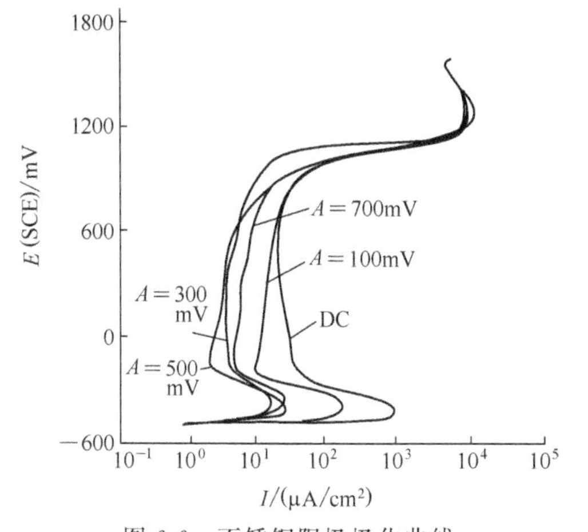

图 6-6　不锈钢阳极极化曲线

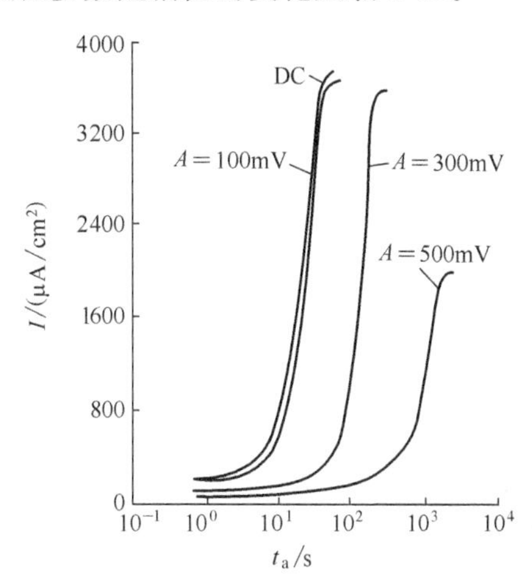

图 6-7　不锈钢钝化膜阴极还原曲线

表 6-12　钝化膜耐蚀性参数对幅值的影响

A/mV	DC	100	300	500	700
t_p/s	350	600	1050	1480	850
i_a/(μA/cm²)	1020.0	210.0	30.0	20.0	36.2
i_p/(μA/cm²)	34.4	11.2	4.8	2.9	4.8
t_a/s	10.5	12.5	99.4	1048.0	

（2）不同比例 R 对钝化膜耐蚀性的影响。不锈钢载波钝化膜耐蚀性参数随 R 的变化情况见表 6-13。

表 6-13　钝化膜耐蚀性参数对 R 的影响

R	DC	1∶2	1∶1	2∶1
t_p/s	350	675	805	1050
i_a/(μA/cm²)	1020	42	36	30
i_p/(μA/cm²)	34.4	7.4	5.3	4.8
t_a/s	10.5	75.0	98.0	102.0

由表 6-13 可以看出，当 $R=2∶1$ 时，钝化膜的耐蚀性最好。这可能是因为当 $t_c/t_a=2∶1$ 时，电位在阴极区的停留时间较长，钝化膜处于此区时，活性点处优

先发生溶解，而当钝化膜处于阳极区时，钝化膜优先发生钝化，由于交变电场的作用，促使钝化膜变得致密，耐蚀性能增强。

（3）不同幅宽 P 对钝化膜耐蚀性的影响。不锈钢钝化膜的耐蚀性参数随 P 的变化情况见表 6-14。

表 6-14　钝化膜耐蚀性参数对 P 的变化

P/ms	300	1200	6000
t_p/s	1050	1070	1075
i_a/($\mu A/cm^2$)	30.0	32.0	31.5
i_p/($\mu A/cm^2$)	4.8	5.0	5.1
t_a/s	100	102	99

从表 6-14 可见，随着叠加方波幅宽 P 的变化，钝化膜的耐蚀性能基本不受影响。钝化膜耐蚀性的提高，不仅与膜厚的增加有关，还与膜的组成元素的分布有关。载波钝化时，在交变电场正负半周的作用下，钝化膜的生长与溶解交替进行。在钝化膜的溶解过程中，铬及氧化铁（Fe_2O_3）含量较低处优先溶解，而在生长过程中，溶解处的钝化膜较薄，电场较高而优先修复，修复后质量优于修复前，从而改善了膜的整体质量，使耐蚀性得到相应的提高。

载波不锈钢钝化膜的耐蚀性能明显优于直流钝化膜，而对于载波钝化膜，当 A=500mV、P=300ms、R=2∶1 时，其耐蚀性能最好。

6.10　不锈钢钝化的质量控制[6]

6.10.1　钝化工艺过程的控制

（1）前处理。根据表面情况，使用机械方法或化学方法，清除表面油脂、氧化物、其他污物，并用酸充分活化，以便在钝化液中形成完整的稳定的钝化膜。

（2）补充处理。在钝化后再进行补充处理，以便进一步提高钝化层的稳定性。奥氏体不锈钢钝化后应在碱性溶液如碳酸钠或氢氧化钠稀溶液中进行中和处理。马氏体不锈钢和铁素体不锈钢钝化后应在重铬酸钠溶液中进行补充处理。

（3）时间的影响。钝化时间取决于溶液的浓度。一般地说，浓度越高，则时间越短。但钝化时间较长有利于钝化膜的生长。

（4）温度的影响。对于低浓度硝酸，如 20%～40%的硝酸，钝化温度较高，如 60℃，容易取得效果。对于硝酸浓度在 40%以上的钝化液，温度的升高影响不明显，甚至容易使不锈钢过钝化，宜用室温。

6.10.2　钝化膜的质量控制

严格进行不锈钢钝化膜质量检验，既是对钝化膜的考核，也是对不锈钢使用效果的鉴定。有关不锈钢质量检验方法见表6-15。

表 6-15　不锈钢钝化膜的质量检验

实验名称	实验方法	说　明	文献标准号
外观	目视法	表面应是清洁的金属本色，无锈点、斑点或发毛。允许有轻微变色、尺寸不能有损	ff-10-01 QQ-P-35B
水浸渍实验	浸入水中	表面无锈蚀	MIL-STD-753 方法 100
高湿实验	在100℃下，95%～100%潮湿箱中，试验24h	表面无锈蚀，外观不降低	ff-10-01 QQ-P-35B
盐雾实验	5%氯化钠盐雾，不少于2h	表面无锈蚀	ASTM-B117
表面接触铜实验	用硫酸铜溶液检验钝化膜，表面经弱酸处理，有无铜接触沉积	用于300型不锈钢（含硫，硒钢种303，303SC，307SC），代替盐雾实验	MIL-STD-753-方法 102
三氯化铁腐蚀实验	$FeCl_3$ 6%，温度(35±1)℃，时间24h	本实验结果为腐蚀率[g/(m²·h)]： 未抛光钝化 30～40 抛光未钝化 15～20 抛光后钝化 8～12	GB 4334.7—87
钝化膜完整性实验	见HB 5292—84	零件表面有无沉积铜	HB 5292—84
沸水实验	不锈钢钝化件在沸水中煮沸	出现锈蚀点的时间越长越好	

6.10.3　不锈钢表面钝化膜的影响因素

有许多因素会使不锈钢的钝化膜遭受破坏，使不锈钢的钝态转化为活态。

(1) 氯离子。氯离子对不锈钢的危害极大。在钝化过程中应严格控制钝化液中氯离子的含量，所用钝化用化学材料对氯离子都有限量要求。配制钝化液用水和清洗用水也对氯离子有严格的水质要求，以保证钝化成品不沾附氯离子，以免后患。

(2) 表面清洁度。对于不锈钢合金，表面粗糙度越低，表面越光滑，异物越难黏附，各部局部腐蚀的概率越低。因此，不锈钢应尽可能采用精加工表面。此外，不锈钢表面清洁度也很重要，钝化后的最终清洗应仔细进行，因为残余酸液促进阴极反应，使膜层破裂，从而使不锈钢活化，耐蚀性能剧烈降低。

(3) 使用环境介质。不锈钢钝化膜属于热力学上受抑制的亚稳态结构。其保护效能与环境介质有关。使用中应定期清洗，除去有害物质长期黏附在表面上。尤其是在有氯离子的环境中，避免氯离子长期黏附在表面和在水中浓缩。如不锈钢用于食品工业用具，每次与食品接触后，都要洗净，以免氯离子作用，损害钝化膜。如用于乳制品的容器和设备，乳品中含有氯离子对钝化膜有破坏作用，如长期盛装乳制品，会导致容量与设备腐蚀穿孔，因此，要定期清洗，使钝化膜恢复。

(4) 不锈钢的内在因素。不锈钢中马氏体含量和铬镍含量对不锈钢的钝化性能影响很大。镍含量低下，钝化性能就低。马氏体不锈钢的钝化膜性能不如奥氏体不锈钢的钝化性能。

6.10.4 不锈钢钝化常见故障及排除方法

不锈钢钝化常见故障及排除方法见表 6-16。

表 6-16 不锈钢钝化常见故障及排除方法

故障现象	可能原因	排除方法
不锈钢表面有疏松的黑膜	表面热处理氧化皮未除净	重新吹砂或腐蚀除净氧化皮
膜层完整性实验不合格	钝化液中铁离子含量超过 40g/L	部分更换或重新配制溶液

6.11 奥氏体不锈钢中马氏体含量对其钝化膜的影响[7]

不锈钢的优良耐蚀性来自它表面的钝化膜。徐瑞芬等人用 AES 方法（扫描俄歇微探针）研究钝化电位下形成的钝化膜中各组成元素随溅射深度的变化情况，深入探讨不同 α′-马氏体含量对 1Cr18Ni9Ti 不锈钢钝化膜耐蚀性的影响。

(1) 形变诱发马氏体含量不同的试样及 AES 表面分析。选用工业级 1Cr18Ni9Ti 奥氏体不锈钢加工成 140mm×25mm×3mm 条状试样，在 INSTRON-1185 型拉伸机上于液氮气体下（−70℃）以 2mm/min 的速率拉伸，控制不同的形变量以获得不同马氏体含量的试样。

随后加工成 40mm×25mm×3mm 电化学试样，用水砂纸逐级打磨至 800#。进行 AES 分析的试样在 0.55mol/L 氯化钠中性溶液中（55℃），在钝化电位恒电位 +80mV(SCE) 浸泡 1h 后，迅速用经充过氩气的二次蒸馏水和 95%分析纯乙醇冲洗，然后用氩气吹干后保存在充氩气的广口瓶中，悬空挂在瓶中，塞紧瓶塞。试样从溶液中取出后 2h 内实施 AES 表面分析。

(2) 钝化膜中铬的富集程度对钝化膜稳定性的影响。α′-马氏体含量分别为 4.5%、14.5%、20%和>30%的 1Cr18Ni9Ti 不锈钢试样用氩溅射得到 AES 图谱见图 6-8 (a)～(e)。由此得到钝化膜中主要元素氧、铁、铬、镍、氯的百分含量随深度的分布情况。

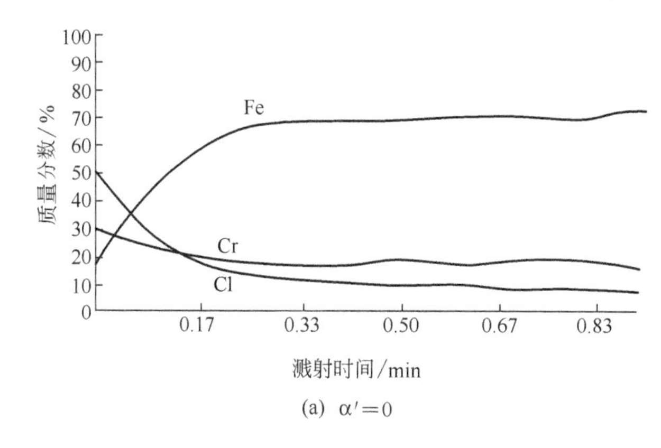

(a) α′=0

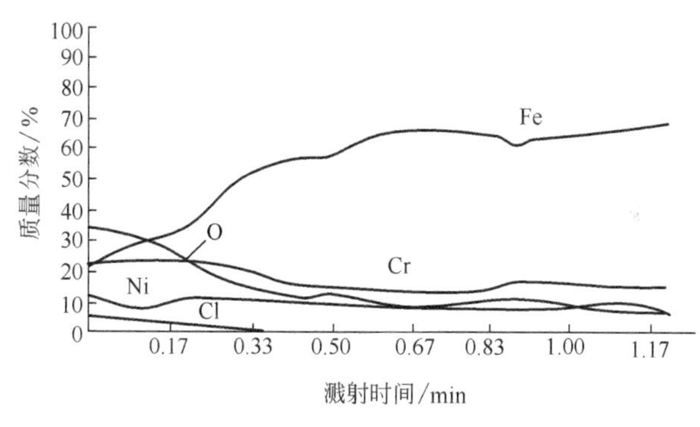

(b) α′=4.5%

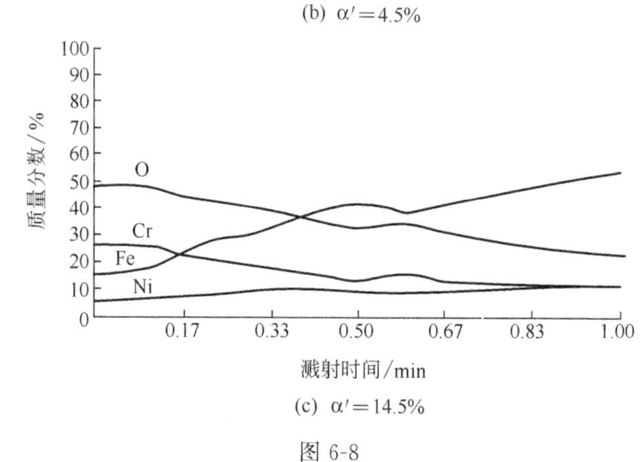

(c) α′=14.5%

图 6-8

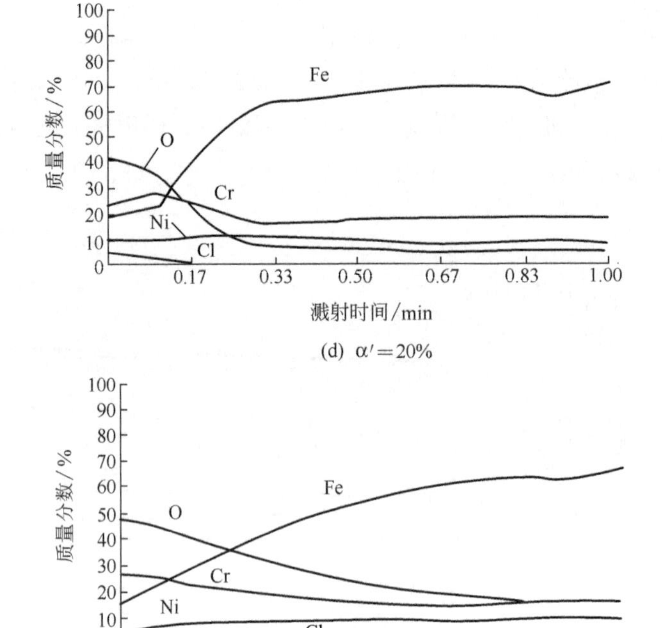

图 6-8　不同 α′-马氏体含量的 1Cr18Ni9Ti 在中性 NaCl 溶液中用 Ar^+ 溅射得到的 AES 图谱

结果表明，所测 AES 样品具有共同特征：铁在表面向基体逐渐减少，钝化膜的特点是富氧、富铬和贫铁；表面膜中都有少量氯。

表面膜中贫铁被认为与铁的选择性溶解有关。铬的富集程度可用铬铁 Cr/Fe 比值表示。比值越高，钝化膜的保护性越好。

图 6-9 为不同 α′-马氏体含量的 1Cr18Ni9Ti 奥氏体不锈钢试样在 0.55mol/L 中性氯化钠溶液中，在电位＋80mV(SCE)，55℃钝化 1h 后形成的钝化膜中 Cr 与 Fe 比值随溅射时间的变化曲线。

由图 6-9 可见，未变形的 1Cr18Ni9Ti 不锈钢试件表面的 Cr 与 Fe 的比值都大(α′=14.5%的试件除外)，随着溅射时间的增加，其比值迅速减少。

对于含有 α′-马氏体的不锈钢试件，在溅射时间小于约 0.085min 时，Cr 与 Fe 比值变化不大，在此范围内，α′=4.5%的试件比值最低，而 α′=14.5%的试件比值最大。当溅射时间大于 0.085min 后，比值随着时间的增加，衰减速率明显加快，对于 α′=14.5%的试件，在从表面到基体的范围内，比值均明显大于其他含 α′-马氏体的试件，说明此试件铬的富集程度最大。

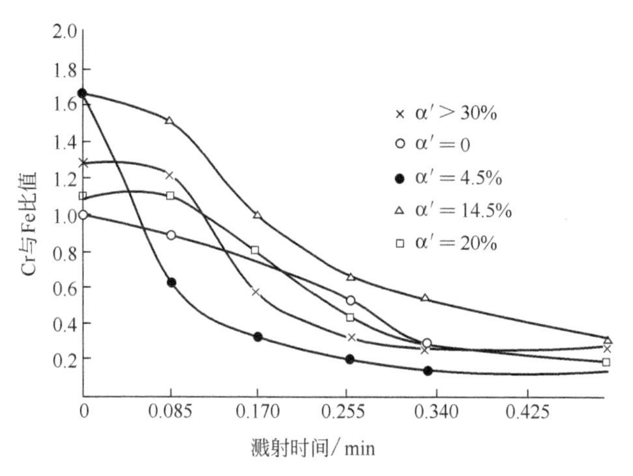

图 6-9　钝化膜中 Cr 与 Fe 比值随溅射时间的变化曲线

[0.55mol/L 中性 NaCl，+80mV(SCE)，55℃]

对于未经变形的 1Cr18Ni9Ti 奥氏体不锈钢试件，表面富铬贫铁，其原因是由于固溶液中各组分的相对热力学稳定性在形成固溶体前后变化不大。因此，在腐蚀介质中，热力学稳定性较低的铁优先溶解，故合金表面富铬。MCr/Fe 比随溅射时间的变化曲线来看，该钝化膜的厚度不大，但由于钝化膜外层铬的富集程度大，富铬合金层将有利于均匀致密钝化膜的形成，因而表现出较好的耐蚀性。

(3) 形变诱发马氏体相成为腐蚀电池阳极的影响。对于含有 α′-马氏体的 1Cr18Ni9Ti 试件，表面富铬贫铁的原因与未变形的材料有所不同。1Cr18Ni9Ti 不锈钢试件经过塑性变形后，材料的组织结构发生明显的变化，产生了各种结构缺陷，如位错、空位、间隙原子、层错等，位错储存着大量的能量。形变诱发马氏体由于聚集着高密度的位错，其能量在形变后的奥氏体不锈钢中相对较高，形变诱发马氏体相成为腐蚀电池中的阳极，容易被优先腐蚀溶解，腐蚀产物通过水解反应生成较稳定的含铬钝化膜。

(4) 不锈钢中马氏体含量对钝化膜稳定性的影响。

① 当马氏体含量<4.5%时，钝化膜的稳定性降低。在含有 α′-马氏体的 1Cr18Ni9Ti 试件中，当 α′<4.5%时，由于 α′-马氏体含量较少，经 α′-马氏体的选择性溶解生成含铬化膜，由于腐蚀产物少，使 Cr 与 Fe 的比值较低，不足以形成致密的保护膜，膜的不均匀程度较大，膜中氯较为富集，因而耐蚀性小，孔蚀敏感性较大。

② 当马氏体含量在 4.5%～14.5%之内时，钝化膜的稳定性增大。当 α′在

4.5%～14.5%范围内时，表面的吸附溶解和成膜过程加剧，腐蚀产物增多，由腐蚀产物水解生成的三氧化二铬（Cr_2O_3）量增加，当α′达到14.5%时，富铬程度达到最大（表层Cr与Fe比值约为1.67），且随着溅射时间的增加，Cr与Fe的比值的下降速率最慢，说明其膜厚也最大，因而耐蚀性增大，孔蚀敏感性减少。

③ 当马氏体含量>14.5%时，钝化膜的稳定性降低。当α′>14.5%后，由于材料的塑性达到一定程度后，金属表面形成大量的显微裂纹，并逐渐扩展，不利于形成富铬氧化膜，使Cr与Fe的比值减少，且膜的完整性遭到破坏，试件表面膜中的氯又随之增多，孔蚀敏感性增大。

(5) 氯离子在钝化膜中的吸附对导致膜破裂的影响。氯在膜中的分布随α′-马氏体含量的不同而出现区别：α′为0和14.5%的试件，其钝化膜中氯元素含量最少，膜稳定性好；α′为14.5%的表面膜中氯由表及里迅速减少为零。4.5%、20%和>30% α′-马氏体含量试件的表面膜中氯元素都高，4.5%的试件膜中氯分布深度最大，膜稳定性差。

6.12 高铬镍不锈钢的钝化[8]

高铬镍不锈钢中的主要合金元素为铬和镍，其含量与配比对材料的综合耐蚀性能至关重要。高铬镍不锈钢常被用在湿法磷酸的生产设备上，在湿法磷酸生产工艺中，介质中含有磷矿石、硫酸、氯离子、氟离子等，工作温度为80℃，因此，材料的腐蚀变得复杂和苛刻。该材料在这类介质中具有良好的耐蚀性能主要源于铬和镍的适当配合。林凡等人就高铬镍不锈钢中铬、镍含量对腐蚀电化学特性的影响进行研究。结果表明，随着铬含量的增加，合金更容易钝化；随着镍含量的提高，合金钝态越稳定。高铬镍含量有利于合金钝化膜的形成。

6.12.1 高铬镍不锈钢材料的制备

将原材料：微碳铬铁、钼铁、锰铁、钛铁、结晶硅、电解镍、电解铜、工业纯铁按一定比例在中频感应炉内熔炼浇铸成试样，出炉温度1530℃，浇注温度约1450℃。三种试样的化学成分见表6-17。

表6-17 高铬镍不锈钢的化学成分（质量分数） %

试样元素	碳	硅	锰	镍	铬	铜	钼	铁
1号	0.06	1.50	1.00	24.0	21.0	2.5	4.5	余量
2号	0.07	1.49	0.97	26.0	27.0	2.6	4.3	余量
3号	0.07	1.51	1.10	28.0	24.0	2.6	4.4	余量

6.12.2　高铬镍不锈钢实验方法

对1号、2号、3号材料进行阳极极化测试，测定材料在腐蚀介质中的致钝电位、维钝电位、维钝电流、点蚀电位和钝化电位范围。

实验介质：

磷酸（H_3PO_4）	54%	氟离子（F^-）	1%
硫酸（H_2SO_4）	4%	介质温度	76℃
氯离子（Cl^-）	600mg/L		

测定2号、3号材料在氯离子分别为200mg/L、600mg/L、1000mg/L、2000mg/L的上述介质中的致钝电位、维钝电位和点蚀电位。

采用俄歇电子能谱（AES）技术测定钝化膜中各元素的深度分布。运用X射线光电子能谱（XPS）对膜中各元素的氧化物组态进行分析。

6.12.3　高铬镍不锈钢中铬、镍含量对合金钝化的影响

（1）铬含量的影响。图6-10表示合金致钝电位、维钝电位与含铬量的关系。由图6-10可见，当铬含量增加时，阳极极化曲线的致钝电位和维钝电位负移，使系统得到的腐蚀电位高于该金属的致钝电位，促进了合金更快地进入钝态。或者说铬量的增加，能使合金在更低的电位就能钝化。

（2）镍含量的影响。图6-11为合金致钝电流密度、维钝电流密度与镍含量的关系。由图可见，合金在介质中的致钝电流密度与维钝电流密度随镍量的增加而变小。

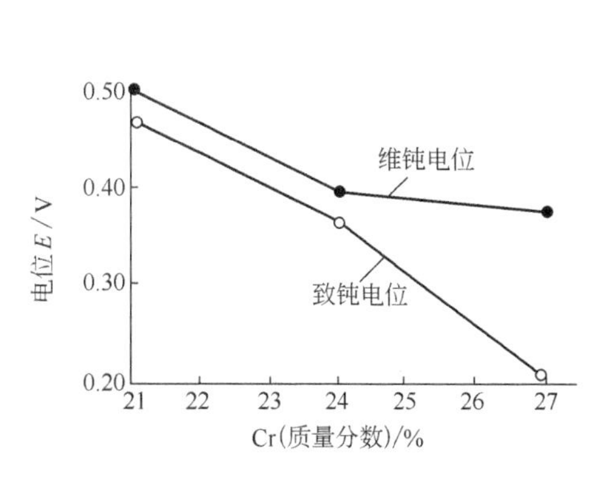

图6-10　合金致钝电位、维钝电位与Cr含量的关系

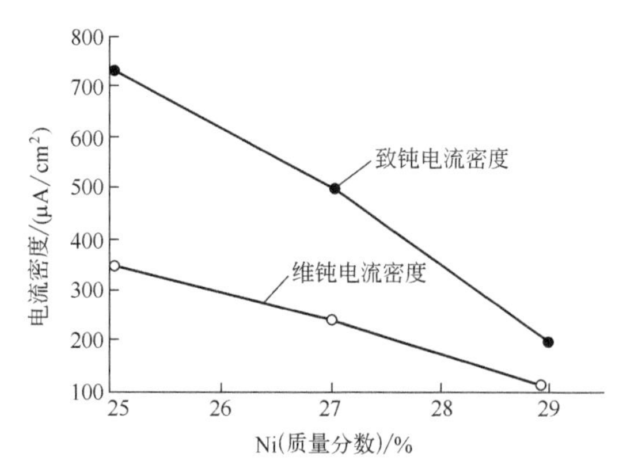

图6-11　合金致钝电流密度、维钝电流密度与Ni含量的关系

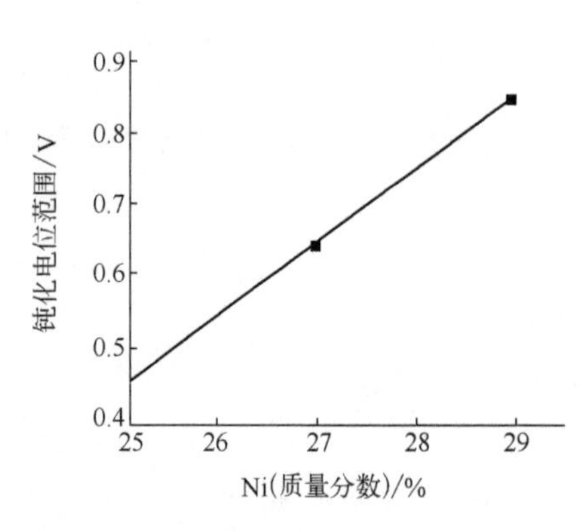

图 6-12　合金钝化范围与 Ni 含量的关系

图 6-12 为合金钝化范围与镍含量的关系。由图 6-12 可见，合金在介质中的钝化范围随镍量的增加逐渐变宽。

电化学反应的阴极过程受阻滞的步骤通常认为是氢原子在电极上的还原过程，氢在镍表面反应交换电流密度较少，因而随着极化电位的增加，合金的维钝电流仍能维持在较低的水平，使钝化状态保持在较宽的范围内。同时镍固溶于钝化膜中，而且被氧化的较少，从而增加钝化膜和金属表层的热力学稳定性。

6.12.4　介质中氯离子和氟离子的影响

图 6-13 为氯离子含量对合金致钝电位、维钝电位的影响，图 6-14 为氯离子对合金过钝化电位的影响。由图 6-13 可见，在不同氯离子含量的介质中，2 号合金的致钝电位和维钝电位基本上低于 3 号合金。随着铬量的增加，合金更容易钝化，说明在耐氯离子腐蚀中，有足够铬含量的重要性。

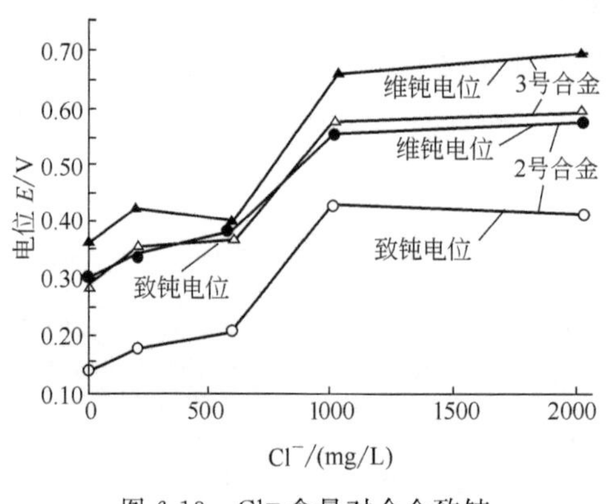

图 6-13　Cl^- 含量对合金致钝电位、维钝电位的影响

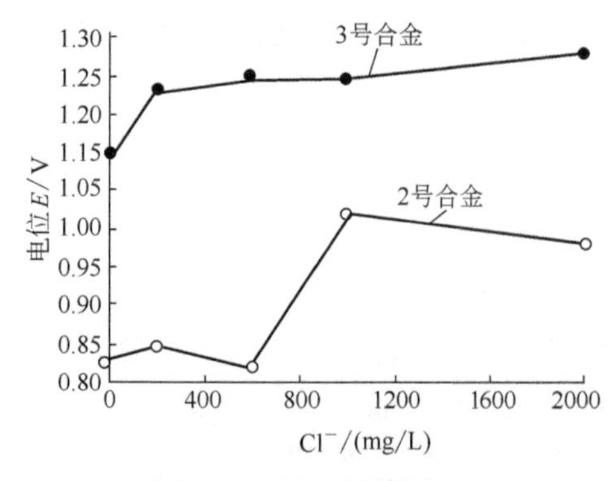

图 6-14　Cl^- 含量对合金过钝化电位的影响

由图 6-14 可见，在不同氯离子含量的介质中，3 号合金的过钝化电位更正些，表明合金的钝化稳定性更强些。

反应介质中含有氯离子和氟离子，使已经钝化的合金重新活化，除氢外，氯离子的活化能力大于氟离子，而氟离子又明显增加了氯离子对活化区阳极溶解的去极化作用。因此，图 6-13、图 6-14 所示的应是氯离子和氟离子共同作用的结果。研究表明，增加合金中的铬含量有利于合金在较低的电位就进入钝化状态，更快地使合金表层形成较完整的氧化膜，并在较低的电位维持钝态。从图 6-12、图 6-14 的结果可以看出，增加合金的镍含量，可使 3 号合金的钝化范围更宽，过钝化电位更正。这表明镍在合金中可以起到稳定合金表层钝化状态的作用，并有助于延长发生孔蚀核的诱导时间。

6.12.5 合金钝化膜的表层结构分析

图 6-15 为合金钝化膜中各元素的深度分布曲线（AES），图 6-16 为合金钝化膜表层的俄歇电子能谱图（AES）。

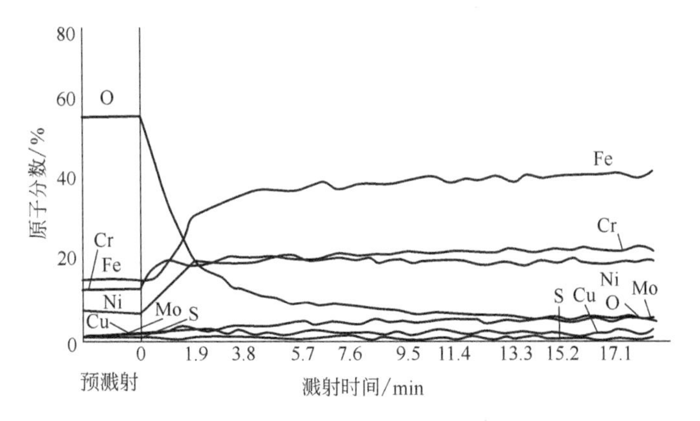

图 6-15 合金钝化膜中各元素的深度分布曲线

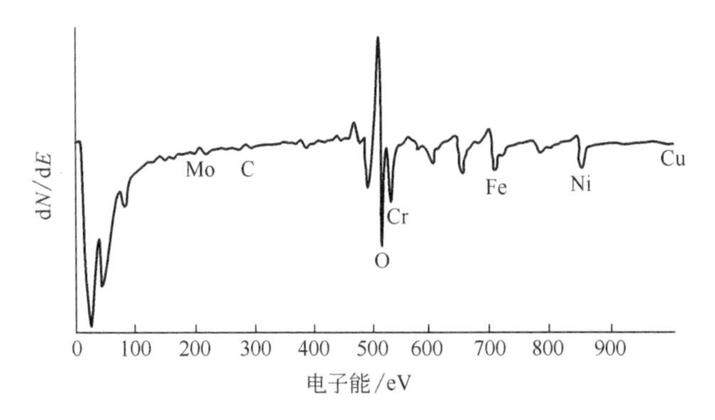

图 6-16 合金钝化膜表层的俄歇电子能谱图

对钝化膜中各元素氧化物的组态进行了 XPS 分析，并将溅射前后钝化膜表层和基体中氧、铁、铬、镍、钼各元素的氧化峰及金属峰结合能与标准手册上的结合能进行对比。所测试到的各元素的结合能均采用 O1s 峰进行标定，见表 6-18。

表 6-18 合金钝化膜的 XPS 分析结果 eV

元素	结构	溅射前	溅射后	X射线光电子能
O1s	M—O	530.5	530.5	530.30(Cr_2O_3)
				530.70
	M—OH	—	—	531.40
				532.20
Fe $2p^{3/2}$	Fe	706.7	706.8	706.75
	FeO	709.4 (一部分)	—	709.40
	Fe_2O_3	710.4 (一部分)	—	710.70
Cr $2p^{3/2}$	Cr	—	574.1	574.10
	Cr_2O_3	576.4	—	576.60
Ni $2p^{3/2}$	Ni	852.3	852.7	852.80
	NiO	853.4 (少量)	—	853.30
Mo $3d^{5/2}$	MO	227.8	227.9	227.70
	MO_3	232.4 (少量)	—	232.65

从 AES 和 XPS 的分析结果可知，钝化膜表层氧富集较多，其次是铬和铁。同时，在合金的钝化膜表层中，铬基本上全部氧化，以三氧化二铬（Cr_2O_3）的形式存在。铁有部分被氧化成氧化亚铁（FeO）和三氧化二铁（Fe_2O_3），钼有部分被氧化成三氧化钼（MoO_3），而镍只有少量被氧化成氧化镍（NiO）。从氧的结合能可看到，钝化膜主要是 O—M—O 键。这就使金属与溶液界面上形成了一道屏障层。这种由 O—M—O 键组成的屏障，决定钝化膜表面的活性点少，钝化膜有高效的化学稳定性，不易受到破坏，而这些都与恰当的铬、镍匹配分不开。

6.13 不锈钢钝化膜的电偶法评价[9]

当异种金属浸于同种电解质溶液中时，每种金属都将建立起自身的腐蚀电位 E_{corr}（自然电位）。将电极电位值不同的两种金属彼此偶合，电位更正的金属将成为阴极，电位更负的金属将成为阳极，从而形成电偶电池。

腐蚀电位正的金属与腐蚀电位负的异种金属构成电偶对时，就可能使腐蚀电位负的发生阳极过程。它们偶合后有一个混合电位值，此电位值随阴阳极金属面积比而异，可能接近电位正的金属或接近电位负的金属。根据这种电化学的电偶腐蚀原理评价不锈钢钝化膜在强酸介质中的自钝能力。

维尼纶醛化机受槽、筛网、托辊等设备采用的材料为1Cr18Ni9Ti或SUS 36等不锈钢，在工业生产过程 中，当钝态表面被局部破坏，存在着小面积活态和大面积钝态的电偶对，胡肆福等人用饱和甘汞电极作参比来测定活态、钝态偶合的电偶电位，并研究它们的自钝能力。

6.13.1 电偶法的实验过程

（1）强酸介质。强酸介质取自维尼厂现场生产用的醛化液，其成分见表6-19，温度为70℃。

表6-19 醛化液成分

硫酸/(g/L)	硫酸钠/(g/L)	甲醛/(g/L)	Fe^{3+}/(mg/L)	Cl^-/(mg/L)
240	70	25	35.4	200

溶液中铁离子（Fe^{3+}）由设备腐蚀带来，氯离子由试剂和水质带来。

（2）试样制备。1Cr18Ni9Ti和SUS36不锈钢分别加工成0.2cm^2、0.4cm^2、0.8cm^2、1.0cm^2、2.0cm^2、3.0cm^2、4.0cm^2、6.0cm^2、10.0cm^2、20.0cm^2、30.0cm^{2}等不同面积比的圆柱形试样和2.5cm^2、7.5cm^2、15.0cm^2、20.0cm^2、22.5cm^2、25.0cm^2、50.0cm^{2}等不同面积比的长方形试样，多余部分用环氧树脂封涂，80℃温度固化。

活态试样经1000号（4/0）金相砂纸打磨至镜面状态，用酒精擦拭，蒸馏水冲洗，滤纸吸干后放入干燥器待用。

不锈钢钝态试样抛光洁净后，经－550mV（相对于SCE）阴极活化，再进行阳极钝化处理。SUS 36不锈钢钝态采用厂家处理的原始钝化膜。

（3）实验方法。实验槽液温度恒控70℃，在静止条件下进行实验。参比电极采用饱和甘汞电极，盐桥过渡，放置于活态、钝态电极之间各相距1cm。电极电位检测采用高阻数字电压表。

1Cr18Ni9Ti和SUS 36不锈钢活态试样在槽液中分别进行－550mV和－350mV的阴极活化处理，各自测定活态、钝态试样的自腐蚀电位，然后偶合5min，检测偶合电位。

6.13.2 不锈钢钝化膜电偶法评价方法

（1）运用临界值的评价。不锈钢钝态-活态面积比有一个临界值，由于电偶电池的作用，当小于这临界值时，大面积的钝态表面被活化腐蚀；当大于临界值时，不锈钢局部活态表面将自动进行钝化状态，从而有效地提高不锈钢的抗蚀性能。

（2）1Cr18Ni9Ti不锈钢钝态-活态面积比（临界值）对不锈钢腐蚀的影响。1Cr18Ni9Ti不锈钢在维尼纶醛化液中，活态试样 E_{corr} 为－300mV、钝态试样 E_{corr} 为400mV，当钝态-活态面积比≥45时，电偶对的偶合电位为352mV以上，测量数据见表6-20。

表6-20　1Cr18Ni9Ti不锈钢的电偶电位　　mV

钝态-活态面积比	5	15	30	40	44	45	46	100	150
活态电位	－343	－339	－329	－341	－311	－317	－324	－346	－351
钝态电位	473	409	427	447	466	451	458	414	452
电偶电位	－335	－334	－316	－308	－304	352	405	410	420

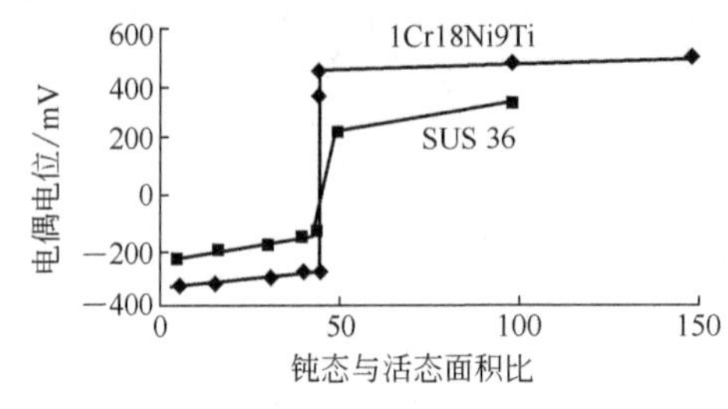

图6-17　两种不锈钢的钝态-活态面积比与电偶电位的关系

不锈钢的抗腐蚀性能是由于其表面能形成一层具有保护性的钝化膜，然而这层钝化膜若是遭到破损而又缺乏自钝化的条件和能力时，不锈钢就会处于活化电位状态而导致腐蚀的发生。1Cr18Ni9Ti不锈钢钝态-活态面积比小于45倍，由于电偶电流的作用，表面钝化膜遭到破损，不锈钢表面进入活化状态，见图6-17两种不锈钢的钝态-活态面积比与电偶电位的关系。由图可见，当1Cr18Ni9Ti不锈钢钝态-活态面积比≥45倍时，由于电偶对的电化学极化，小面积的活态不锈钢均被阳极极化到钝态电位，阻止了活态不锈钢腐蚀行为的发生。

（3）SUS 36不锈钢钝态-活态面积比对不锈钢腐蚀的影响。SUS 36不锈钢在维尼纶醛化液中，活态试样 E_{corr} 为－200mV，原始钝态试样 E_{corr} 为300mV，当钝态-活态面积比≥50时，电偶对的偶合电位为200mV以上，测量数据见表6-21。

表6-21　SUS 36不锈钢的电偶电位　　mV

钝态-活态面积比	5	15	30	40	45	50	100
活态电位	－204	－242	－242	－270	－283	－289	－232
钝态电位	408	377	254	271	287	286	306
电偶电位	－231	－214	－198	－192	－180	207	296

SUS 36不锈钢钝态-活态面积小于50倍，表面钝化膜遭到破损，不锈钢进行活化状态，见图6-17。当其钝态-活态面积大于50倍时，由于电偶对的电化学极化，小面积的活态不锈钢均被阳极极化到钝态电位，阻止了活态不锈钢腐蚀。

6.14　不锈钢钝化膜成长的椭圆术研究[10]

在不锈钢Cr20Ni25Mo3Cu3NbZrN中加入微量的合金元素Nb、Zr，在硫酸溶液中有很好的自钝化性。硫酸是一种强腐蚀性介质，随着浓度和温度的不同，其腐蚀性有着强烈的变化，即使较为知名的不锈钢也不能适应这种变化的需要。合金元素的加入，合金元素产生的复合效应，促进表面膜的成长，改变了表面膜的性能，提高了耐蚀性。孔焕文等人用椭圆术和电化学相结合的方法对上述不锈钢在硫酸中的钝化膜成长情况进行研究。

实验表明，在不同电位下，钝化速率和溶解速率相应变化，同时，因硫酸浓度不同，变化值有着明显的差异。在10%～30%的硫酸溶液中，皆能生成致密完整的钝化膜，并具有双层氧化膜结构，钝化膜的厚度为3～5nm。

6.14.1　椭圆术研究实验

（1）椭圆偏振仪。自动椭圆偏振仪系氦-氖激光管，波长为6328Å（1Å=10^{-10}m），入射角选用70°（可调节）。用微机控制P、A两台步进马达带动起偏器和检偏器，找出最佳的消光状态。其步骤是固定A，转动P，找到光强最小点，找到后，固定P，再转动A，如此反复进行，直到A、P均处于使光强最小的位置。图6-18为椭圆偏振仪自动化装置示意图。

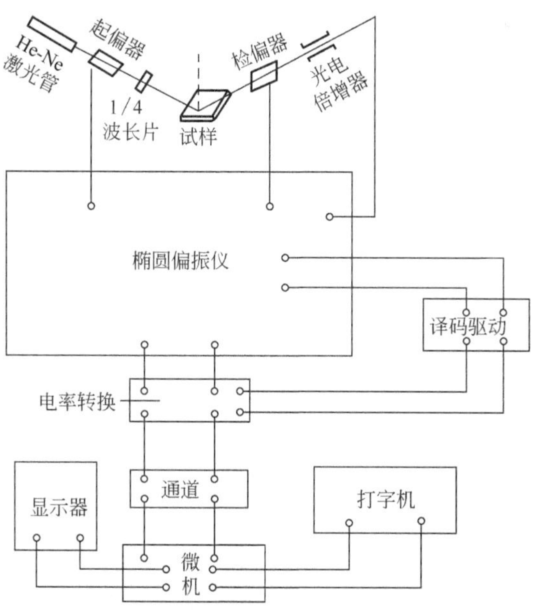

图6-18　椭圆偏振仪自动化装置示意图

（2）电解池。电解池用有机玻璃制成，在入射光和反射光的通道部分，镶嵌着ϕ3cm石英玻璃圆片。电解池盖上开有4个孔，工作电极（试样）、辅助电极（铂）和参比电极（饱和甘汞电极）均由孔引出，辅助电极为环形铂丝，置于电解池底部，一孔通入纯氩，以驱除溶液里的氧。

（3）试样。ϕ15mm的不锈钢棒成1～1.5mm厚的薄片，焊接一根螺旋式的铜丝，用聚氯乙烯加热熔化进行镶嵌，从侧面引出铜丝，再装上塑料套管，套管和聚氯乙烯联结处用胶黏剂涂封，干后将试样表面抛光，至光洁度为▽9(Ra 0.4μm)，用去离子水及酒精冲洗待用。

不锈钢中含合金成分如下：

Cr	Ni	Mo	Cu	Nb	Zr	N
20%	25%	3%	3%	0.85%～0.07%	0.34%	0.16%

（4）溶液。用分析纯硫酸和去离子水配成10%(质量分数)、20%(质量分数)、30%(质量分数)浓度的硫酸溶液，依次将溶液移入电解池内，通入纯氩气，赶走溶液里的氧气，操作在室温下进行。

（5）用阴极还原法除去试样表面的氧化膜。在自腐蚀电位负移400mV，通过椭圆仪进行消光观察。在一定的间隔时间内，测定椭圆仪参数Δ和ψ值，Δ和ψ作为时间的函数，直到Δ和ψ值基本上不再变化，这时可认为氧化膜已去除，求出基体金属的光学常数。因为，一种金属的光学常数只有一个，当氧化物被还原时，钝化层相应的变薄，而Δ和ψ值也随着变化。所以，一旦Δ和ψ是常数值时，即认为氧化膜已去除。

该钢的阴极还原时间约30min。Cr20Ni25Mo3Cu3NbZrN不锈钢在10%硫酸溶液中经阴极还原，测得无膜的光学常数是$n_1=2.163-3.006i$。10%硫酸溶液的折射系数为$n_0=1.346$。

在不同硫酸浓度溶液中钝化膜的厚度，如图6-19所示，随着硫酸溶液浓度的增加（10%～30%），钝化膜的厚度相应变薄。

6.14.2　在恒定电位下椭圆仪参数Δ和ψ时间函数曲线的规律

图6-20为试样在10%硫酸中，椭圆仪参数Δ和ψ作为时间的函数曲线图。从椭圆参数可以看出，在10%浓度的硫酸溶液中，无膜钢的表面上先生成一层钝化膜，随即该钝化膜按对数规律成长，这说明钝化膜的性质已改变，膜的组分也已改变，这是由于微量合金元素的富集所致的。因为在刚开始富集时，表面膜内富集的合金元素成分较少，随着时间的增长，富集量越来越多，一旦富集到一定的量时，导致椭圆参数发生突变。

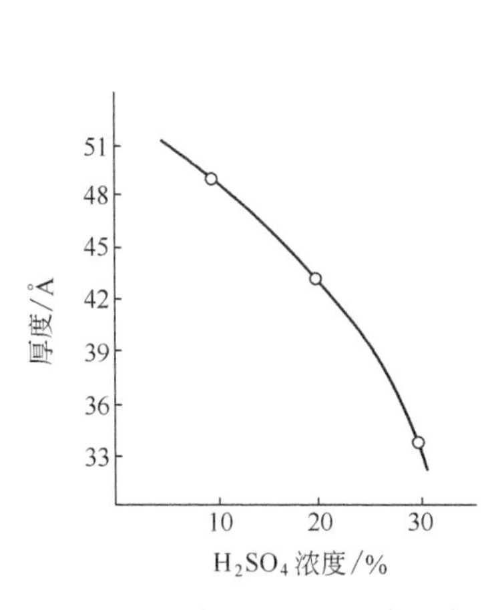

图 6-19 试样在 H_2SO_4 溶液中钝化膜厚度与浓度的关系（1Å=10^{-10}m）

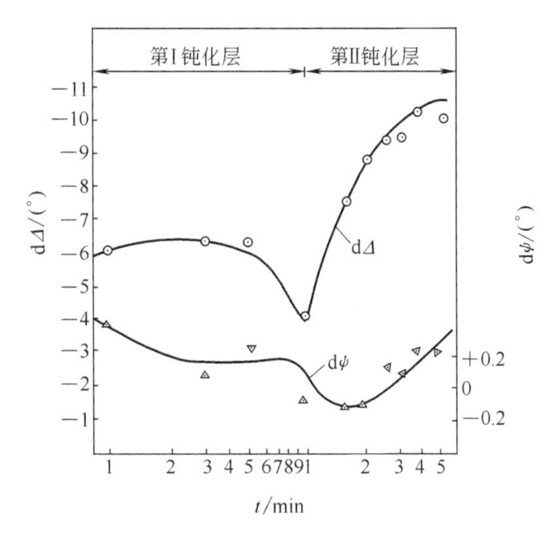

图 6-20 试样在 10% H_2SO_4 溶液中，椭圆仪参数 Δ 和 ψ 作为时间的函数曲线图

图 6-21、图 6-22、图 6-23 所示为试样在 10%硫酸溶液中，恒定电位分别在 −20mV、+350mV、+900mV 时，参数 Δ 和 ψ 作为时间的函数曲线。在 10%浓度的硫酸溶液中，恒电位仪分别控制在−20mV、+350mV、+900mV 时，椭圆参数随着时间变化的规律表明，钝化膜成长的动力是循着对数规律的，并由曲线的斜率可知钝化速率 r_1 和溶解速率 r_2 的差异。由图 6-21 可知，将电位控制

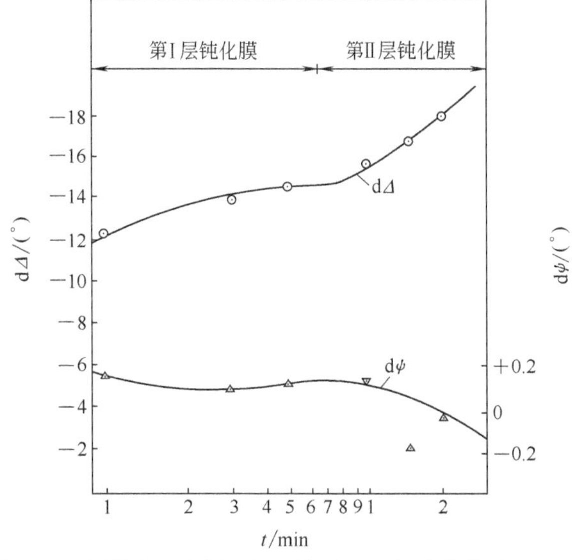

图 6-21 试样在 10% H_2SO_4 溶液中，恒定电位在−20mV 时，参数 Δ 和 ψ 作为时间的函数曲线

在－20mV时，钝化膜成长的动力循着对数规律缓慢的增厚。这意味着在该电位下，钝化速率 r_1 略大于溶解速率 r_2。而将电位恒定在＋350mV时，钝化膜成长的曲线越陡，见图6-22。这说明钝化速率 r_1 远远大于溶解速率 r_2。由图6-24可知，＋350mV正处于稳定钝化区。

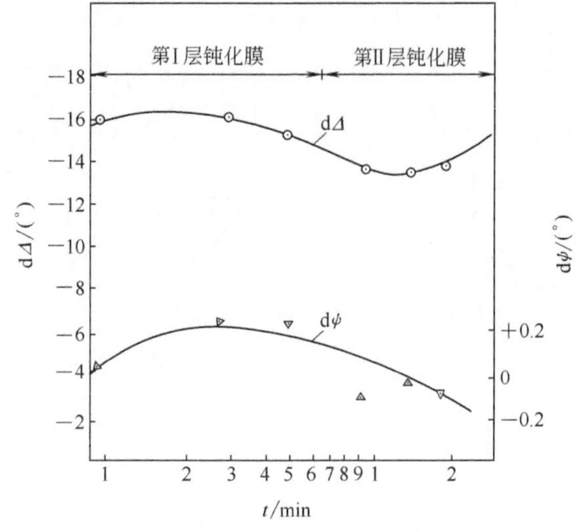

图6-22　试样在10% H_2SO_4 溶液中，恒定电位在＋350mV时，参数 Δ 和 ψ 作为时间的函数曲线

从图6-20、图6-21、图6-22、图6-23的曲线上判断，由于微量合金元素的富集，不锈钢具有双层氧化膜结构。

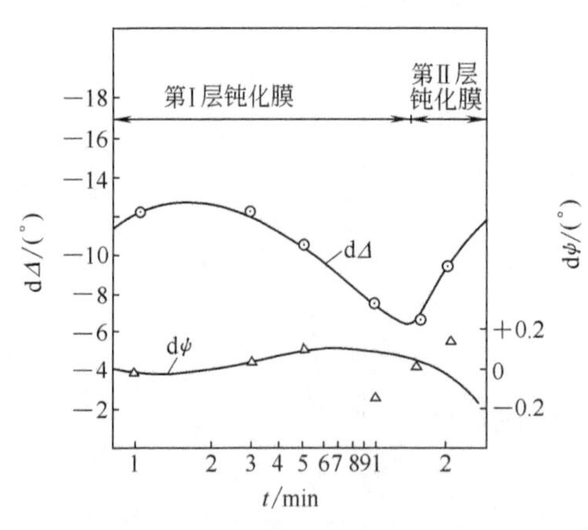

图6-23　试样在10% H_2SO_4 溶液中，恒定电位在＋900mV时，参数 Δ 和 ψ 作为时间的函数曲线

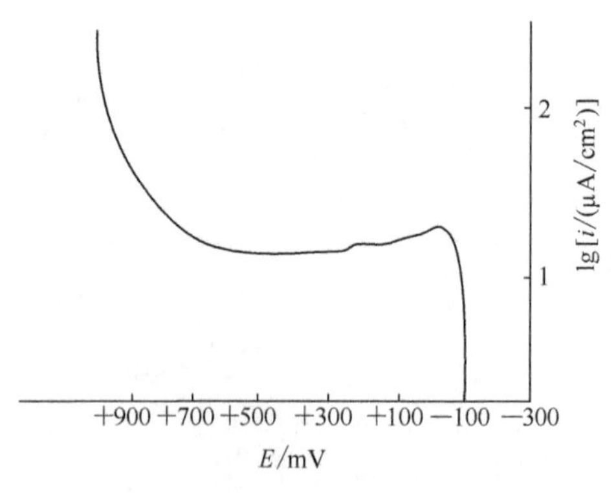

图6-24　试样在10% H_2SO_4 溶液中的阳极极化曲线

由椭圆术和电化学相结合的方法研究表明，该钢在硫酸溶液中，在不同的电位下皆有自钝化性，而且能够生成致密完整的钝化层，具有优异的保护性。

用失重法的实验结果如下，两者的结果甚为吻合。10%硫酸溶液中的腐蚀速率为 0.30g/(m^2·h)。该钢在硫酸工程上实际应用中有优良的抗蚀性。

参　考　文　献

[1] 齐宝芬．不锈钢钝化工艺的选择．电镀与精饰，1999，19 (5)：25-26.

[2] 康书文．不锈钢酸洗钝化工艺研究．材料保护，2003，36 (6)：43-44.

[3] 任东．不锈钢钝化的新工艺．上海电镀，1996，(2)：31-32.

[4] 任东．奥氏体和马氏体不锈钢的钝化．电镀与涂饰，1996，15 (1)：56-57.

[5] 杜天保，余家康，曹楚南，林海潮．载波不锈钢钝化膜稳定性的研究．材料保护，1997，30 (4)：1-2.

[6] 周金保．不锈钢钝化工艺的发展．电镀与精饰，1995，14 (3)：56-61.

[7] 徐瑞芬，许淳淳，薛慧勇，王新军，朱健．奥氏体不锈钢中马氏体含量对其钝化膜稳定性的影响．材料保护，1998，3 (9)：7-8.

[8] 林凡，张少宗，施瑞鹤．高铬镍不锈钢的腐蚀电化学特性．材料保护，2000，33 (3)：50-52.

[9] 胡肆福，许川璧，陈祖秋．用电偶法评价不锈钢钝化膜在强酸介质中的自钝能力．材料保护，2000，33 (3)：49-50.

[10] 孔焕文，陈英芬，李华．不锈钢在硫酸中钝化膜成长的椭圆术研究．电镀与环保，1987，7 (6)：1-3.

[11] 邹宽贤，邵傅．蓝点法检查不锈钢表面钝化膜的质量．石油化工设备，1994，(6)：39-40.

[12] ASTM 967—05 standard specification for chemical passivation treatments for stainless steel parts.

[13] GB/T 17899—1999 不锈钢点蚀电位测量方法．

[14] 吴璐莹，潘炳权，刘钧泉．不锈钢钝化膜质量检测方法的比较．材料保护，2009，42 (8)：76-78.

[15] 马李洋，丁毅，马立群，姚春荣，沈卫东．316L 不锈钢柠檬酸钝化工艺及其耐点蚀性能研究．表面技术，2007，36 (2)：39-41.

[16] 陈亮，丁毅，李水清，马立群．317 不锈钢环保型钝化工艺及其性能的研究．电镀与环保，2013，33 (6)：20-22.

[17] 唐亚陆，汪文兵．不锈钢柠檬酸钝化工艺研究．表面技术，2008，37 (5)：68-70.

[18] 夏浩，周栋，丁毅，马立群．304 不锈钢环保型酸洗钝化工艺及其性能研究．表面技术，2009，38 (4)：47-49.

第7章 不锈钢着黑色

7.1 概 述

不锈钢发黑工艺是一门年轻的技术。该工艺于1970年出现于日本，1972年英国开始用于工业，1973年有译文介绍于国内，1974年日本公布了化学发黑实用专利。我国从1976年开始实验研究，至1983年由厂家从小试转入工业生产，取得了较为满意的结果。

7.1.1 不锈钢着黑色的方法分类

（1）化学着黑色法。又分酸性着黑色法和碱性着黑色法。酸性着黑色法得到的膜层色泽均匀，薄而牢固，富有弹性，结合力好，但膜层多孔，耐磨性较差，要经过固化处理才能提高耐磨性。碱性着黑色法的着色时间比较长，但黑膜的耐磨性很好，无需固化处理。

（2）电解氧化法。膜层厚而黑，膜层耐晒性较差，易自动爆裂。

（3）化学热处理法。需采用专用设备和投资，属热处理范畴。

7.1.2 对发黑零件的要求

（1）对材料成分要求。黑色氧化色泽与不锈钢材料有关。化学着黑色适用范围如下。

① 铬不锈钢：如1Cr13、1Cr17、2Cr13、3Cr13、4Cr13等。

② 铬镍不锈钢：如1Cr18Ni9Ti、0Cr18Ni9等。

③ 镍铬钼不锈钢：如Cr18Ni12Mo2Ti。

④ 其他镍铬含量较高的不锈钢。

⑤ 不适用于无铬只含镍的不锈钢，如Ni18、Ni45等。

⑥ 无镍而铬低于13%以下的不锈钢。

(2) 表面加工状态。和表面光亮度有关。光亮度不好，达不到黑色表面。如车铣加工只能达到蓝色、深蓝色、紫蓝色。磨床加工表面可达到深蓝色或黑色。经320# 金刚砂喷砂、研磨、电化学抛光、化学抛光后的表面可得到均匀的纯黑色。

7.1.3 不锈钢化学发黑的应用范围

(1) 适用于光学仪器零件的消光处理。

(2) 适用于海洋舰船用，在湿热高腐蚀气候环境的恶劣条件下使用的光学仪器中不锈钢零件的消光处理。

7.1.4 化学着黑色膜层的物理与化学性能

(1) 反射率。膜层对光线的反射率很低，经320# 金刚砂喷砂后的膜层反射率更低。

(2) 结合力。结合力较好，不亚于碳钢氧化膜。只有用刀片刮方能使膜层刮落。

(3) 抗腐蚀性。耐候性实验：将有发黑膜的零件置于电镀车间恶劣的含有盐酸气体的环境中，经数年的暴露无腐蚀斑出现，而与此同时，无黑膜的不锈钢零件做对比实验观察到蚀斑现象，表明黑膜的耐候性优良。

抗盐酸溶液的实验：在10%盐酸溶液中，25℃，浸5min，黑膜无变化；在20%盐酸溶液中浸5min，黑膜黑色略变浅，但未露出基体。

7.2 不锈钢化学着黑色

7.2.1 不锈钢化学着黑色溶液成分和工艺条件

不锈钢化学着黑色溶液成分和工艺条件见表7-1和表7-2。

表7-1 不锈钢化学着黑色溶液成分和工艺条件（1）

配方号	1[1]	2[2]	3[3]	4[5]	5[6]	6[13]
重铬酸钾($K_2Cr_2O_7$)	300～355g/L	50～80g/L	112～120g/L		182g/L	10～20g/L
硫酸(H_2SO_4)(d=1.84)	300～350mL/L	300～500g/L	328～390mL/L	300～500mL/L	320mL/L	
铬酐(CrO_3)				200～250g/L		

续表

配方号	1[1]	2[2]	3[3]	4[5]	5[6]	6[13]
硝酸钾(KNO_3)		30～70g/L				
硫酸锰($MnSO_4 \cdot 4H_2O$)		8～12g/L				适量
硫酸铵[$(NH_4)_2SO_4$]		60～100g/L				
水			540～560mL/L			
硼酸(H_3BO_3)						10～20g/L
pH						3～4
直流电压/V						2～4
电流密度/(A/dm^2)						0.15～0.30
温度/℃						10～30
镍铬钢	95～102	95～102	100±2	95～100	95～100	
铬钢	100～110	100～115				
时间/min	10～20	5～15	10～20	10～15	观查至纯黑膜生成出槽	10～20

表 7-2 不锈钢化学着黑色溶液成分和工艺条件（2）

配方号	7	8	9	10	11[14]
偏钒酸钠	24%				
硫酸	42%		600mL	800mL	
草酸		100g/L(先浸)			
硫代硫酸钠		10g/L(后浸)			3%
水	34%			少许	
磷酸			200g		
硫酸铬[$Cr_2(SO_4)_3$]			100g		
铬酐				200g	
温度/℃	90～100	室温	200	80～100	室温
时间/min	15～30	浸黑为止	5～10	5～15	5

7.2.2 不锈钢化学着黑色溶液成分及工艺条件的影响

7.2.2.1 配方1（见表7-1）

（1）重铬酸钾。含量太高，加热后不能全部溶解，易发生色泽不匀的现象，含量太低，氧化力弱，膜层色浅。最佳含量为355g/L。

（2）硫酸。含量太高，反应较慢，易使零件表面光洁度降低。含量太低，反应速率很慢，最佳含量为347mL/L。

（3）温度。低于90℃，反应进行很慢，膜层会产生玫红、翠绿、浅棕等不规则的干涉色。温度太高，反应进行很快，终点不易控制，膜层质量欠佳。

（4）时间。在开始大半时间内颜色无变化，中途取出察看一直是本色，色膜是在全过程的最后10%～20%的时间内方才出现的，且只持续1～2min。在严格控制温度的情况下，要掌握好最佳出槽时间，否则无法达到黑色氧化膜色泽一致。在氧化过程中，膜层颜色有一个从本色→浅棕→深棕→浅蓝（或浅黑）→深蓝（或深黑）的变化过程。而从浅蓝至深蓝的时间间隔仅0.5～1min。如果错过这最佳点，就会又从深蓝色回复到浅棕色，再也不会变黑。此时只能取出零件退除膜层后，重新氧化着色。因此，在氧化过程中，应严格控制时间，经常取出零件水洗后察看色泽，这样做不会影响氧化发黑质量，当颜色达到后及时中止氧化发黑时间。正确掌握时间是本工序成败的关键。

配方3和配方4与配方1基本是同一类型，可相互参照。

7.2.2.2 配方2（见表7-1）

(1) 硫酸锰。在溶液中硫酸锰解离出来的二价锰离子（Mn^{2+}）被硝酸根离子（NO_3^-）氧化，转变成高锰酸离子（MnO_4^-），反应式如下：

$$3Mn^{2+}+5NO_3^-+7H_2O \longrightarrow 3MnO_4^-+5NO_2\uparrow+14H^+$$

在加热的酸性溶液中，每两个高锰酸离子放出5个新生态氧原子，其活性大，能与镍、铬、铁等元素发生化学反应，生成黑色氧化膜，故锰是发黑剂。它能加速膜的生成，含量太低或无锰离子存在，氧化膜便不能变黑。

(2) 硝酸钾。在溶液中是氧化剂，能使二价锰离子氧化为高锰酸离子，再起氧化作用，硝酸根（NO_3^-）在加温条件下也能直接与镍、铬等合金元素反应，生成它们的氧化物。硝酸钾含量偏低，成膜慢，偏高易造成过腐蚀。

(3) 重铬酸钾。在发黑过程中是氧化剂。氧化后本身变成三价铬，当三价铬浓度达到铬的尖晶型氧化物时，形成锰、镍、铁、铬等系列化合物，从而得到黑色氧化膜。其含量偏高、偏低均不能获得有弹性有硬度的黑色膜，而且使膜变薄、变脆、疏松。

(4) 硫酸铵。在溶液中通过络合作用，控制反应速率。偏低时，络合不了溶解下来的镍、铬等离子，使溶液恶化，成膜速率变慢。含量偏高，膜成型快。工件溶解过快，造成过腐蚀，膜层变薄，性能低劣。

(5) 硫酸。使溶液保持一定的酸度，可以增加溶液的活性。

(6) 温度与时间。溶液温度低于95℃，溶液活性不够，基本没有反应，成膜速率非常缓慢。温度过高，超过115℃，表面溶解过快，造成过腐蚀。时间与温度应配合适当，温度取上限，时间取下限。对高合金不锈钢比较合适的温度是98℃，时间为80min。掌握好发黑的最佳时间与配方1中对时间所述的控制同样重要。

7.2.2.3 配方5（见表7-1）

工艺流程：水洗（除去不锈钢表面的污物）→化学除油（氢氧化钠80g/L，碳酸钠 20g/L，磷酸钠 40g/L，十二烷基硫酸钠 2g/L，温度 50～60℃，时间 15～20min)→热水洗→冷水洗→化学抛光［硫酸（d=1.84）230mL/L，盐酸（36%～38%）70mL/L，硝酸（65%～68%）40mL/L，温度 50～80℃，时间 3～20min］→水洗→活化［磷酸（≥85%）60mL/L、温度室温，时间 1～2min］→水洗→发黑（配方 5 的发黑液加热到 95～100℃，零件之间、与容器之间不得接触，经常搅拌，补充蒸馏水，保持溶液浓度，时间是要不时取出试件，用水冲洗干净后观察其颜色变化，达到纯黑色膜即时出槽)→水洗→固化［使黑膜耐磨硬化：铬酐 250g/L，硫酸（d=1.84）2.5g/L，温度 40℃，时间 5～15min］→水洗→浸脱水防锈油（3～5min)。

7.2.2.4 配方 7、8（见表 7-2）

为无铬型着色工艺。配方 8 着黑色时分两步走，第一步先在草酸中浸若干时间，然后在硫代硫酸钠溶液中浸黑为止。

在前处理中也采用环保型，不含六价铬，适用于各种不锈钢的化学抛光，对人和环境污染较小。见表 7-3 环保型不锈钢化学抛光工艺。

表 7-3 环保型不锈钢化学抛光工艺

溶液组成和工艺条件	配方 12	配方 13
硝酸(98%)	180～200g/L	40mL/L
盐酸	60～75g/L	60mL/L
氢氟酸	70～90g/L	
冰醋酸	20～25g/L	
硝酸铁	18～25g/L	
磷酸氢二钠饱和液	60mL/L	
硫酸		230mL/L
温度	50～60℃	50～80℃
时间	0.5～5.0min	3～20min

但配方 12、13 含硝酸和磷酸盐，对人和环境还存在危害，且温度都是 50℃，而以下配方 14、15 则较为实用。

配方 14：草酸 150～200g/L

硫脲 8～10g/L

乙醇 6～10mL/L

OP 或无磷海鸥洗涤剂 5～10mL/L

温度 50～60℃

时间 3～5min

配方 15：双氧水 20～30mL/L

盐酸 20～30mL/L

添加剂 20～30mL/L（易溶于水、无机物，可络合镍、铁、铬离子）

水　　20～30mL/L

温度　　常温

配方 15 更为实用。添加剂可用氟化铵或硫酸铵。

环保型不锈钢电解抛光液组成及工艺条件见表 7-4。

表 7-4　环保型电解抛光液组成及工艺条件

溶液组成和工艺条件	配方 16	配方 17	配方 18
硫酸	50%(质量分数)	15%～20%(质量分数)	40%～75%
谷蛋白			3%～6%
甘油	40%(质量分数)		
柠檬酸		50%～70%(质量分数)	
水	10%(质量分数)	20%～30%(质量分数)	余量
温度	80～90℃	85～125℃	90～100℃
D_A	30～100A/dm^2	10～20A/dm^2	50A/dm^2
时间	3～10min	5～10min	5～10min

配方 18 溶液导电率高，抛光光泽度提高 15%，处理成本低，抛光中无异味，毒性小。

7.2.2.5　配方 9（见表 7-2）

本配方适用于 18Cr-8Ni 不锈钢。硫酸铬要先溶解于少量水溶液中形成饱和溶液，再加入硫酸-磷酸溶液中，当温度达到 200℃时，不锈钢表面先发生溶解，氢氧停止析出，表面形成不溶性黑色薄膜。

7.2.2.6　配方 10（见表 7-2）

配方 10 是用少量水将铬酐完全溶解，然后在搅拌下加入硫酸，均匀后加热到 80～100℃后即可使用。水量要适量，才能成为黑化工艺。如果黑化未达到要求，可适量加入少量水即可达到黑化作用。

7.2.2.7　配方 11[14]（见表 7-2）

本配方在 304 不锈钢表面获得紧密覆盖的黑化膜，有效提高基体的装饰性和防护性。工艺过程为：先将试件碱性除油（NaOH 70g/L，90℃），再进行电化学抛光（磷酸 10%，浓硫酸 10%，2A/dm^2，35℃）。将前处理后的不锈钢放入恒温炉中加热至 300℃，之后将试件迅速浸入 30%硫代硫酸钠溶液中，进行 5min 黑化处理，烘干后即得黑化膜层。

7.2.3　不锈钢化学发黑工艺流程

有机溶剂除油→晾干→上挂具→化学除油（氢氧化钠 40～60g/L，碳酸钠 40～60g/L，OP 乳化剂 3～5g/L，温度 70～100℃，时间 20min，油除尽为止）→热水洗（50℃）→冷水洗→去氧化皮（氢氧化钠 400～600g/L，温度加热至沸腾，时间 3～6min，没有氧化皮可不进行本工序）→水洗→去黑灰［硝酸（$d=1.4$）1份，氢氟酸（40%）1.5 份，水 3.5 份，室温，时间至黑灰除尽，约 15min，没有黑灰可在硫酸 10%中活化］→水洗→热水预热（100℃，水浸 5～8min）→化学发黑→水洗→热水洗→固化处理→冷水→干燥（60～80℃，15～20min）→按需要可涂透明涂料。

7.2.4　不锈钢发黑溶液的配制

（1）配方 1 溶液的配制。将计算量的重铬酸钾放在氧化容器里，加蒸馏水至总容积的一半，慢慢将计算量的浓硫酸在搅拌下以细流状加入水中，加入时溶液立即升温到近沸腾，停止加硫酸，等待逐渐冷却，不能使温度过高，以免溶液暴沸溅出，必要时可加少量冷水降温，硫酸加完，最后加蒸馏水至预定体积。

（2）配方 2 溶液的配制与配方 1 相似，在重铬酸钾和硫酸（按 300g/L）配成后依次加入硫酸锰、硫酸铵和硝酸钾，搅拌溶解即可。

（3）配方 3 与配方 1 的配制方法相同。

（4）配方 4 的配制。按 1L 溶液为例，称取铬酐 200g，加入 1L 烧杯中，加水 200～280mL，搅拌溶解。用量筒量取 300mL 硫酸，一边搅拌一边缓慢呈细流状加入已配制好的铬酸溶液中，当温度升高到铬酸变成血红色不溶性铬的硫酸盐时，立即停止加硫酸，在搅拌下缓慢加入少量冷水，此时溶液变为均一透明的枣红色后，再继续加入硫酸，如此反复多次，直至加完硫酸。然后用冷水稀释至 1L。每次加水量应少，血红色消失即停止添加，最好待溶液冷却片刻后再继续加水。

7.2.5　不锈钢发黑膜的固化处理

由于发黑膜的结构呈多微孔状，使其不耐磨。为了弥补这个缺陷，发黑后，经水洗后应立即进行固化处理，起着固膜硬化的作用。固化处理分电解固化、化学固化和热固化。

（1）电解固化溶液成分和工艺条件如下：

铬酐（CrO_3）	250g/L	阴极电流密度	2.5～3A/dm^2
硫酸（H_2SO_4）	2.5g/L	时间	15min
温度	40℃		

电流开到以不析出金属铬为度。

化学固化溶液与电解固化溶液相同。但不通电即可，其效果稍逊于电解固化。

（2）热固化：是将发黑的零件进行热烘烤。其条件如下：

烘箱温度	120～140℃	烘烤时间	20～40min

热固化适宜于由配方 3 溶液发黑获得的膜层。

用配方 5 碱性溶液制得的发黑膜比较硬，一般可不进行固化处理。

7.2.6　不锈钢发黑用设备、挂具及处理设备

（1）发黑用槽。一般可用厚度 5mm 的不锈钢焊接制成。但寿命不长，一是焊缝处易渗漏；二是槽壁会遭受溶液的腐蚀，缩短溶液的使用寿命。最好覆盖聚四氟乙烯塑料膜，或用陶瓷槽。槽子要有密封盖密封，发黑完成后，应立即加盖，防止溶液中硫酸大量地吸收空气中的水分，使体积增大，浓度降低，影响工作。

对于小型零件的发黑，可用 3～5L 的玻璃烧杯作容器，可直接用电炉加热，可避免腐蚀的发生。但溶液在冷却后会有结晶析出，再加热时，要用水浴加热溶解结晶。在短时停止工作时，最好保温在 80℃以上。或者稍冷至 80℃后倒入，塑料槽中保存溶液。

对于大型零件，可采用钛版用氩弧焊制成金属槽。钛槽在含氧化性很强的发黑酸性溶液中的耐蚀性很好。

（2）加热设备。一般可用钛管电加热器，并配以温度自动控制仪，可以精确控制温度。也可以使用玻璃电加热管。如有高压蒸气（5～10atm，1atm＝101.325kPa）也可用钛管加热。

（3）挂具。挂具使用的材料必须与不锈钢的电位接近。如用镍铬丝、不锈钢、钛材作挂具。不能使用铜、铁材料作挂具，电位相差太大，很快被腐蚀。

（4）前处理设备。圆柱形零件表面在发黑色后出现棕色、紫色或无色的色环，这是由于零件在车削加工时受力受热不均所致，引起材料表面局部晶格或化学组分改变，生成黑膜较困难或较薄，其解决办法是发黑前，表面用 320# 金刚砂喷砂，或采用化学抛光、电解抛光、机械抛光等设备，以达到较高的光洁度再发黑。

（5）后处理设备。若零件在发黑后的表面上出现蓝色、深蓝色、蓝黑色，可在机械抛光机上进行抛光至黑色，再进行固化处理。

（6）膜层退除设备。不合格的发黑膜可在退膜槽中室温下退除。溶液成分为盐酸、水的体积比 1∶1，时间为退除膜层为止。

7.2.7　不锈钢化学着黑色膜性能测试

7.2.7.1　测试方法

（1）结合力。用纸巾、滤纸或脱脂棉擦拭，除去表面油污，直到擦干净为止，然后用滤纸用中等力度来回擦拭，直到出现灰白色为止，记下擦拭次数。

（2）耐腐蚀性实验。

① 硫酸铜点滴实验。用3%的硫酸铜点滴，观察出现浅棕色的时间。

② 三氯化铁实验。用10%三氯化铁点滴，观察出现小孔的时间。

(3) 孔隙率。采用贴滤纸法测定。将检测试剂浸于单位面积滤纸上，将滤纸紧贴在被测发黑膜（未浸油）表面上，10min统计滤纸上蓝色斑点的数目。检测试剂为铁氰化钾10g/L，氯化铵60g/L。

7.2.7.2　检测结果

检测结果见表7-5发黑膜测试结果。

表7-5　发黑膜测试结果

序号	硫酸铜点滴/s	三氯化铁点滴/s	孔隙率/(个/cm^2)	结合力/次	外观
1	1210	1070	1	370	黑度均匀，光泽度好
2	1028	1020	2	365	
3	1050	1030	3	349	
平均	1096	1040	2	362	

从表7-5可见，膜层黑度均匀，光泽度好，与基体之间的结合力良好，孔隙率很小，耐蚀性很好。

7.2.7.3　膜层AFM图观察

应用扫描探针显微镜观察发黑膜层表面形貌：发黑膜表面比较均匀且平整，微观不平整度约为20nm，呈胞状沉积而成，胞的表面不光滑，其大小约为0.5μm，决定了膜层具有良好的耐蚀性能。胞与胞之间有线条状凹槽，是其性能不够完善的原因。

7.2.8　不锈钢化学着黑色常见故障、可能原因及纠正方法

不锈钢化学着黑色常见故障、可能原因及纠正方法见表7-6。

表7-6　不锈钢着黑色常见故障、可能原因及纠正方法

常见故障	可能原因	纠正方法
在整个圆柱形零件蓝色表面上，出现棕色、紫色或无氧化层环	车削时受热受力不匀，引起材料表面局部晶格结构或化学组分改变，在车刀走动时尤为明显	用320$^{\#}$金刚砂喷砂，将发生变化的微薄表层除去，也可用电解抛光、研磨等非高热方法除去
表面产生玫红、翠绿等干涉色	溶液温度过低或波动较大	溶液保温良好，在规定的温度范围内进行处理
膜层颜色较浅	溶液长期暴露在空气里，溶液中硫酸吸收空气中的水分，降低了整个溶液的浓度	加热蒸发多余的水分，恢复原来的硫酸浓度
浅棕色不向深蓝色或黑色转变	着黑色最佳时间已错过	退除整个膜层后重新着黑色，注意经常取出零件察看

7.2.9 不锈钢化学着黑色废液再生利用[4]

（1）再生方法原理。将已失去氧化能力的化学着黑色溶液稀释5～10倍，使其所含结晶固体溶解，对稀释液进行化学分析。令重铬酸钾含量稀释在30～40g/L之间，此时三价铬（Cr_2O_3）的含量也往往有30～40g/L之多。这种三价铬的严重超量是使发黑液失去发黑能力的症结所在，要恢复溶液的发黑能力，关键是除去过量的三价铬，其他杂质，如铁、镍等的含量相对来看不很高，仅有几克的量，不是影响着黑的主要因素。除去三价铬的方法采取高锰酸钾氧化法，使三价铬氧化为六价铬的重铬酸钾。其反应式如下：

$$Cr_2(SO_4)_3+2KMnO_4+5H_2O \xlongequal{\triangle} 2MnO(OH)_2\downarrow+K_2Cr_2O_7+3H_2SO_4$$

在上式中，无可溶性副产物产生，引入的高锰酸钾（$KMnO_4$）被还原成亚锰酸［$MnO(OH)_2$］，系棕黑色沉淀物，溶解度极低，很容易过滤除去。反应前三价铬在溶液中呈硫酸铬［$Cr_2(SO_4)_3$］存在，从上式可知，1g高锰酸钾约可氧化1.28g硫酸铬（或0.5g Cr_2O_3 计）。反应后转变为重铬酸钾，并产生硫酸，均是溶液有效成分。

（2）着黑液再生步骤。将稀释的废液加热至80～90℃，然后加入计算量好的热的浓的高锰酸钾溶液至废液中，充分搅拌并煮沸0.5～1h，使之充分反应，然后冷却静置1～2昼夜，过滤除去亚锰酸沉淀。取清液进行化学分析，再浓缩再生液，可使再生重铬酸钾达到标准含量，再补充硫酸至标准含量，即可试生产。

（3）再生效果。经过再生的溶液，硫酸和重铬酸钾均达标后，经试验，除氧化时间比过去稍长外，零件发黑的黑度与新液十分接近。这证明着色溶液已基本恢复了着黑色的能力，可以投入应用。

7.3 不锈钢电解着黑色[7～11]

不锈钢电解着黑色的优点如下。

① 电解着黑色的色泽易控制，化学着黑色控制比较困难，往往在同一时间内出现色泽不一致，从黄蓝色至灰色都可能出现。电解着黑色膜层呈深黑色，在光洁度高的表面上，膜层乌黑光亮。

② 膜层具有一定的硬度。比化学着黑色膜的厚度要厚，故硬度比较高。

③ 电解着色膜具有一定的防护装饰性。其耐蚀性优于钢铁发黑膜层。

④ 电解着色氧化后不影响零件精度。膜层厚度在 0.6～1μm 之间。不合格膜层经多次返修，仍能保持原表面状态，光洁度不降低。

⑤ 对各种质材的不锈钢都合适。阳极电解着色能保持表面光洁度，阴极电解着色对不锈钢的要求更加广泛。

⑥ 电解着色溶液调整方便。成分含量都很低，六价铬的含量很低或者没有。

⑦ 在室温条件下电解着色，节省能源，操作方便。

7.3.1　不锈钢电解着黑色溶液成分和工艺条件

不锈钢电解着黑色溶液成分和工艺条件见表 7-7。

表 7-7　不锈钢电解着黑色溶液成分和工艺条件

配方号	1	2	3	4	5	6
重铬酸钾($K_2Cr_2O_7$)/(g/L)	20～40	20～40			30	10～20
硫酸锰($MnSO_4 \cdot 4H_2O$)/(g/L)	10～20	10～20	7～8	4～8	25	适量
硫酸铵[$(NH_4)_2SO_4$]/(g/L)	20～50				35	
硼酸(H_3BO_3)/(g/L)	10～20	10～20			10	10～20
硫酸铜($CuSO_4 \cdot 5H_2O$)/(g/L)			3～5	2～3.5		
磷酸二氢钠($NaH_2PO_4 \cdot H_2O$)/(g/L)			10～12	3～10		
乙酸钠($CH_3COONa \cdot 3H_2O$)/(g/L)			8～10			
生黑剂/(g/L)			4～4.5		5	
氧化剂/(g/L)				2.5～8		
络合缓冲剂/(g/L)				至澄清		
氢氧化钠(NaOH)/(g/L)						
高锰酸钾($KMnO_4$)/(g/L)						
硫化钠 Na_2S/(g/L)						
pH	3～4	3～4	4～5	4～4.5		3～4
温度/℃	20～28	10～30	10～30	20～25	18	10～30
电压/V	2～4	2～4	3～4		1.5～3.0	2～4
阳极电流密度(D_A)/(A/dm^2)	0.15～0.3	0.15～0.3			0.1～0.3	0.1～0.3
阴极电流密度(D_K)/(A/dm^2)			3～5	0.08～0.2		
时间/min	10～20(15)	10～20	8～12	7～12		10～20
阴极	不锈钢板	不锈钢板			不锈钢板	铅锑合金
阳极			铅锑合金	铅锑合金		304 不锈钢

7.3.2　不锈钢电解着黑色溶液成分及工艺条件的影响

7.3.2.1　配方1和配方2（见表7-7）

（1）硫酸锰。是着色剂，有增黑着黑膜颜色的作用。无锰离子膜层不发黑。

（2）重铬酸钾。是氧化剂，又是氧化膜生成过程中的稳定剂。含量过高或过低，都不能获得富有弹性的和具有一定硬度的膜层，膜层变薄、变得有脆性和疏松。

（3）硫酸铵。能控制着黑膜生成的速率。含量过高，膜层生长速率变慢，含量太低或无硫酸铵，则氧化膜的生长速率太快而使膜层变薄，甚至性能恶化。

（4）硼酸和pH。硼酸用于调整和稳定溶液pH的作用。pH对形成膜层的力学性能起决定性作用。pH对膜层的脆性和附着力也影响极大。溶液pH愈低，则膜层脆性愈大，附着力愈差。这是由于pH过低在电解时大量析氢，使膜层内应力增大，脆性高。具体表现在膜层在70℃热水中清洗，就有局部斑块脱落，如果用冷水洗后晾干，膜层放在空气中3～5d也会出现局部起泡的现象。在溶液中加入硼酸，调整溶液的pH后，才克服膜层脱落的疵病。

（5）温度。溶液的温度对氧化膜的形成影响较大。温度过高，生成的脆性大，易开裂、疏松，防护能力低，温度一般应低于30℃，形成的膜层致密，防护性能好。

（6）电压与电流。由于在电解过程中着黑膜的形成具有一定的电阻，随着膜层厚度的增加，膜层的电阻也随之增加，因此，电流会明显下降，为了保持电流的稳定，在电解着黑过程中，应逐渐升高电压，以保持电流密度值，控制在0.15～0.3A/dm^2范围。电流太小，着黑膜的成长速率太慢，电阻增加到一定程度导致着色膜停止生长。提升电流过大，膜层形成太快，引起膜层疏松、多孔易脱落。初始电压用下限值，保持电流密度在规定的范围内，在着色电解过程中，随着电流的下降，逐步升高电压至上限，保持电流稳定。在氧化终结前5min左右，可使电压恒定不变在4V。

7.3.2.2　配方3和配方4（见表7-7）

这两个配方的工艺是将需发黑的不锈钢浸在发黑溶液中在直流电的作用下在阴极发生还原反应而发黑。发黑膜含铜54.4%，含铁0.8%，含锰0.6%，含氧32.1%，含磷7.8%，含硫4.3%，膜层的成分为以氧化铜（黑）为主、硫化铜（黑）和少量的磷酸锰铁（黑）的混合物。

（1）硫酸铜。为发黑膜的主要成分。含量过高，铜的沉积速率过快，膜层显暗红色，铜含量偏低时，发黑膜薄，显蓝黑色。

(2) 硫酸锰。是辅助成膜成分，含量过高，发黑膜中磷酸锰铁量增加，膜层显肉红色。

(3) 磷酸二氢钠。既是溶液缓冲剂，又是辅助成膜剂，在溶液中有消耗。少量磷化物的生成有利于增加发黑膜的附着力和耐磨性。

(4) 乙酸钠。水解生成乙酸，构成缓冲剂，增加溶液的缓冲能力，使在发黑过程中 pH 变化不大，不需调整 pH。

(5) 生黑剂。配方 3 中的生黑剂由含硫和氧元素的无机物和有机物混合而成，是主要的发黑成分。只有当其含量在 4.0～4.5g/L 时，发黑膜才显深黑色，且不泛黑灰。生黑剂由硫氰酸盐和硝基化合物配制。

(6) 氧化剂。配方 4 中的氧化剂，在发黑过程中的作用是将不锈钢表面上析出的铜、锰氧化成黑色氧化物，是成膜的必要条件。不含氧化剂时不能成膜。随着氧化剂浓度的增加，成膜速率加快。当其含量达到 13.3g/L 时，成膜速率很快，5min 表面已有很多浮灰。氧化剂含量应控制在 2.5～8.0g/L 之间。

(7) 缓冲络合剂。配方 4 中的缓冲络合剂，不仅起到缓冲作用，还有一定的络合铜、锰离子的作用，使游离铜、锰离子的浓度相对稳定。缓冲络合剂添加到溶液刚好澄清时，pH 即在 4.0～4.5 间。pH 对溶液稳定性和阴极析氢有很大关系，pH 过高(>4.5)，会使磷酸二氢钠因电离严重而产生磷酸盐或磷酸氢盐沉淀；pH 过低 (<3.0)，氧化铜和磷酸锰铁盐难以在不锈钢表面形成和沉积，另外，阴极析氢剧烈，膜即使生成也会因存在较多的气泡或针孔而容易脱落。从反应机理上看，随着反应的进行，溶液整体 pH 会下降，因此，要加入缓冲剂。

(8) 阴极电流密度。配方 3 的最佳阴极电流密度为 $3～5A/dm^2$，要获得满意的发黑质量，严格控制电流密度。阴极电流密度高，发黑成膜快，膜层深黑色，但疏松；阴极电流密度低，发黑时间过长，膜层黑度不深。配方 4 中阴极电流密度在 $0.08～0.20A/dm^2$ 范围内，在此范围内先大电流密度、后小电流密度成膜，可得到外观及性能良好的黑色膜。大的阴极电流密度、成膜速率、膜层的黑度、均匀性和结合力都有明显的改善。但电流密度长时间偏高会造成膜层疏松，也容易产生浮灰，更大的电流密度会造成严重析氢，故电流密度应先大后小为宜。

(9) 发黑时间。不锈钢发黑时间一般为 10min 左右。膜层厚度与黑度与发黑时间呈正比。发黑过程中可通过目测确定合适的发黑时间，以不产生黑灰为准。

(10) pH。溶液 pH 对发黑膜的生成和质量影响明显，pH<4 时，氢离子的阴极还原反应剧烈，导致膜层疏松。pH>5 时，溶液稳定性差，易浑浊甚至析出沉淀物。在发黑过程中，虽阴极反应消耗溶液中的氢离子，阳极反应消耗溶液中的氢氧根离子，但二者所消耗的量不相等，氢离子的消耗远比氢氧根离子少，因此，随着发黑的进行，溶液的 pH 将会逐渐增加。这就是要加入较多的缓冲剂的原因。

（11）溶液搅拌。在配方 4 溶液的工艺操作中，如果搅拌溶液，就有紫红色或暗红色的铜膜生成。因此，发黑必须要在静止的溶液中进行。不能搅拌溶液。因为在同样的条件下，搅拌比不搅拌的电流密度增加近一倍，搅拌缩小了电极表面扩散层厚度，减少了浓差极化，加快了电极表面和本体溶液中的传质速率，使不锈钢阴极表面难以形成碱性微区，析出的铜无法被氧化成黑色氧化铜，再加上氢离子浓度过高，破坏了磷酸铁锰盐的形成，使得辅助成膜物质无法析出，因而无法生成黑色的膜层。所以发黑一定要在静止的溶液中进行。

7.3.2.3　配方 5（见表 7-7）

（1）成相膜理论。根据钝化现象的成相膜理论，生成成相钝化膜的先决条件是在电极反应中有可能生成固体反应物，在不锈钢表面形成晶核，随着晶核的生长和外延而形成氧化膜。膜的组成为：$(Cr, Fe)_2O_3 \cdot (Fe, Ni)O \cdot xH_2O$，不锈钢进入着色液电化学反应阳极区：$M \rightarrow M^{2+} + 2e$，阴极区：$aM^{2+} + bCr^{3+} + rH_2O \rightarrow M_aCr_bO_r + 2rH^+$ 进行一段时间后，金属离子和 Cr^{3+} 的浓度达到临界值，超过富铬的尖晶石氧化物，从而水解，在制件表面形成氧化膜。

$$HCrO_4^- + 7H^+ + 3e \longrightarrow Cr^{3+} + 4H_2O$$

氧化膜一旦生成，阳极反应继续在膜孔底部进行，阴极反应转移到膜与溶液的界面上，阳极反应产物如金属离子通过孔向外扩散，在无数个生长点上，始终维持着一定的金属离子浓度和 Cr^{3+} 浓度，并随之水解成膜。

（2）黑色氧化工艺流程。除油→水洗→电抛光→水洗→脱膜→水洗→氧化→水洗→坚膜→水洗→吹干。

（3）操作要点。

① 电抛光及坚膜液参阅一般工具书阐述之法进行。

② 最佳电化学配方见表 7-7 配方 5，再补充说明：阴阳极面积比为（3～5）：1、零件应带电进出槽，用铝丝装挂，操作时，刚开始使用电压下限，逐渐升高，出槽使用上限，零件发黑或表面大量析氢时出槽。电压与电流相比，要严格控制电流密度，过高会使着色层焦化脆裂。

③ 添加剂未加入时，颜色光亮，黑度较浅，烧烤时膜层易脆裂；添加剂加入后，提高了工作电流密度上限，膜层吸光度增加，黑度明显加深，结合力得到改善。添加剂的使用可向柳州长虹机械厂（545000）高巧明咨询。

④ 有些不锈钢在正常工艺条件下不易染上颜色，且易过腐蚀，可先将其在坚膜液（铬酐 250g/L，硫酸 2.5g/L，温度 40℃）中浸 15min，或用阴极电流密度 2.5～3A/dm² 电解，电流开到以不析出金属铬为度，再进行正常发黑，这样处理

使表面活化、不易染色的问题得到解决。

7.3.2.4　配方 6（见表 7-7）

本配方由大连理工大学腐蚀与表面工程研究（116012）梁成浩、邵新荣于 2000 年 7 月提出。

（1）配方 6 发黑液的电解着色膜的制作。电解采用 WYJ505 直流稳压电源，304 不锈钢在阳极上着色氧化，阴极采用铅锑合金。发黑速率快。经过硬化处理后，得到的黑色氧化膜色泽均匀，富有弹性，又有一定的硬度。

（2）电解着色膜的耐蚀性。

① 不锈钢（304）和电解着色膜在 3 种介质溶液中的阳极极化曲线图见图 7-1。

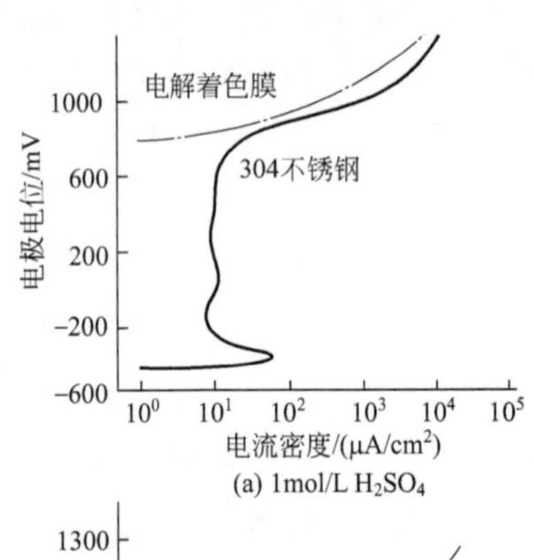

(a) 1mol/L H_2SO_4

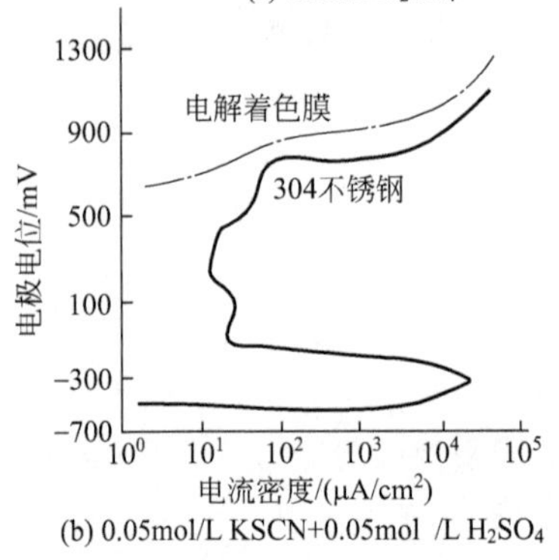

(b) 0.05mol/L KSCN+0.05mol /L H_2SO_4

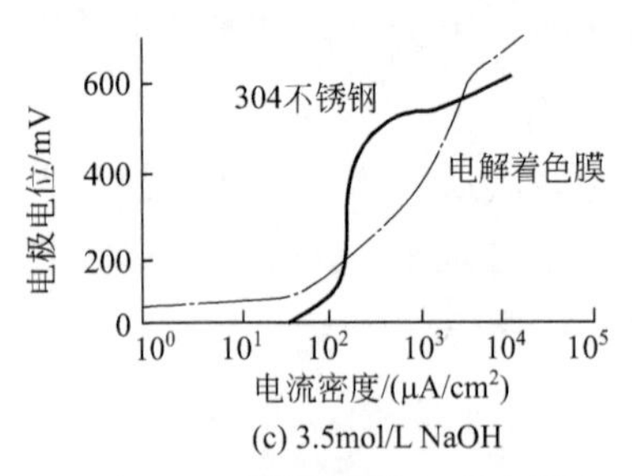

(c) 3.5mol/L NaOH

图 7-1　不锈钢和电解着色膜在不同溶液中的阳极极化曲线

由图 7-1 可见，304 不锈钢在 3 种介质中均呈钝化状态。而电解着色膜在 3 种溶液中的腐蚀电位分别比未经着色处理的钢正 1200mV、1100mV 和 600mV[13]。电解着色膜的形成改善了阳极极化行为。这说明不锈钢经电解着色后，无论是在氧化性、还原性酸、碱性介质中的腐蚀电位均呈上升趋势，显著提高了膜层的电化学稳定性。

② 孔蚀电位。电解着色膜的孔蚀电位均比未经着色处理的 304 不锈钢高，其耐蚀电位在 3 种介质溶液中高 50～100mV。

③ 耐蚀性能。电解着色膜在 30℃ 的 30% $FeCl_3$ 溶液中浸泡 2h 后，腐蚀率为 70g/(m^2 · h)，且无颜色变化和脱落现象，而未经着色的 304 不锈钢的腐蚀率为 180g/(m^2 · h)[13]。可见着色膜有效地阻滞了孔蚀的成长和蚀坑的扩展，具有较好的耐蚀性。

（3）电解着色膜的结构分析。

① AES 分析。图 7-2 为电解着色膜中 Cr 原子沿膜层深度的分布（AES 分析）。

由图 7-2 可知，未经着色处理的 304 不锈钢表面膜中没有观察到 Cr 的富集，电解着色膜的表面出现大量 Cr 元素的富集。

② XPS 分析。图 7-3 为电解着色膜的 XPS 分析结果。

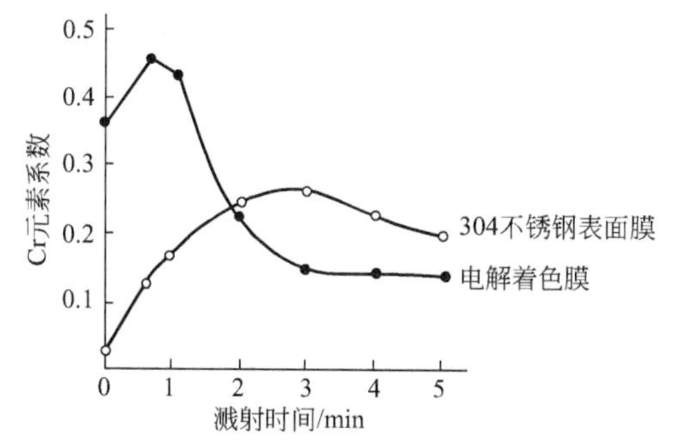

图 7-2　电解着色膜中 Cr 原子沿膜层深度的分布（AES 分析）

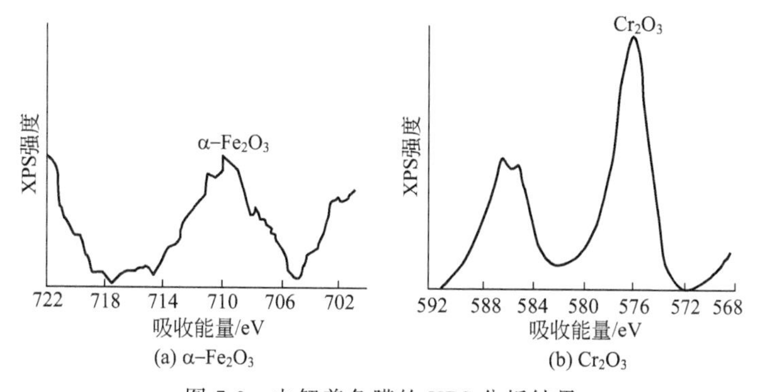

图 7-3　电解着色膜的 XPS 分析结果

图 7-3 的结果表明，膜层主要由 α-Fe_2O_3 和 Cr_2O_3 构成，可认为膜由 Fe 和 Cr 的复合氧化物组成。不锈钢经电解着色后，表面 Cr 元素的富集，可解释为电解着色时 Fe 优先溶解所致，增强表面膜的钝化能力和电化学稳定性，减少金属的溶解，提高孔蚀电位和耐蚀性能。

7.3.3 不锈钢电解发黑工艺流程

（1）1Cr17 不锈钢电解着黑色工艺流程。化学除油（氢氧化钠 40g/L，磷酸三钠 15g/L，碳酸钠 30g/L，温度 90℃）→水洗→化学抛光（硫酸 227mL/L，盐酸 67mL/L，硝酸 40mL/L，水 660mL/L，温度 50～60℃）→水洗→活化→水洗→电解着黑色（配方 2）→水洗→固膜处理（重铬酸钾 15g/L，氢氧化钠 3g/L，pH6.5～7.5，温度 60～80℃，时间 2～3min）→水洗→干燥→浸油或浸清漆。

（2）适合于各种不锈钢电解着黑色工艺流程。抛光处理或机械抛光→去油→水洗→活化（硝酸 15%～20%，氢氟酸 20%～22%，水 60%～63%，室温，时间浸 5～10min）→水洗→电解着黑色（配方 3）→水洗→自然干燥→浸油或清漆。

（3）适合于各种不锈钢电解着黑色工艺流程。化学除油（碱液 60～80℃）→

水洗→抛光→水洗→活化（硝酸：氢氟酸：水＝2：3：7 的混合液，室温，时间 10min）→水洗→电解着黑色（配方 4）→水洗→晾干→布轮抛光→聚苯乙烯树脂涂覆→固化→成品。

7.3.4　不锈钢电解着黑色的工艺特点

7.3.4.1　配方 1、配方 2（见表 7-7）着黑色的工艺特点

（1）形成的膜层厚，呈深黑色，零件光洁度表面上的膜层呈乌黑光亮。

（2）着黑色膜层具有一定的防护装饰性，在 25℃ 的 10％盐酸溶液中浸泡 5min，膜层无颜色变化，无脱落现象，表明耐蚀性好。耐蚀性能优于钢铁发蓝膜层。

（3）形成的膜层的硬度较高，比铜、铝、镁、钢上的氧化膜要高。

（4）着色后不影响零件的精度，若经多次返修，仍能保持其原表面状态，光洁度不降低。

（5）电解着黑色，发黑速率快，得到的黑膜色泽均匀，富有弹性，又有一定的耐磨性。

（6）适用于铁素体和各类不锈钢的表面着黑色，具有使用价值。

7.3.4.2　配方 3、配方 4（见表 7-7）着黑色的工艺特点

（1）不含六价铬盐，有利于环境保护。

（2）属阴极电解着色，对各种不锈钢都适用。

（3）该工艺可在常温（15～35℃）下进行，发黑速率快，一般只需 10min。

（4）溶液稳定性好，配方 3 溶液在使用过程中可不需作任何调整一直使用到失效。其消耗量为每升溶液可作不锈钢发黑面积 0.4～0.5m^2，原料成本每升约 0.5 元。

（5）操作工艺简单、方便，质量稳定，若发黑过程中取出观察，觉得黑度不够，可继续浸入发黑液中通电数分钟即可，如果认为质量不合格，可将工件浸入活化液（硝酸 15％～20％，氢氟酸 20％～22％，水 60％～67％）中数秒钟，退去发黑膜，水洗后重新进行不锈钢发黑处理。

（6）发黑膜耐磨性好，经滤纸或白皮纸用力擦拭 200 次也无脱黑现象，经后处理后，膜层能长期保持光亮的深黑色。

7.3.5　不锈钢着黑色膜层的性能与结构

7.3.5.1　由配方 4（见表 7-7）获得的膜层性能

（1）外观性能。用目测法在自然光下观察，发黑膜膜层均匀、致密、黑度深、有一定的光泽。

（2）结合力。按 GB 1720—79（88），涂层结合力测试标准，经涂层结合力测试仪测试达一级。

（3）耐磨性。用橡皮垂直施力，水平单方向重复擦拭，用力擦拭 300 次不褪色。

（4）耐腐蚀性。发黑试片抛光后直接进盐雾试验箱，进行中性盐雾（35℃，氯化钠 5%）耐腐蚀实验，6h 色泽无明显变化，8h 部分表面光亮度下降。用聚苯乙烯涂覆后的试片盐雾实验 24h 内不褪色。

7.3.5.2　由配方 2（见表 7-7）**获得的 1Cr17 不锈钢电解着色膜的电化学性能**

实验介质分别采用 1mol/L 硫酸、0.05mol/L 硫氰酸钾＋0.05mol/L 硫酸和 3.5mol/L 氢氧化钠溶液。实验装置采用恒电位仪，参比电极为饱和甘汞电极，辅助电极为铂电极。试样置入介质后，待自然电位稳定之后，从该电位起以 50mV/min 的扫描速率进行阳极极化。

不锈钢电解着色膜的自然电位随时间的变化曲线示于图 7-4。为了比较，图中也给出了未经着色处理的 1Cr17 不锈钢的自然电位。由图 7-4(a) 可知，在氧化性的 1mol/L 硫酸介质中，经着色试样的自然电位正于基体材料。浸泡 5h 后，前者的稳定自然电位比后者高达 900mV。在还原性的 0.05mol/L 硫氰酸钾＋0.05mol/L 硫酸［见图 7-4(b)］和碱性的 3.5mol/L 氢氧化钠［见图 7-4(c)］溶液中，着色试样的自然电位分别比基体正 900mV 和 560mV。这说明，不锈钢经电解着色后，无论是在氧化性和还原性酸中，还是在碱性介质中，自然电位均呈升高趋势，显著地改善膜层的电化学稳定性能。

图 7-5 示出 1Cr17 不锈钢电解着色膜在 3 种介质溶液中的阳极极化曲线。由图 7-5 可知，虽然电解着色膜在阳极极化

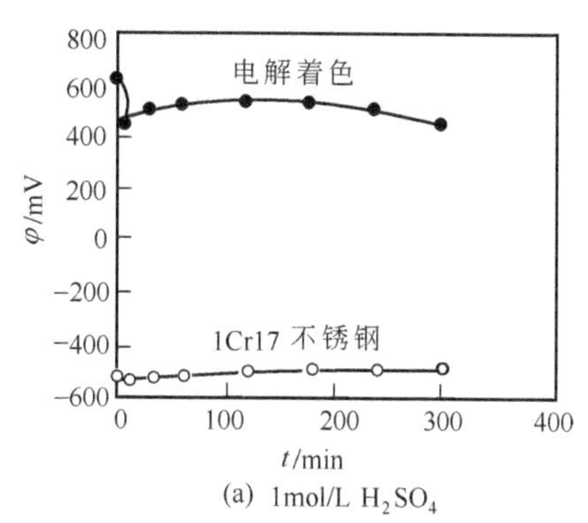

(a) 1mol/L H_2SO_4

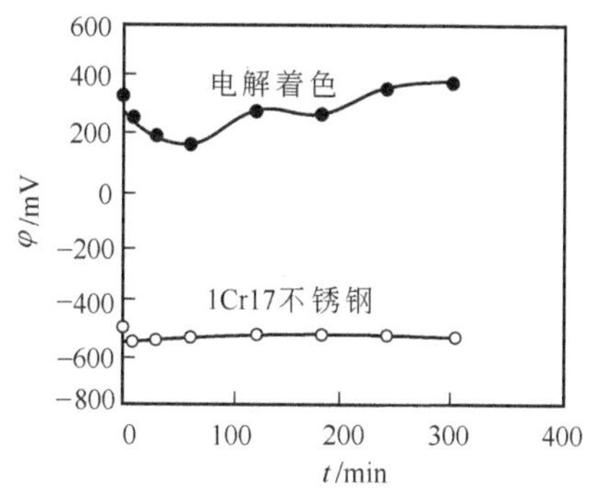

(b) 0.05mol/L KSCN+0.05mol/L H_2SO_4

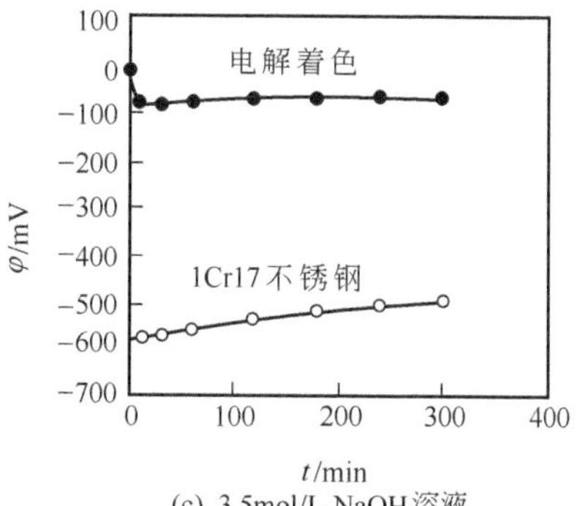

(c) 3.5mol/L NaOH溶液

图 7-4　电解着色 1Cr17 不锈钢自然电位 φ 与时间 t 关系曲线

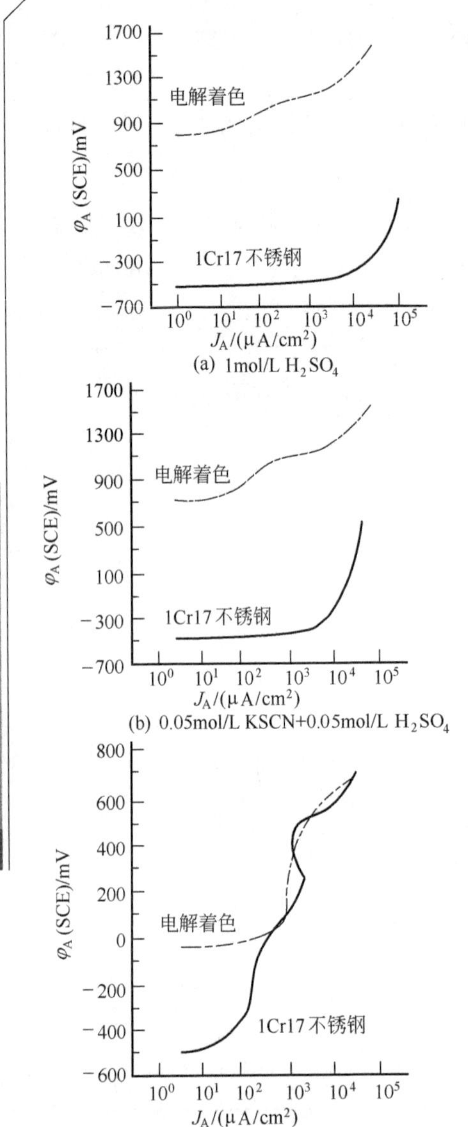

图 7-5　电解着色 1Cr17 不锈钢在不同溶液中的阳极极化曲线

曲线上呈活性溶解趋势，但其阳极极化电位远正于基体。由此可见，电解着色膜的形成，使阳极极化到高位区时，才处于活性溶解状态。

电解着色不锈钢的电化学实验结果表明，表面形成铬的复合氧化膜，增强了钝性，使得自然电位和阳极极化电位正移，显著改善了膜层的电化学稳定性能。

7.3.5.3　由配方 2（见表 7-7）**获得的 1Cr17 不锈钢电解着色膜的俄歇电子能谱结构分析**

由配方 2 获得的电解着色膜的俄歇电子能谱分析结果见图 7-6。

由图 7-6 可知，表面膜主要由铁的氧化物和铬的氧化物构成，另外发现还有锰元素参与成膜。

不锈钢的电解着色是通过电解反应而制得的。在酸性电解水溶液中，着色不锈钢为阳极，不锈钢表面所含铬、铁、镍或锰发生溶解，变成相应的金属离子，在不锈钢和溶液接触的界面上，因水解作用而形成铬与锰的复合氧化物，从而得到黑色氧化膜。由此可知，由于电解着色后，表面形成铬的复合氧化膜，增强了钝性，使膜层的自然电位和阳极极化电位正移，提高了膜层的电化学稳定性能。这由图 7-6 的俄歇电子能谱分析得到证实。

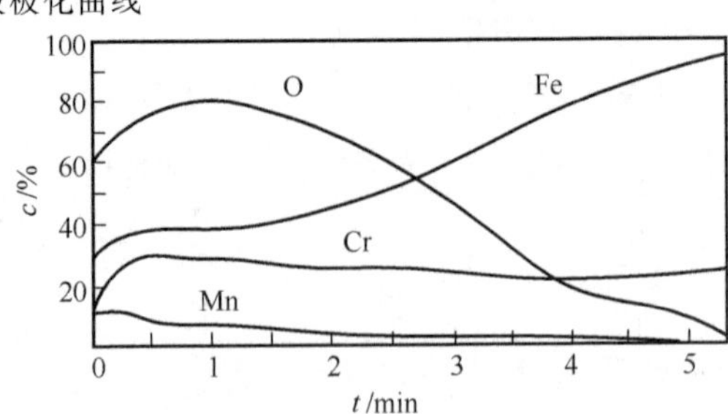

图 7-6　1Cr17 不锈钢电解着色膜的俄歇电子能谱分析结果

7.4 不锈钢着黑色复合工艺[12]

不锈钢上进行化学着黑色，在同一温度不同时间进行着色，试片出现的颜色很难掌握一致，往往出现绿色、彩红色、淡紫色和深紫色。同时，电解着黑色膜工艺掌握不好，会出现结合力差的问题。为此，提出复合着色工艺。

李昌菊、陈生发分析认为，在不锈钢上要获得结合力强的膜层，不能单独采用化学着黑色法或电解着黑色法。采用复合工艺，可取化学着黑色和电解着黑色二者之长，避二者之短，并采用高温固化工序，在不锈钢上可获得美丽的、纯黑色的、有一定结合力和强度的膜层。

在这一新的复合工艺中，还增加高温固化工序。高温固化，即将试片放入热处理炉（或马弗炉）内恒温一定时间，该工序的关键是控制好温度和时间两个参数。这两个参数直接影响到黑色膜层的结合力。

不锈钢着黑色复合工艺流程如下。

① 除油。常规除油方法，除尽油水洗净。

② 腐蚀。溶液中盐酸、硝酸、水体积比为 1∶1∶8。

温度	60～80℃	时间	5～10min

有严重氧化皮须进行此工序。洗净后用水再清洗。

③ 电化学抛光。

磷酸（85%）	50%～60%	温度	50～60℃
硫酸（98%）	20%～30%	电流密度	20～100A/dm^2
水	15%～20%	时间	1～5min

抛光后水洗净。

④ 化学着黑膜。

铬酐	200～250g/L	温度	95～105℃
硫酸（d=1.84）	250～300mL/L	时间	5～10min

着色后用水洗净、晾干。

⑤ 高温固化。用热处理炉。

温度	300～700℃	时间	1～7min

⑥ 电解着黑色。

重铬酸钾	20～40g/L	硫酸铵	20～50g/L
硫酸锰	10～20g/L	硼酸	10～20g/L

pH	3～4	时间	10～20min
电压	2～4V	阴阳面积之比	(3～5)∶1
阳极电流密度	0.15～0.3A/dm^2	阴极	不锈钢

挂具用铝丝，发黑后用水洗净。

⑦ 干燥。压缩空气吹干，在烘箱中60℃烘10min。

⑧ 浸油。用防锈油。

参 考 文 献

[1] 钱家权．不锈钢的黑色化学氧化．材料保护，1981，6.

[2] 雷光勇．不锈钢化学发黑的新工艺．材料保护，1990，23（4）：30-31.

[3] 华树芳．不锈钢黑色化学氧化工艺应用简介．99宁波市电镀年会暨新产品展示会论文集．1999.

[4] 钱家权．不锈钢黑色化学氧化液的失效原因与再生．电镀与环保，1983，5：46-48.

[5] 倪小平．不锈钢着黑色工艺．电镀与精饰，2000，22（5）：31-32.

[6] 罗宏．不锈钢表面化学发黑工艺及膜层性能研究．材料保护，2007，40（5）：46-47.

[7] 周子玉．不锈钢黑色电解氧化．电镀与环保，1983，4.

[8] 梁成浩，邵新荣．不锈钢电解着色工艺及电化学性能．电镀与精饰，2000，22（1）：5-8.

[9] 张安富．不锈钢电化学发黑新工艺．电镀与精饰，1997，19（2）：15-16.

[10] 王保峰，赵永刚，张九渊，张延松，卢建树．不锈钢电化学发黑工艺研究．材料保护，2001，34（6）：28-29.

[11] 高巧明．不锈钢的电化学黑色氧化．材料保护，2001，34（3）.

[12] 李昌菊，陈生发．不锈钢着色复合新工艺．航空航天工业部航空表面技术专业委员会四届年会腐蚀与防护技术论文集．1992：190-192.

[13] 梁成浩，邵新荣．304不锈钢电解着色膜的耐蚀性及结构．材料保护，2000，33（7）：7-8.

[14] 张庆芳，邵忠财，吴凯．304不锈钢黑化工艺的研究．电镀与环保，2015，35（6）：27－29.

第8章 不锈钢化学着彩色

8.1 彩色不锈钢的兴起与回顾

8.1.1 彩色不锈钢的兴起

经过着彩色的不锈钢，由于更具有美感，且其使用、观赏价值比较高，因而受到人们的普遍欢迎。彩色不锈钢除有美丽的外观，作为装饰外，还可以提高不锈钢的耐磨性和耐蚀性，因此，不锈钢着彩色技术开发了表面处理又一新领域。它不仅使白亮不锈钢制品获得五彩缤纷的装饰表面，而且能提高其内在质量，具有某些特殊的性能。彩色不锈钢可广泛应用于建筑装潢、厨房用具、家用电器、仪器仪表、汽车工业、化工设备、标牌印刷、艺术品宇航军工等行业。在国内外市场上极具竞争力，受到广泛重视。

8.1.2 彩色不锈钢技术在国外的发展回顾

不锈钢的应用和发展已有八十多年的历史了，但对它的着彩色处理工艺是在近二十多年来才广泛引起人们的兴趣的。

早在1927年，哈耶德（Hayield）和格林（Green）就曾经获得在硫酸和铬酸水溶液中进行不锈钢着彩色处理的专利[1]。他们谈到，不锈钢着色外观与其表面状态有关，只经过除油处理而未经抛光的不锈钢表面，着色后其表面暗淡无光，而经机械抛光后的不锈钢表面，着色后可获得光滑美观的外表。但是，由于所获得的彩色膜不耐磨，抗污性差，即没有解决膜的固化问题，而且主要是把不锈钢着成黑色，因而未得到进一步的应用。

1939～1941年，贝特且勒（C. Batlcheller）相继提出了三个不锈钢着彩色的专利[2~4]。他发明了在不锈钢表面获得除黑色外的其他色的着色工艺。他的专利推荐用含氧化剂的硫酸水溶液，所有氧化剂是铬酸盐和重铬酸盐。在处理时，颜色随不锈钢中含铬量（7%～22%）的递增，而出现灰、黑、深蓝、黄棕及咖啡色几种颜色。

1965年，克勒格（Clegg）和格利宁（Greening）发表了专利[5]，观察到在铬酸和硫酸溶液中添加少量钼酸铵（最佳6.5～8g/L），可以提高着色膜的光泽。

1968年，詹姆斯（James）、斯密司（Smith）和托特（Tottle）提出在不锈钢上形成多种色彩的专利[6]。同年，伊万斯（Evans）、詹姆斯（Jams）和斯密司（Smith）发现添加二价锰（硫酸锰4～5g/L）可加速彩色膜的形成[7]。

上述许多方法都是可行的，但它们在1968年以前都未获得广泛的应用。其原因有两个：一是以前这些方法所获得的彩色都不太美观，不符合装饰性要求；二是这些彩色膜的耐磨性较差，容易脱落或被沾污，因此，均未得到工业化生产。

1972年，英国国际镍公司欧洲研究和发展中心提出因科（Inco）工艺法[8]是经过改进后具有真正有实用价值的工艺。该工艺是将抛光后的不锈钢浸入80～90℃的铬酸-硫酸混合液中，随着时间的变化，表面生成不同厚度的氧化膜，由于光的干涉而产生不同的颜色。最初该法的缺点是采用控制时间法来控制彩色。当溶液的组成和温度稍有变化时，就不能得到重现性好的颜色，为了克服这一缺点，因科公司后来又采用控制电位差的方法[9]，伊万斯(Evans）用饱和甘汞电极作参比电极测量着色过程中的电位变化[10]，并对着色工艺及成膜机理进行了详细的研究。1977年，阿里索尼（アンソニー）等用饱和甘汞电极和铂电极作参比电极，测量了着色过程中电位-时间变化曲线，并确定了起色电位和某一电位之间的电位差出现一定的颜色[11]。从此，彩色不锈钢着色走上了工业化的发展道路。

8.1.3 彩色不锈钢技术在国内的发展回顾

1973年，上海市轻工业研究所翻译介绍了T.E.欧文斯的“不锈钢着色新工艺”发表在《上海轻工业》1973年第6期上，引起国内单位的关注。这是不锈钢酸性着色在国内的首次介绍。

1983年，福州大学机械系材料研究室和福建南平汽车配件厂对不锈钢带环进行高温氧化着金黄色取得成功[12]。

1983年，清华大学工程物理系研究成功不锈钢着色及立体感图案新工艺，并于同年通过技术鉴定[13]。新工艺研制出不同形状的红、绿、蓝、金黄等各种色泽的不锈钢制品，鲜艳美观，光彩夺目。

1985年，黑龙江省庆安县不锈钢着色厂与哈尔滨703研究所合作不锈钢着彩色中试成功，并实现了微机控制，通过技术鉴定[14]。该厂着色加工的红、绿、蓝、金黄 4 种颜色的 SUS 304BA 不锈钢薄板，光洁度已达 0.025mm，光可鉴人，色彩鲜艳悦目。该厂最大加工尺寸是 0.5m×0.5m。但对于国产的 1Cr18Ni9Ti 不锈钢板材则未能成功。

上海钢铁研究所的孙奇和顾晓青在实验室里对因科法工艺进行了模拟实验，并发表了多篇结果[15~17]。

哈尔滨工业大学王鸿建等人从 1979 年开始对不锈钢着色进行了大量的研究，已能将 1Cr18Ni9Ti 不锈钢染成蓝色、金黄色、红色和绿色，并对彩色膜的固化处理作了研究，测量了着色过程中不锈钢电位（相对于铂电极）随时间的变化曲线，用电位差法控制着色，报道了他们的实验与研究结果[18~23]。

1982 年，上海手术器械厂傅绮君在 1Cr18Ni9 不锈钢上着得金黄色彩色膜，并发现促进有色薄膜的形成可加入 20g/L 的硫酸锰，3min 即呈金黄色，7min 后便呈光亮蓝色[24]。

1984 年，刘仁志在不锈钢的彩色着色膜处理中认为，对不锈钢进行化学抛光是必要的。随着着色处理时间的延长，分别出现由蓝→彩虹→绿色的变化[25]。

1987 年，天津纺织工业学院王冰实验发现经过电解工艺处理膜的固化，没有得到根本解决，提出膜的固化先采用电解法，后再用硅酸盐溶液处理，膜的艳丽色彩保持依旧，耐磨程度却大大提高[26]。

1992 年，国营 267 厂钱加权和周玉福等又对彩色不锈钢色彩呈不连续光谱色的原因进行探讨，认为彩色不锈钢的色彩是其表面反射光与通过表面膜层折射光的干涉色，通过对蓝、金黄、红绿、柠檬黄和浅红等彩色不锈钢试样用俄歇能谱（AES）检测，证明随着膜层厚度的变化，其结构组成也发生变化，导致其折射率的改变，这是引起彩色不锈钢色彩呈不连续光谱色的主要原因[27]。

1994 年，上海第二教育学院毛尚良、黄杜森、张贵荣、林国坦、俞莲芳、虞慧敏在彩色不锈钢的制备中，对因科法作了改进，并在着色液中加入适当的添加剂，以降低着色温度，获得色彩均匀、耐磨性明显提高的彩色不锈钢[28]。

1994 年 9 月，中南工业大学化学系王先友、蒋汉瀛在彩色不锈钢生产工艺中采用添加了 CS-1 添加剂的常规的不锈钢着色液可以生产出彩色不锈钢，所获彩色膜除包括在常规的着色液中可获得的颜色外，还能着出茶色、咖啡色、古铜色等颜色。通过动电位扫描极化曲线等测量和分析，研究了着色膜的耐蚀性能，并解释着色膜经硬膜处理后耐蚀性得到提高的原因[29]。

1998 年，大连理工大学刘爱华、徐中耀、李有年和大连轻工学校郑兴华在不锈钢化学转化膜显色工艺研究中，通过正交试验法对显色工艺规律及工艺参数进行实验，并提出二次硬膜处理。即在阴极电解硬膜处理的基础上再进行另一次化学硬膜处理，不但可保持膜的原有颜色，而且大大提高了膜的耐磨性[30]。

1998年，山西矿业学院薛永强、栾春晖和华北工学院高保娇、王丽春利用KR涂料和套印技术，通过多次着色或连续着色工艺，随心所欲地在不锈钢表面着上由多种鲜艳颜色组成的有立体感的彩色图案[31]。

1987年，钱家权、周玉福取得多种多彩不锈钢表壳的专利[32]。1988年，缪晓青获得多色彩不锈钢表壳的专利[33]。

1994年，重庆有色金属研究所许贤超发明了SH系列添加剂，加入铬酐-硫酸混合液中，对不锈钢着色，无需用复杂的电子监测装置控制自然电位，就能获得金黄色、绿色、金红色和紫红色均一的彩色。随着添加剂加入的不同，最后的电位值固定在不同的数值上，就可获得不同但固定的颜色，重现好，光亮夺目[34]。

1996年，王先友和蒋汉瀛在不锈钢着色处理中可制得花纹图案及具有立体感的套色花纹色膜[35]。

1997年，福建师范大学张碧泉、卢兆忠、刘祖滨等人对304光亮不锈钢着色工艺进行了研究。在铬酸-硫酸着色溶液中，加入添加剂，能使304不锈钢试样着色后颜色光泽鲜艳。根据电位-时间曲线可得到每种颜色的电位差范围，获得重现性较好的颜色[36]。

1999年，张碧泉、卢兆忠、林建民在304光亮不锈钢片上在铬酸-硫酸溶液中得到紫红色彩色膜，用电子能谱测得膜厚为125nm[37]。

1998年，山东建材学院张颖、陶珍东、马艳芳、刘莉在不锈钢着色研究中，在铬酸-硫酸溶液中添加适量的硫酸锰，可使着色速率加快，着色时间至少可缩短5min。加入自制的有机复合添加剂，可使着色温度降低十几度[38]。

2000年，郭稚弧、王海人、贾法龙在不锈钢着色新技术的研究中，在酸性化学着色液中，选用自制的添加剂HR系列，到达某一颜色所需要的时间缩短，HR添加剂有利于促进着色反应的进行。使用RH-8添加剂可使在25℃下的着色时间缩短为2～3min[39]。

2000年，北京航空航天大学材料系朱立群、李晓南、刘晨敏讨论了3Cr13不锈钢在含有稳定剂、着色剂、促进剂诸添加剂的低浓度铬酐-硫酸溶液中，进行化学着色处理的工艺和各种添加剂对表面着色的影响。铬酐含量可降至60～80g/L，根据着色时间的不同，获得多种色彩的外观。着色膜层耐候性、耐磨性优良[40]。

2001年，湖南工程学院应用化学系肖鑫、郭贤烙、钟萍、易翔、魏成亮、于华等人在硫酸-铬酐溶液中加入过渡元素的盐类化合物，研制出不锈钢低温化学着色新工艺，并探讨了各成分和操作条件对着色膜质量的影响，检测了着色膜的有关性能，所得着色膜色泽鲜艳，丰满度好，耐蚀性好，操作温度低（55～70℃），工艺维护管理简便[41]。

综上所述，我国不锈钢产量不多，在民用方面用得更少。近 20 年来对不锈钢着色工艺有不少单位的人进行了研究，取得了不少实验成果，可以肯定，随着我国国民经济的快速发展和人民生活水平的迅速提高，这种新型的装饰材料一定会很快地发展并投放到市场上来，以满足人民不断提高的物质和文化生活的需要[51]。但是，不锈钢着色的色彩重现性不好，是国内研究工作中存在的难题，虽然已经取得实验室阶段的成果，该项工作尚需深入实际生产加以解决。上海钢铁研究所对因科工艺在实验室基础上进行了大量的探索，掌握了较全面的各类数据，参考日本专利[42~44]，结合其他工作经验，找出了规律性的关键问题，解决了色彩重现差的难题，成功地研制出多种规格的单一色彩的蓝色、金黄色、红色、绿色、黑色等板材、管材、表壳等彩色不锈钢，其色彩可与进口日本国新日铁公司的彩色不锈钢样板相媲美，有些色彩甚至可超过。

8.1.4　彩色不锈钢在世界各地的商品化生产和应用

1972 年，国际镍公司发明了因科法以来，不锈钢着彩色技术才开始进入大规模的商品化生产。目前因科技术专利已被英国、美国、日本、德国、意大利、法国和澳大利亚等国家的十多家公司所采用。由于彩色不锈钢具有色彩鲜艳、耐紫外线照射、耐磨、耐腐蚀和加工性能良好等突出优点，在国外已得到广泛的应用。

不锈钢的不同前处理可得到不同的各种效果，如缎面产生无反光的彩色，抛光表面则产生反光强烈的光亮彩色，可对板材进行局部光亮抛光、局部缎面精饰再着彩色，或采用冷压成型的浮雕着彩色，使产品多样化。还可以在不锈钢板上丝网络印进行局部掩蔽，或采用耐光技术用照相术复制图像花样等。由于彩色不锈钢能承受变形而不损伤，如拉伸、弯曲、冷压等对彩色不锈钢无有害影响，不降低彩色不锈钢的色彩深度、抗腐蚀性和耐候性，使得彩色不锈钢在 1976 年以后得到了真正的发展。彩色不锈钢已成为有广泛实际应用的材料。故一些国家的公司纷纷设基地投入生产。掌握因科工艺的生产商在自己的地理范围内以最大的商业潜力建立起一整套的不锈钢表面的精饰、花样和色彩的应用。

1973 年 10 月，英国不锈钢设备服务公司在荷德斯登（Hodd sden）建立了第一个不锈钢着色中试工厂。1976 年 1 月，该厂迁到恩菲尔德（Enfield），并建立了第一条生产线，1978 年建立了黑色着色厂，生产能力为 6 万米^2/年。1980 年，克宁公司建立了长 10.8m、宽 3.7m、深 1.4m 的生产线，年产彩色不锈钢 10 万米^2，加工钢板尺寸 3m×1.25m，生产线安装有自动和手动的工件输送设备。日本 1980 年的彩色不锈钢产量已达到 17 万米^2（合 1000t），处于彩色不锈钢生产的领先地位，并出口远销世界各地。

彩色不锈钢不仅是在产量和质量方面正在不断发展和提高，而且在用途方面也不断扩大。可以说彩色不锈钢目前正处在发展的旺盛时期[45,46]，生产了各种形式的大型建筑用嵌镶板，模压成型的平底器皿和凹形器皿，仿制的名家传世名画的图片，房屋用门窗构件，点缀服饰用的小巧装饰品，日用盆子、台桌、浴缸用的配件等。1975 年建成的日本东京山艮丹寺的整个屋顶外装着黑色不锈钢瓦片，在晴空的蓝天下闪闪发光，5000 人座位的主厅天花板嵌镶着各种形状的金色不锈钢，全寺建筑耗用 3 万米^2、450t 彩色不锈钢。决定在山艮丹寺采用不锈钢之前，建筑师和工程师认真周密地考虑了选用的材料必须经受的一系列实验，其中包括：弯 90°实验、铜加速乙酸盐雾实验（即卡氏实验）、划痕实验、室外暴露实验、含二氧化硫大气干湿交替实验，室温 5%氯化高铁溶液凹坑腐蚀实验等。实验结果表明，彩色不锈钢的实验性能比阳极氧化铝合金好。日本用因科工艺生产的不锈钢色彩范围较宽，为轻淡而优美的色彩，反映出其复杂图案花样的艺术传统[61,62,64,67,68]。

美洲和澳大利亚几家公司转让了因科工艺，生产了大量的彩色不锈钢。美国休斯敦市建设的 21 层彩色大厦，采用彩色不锈钢制作外壁和窗框，从早晨日出到晚上日落，在阳光照射下可显示出天蓝、草黄、金黄、蓝色、暗蓝、绿色、黑绿等多种色彩的连续变化和交互辉映的美妙景色。这种色彩的变换，由于太阳光入射角的改变，在光路上膜的厚度发生变化引起色彩变化。又如美国华盛顿新国际航空与宇宙博物馆委托艺术家西波尔德（R. Sippoldl）创作了一件 30m 高的彩色不锈钢雕刻艺术品。又如阿斯特瓦广告塔，从澳大利亚引进大型彩色不锈钢板，由 1.6mm 的 304 不锈钢板连接成框架，安装上彩色和本色的大小为 1.2m×2.4m 的粗糙度为≤0.8μm 的不锈钢板，把镜面抛光的不锈钢管上高的三颗星闪烁在 25m 高的天际。

在意大利的米兰，赛力姆公司在 1976 年已生产品种繁多的彩色不锈钢墙壁和瓦片，一种形状是可在支架上悬挂，另一种形状是半圆形瓦片。

在德国，生产的彩色不锈钢有多种系列，包括 12 种彩色和黑色，通过喷丸和电化学抛光后得到极佳的表面光洁度。

在英国的不锈钢设备公司（SES）的不锈钢着色能力可达每周 1000m^2，最大钢板尺寸为 1.5m×1m，主要生产是在镜面、缎面、抛光或压制图案花样的钢板上着上蓝色、金黄色、红色和绿色，或中间颜色。彩色不锈钢可用作商店的招牌。引人注目的彩色不锈钢用来作为一幅浮雕艺术品，画面上创作有英勇行军的古希腊士兵，整个图画给人一种行进出击之势、冲锋号角齐鸣的效果，这件艺术品共采用 32 种不同颜色的彩色不锈钢制成，不锈钢着色和去色由因科公司承担，壁雕装饰则由伯明翰大学完成[47]。

8.2　不锈钢着色法和着色膜

8.2.1　不锈钢着色方法的类别[9,48,49]

不锈钢着色方法大致有以下 4 种类别。

(1) 化学处理法。

① 高温着色法。早被人们知晓，一是采用回火法，在空气中在一定的高温下使不锈钢表面氧化为金黄色[12]。二是在重铬酸盐的熔融浴中氧化得到黑色膜[50]。如在重铬酸钠（$Na_2Cr_2O_7$）或重铬酸钠和重铬酸钾（$K_2Cr_2O_7$）各 1 份的混合物中，在温度 320℃开始熔融，在 400℃时放出氧气而分解。新生的氧原子活性强，不锈钢浸入后表面被氧化成黑色无光但牢固的膜层。操作温度为 450～500℃，时间为 20～30min。

② 低温着色法。可分为化学着色法和电化学着色法。化学着色法又有碱性化学着色法和酸性化学着色法。

碱性化学着色法是将不锈钢在含有氢氧化钠和氧化剂与还原剂的水溶液中进行着色。着色前不锈钢表面的氧化膜不必除去，在自然生长的氧化膜上面再生长氧化膜。随着氧化膜的增厚，表面颜色发生变化，由黄色→黄褐色→蓝色→深藏青色。工艺配方及工作条件见表 8-1[57]。

另一个碱性化学法是硫化法，不锈钢表面经过活化后，再浸入含有氢氧化钠和硫化物的溶液中硫化生成黑色、美观的硫化膜，但耐蚀差，需涂罩光涂料。工艺配方及工作条件见表 8-1。

表 8-1　不锈钢碱性着色和硫化着色配方及工作条件

溶液成分及工艺条件	碱性着色	硫化着色
高锰酸钾($KMnO_4$)/(g/L)	50	
氢氧化钠(NaOH)/(g/L)	375	300
氯化钠(NaCl)/(g/L)	25	6
硝酸钠($NaNO_3$)/(g/L)	15	
亚硫酸钠(Na_2SO_3)/(g/L)	35	
硫氰酸钠(NaCNS)/(g/L)		60
硫代硫酸钠($Na_2S_2O_3$)/(g/L)		30
水/(g/L)	500	604
温度/℃	120	100～120

酸性化学着色法的工艺基本上还是在著名的因科法的基础上进行了一些改进。着色基础液为铬酸和硫酸。酸性化学着色法将在本章中详述。

近年来，电化学着色法的工作开展得较多，按施加电信号的方法又可分为电流法和电位法。电化学着色法的优点就是颜色的可控性及重现性都很好，受不锈钢表面状况的影响较小，而且处理温度较低，有些工艺可以在室温下进行，污染程度较轻[51]。

(2) 有机物涂覆着色法。在不锈钢上进行涂覆着色的方法，是使用透明或不透明着色涂料涂覆在不锈钢上。过去由于钢板与涂料的密着性不好而使其在用途上受到限制。直至 20 世纪 80 年代，随着涂覆技术的提高，卷板的涂覆已成为可能，因而，涂覆不锈钢板和着色镀锌铁板、彩色铝合金板一样，在建筑材料等方面得到广泛应用[48]。涂覆不锈钢板的重要因素有不锈钢原板的选择，确保密着性的前处理方法，耐蚀性高的涂料的选择，以及涂料的正确涂覆和烘烤。用作屋顶板应采用 SUS304 及 SUS430，用于涂覆不锈钢的涂料有较长寿命的硅改性聚酯树脂，或丙烯酸树脂与环氧树脂共用涂料，具有室外耐候性，即具有保光、保色和耐水点腐蚀等特点。1981 年，日本制定了涂覆不锈钢质量标准：JISG 3302。标准规定，要按盐雾实验法实验，这是检验涂层起泡、剥落和原板锈蚀的加速实验法。应经过 1000h 实验后几乎没有起泡。大多数在市场出售的产品，是经过 2000h 的实验也没有发生起泡的异常现象，显示出其优良的耐蚀性能。涂覆不锈钢留有容易焊接的不涂部分[54,55]。

(3) 不锈钢上搪瓷或景泰蓝着色法。不锈钢上搪瓷或景泰蓝能生产与玻璃相似的平滑光泽的有图样花纹的彩色硬质表面，但涂层与不锈钢的密着性问题，需要高度的技术水平才能解决。所以主要是用于工艺品[52]。

(4) 镀有色金属着色法。在不锈钢上镀覆有色金属，如镀金、镀黑铬、镀铜等方法着色，特别是连续镀铜，已在工业上得到应用，在建筑材料上的应用更广[53]。不锈钢的耐蚀性、良好的机械强度，再加上铜的色彩是建筑屋顶材料的最高级材料，因而促进了镀铜不锈钢板的开发。使用的不锈钢为 SUS304 材料，使用前需经过软化处理的软质材料。镀铜时防止产生钝化膜导致结合力不良，为了彻底活化，要在含有盐酸和镍盐的镀液中冲击电镀一层镍层，镀铜层以镍层为媒介，紧密附着于不锈钢上，其结合力足以承受各种成型加工的作用力。不锈钢基体和镀层铜都有良好的耐蚀性，两者的电位几乎相等，不用担心产生异种金属接触时的电流腐蚀。镀铜不锈钢板在大气暴露中，表面铜镀层被氧化而呈现铜的特有色调，可能会产生一些绿锈，其损耗厚度每年不超过 1μm。镀铜层还可以有效地克服不锈钢上因卤素离子而产生的孔蚀。

8.2.2　彩色不锈钢着色原理

(1) 光的干涉原理。不锈钢在酸性化学着色液中经过表面氧化着色处理后，显示出各种色彩，并非形成有色的表面覆盖层。1977 年伊文斯最早提出，表面形成的无色氧化膜的色彩是由于光的干涉所致的[9,56,61～65]。光的干涉原理图见图 8-1。入射光Ⅰ从空气中以入射角 i 角度照射到氧化膜表面 A 点，一部分光反射回空气中成为反射光；另一部分光以入射角 γ 角度成为折射光在氧化膜中沿 AB 方向传播至不锈钢上 B 点，当遇上不锈钢基体表面后，就发生全反射，成为反射光，沿 BC 方向传播至 C 点。在氧化膜 C 点，一部分经折射后进入空气中成为 CD 光；另一部分在氧化膜内反射到不锈钢基体上。这时折射光 CD 与 A 点的反射光由于存在位相差和光程差，当这两束光相遇就会发生光的干涉现象，出现不同的干涉色彩。如果从垂直方向观察彩色膜时，入射角为 0°，即光束 1 垂直入射到氧化膜上，见图 8-2 所示，其中 h 为氧化膜厚度，n 为氧化膜的折射率，光束 2 为光束 1 的反射光，光束 3 为光束 1 氧化膜折射后的折射光。反射光 2 和折射光 3 为两相干涉光，总光程差为 $\Delta=2nh$。当膜层中光程差为该光束光波波长 λ 的正整数的 k 倍，即

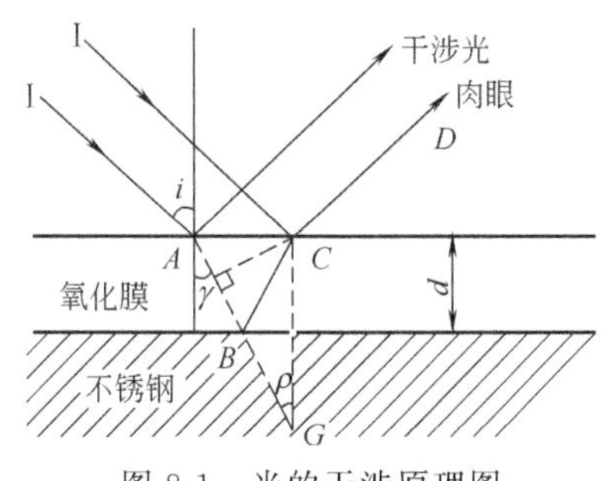

图 8-1　光的干涉原理图

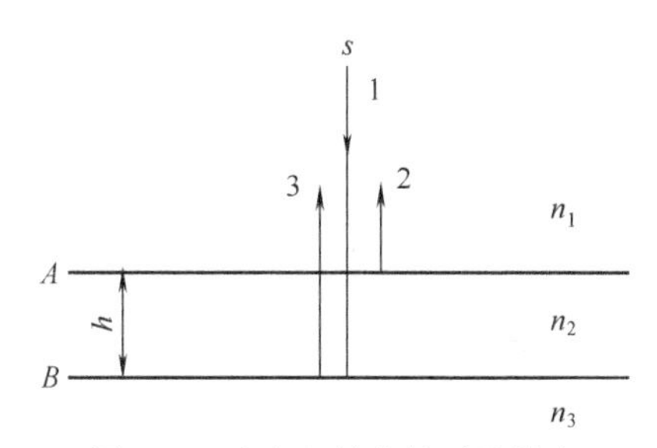

图 8-2　垂直入射光的干涉效应

$$k\lambda=2nh \quad (k=0, 1, 2, 3, \cdots)$$

通过光干涉相互加强，对应于该波长光的色调被加强而显示出符合于该波长的色彩，不同颜色对应波长 λ 见表 8-2。

表 8-2　不同颜色对应波长 λ

颜　色	波长 λ/nm	颜　色	波长 λ/nm
紫	400～450	黄绿	560～580
蓝	450～480	黄	580～600
绿蓝	480～490	橙	600～650
蓝绿	490～500	红	650～750
绿	500～560		

（2）膜层厚度与显示色彩的关系。当不锈钢表面氧化膜的折射率 n 一定时，干涉色主要取决于氧化膜的厚度 h 和自然光入射角度 i。膜的厚度 h 与颜色的关系见表 8-3。

表 8-3　膜厚与颜色的关系

序　号	颜　色	膜厚 h/nm	波长 λ/nm
1	蓝	80	450～480
2	金黄	110	580～600
3	玫瑰红	140	650～750
4	墨绿	190	500～560
5	柠檬黄	240	560～580
6	玫瑰红	260	650～750

实验证明，在有效着色范围内，膜层厚度随着着色进程的进行而持续增长，最初薄膜氧化膜显示蓝色、棕色，进而膜为中等厚度显示金黄色、红色，后来膜为厚膜则显示绿色，共 4 种主色，加上中间色彩共约十几种色，但不能显示日光中的 7 种彩色。

（3）入射角变化的影响。当氧化膜的厚度 h 固定时，入射角的角度 i 改变，不锈钢表面的色彩会随之发生相应的变化，由入射光在折射后的光程差发生变化所引起。这就是太阳光从日出到日落照射在装饰有彩色不锈钢的建筑大厦上会呈现不同色彩的原因。

（4）表面氧化膜的成分改变的影响。表面氧化膜的成分改变，就会改变氧化膜的折射率 n 的大小，即使表面膜的厚度相同，干涉色的色彩也会发生变化。根据氧化膜厚度、膜的色彩对应的波长 λ、折射率 n 的估算值见表 8-4[58]。试样 3 号与 6 号膜层的光程差，从表 8-4 可见有较好的倍数关系。试样 1 号、2 号、3 号膜层的折射率较接近，但 4 号、5 号、6 号的折射率变化较大，主要原因可能是膜层中的化学组成不同，含镍量的差别所造成的。膜层的折射率取决于该氧化膜的结构组成，只有当氧化膜的结构一定时，光程差 Δ 才能依膜厚 h 呈线性连续变化。钱加权用俄歇能谱检测了 6 种试样膜层不同深度的元素相对含量（原子%），见表 8-5[27]。表 8-5 表明，随着厚度 h 的增长，氧化膜的结构组成出现了较大的改变，膜层的表层和逐层深度中铬、镍、铁、氧等元素的百分含量均发生了不均衡的变化，光程差 Δ 不能随厚度呈线性连续变化，这是导致其色谱不能呈可见连续光谱排列的主要原因[27]。假定膜的折射率 n 不变，光程差 Δ 为入射光波长 λ 的整数倍时，才能发生反射光与折射光相干涉而加强，也会导致彩色不锈钢彩色色谱不连续的现象发生。这由薄膜光学干涉成色的原理所决定。

表 8-4　氧化膜颜色与膜层厚度的关系

序号	颜色	膜厚 h /nm	常数 k	波长 λ/nm	折射率 n
1	蓝	80	1	450～480	2.81～3.0
2	金黄	110	1	580～600	2.46～2.73
3	玫瑰红	140	1	650～750	2.23～2.68
4	墨绿	190	1	500～560	1.32～1.47
5	柠檬黄	240	1	560～580	1.17～1.21
6	玫瑰红	260	2	650～750	2.5～2.88

表 8-5　试样膜层元素相对含量（原子分数）　%

试样	深度/nm	氧	铁	铬	镍
蓝色	0	71.6	4.0	21.3	2.5
	40	60.7	16.7	18.7	5.0
	80	5.0	60.0	25.6	6.3
金黄色	0	73.3	1.9	21.3	2.0
	70	63.3	12.5	19.5	3.3
	110	6.0	61.5	24.6	6.0
红色	0	74.0	3.0	21.3	0.9
	100	62.5	13.1	18.6	3.4
	140	8.7	59.5	23.3	5.8
绿色	0	68.6	7.6	21.4	2.7
	120	65.3	11.5	17.3	5.1
	170	14.6	57.7	21.6	6.7
	190	4.5	63.3	23.3	6.7
柠檬黄	0	73.3	5.1	19.5	1.9
	180	63.6	12.5	18.5	3.6
	240	5.8	62.5	22.3	6.0
浅红色	0	70.5	6.3	21.7	1.4
	180	57.1	17.9	20.1	4.5
	240	14.8	55.6	23.0	5.6
	260	6.2	62.1	24.5	6.4

（5）不锈钢固有金属色泽的影响。受不锈钢基体固有金属色泽的影响，彩色光不能呈现光谱中的任何一种颜色。对于表面镜面抛光的和非镜面抛光的不锈钢均能获得富有光泽的鲜艳色彩。由于保持了不锈钢所固有的反光特性和优越的耐蚀性，彩色不锈钢具有色泽自然、柔和、长期经受紫外线照射而不变色的光学特性，持久不变。

8.2.3　不锈钢着色膜生成原理

1973年，伊文斯等人[59]提出不锈钢着色膜生成原理，当不锈钢浸入铬酸和硫酸组成的着色液，在不锈钢表面上发生电化学反应，见图8-3，不锈钢金属（M）铬、镍、铁等在阳极区放出电子变成金属离子（M^{2+}）。

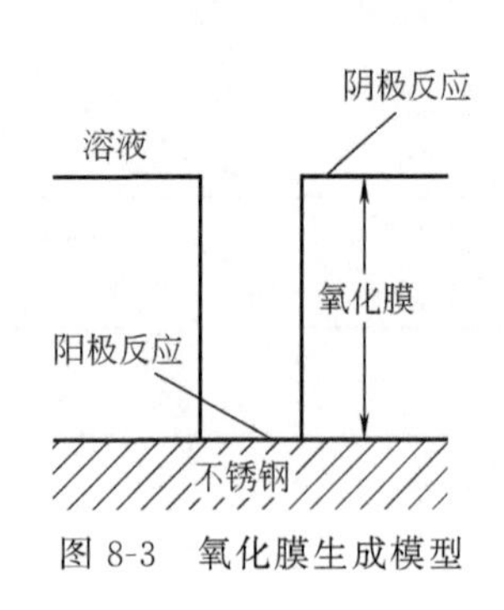

图8-3　氧化膜生成模型

阳极区：　$$M \longrightarrow M^{2+} + 2e \quad (8\text{-}1)$$

（M代表Cr、Ni、Fe）

在阴极区含六价铬的铬酸接收电子变成三价铬（Cr^{3+}），反应式如下。

阴极区：　$$HCrO_4^- + 7H^+ + 3e \longrightarrow Cr^{3+} + 4H_2O \quad (8\text{-}2)$$

当不锈钢在溶液中浸渍一段时间后，在金属/溶液界面上金属离子（M^{2+}）和Cr^{3+}的浓度达到临界值，并超过了富铬的尖晶石氧化物的溶解度，由于水解反应而形成氧化膜，反应式如下：

$$pM^{2+} + qCr^{3+} + rH_2O \longrightarrow M_pCr_qO_r + 2rH^+ \quad (8\text{-}3)$$

其中
$$2p + 3q = 2r \quad (8\text{-}4)$$

当氧化膜一旦生成，阳极反应和阴极反应立即分离，如图8-3所示，此时，阳极反应仍在氧化膜的孔底部即不锈钢表面进行，阴极反应在膜的表面进行。阳极反应产物M^{2+}通过微孔向外扩散，在孔口和孔底之间存在扩散电位差$\Delta\varphi$，随着膜的加厚，$\Delta\varphi$增大。膜厚不同就产生不同的干涉色，这就是控制电位差可着彩色的基本原理。

8.2.4　不锈钢着色膜的组织结构

初形成的氧化膜从透射电子显微照片可见到具有密度约为10^{11}根/cm^2、直径为10～20nm（$1nm=10^{-9}cm$）的大量微孔，这就是初生的氧化膜的耐磨性、耐蚀性和耐污性均不好的原因。

着色膜经50% H_2O+50% C_2H_5OH+100g/L H_2SO_4溶液的阳极溶解法退除氧化膜，退除液用原子吸收光谱进行分析，测得膜成分质量百分含量为铬19.6%、铁11.7%、镍2.1%。这三种元素的质量占膜总质量的1/3，所以估计表面是含有较多结晶水的氧化物。再从次红外线光谱分析及电子衍射结构分析发现，其化学组成可表示为：$(CrFe)_2O_3 \cdot (FeNi)O \cdot xH_2O$。

电子探针显微分析未退除膜的质量百分组成为铬21.3%、铁11.5%、镍6.3%，这与原子吸收光谱分析退除膜的结果大致相符合。

X射线衍射分析退除膜，没有发现任何确定的衍射峰值，这意味着结晶尺寸很小。在着色初期形成的膜，退除后用透射电子显微镜拍摄的图指出，几乎是无定形结构，从这个膜得到电子衍射图加以放大，发现膜具有尖晶石的立方体结构，结晶尺寸为5nm。

远红外光谱分析退除膜表明，在$3370cm^{-1}$和$1640cm^{-1}$有两个强的吸收带，这些可能是与晶格或配位水分子有关的γ（O—H）和δ（H—O—H）的振动。进一步的实验表明，在这个区域内，Cr_2O_3和$Cr_2O_3 \cdot xH_2O$具有强烈的吸收。

1981年，R.C.富纳克斯等人[69]用超显微镜和透射电镜研究了彩色膜的结构，发现膜的组织是由6～14nm的晶体组成的。

综合所有实验的结果，可以认为，这个膜是具有水化物的尖晶石结构，铬含量较不锈钢中的铬含量高，其化学组成可表示为如上所述。

8.2.5 不锈钢的着色机理

清华大学材料科学与工程系（100084）白新德、尤引娟、马春来、陈文莉于1996年1月利用^{18}O示踪和核反应分析研究不锈钢的着色机理。他们利用^{18}O同位素氧的示踪技术和^{18}O（P，a）^{15}N核反应分析研究了不锈钢在H_2SO_4-CrO_3溶液中的氧化膜机理，用ESCA分析了不锈钢表面氧化物的价态[96]。

8.2.5.1 实验过程

（1）材料与抛光。

① 实验材料为304型奥氏体不锈钢。

② 电抛光预处理。抛光液为H_2SO_4-H_3PO_4溶液，电流密度为$80A/dm^2$，温度为65℃，时间为70s。

（2）着色液配制。

① 自然着色液。用蒸馏水（含^{16}O）加H_2SO_4、CrO_3配制而成。

② 示踪溶液。用浓缩含^{18}O（80%）和贫化了30倍的含^{18}O水加H_2SO_4和CrO_3配制而成。

（3）样品制作。

① 0#不锈钢样品。在自然着色液中着色，随着着色时间的增长，不锈钢表面氧化膜不断增厚，逐渐呈现棕色→蓝色→金黄色→紫红色→绿色色序。

② 1#不锈钢样品。在示踪溶液中着色，同样可得到上述色序。

③ 2#样品。浸入自然溶液中着色至棕色（膜厚约10000nm），取出立即浸入示踪着色液中继续着色至金黄色，取出洗净烘干。

④ 3#、4# 样品均先在自然溶液中着色至棕色，再分别在示踪溶液中着色至紫红色（约 50000nm）和绿色（约 70000nm）。

⑤ 5# 样品不经过自然溶液着色，直接浸入示踪溶液中着色至蓝色取出。

(4)^{18}O 浓度分布。对上述 4 种样品进^{16}O（d，r）、^{17}O 和^{18}O（P，a）^{15}N 核反应分析，从 2MeV 的 Dan De Granff 加速器中由 629keV 下约 2keV 共振宽度^{18}O（P，a）^{15}N 核反应激发曲线的分析可确定^{18}O 的浓度分布。

(5) 用 ESCA 分析金黄色着色膜中 Fe、Cr、Ni 元素的价态。

8.2.5.2 实验结果及分析

(1) ^{18}O 示踪结果表明，^{18}O 已进入到膜的深处，这说明作为溶剂的 $H_2{}^{18}O$ 也参加反应。反应过程为：

$$CrO_3 + 6H^+ + Fe + e \longrightarrow Cr^{3+} + Fe^{2+} + 3H_2O \tag{8-5}$$

$$Fe^{2+} + Cr^{3+} + H_2O \longrightarrow FeCrO_3 + H^+ \tag{8-6}$$

$$FeCrO_3 \longrightarrow Fe_2O_3 + Cr_2O_3 \tag{8-7}$$

$$Ni^{2+} + Cr^{3+} + H_2O \longrightarrow Ni_3(CrO_3)_2 + H^+ \tag{8-8}$$

$$Ni(CrO_3)_2 \longrightarrow NiO + Cr_2O_3 \tag{8-9}$$

由式(8-5)～式(8-9) 可知，无论是溶质（CrO_3）还是溶剂（H_2O），均参与了成膜反应。

(2) 着色膜（氧化膜）的生长是由氧离子和金属离子迁移、相遇所决定的。

图 8-4 表明^{18}O 分布峰位并不在膜的表面。因此，新膜的生长不只是由于金属离子单向由内向外运动，其成膜迁移机理不会按图 8-5(a) 所示的规律进行。同时，由于^{18}O 浓度峰位不是随膜厚的增加而在接近基体分布的，因此，也不可能按图 8-5(b) 所示的规律成膜。因为新生膜生长不是在预生膜内成膜的，因此，也不会是开始时主要是金属离子向外迁移，按图 8-5(c) 所示的规律成膜。只有开始成膜主要是氧离子向内迁移，随膜厚增加而氧离子迁移受到阻碍，金属离子向外迁移速率大于氧离子向内迁移速率不可能在距离膜表面一定深度（如实验得出约 10000nm）并超过预氧化生膜厚度处相遇成膜，即按图 8-5(d) 所示的规律成膜。

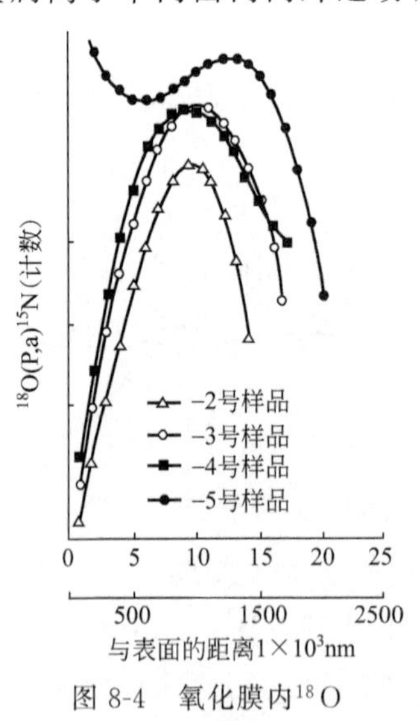

图 8-4 氧化膜内^{18}O核反应分布图

(3) 利用核反应分析和^{18}O 示踪方法可以研究金属在电解液中形成氧化膜过程中氧和金属离子的

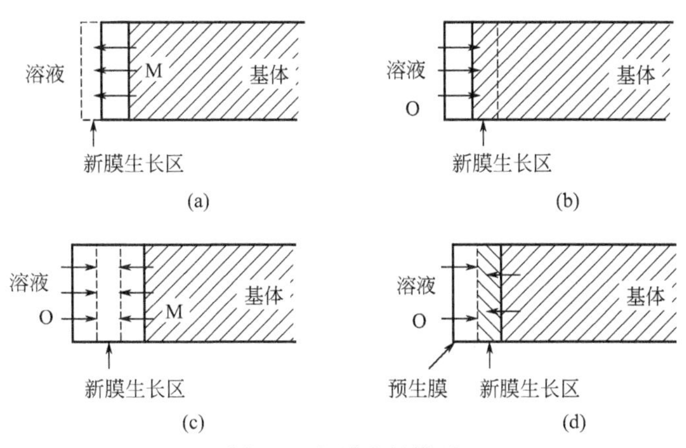

图 8-5　新膜生长模型

迁移方向及成膜区域。

(4) 不锈钢在 H_2SO_4-CrO_3 溶液中形成的氧化膜在成膜初期主要是介质中氧向内扩散，在膜生长达一定厚度（约 10000nm）后，氧的扩散随膜增厚阻力的增大，逐渐变为以金属离子向外扩散为主。

(5) 不锈钢在 H_2SO_4-CrO_3 溶液中成膜主要由 Cr、Fe、Ni 元素组成。这些元素分别以 Fe_2O_3、Cr_2O_3 和近似于 NiO 的形态存在，这可由 ESCA 分析得出 Fe、Cr、Ni 在膜中存在的价态相一致。

8.3　不锈钢的高温氧化着色[12]

8.3.1　高温氧化着色工艺流程

工艺流程：1Cr18Ni9 不锈钢→化学除油①→清洗→化学抛光②→清洗→中和③→清洗→缓冲④→干燥→加热氧化着色⑤。

注：部分工艺参数说明如下。

① 化学除油。氢氧化钠（NaOH）30g/L，碳酸钠（Na_2CO_3）20g/L，磷酸三钠（$Na_3PO_4 \cdot 10H_2O$）10g/L，硅酸钠（Na_2SiO_3）10g/L，OP-10 乳化剂 2mL/L，温度 50～60℃，时间 5min。

② 化学抛光。磷酸 150mL/L，硝酸 45～55mL/L，盐酸 45～55mL/L，聚乙二醇（相对分子质量 6000）35g/L，磺基水杨酸 3.5g/L，菸酸（或异菸酸）3.5～4g/L，温度 90～95℃，1～3min。化学抛光液温度与时间对抛光光洁度的影响见表 8-6。

③ 中和。在化学除油的溶液中进行，数秒钟。

④ 缓冲。硼砂 0.55g/L，盐酸 0.44g/L，温度室温，时间 1h 以上。

⑤ 氧化着色时温度与时间对颜色的影响见表 8-7。

表 8-6 化学抛光液温度与时间对抛光光洁度的影响

温度/℃	时间/min				
	1	2	3	4	5
65	6	6	6～7	6～7	7
70	6	6～7	7	7	7～8
75	6～7	7	8	8	8
80	7	8	8	8～9	8～9
85	8	8～9	9	9	9
90	9	9	9	9～10	9～10
95	9	9	10	10	10

注：1. 抛光液温度不宜低于65℃，那样会失去抛光作用，升高温度有利于提高光洁度等级，但不宜过高，如超过95℃，溶液蒸发加剧，分解加快，产生大量的有害气体，缩短溶液寿命。

2. 抛光时间不宜太长，否则会出现麻点，暗灰。

3. 新配溶液抛光首批工件时，温度可稍高些，时间可稍长些。第二批则开始时间稍短些，温度稍低些。

4. 在抛光过程中光洁度有所降低后，可适量补充盐酸和硝酸几次，可恢复抛光效果。但当溶液中杂质积累到一定值后，再添加二酸也无效时应予更换重配。

表 8-7 氧化着色时温度与时间对颜色的影响

温度/℃	时间/min			
	10	20	30	40
200	未着色	未着色	未着色	浅黄色
300	浅黄色	淡黄色	淡黄色	金黄色
360	金黄色	金黄色	深黄色	深黄色
450	深黄色	深黄色	浅红色	浅红色

8.3.2 高温氧化着金黄色

工艺条件：温度380～390℃，保温时间20min。

氧化过程在箱式可控温电炉内，即可得到金黄色表面膜。温度控制要准确、稳定，因为温度的影响明显。

8.3.3 颜色不合格膜的退除

退除液组成：硝酸 300mL/L

盐酸 300mL/L

磺基水杨酸 7g/L

室温浸10s退除色膜后，清洗干燥再行氧化。

8.4　不锈钢因科化学着色法

在热的铬酸和硫酸溶液中对不锈钢进行化学着色，是经因科公司发展而得的，称为因科法[75,80,81]。

8.4.1　因科法化学着色溶液组成和工艺条件

溶液：

硫酸（H_2SO_4）（d=1.84）	490g/L	着色温度	70～90℃
铬酐（CrO_3）	250g/L		

随着浸渍时间的不同，产生的颜色的顺序是：青铜色，蓝色，金黄色，红色和绿色。

膜的颜色是由于不同厚度的膜在反射和透膜折射两种光的相互干涉而成色，在前面已叙述过，不同的厚度就产生不同的颜色，因此，在着色过程中，保持溶液温度的均匀性和稳定性是很重要的，所以着色用的槽为铅衬里的铁槽，外套为可用蒸气加热的保温水套，以维持铅槽内溶液的稳定，在槽内并装有搅拌器，使溶液均匀。

8.4.2　时间控制着色法

将不锈钢浸在着色液中浸渍一定时间后，就能得到一定的颜色。如温度70℃时，着色15min可得蓝色，18min可得金黄色，20～22min可得紫色或绿色。这种根据时间控制的方法不能得到重复的颜色。这是因为着色溶液的温度稍微有些变化，控制不会很准确，而化学着色液的化学组成由于水分蒸发也可能有变化，这两个因素都能影响获得颜色的重现性[76]。

8.4.3　电位控制着色法

（1）不锈钢着色的电位-时间曲线。1973年，伊万斯用饱和甘汞电极作参比电极，测量了不锈钢着色过程中电位-时间的变化曲线[59]。

1977年，阿里索尼等人用铂电极作参比电极，测量了不锈钢着色过程中电位-时间的变化曲线[11]。见图8-6不锈钢着色的电位-时间曲线。

（2）着色电位差。当不锈钢和铂电极同浸在着色液中，见图8-7不锈钢着色装置示意图，在不锈钢上连接电位记录仪，在铂电极上连上电位修正仪，在两者之间连上导线，由于不锈钢和铂电极的电位不同，产生了电位差，有电流通过导线，随

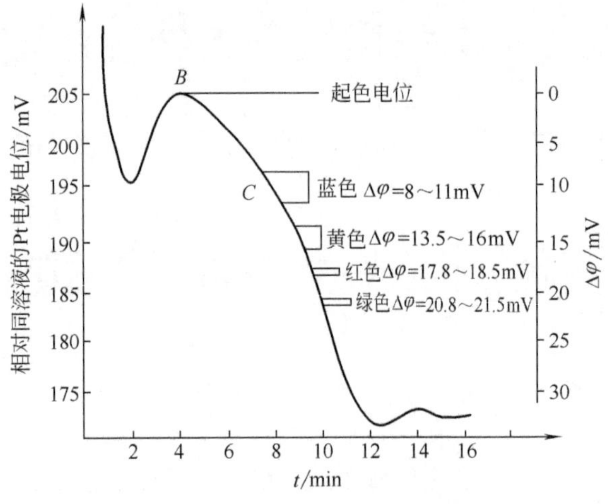

图 8-6　不锈钢着色的电位-时间曲线

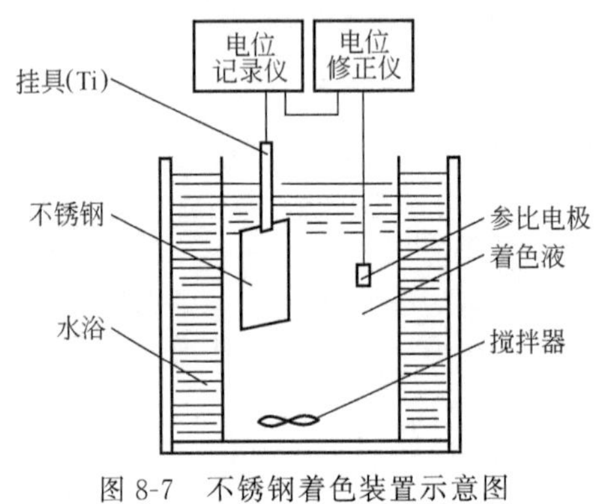

图 8-7　不锈钢着色装置示意图

着不锈钢着色过程的化学反应，氧化膜的厚度逐渐增长，电位随着发生变化。在着色的整个过程中，即测得着色电位-时间的关系曲线。

电位-时间曲线上的 B 点表示不锈钢的电位达到最负的最高点。B 点称为起色电位。起色是指不锈钢表面开始出现黑色斑痕，说明已形成一层引起光干涉的氧化膜，开始向有色方向变化。从 B 点的起色电位起，随着时间的延长，不锈钢电位逐渐下降至 C 点，C 点称为着色电位。$B-C=\Delta\varphi$，称为着色电位差。各种颜色的着色电位差 $\Delta\varphi$ 不同，如下：

蓝色　$\Delta\varphi=8\sim11\text{mV}$，膜厚 0.09μm；

黄色　$\Delta\varphi=13.5\sim16\text{mV}$，膜厚 0.15μm；

红色　$\Delta\varphi=17.8\sim18.5\text{mV}$，膜厚 0.18μm；

绿色　$\Delta\varphi=20.8\sim21.6\text{mV}$，膜厚 0.22μm。

(3) 用着色电位控制颜色的重现性。随着着色时间的延长，不锈钢表面电位 C 与起色电位 B 的差值逐渐增大，不同电位差对应不同的颜色。某一电位差出现一定的颜色，此关系不随着色液的温度和组成的稍微变化而变化，这是可以用控制电位差法进行着色的原因，比控制时间的重现性好。但着色电位差对不锈钢材料的不同，该数值也不相同，需要具体测量。在着色过程中，只要测得起色电位 B，根据上式得：

$$C=B-\Delta\varphi$$

可以得到差色电位 C，以控制得到不同的颜色。用着色电位差控制颜色的重现性是国际镍公司因科法的专利[15]。

（4）不锈钢着色过程微机控制设备。各种颜色相邻的电位差距很小，只有几毫伏，要用精密电压表（如 TH-V 数字电压表）才能分辨，这就给实际操作带来很大的不便。这需要仪器设备有很高的精度和抗干扰性，否则，仪器本身的误差就会导致控制出错。如果大批量生产，更要考虑采用微机自动控制。

由于彩色不锈钢生产的迅速发展，对色泽的重现性有更高的要求，对电位着色法提出了很多改进方案，要求控制仪器更加精密，更加复杂，采用计算机自动控制，当达到某一电位差时，符合一定的颜色要求，即时发出指令，启动升降机，取出已着色的不锈钢，见图 8-8 不锈钢着色过程微机控制设备系统图。目前我国与先进国家相比，主要差距是着色的电子监测设备。国外已将这种设备用于工业生产，可以得到重复的颜色，而国内尚未能达到，所以着手研制着色用电子监测设备是当务之急[84]。

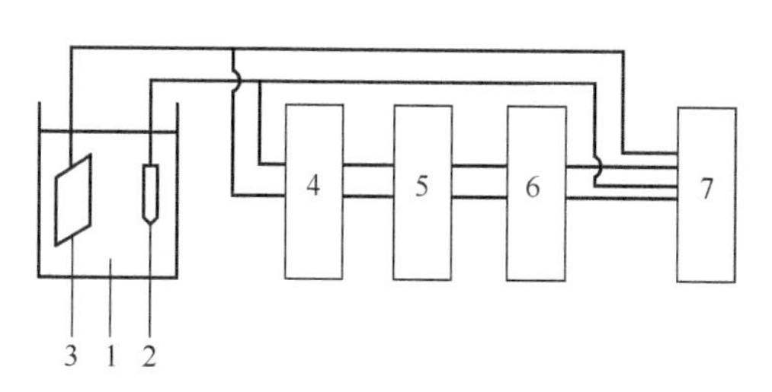

图 8-8　不锈钢着色过程微机控制设备系统图

1—染色液；2—Pt 参比电极；3—不锈钢试样；4—数字毫伏计；5—微型计算机；6—数模转换器；7—模拟记录器

（5）单位时间电位差变化的微分曲线的运用。表面光洁度较高的工件，测出的电位-时间曲线起色电位的峰值明显，对于表面光洁度不高的不锈钢，表面凹凸不平，着色时电位峰值不明显，无法采用电位-时间曲线。1980 年，竹内武等人用单位时间电位差的变化的微分曲线，见图 8-9，控制不锈钢电位的着色过程，即将微分曲线的转折点 A（A 为单位时间电位差变化趋势的转变），规定为着色起始点，并按照所要求的着色色泽规定一定时间后，电位的变化作为着色处理终点，便能准确控制不锈钢的色彩。这种控制设备系统图见图 8-8，由于不锈钢表面氧化膜的厚度与色泽有密切的关系，故控制氧化膜厚度的均匀性是工艺中主要一环，图 8-10 给出了 SUS304 不锈钢的着色电位与氧化膜厚度的曲线[70~73,79]。

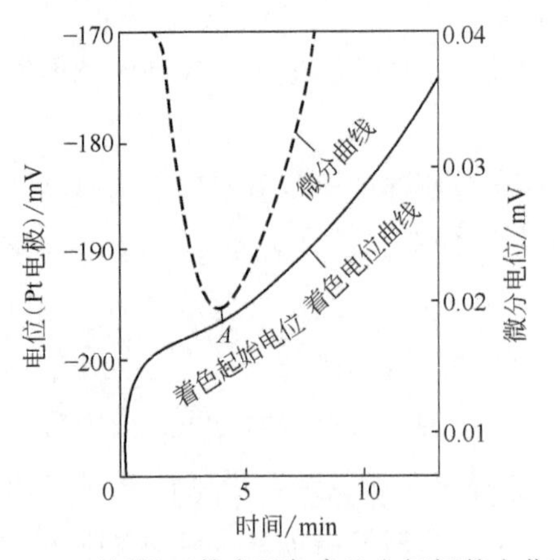

图 8-9　不锈钢工件表面与参比电极间的电位随时间变化的曲线及微分曲线[71]（SUS304 钢）

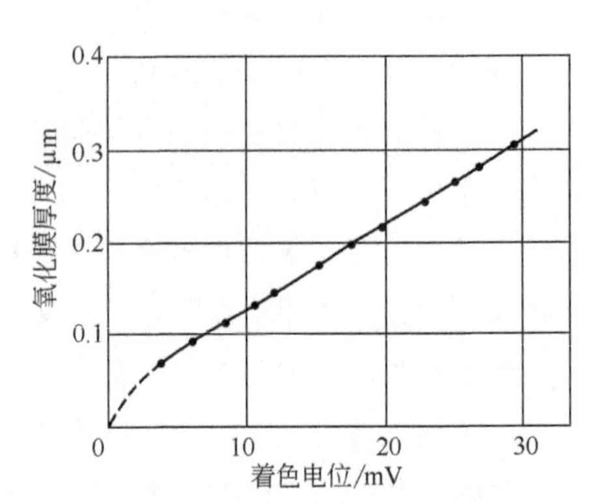

图 8-10　彩色不锈钢氧化膜厚度与着色电位的关系（SUS304 钢）

8.4.4　影响因科法着色的因素

（1）材料成分与着色关系。着色用不锈钢基体化学成分是含铬 13%～18%，含镍约 12%，含铁＞50%，含锰约 10%，含碳约 0.12%，含硅约 2%。常用不锈钢中 18-8 型奥氏体不锈钢是最适合的着色材料，能得到令人满意的彩色外观。因其在着色溶液中较耐腐蚀，故可得到鲜艳的色彩。铁素体不锈钢由于在着色溶液中增加了腐蚀倾向，得到的色彩不如奥氏体不锈钢鲜艳、光彩夺目。低铬高碳马氏体不锈钢由于其耐蚀性更差，只能得到灰暗的或黑色的表面。当铁合金中铬含量达到 12.5%（原子）时，其电位由原来的－0.56V跃变为 0.20V[78]，当含量高达 25%（原子）时，电位还会有新的跃变，因此，不锈钢的含铬量最少是 13%，如 Cr13 不锈钢。

（2）材料加工状态与着色关系。当不锈钢经过冷加工变形后（如弯曲、拉拔深冲、冷轧等），表面晶格的完整性发生破坏，使形成的着色膜不均匀，色泽紊乱，冷加工后的耐蚀性也下降，形成的着色膜失去原有光泽。但这些可以通过一定温度的退火处理，可恢复原来的显微组织，仍能得到良好的彩色膜。

（3）前处理对着色的影响。

① 抛光。可用机械抛光、化学抛光或电化学抛光，要求表面光洁度一致，避免造成色差，最好达到镜面光亮，可得最鲜艳均匀的色彩。不锈钢机械抛光后立即进行着色处理，若抛光后在空气中放置一段时间，外表面会形成一层氧化膜，与着色膜的结构不同，其厚度在 1.0～10.0nm 之间，有一定的耐蚀性，在着色液中不易除去，因而影响新的着色膜的形成，使着色时间延长，使着色后形成的色泽变深

变暗。电化学抛光也能使不锈钢表面形成钝化膜，如不除去钝化膜，能使着色速率变慢，但电抛光形成均匀平整的表面，使色泽光亮，均匀性改善。

② 活化。凡是能使不锈钢基体表面活化的因素，均可加速着色过程。一切自然形成的肉眼不可见的氧化膜，是着色的大敌，是着色成败的隐患，在着色前应该去除。为了消除不锈钢表面的钝化膜，获得新鲜表面，活化程度应恰当，以出现小气泡后 10～15s 为宜。若活化不足，着色的起色电位时间延长，并出现颜色不容易控制，若活化过度，表面发生过浸蚀，使着色膜变得暗淡无光[77]。活化用强酸腐蚀的方法会造成表面腐蚀活化，影响着色后色泽的鲜艳性。用下面两种方法处理，能得到较好的结果[15]。

电解活化：a. 磷酸（H_3PO_4）10%，阳极电流密度 $1A/dm^2$，温度室温，时间 3～5min，阴极铅板；b. 硫酸（H_2SO_4）10%，阳极电流密度 $5A/dm^2$，温度室温，时间 5min，阴极铅板。

化学活化：硫酸（H_2SO_4）10%（体积分数），盐酸（HCl）10%（体积分数），余为水，温度室温，时间 5～10min。出现小气泡 10～15s。

③ 前处理对着色的影响，见表 8-8[60,74]。

表 8-8　前处理对着色的影响

前处理方法	时间/min	温度/℃	均匀性	着色速率
未经前处理	—	—	在水线及边缘颜色变化	—
热水预热	10	70	在水线及边缘颜色变化	加快
5%硫酸浸渍	1	室温	在水线及边缘颜色变化	加快
电抛光	10	70	在水线及边缘颜色变化,但颜色较亮	稍减慢
电抛光	20	70	在水线及边缘颜色变化,但颜色较亮	减慢
阳极处理(42%铬溶液)	10	室温	较粗糙,水线及边缘颜色变暗	加快
阳极处理(42%铬溶液)	20	室温	较粗糙,表面颜色较均匀	大大加快
电抛光后阳极处理	10	室温	颜色较亮,水线及边缘颜色略变	加快
电抛光后阳极处理	20	室温	颜色光亮均匀	加快

从表 8-8 可知，不锈钢着色工艺中前处理影响着色速率、表面颜色的均匀性。电抛光配合阳极处理的方法可得到满意的膜层[60,74]。

（4）着色液浓度对着色的影响。着色液浓度对电位-时间关系的影响见图 8-11[77]。

① 为正常的着色液浓度。

② 当铬酐浓度不变（CrO_3 250g/L），减少硫酸浓度（H_2SO_4＜490g/L），曲线右移，起色电位推迟，所需颜色的时间推迟，彩色膜的色差较明显。

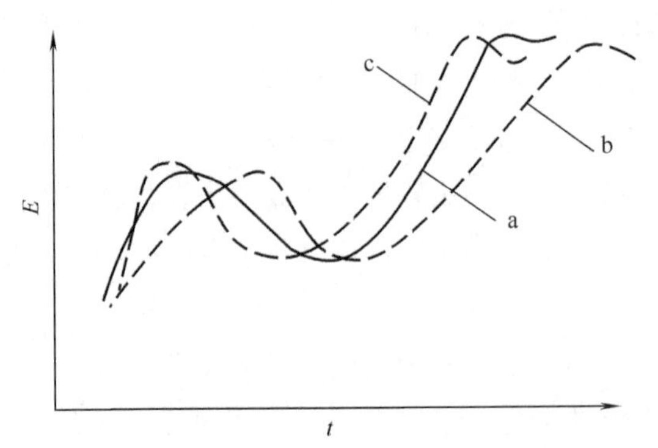

图 8-11　着色液浓度对电位-时间关系的影响[77]

a—正常的着色液浓度；b—减小 H_2SO_4 浓度时；c—增大 CrO_3 浓度时

③ 当硫酸浓度不变（H_2SO_4 490g/L），增大铬酐浓度（CrO_3＞250g/L），电极电位-时间曲线左移。由于铬酐浓度增加，加速彩色膜的形成，缩短到达所需颜色的时间。但若铬酐浓度过高，会使化学着色的颜色变得难以控制，在获得深色彩时，色泽不够光亮。

（5）着色液温度对化学着色的影响。随着着色液温度的升高，离子的扩散速率加快，从而加速着色的形成。但着色液温度过高，如在 90℃以上，会使溶液中的水分蒸发，改变着色液的成分。着色液温度过低，如在 70℃以下，会明显降低着色膜的形成速率。见图 8-12，当着色液温度为（60±5)℃，着色起色点推迟，使着色膜的色彩不均匀[77]。

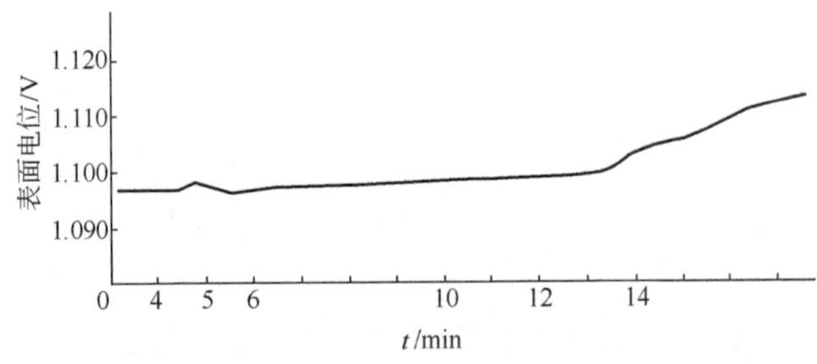

图 8-12　着色液温度为（60±5)℃时电位-时间关系曲线

（6）着色液均匀性的影响。各种不锈钢的电化学性能不一致、着色液温度的波动、着色液浓度的变化、着色时间的长短不一，所有这些不均匀性，都对着色色彩有影响。特别是温度和时间，稍有变化，色彩随之变化，这就是国内在不锈钢着色普遍存在的待解难题，也是因科工艺专利中对外绝对保密的关键。着色液的成分和温度的不均匀是随着着色的进行而造成着色液温度和成分的变化。必须加强搅拌，及时调整补充着色液成分。搅拌使着色膜的色彩明显优于不搅拌的着色膜[77]。

（7）添加剂对着色的影响[74]。

① 氯化钠（NaCl）。氯化钠可明显提高着色速率，可缩短5～10min，但着色过程中会发生强烈的刺激性氯气味。

② 碳酸锰（$MnCO_3$）。可使着色速率加快，着巧克力色和金黄色的时间可缩短5～8min，且无刺激性气味。

③ 钼酸铵。加入硬化处理液可明显提高着色层的光亮度。

（8）后处理对着色膜的影响。后处理是在不锈钢着色后填充氧化膜空隙，加固氧化膜以提高膜的耐磨性、耐蚀性和耐污性。

后处理方法有热水封闭、化学封闭、电解固膜处理、水玻璃封闭等方法。热水封闭、化学封闭和水玻璃封闭对表面颜色的影响不大，电解固膜处理会改变表面颜色。

后处理对着色表面耐蚀性的影响见图8-13[74]。在0.2mol/L盐酸溶液中，测定下列4种试样的腐蚀电位，以评定其耐蚀性。

试样1仅进行机械抛光不着色。

试样2着巧克力色，但未后处理。

试样3着巧克力色，化学封闭。

试样4着巧克力色，再电解固膜处理。

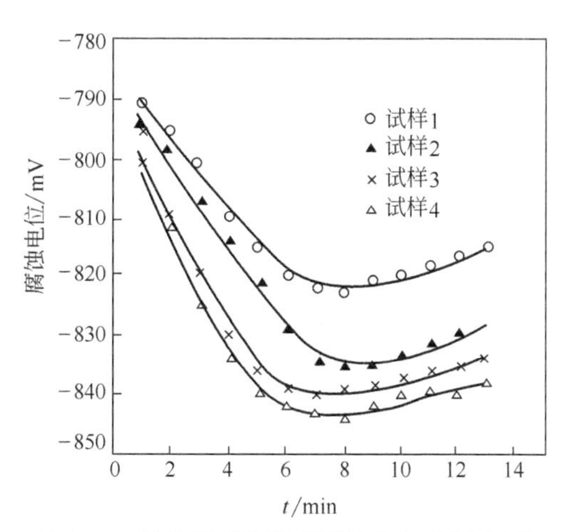

图8-13 后处理对不锈钢腐蚀电位的影响[74]

由图8-13可见，试样1的电位最低，腐蚀最严重。试样3的腐蚀电位高于试样2，试样4的腐蚀电位高于试样3。试样4着色膜经电解固膜后，具有最佳的耐蚀性，其表面形成尖晶石结构的铬氧化物，填充了多孔的着色膜，使氧化膜变得致密、增厚和硬化。

8.4.5 国内对因科工艺研究的进展

上海钢铁研究所孙奇、顾小青在实验室的基础上，参考日本专利，结合工作经验，用实验室常规仪器来精确地控制色彩，取得色彩重现性好、色彩基本无差异、成材率达到99.5%的可喜成就，为不锈钢的研究打下基础[16]。其实例如下。

① 热轧ϕ15mm 1Cr18Ni9不锈钢管材，经固溶热处理105℃×15min，酸洗，机械抛光后在70～75℃温度下，14～22min得到光亮度好、均匀性一致、重现性好的蓝色、金黄色、红色和绿色的彩钢管。

② 热轧 2mm 板材 75mm×180mm 1Cr18Ni9 不锈钢，经研磨，机械抛光后在 70～75℃，在 12～25min 时间内获得光亮度好、均匀度一致或较一致、重现性好的蓝、金、绿、红等色。

③ 冷轧钢板，尺寸（110～220mm）×0.4mm 1Cr18Ni9 不锈钢在 76℃时，获得光亮度较好，均匀度一致，重现性好的灰、蓝、金黄、红、绿诸色。

8.5 国内自主研制的不锈钢化学着色工艺

近年来，经过国内科技人员的研究，彩色不锈钢着色方面取得不少可喜的成就，当然有些还处于实验室阶段，离生产还有很多工作要做。尽管如此，还是值得将他们的成果一一介绍出来，列于本节之后。配方成分中有些代号，读者需要进一步了解的，请根据文献资料来源与研究者联系。

8.5.1 配方及工艺条件总表

不锈钢化学着彩色溶液配方及工艺条件见表 8-9。

表 8-9 不锈钢化学着彩色溶液配方及工艺条件

配方号	1[38]	2[41]	3[37]	4[40]	5[39]	6[39]	7[39]	8[39]
铬酸(CrO_3)/(g/L)	200～250 (最佳 220)	250	250	60～80	250	250	250	250
硫酸(H_2SO_4)/(g/L)	270～340mL/L (最佳 300)	270mL/L	490	200～230	490	490	490	490
碳酸锰($MnCO_3$)	适量							
有机复合添加剂	适量							
硫酸锌($ZnSO_4 \cdot 7H_2O$)/(g/L)		3～6 (最佳 3)						
XHG-A/(g/L)		4～10 (最佳 7)						
XHG-B/(g/L)		2～6 (最佳 3.5)						
稳定剂 M/(g/L)				5～15				
促进剂 V/(g/L)				5～15				
着色剂 S/(g/L)				10～40				
HR 系列添加剂/(g/L)					HR-3 5～10	HR-4 5～10	HR-5 5～10	HR-6 5～10
温度/℃	50～90 (最佳 70～80)	55～70 (最佳 60)	70	75～85	70	70	70	70

续表

配方号	9[36]	10[31]	11[30]	12[29]	13[28]	14[20]	15[24]	16[18]	17[50]	18[85]
铬酐(CrO_3)/(g/L)	250	250	250～300	250	240～260	490～500	550			263
硫酸(H_2SO_4)/(g/L)	490	525	530	490	260～280mL/L	280～300	70mL/L	1100～1200	1100～1200	500
添加剂 Z-1/(g/L)	8									
四水钼酸铵[$(NH_4)_6Mo_6O_{24}\cdot 4H_2O$]/(g/L)		50				50				
添加剂 CS-1/(g/L)				2						
添加剂 SSIE-Ⅰ/(g/L)					15～25					
添加剂 SSIE-Ⅱ/(g/L)					5～15					
硫酸锰($MnSO_4$)/(g/L)							20			
偏钒酸铵(NH_4VO_3)/(g/L)								95～110		
偏钒酸钠($NaVO_3$)/(g/L)									130～150	
温度/℃	70	80	80～85	74±2	50～90(最佳 60)	70～80	70	80～90	80～90	80

配方号	19[86]	20[87]	21[88]	22[89]	23[90]	24[92]	25[93]
铬酸(CrO_3)/(g/L)	250	240	250	250	240～300	250	250
硫酸(H_2SO_4)/(g/L)	490	270mL/L	275mL/L	490	450～500	270mL/L	500
硫代硫酸钠或亚硫酸钠	适量	5					
硫酸锰($MnSO_4$)/(g/L)	适量		适量	3～4		3	
钼酸铵$(NH_4)_3MoO_4$/(g/L)	适量	5	3	10～30		8	
硫酸锌/(g/L)			5	5		6	
稀土盐/(g/L)						5	
铬雾抑制剂/(g/L)						2	
添加剂 LJ-1(过渡金属无机盐)							5
碳酸盐/(g/L)		5					
时间/min		15					
温度/℃	70	50	65	55～75	70～90	55	60

8.5.2　配方说明

8.5.2.1　配方 1（见表 8-9）的说明

本配方由山东建材学院（济南 250022）张颖、陶珍东、马艳芳、刘莉提出。

（1）色彩。改变时间或温度，可使不锈钢着得不同的色彩，见表 8-10。

表 8-10　不同温度、不同时间下的不锈钢色彩的变化（铬酐 220g/L，硫酸 300mL/L）

时间/min	温　度　/℃				
	50	60	70	80	90
10	本色	本色	淡茶色	蓝灰	浅红
15	本色	淡茶色	茶色	蓝绿	蓝黑
20	本色	茶色	蓝	金黄	黄绿微显红色
25	本色	蓝	金黄	黄绿	半红半绿
30	蓝	深蓝	红	黄绿	半红半绿(深)
35	蓝	深蓝	黄绿	黄绿微显红色	紫红

本配方采用温度-时间控制法，即固定一定的温度，浸渍预定的时间，或固定一定的时间，改变着色液温度，即可得到一定的颜色。随着膜的增厚，色彩发生变化：棕色→蓝色→金黄色→红色→绿色。

（2）添加剂。

① 碳酸锰。适量的碳酸锰可以使着色速率加快，着色时间至少可缩短 5min，且无任何环境影响。

② 有机复合添加剂。适量的加入可使着色温度降低十几度。

（3）时间和温度对表面膜显微组织的影响。从显微镜下观测：着色时间短的试样表面膜层连续性稍差，温度在 60℃以下时，纹路不够清晰，颗粒均匀性差；而 70～80℃时，试样表面的显微结晶最好。

（4）后处理过程。不锈钢经着色处理后，必须对膜进行固化处理，配方及工艺条件如下：

铬酐	200～300g/L	阴极电流密度（D_K）	0.2～2.5A/dm^2
硫酸	2.0～3.0g/L	温度	室温
钼酸钠	20～30g/L	时间	5～15min

固化处理再用硅酸盐饱和溶液在沸腾条件下浸渍，使多孔膜封闭，可进一步提高耐磨性。

（5）经过后处理的样品的耐蚀性提高。

① 用 1%氢氧化钠溶液浸泡样品 18h，取出用蒸馏水冲洗，用显微镜观察。

a. 后处理过的样品保持原样，颜色未变。

b. 未后处理的样品，颜色由黄绿偏红变为黄绿，膜已破坏。

② 用 0.5mol/L 氯化钠溶液浸渍 72h，对 20mm×10mm 的三块试样的腐蚀失重结果如表 8-11 所示。

表 8-11 耐腐蚀实验结果 g

试样处理方法	实验前质量	实验后质量	失 重
未着色	0.7128	0.6578	0.055
着色	0.7132	0.6812	0.032
着色膜固化	0.7137	0.7135	0.0002

经过着色膜固化处理后可使着色产品具有优良的耐蚀性。

8.5.2.2 配方 2（见表 8-9）的说明

本配方由湖南工程学院应用化学系（长沙 411101）肖鑫、郭贤烙、钟萍、易翔、魏成亮、于华等人提出。

（1）添加剂的影响。

① 硫酸锌。可加快着色速率和降低着色温度，改善膜层质量，色泽均匀，光亮平整，重现性较好，以 3～6g/L 为宜，过低，着色膜光泽和重现性不理想，过高，色泽、光亮度、重现性较差。

② XHG-A 是过渡元素的无机盐，能改善着色膜的色泽和重现性。XHG-A 的含量以 4～10g/L 为宜，色泽均匀，光亮度好。含量 6～8g/L 时着色 15min 膜层为金黄色，且重现性好。含量过高或过低，鲜艳度不理想。

③ XHG-B 是含钼化合物，能改善着色膜的光泽，XHG-B 含量以 2～6g/L 为宜，色泽均匀鲜艳，光亮度好。

（2）铬酐和硫酸含量的影响。铬酐含量在 240～280g/L，硫酸含量在 220～300mL/L 范围内均可获得色泽均匀鲜艳、装饰性较强的着色膜。当铬酸浓度不变时，减少硫酸浓度，时间-电位曲线 $A'B'$ 右移，见图 8-14，着色的起始电位推迟，且获得所需颜色对应的时间延长，其彩色膜的色差较明显。而硫酸浓度不变，增大铬酐浓度时，其时间-电位曲线 $A''B''$ 左移，说明着色速率加快。但铬酐浓度过高，会使化学着色颜色难以控制，且色泽较深，光泽欠佳。

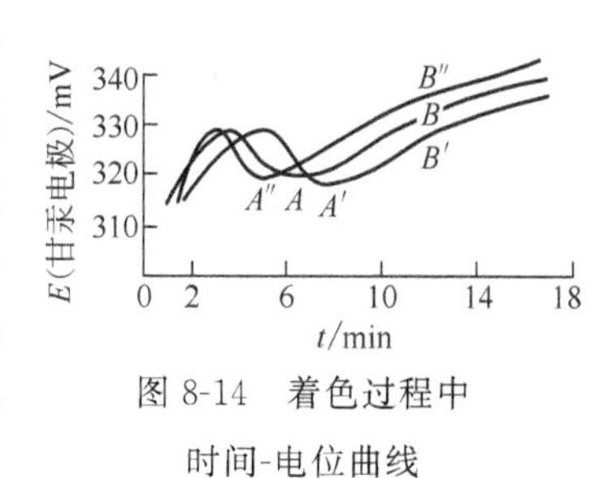

图 8-14 着色过程中时间-电位曲线

（3）电位-时间曲线 AB。采用甘汞电极和待着色不锈钢作正、负极，用数字电压表在最佳工艺配方（铬酐 270g/L，硫酸 240mL/L，硫酸锌 3g/L，XHG-A 7g/L，XHG-B 3.5g/L，温度 60℃）着色液中测定着色过程中不锈钢表面电极电位与时间的曲线 AB。曲线拐点 A 为起色电位，B 为某种颜色的着色电位。着色电位差 $\Delta E=E_B-E_A$，本工艺 $\Delta E=7\sim8$mV，呈蓝色；$\Delta E=13\sim15$mV，呈金黄色；$\Delta E=18\sim19$mV，呈红色；$\Delta E=22$mV，呈绿色；$\Delta E=24$mV，呈黄绿色。

因此，要获得理想的着色膜，控制着色时间及其对应的着色电位差是非常重要的。

（4）着色液温度。低于50℃，着色速率很慢，很难着上满意的颜色。升高温度，着色速率加快。温度控制在55～70℃为宜。

（5）着色时间。在60℃恒温条件下，着色时间在5～26min，可获得茶色—蓝色—橙色—金黄色—红色—绿色—黄绿色系列颜色。因此，控制一定的着色时间，能获得重现性好的固定颜色，且着色膜的色泽均匀鲜艳，光亮度好。

（6）搅拌。着色过程中，加强搅拌着色液，有利于改善着色膜色泽的均匀性，提高色泽重现性。

（7）着色膜性能。着色膜性能检测结果见表8-12。

表8-12 着色膜性能检测结果

检测项目	检测结果	检测标准
耐蚀性	144h中性盐雾实验，膜层不变色	GB 1771—79
耐磨性	橡胶轮加压500g，实验3min，膜层颜色基本不变	GB 1768—79
耐热性	200℃加热24h，膜层颜色不变，无起泡、开裂	GB 1735—79
热加工性	拉伸10%或弯曲180°或杯突8mm，膜层颜色基本不变	

（8）着色液使用寿命。采用2L着色液在（60±2)℃、着色时间为15min的条件下反复着色处理，直到着色膜色泽不理想为一周期，补加100mL着色补加液（由铬酐、硫酸、硫酸锌及添加剂配成）重新实验，共做4个周期，每个周期每升溶液可着色约0.9m^2，表明着色液使用寿命长，可调性好，工艺维护简便，生产成本低。

8.5.2.3 配方3（见表8-9）的说明

本配方由福建师范大学化学系（福州350007）张碧泉、卢兆忠和林建民等人提出。他们对紫红色膜进行了研究。

（1）着色处理。在304BA不锈钢上，经除油活化水洗后，浸入着色液中（温度70℃），根据电位-时间曲线计算着色电位差，可得到紫红色表面膜层。

（2）紫红色表面膜层的厚度及组成。不锈钢在铬酐-硫酸溶液中得到紫红色表面膜层，用电子能谱测得膜层厚度大约为125nm，膜层主要由铬、铁、镍和氧等元素组成，这些元素在膜层的表面分别以氧化铬（Cr_2O_3）、氧化铁（Fe_2O_3）和氧化镍（NiO）的状态存在。从AES深度刻蚀曲线的组成恒定区求得膜层相对原子百分浓度：铬28.0%，铁2.6%，镍0.5%。

8.5.2.4 配方4（见表8-9）的说明

本配方由北京航空航天大学材料系（北京100083）朱立群、李晓南、刘晨敏提出，研究了马氏体3Cr13不锈钢在含有添加剂的低浓度铬酐-硫酸溶液中，进行化学着色处理的过程。

（1）添加剂的作用和影响。

① 着色剂 S。着色剂的加入不仅可以扩大着色色泽范围，还可降低铬酐含量。表 8-13 是其他成分不变的情况下，不同含量的着色剂 S 对着色膜外观的影响。

表 8-13 着色剂 S 含量对着色外观的影响（85℃，30min）

着色剂 S/(g/L)	10	15	20	30	40
着色膜外观	黄	褐	蓝	灰	黑

随着色剂 S 含量的增加，着色外观由黄色变到黑色。含量超过 40g/L，色泽变化不大。要根据色泽的需要确定着色剂 S 的含量。

表 8-14 着色时间与着色电位的关系

着色剂 S		时间/min						
		0.5	15.0	20.0	25.0	30.0	35.0	40.0
20g/L	电位/mV	−258	−217	−213	−210	−203	−200	−190
	着色外观	无	黄	褐	金黄	红	灰	黑
30g/L	电位/mV	−242	−205	−199	−195	−191	−189	−188
	着色外观	无	褐	金黄	红	灰	黑	黑
40g/L	电位/mV	−217	−183	−180	−179	−178	−178	−178
	着色外观	无	金黄	红	灰	黑	黑	黑

从表 8-14 可知，在着色剂 S 含量不同的溶液中，随着着色时间的延长，氧化膜增厚，表面电位逐渐正移，电位变化范围为 40～54mV。当氧化膜增长到一定厚度，着色电位基本达到恒定时，表面呈现灰色、黑色。此外，随着着色剂浓度的增加，不锈钢开始着色电位和达到黑色时的电位，比低浓度着色剂时的电位要正，膜层达到深色的时间缩短。表明着色剂在形成彩色膜层的过程中有利于膜层的着色。

② 稳定剂 M。表 8-15 为稳定剂对着色外观的影响。

表 8-15 稳定剂 M 对着色外观的影响（85℃，40min）

稳定剂 M 浓度/(g/L)	0	5	10	15
着色外观	灰	灰黑	黑	黑

由表 8-15 可知，稳定剂的加入，可使表面颜色更加鲜艳，有利于提高着色液的稳定性。

③ 促进剂 V。表 8-16 为促进剂对着色外观的影响。

表 8-16 促进剂对着色外观的影响（85℃，40min）

促进剂 V 浓度/(g/L)	0	5	10	15
着色外观	红紫	蓝灰	灰黑	黑

由表 8-16 可知，促进剂对表面色泽的影响很大，对形成黑色膜起到了促进作用，若不需要黑色膜层，在着色液中可不加促进剂。

（2）着色时间的影响。在配方 4 的化学着色液中，在 3Cr13 不锈钢表面上随着着色时间的不同，可以获得黄色、红紫色、灰色、黑色等多种色泽。铬酐浓度为普通化学着色液中的 1/4～1/3，有利于环保。

（3）获得的膜层具有良好的耐磨性和耐候性。

8.5.2.5 配方 5～8（见表 8-9）的说明

本系列 HR 配方由华中理工大学化学系（武汉 430074）郭稚弧、王海人、贾法龙提出。

（1）实验材料。采用 1Cr17 不锈钢。

（2）时间与色彩的关系。见表 8-17。

（3）HR 添加剂对着色的影响。未加添加剂的配方着色反应达到终点黄绿色的时间最长，需 48min。配方 8 中加入 HR-6 添加剂的时间最短，19min 达到黄绿色终点。添加剂 HR-6 等有利于促进着色反应的进行，缩短反应时间。

表 8-17 1Cr17 不锈钢着色时间与颜色的关系（70℃）

时间/min	3	6	9	12	15	17	19
配方 5	淡灰	淡黄	深茶	紫色	灰蓝	淡金黄	金黄
配方 6	淡灰	茶色	紫茶	紫蓝	灰蓝	金黄	金黄
配方 7	茶色	紫色	灰蓝	淡金黄	金黄	金红	紫红
配方 8	紫蓝	灰蓝	金黄	金红	紫红	绿色	黄绿
无 HR 添加剂	淡灰	淡灰	灰黑	淡蓝	黄蓝	淡金黄	金黄
时间/min	21	24	27	30	33	39	48
配方 5	金黄	金红	金黄	紫红	紫绿	黄绿	黄绿
配方 6	金红	紫金	紫红	绿色	黄绿	黄绿	黄绿
配方 7	紫红	紫绿	黄绿	黄绿	黄绿	黄绿	黄绿
配方 8	黄绿	黄绿	黄绿	黄绿	黄绿	黄绿	黄绿
无 HR 添加剂	紫红	紫红	紫色	暗紫	暗紫	紫绿	黄绿

注：表中配方对应于表 8-9。

（4）颜色的控制。不锈钢在着色过程中，随着时间的延长，表面的电位也随之发生变化。经过起色电位后，电位继续上升，依次出现蓝色→金黄色→紫色→黄绿色，每种颜色都对应着一定的电位，虽然在实际操作中，由于温度和着色液成分的变化，起色电位和各种颜色对应的电位值会有所变化，但对于某种特定的不锈钢材料来说，着色电位差，即起色电位和某种颜色对应的电位差值是恒定的，故可用控制着色电位的方法来获得特定的颜色。根据电位差值的大小，在相同时间内取出不锈钢，基本上是同一种颜色。

（5）前处理的影响。前处理对不锈钢后期的着色效果影响很大，其中以抛光和活化尤为重要，直接影响着色膜的质量。

① 化学抛光。用添加剂 HR-1 配制抛光液：

磷酸（H_3PO_4）	50mL/L	硫酸（H_2SO_4）	400mL/L
盐酸（HCl）	300mL/L	HR-1	3mL/L

HR-1 添加剂由缓冲剂、整平剂、光亮剂组成，对抛光效果有明显改善。

② 活化。在活化液中加入 HR-2 添加剂后，着色反应可在较低的温度下进行。活化后不清洗，直接放入着色液中。HR-2 中包含去极化剂，可以阻止金属表面自钝化，使其维持在活化溶解区，活化液的成分如下。

a. 盐酸（HCl）（d=1.19）　10mL/L

硫酸（H_2SO_4）（d=1.84）　10mL/L

b. 盐酸（HCl）（d=1.19）　10mL/L

HR-2　5～10mL/L

（6）后处理的影响。后处理包括固膜和封闭。

① 固膜。使着色膜表层的六价铬（Cr^{6+}）还原成三价铬（Cr^{3+}），本研究采用的固膜配方及操作条件见表 8-18。

表 8-18　不锈钢着色膜固膜液成分及操作条件

配　方　号	1	2	3	4
铬酐(CrO_3)/(g/L)	250	250		
硫酸(H_2SO_4)/(g/L)	2.5			
磷酸(H_3PO_4)/(g/L)		2.5		
添加剂 HR-7/(g/L)	适量	适量	适量	
氢氧化钠(NaOH)/(g/L)			3	3
重铬酸钾($K_2Cr_2O_7$)/(g/L)			15	15
pH			6.5～7	6.5～7
温度/℃	25～70	25～70	25～70	25～70
时间/min	5～20	5～20	5～20	5～20
电流密度(D_K)/(A/dm^2)	0.5～4.0	0.5～4.0		
阳极	铅	铅		

注：配方 1、配方 2 为电解固膜；配方 3、配方 4 为化学固膜。

② 封闭。将疏松的氧化膜进一步固化，封闭液为 1%硅酸钠（Na_2SiO_3）水溶液，在封闭液中煮沸 10min。

（7）着色膜的耐磨性。将着金黄色膜的不锈钢经过 4 种固膜处理后，用日本スガ磨耗试验机检测，对磨材料为瓶塞橡皮，负荷 5N（牛顿）。固膜液 1 的耐磨次数为 1000 次，固膜液 2 为 2000 次，固膜液 3 和固膜液 4 都不到 100 次。HR-7 的含量在固膜液 2 中对耐磨性的影响见表 8-19。

表 8-19　固膜液 2 中 HR-7 加入量对着色膜耐磨性影响

HR-7/%	0	2	4	6	8	≥10
耐磨次数	500	1000	2000	>3000	>3000	≤3000

可见 HR-7 的加入量在 6%为好。

（8）着色膜的耐蚀性。在 10%三氯化铁（$FeCl_3$）溶液中的极化曲线见图 8-15，不锈钢经着色、固化、封闭处理后，其耐蚀性比未着色不锈钢好得多。

8.5.2.6　配方 9（见表 8-9）**的说明**

本配方由福建师范大学化学系（350007）张碧泉、卢兆忠、刘祖滨、张如胜、林志鹏、蔡滨娜、吴响妹、沈华建、范爱玉等人提出[36]。

（1）添加剂 Z-1 的影响。在着色液中加入添加剂 Z-1，能使不锈钢试样着色后的颜色光亮鲜艳。

（2）试样。304 不锈钢。

（3）不锈钢着色电位-时间曲线。由图 8-16 可见，C 为起色电位，开始出现黑色斑痕，已形成一层引起光干涉的氧化膜，此后电位继续下降，试件依次出现蓝色→金黄色→紫红色→黄绿色。起色电位和各种颜色所对应的电位差值称着色电位差，控制电位差即可控制氧化膜的厚度，也即可控制膜的色彩。

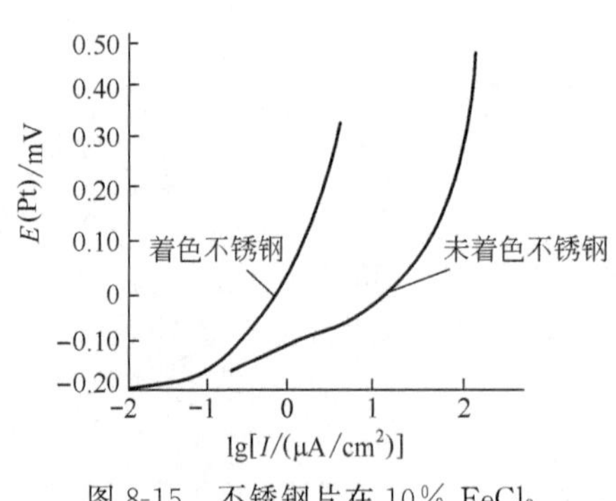

图 8-15　不锈钢片在 10% $FeCl_3$ 中的极化曲线

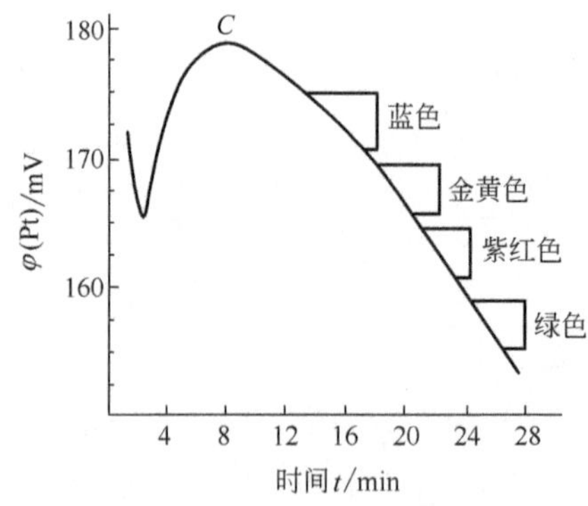

图 8-16　304 光亮不锈钢的颜色和电位差之间的对应图

（4）搅拌的影响。在着色过程中，着色液的组成和温度并不完全均匀，必须进行搅拌和及时调整着色液的组成，搅拌所得颜色的均匀性比不搅拌好。

(5) 后处理的影响。

① 固膜处理。

铬酐 (CrO_3)	240～250g/L	阴极电流密度(D_K)	0.5～1A/dm^2
亚硒酸 (H_2SeO_3)	2.4～2.6g/L	时间	10～15min
温度	50℃		

电解固膜处理能使氧化膜加厚，使颜色变深，在接近该颜色的电位差时，可提前从槽中取出试样，经固膜处理后达到所需的颜色。

② 封闭处理。

硅酸钠 (Na_2SiO_3)	2%	温度	>80℃
表面活性剂	0.5%	时间	10min

封闭处理可使多孔膜的耐磨性进一步提高。对于一般防腐不锈钢，使工艺简单化，也可不经固膜处理而直接进行封闭处理。

(6) 着色膜的抗蚀性。图 8-17 是在 3.5%氯化钠 (NaCl) 溶液中动电位扫描极化曲线。由图 8-17 可见，曲线Ⅰ为未着色不锈钢的点蚀击穿电位，在 500mV 左右，曲线Ⅱ为经着色不锈钢，在 500～800mV 之间，曲线Ⅲ为经过固膜处理后，在 500～1000mV 之间。被击穿电位越高，不锈钢的抗点蚀能力越强，可见，着色不锈钢比未着色不锈钢的抗蚀性优良，经过着色膜固膜处理后，其抗蚀性能又得到提高。

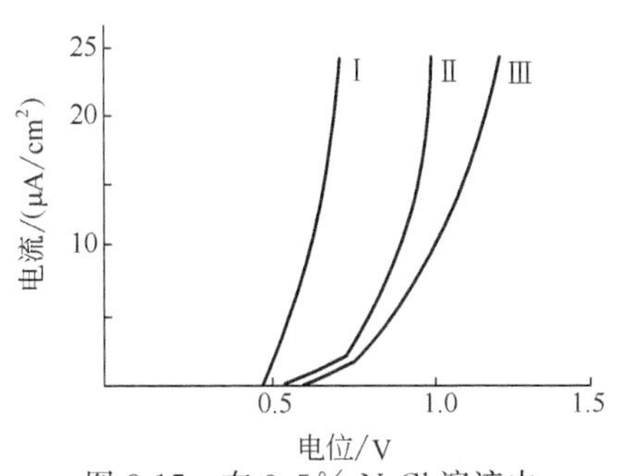

图 8-17　在 3.5% NaCl 溶液中动电位扫描极化曲线

Ⅰ—304 光亮不锈钢试片 (50mm×50mm×0.5mm)；Ⅱ—不锈钢试片经着色处理；Ⅲ—不锈钢试片经着色和硬化处理

(7) 着色膜的耐盐水腐蚀实验。在 5%氯化钠 (NaCl) 溶液中连续浸渍 3000h，着色膜经过固膜和封闭处理后的不锈钢未变化，保持原光泽表面。而未着色不锈钢片在与空气接触处有锈斑出现，说明着色膜经固膜和封闭后抗蚀性得到提高。

8.5.2.7　配方 10 (见表 8-9) 的说明

本配方由山西矿业学院综合系 (030024) 薛永强、栾春晖和华北工学院化工系 (030051) 高保娇、王丽春共同提出[31]。

(1) 实验材料。1Cr18Ni9Ti 不锈钢片。

(2) 着色时间、着色电位差与颜色的关系。着色时间、着色电位差和颜色的关系见表 8-20。通过控制着色电位差，可得到所需的颜色。

表 8-20　着色时间 t、着色电位差 $\Delta\varphi$ 与颜色的关系

t/min	0～3	4～5	5.25	5.5～5.75	6～6.25	6.5～6.75	7～7.5
$\Delta\varphi$/mV	起始电位 500	0～4(起色电位 147)	5	6～7	8～9	10～11	12～14
颜色	无色	茶色	咖啡色	浅蓝色	深蓝色	蓝灰色	黄色

t/min	7.7～8.25	8.5	8.75	9	9.25	9.5	9.75	10	10.3	10.6～11
$\Delta\varphi$/mV	15～17	18	19	20	21	22	23	24	25	26～27
颜色	金黄色	橙红色	紫红色	紫色	蓝紫色	蓝绿色	绿色	黄绿色	橙色	橙红色

当出现桃红色时，着色反应接近终点，终点电位为 120mV。时间再继续延长，着色电位差有所变小，所着色彩将不再呈规律变化，而出现杂色。

（3）后处理。固膜处理见 8.8.1 节；封闭处理见 8.8.3 节。

8.5.2.8　配方 11（见表 8-9）**的说明**

本配方由大连理工大学（116024）刘爱华、徐中耀、李有年和大连轻工学校郑兴华共同提出[30]。

（1）时间与颜色的关系。在本配方的范围内，不同时间获得的颜色为：

16～20min	20～24min	28～32min	32min
褐色	蓝色	黄色	紫色

（2）影响开始出现颜色的工艺因素。其主次顺序为时间→溶液温度→硫酸含量→铬酐含量。

（3）影响出现颜色总数的工艺因素。其主次顺序为硫酸→铬酐→温度→时间。

（4）不显色的情况。时间少于 12min，温度低于 75℃，铬酐浓度低于 200g/L，硫酸浓度少于 450g/L，不显色。

（5）硫酸的影响。硫酸浓度为 530g/L 时出色快，浓度为 490g/L 时出现的颜色种类较多。

（6）电解固膜处理工艺实验。

① 工艺因素的影响。主次顺序是电流→铬酐→硫酸→时间。

② 较佳工艺。铬酐 210g/L，硫酸 20g/L，电流密度 7.2A/dm^2，时间 6min，温度 40℃。

（7）封闭（二次硬化）工艺为硅酸盐 1%，其余为水，温度 90℃，浸渍时间 5min。

（8）粗糙度值（Ra）的变化。着色前粗糙度平均值为 1.2μm，着色后为 1.12μm，粗糙度略小；着色前粗糙度为 1.01μm，固膜处理后为 1.17μm，粗糙度略有提高。着色前粗糙度为 1.33μm，封闭后为 1.13μm，粗糙度小得多。封闭对改善粗糙度非常有利。

（9）耐磨损实验。在往复实验装置上进行，摩擦件为塑料橡皮，正压力为0.625kgf/cm^2（1kgf/cm^2＝98.067kPa），固膜处理后耐磨损提高7～11倍，封闭后比固膜处理又提高近1倍。

8.5.2.9　配方12（见表8-9）**的说明**

本配方由中南工业大学化学系（410012）王先友、蒋汉瀛提出[29]。

（1）电位-时间曲线。图8-18中曲线1为无添加剂CS-1的化学着色基础液的电位-时间曲线，曲线2为加入添加剂CS-1 2g/L的化学着色液的电位-时间曲线。由图可见，加入CS-1后，曲线2的峰值电位明显降低，即起色电位降低，获得所需颜色的时间缩短。

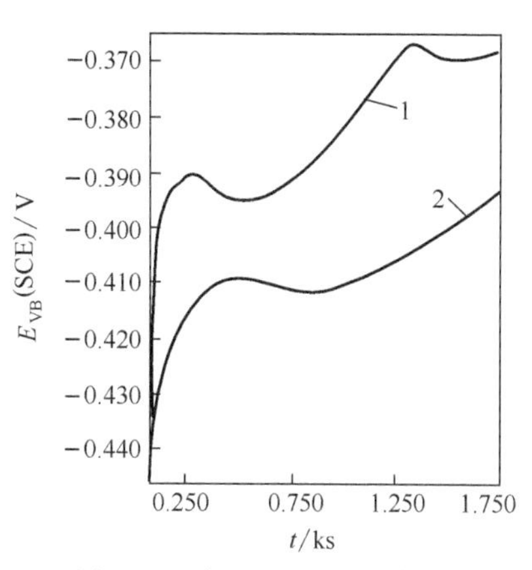

图8-18　加入CS-1的不锈钢电位-时间曲线

（2）添加剂CS-1与颜色的关系。CS-1的加入，除可获得通常不锈钢着色的各种颜色外，还可获得古铜色、咖啡色和茶色等颜色。呈现的颜色与电位的变化有着对应关系。

8.5.2.10　配方13（见表8-9）**的说明**

本配方由上海第二教育学院（200433）毛尚良、黄杜森、张贵荣、林国坦、俞莲芳、虞慧敏等人提出[28,84]。

（1）添加剂SSIE的作用。

① 温度。在着色液中添加适量的催化剂，可使着色温度由一般的70～90℃（最佳80℃）降至50～70℃，最佳温度为60℃。

② 光洁度。对光洁度要求较高的制品，除加强电化学抛光外，在着色时，加入适量光亮剂，使制品的光洁度明显增加。

（2）色彩均匀性的影响。

① 认真做好前处理。

② 温度。各部位温度应相同，保证着色速率相同。

③ 溶液。在着色时，制品各部分表面溶液更换的速度相同。

（3）着色控制方法。

① 温度时间控制法。固定一定的温度，不锈钢在着色液中浸渍一定的时间，得到一定的颜色，但难以得到重现的颜色。

② 控制电位差法。某一电位和起始电位之间的电位差出现一定的颜色，不随着色液温度和组成的微小变化而变化。

③ 采用颜色差异检测器控制。在国外，在不锈钢带连续彩色氧化时，采用颜色差异检测器对移动钢带上着色的颜色和标准颜色进行比较，按照检测器的指令，或进行补充氧化加深颜色，或进行阴极还原冲淡颜色，处理类别（氧化或还原）和处理时间全部自动进行。

（4）后处理。

① 固膜处理。

铬酐（CrO_3）	240～260g/L	电流密度	0.2～1A/dm^2
硫酸（H_2SO_4）	20～30mL/L	温度	室温
添加剂 SSIE-Ⅲ	5～10g/L	时间	10～15min

加入添加剂使耐磨耐蚀性有较大的提高。

② 封闭。用硅酸盐溶液在沸腾条件下浸渍，可使多孔膜封闭，耐磨性得到进一步提高。

8.5.2.11　配方 14（见表 8-9）**的说明**

本配方由哈尔滨工业大学王鸿建和刘秀荣提出[20]。

（1）时间与颜色的关系。在 1Cr18Ni9Ti 不锈钢上用本配方，时间 5～6min 可得具有金属光泽的均匀的蓝色，时间 8～9min 可得金色。

（2）铬酐和硫酸对着色的影响。铬酐、硫酸和水三组分之间应维持一定的比例，才能使着色液稳定，着出所需要的颜色。

（3）温度对着色的影响。温度高，着色速率快，但温度太高，用控制时间法不容易得到预期的颜色。温度低时，容易获得均匀的着色膜，温度过低，则着不上颜色。温度最好控制在 70～80℃。

（4）添加剂钼酸铵对着色的影响。钼酸铵能使着色膜的光亮性和色泽得到改善，效果显著。

（5）着色液中杂质对着色的影响。随着着色过程的进行，着色液由透明橙红色变为不透明暗红色，此时着色液不能正常工作，即在规定的时间和温度条件下，达不到或着不上颜色。溶液失效的原因可能是金属杂质的积累，定性分析证明铁、三价铬、镍离子的存在。根据疲劳实验，每 100mL 溶液，只能着色 22.5dm^2。

（6）固膜处理。在固膜处理中使用的反应促进剂，以 PC、二氧化硒（SeO_2）的效果最好，磷酸居中，硫酸最差，使用 PC（原作者自制）的固膜处理为：

铬酐（CrO_3）	250g/L	温度	50～60℃
促进剂 PC	5g/L	时间	3～4min
阴极电流密度	2A/dm^2	阳极材料	铅板

8.5.2.12　配方 15（见表 8-9）的说明

本配方由上海手术器械厂傅绮君提出[24]。

（1）硫酸锰的作用。在铬酐（CrO_3）550g/L、硫酸（H_2SO_4）70mL/L 的着色液中，温度 70℃，在纯度较高的 1Cr18Ni9Ti 不锈钢上着金黄色需要 12～15min，发现加入硫酸锰（$MnSO_4$）20g/L，在 3min 呈金黄色，7min 后便呈光亮蓝色。

（2）硫酸锰的添加量范围。任何一个配方加硫酸锰都可促进着色膜的形成。但添加量只可在 0.3～50g/L 范围内，如大于 50g/L，就难以控制。

（3）着色液失去着色能力及补救办法。在着色过程中，由于氧化膜的形成和基体金属表面的溶解是同时进行的，时间一长，着色液由于三价铁离子（Fe^{3+}）、二价铁离子（Fe^{2+}）、镍离子（Ni^{2+}）和三价铬离子（Cr^{3+}）的累积，而失去着色能力，补救的方法，可以连续电解，并附带循环过滤，这样可不必停止生产来处理。

（4）前处理。

① 除油。油污必须除尽，电化学除油的效果较好，着色面应为水润湿，否则结合力欠佳，发花，甚至着不上色。电化学除油为：

氢氧化钠（NaOH）	10～20g/L	温度	60～80℃
碳酸钠（Na_2CO_3）	20～40g/L	阳极电流密度（D_A）	5～15A/dm^2
磷酸三钠（$Na_3PO_4 \cdot 10H_2O$）	10～30g/L	时间	1～3min

② 酸洗。在马氏体不锈钢上有点锈蚀斑点，可用硫酸＋氢氟酸水溶液经腐蚀除去，不要破坏表面层。

③ 电化学抛光。可分两次进行，初抛光可使粗糙度 R_a 达到 0.1μm，然后精抛光，可使粗糙度 R_a 达到 0.1～0.2μm，达到镜面光亮。原材料含铬量越高，抛光后的光亮度越好。温度增高，电流密度也应相应提高。两者的配方与工艺如下：

	初抛光	精抛光
磷酸（H_3PO_4）	60%～67%	500mL/L
硫酸（H_2SO_4）	15%～20%	300mL/L
铬酐		10～50g/L
相对密度	1.6～1.7	
温度	60～75℃	65～80℃
阳极电流密度	30～50A/dm^2	40～70A/dm^2
时间	5～10min	1～8min

阴极材料均为不溶性铅锑合金。

以上两种电化学抛光液对奥氏体不锈钢、马氏体不锈钢都适用。

④ 活化。电化学抛光后表面有一层氧化膜，会影响以后着色膜的形成。活化退膜可在3%～8%盐酸或硫酸中进行，时间1～3s。电化学抛光后要立刻活化、着色。否则不锈钢表面很容易形成一层钝化膜，即使活化也去除不了，该膜会影响以后的着色覆盖层。如果钝化膜已形成，解决的方法是再精抛1min，然后立即活化着色。

(5) 着色重现性的控制。要能得到重现的单色着色膜，必须严格控制温度和浓度，尤其是对红色、金黄色，浸渍时间不允许有几分钟的误差。由于不锈钢的硬度、纯度不同，所得色泽不同。

8.5.2.13　配方16（见表8-9）**的说明**

本配方由哈尔滨工业大学王鸿建、陈鸿江提出[18]。

(1) 着色时间。对1Cr18Ni9Ti不锈钢，采用配方16的着色时间为5～10min。

(2) 钒酸铵含量的影响。不锈钢着色是靠钒酸铵的氧化作用，因氧化而使其含量降低时，着色速率降低，故要经常分析着色液中钒酸铵含量，并及时补充。

(3) 温度与着色时间的影响。升高着色液温度，可以加快氧化速率，缩短着色时间。当温度升高时，着色时间不变，则生成的氧化膜变厚，使不锈钢由金黄色变成紫色。相反，如果维持温度85℃，延长着色时间，也使颜色变紫色。若着色时间为15～20min，则可得紫罗蓝色。

(4) 着色液中杂质的影响。在着色过程中，氧化膜的生成与金属的溶解是同时进行的，不锈钢溶解后，在溶液中可能存在三价铁离子（Fe^{3+}）、二价铁离子（Fe^{2+}）、镍离子（Ni^{2+}）和三价铬离子（Cr^{3+}）杂质。当其积累到一定量时，就使溶液失去着色能力。实验证明，100mL新配着色溶液，可使4.5dm^2的不锈钢着成金黄色，然后就着不上颜色了。究其原因，一是钒酸铵降低；二是杂质影响。当向溶液中加钒酸铵使其恢复到原来组成时，仍着不上色，这只能是杂质的影响。为了观察各种杂质对着色的影响，在新配100mL着色液中，加入0.69g硫酸高铁[$Fe_2(SO_4)_3$]和0.649g硫酸镍，溶液失去着色能力。加入0.18g硫酸亚铁就失去着色能力。亚铁离子对着色力的影响最大，这是因为亚铁离子能将钒酸离子还原。

(5) 封闭处理。

① 蒸气封闭法。零件悬挂在水面上，加热沸腾30min，结果是颜色无变化，有金属光泽，但是还不耐脏。

② 水玻璃封闭法。着色件浸入水玻璃[模数比，即二氧化硅（SiO_2）∶氧化钠（Na_2O）=3∶1]，取出干燥后，表面附一层水玻璃，结果是表面发乌，光泽性不

好，但有一定的耐脏性。

③ 重铬酸钾封闭法。

重铬酸钾（$K_2Cr_2O_7$）	15g	pH	6.5～7.5
氢氧化钠（NaOH）	3g	温度	60～80℃
水	1L	时间	2～3min

要严格控制温度，当温度高于上限，试件颜色变紫，低于下限，达不到封闭目的。

结果是有色膜的颜色无变化，耐脏性较好。

从这三种实验来看，重铬酸钾的封闭效果最好。

(6) 不合格着色膜的退除。

盐酸	1∶1（体积比）	时间	0.5～1min
温度	室温		

试件退除时经常翻动，使膜均匀退除，随时观察，切勿时间过长，造成过腐蚀。

8.5.2.14　配方 17（见表 8-9）**的说明**

见沈宁一主编，表面处理工艺手册，上海科学技术出版社，1991：279 页[50]。

(1) 着色时间 5～10min。

(2) 着色液使用寿命。每 100mL 着色液可着色 4.5dm^2。

(3) 温度。提高温度可使着色时间缩短。

(4) 杂质干扰。溶液中铁离子和镍离子的积累对着色有干扰，应予以防止。

8.5.2.15　配方 18（见表 8-9）**的说明**

本配方由华南师范大学化学系冯军、叶子青、颜昌富、彭永元提出[85]。

(1) 硫酸浓度对不锈钢表面颜色的影响。维持铬酐浓度 263g/L，改变硫酸浓度，其与不锈钢表面颜色、电位的关系见表 8-21。

表 8-21　硫酸浓度与不锈钢表面颜色、电位的关系（80℃）

着色时间/min		0	10	20	30	40	50	60
硫酸 500g/L	颜色	无	深灰	深蓝	深蓝	黄色	黄色	黄色
	电位/V	1.357	1.369	1.375	1.410	1.401	1.409	1.405
硫酸 380g/L	颜色	无	浅灰	紫蓝	紫蓝	黄色	黄色	黄色
	电位/V	1.045	1.034	1.000	0.970	0.953	0.954	0.927

由表 8-21 可见，当硫酸浓度变小时，不锈钢的起色时间推迟。在相等的时间里，颜色稍浅，且不锈钢表面电位有所减少。

电位由辅助电极饱和甘汞电极作正极，不锈钢作负极，用 DT-830 数字万用电表测定着色过程中不锈钢的表面电位。

(2) 铬酐浓度对不锈钢表面颜色的影响。表 8-22 为硫酸浓度为 500g/L 时，不同铬酐浓度对不锈钢表面颜色、电位的影响。

表 8-22 铬酐浓度与不锈钢表面颜色、电位的关系（80℃）

着色时间/min		0	10	20	30	40	50	60
铬酐 154g/L	颜色	无	无	浅灰	灰色	蓝色	蓝紫	深紫
	电位/V	0.67	0.884	0.891	0.931	0.932	0.945	0.952
铬酐 95g/L	颜色	无	无	无	浅灰	浅灰	浅灰	深灰
	电位/V	0.915	0.863	0.848	0.835	0.817	0.808	0.803

由表 8-22 可知，铬酐增大，加速膜的形成。还发现，含铬酐较高浓度的着色液，虽然能使不锈钢着色时间缩短，但着色效果并不好。只有在颜色较浅时才能得到光亮表面，深色表面欠光亮，且着色变化很快，控制时间法来得到相应的颜色难以成功。铬酐浓度略低一点，虽然开始着色时间长些，但在深色时表面较光亮。着色液中铬酐的最佳含量为 150～160g/L，硫酸 500g/L。

(3) 着色液温度对不锈钢表面颜色的影响。表 8-23 为铬酐 263g/L，硫酸 500g/L，不同温度对不锈钢表面颜色、电位的关系。

表 8-23 着色液温度与不锈钢表面颜色、电位的关系

着色时间/min		0	10	20	30	40	50	60
温度 80℃	颜色	无色	深灰	深蓝	黄色	黄色	黄色	黄色
	电位/V	1.357	1.369	1.375	1.410	1.401	1.409	1.405
温度 60℃	颜色	无色	灰色	灰色	蓝色	蓝色	蓝色	黄色
	电位/V	1.314	1.394	1.400	1.408	1.415	1.426	1.425

由表 8-23 可知，温度升高有利于颜色变化的提前。这是由于提高温度，能加快离子的扩散，从而加速着色膜的形成。但着色液温度不能过高，否则会使溶液蒸发严重而改变着色液的成分浓度，影响着色效果。温度控制在 70～80℃较为理想。

(4) 着色时间对不锈钢表面颜色的影响。不锈钢浸在温度为 80℃、组成为铬酐 263g/L、硫酸 500g/L 的着色液中，随着浸渍时间的延长，产生颜色的顺序为：灰色→蓝色→黄色→红色。

(5) 添加离子对不锈钢表面颜色的影响。

① 氯离子（Cl^-）、氟离子（F^-）、铜离子（Cu^{2+}）的影响。这些离子添加到含铬酐 154g/L，硫酸 500g/L 的着色液中，对膜的形成无多大影响。

② 锰离子（Mn^{2+}）的影响。添加锰离子能加速膜的形成，缩短不锈钢的初始

着色时间。

③ 钼酸根离子（MoO_4^-）的影响。能提高着色膜的光泽，但不影响不锈钢的初始着色时间。

8.5.2.16 配方 19（见表 8-9）

本配方由山东大学化学与化工学院李广武、张忠诚和郑淑娟于 2004 年提出[86]。

采用化学着色工艺，在 250g/dm^3 铬酐，490g/dm^3 硫酸和少量添加剂的混合液中，在 70℃左右测定了不锈钢样品在着色过程中电位随时间的变化，从而找到了不锈钢起色电位和颜色的对应规律。即使溶液组成、温度稍有变化，色彩也能较好的重现，将有助于解决不锈钢表面着色的重现性问题。研究了不锈钢预处理、各种添加剂和温度对不锈钢着色的影响。结果表明：经过稀硫酸活化和电抛光的不锈钢着色均匀，色泽艳丽；不同添加剂对着色速率有明显的影响；温度升高明显加快着色速率。

（1）工艺流程。样品（1Cr18Ni9Ti 不锈钢）→水洗→除油（金属去污剂除油）→水洗→电解抛光（60% H_3PO_4，20%浓 H_2SO_4，水余量，样品为阳极，阴极为铅块，D_A 0.6A/cm^2，时间 8min，温度 74℃）→水洗→活化（8% H_2SO_4，时间 5min，温度室温）→水洗→化学着色（配方见 19#，温度 74℃，电位测量仪负极接不锈钢，正极接饱和甘汞电极）→水洗→坚膜（2% Na_2SiO_3 硅酸钠溶液，煮沸 5min）→清洗→烘干。

（2）实验结果。

① 在 24℃着色液中，不锈钢片电位随时间变化值见表 8-24，实验装置见图 8-19。

表 8-24 不锈钢样品电位-时间的测量值

时间/min	0.5	1	2	3	4	6	8	10	12
电位/V	1.110	1.130	1.140	1.135	1.135	1.136	1.139	1.143	1.147
时间/min	15	17	20	22	24	26	28	29	
电位/V	1.156	1.162	1.171	1.179	1.176	1.177	1.178	1.178	

② 在相同条件下，不锈钢着色电动势-时间曲线见图 8-20。

由图 8-20 可知，A 点是起色电位，电动势的值是负值，随着时间的延长，氧化膜不断增厚，电位下降，到达 C 点时生成的速率和溶解的速率趋于平衡，电位波幅不大。温度和组成变化不大时，B 点的电位和 A 点的电位差 ΔE 与颜色有很好的对应关系，较好地解决了色彩的重现问题。

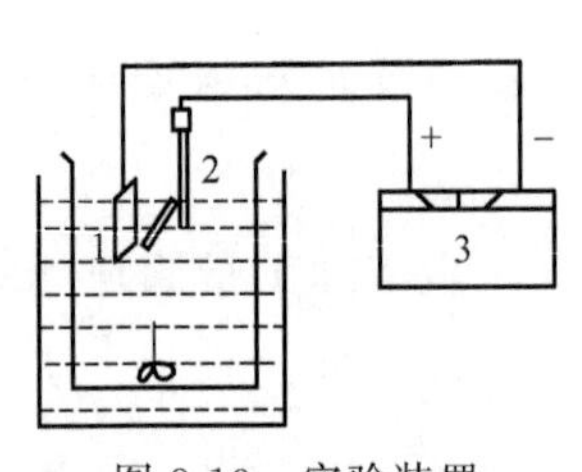

图 8-19　实验装置

1—不锈钢片；2—饱和甘汞电极；3—电位测定仪

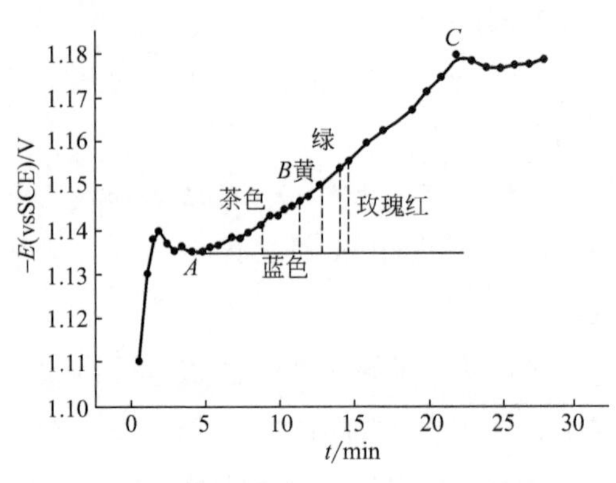

图 8-20　不锈钢着色电动势-时间曲线

③ 色谱和着色电位差的关系见表 8-25。

表 8-25　色谱与着色电位差的关系

ΔE/mV	5～6	6～8	8～10	10～11	12～13	14	15～16	19～20	21～23
颜色	茶色	紫蓝	蓝色	蓝黑	浅黄	黄	金黄	玫瑰红	绿

由表 8-25 可见，一定的着色电位差对应着不同的颜色。

④ 温度对电动势-时间的影响。在 74℃和 84℃的着色液中分别测电位-时间值。见图 8-21 曲线。

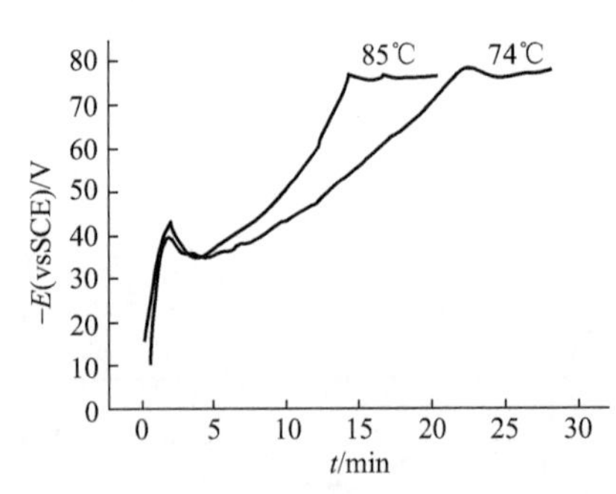

图 8-21　温度对电动势-时间曲线的影响

由图 8-21 可见，着色温度升高，加快着色速率。

但温度过高，水分蒸发较快，颜色重现性较难把握；而温度太低，着色慢，色泽差。故以 70℃较为适宜。

⑤ 活化的影响。经过稀硫酸浸泡，增加了不锈钢表面活性点，加快了着色速率，且色泽较好。浸泡时间不宜过长，使表面发黑，影响着色，以 5～7min 为适宜。

⑥ 起色电位对应的时间。相同时间测得的电位值不同，在相同条件下，出现同种颜色所用时间不因试样的大小而改变。

⑦ 电解抛光的影响。电解抛光使金属表面形成阳离子溶解，同时在表面形成氧化膜钝化，降低着色速率。故抛光完后最好立即在稀硫酸溶液中浸泡一下。

⑧ 添加剂的影响。着色液中加入硫代硫酸钠（$Na_2S_2O_3$）或亚硫酸钠，由于其还原性，减慢了表面氧化速率，延长着色时间。加入硫酸锰（$MnSO_4$），由于

Mn^{2+}的催化作用，加快着色速率；加入钼酸铵（$(NH_4)_2MoO_4$），使色泽更加美观。故添加剂的加入仅起调配着色的效果。

8.5.2.17 配方20（见表8-9）

本配方由沈阳工业学院（110168）金光、张学萍、毕监智于2004年提出[87]。

他们通过正交试验研究了不锈钢着色液配方、温度、时间、电极电位对着色的影响，优化着色工艺，获得电极电位与颜色的良好对应关系，测试了着色膜的耐磨性，耐蚀性、变形加工性能，分析添加剂对不锈钢着色的影响。所得膜层颜色均匀，耐磨性、耐蚀性、变形加工性能良好，工艺维护简单。

（1）实验工艺流程。不锈钢0Cr18Ni9（镜面光亮8K）→清洗→碱性除油→水洗→酸活化→着色→硬化（铬酐250g/L，浓硫酸1.4mL/L，D_K0.5～1.0A/dm²，温度45～55℃，时间10～15min）→水洗→封闭（Na_2SiO_3 10g/L，温度沸腾，时间10～15min）→水洗→干燥。

（2）实验结果。

① 温度。50℃时加入较多添加剂，反应速率平稳，着色膜色泽均匀，鲜艳度好。

60℃时添加剂含量对结果影响不大，膜层质量好。

100℃时温度高，使反应速率过快，着色膜色泽不均匀，不易控制。

② 表面膜的电极电位与颜色的对应关系。着色时，开始电位很高，而后迅速下降，之后逐步上升，到达一个高点电位后再下降。这个高点电位为着上颜色的起始电极电位。图8-22为不锈钢片对铂片的电极电位与时间的关系曲线。着色时，每隔1min用数字万用表记录下不锈钢片对铂片的电极电位，着色时间5min，199mV，变成黑色的电位是189mV，变成蓝色的电位是187mV，变成黄色的电位是185mV，变成金黄色的电位是183mV，所以，黑色的电位差是10mV，蓝色的电位差是12mV，黄色的电位差是14mV，金黄色的电位差是16mV。

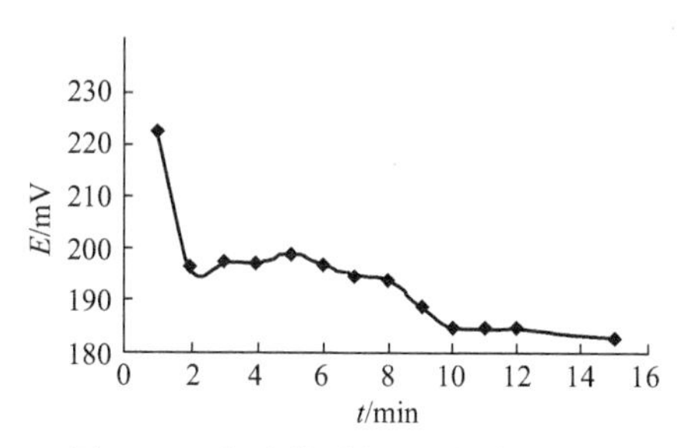

图8-22 实验的时间-电位关系曲线

③ 前处理对着色的影响。化学除油时，着色面应充分被水所润湿，否则结合力欠佳或发花，甚至着不上色。

活化是为了消除不锈钢表面的钝化膜，获得新鲜表面。活化不足，着色的起始电位保持时间长，颜色不容易控制，活化过度则使着色膜暗淡无光。

④ 后处理的影响。着色膜形成后存在大量微细孔，腹层疏松不牢固，易磨损，

必须硬化处理。硬化处理后防止表面被污染，需封闭处理。封闭煮沸时间以15～20min为佳。时间过短，耐磨性不佳，过长形成色斑，颜色深度下降。

⑤ 添加剂的影响。适当加入少量钼酸铵有利于封闭后着色膜的耐磨性提高，会加速着色膜中微孔的充填效果。碳酸盐和硫酸盐加快着色速率。

⑥ 搅拌的影响。搅拌着色液的着色膜色彩均匀性明显优于不搅拌的着色液。

(3) 着色膜层性能实验。

① 耐蚀性。着色试片放入20%硫酸中，48h未发生腐蚀。未着色试片很快被腐蚀。

② 耐磨性。用橡皮反复擦拭着色面300次，没有发现起皮现象，说明耐磨性很好。

③ 加工性能。弯曲180°，着色膜没有脱落。说明具有良好的机械加工性能。

8.5.2.18　配方21（见表8-9）

本配方由江苏大学张扣山、邵红红、纪嘉明于2005年提出[88]。

他们研究了不锈钢在H_2SO_4-CrO_3体系中的化学着色，探讨了除油、抛光、活化、前处理工艺对着色过程的影响，及不同前处理对着色膜的形态、微观组织、均匀性、光亮度和重现性等的影响，同时研究了添加剂对着色过程和着色膜的影响。

(1) 实验工艺流程。不锈钢试样（1Cr18Ni9Ti）→化学除油（氢氧化钠80g/L，碳酸钠30g/L，磷酸三钠30g/L，硅酸钠12g/L，温度60℃，时间6min）→清洗→（硫酸150mL/L，盐酸45mL/L，硝酸100mL/L，磷酸8mL/L，温度60℃，时间6min）→清洗→浸酸活化（磷酸100mL/L，硫酸100mL/L，去离子水约200mL/L，温度60～70℃，阳极电流密度0.3～0.5A/dm^2，阴极：不锈钢或铅，阳极阴极面积比1：2）→清洗→化学着色（配方21）→清洗→坚膜硬化处理→清洗→封闭处理→清洗→烘干。

(2) 实验结果。

① 除油对着色的影响。采用工艺流程中的化学除油配方，适当采用氢氧化钠80g/L，降低温度至60℃，缩短除油时间至6min，使表面除油干净，使着色效果好、均匀。

② 化学抛光对着色的影响。采用工艺流程中的化学抛光配方，经实验，温度在60℃，时间6min，抛光反应平和，表面不腐蚀，着色效果好，较均匀。在较稀抛光液中加入磷酸，可适当降低抛光温度，缩短时间，从而达到环保及节约能源的作用，提高抛光质量。

③ 活化对着色的影响。不锈钢极易生成薄的钝化膜，尤其是在抛光后。将试

样浸到活化液中，使基体表面能增高，表面活性增加，以利于着色膜与基体的良好结合。如果活化效果不理想，将导致表面状况不均，着色膜的生成速率不一致，着色效果不均匀，产生条纹和各样的颜色、花式，采用工艺流程中的活化配方，电解活化工艺，特别是大面积板块着色，时间延长至 10min，温度从室温提高到 60～70℃，使活化效果良好，对着色均匀性影响明显。

④ 添加剂对着色的影响。钼酸铵的加入可改善着色膜的色泽，使色泽均匀、鲜艳，光亮度更好。以 3g/L 为佳。

硫酸锌的加入，随着用量的增大，着色膜的光亮度更好，色泽更均匀，丰满度更好，硫酸锌 5g/L，与钼酸铵 3g/L 联合使用，可使着色时间缩短，重现性好。

硫酸锰的加入，也可使着色时间短、色泽均匀，光亮度、丰满度和重现性好。随着添加剂的加入，可降低着色温度，从 85℃降至 65℃。实际生产要注意添加剂的用量，用量过多可能适得其反。着色时间也可适当缩短。在原先的 85℃下，随着着色时间 12～30min 变化，着色膜颜色沿蓝色→金色→绿色→紫色递进变化，加入添加剂后，在 65℃左右，同样可出现颜色递进，且时间缩短，效果相同。

⑤ 电位电势的测量控制着色膜。在实际生产中，由于着色膜的厚度变化难以控制均匀，为便于控制颜色，可利用探头（甘汞电极或铂电极）通过电位测量仪测量电位电势来控制着色膜。

8.5.2.19　配方 22（见表 8-9）

本配方由中南大学冶金科学与工程学院（长沙，410083）杨喜云、龚竹青、陈白珍于 2005 年 4 月提出。

他们研究了一种厨具用不锈钢的表面化学着色工艺，探讨了硫酸锌用量、温度、时间和封闭方法对着色膜性能的影响，得出了最佳工艺参数。该工艺操作温度范围宽，维护简单，着色膜色泽鲜艳、均匀，耐蚀耐磨耐热耐油污性好，能满足厨具的要求。

(1) 工艺流程。材料（奥氏体不锈钢）→除油（丙三醇除油）→清洗→活化（10% H_2SO_4 + 10% HCl，室温，2～3min）→清洗→化学着色→清洗→坚膜→回收→清洗→封闭→清洗→干燥。

(2) 实验结果。

① 硫酸锌。可形成更多的结晶活性点，加快着色膜的形成速率，改善膜质量。在温度 70℃时间 7min，硫酸锌以 5g/L 为宜，使膜层金黄色，色泽均匀、光亮，重现性好。过少过多效果不好。

② 硫酸锰。氧化性促进剂，参与着色膜的形成反应，用量以 3～4g/L 为宜。过多出现不均匀，过少起不到促进作用。

③ 钼酸铵。使着色膜更均匀，光泽感增强。由于 NH_4^+ 能络合 Cr^{3+}、Ni^{2+}，从而起到缓冲与络合作用，控制成膜速率；MoO_4^{2-} 能吸附在不锈钢上，控制不锈钢中 Cr、Ni、Fe 的溶解速率，增加着色液的稳定性能。

④ 铬酐。是主要成膜物，提供 Cr^{3+}，使与 Fe^{2+}、Ni^{2+} 在阳极表面生成金属氧化膜，其含量在 220～270g/L 均可。

⑤ 硫酸。在 450～500g/L 范围内均可获得理想的化学着色膜。

⑥ 温度。以 55～75℃为宜。温度低，着色时间长，光亮度欠佳。温度高，光亮度欠佳。

⑦ 时间。温度 55℃，硫酸锌 5g/L 时，着色膜的颜色随时间而变。见表 8-26。

表 8-26　时间对着色的影响

时间/min	7	9	10	11	13	19	25～30	35～40	103
颜色	淡茶	咖啡	棕	深棕	深蓝	蓝紫	金黄	黄带红	酱紫

⑧ 着色电位与时间的关系。在温度 75℃，未加硫酸锌，着色电位差（起色电位）与颜色对应的电位差值是恒定的，可通过控制着色电位差值来获得具体的颜色。着色电位差和时间与颜色的关系见表 8-27。

表 8-27　着色电位差和时间与颜色的关系

颜色	淡茶	咖啡	棕	蓝	金黄	红	绿
电位差/mV	5	6	7	8～10	15～16	22	＞25
时间/min	0～5	6	7	8～11	13～14	14～20	＞20

由表 8-27 可知，要获得理想的颜色，须同时控制好着色时间和着色电位差。

⑨ 坚膜。其原理是阴极析氢，六价铬还原成三价铬 Cr_2O_3 或 $Cr(OH)_3$，在 pH 上升的微孔中填充，提高耐磨性和耐蚀性。

⑩ 封闭。采用水煮 10min，起到清洗作用，水煮后膜不需要清洗，就直接干燥。膜在空气中不变色，实验方法另采用 $K_2Cr_2O_7$ 碱性处理，或 1% Na_2SiO_3 煮沸 10min，则金黄色膜在空气中易变红，水煮封闭，使膜表面微孔中残留的坚膜液得以清洗干净，使膜在空气中稳定。

(3) 性能测试。检测结果如下。

① 耐蚀性。按 GB 1771—79 标准：144h 中性盐雾实验不变色。

② 耐磨性。按 GB 1768—79，橡皮轮加压 500g 摩擦 200 次不变色。

③ 耐热性。按 GB 1735—79 标准，200℃加热 24h，膜层颜色不变，无起泡开裂现象。

④ 耐油污性。在植物油中浸泡 24h，膜层颜色不变。

8.5.2.20　配方 23（表 8-9）

本配方由南京理工大学材料科学与工程系（210094）曹荣、樊新民和南京医科大学口腔医学院（210029）陈文静、赵春阳、胡芳于 2005 年 10 月提出[90]。

他们为了获得重现性良好、色彩鲜艳的不锈钢表面色彩和了解不锈钢表面着色膜成分，采用电位控制不锈钢表面着色方法；并利用俄歇能谱分析表面膜层成分。通过利用电位变化曲线能够控制不锈钢表面氧化膜的厚度，使着色工艺易于控制。

（1）着色工艺步骤。除油→清洗→浸酸活化→清洗→控电位浸渍着色→清洗吹干→固膜处理（H_3PO_4 2.5g/L，CrO_3 250g/L，D_K0.2～1A/dm²，试样阴极电解 5～10min，阳极 Pb 板）→封闭处理→清洗→吹干。

着色液见表 8-9 配方 23，着色实验装置示意图见图 8-23。

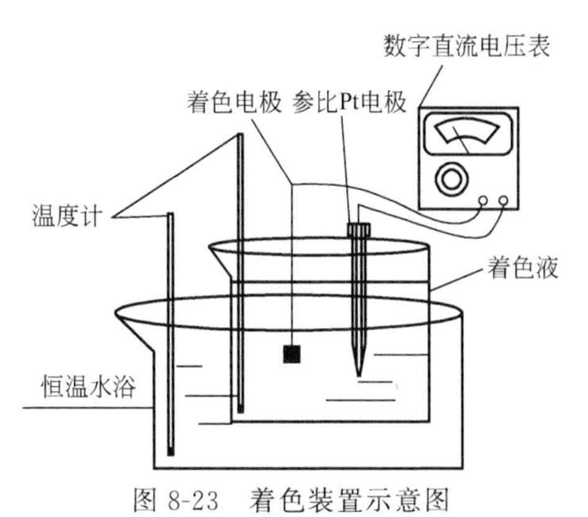

图 8-23　着色装置示意图

（2）着色工艺参数的影响。

① 着色时间。在温度、着色液浓度确定的条件下，着色时间加长，膜层加厚，颜色按蓝、金黄、红、绿变化。时间过长，氧化膜变得粗糙，甚至粉化。当试样着色电位与着色起始电位差超过 30mV 时，表面氧化膜迅速溶解，着色膜质量与时间的关系见表 8-28。

表 8-28　不同着色时间的着色效果

着色时间/min	5	7	9	11	13	15	17
色彩	蓝	金黄	紫	紫绿	绿	不均匀绿色	杂色

着色时间长于 15min 后，色泽变得不均匀，难以区分具体色调。

② 着色液温度。所用配方在低于 55℃时将不能着色，较好的温度范围是 80～95℃，高于此范围，溶液水分蒸发较快，氧化变强，着色周期缩短，颜色控制困难。较低温度使着色过程加长，利于色彩控制，着色效果好。图 8-24 为不同温度下颜色-时间关系曲线。

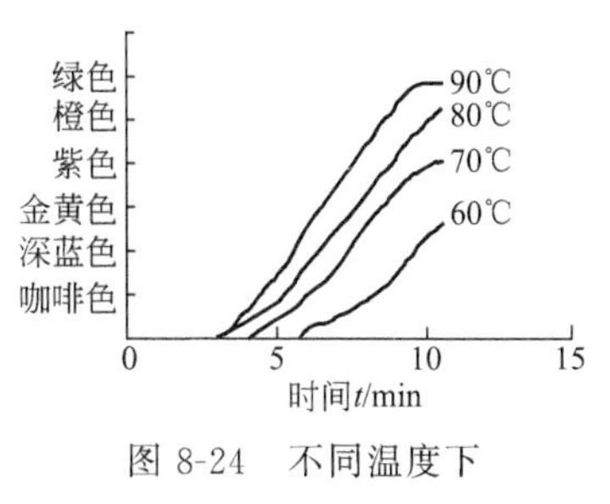

图 8-24　不同温度下颜色-时间关系曲线

③ 电位的影响。氧化膜是多孔膜，随着膜的增厚，阳极反应（$M \longrightarrow M^{2+} + 2e$，M 为 Fe、Cr、Ni 等）在氧化膜的孔底部进行，阴极反应在膜的表面进行。阳极反应产物通过孔向外扩散。在阴极区，溶液中的六价铬离子的电子还原为

Cr^{3+} ($Cr_2O_7^{2-}+14N^{+}+6e \longrightarrow 2Cr^{3+}+7H_2O$)，当 M^{2+}、Cr^{3+} 达到一定浓度时，两极反应产生的金属离子发生水解作用，形成表面氧化膜（$M_pCr_qO_r$）：$pM^{2+}+qCr^{3+}+rH_2O \longrightarrow M_pCr_qO_r+2rH^{+}$。在孔口和孔底之间建立了扩散电势 $\Delta\mu$，随着膜的加厚，$\Delta\mu$ 增大，试样与参比 Pt 电极之间的电位差被削弱，趋于减小，实验测定的电位-时间曲线见图 8-25。图中曲线所示 217mV 处为着色起始电位，着色终止电位 $E_0=191$mV，不同电位对应不同的膜层厚度，即对应不同的色彩，和用数字电压表测这一区间的不同电压值可得到不同色调的着色效果。

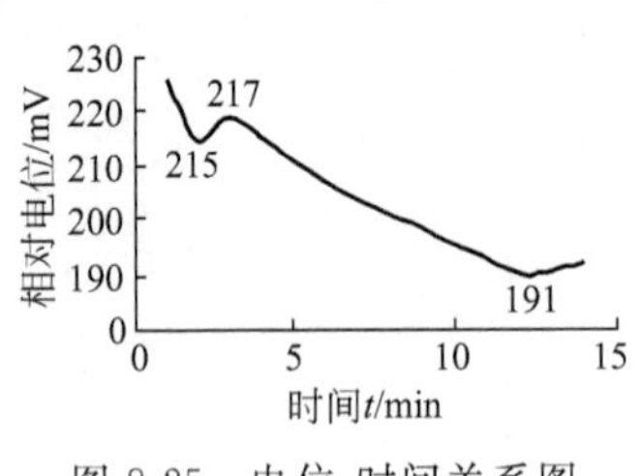

图 8-25 电位-时间关系图

（参比 Pt 电极）

④ 其他工艺参数。除油、浸酸活化的样品比未活化的样品着色过程加快，提前 0.5～1min 到达着色起始电位。

固膜使氧化膜的耐蚀性、耐磨性显著提高，未固膜处理的表面颜色在同等负荷砂纸（600#）的擦拭下更易于被擦掉。

固膜过程中，新的膜层在氧化膜孔隙或表面形成、增厚，增厚了的膜层使表面色彩变化，因此，固膜控制着色彩的变化。

（3）着色膜层的成分。用俄歇电子能谱分析，原子数分数：2.34%S、53.92%O、31.05%Cr、12.69%Fe。

质量分数：2.3%S、26.45%O、49.52%Cr、21.73%Fe。

8.5.2.21 配方 24（见表 8-9）

本配方由广州中国电器科学研究院日用电器公共实验室（510300）王鹏程、韩文生于 2008 年 10 月提出[92]。

他们讨论钼酸盐、锰盐、氧化物、硫酸盐、锌盐、稀土盐等 6 种添加剂对不锈钢着色膜的影响。采用均匀设计法确定最佳添加剂含量：6g/L 锌盐、8g/L 钼酸盐、5g/L 稀土盐，3g/L 锰盐。不锈钢着色温度降低到 55℃，膜层更加均匀、光亮，着色时间也大为缩短，降低了能耗。

（1）工艺流程。不锈钢（宝新产 1Cr18Ni9Ti 与日本产 304 不锈钢板，镜面度 8k)→化学除油→清洗→电解抛光→清洗→电化学活化→清洗→预热→化学着色（见配方 24)→清洗→固膜→清洗→封闭→清洗→烘干→检验→成品。

（2）工艺控制。将微机（工控机)、数模转换器（ADC 和 DAC)、传感器（精密直流数字毫伏表)、模拟记录器和参比电极（均由天津市中环电子仪器公司生产）按图 8-26 着色装置组装好。

根据实验室得出的各种颜色的着色电位差编制程序，确定起色电位后，用电位差（$\Delta\varphi$）控制颜色。在软件界面上，预先设定电位差值，当着色电位达到预定值时，计算机发生指令，通过恒电位仪对不锈钢板施加阴极保护，终止着色反应，并取出已着色的不锈钢。

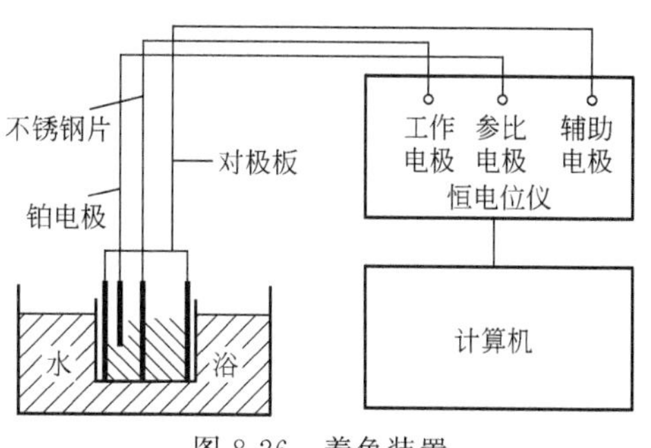

图 8-26　着色装置

以不同电位差所代表的着色颜色作为终点，可以准确地控制预期的颜色。

(3) 最佳添加剂含量的确定。均匀设计法（方开泰．均匀设计与均匀设计表．北京：科学出版社，1994.）是一种实验设计方法，特别适用于多因素水平的实验，可有效降低实验数目，且得到的结果仍可反映体系的主要特征。对锌盐（实用硫酸锌）、钼酸盐（实用钼酸铵）、稀土盐和锰盐（实用硫酸锰）4 种添加剂，采用 $U_5(5^4)$ 均匀设计表（见表 8-29）确定最佳工艺配方，着色温度 55℃，电位差 21mV（膜层金黄色）。

表 8-29　$U_5(5^4)$ 均匀设计表

序号	ρ(锌盐)/(g/L)	ρ(钼酸盐)/(g/L)	ρ(稀土盐)/(g/L)	ρ(锰盐)/(g/L)
1	0	2.0	5.0	3.5
2	1.0	0	3.0	3.0
3	2.0	10.0	1.0	0
4	6.0	5.0	0	4.0
5	8.0	8.0	2.0	2.0

经实验确定最佳复合添加剂的组成为 6g/L 锌盐、8g/L 钼酸盐、5g/L 稀土盐、3g/L 锰盐，此时膜层呈较亮的金黄色，色泽均匀，光亮度好，无色差，耐蚀性增强。

铬雾抑制剂具有发泡作用，在液面生成一层较稳定的泡沫，以抑制酸雾和飞沫。加入 F53 2g/L 铬雾抑制剂，效果较好。

多种添加剂的结合使用，使着色温度由 85℃降低到 55℃，极大地降低了能耗。

8.5.2.22　配方 25（见表 8-9）

本配方由西安电子科技大学理学院（710071）刘忠宝、梁燕萍于 2008 年 10 月提出[93]。

他们为了降低不锈钢化学着色的高温条件（原为 90℃），在 CrO_3-H_2SO_4 着色体系中加入过渡金属无机盐添加剂，对不锈钢进行化学着色，使用正交设计的方法优化工艺条件为铬酐 250g/L，着色温度 60℃，添加剂用量 5g/L，得到不同颜色的不锈钢，并对不锈钢的性能进行测定，结果表明，添加剂的使用可明显降低着色温度，减少铬酸挥发带来的环境污染，同时，彩色钝化膜保持良好的性能。

（1）工艺流程。材料（AISI304 不锈钢 1Cr18Ni9Ti）→除油（常规碱性除油）→水洗→化学抛光（227mL 浓硫酸、67mL 浓盐酸、40mL 浓硝酸、5g/L 明胶，温度 80℃，时间 10s）→水洗→酸活化（8%硫酸，时间 10s）→化学着色（配方 25）→阴极硬化（250g/L 铬酐，1.4mL/L 浓硫酸，电流密度 0.5～1A/dm²，室温，10～15min）→水洗→封闭（沸水或 2% Na_2SiO_3 水溶液煮沸 10～25min）→干燥。

（2）彩色膜颜色控制。着色装置见图 8-27。

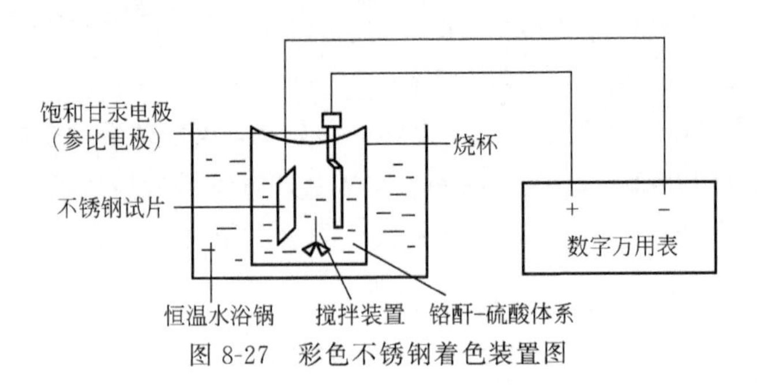

图 8-27 彩色不锈钢着色装置图

化学着色过程中，钝化膜的颜色随电位、时间而变化，彩色膜的厚度与膜的颜色、膜的电位存在着对应的关系。彩色膜的厚度增加，膜电位也增加，钝化膜则按照蓝、黄、红、绿变化。实验中采用控制电位法控制钝化膜的颜色。

（3）正交试验。针对 CrO_3 用量、着色温度及附加剂用量进行优化选择，确定最佳工艺，选用 $L_9(3^4)$ 正交试验表，因素水平表见表 8-30。

表 8-30 正交试验因素水平表

水平	CrO_3 浓度/(g/L)	着色温度/℃	添加剂用量/(g/L)
1	220	50	0
2	250	60	5
3	270	70	8

正交试验结果表明，在 50℃时基本无法制备出满意的彩色膜。温度升高，加快成膜质量。

CrO_3 的浓度以及添加剂 $ZnSO_4$ 的用量对成膜质量有较大的影响。正交试验结果表明，最佳工艺为 $A_2B_2C_2$，即铬酐浓度 250g/L，着色温度 60℃，添加剂用量 5g/L。

着色过程存在水分蒸发，铬酸浓度改变，随着着色过程发生变化，无法保证稳定、一致的状态。使用控制时间法控制色泽重现性较差，钝化膜色泽对电位差呈稳定对应关系，控制电位差法控制钝化膜颜色重现性好。

化学着色温度降低，溶液水分挥发降低而稳定，易于控制，重现性好，彩色钝化膜性能良好。

8.6 彩色不锈钢化学着色工艺流程

8.6.1 单色着色工艺流程

(1) 典型工艺流程。不锈钢制品→机械抛光→清洗→碱性除油①→清洗→电解抛光②→清洗→活化③→清洗→化学着色→着色膜固化处理④→清洗→封闭⑤→清洗→干燥→成品。

(2) 不锈钢表面粗糙度 $Ra \leqslant 1.6\mu m$，进行两次抛光的工艺流程[24]。不锈钢制品→电化学除油⑥→清洗→电化学初抛光⑦→电化学精抛光⑧（光洁度达到▽9～11，相当于 Ra 0.05～0.2μm）→清洗→活化⑨→清洗→化学着色→固膜处理④→清洗→封闭→清洗→干燥→成品。

(3) 不锈钢表面只进行化学抛光的工艺流程。不锈钢制品→有机溶剂去油（汽油洗擦）→晾干→碱性去油①→热水法→冷水洗→化学抛光⑩→清洗→活化→清洗→化学着色→清洗→固膜处理④→清洗→封闭⑤→清洗→干燥→成品。

(4) 不锈钢表面不进行抛光的工艺流程。不锈钢制品→有机溶剂去油（汽油洗）→晾干→电解去油⑪→清洗→化学着色→清洗→固膜处理④→清洗→干燥。

(5) 经过机械加工的不锈钢制品的工艺流程。不锈钢制品→固熔热处理⑫→下同其他流程。

注：以上部分工艺环节的说明如下。

① 碱性除油。氢氧化钠（NaOH）70～90g/L，碳酸钠（Na_2CO_3）10～20g/L，磷酸三钠（$Na_3PO_4 \cdot 10H_2O$）20～40g/L，十二烷基硫酸钠（或其他表面活性剂）1～2g/L，温度 60～80℃，时间 10～20min，直至油除尽。

② 电化学抛光。磷酸（H_3PO_4）（$d=1.65$）580～620mL/L，硫酸（H_2SO_4）（$d=1.84$）280～320mL/L，铬酐（CrO_3）40～60g/L，甘油 [$C_3H_5(OH)_3$] 20～40mL/L，阳极电流密度（D_A）10～30A/dm²，温度 50～60℃，时间 4～5min。

③ 活化。盐酸（HCl）或硫酸（H_2SO_4）3%～8%，室温，时间 1～3s。

④ 固膜处理。详见 8.8.1 节表 8-31。

⑤ 封闭。详见 8.8.3 节表 8-37。

⑥ 电化学除油。氢氧化钠（NaOH）10～20g/L，碳酸钠（Na_2CO_3）20～40g/L，磷酸三钠（$Na_3PO_4 \cdot 10H_2O$）10～30 g/L，温度 60～80℃，阳极电流密度（D_A）5～15A/dm²，时间 1～3min。

⑦ 电化学初抛光。磷酸（H_3PO_4）(d=1.65) 60%～67%，硫酸（H_2SO_4）15%～20%，相对密度1.6～1.7，温度60～75℃，阳极电流密度30～50A/dm²，时间5～10min，阴极材料铅-锑合金。

⑧ 电化学精抛光。磷酸（H_3PO_4）(d=1.65) 500mL/L，硫酸（H_2SO_4）（d=1.84）300mL/L，铬酐（CrO_3）10～50g/L，温度60～80℃，阳极电流密度40～70A/dm²，时间1～8min，阴极材料铅-锑合金。

⑨ 活化

a. 磷酸（H_3PO_4）50～70mL/L，时间5～10min。

b. 磷酸（H_3PO_4）10%，阳极电流密度1A/dm²；温度室温，时间3～5min，阴极铅板。

c. 硫酸（H_2SO_4）(d=1.84) 166mL/L，温度40～50℃，时间2～3min。

d. 硫酸（H_2SO_4）(d=1.84) 30%（质量分数），温度50～60℃，时间3～5min。

⑩ 化学抛光。磷酸（H_3PO_4）（d=1.65）150mL/L，硝酸（HNO_3）（d=1.5）50mL/L，盐酸（HCl）（d=1.17）50mL/L，聚乙二醇（M=6000）50g/L，磺基水杨酸5g/L，异烟酸5g/L，温度80～90℃，时间3～5min。

⑪ 电化学除油。氢氧化钠（NaOH）75g/L，磷酸三钠（$Na_3PO_4 \cdot 10H_2O$）10g/L，碳酸钠（Na_2CO_3）15g/L，温度80～90℃，电压6V，阴极电流密度7～10A/dm²。

⑫ 固熔热处理。温度105℃，时间15min。

8.6.2　花纹色膜工艺流程

花纹单色色膜工艺流程：

① 花纹模板，用0.2mm厚铁皮冲制成所需的花纹模板，用此模板套在已着色的不锈钢上；

② 已着色并套上模板的不锈钢→喷胶→烘烤→褪色→去胶→漂洗→膜固化→清洗→烘干→成品。

花纹双色色膜工艺流程：

已着色并套上模板的不锈钢→喷胶→烘烤→第二次着色→去胶→漂洗→膜固化→清洗→烘干→成品。

8.6.3　印刷法制成图案的工艺流程

该类工艺可将不锈钢制成具有色彩鲜艳、长期不褪色的具有很好艺术价值的艺术品。工艺流程为：全面着色处理→用印刷法往相应花样部位涂以耐蚀涂料（用丝网络印或模板掩蔽）→酸处理使未涂耐蚀涂层的部位脱色→留下印刷花样→清除耐蚀涂层→艺术图案浮现在不锈钢表面上[66]。

采用照相印刷术，可生产颜色深浅有明显对比度的立体感图样。用蚀刻技术与研磨技术相互配合的工艺，可制成与花纹相适应的多种不同加工程度的表面，再把这样处理后的工件进行着色处理。由于表面预先加工程度不同，表面着色膜形成速率上产生相应的差别。因此，能够经过一次着色处理而同时获得多种不同色彩配合。若进一步将部分脱色，再反复着色，可获得更加复杂的多色彩配合的艺术图样。利用蚀刻技术预先处理表面，能获得富有立体感的彩色不锈钢图画[66,67]。

多色套印工艺流程：不锈钢制品→清洗→化学除油→清洗→电化学抛光→清洗→活化→干燥→第一次套印涂料①→干燥→第一次着色→清洗→除去涂料→第二次套印涂料→干燥→第二次着色→……→全部去除涂料→清洗→固膜处理→清洗→封闭→清洗→干燥。

注：①套印涂料。用KR防着色涂料，配方是树脂A330g/L，溶剂余量。KR防着色涂料具有耐强酸，耐强氧化性，耐高温，黏度小，干燥快，易溶于溶剂，不起泡、不渗液，操作方便，可实现自动套印等优点[31]。

8.6.4 连续多色着色法工艺流程

该类工艺适用于制作一两个一种多彩色不锈钢图案的产品，不必预制适用于批量制作套印的模板。

预先将图样上的各种颜色按着色时间顺序排序，先将不着色部位涂上涂料→干燥→第一次着色，控制着色电位差，当着色至图样中时间最短的颜色（如褐色）时停止着色→取出清洗→干燥→对照图样中褐色部位涂上涂料→干燥→第二次着色，将未覆盖部位的褐色继续着色至第二种颜色（如金黄色）停止→取出清洗→干燥→对照图样将对应于图样中的金黄色部位用涂料覆盖起来→干燥→第三次着色，将未覆盖部位的金黄色继续着色至蓝色……→清洗→脱去涂料→干燥→得到具有白色、褐色、金黄色、蓝色等多色彩组成的不锈钢彩色图样成品[31,82,83]。

8.7 不锈钢化学着彩色的溶液管理

8.7.1 着色液的配制

（1）将所需计算量的铬酐（CrO_3）溶解于适量水中，搅拌溶解。

（2）量取所需计算量的硫酸（H_2SO_4）（把质量折算为体积要除以相对密度1.84），分批搅拌加入铬酐溶液中，勿使溶液过热，当铬酐变成枣红色沉淀出现时，应加入少量冷水冷却，使溶液透明红，待溶液稍冷却后继续加入硫酸。

（3）加水至规定的体积，搅拌均匀，新配的着色液应为透明的橙红色。

8.7.2 着色用挂具材料的选用

(1) 选用电位比不锈钢电位正的金属，如镍铬丝，不锈钢丝，还有铂丝、金丝。

(2) 不可用电位比不锈钢电位负的金属作挂具材料。金属电位比不锈钢电位负，在着色过程中，不锈钢与挂具形成的电偶中不锈钢处于阴极，使不锈钢不能氧化着色。常用挂具材料在着色液中的稳定电位如下：

铁丝	－1.62V	铜丝	－1.64V
钢丝	－1.34V	不锈钢丝	－0.17V

由上可见，铁丝、钢丝、铜丝如作挂具，都不能使不锈钢着色，因而不能作挂具材料。

(3) 塑料绝缘导线，不裸露金属的情况下，作挂具可使不锈钢着上色。

8.7.3 着色液的老化

(1) 着色液老化的原因。着色液在着色过程中，由于氧化还原作用，着色液中的铬酸（六价铬）还原成三价铬（Cr^{3+}），同时不锈钢表面溶解，形成三价铬和铁离子（Fe^{3+}）进入溶液中，使着色液中铬酐含量减少，杂质离子聚集，含量升高，使着色液组分逐渐发生变化，使着色能力衰退，趋向老化。

(2) 着色液老化的标志。

① 轻微程度。使起色电位 B 升高，或使着色时间延长。

② 严重程度。着色膜发雾、发暗、变黑，或根本着不上色。

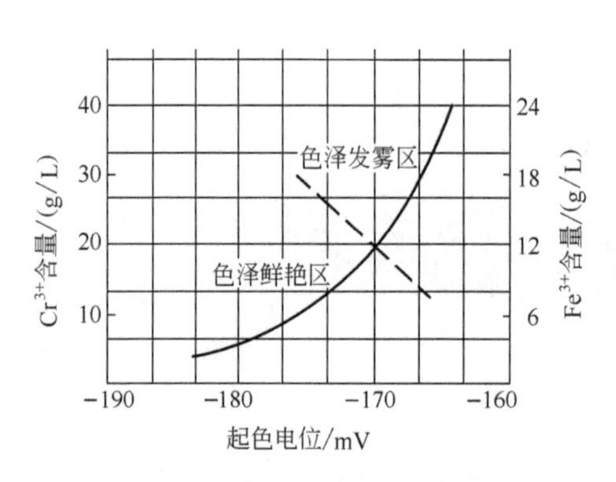

图 8-28 Cr^{3+} 和 Fe^{3+} 含量对起色电位关系

(3) 杂质含量与起色电位关系。图 8-28 为三价铬（Cr^{3+}）和三价铁（Fe^{3+}）含量对起色电位的关系。

由图 8-28 可见，当三价铬（Cr^{3+}）含量达到 20g/L，三价铁（Fe^{3+}）含量达到 12g/L 时，起色电位上升到－170mV 以上，此时着色膜变得灰雾，着色液就须重新配制或再生[15]。

8.7.4 着色膜色泽的校正和退除[20]

(1) 着色膜色泽深浅的校正。在膜的固化处理未进行之前可以校正。

① 着色膜偏薄。成色不足时可重新回到着色液中适当加深。

② 着色膜偏厚。成色过深，着色膜可以在还原性的溶液中减薄。常用试剂如下。

a. 沸腾的含有少量硫酸的亚硫酸钠（Na_2SO_3）水溶液。

b. 次亚磷酸钠（$NaH_2PO_2 \cdot H_2O$）的水溶液。

c. 硝酸钠（$NaNO_3$）水溶液。

d. 8%硫代硫酸钠（$Na_2S_2O_3$）水溶液 80℃时浸泡。

(2) 着色膜退除。由于沾污膜层或操作不当引起色泽不均匀次品，须进行退除。也可以用于在制作套花图案等多种色彩的不锈钢上局部退除不需要的色彩[15]。

① 化学退除。

盐酸	1∶1（体积比）	时间	0.5～1min
温度	室温		

时间切勿过长，以免过腐蚀[18]。

② 电解退除。适用于 Cr18Ni9Ti 不锈钢着色膜退除。

磷酸（H_3PO_4）（d=1.65） 10%～20%（体积分数）		电压	12V
		阳极电流密度	2～3A/dm²
光亮剂（钼酸铵）	少量	阴极	铅板
温度	室温	时间	5～15min，退除为止

8.8 固膜处理和封闭处理[94,95]

8.8.1 固膜处理工艺

从表面显微结构看，着色膜是一层疏松结构。表面有许多10～20μm 的凹槽，凹槽的面积约占总面积的 20%，着色膜是柔软的，不耐磨的，易为手指所沾污，无实用价值，必须进行固膜处理，提高膜的性能。

固膜处理机理如下。将着色出来的彩色不锈钢放入含有铬酐和反应促进剂的溶液中。将彩色不锈钢放在电解槽的阴极，阳极使用铅板，进行电解处理，通过阴极上析出的氢把六价铬（Cr^{6+}）还原为三价铬（Cr^{3+}），并形成稳定的三价铬络合物沉积在着色膜上，达到封孔的目的。随着电解过程中氢离子的析出，膜表面微孔内 pH 上升，达到三价铬（Cr^{3+}）水解的 pH 时，水解产生 Cr_2O_3、$Cr(OH)_3$、铬化物，填充在膜孔中。

固膜处理溶液成分和工艺条件见表 8-31。

表 8-31　电解固膜溶液成分和工艺条件

配方号	1	2	3	4	5
铬酐(CrO_3)/(g/L)	240～260	250	200～300	250	250
硫酸(H_2SO_4)/(g/L)	1～2.5		2～3		2.5
磷酸(H_3PO_4)/(g/L)		2.5			
钼酸钠(Na_2MoO_4)/(g/L)			20～30		
三氧化硒(SeO_3)/(g/L)				2.5	2.5
阴极电流密度/(A/dm^2)	2.4～2.6	0.2～1.0	0.2～2.5	0.3～0.4	0.5～1.0
温度/℃	25～40	30～40	10～40	40～45	45～55
时间/min	2～30	10	5～15	0.5～1.5	10～15

化学固膜溶液成分及工艺条件为：

重铬酸钾（$K_2Cr_2O_7$）	15g/L	温度	60～80℃
氢氧化钠（NaOH）	3g/L	时间	2～3min
pH	6.5～7.5		

固膜处理对色彩的影响：电解固膜处理后，实质上也能使氧化膜加厚，使彩色膜的颜色发生变化，处理时间越长，颜色变化越大。因此，在达到固膜的效果后，尽量缩短固膜处理时间。

固膜处理前后着色膜颜色变化见表 8-32。

表 8-32　固膜前后颜色变化（着色用着色配方 11，固膜用 1 号配方）[31]

固膜前	茶色	蓝灰色	浅黄色	深黄色	金黄色	紫红色
固膜后	茶色	蓝灰色	深黄色	金黄色	紫红色	紫色
固膜前	紫色	蓝紫色	蓝绿色	绿色	黄绿	橙色
固膜后	蓝紫色	蓝绿色	绿色	黄绿	橙色	桃色

从表 8-32 可见，茶色至蓝灰色，固膜前后颜色基本不变，黄色由浅变深，从深黄色开始到橙色，固膜后比固膜前向后移了一种颜色，这是由于固膜增厚了着色膜，从而推后了一种颜色，为了得到彩色所要求的颜色，在着这几种颜色时应提早一种颜色出槽，固膜后正好达到所需要的颜色。固膜处理后，对原来的色泽有加深作用。但色泽变化在整个表面上是均匀的，所以可以在着色时控制着色电位加以纠正。

为了稳定着色膜的色彩，使膜固化处理后色泽不变，发现用硒酸来代替硫酸、磷酸，如固膜 4 号配方，不仅能保持色泽稳定，而且耐磨性更好。但由于硒酸价格昂贵，有毒性，很少应用。

钼酸钠加入固膜溶液中，对颜色无影响，可明显提高着色层的光亮度。

8.8.2 固膜处理后彩色膜性能

(1) 耐磨性。未经固膜处理的着色膜。经有500g荷重的橡皮头往复摩擦，5～8次即露底。经过固膜处理的着色膜，可以承受200～400次往复摩擦后才露底。耐磨性提高数十倍。

着色膜经固膜处理后的耐磨性大大提高，硬度增加。其原因可解释为铬的氧化物在表面上沉积出来，使着色膜变得致密，使硬度增加。

(2) 耐点蚀实验[74]。用10% $FeCl_3$ 溶液，室温，将未着色的、着巧克力色的和固膜处理的不锈钢浸渍100h，试样失重结果见表8-33。

由表8-33可见，着色后并固膜处理的试样失重最小，也就是说耐蚀性最好。

表8-33 耐点蚀实验结果

试样处理方法	点蚀情况/cm^{-2}	实验前质量/g	实验后质量/g	失重/g
未着色	5～6点	1.3965	1.3250	0.05
着巧克力色	<1点	1.4017	1.3600	0.03
着巧克力色固化	0	1.40342	1.40340	0.000015

(3) 针孔实验[74]。试样在10% $FeCl_3$ 水溶液中，室温浸渍1h，结果见表8-34。可以看出，仅着色处理的试样麻点大而深，针孔耐蚀性比原材料还差。但固膜处理后的针孔很细很浅，针孔耐蚀性最好。

表8-34 针孔实验结果

试样处理方法	颜 色	麻点密度/(点/cm^2)	麻 点 形 态
原试样	本色	34～37	大而细
镜面抛光	本色	12～15	大而细
着色处理	蓝色	6～7	大而深
着色处理	蓝绿色	5～6	大而深
着色处理	巧克力色	6～6.5	大而深
着色后化学封闭	蓝色	2～3	细而小
着色后化学封闭	巧克力色	2～3	细而小
着色后固膜处理	蓝色	<1	很细很浅
着色后固膜处理	巧克力色	<1	很细很浅

(4) 耐污性测试[20]。

① 用蓝墨水滴在已着色试片上，烘干后用清水冲洗，观察试片上是否留有痕迹，见表8-35。

表 8-35 着色不锈钢耐污实验

试 样	未固膜处理	已固膜处理
蓝色	无痕迹	无痕迹
金黄色	有轻微痕迹	无痕迹

② 用手触摸试片实验。耐污性差的试片手汗可使膜变色，见表 8-36。

表 8-36 用手触摸实验

试 样	未固膜处理	已固膜处理
蓝色	轻微变化	无变化
金黄色	变色	无变化

8.8.3 封闭处理

固膜处理后的着色膜仍有少量孔隙存在。对固膜处理后的着色膜进行封闭处理。见表 8-37 封闭溶液和工艺条件。

表 8-37 封闭溶液成分及工艺条件

溶液成分	含量/(g/L)	温度/℃	时间/min
硅酸钠(Na_2SiO_3)	10	90～100	5
	饱和溶液	沸腾	5

封闭对着色膜的影响如下。

① 耐摩擦性能。见表 8-38[26]。

表 8-38 封闭后着色膜耐摩擦性能比较

样品序号	样品类别	硅酸盐/%	处理温度/℃	处理时间/min	600g 摩擦次数
1	未固膜处理	0.5	60	10	400
2	未固膜处理	1.0	沸腾	5	400
3	已固膜处理	0.5	60	10	600
4	已固膜处理	1.0	沸腾	5	1000

由表 8-38 可见，最满意的结果为 4 号样品，即固化处理后在 1%硅酸盐水溶液中沸腾 5min。

② 耐磨损实验[30]。摩擦件为塑料橡皮，正压力为 0.625kgf/cm^2 (1kgf/cm^2 = 98.07kPa)。表 8-39 为各种着色膜表面耐磨损实验结果（耐磨次数）。

表 8-39 各种着色膜表面耐磨损实验结果

序号	金黄色				蓝色	
	着色后	化学固膜	电解固膜	封闭	着色后	电解固膜
1	150	1000	2000	4000	100	2000
2	300	2000	2000	3000	300	3000

续表

序号	金黄色				蓝色	
	着色后	化学固膜	电解固膜	封闭	着色后	电解固膜
3	500				150	
4	150				400	
5	400				150	
平均	300	1500	2000	3500	220	2500

由表 8-39 可见，电解固膜后表面耐磨损比固膜前黄色膜提高 7 倍，蓝色膜提高 11 倍。封闭后表面耐磨损比电解固膜后提高 0.75 倍（黄色膜）。

③ 表面粗糙度的影响[30]：不锈钢经化学着色、固膜处理和硅酸盐封闭后表面粗糙度均会发生变化，见表 8-40 不锈钢表面粗糙度变化。

表 8-40 不锈钢表面粗糙度变化

序号	着色前	着色后	电解固膜	封闭	Ra 平均值/μm		结论
					前	后	
1	1.3	1.2					
2	1.0	0.9			1.2	1.12	着色后粗糙度变小
3	1.3	1.25					
4	0.9		1.2				
5	1.12		1.2		1.01	1.17	电解固膜后粗糙度略有提高
6	1.0		1.1				
7	1.3			1.0			
8	1.0			0.7	1.33	1.13	封闭后粗糙度小得多
9	1.7			1.7			

8.9 不锈钢化学着彩色液的老化

利用着色电位-时间曲线，着色液中主要杂质离子（Cr^{3+}，Fe^{3+}，Ni^{2+}）浓度对不锈钢着色的影响，是使着色起色电位分别升高 35.0mV、6.5mV、7.0mV；着色时间延长各约 20min，10min，12min；着色膜光亮度降低各约 10.0%，1.5%，20.0%。研究表明，着色液中杂质离子浓度增大对不锈钢着色效果有显著影响，是导致着色液老化的主要原因[91]。

8.9.1 Cr^{3+}、Fe^{3+}和 Ni^{2+}对着色起色电位的影响

图 8-29 为着色液中 Cr^{3+}、Fe^{3+} 和 Ni^{2+} 浓度变化对不锈钢着色起色电位的影响曲线。

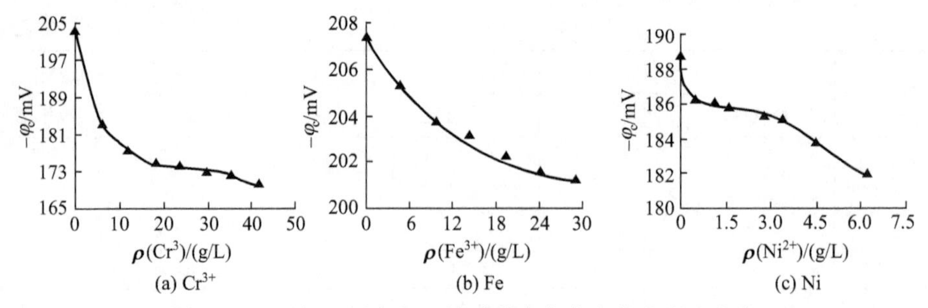

图 8-29　Cr^{3+}、Fe^{3+} 和 Ni^{2+} 对着色起色电位的影响曲线

① Cr^{3+} 的影响。当着色液中 $Cr^{3+}<20$g/L 时，随着 Cr^{3+} 浓度的增大，着色起色电位迅速上升，此阶段着色起色电位升高约 30mV；当 $Cr^{3+}>20$g/L 时，着色电位上升程度比较缓慢，主要稳定在 170mV。以前曾报道，着色起色电位上升到 170mV 的现象，主要是由于 Cr^{3+} 浓度增大所致。

② Fe^{3+} 的影响。当着色液中 Fe^{3+} 由 0 增加到近 30g/L 时，起色电位 φ_0 仅升高了约 6mV，可见着色液中 Fe^{3+} 的浓度变化对着色起色电位的影响不大。当 Fe^{3+} 超过 30g/L时，由于有部分三价铁盐析出，使得电位数据不稳，不易控制，不再适合着色。

③ Ni 浓度。当 $Ni^{2+}<3$g/L 时，随着 Ni^{2+} 浓度的增大，着色起色电位上升缓慢，而当 $Ni^{2+}>3$g/L 时，随着着色液中 Ni^{2+} 浓度的进一步增大，着色起色电位上升较快。

由上述着色电位-时间曲线可知，着色起色电位升高会使着色膜色彩种类减少，或每种色彩对应的电位差范围变窄，这必定要求着色过程中严格控制电位，不利于实际着色操作。

8.9.2　Cr^{3+}、Fe^{3+}、Ni^{2+} 对着色能力的影响

图 8-30 为着色电位差固定，Cr^{3+}、Fe^{3+} 和 Ni^{2+} 浓度变化对着色时间的影响曲线。

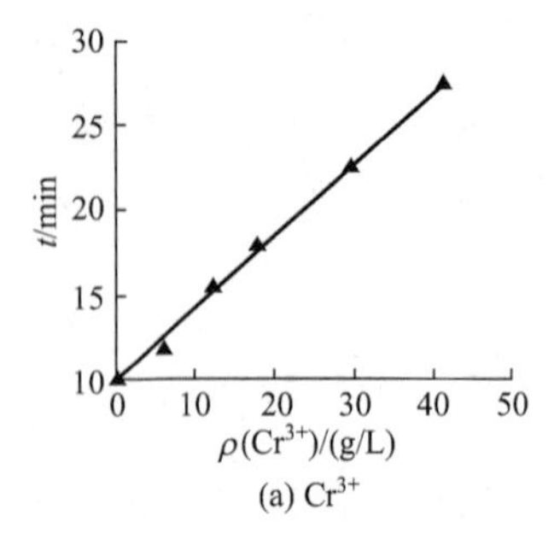

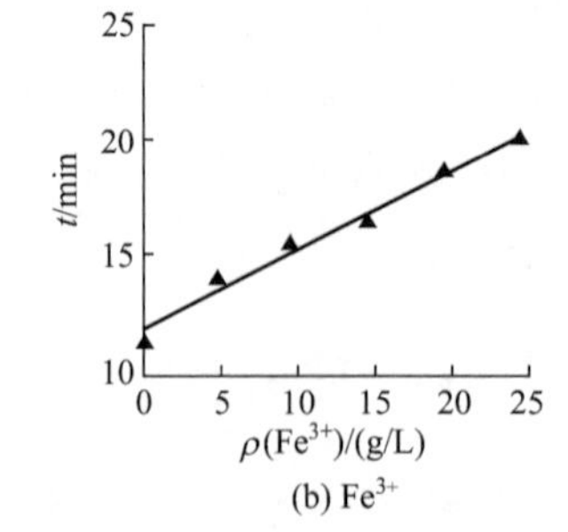

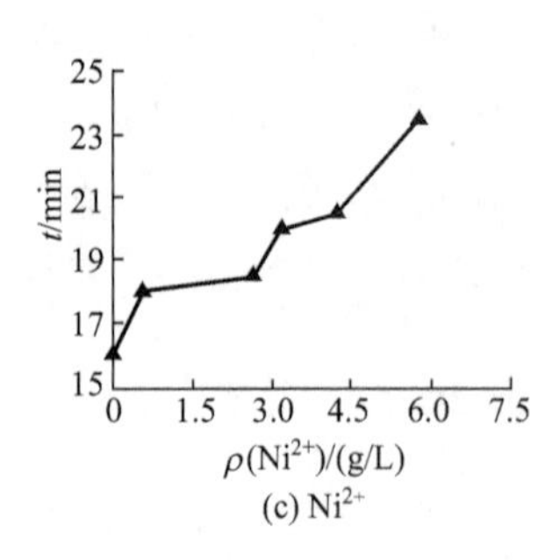

图 8-30　Cr^{3+}、Fe^{3+} 和 Ni^{2+} 对着色时间的影响曲线

从图 8-30 可见，随着着色液中 Cr^{3+}、Fe^{3+} 和 Ni^{2+} 的浓度增加，到达设定着色电位差所需的时间均延长。Cr^{3+} 对着色时间的延长程度最大，Cr^{3+} 由 0 增加到近 40g/L 时，对应同一着色电位差 16mV，着色时间延长近 18min，在 Cr^{3+} 超过 45g/L 后，对应相同电位，着色时间延长 1 倍多，此时着色色液已不再适合着色。

由图 8-30(b) 可知，Fe^{3+} 由 0 增加到 25g/L 时，时间延长 10min。

由图 8-30(c) 可知，Ni^{2+} 由 0 增加到 6g/L 时，对着色时间延长近 8min，可见影响程度比较少。

着色液中 Cr^{3+}、Fe^{3+}、Ni^{2+} 都会延长着色时间，减慢着色速率，减弱着色能力。

8.9.3 Cr^{3+}、Fe^{3+}、Ni^{2+} 对着色膜色泽与色调的影响

(1) Cr^{3+} 对着色膜的影响。在固定着色电位差为 16mV 下，检测不同 Cr^{3+} 浓度的着色液对着色膜的影响。实验用自制的镜面反射装置，配合分光光度计，检测不同 Cr^{3+} 浓度着色液中制得的彩色不锈钢工件的透光率值和对应的波长值，间接反映着色膜的色泽与色调，检测结果见表 8-41。

表 8-41 Cr^{3+} 对着色膜的影响

Cr^{3+}/(g/L)	最大透光率 T/%	波长 λ/nm
0	54.2	586～595
5.943	52.5	590～596
11.886	51.8	590～594
17.829	50.8	590～640
23.772	50.0	596～602
29.715	49.3	590～605
35.638	48.1	596～608
41.601	45.4	600～612

由表 8-41 可知，随着着色液中 Cr^{3+} 浓度的增加，着色膜的最大透光率逐渐降低，呈起初降低慢，随后降低快的趋势。当 Cr^{3+} 由 0 增加到 29.715g/L 时，最大透光率值仅降低约 5%；Cr^{3+} 由 29.715g/L 增加到 41.601g/L 时，最大透光率降低约 4%。这与实际目测到在大浓度 Cr^{3+} 着色液中不锈钢着色膜的亮度低相吻合。同时，从着色膜最大透光率对应的波长值可发现，色调由黄色慢慢过渡到橙色，可知 Cr^{3+} 浓度的增加会使色调向后偏移。

(2) Fe^{3+} 对着色膜色彩的影响。在固定着色电位差为 16mV，表 8-42 为 Fe^{3+} 对着色膜的影响。

表 8-42 Fe^{3+} 对着色膜的影响

Fe^{3+}/(g/L)	最大透光率 T/%	波长 λ/nm
0	53.7	586～595
4.85	53.2	590～602
9.70	52.8	598～606
14.55	52.5	598～606
19.40	52.7	598～606
24.25	52.6	596～606

由表 8-42 可见，随着 Fe^{3+} 浓度的增加，着色膜的最大透光率变化很小，当 Fe^{3+} 由 0 增加到 24.25g/L 时，着色膜最大透光率仅降低 1.1%。Fe^{3+} 浓度的增大，使着色膜色调沿色彩变化规律略微向后偏移，变化趋势较小。

（3）Ni^{2+} 对着色膜色调的影响。固定着色电位差为 18mV，表 8-43 为 Ni^{2+} 对着色膜的影响。

表 8-43 Ni^{2+} 对着色膜的影响

Ni^{2+}/(g/L)	最大透光率 T/%	波长 λ/nm
0	57.4	532～538
1.575	54.8	538～544
2.625	49.4	538～542
3.150	49.2	538～543
3.675	44.5	536～542
4.725	44.2	536～542
5.250	42.8	536～540
5.775	37.5	530～538
8.000	8.2	516～524

从表 8-43 可见，随着 Ni^{2+} 浓度由 0 增大到 5.775g/L 时，着色膜最大透光率降低近 20%，与直接目测表面亮度逐渐变暗是一致的，当 Ni^{2+} =8g/L 时，透光率极低，着色液已不再适合着色，是着色液中允许 Ni^{2+} 存在的最大值，且波长减小，色调向前偏移。

8.9.4 着色液中 Cr^{3+}、Fe^{3+} 或 Ni^{2+} 的极限浓度

着色液中 Cr^{3+}、Fe^{3+} 和 Ni^{2+} 的浓度的增大的影响：

① Cr^{3+} =30g/L 时是决定着色老化的起色电位快速上升的主要因素；

② Cr^{3+} 和 Ni^{2+} 对着色能力减弱的影响大；

③ Cr^{3+}、Fe^{3+}、Ni^{2+}浓度的变化均会影响着色膜的色泽和色调；

④ $Cr^{3+}>45g/L$、$Fe^{3+}>30g/L$，或 $Ni>8g/L$ 时，着色液均已不再适合着色。

8.10 不锈钢彩色着色液分析方法

8.10.1 铬酐和三价铬的测定

（1）方法原理。

① 铬酐。铬酐在酸性硫酸溶液中水解转变成重铬酸根离子，反应式如下：

$$2CrO_3+H_2O=\!=\!=2H^++Cr_2O_7^{2-}$$

1个重铬酸根离子（六价铬）被6个亚铁离子还原为2个三价铬离子，由此可根据亚铁离子的消耗量计得六价铬的浓度，反应式如下：

$$Cr_2O_7^{2-}+6Fe^{2+}+14H^+=\!=\!=2Cr^{3+}+6Fe^{3+}+7H_2O$$

② 三价铬。三价铬在酸性溶液中，在硝酸银的催化下，以过硫酸铵氧化三价铬成六价铬，反应式如下：

$$2Cr^{3+}+3(NH_4)_2S_2O_8+7H_2O=\!=\!=Cr_2O_7^{2-}+3(NH_4)_2SO_4+3H_2SO_4+8H^+$$

然后以亚铁离子还原包括原有的六价铬和加上由新生成的由三价铬而成的六价铬的总铬量，然后以消耗的亚铁离子毫升数减去原有的六价铬所消耗的亚铁离子毫升数的差额，即求得三价铬的数量。

硝酸银对氧化反应仅起催化作用。银离子和过硫酸铵先生成硫酸银，过硫酸银能将三价铬氧化成六价铬，氧化反应完成后，过硫酸银仍恢复成硝酸银状态。硝酸银用量很小，以0.1mol/L的硝酸银只需要加10滴即足以发挥作用，对整个反应无不良影响。但过量的过硫酸铵会消耗亚铁离子，故对测定有干扰作用。在滴定亚铁前，必须经煮沸，从冒小泡转至冒大泡数分钟，完全分解过量的过硫酸铵而放出氧气。反应式如下：

$$2(NH_4)_2S_2O_8+2H_2O=\!=\!=2(NH_4)_2SO_4+2H_2SO_4+O_2\uparrow$$

（2）试剂。

① 1+1硫酸。1体积分量硫酸加入1体积分量的水。

② 苯基代邻氨基苯甲酸（PA酸）指示剂。0.5g苯基代邻氨基苯甲酸溶解至10g/L碳酸钠的溶液100mL中（相当于1g碳酸钠溶于100mL水中）。

③ 标准0.1mol/L硫酸亚铁铵溶液。

a. 配制。称取分析纯硫酸亚铁铵40g［$FeSO_4\cdot(NH_4)SO_4\cdot 6H_2O$］溶于冷

的 5+95 硫酸（5 体积分量硫酸溶于 95 体积分量水）1000mL 中，定量至刻度。亚铁溶液易氧化，应加入纯铝片若干于溶液中，储存 3～5d，以还原可能存在的 Fe^{3+}。在使用前标定其摩尔浓度。在标定前先配制好 0.1mol/L 浓度的重铬酸钾标准溶液。

b. 0.1mol/L 重铬酸钾溶液的配制。在称量瓶中称取分析纯重铬酸钾 30g，在 150℃烘箱中干燥 1h，在干燥器内冷却至常温，在分析天平中准确称量至小数点后四位数 W_2，然后将重铬酸钾溶解于水中，在称量瓶中稀释至 1L 刻线。重铬酸钾摩尔浓度 $M_K=(W_2-W_1)\div 29.421$（式中 W_1 为空称量瓶重），不需标定。

c. 标定。用移液管吸取标准 0.1mol/L 重铬酸钾溶液 5mL 于 250mL 锥形瓶中，加水 50mL，1+1 硫酸溶液 10mL，加 PA 酸指示剂 4 滴，溶液呈橙黄色。用配制好的 0.1mol/L 硫酸亚铁铵滴定，由橙黄转紫红色（近终点前）突变为亮绿色为终点，记录所耗用的硫酸亚铁铵体积 V（mL）。反应式如下：

$$Cr_2O_7^{2-}+14H^++6Fe^{2+}=\!=\!=2Cr^{3+}+6Fe^{3+}+7H_2O$$

由上式可知：1mol 的重铬酸可氧化 6 个 Fe^{2+}。

d. 计算硫酸亚铁铵溶液的摩尔浓度 M。

$$M=\frac{5M_K\times 6}{V}$$

式中，5 为所取重铬酸钾标准溶液毫升数；M_K 为重铬酸钾标准溶液摩尔/升浓度；6 为重铬酸钾与 Fe^{2+} 化合分子数比。

由于 Fe^{2+} 不稳定而氧化变化，最好每次在使用前用重铬酸钾标准溶液校核 1 次。

④ 1%硝酸银溶液。称取 1g 硝酸银溶于 100mL 水中。

⑤ 固体过硫酸铵。

（3）分析步骤。

① 用移液管吸取着色液 5mL 于 100mL 容量瓶中，加水稀释至刻度摇匀。

② 用移液管吸取稀释液各 5mL 于 A、B 两个 250mL 锥形瓶中（相当于原液 0.25mL），各加水 50mL（A 瓶用于测定铬酐，B 瓶用于测定三价铬）。

③ 各加 1+1 硫酸 5mL。

④ 在 B 瓶中加硝酸银溶液 0.5mL。

⑤ 在 B 瓶中加过硫酸铵 1～2g，摇匀，待过硫酸铵溶解，溶液褐色转变为亮橙色，煮沸后由小气泡冒出转至大气泡 2min 后，冷却。

⑥ 向 A、B 两瓶各加 PA 酸指示剂 4 滴，摇匀，呈棕褐色。

⑦ 用标准 0.1mol/L 硫酸亚铁铵溶液滴定至近终点时呈紫红色，再滴定至突变

为亮绿色为终点。记录分析 A、B 两瓶所耗用硫酸亚铁铵标准溶液体积各为 V_A 和 V_B。反应式如下：

$$CrO_3+3Fe^{2+}+6H^+ = Cr^{3+}+3Fe^{3+}+3H_2O$$

从上式可知，1 个 CrO_3 与 Fe^{2+} 反应比为 1∶3。

（4）计算。

$$含铬酸\ CrO_3(g/L)=\frac{\frac{1}{3}MV_A\times 100}{0.25}=MV_1\times 6.667$$

式中，100 为 M_{CrO_3}；M 为硫酸亚铁铵摩尔浓度，mol/L；0.25 为所取溶液体积，mL。

含三价铬

$$Cr^{3+}(g/L)=\frac{\frac{1}{3}M(V_B-V_A)\times 52}{0.25}=M(V_2-V_1)\times 3.467$$

式中，52 为 Cr 的相对原子质量。

8.10.2　硫酸的测定

（1）硫酸的分析原理。以甲基橙为指示剂，用氢氧化钠标准溶液对着色液中的硫酸进行酸碱中和滴定，着色液中的铬酸也要消耗氢氧化钠，在结果计算中要按 8.10.1 求得的铬酸减去酸值，甲基橙在 $pH<3.1$ 时为红色，在滴定过程中，试液由红色转变为橙色即为终点，此时，$pH=4.4$，H_2SO_4 分子中只有第 1 个氢原子被中和。H_2CrO_4 分子中也只有第 1 个氢原子被中和。

（2）试剂。

① 甲基橙指示剂。0.1g 甲基橙溶解于 100mL 热水中，搅拌溶解，如有不溶物应过滤。

② 1mol/L 氢氧化钠标准溶液。

a. 配制。称取氢氧化钠（AR）40g，以冷沸水溶解于 1L 烧杯中，搅拌澄清冷却后，稀释至 1L 容量瓶中至刻度。

b. 标定。称取 AR 级苯二甲酸氢钾 4g（4 位有效数字）于称量瓶中，在 120℃ 干燥 2h 后于 250mL 锥形瓶中，加水 100mL，温热搅拌溶解后，加入酚酞指示剂（1g 酚酞溶解于 80mL 乙醇中，溶解后加水稀释至 100mL）2 滴，用配制好的氢氧化钠溶液滴定至淡红色为终点。

$$氢氧化钠标准溶液摩尔浓度\ C=\frac{m\times 1000}{V\times 204.2}$$

式中，V 为耗用氢氧化钠标准溶液体积，mL；m 为苯二甲酸氢钾质量，g；204.2 为苯二甲酸氢钾分子量。

（3）分析步骤。

① 用移液管取着色液 1mL 于 250mL 锥形瓶中。

② 移液管用少量水冲滴管内附着的着色液。

③ 加水 50mL，摇匀。

④ 加甲基橙 5 滴，呈红色。

⑤ 用 1mol/L 氢氧化钠标准溶液滴定，试液红色刚转变为橙黄色即为终点，记录消耗氢氧化钠标准溶液体积 V_1(mL)。

（4）计算。

$$硫酸\ H_2SO_4(g/L)=\frac{cV_1\times 98}{2}-\frac{CrO_3}{2}$$

式中，98 为 $M_{H_2SO_4}$；c 为氢氧化钠摩尔浓度，mol/L；2 为硫酸分子中的氢原子数；CrO_3 为 8.10.1 计算得 CrO_3 含量；第二个 2 为 CrO_3 在着色液中成 H_2CrO_4 的氢原子数。

8.10.3 Fe^{3+}的测定

（1）Fe^{3+}的分析原理。分析方法采用碘滴定法，即在酸性条件下，用碘化钾加入分析液中，碘离子与铬酸和三价铁离子定量地生成碘，反应式如下：

$$CrO_3+3I^-+6H^+ = Cr^{3+}+\frac{3}{2}I_2+3H_2O$$

$$Fe^{3+}+I^- = Fe^{2+}+\frac{1}{2}I_2$$

由上两式可见，1 个铬酸分子要消耗 3 个 I^-，生成$\frac{3}{2}$个 I_2；1 个 Fe^{3+} 消耗 1 个 I^-，生成$\frac{1}{2}$个 I_2。

再用硫代硫酸钠标准溶液滴定，生成的碘原子以淀粉作指示剂，求得生成的全量碘所消耗的硫代硫酸钠标准溶液的总体积，反应式如下：

$$I_2+2S_2O_3^{2-} = 2I^-+S_4O_6^{2-}$$

通过$\frac{1}{6}Cr_2O_7^{2-}$ 和 Fe^{3+}的含量之和，减去$\frac{1}{6}Cr_2O_7^{2-}$ 的含量，即可求得 Fe^{3+} 的含量。

（2）试剂。

① 0.1mol/L 硫代硫酸钠标准溶液。

② 固体碘化钾 KI。

③ 1%可溶性淀粉溶液。

④ 1+1 H_2SO_4 溶液。

(3) 分析步骤。

① 取着色液 5mL 置于 100mL 容量瓶中，加水稀释至刻线。

② 取稀释液 5mL 于带盖 250mL 锥形瓶中（相当于原液 0.25mL）。

③ 加水 50mL。

④ 加 1+1 H_2SO_4 溶液 10mL。

⑤ 加碘化钾约 2g，摇匀，加盖，暗处放置 10min，此为析出碘的溶液。

⑥ 用 0.1mol/L $Na_2S_2O_3$ 标准溶液滴定含碘的溶液至淡黄色，加淀粉溶液 3mL，呈蓝色，继续滴定突变蓝绿色为终点，记下硫代硫酸钠标准溶液消耗的体积 V_1(mL)。

(4) 计算原理。通过全碘量所消耗的硫代硫酸钠体积 V_1 与硫代硫酸钠的摩尔浓度 c_1 之乘积除以 0.25 所取体积（mL）减去测 CrO_3 时消耗的硫酸亚铁铵体积 V_A 与硫酸亚铁铵摩尔浓度 M 的积的 $\frac{1}{3}$ 除去所取溶液体积 5mL [详见 8.10.1 之 (4) 之计算式]。

计算式

$$Fe^{3+}(g/L)=\left(\frac{c_1V_1}{0.25}-\frac{\frac{1}{3}MV_A}{5}\right)\times 55.86$$

式中，55.86 为铁的原子量。

8.10.4 Ni^{2+}的测定

(1) Ni^{2+} 分析原理。在着色液试样 1mL 中先加硫酸亚铁铵标准溶液，还原着色液中所含铬酸，用量参照在测 CrO_3 时 V_A 的 $\frac{1}{5}$，然后加抗坏血酸及酒石酸掩蔽铁，然后加氨水中和着色液中的硫酸至中性，再加 pH=10 缓冲溶液，以紫脲酸铵为指示剂，用 EDTA 滴定至紫红色为镍的含量。此法为每 1mL 0.05 EDTA 标准溶液可测得镍量为 0.05×58.69=2.9g，而镍的最高限量为 8g，故仍是可用的方法。如着色液中加有硫酸锌，则所得为镍、锌总量，应按 8.10.4 测出锌盐减去锌量，计算出镍量。

(2) 试剂。

① 固体抗坏血酸。

② 固体酒石酸。

③ 0.05mol/L EDTA 标准溶液。

a. 配制。称取乙二胺四乙酸二钠（EDTA·2Na）20g，以水加热溶解后，冷却，稀释至1L容量瓶刻线处。

b. 标定。称取分析纯（99.9%）金属锌薄片0.4000g（有效数字四位），于200mL烧杯中，将锌片折曲后缓慢加入少量1+1盐酸，直至溶解完全，小心过快过多溢出杯外，冷却后移入100mL容量瓶中，加水稀释至刻度，摇匀，此为锌标准溶液，其浓度 $c_1 = m/65.38 \times 10$mol/L，m 为锌片的质量，g。用移液管吸取此锌标准溶液20mL，于250mL锥形瓶中，加水50mL，滴加氨水至微氨性（或微浑浊状）加pH=10缓冲溶液10mL，络黑T指示剂少许，使溶液呈现微紫红色，以配好的EDTA标准溶液滴定至由紫红刚变蓝色为终点，记耗用EDTA标准溶液 V(mL)，EDTA标准溶液标定浓度 $c = 20c_1 \div V$mol/L。

④ 缓冲溶液（pH=10）。

⑤ 紫脲酸铵指示剂。

⑥ 氨水，相对密度0.89。

（3）分析步骤。

① 用移液管吸取1mL着色液于250mL锥形瓶中。

② 加水50mL。

③ 加抗坏血酸2g。

④ 加酒石酸2g。

⑤ 加氨水至微碱性（用试纸0～14测）。

⑥ 加pH=10缓冲溶液10mL，如果溶液变浑浊，再加抗坏血酸和酒石酸，使溶液在摇匀后变清。

⑦ 加紫脲酸胺0.1g，摇匀。

⑧ 以0.05mol/L EDTA标准溶液滴定至玫瑰红色为终点，记录消耗体积 V_1(mL)。

（4）计算。

$$含镍\ (g/L) = c(V_1 - V_2) \times 58.69$$

式中，c 为0.05mol/L EDTA标准溶液摩尔浓度，mol/L；V_2 为在8.10.5中0.05mol/L EDTA测镍时消耗体积 V_2，mL；58.69为镍相对原子量。

8.10.5 添加剂 $ZnSO_4$ 的分析

（1）$ZnSO_4$ 分析原理。在着色液中含有 Fe^{3+}、CrO_4^{2-}、H_2SO_4，加入抗坏血酸以还原 Fe^{3+} 为 Fe^{2+}，加氰化物与铁和锌等金属离子络合，加甲醛后，释放出锌离子，在 pH=10 的缓冲溶液中，以铬黑 T 作指示剂，用 EDTA 滴定锌，从而求得硫酸锌的含量，铬酸离子对 EDTA 的滴定在碱性条件下不干扰。着色液中硫酸锌含量为 5～6g/L，每 1mL EDTA 可求得 14g/L。

（2）试剂。

① 固体抗坏血酸。

② 固体酒石酸。

③ 0.05mol/L EDTA 标准溶液。

④ pH=10 缓冲溶液。

⑤ 氨水，相对密度 0.89。

⑥ 1+1 甲醛溶液。

⑦ 20%氰化钾溶液。

⑧ 铬黑 T 指示剂。

（3）分析步骤。

① 用移液管吸取 1mL 着色液于 250mL 锥形瓶中。

② 加水 50mL。

③ 加抗坏血酸 2g，以还原 Fe^{3+}。

④ 加酒石酸 2g，以络合 Fe^{3+}。

⑤ 加氨水至呈微碱性（用广泛试纸 0～14 测）。

⑥ 加 pH=10 缓冲液 10mL，如果溶液变浑浊，再加抗坏血酸和酒石酸，使溶液在摇匀后变清。

⑦ 加铬黑 T 指示剂少量，摇匀，变蓝色，如溶液达不到蓝色，可适量滴加 EDTA 溶液至刚变蓝色（不计数，不可多加）。

⑧ 加 1+1 甲醛 1mL，摇匀变红色，释出锌，不变红表示无锌。

⑨ 以 0.05mol/L EDTA 标准溶液立即逐滴滴定至变蓝色为终点，记录消耗体积 V_2(mL)。

（4）计算。

$$含硫酸锌\ ZnSO_4 \cdot 7H_2O(g/L) = cV_2 \times 288$$

式中，c 为 EDTA 标准溶液摩尔浓度，mol/L；V_2 为耗用 EDTA 标准溶液体积，mL；288 为 $M_{ZnSO_4 \cdot 7H_2O}$。

8.10.6 添加剂 $MnSO_4$ 的分析

（1）$MnSO_4$ 的分析原理。如果在着色液中加入 $MnSO_4$，其量为 3～4g/L，在过量氨水存在下，用过硫酸铵氧化 Mn^{2+} 为 MnO_2 沉淀，过滤分离出来，再用盐酸

羟胺还原为 Mn^{2+}，加三乙醇胺掩蔽可能存在的金属杂质如 Fe^{3+}，以铬黑 T 为指示剂，用 EDTA 滴定求得 Mn^{2+}。

（2）试剂。

① 氨水，相对密度 0.89。

② 1+19 氨水。

③ 过硫酸铵，固体。

④ 10%盐酸羟胺。

⑤ 1+1 三乙醇胺。

⑥ 20%氰化钾溶液。

⑦ pH=10 缓冲液。

⑧ 铬黑 T 指示剂。

⑨ 0.05mol/L EDTA 标准溶液。

（3）分析步骤。

① 吸取着色液 5mL 于 250mL 锥形瓶中。

② 加氨水 10mL，中和至带氨性（用 1～14 试剂干条在瓶中变蓝色）。

③ 加过硫酸铵 2g，摇匀溶解后稍加热几分钟，冷却。

④ 干纸过滤，以 1+19 氨水洗涤滤纸上的 MnO_2 沉淀 3 次，弃去滤液。

⑤ 用 10%盐酸羟胺滴在滤纸上溶解沉淀物，用水洗净滤纸，滤液收集于锥形瓶中。

⑥ 加三乙醇胺溶液 5mL。

⑦ 加氰化钾溶液 5 滴。

⑧ 加 pH=10 缓冲剂 10mL。

⑨ 加铬黑 T 指示剂少许，呈紫红色。

⑩ 用 0.05mol/L EDTA 标准溶液滴定至蓝色为终点，记录消耗 EDTA 标准溶液体积 V_3(mL)。

（4）计算。

$$\text{硫酸锰 } MnSO_4 \cdot H_2O(g/L) = \frac{cV_3 \times 169.0}{5}$$

式中，c 为 EDTA 标准溶液摩尔浓度，mol/L；V_3 为消耗 EDTA 标准溶液体积，mL；169.0 为 $M_{MnSO_4 \cdot H_2O}$；5 为所取着色液体体积，mL。

8.10.7　添加剂钼酸铵的分析

8.10.7.1　硝酸铅标准溶液滴定法

（1）分析原理。在不锈钢化学着彩色溶液中钼酸铵能使所着彩色膜更加鲜艳，因此，钼酸铵的加入量最多可达30g/L，一般为5～8g/L。其含量完全可用常规滴定法求得。着色液在pH＝6的乙酸-乙酸钠缓冲溶液中，温度为60℃时，用4-（2-吡啶偶氮）间苯＝酚一钠盐（PAR）为指示剂，用硝酸铅标准溶液滴定，溶液由橙色明显变为紫红色为终点。溶液中存在的铬酸和硫酸对硝酸铅有消耗，应从消耗的硝酸铅中减去铬酸和硫酸已知的摩尔毫升值。反应式如下：

$$MoO_4^{2-}+Pb^{2+}\longrightarrow PbMoO_4 \tag{8-10}$$

$$Mo_7O_{24}^{6-}+3Pb^{2+}\longrightarrow Pb_3Mo_7O_{24} \tag{8-11}$$

$$CrO_3+Pb^{2+}+H_2O\longrightarrow PbCrO_4+2H^+ \tag{8-12}$$

$$H_2SO_4+Pb^{2+}\longrightarrow PbSO_4+2H^+ \tag{8-13}$$

由式(8-10)可见，由分子量为19601的钼酸铵的1个钼酸根离子和1个铅离子反应，生成1个钼酸铅（$PbMoO_4$）分子。

由式(8-11)可见，由分子量1235.86的钼酸铵［$(NH_4)_6Mo_7O_{24}\cdot 4H_2O$］的1个$Mo_7O_{24}^{6-}$和3个铅离子反应，生成1个钼酸铅（$Pb_3Mo_7O_{24}$）分子。

由式(8-12)可见，由1个铬酐和1个铅离子反应，生成1个铬酸铅分子。

由式(8-13)可见，由1个硫酸和1个铅离子反应，生成1个硫酸铅分子。

（2）试剂。

① pH＝6乙酸-乙酸钠缓冲溶液。称取100g乙酸钠（$CH_3COONa\cdot 3H_2O$）溶于约500mL水中，加5.7mL冰乙酸，稀释至1000mL。

② 硝酸铅标准溶液0.05mol/L。

a. 配制。称取17g硝酸铅［$Pb(NO_3)_2$］溶于水，加入1＋1硝酸2mL，在1000mL容量瓶中加水至刻度线，摇匀。

b. 标定。取0.05mol/L EDTA标准溶液20mL(V_1）于250mL锥形瓶中，加入100g/L六亚甲基四胺15mL，加水70mL，加2～4滴二甲酚橙指示剂（2g/L)，用已配好的硝酸铅溶液滴定，至溶液由黄变红为终点，记录消耗硝酸铅体积V_2(mL)。

c. 计算。

$$硝酸铅摩尔浓度=c_{EDTA}V_1/V_2$$

③ 4-(2-吡啶偶氮)-间苯二酚-钠盐（PAR）指示剂。称取0.1g 4-(2-吡啶偶氮)-间苯二酚（PAR)，溶于乙醇（95％）100mL中。

④ 氨水，相对密度0.89。

（3）分析步骤。

① 取着色液1mL，加水30mL。

② 加水50mL。

③ 加氨水至溶液呈pH＝7弱中性（用0～14广泛pH试纸)。

④ 加 pH＝6 乙酸-乙酸钠缓冲液 10mL。

⑤ 加热至 60℃。

⑥ 加 2 滴 PAR 指示剂，呈黄色。

⑦ 用 0.05mol/L 硝酸铅标准溶液滴定至粉红色为终点，记录硝酸铅消耗体积 V_1(mL)。

(4) 计算。

① 按式(8-11) 反应。

$$钼酸铵\ (NH_4)_6Mo_7O_{24} \cdot 4H_2O(g/L)=\left(\frac{c_1V_1}{3}-2c_2V_2\right)\times 1235.86$$

式中，1235.86 为钼酸铵［$(NH_4)_6Mo_7O_{24} \cdot 2H_2O$］的分子量；3 为按式(8-11) 1 个钼酸铵分子和 3 个铅离子反应；c_1 为硝酸铅摩尔浓度，mol/L；V_1 为硝酸铅消耗体积，mL；2 为在 8.10.2 方法中用 NaOH 标准溶液测定硫酸时也同时测定了铬酸，用甲基橙指示剂只消耗两种酸中 2 个氢原子中的 1 个氢原子，故应乘以 2 倍；c_2 为按 8.10.2 中所用 NaOH 标准溶液的摩尔浓度；V_2 为按 8.10.2 中所耗用 NaOH 标准溶液的毫升数，mL。

② 按式(8-10) 反应。

$$钼酸铵\ (NH_4)_2MoO_4(g/L)=(c_1V_1-2c_2V_2)\times 196.01$$

式中，c_1 为硝酸铅标准溶液的摩尔浓度，mol/L；V_1 为硝酸铅标准溶液消耗体积，mL；2 为第 2 项中与计算①中按 8.10.2 分析方法中所需乘以 2 倍相同；196.01 为钼酸铵［$(NH_4)_2MoO_4$］分子量。

8.10.7.2　分光光度法

(1) 分析原理[97]。采用硫氰酸盐分光光度法测定着色液中的钼酸盐时，先用硫酸亚铁铵溶液将着色液中的铬酸还原为 Cr^{3+}（其用量参照 8.10.1 中在滴定铬酸中所消耗的亚铁铵溶液体积 V_A 的 $\frac{1}{5}$mL)，再用氨水中和溶液中的硫酸，使成中性 (pH0～14 试纸测)，然后用硫脲还原剂将钼酸盐中的 Mo^{6+} 还原为 Mo^{5+}，以硫氰酸盐为显色剂，加入 Fe^{2+} 作为显色液稳定剂，以铜盐作显色的催化剂，用沸水浴加快生成橙红色配合物的显色速率。最大吸收波长：$\lambda_{max}=460$nm；摩尔消光系数：$\varepsilon_{460}=9.65\times10^5$L/(mol·cm)。在 50mL 显色液中，$m_{钼}$ 在 50～300μg 范围内，显色液符合比耳定律。

(2) 仪器。

① 分光光度计。

② 比色皿：1cm。

（3）试剂。

① 0.02mol/L 硫酸亚铁铵标准溶液。

② 氨水，相对密度 0.89。

③ 1+1 硫酸。

④ 硫脲 [$(NH_2)_2CS$] 50g/L。

⑤ 硫氰酸铵（NH_4SCN）200g/L。

⑥ $CuSO_4$-$FeSO_4$ 混合液。(AR)$CuSO_4 \cdot 5H_2O$ 10g、(AR) $(NH_4)_2Fe(SO_4)_2 \cdot 12H_2O$ 20g 以水溶解后稀释至 500mL，摇匀。

⑦ 钼标准溶液。100.0μg/mL，精确称量（AR）$Na_2MoO_4 \cdot 2H_2O$ 0.1167g，以水溶解至 500mL 容量瓶中定容摇匀备用（$0.1167 \div 223.9 \times 95.94 \div 500 = 0.0001$mg/mL）。

⑧ 钼工作溶液。50.0μg/mL：用 25mL 大肚移液管取 100.0μg/mL 浓度的钼标准溶液放入 50mL 容量瓶中，加水至刻线摇匀，备用。

（4）钼的校准曲线制作。

① 在 7 支 50mL 比色管中，分别加入 50.0μg/mL 钼工作溶液 0、1mL、2mL、3mL、4mL、5mL、6mL。

② 在每支比色管中，加入（1+1）H_2SO_4 5mL，摇匀。

③ 加入 $CuSO_4$-$FeSO_4$ 混合溶液 5mL，摇匀。

④ 加入 50g/L $CS(NH_2)_2$ 10mL，摇匀。

⑤ 加入 200g/L 的 NH_4SCN 溶液 5mL，摇匀。

⑥ 将 7 支比色管中的溶液浸入到沸水浴锅中的液面以下，并不停地晃动比色管，使试液受热均匀，以秒表准确计时 30s 后，立即从水浴锅中取出，立刻用自来水的流水将其冷却至室温后，以水定容后摇匀，然后再取一支比色管进行水浴加热显色，将 7 支比色管中的溶液全部加热显色，并冷却，定容。

⑦ 在分光光度计上，于 460nm 波长处，用 1cm 的比色皿，以试样空白为参比溶液，测定吸光度。

⑧ 以吸光度 A 为纵坐标，以钼的质量（m_{Mo}/μg）为横坐标，制作钼的校准曲线，见图 8-31。

（5）测定步骤。

① 吸取着色液 V_1=1mL 加入 100mL 容量瓶中，以水稀释至刻度线后摇匀。稀释液为 V/mL。

② 从容量瓶中（V/mL）吸取相同体积的稀释液 V_2=1～5mL 两份加入 2 只 50mL 的比色管中。

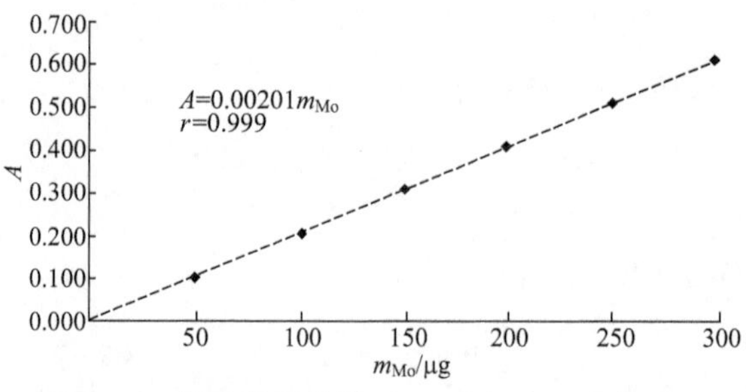

图 8-31　钼的校准曲线（460nm，1cm 比色皿）

③ 在 2 只 50mL 的比色管中，分别加入：5mL（1＋1）H_2SO_4，摇匀，5mL $CuSO_4$-$FeSO_4$ 混合溶液，摇匀，10mL 50g/L $CS(NH_2)_2$，摇匀。

④ 在 1 只比色管中加入 5mL 200g/L NH_4SCN，另 1 只比色管则加入 5mL 水，摇匀。

⑤ 按（4）校准曲线的制作中的步骤在沸水浴中加热 30s，冷却、定容、摇匀。

⑥ 在分光光度计上，于 460nm 波长处，用 1cm 的比色皿，以试剂空白（即加入 5mL 水的那支比色管中的试液）为参比溶液，测定吸光度 A 位。

⑦ 在图 8-31 钼的校准曲线（460nm，1cm 比色皿）上，依据吸光度 A 的值查出钼的质量［$m_{Mo}(\mu g)$］。

（6）计算。

$$钼酸铵（g/L）=\frac{m_{Mo}}{\frac{V_1}{V}V_2}\times\frac{1235.86}{95.94\times7\times1000}$$

式中，m_{Mo}为钼的质量；V_1 为着色液所取样体积，mL；V_2 为吸取稀释液体积，mL；V 为容量瓶标称容积，mL；95.94 为钼（Mo）的相对原子质量；1235.86 为钼酸铵［$(NH_4)_6Mo_7O_{24}\cdot4H_2O$］相对分子质量；7 为钼酸铵分子中含有钼（Mo）的原子数；1000 为计量因数。

8.10.8　稀土元素分析

（1）分析原理。稀土元素有镧铈等 17 种元素，其原子结构具有共同特点，即外层有 2 个电子，次外层有 8 个电子，它们的化学性质都相像，化合价一般是＋3 价。如将着色液中的稀土锌等 Ce^{3+} 氧化成 Ce^{4+}，再以 PA 酸为指示剂，用亚铁铵标准溶液进行测定，即可求得以 Ce^{3+} 为代表的稀土元素的近似含量，稀土元素的原子量比较相近，如铈为 140.15，镧为 138.9，钕为 144.24 等，故以铈的分子量作为代表稀土元素的计算用值，着色液中 Cr^{6+} 对分析稀土有干扰，故要先用 $BaCl_2$ 将其沉淀并过滤除去，钼酸离子为 MoO_4^{2-}，也有干扰作用，要同时用 $BaCl_2$

沉淀分离，但其含量较少。用 $BaCl_2$ 加入着色液中有下列反应：

$$CrO_3 + BaCl_2 + H_2O = BaCrO_4 + 2HCl$$

$$MoO_4^{2-} + BaCl_2 = BaMoO_4 + 2Cl^-$$

$$H_2SO_4 + BaCl_2 = BaSO_4 + 2HCl$$

按 CrO_3、H_2SO_4 的分子量各为 100、98，各需要 1 个 $BaCl_2$，分子量为 208 的 1 个分子沉淀完成。每 1g CrO_3 和 H_2SO_4 各需要 2.1g $BaCl_2$ 来完成。过量的 Ba^{2+} 对分析无干扰。

（2）试剂。

① 1+2 HCl-HNO_3 混合酸液。

② 10% $BaCl_2$ 溶液。

③ 0.2mol/L 硫酸亚铁铵标准溶液。

④ 苯基代邻氨基苯甲酸指示剂（2g/L PA 酸）。

⑤ 1+1 盐酸溶液。

（3）分析步骤。

① 吸取含稀土（一般用量 5g/L）着色液 20mL 于 250mL 锥形瓶中。

② 查阅 8.10.1 节分析着色液铬酐含量及 8.10.2 节着色液硫酸含量，在 20mL 试液中，实际数量乘 2.1 倍加 10% $BaCl_2$ 溶液，约 90～100mL。在 100℃沸腾并保温 1～2h，使体积缩小，沉淀结晶变粗，有利于快速过滤。用少量清水清洗沉淀 1 次，保留滤液，弃去沉淀。

③ 加入 HCl-HNO_3 混酸 20mL，在通柜中加热氧化 Ce 至冒白烟，将镀液中的 Ce^{3+} 氧化。

④ 冷却后加 PA 剂指示剂 4 滴。

⑤ 用微量滴定管，以 0.2mol/L 硫酸亚铁铵标准溶液滴定，至紫红色消失为终点，记录消耗亚铁液的体积 V_2(mL)。

（4）计算。

$$铈的质量\ (g/L) = c\frac{V_2}{V_1} \times 140.12$$

式中，c 为硫酸亚铁铵标准溶液摩尔浓度，mol/L；V_1 为着色液的取样体积，mL；V_2 为硫酸亚铁铵的消耗体积，mL；140.12 为铈的相对分子量。

如果要求稀土质量的求解，可取稀土 1g，按分析步骤③～⑤求得 V_2(mL)，从而计得铈盐相对分子量 $M_{r稀土} = \frac{V_1}{cV_2} \times 1$（$V_1 = 4$mL）。

将求得的 $M_{r稀土}$ 值取代上式的 140.12 值即得稀土值。

8.10.9　不锈钢着色液中偏钒酸钠的分析

在配方16～17中采用偏钒酸钠以代替铬酸作为氧化剂进行着色。偏钒酸钠的含量为95～110（配方16）或130～150g/L（配方17）并含有1100～1200g/L的硫酸。必须保持足够的偏钒酸钠含量，才能得到满意的着色膜，故应及时分析偏钒酸钠的含量。

（1）分析原理。

偏钒酸钠$NaVO_3$中的钒为5价，能被Fe^{2+}在酸性条件下还原为$NaVO_2$，其中钒为3价。反应式为$NaVO_3+2Fe^{2+}+2H^+ = NaVO_2+2Fe^{3+}+H_2O$由式中可见，每2个亚铁离子还原1个钒酸离子。用苯基代邻氨基苯甲酸为指示剂，溶液由紫红色突变为亮绿色指示终点。

（2）试剂。

① 硫酸-磷酸混合酸。硫酸、磷酸、水按体积4+2+4混合而成。

② 0.2mol/L硫酸亚铁铵标准溶液（见8.10.1）。

③ 苯基代邻氨基苯甲酚指示剂（PA酸）（见8.10.1）。

（3）分析步骤。

① 吸取不锈钢着色液5mL于100mL容量瓶中，加水稀释至刻度，摇匀。

② 吸取稀释液5mL（相当于原液0.25mL）于250mL锥形瓶中。

③ 加水50mL。

④ 加硫酸-磷酸混合液10mL，摇匀。

⑤ 加PAC酸指示剂4滴，呈棕色。

⑥ 用0.2mol/L硫酸亚铁铵标准溶液滴定，溶液由棕色变为紫红色，再突变成亮绿色为终点，记录亚铁铵标准溶液滴定消耗的体积V(mL)。

（4）计算。

$$\text{偏钒酸钠含量 (g/L)}=\frac{cV}{2\times 0.25}\times 121.93$$

式中，2为每2个亚铁离子还原1个钒酸离子；c为硫酸亚铁铵标准溶液摩尔浓度，mol/L；V为硫酸亚铁铵标准溶液消耗体积，mL；0.25为所取原液体积，mL；121.93为偏钒酸钠（$NaVO_3$）分子量。

8.11　彩色不锈钢的性能

（1）耐蚀性。用动电位扫描极化曲线（见图8-32）[35]可见，经着色后的不锈钢的点蚀电位比未着色不锈钢提高 100mV，经固膜处理后则提高 450mV 以上。因此，着色处理后的不锈钢，其耐蚀性明显比未着色的不锈钢提高。经着色膜固膜处理后的不锈钢的耐蚀性更高。着色处理后的不锈钢具有优良的耐点腐蚀性能。

缝隙腐蚀实验：孙奇等[17]用 3.5% NaCl+2% $Fe_2(SO_4)_3 \cdot nH_2O$ 水溶液做缝隙腐蚀实验，经 100h 实验后，彩色不锈钢仍能保持原试样鲜艳的光泽，几乎不发生缝隙腐蚀。实验表明，彩色不锈钢具有良好的耐缝隙腐蚀性能。

18-8 彩色不锈钢在英国伯明翰工业大气中暴露 6 年，着色膜只有轻微的变化。彩色不锈钢在海洋性气体中暴露 20 个月，色泽不变。彩色不锈钢有良好的耐候性。

腐蚀电位：图 8-33 为 SUS304 彩色不锈钢与原不锈钢在 0.2mol/L 盐酸水溶液中的腐蚀电位比较，说明彩色不锈钢浸泡在 0.2mol/L 盐酸（相当于 7g/L 盐酸）中长期保持稳定钝态。

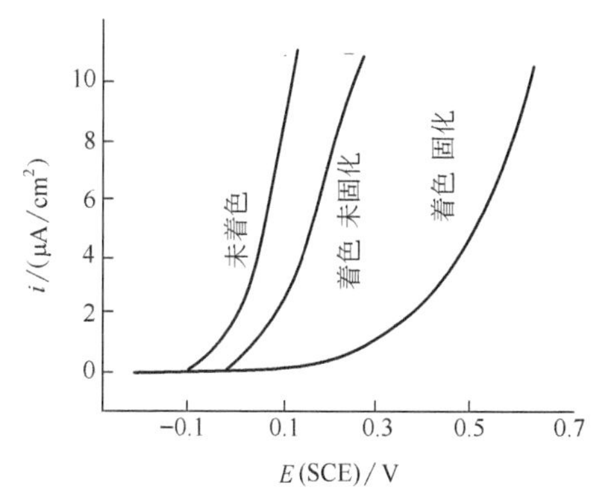

图 8-32　不锈钢试样动电位扫描极化曲线

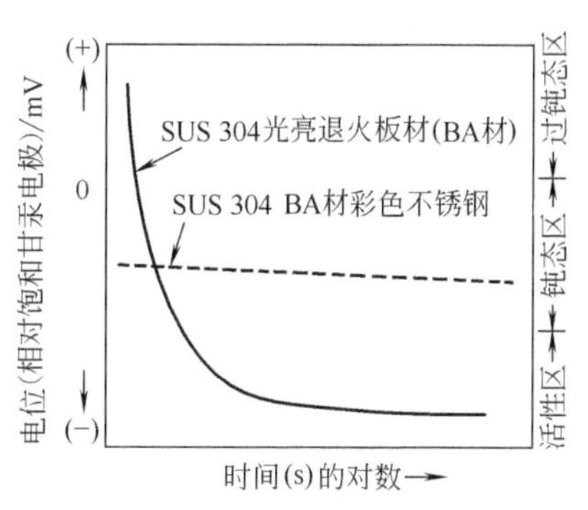

图 8-33　在 0.2mol/L 盐酸中彩色不锈钢表面电位随时间的变化

盐雾腐蚀实验，经过 96h，彩色不锈钢主体金属不腐蚀、不变色。中性盐雾腐蚀实验，按 GB 1771—79 标准，144h 腐蚀实验不变化。

综上所述，彩色不锈钢具有良好的耐蚀性，这是由于 Cr18Ni9 奥氏体不锈钢的彩色膜厚度可达数百至数千埃（$1Å=10^{-8}cm$），而非彩色着色不锈钢的自然氧化膜只有 20～30Å，前者比后者的膜厚度厚得多。此外，彩色不锈钢在固膜处理后有大量三价铬沉积于着色膜微孔内，使着色膜中的铬/铁比远高于基体金属中的比值，故彩色不锈钢的耐蚀性比非着色不锈钢优越。

（2）光学性能。彩色不锈钢表面色彩是其表面反射光与通过表面透明膜的折射光的干涉光。由于受不锈钢固有金属色泽的影响，只能显示蓝、黄、红、绿 4 种基本色，加上中间色共有十几种色，不能呈现光谱色中的任何一种颜色。镜面抛光和非镜面抛光的不锈钢均能获得富有光泽的鲜艳色彩、柔和的长期经紫外线照射也不变色的彩色，光学性能经久不变。

（3）耐热性能。

① 彩色不锈钢在沸水中浸泡 28d 无变化。

② 彩色不锈钢在 150℃干燥条件下暴露 35d 无变化。

③ 按 GB 1735—79 标准，彩色不锈钢在 200℃加热 24h 膜层颜色不变，无起泡开裂现象。

④ 彩色不锈钢加热到 300℃无变化。

（4）抗磨和抗刻划性能。

① 按 GB 1768—79 标准，彩色不锈钢着色膜经受负荷 500g 橡皮轮加压摩擦 200 次以上不露底。

② 彩色不锈钢着色膜经得住 50～120g 负荷的钢针刻划。

③ 彩色不锈钢表面经受 888r 摩擦露底时间为 12min。

（5）加工成型性。彩色不锈钢可承受一般模压加工、深延、弯曲等加工、硬化加工、180°弯曲实验和冲深 8mm 的杯突实验，表面膜无损伤。

但大变形量会损害着色膜，使其色泽变坏，彩色不锈钢在加工时，最好采用聚乙烯塑料薄膜加以保护。

（6）表面耐擦洗性。

① 中性洗涤剂溶液擦洗，可以洗净彩色不锈钢表面沾污的指纹、油渍和污垢等损害外观的疵蔽，恢复原有外观。

② 有机溶剂，如汽油、丙酮等擦洗表面污垢，虽然对表面色泽无影响，但有机溶剂挥发后会在不锈钢表面留下污垢痕迹。

③ 禁忌使用对表面有磨损的去污粉或不锈钢丝球擦洗，不仅损伤表面氧化膜，最后可能擦掉着色膜。

④ 耐油污性。在植物油中浸泡 24h，膜层颜色不变，可以擦洗去表面油污。

参 考 文 献

[1] UK，275781. 1927.

[2] US，2172353. 1939.

[3] US，2219554. 1940.

[4] US，2243787. 1911.

[5] US，3210220. 1965.

[6] UK，1122172. 1968.

[7] UK，1122173. 1968.

[8] GB，2066791A；BS-1，122173. 1972.

[9] 过敬之助，中川洋一．ステソレス钢虽素材とず表面技术的现状．铁と钢，1980，66（7）：249-259，1017-1027.

[10] Evans T E，Hart A C，Sledgell A N. Trans Inst Metal Finishing，1973，51：108.

[11] アンソニー，クリフトフアー，ハート．特许公报，昭 52-25817.

[12] 福州大学机械系材料研究室，福建南平汽车配件厂．1Cr18Ni9 不锈钢带环的化学抛光与氧化着色．材料保护，1983，2：31-33.

[13] 荆声．清华大学研制成功不锈钢着色新工艺．北京市科学技术情报研究所．北京：1984.2.10.

[14] 彩色不锈钢中试成功．信息文摘快报．第 4 版．1985-3-24.

[15] 顾晓青，孙奇．不锈钢着色．上海电镀，1983，2：17-21.

[16] 孙奇，顾晓青．彩色不锈钢．电镀与涂饰，1983，2：46.

[17] 孙奇，顾晓青．彩色不锈钢耐腐蚀性能研究．材料保护，1983，3：13.

[18] 王鸿建，陈慧江．不锈钢染色研究．上海电镀，1981，3：1.

[19] 王鸿建．不锈钢染色述评．钟表，1981，11.

[20] 王鸿建，刘秀荣等．不锈钢染蓝色和金黄色研究．兵工学报，1983，2：15.

[21] 王鸿建．谈谈不锈钢染（着）色．电镀与精饰，1983，5：13.

[22] 王鸿建，刘秀荣．不锈钢染色膜的硬化处理．电镀与精饰，1983，6：31.

[23] 王鸿建．不锈钢染色的控制方法．哈尔滨工业大学学报，1984，3：97.

[24] 傅绮君．不锈钢着色的研究．上海电镀，1982，3：35-37.

[25] 刘仁志．不锈钢的彩色化学转化膜处理．电镀与精饰，1984，2：42-44.

[26] 王冰．不锈钢表面化学着色及其硬化处理．电镀与精饰，1987，9（5）：45-46.

[27] 钱加权，周玉福．彩色不锈钢色彩呈不连续光谱色原因的探讨．电镀与精饰，1992，14（2）：11-13.

[28] 毛尚良，黄杜森，张贵荣，林国坦，俞莲芳，虞慧敏．彩色不锈钢制备．电镀与涂饰，1994，13（1）：1-4.

[29] 王先友，蒋汉瀛．彩色不锈钢生产工艺及其耐蚀性的研究．电镀与涂饰，1994，13（3）：5-8.

[30] 刘爱华，徐中耀，李有年，郑兴华．不锈钢化学转化膜显色工艺研究．表面技术，1998，27（6）：13-15.

[31] 薛永强，栾春晖，高保娇，王丽春．不锈钢表面着彩色图案的研究．电镀与精饰，1998，20（2）：9-11.

[32] 钱家权，周玉福．多种多彩不锈钢表壳．2032338U [P]. 1987.10.24.

[33] 缪晓青．多色彩不锈钢表壳．1033548A [P]. 1988.10.26.

[34] 许贤超．SH-1、SH-2 添加剂在不锈钢着色中的应用．电镀与环保，1994，14（4）：15-17.

[35] 王先友，蒋汉瀛．彩色不锈钢研究现状及发展前景．材料保护，1996，29（5）：1-3.

[36] 张碧泉，卢兆忠，刘祖滨，张如胜，林志鹏，蔡滨娜，吴响妹，沈建华，范爱玉．304 光亮不锈钢着色工艺研究．电镀与环保，1997，17（2）：20-22.

[37] 张碧泉，卢兆忠，林建民．不锈钢上紫红色铬酸盐转化膜的研究．材料保护，1999，32（3）：27-28.

[38] 张颖，陶珍东，马艳芳，刘莉．不锈钢着色研究．腐蚀与防护，1998，15（1）：175-177.

[39] 郭稚弧，王海人，贾法龙．不锈钢着色新技术的研究．材料保护，2000，33（5）：32-34.

[40] 朱立群，李晓南，刘晨敏．3Cr13 不锈钢低铬酐化学着色研究．材料保护，2000，33（9）：21-24.

[41] 肖鑫，郭贤烙，钟萍，易翔，魏成亮，于华．不锈钢低温化学着色工艺．材料保护，2001，34（11）：25-27.
[42] JP，81-004151.
[43] JP，56-21040.
[44] JP，52-122234.
[45] JP，56-8107.
[46] JP，55-125273.
[47] 忻元敏译．彩色不锈钢在五大洲的推广．上海电镀，1996，3：60-66.
[48] 王国良．日本的不锈钢着色处理技术．电镀与涂饰，1983，1：49-56.
[49] 高村久雄．进入着色时代的不锈钢．金属，1974，14（10）：51-55.
[50] 沈宁一．表面处理工艺手册．上海：上海科学技术出版社，1991：279.
[51] 贾法龙，郭稚弧．不锈钢着色法研究的新进展．腐蚀与防护，2002，23（6）：249-253.
[52] 草薙芳弘，高田安未．日新制鋼技報，1972，27：40-45.
[53] 小野良吉，征矢昇．日新制鋼技報，1973，28：67-73.
[54] 熊野元彦，古川宪二．日新制鋼技報，1978，39：141-145.
[55] 松本诚一，吉野睦荣．从装饰用途看不锈钢的表面．不锈钢，1977，21（1）：17-21.
[56] Evans T E. Corros Sci，1977，17：105.
[57] 许强龄，吴以南，沈宁一．现代表面处理新技术．上海：上海科学技术文献出版社，1994：325-326.
[58] 曹国庆．不锈钢着色的光干涉效应．表面技术，1994，23（2）：77-80.
[59] Evans T E，Hart A C，Sledgell A N. Trans Inst Metal Finishing，1973，51：108.
[60] 吴昊．影响不锈钢着色的因素．电镀与涂饰，2004，23（1）：54-55.
[61] 阿部征三郎等．ステンレス. 1983，27（3）：17-22.
[62] 高村久雄．防铸管理，1982，26（5）：4-9.
[63] Blower R，Evans T E. Introducing coloured stainless steel. sheet Metal Ind，1974，51（5）：230-234.
[64] 丸林浩等．日新制钢技报，1979，40：55-63.
[65] Siegfried P S. Stahl and Eisen，1981，101（10）：65-66.
[66] 耿文苑．彩色不锈钢的性能及应用．
[67] 加藤栄伸．日本特许公报，昭 56-22953.
[68] 中川洋一．ステンレス，1983，27（7）：2-3.
[69] Furneaux R C，Thompson G E，Wood G C. Corros Sci，1981，21：23.
[70] 李青．不锈钢着色工艺与彩色不锈钢的应用．电镀与精饰，1993，12（4）：52-59.
[71] 竹内武．实务表面技术，1986，13（11）：2.
[72] 丸林浩等．日本特许公报. 1983-27997.
[73] 唐春华．五金科技，1987，4：15.
[74] 李国彬，姜延飞，谷春瑞．不锈钢化学着色工艺的研究．表面技术，1996，25（5）：26-28.
[75] 卢燕平．金属防腐处理．北京：北京科技大学出版社，1989.
[76] 伊万斯 T E. 10th Inter. Finishing：不锈钢着色处理工艺．陈克忠译．伯明输国际镍公司．
[77] 周细应，万润根，韦金平，曾彦彬．不锈钢化学着色工艺探讨．材料保护，1995，28（11）：14-15.

[78] 大连工学院《金属学及热处理》编写小组．金属学及热处理．北京：科学出版社，1977.
[79] 竹内武他．在 SUS304HL 材料着色上微型电子计算机的应用．日新制钢技报，1981，45：47-55.
[80] 高张友夫，近藤秀一．制鉄の研究，1977，292：12372-12374.
[81] 深濑幸重，市桥公四郎．因科方法的彩色不锈钢之概要．不锈钢，1975，20（5）：1-4.
[82] 坂上直哉，竹内武他．日新制鋼技報，1976，34：88-101.
[83] 丸林治，濑产克已他．关于多色彩色不锈钢．日新制钢技报，1979，40：55-63.
[84] 黄杜森，毛尚良，虞慧敏，林国坦，孔宪祖．微机控制镜面彩色不锈钢的制备．电镀与涂饰，1997，16（3）：22-24.
[85] 冯军，叶子青，颜昌富，彭永元．各种因素对不锈钢化学着色的影响．电镀与涂饰，1991，10（1）：29-32.
[86] 李广武，张忠诚，郑淑娟．不锈钢表面着色工艺研究．表面技术，2004，33（5）：57-59.
[87] 金光，张学萍，毕监智．不锈钢着色工艺研究．电镀与精饰，2004，26（6）：23-26.
[88] 张扣山，邵红红，纪嘉明．不锈钢化学着色研究．电镀与精饰，2005，27（2）：33-36.
[89] 杨喜云，龚竹青，陈白珍．厨具用不锈钢的表面化学着色．表面技术，2005，34（2）：53-54.
[90] 曹荣，陈文静，樊新民，赵春阳，胡芳．口腔医用不锈钢托槽表面着色及膜层成分研究．表面技术，2005，34（5）：67-69.
[91] 汤芝平，薛永强，程作慧，栾春晖，龚山华，崔子祥．Cr^{3+}，Fe^{3+} 和 Ni^{2+} 对不锈钢着色的影响．材料保护，2008，41（9）：24-27.
[92] 王鹏程，韩文生．添加剂在不锈钢着色中的应用．电镀与涂饰，2008，27（10）：26-28.
[93] 刘忠宝，梁燕萍．不锈钢化学着色的低温工艺研究．表面技术，2008，37（5）：58-60.
[94] 张述林，王晓波，陈世波．不锈钢着色的研究进展．电镀与精饰，2007，29（1）：36-39.
[95] 陈玉华．彩色不锈钢的发展动向．防腐包装，1987，5：9-13.
[96] 白新德，尤引娟，马春来，陈文莉．利用 ^{18}O 示踪和核反应分析研究不锈钢的着色机制．材料保护，1996，29（1）：12-14.
[97] 戴永盛．电镀化学分析手册．北京：化学工业出版社，2013：502-504.

第9章　不锈钢电化学着彩色

9.1 概　　论

9.1.1　不锈钢电化学着色法使用的电信号

在化学着色法中没有施加外在的电流。所需的电流、电位，皆发生在不锈钢的自身，利用辅助电极，如饱和甘汞电极（SCE）或铂电极（Pt）和精密电压数字计可以测出不锈钢存在的电位。

在电化学着色法中，在不锈钢上施加可控制的电流信号，强制不锈钢发生氧化，从而生成着色膜。施加的电信号以电流法表示或电压法表示[1]。

（1）电流法。又可分为：

① 恒定直流电流法，电流大小不变；

② 脉冲电流法，施加的电流信号是以脉冲的形式不断发生变化的。

（2）电位法。又可分为：

① 脉冲电位法；

② 恒定电位法。

9.1.2　不锈钢电化学着色法的特点

电化学着色法的优点：

① 颜色可控性很好，时间范围宽并缩短；

② 颜色的重现性好；

③ 受不锈钢表面状况的影响较小；

④ 处理温度较低，有些工艺可在室温下进行，改善了工作环境，溶液成分波动较小；

⑤ 溶液成分含量较低，因而污染程度较轻；

⑥ 用脉冲电流法着色，溶液工作寿命比化学法的长。

电化学着色法的缺点主要有两点：一是电力线分布不均匀，这是由不锈钢工件形状太复杂所引起的，电化学着色法最适合简单的，如平板、带状物的着色；二是颜色不均匀，这是由电流分布不均匀所致，最好是使用恒电位法来克服这一缺点。

9.1.3　不锈钢电化学着色成膜机理

（1）阳极电流（电位）反应。电化学着色液的主要成分基本上是铬酐（CrO_3）和硫酸（H_2SO_4），不锈钢浸入着色液并施加阳极电流（电位）后，在电化学着色的过程中阳极发生的反应为：

$$M = M^{n+} + ne \tag{9-1}$$

式中 M 表示不锈钢成分，如铬、镍、铁等，由于阳极电流的作用，金属成分以离子态进入着色液与金属的界面层中。

（2）阴极电流反应。不锈钢上施加阴极电流（电位）时发生的反应可能是：

$$HCrO_4^- + 7H^+ + 3e = Cr^{3+} + 4H_2O \tag{9-2}$$

或

$$Cr_2O_7^{2-} + 14H^+ + 6e = 2Cr^{3+} + 7H_2O$$

同时伴有水解反应：

$$H_2O + H^+ + 2e = H_2 + OH^- \tag{9-3}$$

（3）着色膜的形成。当电化学反应一段时间后，在金属-溶液界面上，阳极和阴极电流生成的金属离子在表面发生水解反应如下：

$$pM^{n+} + qCr^{3+} + rH_2O = M_pCr_qO_r + 2rH^+ \tag{9-4}$$

式中，p、q、r 为正整数，且有 $np+3q=2r$ 的关系。

在溶液-金属界面上，M^{n+}、Cr^{3+} 的浓度达到临界值，超过富铬的尖晶石氧化物的溶解度，水解反应形成着色膜 $M_pCr_qO_r$。

M^{n+}、Cr^{3+} 的扩散乃是着色膜形成的关键步骤。阳极反应生成的 M^{n+} 通过膜中的孔隙扩散到膜的表面，与阴极反应生成的 Cr^{3+} 络合，使着色膜不断地生长增厚。

9.1.4　不锈钢电化学着色的进展[2~27]

（1）C. J. 林和 J. G. 杜研究用脉冲电流的方法对不锈钢进行着色[2,3]，同时研究膜的力学性能。着色溶液为铬酐和硫酸体系，脉冲电流信号形状为矩形方波，通过改变参数 I_1（正电流值）、I_2（负电流值）、T_1（正电流持续时间）和 T_2（负电流持续时间），研究不同脉冲电流信号变化下不锈钢的着色情况。由脉冲获得的着色膜具有良好的附着性和延展性。色膜经 SEM 分析，其晶粒大小为 5nm，显示出近乎非晶态的组织。在施加脉冲信号的过程中，阳极电流伴随着阳极反应，阴极电流伴随着阴极反应，在特定的信号参数范围内，着色膜的厚度与通入的总电量呈正比。因此，可通过控制输入的总电量来得到特定厚度的着色膜，从而达到控制颜色的目的。采用此方法，颜色的重现性较化学法的好，此法是在 75℃温度下进行的。

(2) 宋玉继等人提出用生产流水线的方式进行不锈钢彩色处理[4]，并且申请了专利。其装置示意图见图 9-1。工艺采用方波电流进行着色处理。溶液是铬酐和硫酸体系。通过控制阳极电流值、阴极电流值、频率和通电时间来获得所需的颜色，与化学着色法相比，重现性很好，颜色非常均匀。

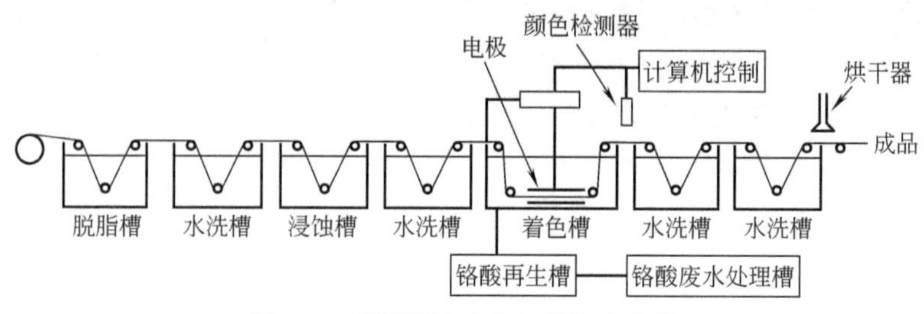

图 9-1　不锈钢连续电解着色生产线

(3) 廖小珍、钱道荪、朱新运研究了交流方波电解法制备彩色不锈钢[5]。用交流方波电解着色法可以制备茶色、蓝色、黄色、红色、绿色等系列的十多种色调不同的彩色不锈钢，色彩均匀亮丽，重现性好。具体颜色取决于电流密度、方波周期、通电周期数，颜色控制容易。采用该法，可降低着色液温度至 55℃，可以缩短着色时间。

(4) K. 奥格拉和劳 W. 纳卡雅马 M 尝试用三角波电流脉冲法进行着色，着色可在室温下进行。要获得特定的颜色，必须调整好适当的 $I_{\max}$、$I_{\min}$和 τ（三角波周期值）。着色膜的厚度与电解时间和 τ 的对数呈线性关系。K. 奥格拉用紫外分光光度计测量了着色膜的厚度。着色膜的厚度可用下式来估算：

$$d=\frac{\lambda\lambda'}{4n(\lambda-\lambda')} \tag{9-5}$$

式中，λ 为着色膜的反射光谱中最大反射系数对应的波长；λ'为着色膜的反射光谱中最小反射系数对应的波长；n 为氧化膜的折射系数。

随着通电时间的延长，工作的颜色按照褐色→黄色→红色→蓝色→绿色的顺序变化[6]。

(5) J. N. 金、S. J. 欧、S. C. 李等人研究在正弦波、正弦波＋直流、正弦波＋方波这 3 种电流信号的作用下，得到不同类型的着色膜，都具有良好的性能[7]。

(6) 郭稚弧、贾法龙、邱于兵研究三角波电流扫描法制备彩色不锈钢[8]。通过正交试验探讨最佳工艺参数，并对着色膜的各项性能做了测试，耐磨性能较好。此工艺对曲面着色也有良好的适应性，把试片弯成90°后进行着色，颜色也很均匀，重现性也很好。只要控制好工艺参数就可以获得预期的颜色。温度对于颜色的控制有很大的影响，温度越高，着色速率越快。

(7) 贾法龙、郭稚弧研究着色过程中，着色液中的杂质离子浓度的变化情况[10]。在不锈钢着色过程中，反应产生的杂质离子，如Fe^{3+}、Cr^{3+}、Ni^{2+}的浓度不断增加，这三种离子的含量是影响着色重现性的重要因素。对着色溶液体系建立可行的分析方法，对杂质离子的影响进行研究，发现随着电解着色时间的延长，铬离子浓度增加最快，铁离子和镍离子的浓度增加较慢。在$Cr^{3+} \leqslant 2.0$g/L、$Fe^{3+} \leqslant 600$mg/L、$Ni^{2+} \leqslant 184$mg/L的范围内，着色膜的重现性可得到保证。着色膜的EPMA分析表明，电化学着色得到的膜比化学法着色的膜要致密，耐磨性要好[11]。他们还研究了低频方波电化学着色法制备彩色不锈钢[9]，此法获得的颜色均匀，容易控制，重现性好。

(8) 李晓煜、谢致微、张文雄等人研究了不锈钢阳极氧化成金黄色[13,25]。着色液中铬酐20g/L，硫酸400mL/L，硫酸锰3g/L，添加剂YZ-03 40g/L，乙酸钠10.5g/L，电流密度为$0.4A/dm^2$，此工艺主要是用于形成金黄色的着色膜，对于其他颜色则难以实现。不锈钢在如此低的铬酐浓度下的着色液中，如果没有电流通入，即使浸泡数小时也不着色。

(9) 方景礼、刘琴、韩克平、陈耀辉等人研究了在钼酸钠溶液中将不锈钢成功镀覆上一层蓝色膜[14]。不锈钢在阴极电流的作用下，表面沉积上一层钼的复杂化合物。膜厚度约为42.7μm。

(10) 奥格拉K、沙库来K、乌哈拉S等人研究了在室温下用交流电位脉冲法的不锈钢着色[15]。他们首先以20mV/min和60mV/min的扫描速率做了奥氏体不锈钢在着色液中的动电位极化曲线，发现不锈钢开始过钝化的电位为1.2V，随着电位的增加，过钝化电流达到一个极限值。根据这个极化曲线，确定了方波电位的E_{max}和E_{min}，但E_{max}不能太大，否则生成的氧化膜会发生部分溶解。脉冲幅度和宽度对着色情况也有影响。在这种实验条件下，最佳的脉冲幅度应该在0.4～0.44V。这种方法可以在室温下对不锈钢进行着色，着色速率较快。但是，电位法比电流法在生产中操作起来较麻烦，因为不同的不锈钢的自然电位不完全一致，选择的极化电位不相同。目前这种方法已有几个专利[16,17]。

(11) 因科电解着色法[18,19]对铬-镍系不锈钢工件着色处理时，在含有碳酸钠(Na_2CO_3)、硅酸钠(Na_2SiO_3)、铝酸钠等成分或含少量的硫酸中，在常温下，在

32～107A/dm^2 电流密度下，进行交流电解，不同时间可获得褐色、金黄色、红色、绿色等不同的色彩。对 13Cr 铁素体不锈钢工件和 18Cr8Ni 奥氏体不锈钢也可在含氢氧化钠（NaOH）500～700g/L、铬酸铵[$(NH_4)_2CrO_4$]50～100g/L、氯化钠 20g/L 的水溶液中作直流电解着色。改变电流密度或时间，可获得预期的色彩。

（12）日新制钢公司提出的电解着色工艺[20]，是先将不锈钢工件在 5%硅酸钠溶液中于 85℃和 5A/dm^2 的电流密度下进行 45s 的电化学除油，水洗后浸入室温 10%盐酸中洗涤 30s，水洗后即浸入含铬酐并添加适量三价铬离子的稀铬酐硫酸溶液中，不锈钢作阴极，在 5～15A/dm^2 和液温 35～50℃的条件下电解 5～20s，表面预镀上一层致密的金属铬（0.6～1.0mg/dm^2）。然后在含铬酐 10～50g/L 的电解液中，在阴极电流密度 3～15A/dm^2、槽温 15～45℃的条件下电解 5～20s，便获得色调优雅、性能良好的彩色表面氧化膜。

（13）傅绮君在手术器械呈本色表面处理（保持抛光色泽并要求达到抗蚀性能）中采用电化学方法，使表面产生一层透明致密的氧化膜覆盖层[21]。硫酸、磷酸或硼酸 5%～10%(质量分数)，钼酸或钼酸盐 5～10g/L，阳极电流密度 1～10A/dm^2，温度 20～70℃，时间 5～20min；或铬酐 250g/L，硫酸 2.5g/L，钼酸盐 1～5g/L，工艺条件相同。所生成的氧化膜稳定，膜层达 1.0～20.0nm。此外，还可用手术器械经手工抛光后（$Ra \leqslant 0.8\mu m$）在特殊的电化学工艺条件下用无机酸加消光剂达到柔色的无光泽的处理。柔色膜的厚度达到 300.0～600.0nm（经 AES 俄歇电子能谱或 XPS X 射线光电子能谱分析），反光系数<30%。除此之外，还可用碱性着色液，以电化学方法在手术器械的表面形成一层致密的具有一定厚度的彩色膜，见 9.2.1节配方 2。

（14）安成强、韩玉梅、车永泉研究了 1Cr18Ni9Ti 不锈钢在氢氧化钠溶液中的电化学着色工艺[22]。不同的工艺条件可得到不同的色膜，其电解液（见 9.2.1 节配方 1）不仅成分简单，溶液稳定，维护简便，来源广，成本低，且废水处理容易。因膜是在碱性溶液中生成的，所以膜耐碱性，但不耐酸性。

（15）周一扬、吴继民采用不锈钢在硫酸水溶液中以恒电位方波充电法使不锈钢表面产生彩色膜[23]。溶液不含铬酸，有望能克服不锈钢在铬酸溶液中浸泡时间较长，有时表面有粗糙现象产生的缺点，而且要得到均匀一致的着色膜有一定的难度，难于控制。溶液成分为 2mol/L 的硫酸，相当于 196g/L，采用的脉冲电位范围为 0.1～0.9V，脉冲时间为 0.001～0.100s。着色颜色为蓝色、紫色和黑色，没有明显的中间色出现。这种膜的生成，推测是由于膜/溶液的表面铬离子的生成与还原所致。实验采用中等含铬量的不锈钢 1Cr17。

（16）张俊喜、周国定、乔亦男、曹楚南、张鉴清等人提出了一种新的不锈钢着色方法——载波钝化着色，即在无铬的硫酸溶液中用载波钝化的电化学方法得到各种色彩的不锈钢表面[12,24]。同时研究了载波钝化着色膜的性质。研究结果表明，不锈钢表面的色彩是由于膜的干涉所致的，膜层结构呈微晶-非晶过渡态，与化学着色法所得膜层的结构是相近的，而且膜层的导电性测试表明，载波钝化着色膜有半导体性质，膜层的导电具有整流性。从干涉原理出发，可作出不锈钢载波钝化着色工艺中色彩的控制方法，通过对载波参数的调节，就可以得到不同色彩的表面膜。

(17) 邓姝皓、龚竹青、柳勇采用化学浸渍法、电解着色法均可以将 1Cr18Ni9Ti 不锈钢着色生成哑光银灰色外观[26]。化学着色液的组成为硫酸 100mL/L，添加剂 A 为 40～60mL/L，添加剂 B 为 90～110mL/L。电解着色液的主要组成为 100mL/L 硫酸，50～60g/L 铬酐，电流密度在 0.4～0.6A/dm^2。对于电解着色，电流密度是成膜的关键因素。电流密度越大，失重越多，成膜越致密。相同电流密度下，脉冲着色的膜比直流着色的膜要致密。铬酐浓度越大，失重越小，成膜越慢。X 衍射和扫描电镜显示，成膜后的不锈钢表面晶粒细小、致密，形成的是 Ni_2O_3、Cr_2O_3、TiO 等致密的氧化膜。着色不锈钢的耐蚀性和耐高温性优于未着色的不锈钢。

(18) 南红艳、张跃敏、尹新斌、徐可等人对电化学不锈钢着色工艺进行了系统的研究[27]。通过电流变化研究着色的变化规律，得出对于每一种颜色，电量密度与着色时间的对应关系基本上是线性的。提出电量控制不锈钢着色能提高电化学不锈钢着色工艺的效率。电化学不锈钢着色工艺时间短，效率高，颜色丰富。

(19) 巴赫氏洛夫介绍了不锈钢在重铬酸钠和硫酸混合液中的电化学氧化着色[33]。

9.1.5　不锈钢电化学着色膜的形态、成分和结构[28]

(1) 不锈钢电化学着色膜的形态。1Cr18Ni9Ti 和 1Cr13Al 不锈钢放在以硫酸锰为主盐的介质中，用 1～5mA/cm^2 电流电解 10～30min，着色膜用扫描电镜及 MeF_3 大型金相显微镜下观察其表面膜的微观形貌，可见到两种不锈钢表面上的着色膜比较疏松，都存在着连续的网状。这种显微网状裂缝经 40～80℃温水处理后可以消除，氧化膜表面形貌变得较为致密。

(2) 着色膜的成分。为了研究上述两种不锈钢在以硫酸锰为主盐直流电解着色膜组成物质以及不锈钢基体合金元素在膜中的分布，用 TN-5400 能谱仪和电子探针对氧化膜成分进行了分析。通过膜的成分分析可见，两种不锈钢着色膜的主要成分都是锰，这说明着色液中主盐的金属元素锰进入膜，构成膜的主要物质。同时，不锈钢中的铬亦参与膜的构成。但 1Cr18Ni9Ti 不锈钢着色膜中的镍没有参与，而 1Cr13Al 不锈钢着色膜中除铬外还有铁。为了进一步研究电解着色膜显微组织中的网状裂缝，分别在这两种不锈钢着色膜的显微网缝及其边缘作了定点能谱分析，其结果显示，两种不锈钢着色膜网缝中是两种完全不同的不锈钢的基本成分，但没有锰，而在网缝边缘位置的成分除不锈钢基体外，还有较高含量的锰，结果说明网缝是不锈钢着色膜中存在的不连续区域，即微小的显微网状裂缝。其在 40～80℃温水中处理一段时间后，氧化膜吸水生成含水分较多的氧化物结构，使膜的体积发生膨胀，网状裂缝消失。从上述分析可以初步断定，着色膜的成分主要由锰含水化合物——MnO_2、$MnO \cdot nH_2O$ 组成，膜中还含有铬和铁。

（3）膜的结构分析。为了进一步探明不锈钢在直流电解过程中着色膜的结构，分别对二氧化锰粉末和采用特殊的剥离方法将氧化膜与基体分离，进行 X 射线衍射结构分析，衍射分析结果表明，二氧化锰粉末属于四方晶系。从不锈钢表面剥离出来的氧化膜中没有金属锰、铬或铁的衍射峰，但在 2θ 为 36.739°和 65.945°两处出现了通间距分别为 0.24442nm 和 0.14153nm 的衍射峰，见图 9-2（1Cr13Al 不锈钢在 15g/L 硫酸锰溶液中形成氧化膜的 X 射线衍射图）。分析证实两处衍射峰是属于二氧化锰晶体的次生结构产物——MnO_2、$MnO \cdot nH_2O$ 物质。

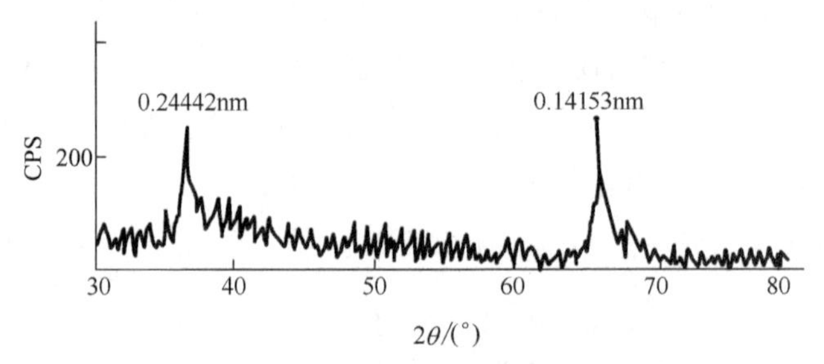

图 9-2　1Cr13Al 不锈钢在 15g/L 硫酸锰溶液中形成氧化膜的 X 射线衍射图

9.1.6　不锈钢阳极氧化膜的耐蚀性[29]

9.1.6.1　不锈钢阳极氧化膜的制备

不锈钢阳极氧化膜是在特定的溶液中（150～350g/L 硫酸溶液），在过钝化电位区的特定电位下，用电化学方法在奥氏体不锈钢表面形成耐蚀性优良的阳极氧化膜。

9.1.6.2　不锈钢阳极氧化膜的耐蚀性

（1）1Cr18Ni9Ti 等不锈钢阳极氧化处理后在一些介质中的耐蚀性见表 9-1。

表 9-1 1Cr18Ni9Ti 等不锈钢阳极氧化处理后在一些介质中的耐蚀性

介质条件	未阳极氧化处理	阳极氧化处理
1%盐酸,40℃	2h 后开始腐蚀	100h 未腐蚀
1.5%盐酸,40℃	0.5h 后开始腐蚀	100h 未腐蚀
10%甲酸,沸腾	1Cr18Ni12Mo2Ti 0.25mm/a	0
冰醋酸、乙醇、硫酸混合液,沸腾	4.47mm/a	0
维纶醛化液,70℃	10mm/a	0
人造海水点蚀实验	点蚀严重	无点蚀
80%氨水、26%溴化钾交替使用	严重点蚀和缝隙腐蚀	不发生点蚀和缝隙腐蚀

不锈钢阳极氧化膜与自然钝化膜、硝酸钝化膜和彩色膜相比，其耐蚀性呈数量级的增加，特别是抗点蚀和缝隙腐蚀更为有效。

(2) 不锈钢阳极氧化处理后在不同氯离子浓度的水溶液中的点蚀电位见表 9-2，临界点蚀电位（相对于 SCE 饱和甘汞电极电位）大幅度升高。

表 9-2 阳极氧化处理的 1Cr18Ni9Ti 不锈钢在脱氧的氯化钠溶液中的点蚀电位

氯离子浓度 $/\times10^{-6}$	临界点蚀电位(SCE)/mV	
	未阳极氧化	阳极氧化
35	600	>700
105	500	>700
210	400	>700
1050	350	>700
3500	300	500
10500	150	320
21350①	150	200

①实验温度为 32℃，其余均为 40℃。

(3) 阳极氧化处理后的不锈钢的实际使用。阳极氧化处理后的 1Cr18Ni9Ti 和 1Cr18Ni12Mo2Ti 不锈钢在化工生产中的实际使用表明，在提高设备使用寿命和防止点蚀及缝隙腐蚀方面效果显著。例如交替接触氨水和溴化钾溶液的高压进样阀，长期以来存在着材料点蚀和缝隙腐蚀问题，经过试用证明，阳极氧化的不锈钢可以胜任。

9.2 不锈钢电化学着彩色溶液成分和工艺条件

9.2.1 不锈钢电化学着彩色碱性溶液成分和工艺条件

不锈钢电化学着彩色碱性溶液成分和工艺条件见表 9-3。

表 9-3　不锈钢电化学着彩色碱性溶液成分和工艺条件

配方号	1[21]	2[22]	3[35]
氢氧化钠	200～400g	200g/L	20g/L
水	600～900g		
锰添加剂	0.01%～0.5%		
硝酸钠($NaNO_3$)		10g/L	
磷酸三钠($Na_3PO_4 \cdot 12H_2O$)		8g/L	
温度/℃	70～90	51～62	室温
阳极电流密度/(A/dm^2)	2～5	0.85～6	调制电压的交流信号幅值 4～10V,周期 T0.02s
时间/min	1～15	4～20	2～10

9.2.1.1　配方 1（见表 9-3）**的说明**

本配方由上海手术器械厂傅绮君提出[21]。

(1) 色泽的呈现过程。在配方 1 的介质中，用电化学方法，在不锈钢表面形成一层致密而具有一定厚度的薄膜，随着加工工艺的不同，光对薄膜的干涉，在表面形成各种单色彩色膜。

铬系不锈钢：浅灰色—黑亮色—藏青色—金棕色。

铬-镍系不锈钢：青钢色—蓝色—紫色—金黄色—红色—绿色—金棕色。

(2) 彩色膜的组成和厚度。

① 彩色膜的组成。用 AES 进行表面分析，表层由氧、镍、铁、碳等组成。

② 彩色膜的厚度。根据 Ar 的溅射速率，计算出彩色膜的厚度为 200.0～930.0nm。

(3) 彩色膜的外观。经过着色的不锈钢，不但具有金属的强度和耐蚀的光亮表面，而且披上了各种各样鲜艳的彩色外衣。彩色不锈钢在装饰方面有着与其他材料无与伦比的优点。

9.2.1.2　配方 2（见表 9-3）**的说明**

本配方由沈阳第一工业学校安成强、韩玉梅、车永泉等人提出[22]。

(1) 赫尔槽在阳极氧化中的应用。在 250mL 赫尔槽中，1Cr18Ni9Ti 不锈钢片放在斜边作阳极，直流稳压电源的电流强度为 1A，观察试样的着色膜为：

褐色　茶色　绿色　紫红色　金黄色　无色

近阴极　　　　　　　　　　远阴极

试片上阳极电流密度的分布由近阴极端至远阴极端依次减少。电流密度不同，膜的生成速率亦不同。近阴极端电流密度大，着色膜厚，呈茶褐色；远阴极端电流密度小，着色膜薄，呈金黄色，从而在氢氧化钠碱性溶液中可着出不同的颜色。

(2) 着色工艺条件。通过小槽实验，初步确定不锈钢着各种颜色的工艺条件，见表 9-4。

表 9-4 不锈钢着色工艺

色 彩	温度/℃	电流密度/(A/dm^2)	时间/min
金黄色	57～61	1～2	4～20
紫红色	52～55	0.85～1.7	9～12
绿色	52～55	1.7～3	9～12
茶褐色	62～65	3～6	8～17

(3) 影响电解着色的因素。

① 氢氧化钠 (NaOH)。主要起导电和溶解氧化膜的作用。膜的厚度主要取决于膜的溶解和生长速率的比。氢氧化钠浓度高，氧化膜溶解快，膜的孔隙率大，硬度与强度低；氢氧化钠浓度低，氧化膜溶解慢，膜的硬度高，反光性好。

② 硝酸钠 ($NaNO_3$)、磷酸钠 (Na_3PO_4) 的加入，可增加导电性和成膜速率，比单纯氢氧化钠溶液出色快，着色时间短。

③ 温度。提高温度，反应速率加快，同时出色速率也快，色膜较厚。但温度过高，色膜变得粗糙，光泽欠佳。降低温度，上色速率慢，但光洁度较好。温度低于 40℃时着不上色。一般控制在 50～70℃。

④ 电流密度。提高电流密度，可使氧化膜生长加快，色膜增厚，若电流过高，氧化膜则变得粗糙，一般控制在 0.5～6A/dm^2。

⑤ 时间。在同样条件下，膜的颜色随时间的不同而异。颜色随着时间的延长，其变化为金黄色→紫红→绿色→茶褐色。

⑥ 搅拌。搅拌可以缩短着色时间，加快成膜速率。

(4) 前处理。包括：打磨→水洗→除油①→热水洗→冷水洗→除锈②→冷水洗→电化学抛光③→水洗→弱浸蚀④。

注：① 除油。氢氧化钠 30～50g/L，碳酸钠 20～40g/L，磷酸三钠 10～20g/L，温度 50℃，时间依除油效果而定。

② 除锈。硫酸 10%，盐酸 10%(体积分数)，温度室温，时间 5～10min。

③ 电化学抛光。磷酸 600mL/L，硫酸 300mL/L，甘油 30mL/L，蒸馏水 70mL/L，电流密度 20～30A/dm^2，温度 50～70℃，时间 4～5min，阴极为铅板。

④ 弱浸蚀。硫酸 3%～5%，温度室温，时间 0.5～1min。

抛光效果越好，着色膜越均匀、细致、光亮。抛光效果不好，着色质量差，甚至着不上色。

(5) 后处理。电化学着色→热水洗→冷水洗→封闭→水洗→烘干。

注：封闭处理：重铬酸钾 15g/L，氢氧化钠 3g/L，pH 7～7.5，温度60～80℃，时间 2～3min。

（6）着色膜性能检验。

① 耐磨实验。在试样上放一绘图橡皮，上面放500g砝码，使橡皮沿试样表面做水平运动，记录膜消失时的运动次数。结果见表9-5，从实验结果看出，耐磨性随膜厚度的增加而提高。

② 耐酸性。用滴管取0.5mol/L的硫酸滴在着色膜上，观察表面变蓝的时间，结果见表9-5，由表可见，金黄色和紫红色膜的抗蚀性欠佳，需要适宜的硬化处理，以提高耐蚀性和耐磨性。耐酸性随着膜厚度的增加而提高。

表9-5 着色膜的性能

颜色	耐磨性	耐酸性
金黄	17次	4min
紫红	33次	4min20s
绿色	124次	7min20s
茶色	300次以上	9min15s

（7）槽液稳定性。当成膜速率明显减慢时，可滤去沉渣，添加氢氧化钠50g/L和适量的水，即可重复使用。槽液较稳定，调整简单，维护方便，成本低。

9.2.1.3 配方3（见表9-3）**的说明**

本配方由天津大学材料学院（300072）魏军胜、唐子龙和宋诗哲于2007年10月提出[36]。为了改善不锈钢着色过程中高温和重金属离子的环保和耗能问题，室温下，在无Cr的NaOH溶液中，304不锈钢交流调制电位法着色处理工艺，具有经济环保的特点，获得稳定的金黄色、黄紫色、紫色、蓝紫色和蓝色膜。着色膜具有良好的耐蚀性、耐磨性、机械加工性和抗污性。着色电压幅值为7.0～8.0V，着色时间为4～7min，着色膜稳定性和耐蚀性能最好。本工艺简单易行，节水节能，是不含污染离子的不锈钢着色"绿色"工艺。

（1）着色结果。表9-6列出304不锈钢交流调整电位法的着色结果。

表9-6 304不锈钢交流调制电位法的着色结果

t/min	电压E/V						
	4	5	6	7	8	9	10
2	金黄色	—	—	—	紫色	—	—
4	金黄色	—	—	—	蓝紫色	—	—
7	黄紫色	—	—	—	蓝紫色	—	—
10	黄紫色	紫色	紫色	蓝紫色	蓝色	蓝色	蓝色

由表 9-6 可见，着色电压和时间共同影响着色膜的颜色，随着着色电压幅值和时间的变化，颜色依次为金黄色、黄紫色、紫色、蓝紫色、蓝色，共出现 5 种稳定的特征颜色。

（2）电化学着色过程。

① 试样准备。304 不锈钢试样面积约 2.4cm^2，经水砂纸逐级打磨、抛光，蒸馏水冲洗，无水乙醇脱水，再蒸馏水冲洗，冷风吹干后，置于干燥器中备用。着色完毕，涂封非工作表面，留出 1cm^2 的工作面积，进行腐蚀测试。

② 电化学着色条件及方法。着色液为 0.5mol/L NaOH，采用调制电压的交流信号着色，辐值为 4.0～10.0V，周期 T 为 0.02s，具体着色参数为：温度为室温，着色时间为 2～10min，着色完毕高温水进行封闭处理。

（3）着色膜耐蚀性能检测。

① 腐蚀介质为 0.5mol/L H_2SO_4。

② 采用动电位阳极极化曲线和线性极化阻力技术研究着色膜。阳极极化曲线测试按照美国材料试验学会 ASTM G59—97（2003），比较测试体系的维钝电流密度 I_p、过钝化电位 E_1 等电化学参数，研究着色膜的钝化稳定性。

（4）着色工艺对着色膜表面形貌的影响。

① 电压 8.0V 下，着色膜表面形貌随时间的变化。2min 时表面形成连续但不均匀的膜层，继续氧化，已形成膜层逐渐变均匀，同时又有新膜生成；新膜层也随氧化时间的延长逐渐均匀连续；10min 时形成比较厚且连续均匀的着色膜；进一步延长着色时间，由于膜层局部溶解速率大于其生成速率，使得膜厚反而减小，且不均匀；7～10min 为制备的着色膜在不同腐蚀介质中的耐蚀性有一定的选择性。

② 着色处理过程中的电压变化。开始电压升高，电流降低；延长着色时间，电压和电流都趋于稳定；一定时间后，电压开始降低，电流升高。这是因为刚开始着色时，形成的着色膜使得体系的反应电阻增高；当着色时间较长时，着色膜比较完整且不再增厚，因此，反应电阻也趋于稳定；延长着色时间，在电场的作用下，晶界变粗大，表面膜溶解速率加快，致使表面膜厚度减小，可能局部区域着色膜完全溶解，因而体系的反应电阻反而降低，所以着色处理一定时间后，出现电压降低、电流升高的现象。

③ 当着色电压低于 8.0V 时，着色时间为 7min 时，不锈钢表面即可形成完整的着色膜；当电压高于 8.0V 时，着色时间为 4min 时，就已经形成了完整的着色膜。

（5）着色膜机械和抗污性能。不锈钢电解着色膜性能检测结果见表 9-7。

表 9-7　不锈钢电解着色膜检测结果

检测项目	检测结果
耐磨性	橡皮轮加压 500g，摩擦 300 次不变色
抗弯曲性	往返弯曲 180°，膜层无任何裂纹和损伤
耐污性	油污浸渍后清洗，色泽不变

由表 9-7 可见，着色膜具有良好的耐磨性、抗弯曲性能和抗污性能，能满足应用要求。

(6) 着色工艺对着色膜稳定性的影响。

① 着色电压的影响。着色膜在碱性介质中制备，为评价着色膜的钝化稳定性，选用 0.5mol/L H_2SO_4 作为测试介质，着色时间为 10min，0V 表示未着色不锈钢，测试体系的电化学参数腐蚀电位 E_{corr}、维钝电流密度 I_p 和过钝化电位 E_t 等数值列于表 9-8 中。

表 9-8　不同电压下着色膜的 E_{corr}、I_p 和 E_t

电压/V	E_{corr}/mV	I_p/(μA/cm²)	E_t/mV
0	−13.4	7.20	736.6
4	568.7	0.10	1066.7
7	560.3	0.08	1104.3
8	584.4	0.13	1108.5
10	530.8	0.41	1107.8

由表 9-8 可见，不锈钢着色后 E_{corr} 和 E_t 明显提高，而 I_p 又降低近两个数量级，说明着色处理提高不锈钢的稳定性。同时，着色电压对着色膜的稳定性能有一定的影响，电压 7.0V 时 I_p 最小，而当着色电压降低或升高时，I_p 都有一定的升高，着色电压为 7.0V 时，制备的着色膜稳定性和耐蚀性能最好。

② 着色时间的影响。

a. 着色电压为 4.0V，不同着色时间的影响如下。

着色电压为 4.0V、时间为 2min 时，着色膜在 0.5mol/L H_2SO_4 中的阴极极化曲线非常接近未着色处理的不锈钢，说明该电压下较短时间不足以在不锈钢表面形成完整的着色膜。

着色电压为 4.0V、时间为 4min 时，着色膜 E_{corr}、E_t 明显升高，而 I_p 降低近 2 个数量级，着色膜稳定性大幅度提高。

着色电压为 4.0V、时间为 7min 时，着色膜稳定性进一步提高。

着色电压为 4.0V、时间超过 10min 时，稳定性反而有降低的趋势。

b. 着色电压为 8.0V 时，不同着色时间的影响如下。

时间为2min时，着色可形成完整的着色膜。

时间为4min时，着色膜稳定性进一步提高。

继续延长着色时间，膜层稳定性降低。

因此，由上可见，着色电压为7.0～8.0V，着色时间为4～7min，着色膜具有好的耐磨性和抗污性能，膜显蓝紫色，在0.5mol/L H_2SO_4 中具有良好的钝化稳定性和耐蚀性。

9.2.2　不锈钢电化学着彩色酸性溶液成分和工艺条件

不锈钢电化学着彩色酸性溶液成分和工艺条件见表9-9。

9.2.2.1　配方1（见表9-9）**的说明**

本配方由南京大学应用化学研究所（210093）方景礼、刘琴、韩克平、陈耀辉提出[14]。

（1）阴极电沉积法。从钼酸盐溶液中电解获得蓝色不锈钢转化膜。

（2）工艺过程。1Cr18Ni9不锈钢，经沾有氧化镁粉的细砂纸打磨，在5%硝酸溶液活化和水洗后，直接浸入钼酸钠100g/L溶液中，在pH=6.5、温度40℃和电流密度0.15A/dm^2 的条件下进行阴极处理20s，即可得到蓝色的不锈钢膜层。

（3）膜层的热稳定性。将蓝色膜层置于烘箱中60℃老化30min，膜层颜色不变。继续延长老化时间，膜层也不发生变化。表明蓝色不锈钢适于在一般环境下作为装饰层。

（4）蓝色膜层的厚度分析。用40kV和15μA的Ar^+流对不锈钢的蓝色表面膜进行深度剥蚀，同时用AES测定各组成元素的原子分数随时间的变化曲线，即得AES深度剥蚀图——图9-3。

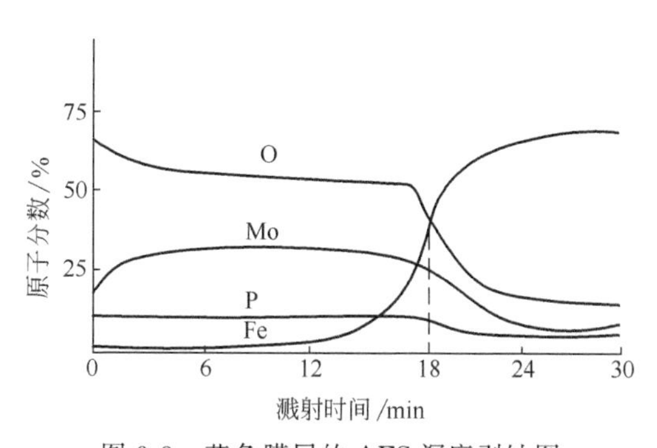

图9-3　蓝色膜层的AES深度剥蚀图

若把图中元素O与基体Fe的深度剥蚀曲线的交点处所对应的剥蚀时间与相同条件下涂有100nm标准氧化钽（Ta_2O_5）的钽片用Ar^+测射至Ta_2O_5/Ta界面所需的时间作为100nm的厚度进行比较，按下式即可求得不锈钢蓝色膜层的厚度：

$$膜的厚度=\frac{剥蚀蓝色膜至界面所需时间(min)}{剥蚀至Ta_2O_5/Ta界面所需时间(min)}\times 100(nm)$$

由图9-3和标准Ta_2O_5剥蚀图求得蓝色不锈钢彩色膜层的厚度为42.7nm。

表 9-9　不锈钢电化学着彩色酸性溶液成分和工艺条件

配方号	1[14]	2[13,18]	3[27]	4[30]	5[23]	6[24]	7[5]	8[8]	9[26]	10[9]	11[37]	12[38]
钼酸钠(Na_2MoO_4)/(g/L)	100											
铬酐(CrO_3)/(g/L)		20	120				250	250	50	250		
硫酸(H_2SO_4)(d=1.84)		400mL/L	490g/L		2mol/L	2.5mol/L	490g/L	490g/L	100mL/L	490g/L		
硫酸锰($MnSO_4 \cdot 4H_2O$)/(g/L)		3		20								
添加剂 YZ-03/(g/L)		40										
乙酸钠($NaAc \cdot 3H_2O$)/(g/L)		10.5										
重铬酸钾($K_2Cr_2O_7$)/(g/L)				40								
蒸馏水/mL											100mL	
硫酸铵[$(NH_4)_2SO_4$]/(g/L)				20								
硫酸亚铁铵[$(NH_4)_2Fe(SO_4)_2 \cdot 6H_2O$]/(g/L)											0.15mol/L 150mL	25
硼酸(H_3BO_3)/(g/L)				20							0.15mol/L 100mL	8
柠檬酸三铵/(g/L)											0.1mol/L 10mL	10
添加剂 A/(g/L)				9～12								
添加剂 B/(g/L)				10								
添加剂 ZH-1/(mL/L)											ZH-L1 1.0mL	4
温度/℃	40	50		10～30		70	55±1	25		60	60～70	60～70
电位/mV											−600～−700	−600～−700
电流密度/(A/dm²)	0.5	0.4		0.2～0.5			0.2～0.4	0.05～0.2	0.4～0.6			
时间/min											2～5	3～5
电信号	直流电流	直流电流	直流电流	直流电流	脉冲方波	方波叠加直流	交流方波	三角波脉冲电流	脉冲电流	方波电流		

（5）蓝色不锈钢表面膜的元素组成。图 9-4 为蓝色膜层的 XPS 全扫描图。由图大致断定膜层主要由钼、氧、磷等元素组成。

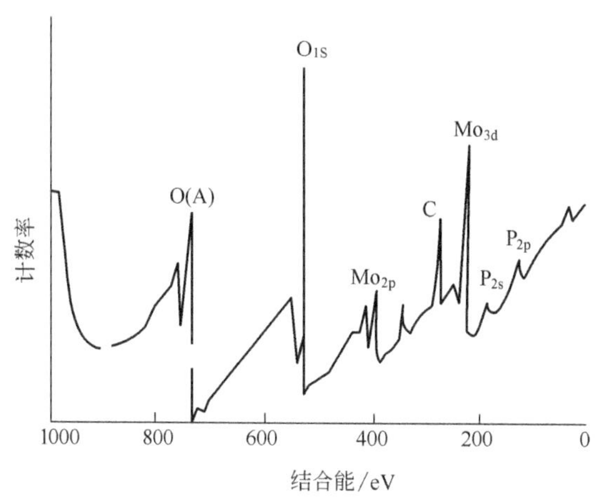

图 9-4　蓝色膜层的 XPS 全扫描图

又由图 9-3 可见，蓝色不锈钢膜经一段时间剥蚀后，表面污染元素已消除，在溅射 6～20min 区间，膜层元素含量基本恒定，铁的含量很低，此时尚未溅射到基体，由此，由深度剥蚀曲线组成恒定区，可以求得蓝色不锈钢膜的元素百分组成为：氧为 54.30%，钼为 28.40%，磷为 12.11%，铁为 5.20%。

（6）蓝色不锈钢膜中组成元素的价态。图 9-5 为蓝色膜层中 Mo 的 XPS 高分辨图。由图 9-5 可以求得溅射前 Mo 的结合能为 232.3eV 和 235.3eV 两个峰，分别对应于 MoO_3 中 Mo 的 $3d_{5/2}$ 的 232.6eV 和 $3d_{3/2}$ 的 235.3eV，与 Na_2MoO_4 中的 $3d_{3/2}$ 的 232.1eV 和 $3d_{3/2}$ 的 253.3eV 也很接近，表明在蓝色不锈钢层的表面，Mo 是以六价状态（MoO_3 或 MoO_4^{2-}）存在的。Ar^+ 溅射 10min 后，Mo(Ⅵ)的 $3d_{3/2}$ 峰（235.3eV）消失，$3d_{3/2}$ 峰（232.3eV）稍稍移动至峰（232.1eV），变化不大。同时出现了一个新峰（229.3eV），它与 MoO_2 中 Mo 的 $3d_{5/2}$ 的峰位值 229.6eV 接近，表明在膜层内部同时存在 Mo(Ⅵ) 和 Mo(Ⅳ) 两种状态。膜内四价钼估计是电解液中钼酸盐被阴极还原的结果。

图 9-6 为蓝色不锈钢中磷的 XPS 高分辨图。由图 9-6 测得 P 的 2p 的结合能溅射前后为 133.6～133.4eV，它与 PO_4^{3-} 中 P 的结合能一致，表明膜内外均存在磷酸盐，在成膜过程中它并未被还原。膜中的磷以磷酸盐的形式存在。

9.2.2.2　配方 2（见表 9-9）**的说明**

本配方由广东工业大学材料系（广州 510090）李瑜煜、谢致微、黎樵燊、张文雄提出[13,25]。

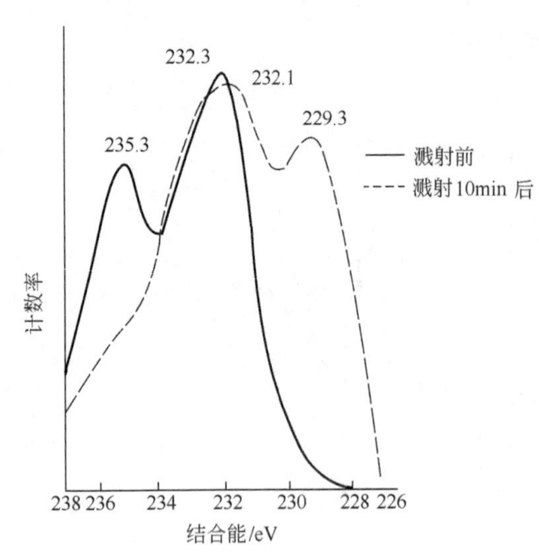

图 9-5 蓝色膜层中 Mo 的 XPS 高分辨图

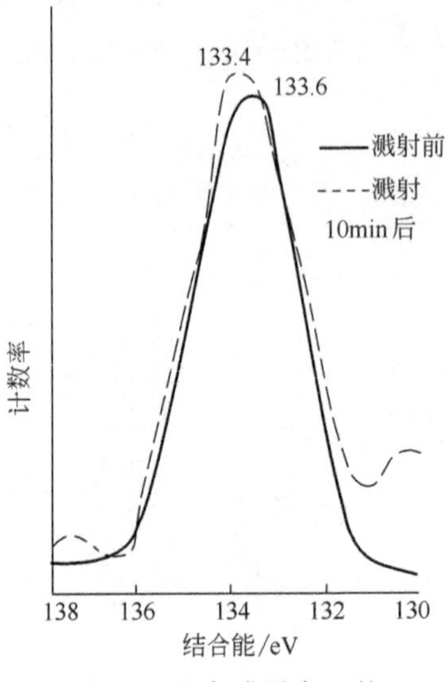

图 9-6 蓝色膜层中 P 的 XPS 高分辨图

（1）对 SUS304 不锈钢阳极氧化着金黄色技术的研究。运用正交试验法确定最佳配方和工艺条件，获得的不锈钢着色膜光亮美观，呈金黄色。

（2）工艺条件对着色的影响。

① 温度。以最佳配方在不同温度下进行着色，结果见表 9-10。

表 9-10 着色温度对着色的影响

温度/℃	色彩	光洁度	点蚀时间/min	耐磨性/min
30	浅黄	好	26.6	60
40	金黄	好	36.4	72
50	金黄	好	45.6	80
60	棕褐	一般	53.9	84
70	蓝紫	不够	59.7	87
95	蓝色	较差	62.6	90

注：1. 点蚀溶液为盐酸 250mL/L＋重铬酸钾 30g/L＋蒸馏水 750mL/L。

2. 电流密度 0.4A/dm^2，着色时间 3min。

3. 电解固化 10min，封闭处理 5min。

随着温度的上升，着色膜的色调加深，膜厚增加，可见温度的升高加速了氧化成膜，同时，膜的耐蚀性、耐磨性均提高，但光泽和光洁度变差，这是由于高温下轻微过蚀所致。实验结果表明，对于金黄色膜，最佳着色温度为 50℃。

② 电流密度的影响。以最佳温度和最佳配方为基准，不同的电流密度对着色的影响见表 9-11。

表 9-11　着色电流密度对着色的影响

电流密度/(A/dm²)	色彩	光洁度	点蚀时间/min	耐磨性/min
0.2	金黄	好	36.6	73
0.4	金黄	好	45.6	80
0.5	棕褐	一般	53.7	85
0.6	棕褐	一般	48.2	83
0.7	金黄	一般	38.5	76
1.0	浅黄	较差	28.6	66

由表 9-11 可知，随着电流密度的上升，着色膜的色调加深，膜厚增加，耐蚀性及耐磨性亦随之增加，且两者都在 0.5A/dm² 附近达到最大值，随后反而降低，可见电流密度的升高加速了氧化膜成膜，但电流密度过大，反而导致膜的溶解速率增大，使膜厚降低，甚至导致过蚀，使表面光泽和光洁度变差。实验结果表明，对于金黄色膜，最佳着色电流密度为 0.4A/dm²。

③ 着色时间的影响。表 9-12 为最佳配方，最佳温度、最佳电流密度下不同着色时间对着色的影响。

表 9-12　着色时间对着色的影响

着色时间/min	色彩	光洁度	点蚀时间/min	耐磨性/min
2	金黄	好	38.3	75
3	金黄	好	46.4	80
4	棕褐	一般	48.2	83
6	棕褐	一般	52.4	85
9	金黄	一般	53.5	86
30	棕褐	较差	52.3	85

由表 9-12 可见，随着时间的延长，着色膜的耐蚀性和耐磨性增加，6min 后，着色膜的耐蚀性及耐磨性基本保持不变，其色调保持棕褐色；但时间太长，如 30min，反而引起过蚀，导致表面光泽和光洁度变差。对金黄色膜，着色时间以 3min 为宜。

(3) 着色液成分的优选和作用。

① 硫酸。随着硫酸浓度的升高，试样的腐蚀和氧化速率增加较快，氧化膜膜厚增加，耐蚀性和耐磨性提高，但浓度超过 450mL/L 后出现轻微过蚀，引起表面光泽和光洁度变差，最佳硫酸含量为 400mL/L。

② 铬酐。主要作为氧化剂，能有效地提高膜的耐蚀性和光洁度。考虑到环保因素，尽可能降低铬酐含量，经过正交试验，铬酐为 20g/L。

③ 硫酸锰作为氧化促进剂，能加速氧化和提高膜的结合力，正交试验优选为 3g/L。

④ 乙酸钠作为稳定剂，起到稳定槽液的作用，正交试验优选为 10.5g/L。

⑤ 添加剂 YZ-03 能有效地提高膜的耐磨性、光泽和重现性。正交试验优选为 40g/L。

(4) 前处理。不锈钢机械抛光→清洗→化学除油→清洗→电化学抛光→清洗→活化（硫酸 30%，温度 0～60℃，时间 3～5 min）→着色。

(5) 后处理。着色后→清洗→电解固膜处理→清洗→封闭处理→清洗→热风干燥→成品。

① 电解固膜处理。

a. 铬酐含量对着色膜硬化的影响。着色膜分别在铬酐 100g/L、180g/L、250g/L 的固化液中固化，实验结果表明，铬酐浓度对固化效果的影响不明显，着色膜的色调基本保持金黄色，耐蚀耐磨性稍有提高。铬酐浓度高的固化液使用寿命较长，建议铬酐浓度为 180g/L。

b. 固化温度的影响。着色膜在 27℃、50℃、70℃下的固化实验表明，温度升高，着色膜颜色加深，耐磨耐蚀性稍微提高，但效果不明显。从节能和操作环境考虑，建议固化温度以室温为佳。

c. 固化电流密度的影响。不同固化电流密度下的固化实验结果见表 9-13。

表 9-13　固化电流密度对固化效果的影响

电流密度/(A/dm^2)	0.6	1.0	2.0
色彩	金黄	金黄	金黄
点蚀时间/min	41.6	45.1	37.7
耐磨性/min	78	80	75

由表 9-13 可见，在 $0.6A/dm^2$ 电流密度下固化略显不足，耐蚀耐磨性略差，$1.0A/dm^2$ 较理想，电流密度太大，如 $2.0A/dm^2$，阳极析出大量气泡，引起着色膜疏松，使其耐磨耐蚀性降低。建议固化电流密度以 $1.0A/dm^2$ 为宜。

d. 固化时间对固化效果的影响。不同固化时间即 5min、10min、20min，固化结果表明，固化时间对固化效果的影响不明显。这是因为固化过程进行得较快之故，当反应物填充膜微孔后，反应即趋于停止。建议采用固化时间以 10min 为宜。

② 封闭处理。为进一步提高着色膜的质量，采用 1%硅酸钠溶液，Na_2SiO_3 对经固化处理后的着色膜进行浸泡沸腾 5min 的封闭处理。

(6) 着色膜性能检验。

① 耐人工雨水、天然海水腐蚀实验。着色试样在人工雨水、自然海水中室温浸泡300h后，颜色无变化，表面光洁度好，均未出现点蚀，可见着色膜具有良好的耐自然介质腐蚀性能，适宜作户外装饰材料。

② 点滴实验。用40% $FeCl_3$ 对着色膜进行点滴实验的时间为42′40″，未着色试样为2′3″，着色试样的耐蚀性优于未着色样。

③ 膜的附着力检验。将着色膜划上方格后弯曲180°，未见任何剥落现象，可见着色膜与基体结合牢固。

④ 耐磨性检验。着色膜试样进行1.5N负载的图钉来回刻划实验，其表面未见明显划痕。同时，试样经受负载5.0N的橡皮270次摩擦未见脱色，可见着色膜的耐磨性较好。同时，实验表明，经固化处理后的和封闭处理后的着色膜的耐磨性明显优于未固化和封闭处理的着色膜的耐磨性。

9.2.2.3　配方3（见表9-9）的说明

本配方由焦作工学院机械系（454100）南红艳、张跃敏、尹新斌、徐可提出[27]。

（1）1Cr18Ni9Ti不锈钢着色在配方中电量密度与颜色的对应关系见表9-14。

表9-14　电量密度与颜色的对应关系

电量密度/(C/dm^2)	时间/s	颜色种类	颜色范围
15～30	10.8～21.6	棕色	浅棕色、棕色、深棕色、古铜色
33～48	23.76～34.56	蓝色	紫罗蓝色、蓝色、浅蓝色
51～75	36.72～54	黄色	黄色、金黄色、橙色
84～167	61.28～120.24	紫色	紫色、紫红色

实验采用低压直流电源，电流0.25A。

（2）电流与着色时间变化关系见图9-7，由图可见，每一种颜色的电流与时间大致呈反比例关系。实验发现，每一个试样上，只要达到一定的电量密度，就会出

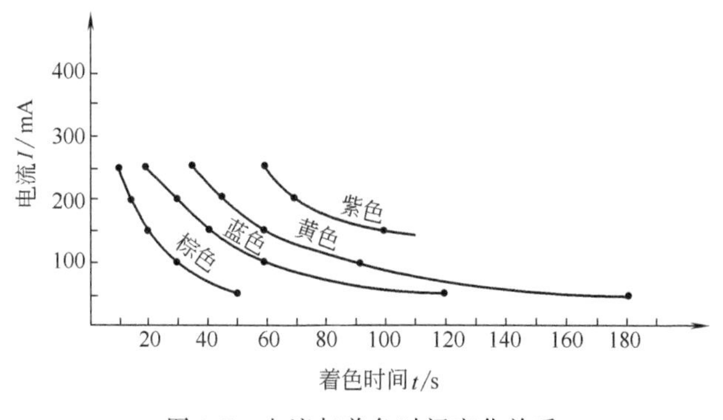

图9-7　电流与着色时间变化关系

现不同的颜色，就可采用控制电量来达到不锈钢着色的目的。

（3）着色前处理。除油（丙酮）→热水洗（70℃）→抛光①→水洗（蒸馏水）→阳极处理②→水洗（蒸馏水）。

注：① 抛光液。磷酸45%（体积分数），硫酸39%（体积分数），铅为阴极，不锈钢为阳极，阳极电流密度$20A/dm^2$，抛光时间5～10min，操作温度70℃。

② 阳极处理。铬酐42.5%的溶液，铅为阴极，不锈钢为阳极，阳极电流密度$6A/dm^2$进行阳极处理，时间10～20min，温度35℃。

（4）着色后处理。着色后→水洗→电解固化处理①→水洗→二次化学固化②→水洗→热风吹干。

注：① 电解固化处理。铬酐120g/L，硫酸490g/L，用蒸馏水配制溶液温度为室温～10℃，不锈钢着色膜为阴极，阴极电流密度$0.5A/dm^2$，时间3～5min。

② 二次化学固化。1%硅酸钠水溶液，温度（90±2）℃，浸渍时间5min。

（5）着色液的再生调整。由本配方的原作者张跃敏、尹新斌等人[34]提出溶液再生调整公式。通过比较调整前后的电量密度、着色时间与颜色种类及各种颜色着色时间与电流变化的关系的差异，得出溶液的再生调整可以延长溶液的寿命，减少对环境的污染。

设初始着色溶液体积为V_0，计算相对密度为d_0，经过一段时间的使用后，着色液体积下降为V_1，相对密度上升为d_1，若调整溶液体积至V_0，设需加入CrO_3 X(mL)，H_2SO_4 Y(mL)，添加剂Z(mL)，H_2O H(mL)，则有：

$$X=\frac{(d_0-1)V_0-(d_1-1)V_1}{8.5}$$

$$Y=6.42X$$

$$Z=0.846X$$

$$H=V_0-V_1-8.27X$$

（6）着色液调整前后电量密度与颜色的对应关系见表9-15、表9-16，电流与时间的关系见图9-8、图9-9[35]。

表9-15　调整前电量密度与颜色的对应关系

电量密度/(C/dm^2)	时间/s	颜色种类	颜色范围
15～30	10.8～21.6	棕色	浅棕色、棕色、深棕色、古铜色
33～48	23.76～34.56	蓝色	紫罗兰色、蓝色、浅蓝色
51～75	36.72～54	黄色	黄色、金黄色、橙色
84～167	61.28～120.24	紫色	紫色、紫红色

表 9-16　调整后电量密度与颜色的对应关系

电量密度/(C/dm²)	时间/s	颜色种类	颜色范围
18～25	12.96～18	棕色	浅棕色、棕色、深棕色、古铜色
39～42	28.08～30.24	蓝色	紫罗兰色、蓝色、浅蓝色
55～70	39.6～50.4	黄色	黄色、金黄色、橙色
88～160	63.36～115.2	紫色	紫色、紫红色

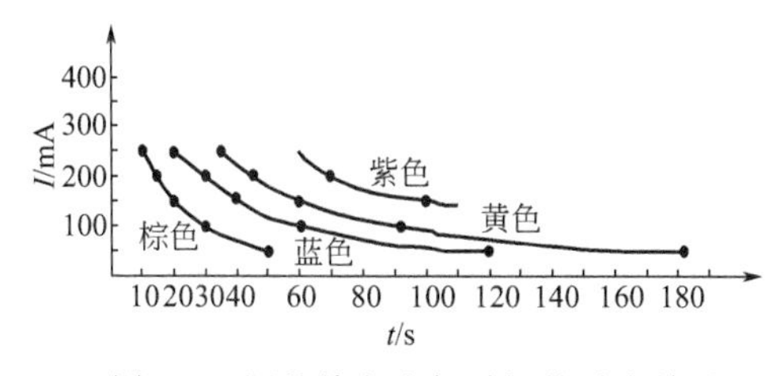

图 9-8　调整前电流与时间的对应关系

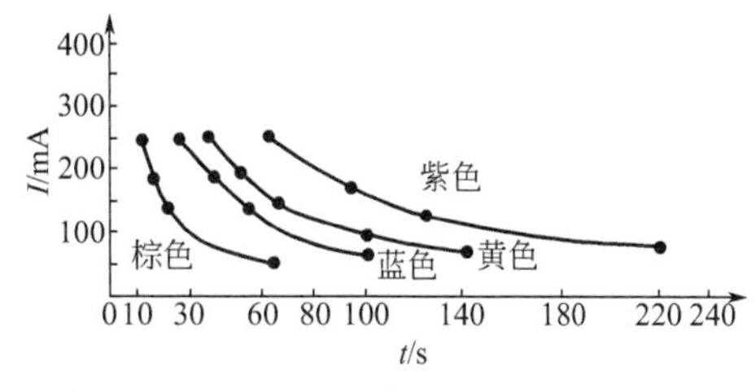

图 9-9　调整后电流与时间的对应关系

由表 9-16 可见，调整后溶液电量密度减小，着色时间缩短。由图 9-8、图 9-9 可见，在电流一定时，某一颜色最短着色时间较着色前增加，最长着色时间较着色前缩短。与着色前相比，仅有略微的差别。

(7) 结论。

① 着色溶液再生调整后仍具有着色功能。

② 着色溶液再生，避免溶液的多次处理，可减少环境污染。

9.2.2.4　配方 4（见表 9-9）的说明

本配方由长沙中南大学冶金物理化学与材料化学研究所（410083）何新快、陈白珍、周宁波、张钦发提出[30]。

(1) 重铬酸钾用量对成膜速率及其颜色的影响。重铬酸钾是主成膜物质，提供三价铬在阳极表面达到临界值水解而生成金属着色膜。其他成分不变，改变重铬酸钾用量，其对着色膜的影响见表9-17。

表 9-17　重铬酸钾用量对成膜速率及颜色的影响

重铬酸钾浓度/(g/L)	着色时间/min	颜　色	着色膜质量
0	60	无明显现象	着不上色
10	40	灰色	膜较薄，不均匀，光亮性差
20	30	灰黄色	膜较均匀，但不够致密，光泽性差
30	25	金黄色	膜均匀，致密，光亮，且不掉色
40	15	金黄色	膜均匀，致密，光亮，且不掉色
50	15	金黄色	膜均匀，致密，光亮，且不掉色

由表 9-17 可见，随着重铬酸钾用量的增加，其他成分不变，成膜速率加快，所得着色膜的质量也越均匀，致密。但当其达到 50g/L 时，成膜速率几乎不变。选取重铬酸钾含量为 40g/L。

(2) 硫酸锰用量对成膜速率及其颜色的影响。硫酸锰是辅助成膜剂，其他成分不变，改变硫酸锰用量，对成膜速率及其颜色的影响见表 9-18。

表 9-18　硫酸锰用量对成膜速率及其颜色的影响

硫酸锰浓度/(g/L)	着色时间/min	颜　色	着色膜质量
0	70	灰黄色	膜不均匀,光亮性差
5	45	灰黄色	膜不均匀,光亮性差
10	30	金黄色	膜较均匀,较致密,不掉色
15	25	金黄色	膜均匀,致密,光亮,且不掉色
20	15	金黄色	膜均匀,致密,光亮,且不掉色
25	15	金黄色	膜均匀,致密,光亮,且不掉色

从表 9-18 可见，硫酸锰的用量既影响着色速率，又影响着色膜的质量。硫酸锰的最佳含量取 20g/L 为宜。

(3) 硫酸铵的主要作用。铵离子 (NH_4^+) 能配位三价铬离子及被溶解下来的镍离子 (Ni^{2+})，控制反应速率。其含量偏高，成膜速率太快，易掉色；含量偏低，配位不了溶解下来的镍、铬等离子，致使电解液老化，成膜速率减缓。硫酸铵的最佳含量以 20g/L 为宜。

(4) 添加剂 A 的作用及其影响。添加剂 A 是钼酸根盐，它参与成膜，促进氧化膜的形成。它能使不锈钢表面钝化而生成钼系列金属氧化物（如二氧化钼，氧化亚钼等)，使得着色膜致密，提高着色膜的耐蚀性、耐磨性。分别改变添加剂 A 的用量，其对膜的影响见表 9-19。

表 9-19　添加剂 A 的用量对成膜速率及其颜色的影响

添加剂浓度/(g/L)	着色时间/min	颜　色	着色膜质量
0	8	黑色	不致密,易掉色
3	10	灰黑色	不均匀,易掉色
6	10	灰黄色	膜较均匀,但不致密,光泽性差
9	15	金黄色	膜均匀,致密,光亮,不掉色
12	15	金黄色	膜均匀,致密,光亮,不掉色
13	30	金黄色	膜均匀,致密,光亮,不掉色

由表 9-19 可知，没有添加剂 A 的着色液着不上金黄色而是黑色的，随着其用量的增加，着色膜变得致密且光亮，当其用量达到 15g/L 时，再增加用量，对成

膜几乎无影响。添加剂的最佳含量以 9～12g/L 为宜。

（5）添加剂 B 的作用及其影响。添加剂 B 是过渡区金属硫酸盐，具有光亮剂的作用，提高着色膜的光亮性、色泽，且重现性好。其他成分不变，改变添加剂 B 的用量，其对成膜的影响见表 9-20。

表 9-20 添加剂 B 的用量对成膜速率及其颜色的影响

添加剂 B 浓度/(g/L)	着色时间/min	颜 色	着色膜质量
0	15	灰黄色	致密均匀，但不光亮
5	15	灰黄色	致密均匀，光泽性较好
10	15	金黄色	致密均匀，光亮
15	15	金黄色	致密均匀，光亮

由表 9-20 可见，没有添加剂 B 的着色液着上的金黄色膜不光亮。添加剂 B 的最佳用量以 10g/L 为宜。

（6）温度与时间的影响。实验发现，温度升高，电解着色的速率增大。当温度在 10～30℃内变化，着色速率变化不大。在 20℃恒温下，着色时间与着色膜颜色的关系见表 9-21。

表 9-21 着色时间与试样颜色的对应关系

着色时间/min	5	10	12	15	18
着色膜颜色	灰色	灰黄色	金黄色	金黄色	金黄色

由表 9-21 可知，电解着金黄色的时间为 12～15min，有利于试样着色的控制，能得到重现性好的成品。

（7）电解着色工艺流程。不锈钢试样①→化学除油②→水洗→抛光活化处理③→水洗→电化学着色④→水洗→封闭处理⑤→沸水干燥。

注：① 不锈钢材料为 1Cr18Ni9Ti。

② 化学除油一定要将不锈钢上的油除干净，否则着不上金色或着色不均匀。除油液组分为：氢氧化钠 40g/L，碳酸钠 60g/L，OP 乳化剂 5mL/L，除油温度 60～70℃，时间 8～12min。

③ 抛光活化液组分。硫酸 200mL/L，盐酸 70mL/L，硝酸 20mL/L，温度 40～60℃，时间 2～3min。要控制好活化程度。活化时间不够，着色速率慢，着色不均匀，结合力差；活化时间太长，不锈钢易产生过腐蚀。

④ 电化学着色，按配方 4 的成分和工艺条件进行。不锈钢作阳极，铅板作阴极，阴阳两极的面积之比为 3∶1。所用试剂均为分析纯。

⑤ 封闭处理。由于着色膜的附着力强，且致密耐磨，对一般不锈钢装饰器材，可直接封闭处理，无需固膜处理。封闭处理液组成为：硅酸钠（Na_2SiO_3）2%～4%，添加剂 1.5%，表面活性剂 0.5%，封闭处理温度 70～90℃，时间 5～6min。

（8）着色膜性能检验。

① 耐磨性实验。按 GB 1768—79 进行耐磨性实验。橡皮轮加压 5N，实验 3min，膜层颜色基本不变，该着色膜具有优良的耐磨性。

② 耐腐蚀性：按 GB 4334.6—84，将着色后的样品和未着色的空白不锈钢试样进行耐腐蚀性对照实验，空白不锈钢试样的失重腐蚀率为 30.65g/(m^2·h) 而金黄膜试样的失重腐蚀率为 1.28g/(m^2·h)，仅约为空白不锈钢的 1/30。因而该着色膜具有优良的耐腐蚀性。

9.2.2.5　配方 5（见表 9-9）**的说明**

本配方由南京航空航天大学材料系（210016）周一扬、吴继民提出[23]。

（1）施加电信号。采用中等含铬量的不锈钢 1Cr17，在硫酸水溶液中以恒电位方波充电法使不锈钢表面产生彩色膜。脉冲方波见图 9-10。采用此法有望能克服表面因在铬酸溶液中浸泡的时间较长，有时表面有粗糙现象产生的缺点。

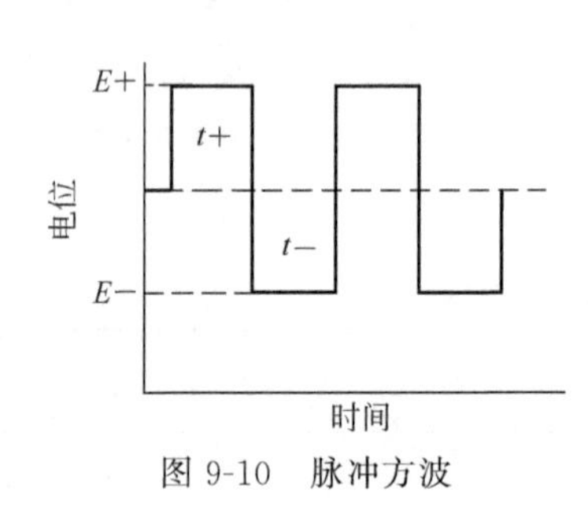

图 9-10　脉冲方波

（2）不锈钢阳极极化曲线。在 2mol/L（相当于 196g/L）硫酸溶液中以逐点法得到不锈钢的阳极极化曲线，见图 9-11，由图 9-11 可知，阳极钝态电位为 0～0.9V。采用的脉冲电位范围为 −0.1～1.0V，时间为 0.001～0.100s。使用的实验仪器有恒电位仪、信号发生器、稳压电源、示波器，参比电极为饱和甘汞电极，对电极为铂电极。

（3）着色时间同着色膜颜色的关系见表 9-22。

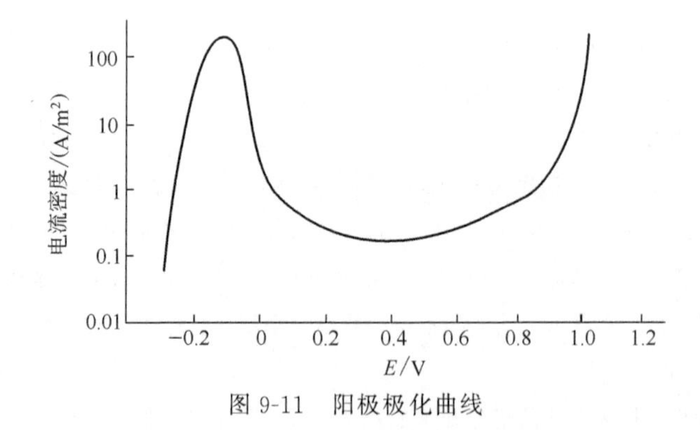

图 9-11　阳极极化曲线

表 9-22　不锈钢着色时间与着色膜的关系

着色时间/min	10	25	40
着色膜颜色	蓝	紫	黑

在蓝色、紫色、黑色之间没有明显的中间色出现。随着溶液温度增高及浓度加大，着色膜形成速率有加大的倾向。这种膜的生成，推测是由于膜-溶液的表面铬酸离子的生成、还原所致，并且在硫酸水溶液中恒电位方波脉冲下不锈钢表面形成的膜的铬离子含量较高之故。

9.2.2.6　配方6（见表9-9）**的说明**

本配方由上海电力学院电化学研究室国家电力公司热力设备腐蚀与防护重点实验室（上海，200090）张俊喜、周国定及浙江大学化学系（杭州，310027）乔亦男、曹楚南、张鉴清提出[24]。

（1）载波钝化着色法的应用。提出一种新的不锈钢着色方法——载波钝化着色，即在无铬的硫酸溶液中用载波钝化的电化学方法得到各种色彩的不锈钢表面。传统的因科法着色，是将不锈钢浸入热的硫酸＋铬酸溶液中进行的，由于着色液中含有大量的六价铬离子，废液的排放对环境造成极大的危害，因此，需用一种无铬的不锈钢着色工艺来取代。曹楚南等研究发现，在交变电场的作用下可以使不锈钢表面钝化膜得以增厚[31,32]。已知不锈钢表面产生色彩是由于其表面膜层对光的干涉所致。根据这一原理，用载波钝化的方法，在硫酸溶液中使不锈钢表面钝化膜的厚度增加，并通过膜层厚度的变化来改变不锈钢表面的色彩，以取代原来含铬酐的着色体系[33]。

（2）着色装置。所用电场为信号发生器产生的方波叠加在一直流信号上，调节方波的频率、占空比、幅值及直流信号电压，并通过恒电位仪来控制所需的载波电场。由恒电位仪输出的电流信号，通过数模转换板用计算机采集，电流信号值以 I-t 的形式记录。恒电位仪输出的电位信号由示波仪进行监测。

着色液为2.5mol/L（相当于245g/L）硫酸溶液，温度为70℃，由恒温水浴控制温度。电解槽采用单槽，参比电极为饱和甘汞电极（SCE），铂片为辅助电极。在调节好所需的电源条件后，将304不锈钢样品移入着色液中后接通电源进行着色。

（3）膜层厚度与色彩的关系。不锈钢表面膜层色彩的不同是由于光干涉效应的程差不同所致的。程差 $R=2nd$，其中 n 为膜的折射率，d 为膜层厚度。实验测得厚度、折射率、颜色以及公式计算程差见表9-23。

表9-23　膜层的光学性质和色彩的关系

样　品	厚度/nm	折射率	程差/nm	颜　色	理论颜色
1	101.7	1.94	394	浅褐	黄褐
2	123.1	2.53	622	灰蓝	蓝
3	224.3	2.10	942	金黄	黄

续表

样　品	厚度/nm	折射率	程差/nm	颜　色	理论颜色
4	323.8	2.27	1470	玫红	浅红
5	408.8	2.16	1766	蓝绿	绿
6	475.3	2.10	1996	绿	—
7	532.1	2.06	2192	紫红	紫

在同样的载波钝化条件下，折射率相对不变，程差主要由厚度来决定，也就是说，改变膜层的厚度，就可得到不同色彩的不锈钢。

(4) 着色膜颜色的色度图。实验中采用色差计对载波钝化着色膜的色彩进行测量。色度图采用 CIE 1931 色度图。根据颜色匹配原理，任一颜色都可以用三原色以适当的比例相加来实现。图 9-12 为膜层的色彩与厚度关系的色度坐标图。图 9-12 中 x 色度坐标相当于红原色的比例，y 色度坐标则相当于绿原色的比例，图中没有 z 坐标，因为 $x+y+z=1$，所以 z 可由 $1-(x+y)$ 得到。色度图中的圆弧是光谱轨迹，光谱轨迹曲线以及连接光谱轨迹两端所形成的马蹄形内可包括一切物理上可能实现的颜色，E 是等能白光。运用色差计和色度图能较准确地反映不锈钢着色膜色彩的变化。从图 9-12 可见，随着厚度的增加，膜层的颜色是周期性变化的，符合牛顿序列产生的规律，这说明膜层的颜色主要是由光的干涉所致的。

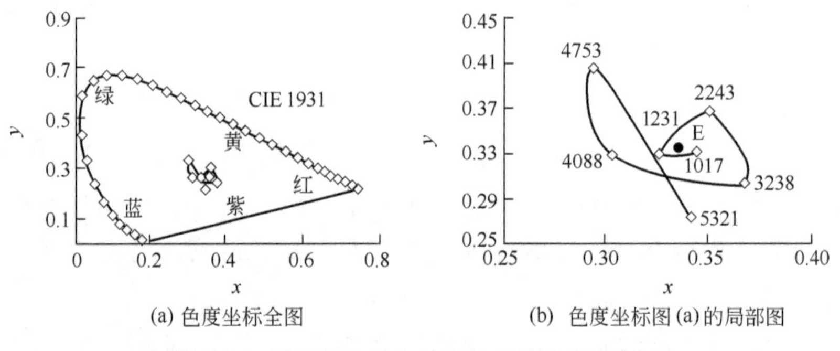

(a) 色度坐标全图　　(b) 色度坐标图 (a) 的局部图

图 9-12　膜层的色彩与厚度关系的色度坐标图

(5) 膜层的结构与形貌。SS304 不锈钢载波钝化着色膜测试所用仪器为 JEOL 透射电子显微镜（TEM），测试条件为 120kV。测试时须将膜层从基体上脱离下来，将完成着色的待测样品在 $E=1100\text{mV}$（SCE）的电位下极化 10s，膜层即可用水冲下来。经漂洗、以铜网捞取晾干，即可进行分析。从 TEM 照片可以看出膜层是由细小的晶粒组成的，晶粒尺寸在 10～20nm 之间，晶粒大小比较一致。电子经膜层的衍射是较宽的环状，说明膜层是处于微晶和非晶态之间的结构。中凹的部位是晶界的交叉处，在电子束的轰击下，由于膜层含有水而发生崩裂，崩裂的裂纹总是在沿晶界的膜层上，可以看出这些部位的膜层较薄。还可看到膜层上分布有一些小圆坑，直径约100nm，这些小坑有的是随机分布在膜层中的，有的则依次排列连接，可以认为膜层中沿晶界的沟壕是由一个个的小坑发展连接起来的，膜层中的小坑则是由点蚀造成的，在膜层中，点蚀首先在薄弱的位置发生。总之，可以看出，整个膜层的表面是不均匀的。

(6) 膜层的导电性。图9-13是不锈钢载波钝化膜层的安-伏（J-V）曲线。伏安法对膜层的导电性测试表明，载波钝化着色膜有半导体性质，膜层的导电具有整流性。

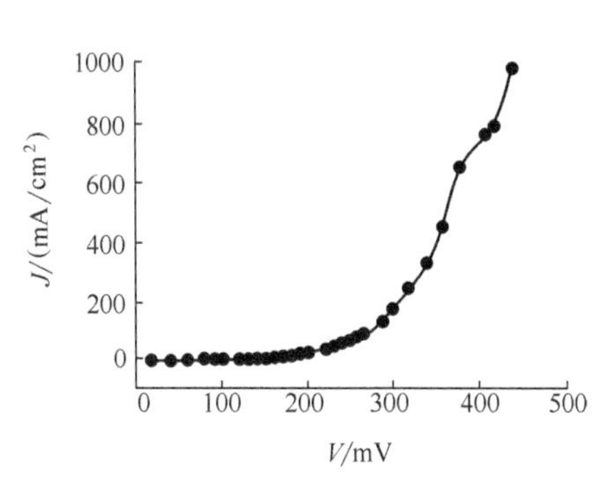

图9-13　SS304不锈钢载波钝化着色膜的J-V曲线

9.2.2.7　配方7（见表9-9）**的说明**

本配方由上海交通大学化学系（200240）廖小珍、钱道荪、朱新运提出[5]。

(1) 彩色不锈钢的交流方波电化学着色。试样采用1Cr18Ni9Ti光亮不锈钢，经过前处理后，采用交流方波电化学法进行着色。实验装置见图9-14。电解电流交流方波波形见图9-15。着色液组成：

铬酐（CrO_3）	250g/L
硫酸（H_2SO_4）	490g/L

(2) 着色液温度的选择。不锈钢在铬酸-硫酸体系中，较高温度下便出现化学着色，为了消除化学着色的影响，以便于电解着色的控制，表9-24为试样在不同温度的铬酸、硫酸溶液中浸泡1h的化学着色情况。

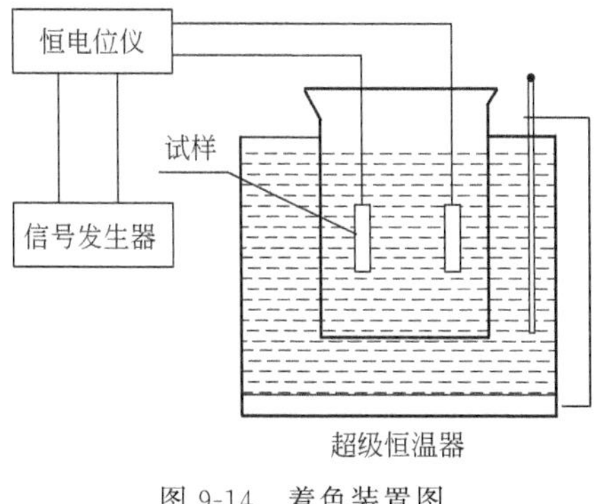

图9-14　着色装置图

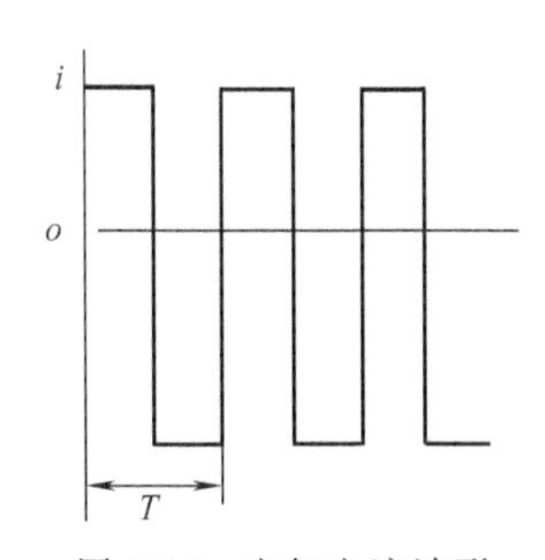

图9-15　电解电流波形
i—电流密度；T—周期

表 9-24 试样在不同温度的铬酐、硫酸溶液中浸泡 1h 化学着色情况

试 样	溶液温度/℃	化 学 着 色
1	55	无
2	60	有

根据表 9-24 的结果，着色液的温度选择 55℃，既能避免化学着色的影响，亦可缩短电解着色的时间。

（3）电解参数对钢表面膜颜色的影响。表 9-25 列出交流方波电解法制备彩色不锈钢的通电量与着色膜颜色的关系。由表 9-25 的数据可看出，随着通电量的增加，不锈钢表面颜色的变化趋势与化学着色法相同，即茶色→蓝色→黄色→红色→绿色。但钢表面颜色并不完全取决于通电量的大小，而与电流幅值、方波周期 T 密切相关。

表 9-25 通电量与着色膜颜色的关系

编 号	电流密度 i /(A/dm^2)	方波周期 T×通电周期数 N/s	电量密度 iTN /(C/dm^2)	颜色
1	0.2	60×4	48	浅茶色
2	0.2	60×8	96	茶色
3	0.4	60×4	96	深茶色
4	0.2	80×9	144	茶色～蓝色
5	0.4	60×6	144	深茶色
6	0.4	180×2	144	浅天蓝色
7	0.2	160×5	160	深蓝色
8	0.2	400×2	160	蓝～黄
9	0.4	800×6	192	蓝色
10	0.4	160×3	192	青黄色
11	0.4	180×3	216	黄色
12	0.4	160×4	256	亮黄色
13	0.2	160×9	288	暗紫红
14	0.4	180×4	288	紫红
15	0.4	400×2	320	红色
16	0.4	60×14	336	灰黑色
17	0.4	60×16	384	黄色
18	0.4	60×18	432	橙红色
19	0.4	60×20	480	玫瑰红
20	0.4	160×9	576	红～绿
21	0.4	180×8	576	绿色
22	0.4	180×9	648	血青色

① 电流密度 i 的影响。固定方波周期，在相同通电量的情况下，电流密度越大，由于反应速率快，钢表面颜色偏向于膜厚方向。(比较试样 2、3)。

② 方波周期 T 的影响。试样 5、6 及试样 7、8 的比较可见，相同通电量和电流密度下，周期 T 越长，钢表面颜色偏向膜厚方向。

③ 通电时间的影响。在相同电流密度和周期下，通电时间越长，膜越厚，钢表面颜色随膜厚变化。

(4) 适当厚度的氧化膜层及其相应色彩的控制方法。只要适当调整电流密度 i、方波周期 T、通电周期数 N，即可得到适当厚度的氧化膜层，从而得到所需的色彩。利用此法已制备出茶色、蓝色、黄色、红色、绿色各颜色系列的十多种色调不同的彩色不锈钢，交流方波电解着色法的出色范围宽，颜色控制容易，色彩均匀亮丽，重现性良好。这是化学着色法难以比拟的。

(5) 交流方波电解着色法的规律 (根据表 9-25)。

① 消除界面溶液的浓度差。在交流方波电解周期内，通过方波正半周电流时，表面发生阳极氧化，形成氧化膜层；在方波负半周内，形成的膜层适当硬化，同时消除界面溶液的浓度差。

② 氧化膜层的厚度形成的影响因素。在通过总电量相同的情况下，不锈钢表面形成的氧化膜层的厚度与方波周期、电流密度大小有关。

③ 在相同周期、相同通电量的情况下，电流密度越小，反应速率越慢，浓差极化影响减少，膜厚度偏薄。

④ 在相同电流密度、相同通电情况下，方波周期越长，电极界面浓差扩散层增厚，表现出氧化膜层偏厚的现象。

(6) 交流方波电解着色技术的优点。

① 颜色控制简单容易。只要调节好所需颜色的工作参数 (电流密度、方波周期、通电周期数)，制得的钢表面颜色的重现性很理想。而化学着色法对颜色的控制需借助于电位控制装置。

② 利用电解着色法可降低着色液的温度至 55℃，缩短着色时间，优于化学着色法。

③ 交流方波电解技术制备彩色不锈钢的出色范围广，可获得的色彩种类十分丰富。

(7) 不锈钢着色前处理。光亮不锈钢 1Cr18Ni9Ti→清洗→除油①→清洗→浸酸②→清洗→着色。

注：① 除油。碳酸钠 (Na_2CO_3) 20g/L，磷酸三钠($Na_3PO_4 \cdot 12H_2O$)10g/L，三乙醇胺 2.5mL/L，OP 表面活性剂 2.5mL/L，温度 70～80℃，时间 10～15min。

② 浸酸。硫酸 (H_2SO_4) 5%(体积分数)，温度 50～55℃，时间 5min。

（8）不锈钢着色后处理。着色后→清洗→固膜处理①→清洗→封闭②→清洗→烘干。

注：① 固膜处理。阴极电解固膜处理。铬酐（CrO_3）250g/L，硫酸（H_2SO_4）（d=1.7）2.5g/L，阴极电流密度 0.4A/dm^2，时间 10min。

② 封闭。使不锈钢表面多孔膜封闭，提高耐磨性。硅酸钠（Na_2SiO_3）1%，温度煮沸，时间 5min。

9.2.2.8　配方 8（见表 9-9）的说明

本配方由华中理工大学化学系（武汉，430074）郭稚弧、贾法龙、邱于兵提出[8,11]。

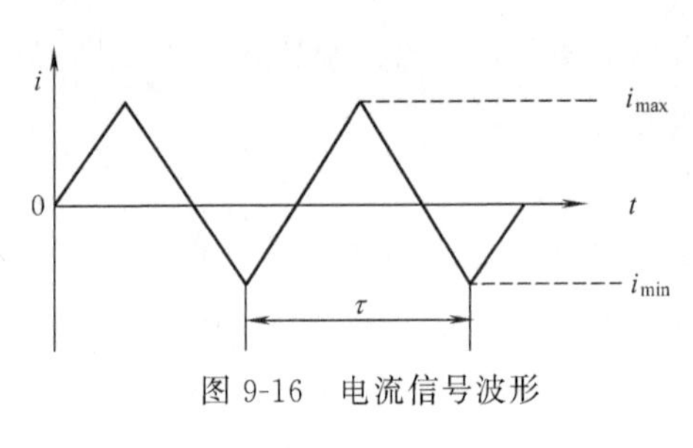

图 9-16　电流信号波形

（1）三角波电流扫描法着色不锈钢。在着色液为铬酐 250g/L，硫酸 490g/L，实验中采用三角波电流，电流信号波形见图 9-16。通过正交试验筛选出的最佳工艺参数为：最大电流密度 i_{max} = 2mA/dm^2，最小电流密度 i_{min} = −0.5mA/dm^2，周期 τ=10s，温度 T=25℃。可以制备出颜色均匀的彩色不锈钢。控制容易，重现性好。

（2）试片着色随时间的变化。在不同的时间下对不锈钢进行着色的结果见表 9-26。

表 9-26　试片着色随时间的变化

时间/min	5	10	15	20	25	30
颜色	深茶	深蓝	浅蓝	亮黄	橙黄	紫红

（3）控制电解时间获得所需的颜色。从表 9-26 可知，随着通电时间的延长，膜的颜色发生变化。一定的电解时间对应着一定的颜色。因此，可通过控制电解时间来获得所需的颜色。在实验中，黄色对应的电解时间范围较宽，大约 20min，相对来说容易控制。

（4）温度对颜色的影响。温度对于颜色的控制有着很大的影响。温度越高，着色速率越快。同样通电 20min，在不同的温度下所得的颜色见表 9-27。

表 9-27　不同温度所获得的颜色（时间 20min）

着色液温度/℃	20	25	35	45
颜色	茶色	浅黄	黄色	深黄

在较高温度下，颜色的变化较快。着色时，严格地控制时间与温度是非常重要的。

（5）所需颜色的控制。只要调节好适当的最大和最小电流密度、周期及温度参数，就可以得到所需要的颜色。在最大和最小电流密度、温度和周期固定的条件下，随着时间的延长，膜的颜色变化趋势大致为茶色—蓝色—黄色—红色。

（6）弯曲试片的着色。把试片弯曲 90°后进行三角波电流扫描着色，时间 20min，试片为亮黄，颜色均匀，同样条件下所做的两个试片的颜色一样。此工艺对于曲面着色有良好的适应性。

（7）着色试片性能测试。

① 耐蚀性。着色试片与未着色试片在 0.2mol/L 盐酸中的自然腐蚀电位比较见图 9-17，该图表明彩色不锈钢片在此盐酸中长期浸泡仍然保持钝态电位，而且很稳定。耐蚀性显然要比未着色的要好。

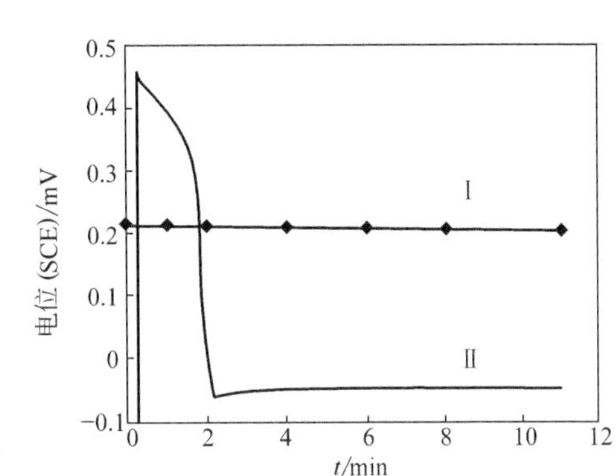

图 9-17　不锈钢在 0.2mol/L 盐酸溶液中的自然电位随时间的变化

Ⅰ—彩色不锈钢；Ⅱ—未着色不锈钢

② 耐磨性。用负荷 500g 的瓶塞橡皮在着色膜表面来回摩擦，接触面积为 $50mm^2$。试片经过电解硬化和封闭后，其耐磨次数在1000次以上，表明耐磨性良好。

③ 耐热性。着色试片在 300℃的环境下烘烤 1h，膜的颜色没有变化，表明其热稳定较好。

④ 加工性能。把彩色试片来回弯曲 180°数十次，表面膜无任何损伤，呈现良好的加工性能。

（8）不锈钢着色前处理。1Cr18Ni9Ti 不锈钢→机械抛光→清洗→除油①→清洗→电化学抛光②→清洗→着色。

注：① 除油液。氢氧化钠（NaOH）20～40g/L，碳酸钠（Na_2CO_3）30～40g/L，OP 乳化剂 2～3mL/L，温度 70～80℃，时间 6～10min。

② 电化学抛光。磷酸（H_3PO_4）(85%) 560mL/L，硫酸（H_2SO_4）(98%) 400mL/L，铬酐 50g/L，其余为水，电流密度 20～50A/dm^2，电压10～20V，温度 55～65℃，4～5min。

（9）着色后处理。着色→清洗→固膜处理①→清洗→封闭②→清洗→烘干。

注：① 固膜处理。采用阴极电解处理。铬酐（CrO_3）250g/L，磷酸（H_3PO_4）2.5g/L，阴极电流密度 0.4A/dm^2，温度 25℃，时间 10min。

② 封闭。硅酸钠（Na_2SiO_3）1%，温度煮沸，封闭时间，5min。

9.2.2.9　配方 9（见表 9-9）的说明

本配方由中南大学冶金科学与工程学院（长沙，410083）邓姝皓、龚竹青、柳勇提出[26]。

（1）不锈钢着色生成亚光银灰色外观。采用化学浸渍法或电解着色法均可将1Cr18Ni9Ti不锈钢着色生成亚光银灰色外观。

① 化学着色液组成。

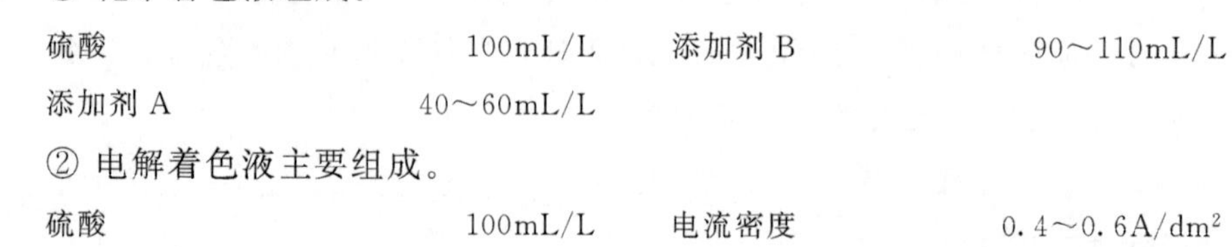

硫酸	100mL/L	添加剂 B	90～110mL/L
添加剂 A	40～60mL/L		

② 电解着色液主要组成。

硫酸	100mL/L	电流密度	0.4～0.6A/dm^2
铬酐	50～60g/L		

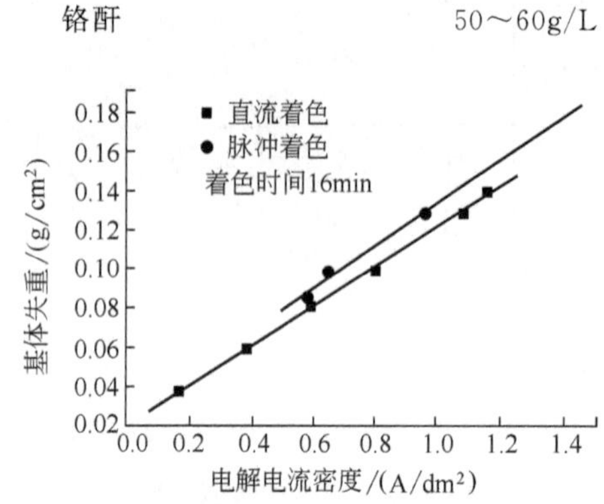

图 9-18　电解电流密度与不锈钢失重的关系

（2）电流密度对着色膜的影响。

① 直流和脉冲电流在不锈钢成膜时，电流密度对成膜厚度和色泽均有影响。图 9-18 为电解电流密度与不锈钢失重的关系。由图 9-18 可见，随着电流密度的增加，不锈钢失重也在增加。电流密度和不锈钢失重呈一直线关系。观察着色膜的颜色可以发现，电解电流密度增加，膜层的颜色更加均匀一致，膜层也更加致密。可见电流密度对于着色膜起到了关键的作用。

② 脉冲着色与直流着色的效果。结合 SEM（扫描电镜）对着色膜分析，结果发现，脉冲着色膜比直流着色膜更加细致均匀，晶粒也较细小。因此，相同的电解电流密度下，脉冲着色的效果更好。

③ 氧化膜中镍、铬、钛等氧化物含量的分布。通过实验，发现不锈钢中的添加元素在不锈钢中呈一浓度梯度，深层的添加元素要高于表面。阳极氧化时，可以使表层逐渐溶解，电流密度越大，表层溶蚀越多，形成的氧化膜中镍、铬、钛等氧化物的含量越高，膜越致密。因此，增大电流密度可提高膜层性能，但是，不锈钢基体损耗加大。表面减薄程度增加，能耗增大。实验表明，电流密度在 0.2～0.4A/dm^2 为好。

（3）铬酐浓度对成膜的影响。

① 铬酐浓度与基体失重的关系。图 9-19 为电解着色时铬酐浓度对成膜的影响。由图 9-19 可见，无论是脉冲着色或者是直流着色，铬酐浓度越高，基体失重越少。对于脉冲着色，当铬酐浓度达到 70g/L 后，铬酐浓度继续增加，对基体失重的变化已经影响不大了。直流着色随着铬酐浓度的增加，基体失重呈线性减少。

② 脉冲着色膜的性能优于直流着色膜。由图 9-19 可见，相同电流密度和相同的铬酐浓度下，脉冲着色对于基体的减薄要比直流的大。这是由于脉冲着色的峰电流密度远高于直流的平均电流密度，而且着色膜中镍、铬、钛的氧化物也比直流着色膜略高。同时，脉冲着色电流密度大，使得基体成膜的晶粒细小、致密，脉冲着色膜的性能优于直流着色膜。

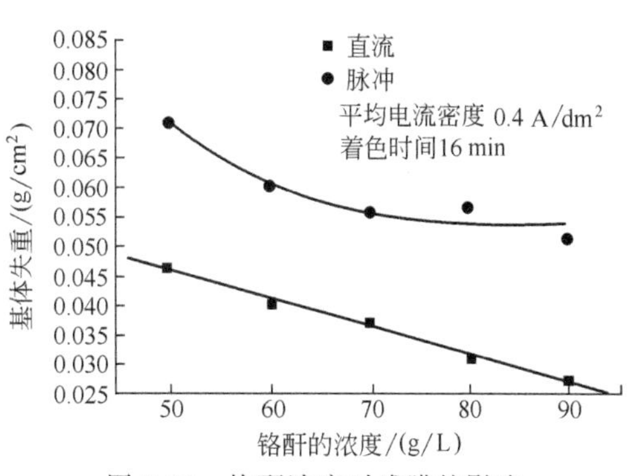

图 9-19　铬酐浓度对成膜的影响

③ 铬酐适宜加入量。考虑到基体的损耗，六价铬离子的处理，铬酐加入量以 50～60g/L 为宜。

(4) 着色膜结构、形貌和成分。

① 着色膜结构。X 射线衍射结果表明，着色前、后不锈钢在表面结构上发生了很大的变化，形成了镍、铬、钛等的致密氧化膜（Ni_2O_3、Cr_2O_3、TiO），如图 9-20着色前后不锈钢的 X 射线衍射图所示。

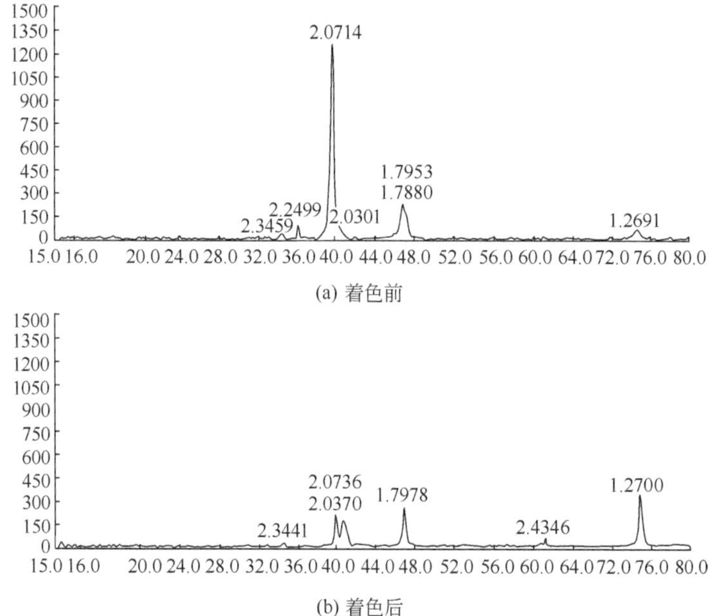

图 9-20　着色前后不锈钢的 X 射线衍射图

② 不锈钢着色前、后的表面形貌。采用 SEM 扫描电镜以及表面能谱分析不锈钢着色前、后的表面形貌和成分，发现着色后的不锈钢表面晶粒尺寸变小。

③ 不锈钢着色前后的表面成分。表 9-28 为电镜扫描分析的表面成分。

表 9-28 电镜扫描分析表面成分

表面成分名称	未着色不锈钢	化学着色	直流着色	脉冲着色
铁	0.75	0.69	0.70	0.7172
镍	0.03	0.06	0.063	0.06
铬	0.22	0.25	0.235	0.2219
钛			0.002	0.0009

由表 9-28 可见，着色前表面成分中几乎不含有钛，铁含量占绝对优势，镍、铬含量很少。但着色后表面成分中铁含量明显降低，而镍、铬、钛含量增加。着色后的不锈钢表面为致密的镍、铬、钛氧化物膜。

（5）不锈钢着色膜性能测试。

① 耐蚀性。表 9-29 为不锈钢浸泡在 3.5%（质量分数）氯化钠溶液中的浸泡实验结果。

表 9-29 不锈钢浸泡 3.5%（质量分数）氯化钠溶液腐蚀实验结果

种　类	出现水线时间/d	种　类	出现水线时间/d
原始不锈钢	24	直流着色	两个月未见变色
脉冲着色	两个月未见变色	化学着色	30

由表 9-29 可见，着色后的不锈钢较未着色的不锈钢的耐蚀性强。

② 电化学腐蚀测试。表 9-30、表 9-31 分别为不锈钢在 10%（质量分数）氢氧化钠和 1mol/L 硫酸（相当于 98g/L）中的电化学测结果。

表 9-30 着色前后不锈钢在 10%氢氧化钠水溶液中的电化学参数

电化学参数	未着色不锈钢	脉冲着色不锈钢
φ_c/V	−0.454	−0.429
$i_{致钝}$/(A/cm^2)	1.86×10^{-3}	1.351×10^{-3}
$i_{维钝}$/(A/cm^2)	1.86×10^{-3}	1.586×10^{-3}
$\varphi_{钝化}$/V	−0.12～0.63	0.232～0.637

注：φ_c 为自腐蚀电位（相对于饱和甘汞电极）；$i_{致钝}$ 为致钝电流密度；$i_{维钝}$ 为维钝电流密度；$\varphi_{钝化}$ 为钝化区间。

表 9-31 着色前后不锈钢在硫酸水溶液中的电化学参数

电化学参数	未着色不锈钢	脉冲着色
φ_c/V	−0.098	−0.312
$i_{致钝}$/(A/cm^2)	2.3×10^{-2}	1.842×10^{-3}
$i_{维钝}$/(A/cm^2)	4.85×10^{-3}	4.858×10^{-4}
$\varphi_{钝化}$/V	0.97～1.25	0.314～1.13

从表 9-30、表 9-31 的比较可以看出，着色后的不锈钢在酸、碱中的耐蚀性与未着色的不锈钢相当，甚至更强。

③ 耐擦拭测试。将着色不锈钢用滤纸往复擦拭，观察色膜褪去与擦拭次数的关系。结果列于表 9-32。由表 9-32 可知，电解着色的不锈钢耐磨性明显优于化学着色的不锈钢。这是由于电解着色的不锈钢成膜更为致密、附着力更强。

表 9-32　不锈钢耐擦拭性

着色方法	使色膜褪去的擦拭次数	着色方法	使色膜褪去的擦拭次数
化学着色	300	脉冲着色	1160
直流着色	600		

④ 耐高温测试。将着色和未着色不锈钢在烘箱中 400℃下恒温 2h，观察不锈钢表面颜色，再在 10%(体积分数) 盐酸中浸泡几秒，并经水冲洗后观察颜色，结果见表 9-33。

表 9-33　不锈钢耐高温测试

着　色　方　法	400℃烘 2h	10%盐酸浸泡几秒
未着色不锈钢	变黄	没有恢复原来的不锈钢颜色
着色不锈钢	略带黄色	恢复原来着色膜颜色

由表 9-33 可见，着色后的不锈钢耐高温性要强于未着色的不锈钢。

(6) 着色前处理。1Cr18Ni9Ti 不锈钢→打磨（用 0#、2#、4#、6# 金相砂纸逐级打磨至镜面光亮)→除油（丙酮和酒精)→活化（10%盐酸)→着色。

9.2.2.10　配方 10（见表 9-9）**的说明**

本配方由华中理工大学化学系（武汉，430074）贾法龙、郭稚弧、李卓民提出[9]。

(1) 低频方波电流对不锈钢进行着色。着色液组成为：铬酐 250g/L，硫酸 490g/L，实验中采用方波电流，实验装置见图 9-21，电流波形见图 9-22。实验设备中信号发生器型号为 DCD-1，恒电位仪型号为 HDV-7C，参比电极为饱和氯化钾甘汞电极（SCE)，用 3068 型 XY 函数记录仪记录不锈钢片相对于甘汞电极的电位随时间的变化情况。选取具有代表性的 4 个因素，即着色液温度、正电流密度 i_+、负电流密度 i_- 和周期 T 值。只要调节好适当的正电流密度、负电流密度、时间、周期、温度参数，

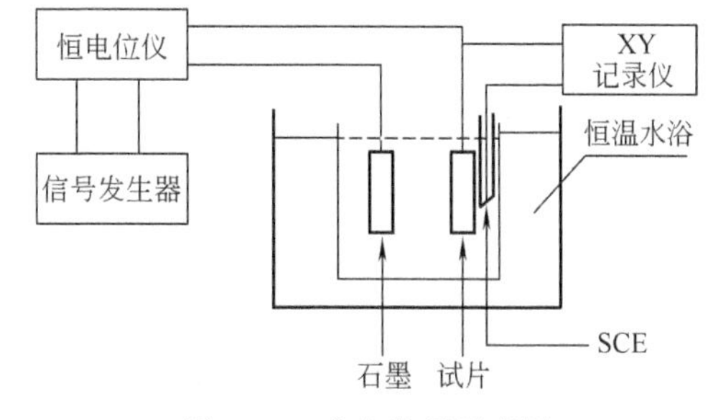

图 9-21　着色装置示意图

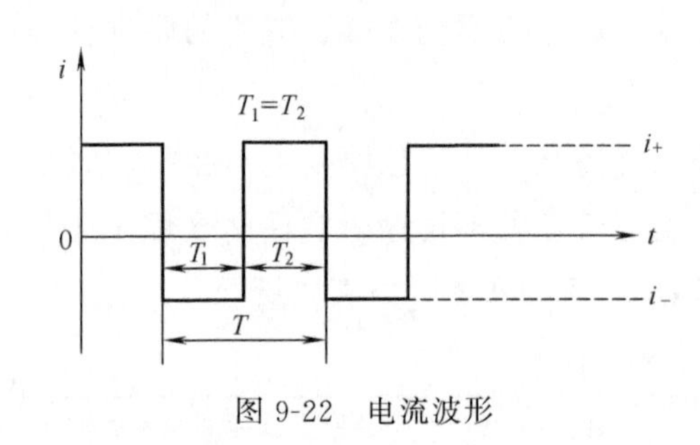

图 9-22　电流波形

就可以得到所要的颜色。

(2) 着色实验对参数的优选。

① i_+的值均大于i_-的值：通过正交试验，能够着上色的试片的规律为i_+的值均大于i_-的值。

② 凡是未发生着色的，其电位-时间图中阴极响应电位，并不随时间的延长而正移；有着色出现的，其阴极响应电位随时间的延长而正移。若参数不同，正移的幅度也不同。

③ 周期不同，都能着色，说明周期的取值对着色的影响较小。

④ 温度值。固定i_+与i_-一个组合（组合原则是$i_+ \geqslant i_-$），再改变周期与温度的值，观察着色的效果。结果见表 9-34。其中每组实验的着色时间均为 10min，着色完后进行固膜和封闭，然后做耐磨性测试。

表 9-34　着色试验优选参数结果

i_+/(mA/cm²)	i_-/(mA/cm²)	温度/℃	周期/s	着色结果	耐磨次数
2.0	−1.0	20	2.5	有	600
2.0	−1.0	20	12.5	无	
2.0	−1.0	40	2.5	有	600
2.0	−1.0	60	2.5	有	800
2.0	−1.0	60	12.5	有	1600
2.0	−2.0	20	2.5	无	
2.0	−2.0	20	12.5	无	
2.0	−2.0	40	2.5	无	
2.0	−2.0	60	2.5	有	100
2.0	−2.0	60	12.5	有	100
4.0	−2.0	20	2.5	无	
4.0	−2.0	20	12.5	无	
4.0	−2.0	40	2.5	有	20
4.0	−2.0	60	2.5	有	20
4.0	−2.0	60	12.5	有	20

通过实验可以基本上确定工艺参数为：$i_+=2.0\text{mA/cm}^2$，$i_-=-1.0\text{mA/cm}^2$，温度为 60℃，周期 $T=2.5\text{s}$。

(3) 颜色随时间的变化。所着颜色随时间变化情况的实验结果见表 9-35。

表 9-35 试片着色随时间的变化情况

时间/min	5	10	15	20	25
着色颜色	茶色	浅蓝色	金黄色	紫红色	黄绿

表 9-35 中的颜色都是经过电解固膜和封闭后所呈现的颜色，颜色的重现性和均匀性较好，耐磨次数用负荷 500g 的瓶塞橡皮在着色膜表面来回摩擦均在 1000 次以上。由表 9-35 可知，随着通电时间的延长，膜的颜色也发生变化，一定的电解时间对应着一定的颜色，因此，可以通过控制电解时间来获得所需的颜色。随着时间的延长，膜的颜色变化趋势大致为：茶色—蓝色—黄色—红色。

（4）着色试片的耐蚀性能。着色试片与未着色试片在 0.2mol/L 的盐酸（相当于 16.7mL/L）中的自然腐蚀电位比较见图 9-23。由图 9-23 表明，彩色不锈钢片在此盐酸中长期浸泡仍然保持钝态电位，而且稳定。耐蚀性显然要比未着色的要好。

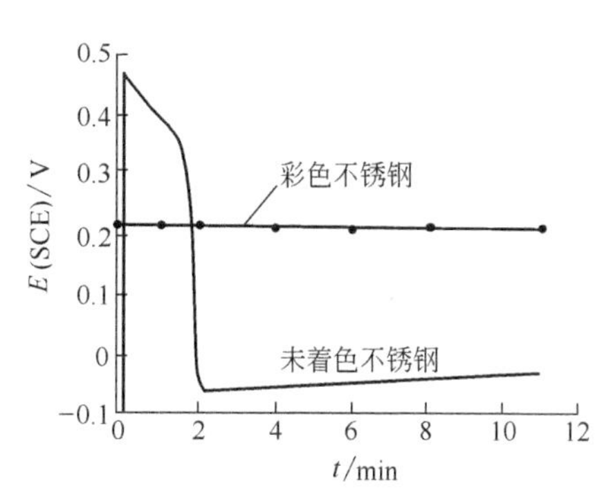

图 9-23 彩色不锈钢在 0.2mol/L 盐酸溶液中的自然电位随时间的变化

（5）着色前处理。1Cr18Ni9Ti 不锈钢→机械抛光→清洗→除油①→清洗→电化学抛光②→清洗→着色。

注：① 除油。氢氧化钠 20～40g/L，碳酸钠 30～40g/L，OP 乳化剂 2～3mL/L，温度 70～80℃，时间 6～10min。

② 电化学抛光。磷酸（85%）560mL/L，硫酸（98%）400mL/L，铬酐 50g/L，其余为水，电流密度 20～50A/dm^2，电压 10～20V，温度 55～65℃，时间 4～5min。

（6）着色后处理。着色→清洗→固膜处理→清洗→封闭→清洗→烘干。

注：固膜处理。铬酐 250g/L，磷酸 2.5g/L，阴极电流密度 0.4A/dm^2，温度 25℃，时间 10min。

封闭。试片放入 1%硅酸钠的封闭液中煮沸 5min 进行封闭处理。

（7）方波电解着色法的优点。

① 着色重现性较好，容易控制。

② 只要调节好适当的工作参数，就可以获得所需要的颜色。利用此法已经在不锈钢表面制出了多种颜色。

③ 颜色均匀，与被施加的电流密度分布均匀性有关。在设计电解着色槽时，要使电流在工件上的分布均匀。石墨电极与工件的面积比影响电流分布均匀性。

（8）着色膜的 XPS 研究[39]。河北工业大学材料科学与工程学院（天津，

300132）王文静、李国彬和河北农业大学信息学院王军皓、李伟英、王希生等人介绍了不锈钢电化学着色工艺，采用正交试验法对不锈钢电化学着色的实验方案进行了优化，得出最佳实验方案，与配方 10 非常接近，但工艺条件不同，也不用方波电源。组成与工艺条件为：CrO_3 228g/L，H_2SO_4 483g/L，温度 80℃，电流密度 0.50A/dm^2，然后对制得的黄色着色膜元素和结构进行分析，用 X 射线光电子能谱仪，常称为 XPS，（生产厂家为美国 PHI 公司，型号为 PH15300 system；微机为 UNIX。X 射线枪：功率 250W；电压 13000V；能量为 A1 靶 1486.6eV）。图 9-24 为膜的 XPS 全图。

由图 9-24 可知，其膜中含有的元素有 Cr、Fe、O、S、C。Cr 可能以六价和三价的氧化物或与 COOH 结合的形式存在。

9.2.2.11 配方 11（见表 9-9）**的说明**

本配方由四川理工学院材料化学工程系（自贡，643000）张述林、陈世波、王晓波于 2006 年 9 月提出。作者介绍了奥氏不锈钢在硼酸、柠檬酸三铵、硫酸亚铁铵和添加剂的电解液中进行彩色化的环保型配方，通过正交试验得到着色条件，进行电化学氧化，形成绿色彩色膜。

（1）不锈钢着色实验装置。见图 9-25。微机为 LK98 微机电化学分析系统。5 为饱和氯化钾甘示电极作为参比电极，6 为 213 铂电极作为辅助电极。

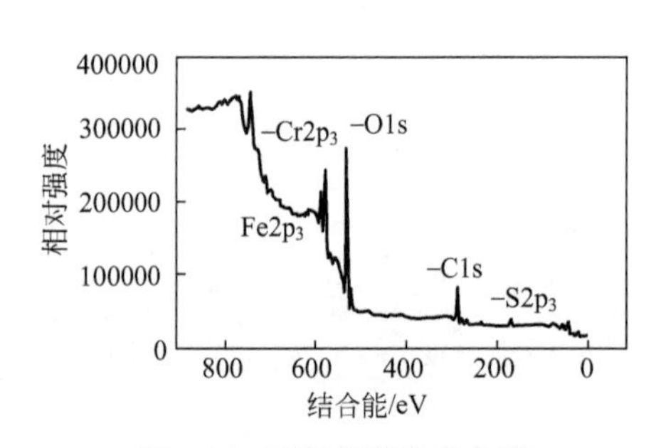

图 9-24 不锈钢黄色着色膜的 XPS 全扫描图

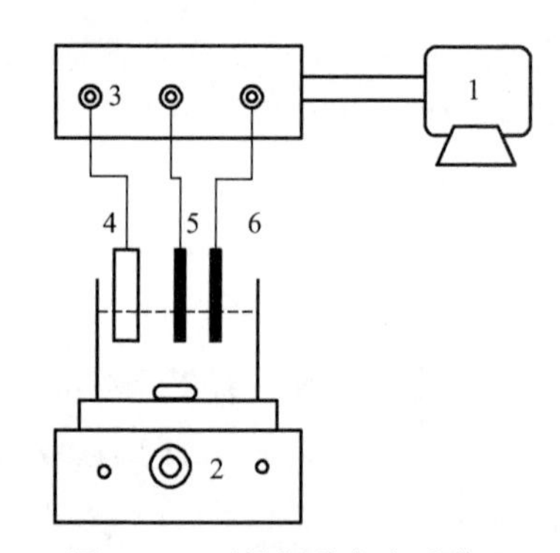

图 9-25 不锈钢着色实验装置

1—微机；2—磁力加热搅拌器；3—电化学测试系统；4—试片；5—饱和甘汞电极；6—铂电极

（2）实验步骤。

① 前处理。打磨（400# 水砂纸粗砂抛光，再用 800# 水砂纸细砂抛光，使表面光洁平整）→除油（碱溶液常规除去油污）→水洗→酸洗（用硫酸和盐酸去除不锈钢表面的氧化物）→水洗→电解抛光→水洗→活化（在活化液中 1min）→水洗。

② 按图 9-25 所示连接，不锈钢试样为工作电极，饱和氯化钾甘汞电极作为参

比电极，铂电极作为辅助电极，将三电极置于含有硼酸、硫酸亚铁铵、柠檬酸三铵、添加剂 ZH-L1（氨类化合物，可向作者张述林等人咨询[37]）电解液中，用 LK98 微机电化学分析系统，将奥氏不锈钢试样在溶液中采用单电位阶跃计时法进行着色。工艺条件如下：控制电位 −700mV，阶跃电位 1mV，等待时间 1s，采样间隔时间 1.000s，采用点数 240 点，自动调节极化电流，使试样的电位（相对于参比电极）随给定电位发生线性变化，得到钝化曲线，如图 9-26 所示。

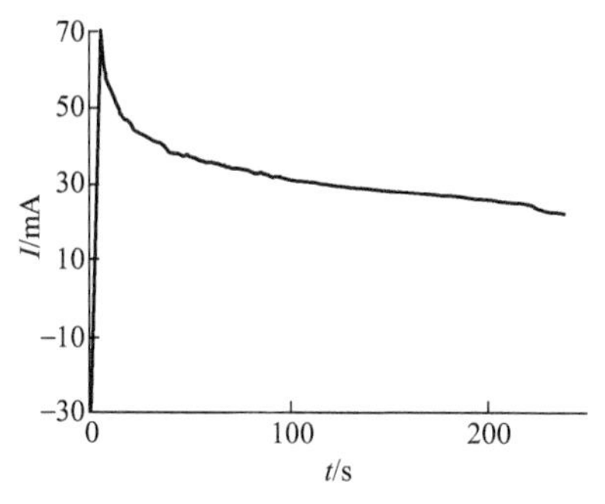

图 9-26 不锈钢着色钝化曲线

（3）正交试验的结果。影响不锈钢彩色化的主要因素有：阳极极化电位 φ，温度 T，硼酸溶液体积 V_B，柠檬酸三铵溶液体积 V_C，硫酸亚铁铵溶液体积 V_F 固定为 150mL，添加剂 ZH-L1 体积 V_Z 固定为 1.0mL，着色电位一般为 −700～−300mV，通过正交试验，确定不锈钢着绿色工艺配方及工艺条件如下。

0.15mol/L 硼酸溶液	100mL	蒸馏水	100mL
0.15mol/L 硫酸亚铁铵	150mL	温度	60～70℃
0.1mol/L 柠檬酸三铵	10mL	电位（SCE）	−600～−700mV
添加剂 ZH-L1	1.0mL	时间	2～5min

（4）各种因素的影响。

① 预处理对着色的影响。预处理的好坏是决定膜厚和表面质量的关键因素，预处理不当，会引起色彩不均匀，颜色不同、色彩暗淡或不平整，甚至不着色，故预处理中电解抛光是关键工序，影响着色膜的厚度，从而影响着色膜的色彩。

② 添加剂的影响。随着添加剂 ZH-L1 浓度的升高，试样的腐蚀速率和氧化速率增加较快，氧化膜厚度增加，耐蚀性和耐磨性提高，用量超过 2.0mL，出现轻微过蚀，引起表面光泽和粗糙度变差，故 ZH-L1 用量应严格控制。

③ 着色温度的影响。温度上升，着色膜的色调加深，膜层加厚，同时膜的耐蚀性、耐磨性提高，光泽和粗糙度变差。对于绿色膜最佳温度为 60℃。表 9-36 为温度对着色效果的影响。

表 9-36 温度对着色效果的影响

温度/℃	色彩	粗糙度	点蚀时间/min
30	金黄	较差	27
40	浅绿	较好	36
50	绿色	好	46

续表

温度/℃	色彩	粗糙度	点蚀时间/min
60	绿色	好	54
70	浅蓝	差	60
80	蓝色	较差	63

④ 着色时间的影响。在着色时间 2min、3min、4min、6min、9min、30min 内，随着时间的延长，着色膜的耐蚀性及耐磨性增加。6min 后，时间再延长，其耐蚀性及耐磨性保持不变，色调为棕褐色；30min 引起过蚀，表面光泽度变差。绿色膜的最佳着色时间为 3min。

⑤ 耐蚀性。通过阴极处理，使其耐蚀性增强。

从环保角度，采用不含铬的配方，对环境污染较 INCO 法有改善。本工艺实验结果基本令人满意，有其广阔的应用前景。本实验只在总体积 361mL 内实验。扩大到较大规模，其配方为：

硼酸	2.6g/L	温度	60℃
硫酸亚铁铵	25g/L	时间	3min
柠檬酸三铵	0.7g/L	电位	−600～−700mV
添加剂 ZH-LI	3mL/L		

9.2.2.12 配方 12（见表 9-9）**的说明**

本配方由四川理工学院材料与化学工程系张述林、王晓波、陈世波及化学系李敏娇于 2007 年 6 月提出[38]。作者通过正交试验研制了一种奥氏体不锈钢低温、无铬环保型电化学着色新工艺，获得了其最佳配方及工艺参数。所得到的不锈钢着色膜光亮美观，呈金黄色，具有优越的耐蚀性。采用电化学方法研究了不锈钢表面着色膜在 3.5% NaCl 溶液中的动电位极化曲线。结果表明，不锈钢着色显著提高了膜的电化学稳定性，经封闭处理后，其耐点蚀能力大为提高，腐蚀电流密度较小。

(1) 工艺流程。实验材料奥氏体不锈钢→打磨（400#、800#、1200# 金相砂纸依次打磨抛光）→除油（NaOH 40g/L、Na_2CO_3 60g/L，OP-10 乳化剂 5mL/L，在 60～70℃除油 5～10min）→水洗→抛光活化（20% H_2SO_4、10% HCl，40～60℃，2～3min）→水洗→着色处理（见配方 12）→水洗→封闭（1% Na_2SiO_3 封闭液中煮沸 5min）→水洗→冷风干燥。

(2) 着色。采用三电极体系：不锈钢试样为工作电极、饱和氯化钾甘汞电极为参比电极，铅片为辅助电极，将三电极置于着色液（见配方 12）中，用 HDV-7C 晶体管恒电位仪控制电位在−600～−700mV，将前处理后奥氏体不锈钢试样在 50～60℃，pH 为 8.0 的着色液中处理 3～5min（图 9-25）。

(3) 极化曲线测试。用LK98电化学分析系统对所得的彩色膜进行动电位极化曲线测试。用HD-1ASMR2F信号发生器、TYPE-3036X函数记录仪，图9-27是试样着色前后及封闭后的极化曲线。电化学测试溶液为3.5% NaCl，动电位扫描速率为0.3mV/s。

从图9-27可见，未着色的不锈钢的阳极表现出活性溶解，而经过着色和封闭处理后的不锈钢腐蚀电位负移，阳极表现出钝化特征，说明腐蚀的阳极过程在着色和封闭处理后得到明显的阻滞。着金黄色的腐蚀电位比未经着色的不锈钢的腐蚀电位负移了0.3V，着色膜的形成提高了阳极极化行为，使阳极极化到高电位处时才处于活性溶解状态，说明不锈钢着色后，显著提高了膜层的电化学稳定性。未经封闭的彩色不锈钢由于疏松多孔，溶液通过渗透直接与基体接触，点蚀严重，腐蚀电流密度较大。经过封闭处理的不锈钢由于表面氧化膜的存在，机械阻碍阻挡了活性Cl^-的浸蚀，耐点蚀能力提高；阻碍氧和电子自由传输，抑制不锈钢腐蚀反应，腐蚀电流密度较小。

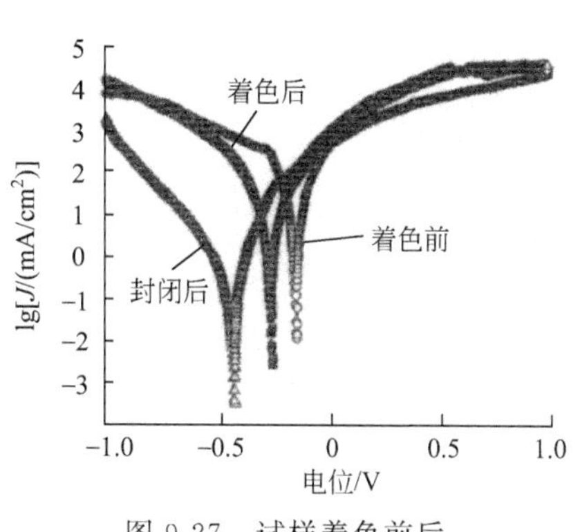

图9-27　试样着色前后及封闭后的极化曲线

(4) 预处理对着色的影响。预处理主要包括抛光、除油和活化，彻底清除试样表面的污垢层和氧化层。预处理的好坏决定膜厚和表面质量，处理不当，会使色彩不均匀、暗淡、不平整，甚至不着色，其中抛光是关键的一环。

(5) 通过正交试验确定工艺配方。

硼酸	8.0g/L	电位	−600～−700mV
柠檬酸三铵	10.0g/L	温度	60～70℃
硫酸亚铁铵	25.0g/L	时间	3～5min
添加剂ZH-1	4.0mL/L	pH	8.0

注：ZH-1添加剂可向四川理工学院材料与化学工程系（643000）张述林等人咨询[38]。

参考文献

[1] 贾法龙，郭稚弧．不锈钢着色研究的进展．腐蚀与防护，2002，23 (6)：249-253.

[2] Lin C J，Duh J G. Mechanical characteristics of colored film on stainless steel by the current pulse method. Thin Solid Film，1996，287：80-86.

[3] Lin C J，Duh J G. The predominant operation and alternative controllability in the squraewave current pulse process for coloring Sus 304 stainless steel. Surface and Coating Technology，1994，70：79-85.

[4] Yushi Sone，Kayoko Wada，et al. Method for producing colored stainless steel stock：US，4859287，1989.

[5] 廖小珍，钱道荪，朱新运．交流方波电解法制备彩色不锈钢．电镀与涂饰，1995，14（3）：19-21.

[6] Ogura K，Lou W，Nakayama M. Coloration of stainless steel at room temperature by triangular current scan methods. Electrochimica Acta，1996，41（18）：2849.

[7] Jun J N，Oh S J，Lee S C，et al. A study on the development of coloring stainless steel（electrolytic method）. Yongu Pogo-Kungnip Kongop Kisulwon（Korean），1993，43：85-98.

[8] 郭稚弧，贾法龙，邱于兵．三角波扫描电流法制备彩色不锈钢的研究．电镀与环保，2000，20（4）：21-23.

[9] 贾法龙，郭稚弧，李卓民．低频方波电流进行不锈钢电解着色研究．腐蚀与防护，2001，22（3）：105-108.

[10] 贾法龙，郭稚弧．不锈钢电解着色的颜色控制．表面技术，2001，30（3）：41-44.

[11] 贾法龙，郭稚弧．不锈钢电化学方法着色膜的研究．电镀与环保，2001，21（3）：22-25.

[12] 张俊喜，陈健，乔亦男等．不锈钢载波钝化着色膜的形成机理研究．中国腐蚀与防护学报，1999，19（2）：167.

[13] 李晓煜，谢致微，张文雄等．不锈钢阳极氧化着金黄色技术的研究．材料保护，1999，32（9）：12-14.

[14] 方景礼，刘琴，韩克平，除耀辉．不锈钢上蓝色钼酸盐转化膜的研究．材料保护，1995，28（5）：3-5.

[15] Ogura K，Sakurai K，Uehara S. Room temperature coloration of stain less steel by alternating potential pulse method. J Electrochem Soc，1994，141（3）：648-651.

[16] JP，07252688. 1994.

[17] JP，07252690.

[18] 李青．不锈钢着色工艺与彩色不锈钢的应用．电镀与精饰，1993，12（4）：56-57.

[19] 过敬之助等．铁と钢，1980，66（7）：249.

[20] 小林尚等．铁と钢，1981，67（12）：361.

[21] 傅绮君．不锈钢多色泽表面处理探讨．上海电镀，1987，4：9-13.

[22] 安成强，韩玉梅，车永泉．不锈钢在 NaOH 溶液中的电解着色．表面技术，1988，6：15-17.

[23] 周一扬，吴继民．不锈钢恒电位方波充电法着色．材料保护，1997，30（1）：38.

[24] 张俊喜，周国定，乔亦男，曹楚南，张鉴清．不锈钢载波钝化着色膜性能的研究．材料保护，2002，35（1）：8-10.

[25] 李瑜煜，谢致微，黎樵燊，张文雄．不锈钢阳极氧化着金黄色技术．电镀与环保，1999，19（4）：27-31.

[26] 邓姝皓，龚竹青，柳勇．不锈钢着银灰色的技术研究．电镀与涂饰，2003，22（2）：11-14.

[27] 南红艳，张跃敏，尹新斌，徐可．电化学不锈钢着色工艺的研究．表面技术，2003，32（5）：41-42.

[28] 朱有兰，黎樵燊，刘建南，蔡英儿．不锈钢电解着色膜的形态．成分和结构的研究．材料保护，1997，30（10）：22-24.

[29] 黄国柱．不锈钢表面膜的耐蚀性能．材料保护，1982，（3）：18-22.

[30] 何新快，陈白珍，周宁波，张钦发．不锈钢电解法快速着金色工艺的研究．材料保护，2004，37（3）：

31-32，35.

[31] 常晓元，王旭，曹楚南等．载波钝化改进钝化膜稳定性研究．中国科学院腐蚀与防护研究所腐蚀科学开放实验室年报，1980.

[32] 宋光玲，曹楚南，林海潮等．载波钝化及其后处理对不锈钢钝化膜组成及稳定性的影响．中国腐蚀与防护学报，1992，12（1）：7.

[33] 巴赫瓦洛夫 Г Т，比尔克冈 Л Н，拉布京原 В П. 电镀工作者手册．赵振才译．北京：中国工业出版社，1958：198.

[34] 张跃敏，尹新斌，张鸿燕．电化学不锈钢着色溶液的再生调整．表面技术，2004，33（5）：73-74.

[35] 南红艳，张跃敏．电化学不锈钢着色工艺研究．表面技术，2003，32（5）：41-42.

[36] 魏军胜，唐子龙，宋诗哲．碱性介质中304不锈钢交流调制电位着色工艺研究．表面技术，2007，36（5）：43-45.

[37] 张述林，陈世波，王晓波．不锈钢电化学着绿色技术的研究．电镀与环保，2006，26（5）：18-20.

[38] 张述林，李敏娇，王晓波，陈世波．不锈钢电化学着金黄色及其耐蚀性研究．材料保护，2007，40（6）：40-41.

[39] 王文静，李国彬，王军皓，李伟英，王希生．不锈钢电化学着色工艺及着色膜的XPS研究．表面技术，2006，35（2）：48-50.

第10章　不锈钢的化学与电化学腐蚀加工

10.1　概　　论

10.1.1　不锈钢的化学与电化学腐蚀加工的用途

（1）去毛刺。不锈钢板在冲制或机械加工后，在端面或棱角处存在毛刺，不仅影响产品的外观，也影响机器的使用效果，如果采用机械抛光或手工去毛刺，不仅工效低，也不能满足设计的圆角倒角要求，采用特殊的化学抛光或电化学抛光溶液，对毛刺进行腐蚀加工，不损害表面光洁度，甚至可以提高表面光洁度。这是表面处理与机械加工的结合。

（2）除去多余尺寸。如某不锈钢弹簧钢丝，其线径要求ϕ0.8～0.84mm，而实际线径是ϕ0.9mm，如何使制成品均匀变为ϕ0.8～0.84mm，如何有效地去除机械加工过程中的毛刺和热处理过程中产生的氧化膜？如要采用机械抛磨和钳修的方法除去毛刺、氧化皮和钢丝直径圆周上均匀地除去0.06～0.1mm，不仅加工工艺性差，效率低，加工质量也难以保证。利用化学抛光的特殊溶液，可以同时达到除去毛刺、氧化皮，均匀除去多余的线径尺寸的目的。又如对某些片状不锈钢零件，尺寸大些，也可以利用电化学抛光的特殊溶液适当减薄厚度尺寸，达到产品尺寸的要求。

（3）铣切加工。将不锈钢材料需要加工的部位暴露于化学铣切液中进行铣切加工，从而获得一定形状或尺寸的零件，达到具有立体感、装饰性的目的。利用丝网漏印，可对不锈钢表面化学铣切出文字、花纹、图样，达到一定的深度，再填充上一定的不同的色彩，如奖牌、标牌、铭牌等。

10.1.2　不锈钢表面刻印花纹图案的方法[1]

（1）手工雕刻。采用金刚石刀刃雕刻出各种图案，图纹精度差，劳动强度高，工作效率低。手工雕刻适用于精度要求不高的凹凸表面装饰。

(2) 机械铣切。使用机械设备，如雕刻机、仿形刻印机，操纵旋转的刀具进行铣切。这种方法只能在平面钢板上刻印，容易进行深度铣刻。

(3) 喷砂法。利用压缩空气将高速金刚砂喷射在被花样模板挡住的工件表面上，形成砂面花样图案。喷砂法制出的表面较粗糙，不易喷出细条的图案，深度一般不大于0.08mm。

(4) 压印法。用字模、模具或圆辊等施加压力，迫使局部材料塑性形变而得到花纹。压力加工有冲压法、静压法或滚压法等。压印后存在内应力，其应力和形变依上述诸法递减。压印深度一般可达0.05～0.20mm，称为有应力永久性标印。

(5) 化学腐蚀加工。通过各种印刷技术或照相制版，在工件表面上形成有花纹图案的抗蚀膜，在适当的腐蚀液中进行腐蚀蚀刻。去膜后得到精度较高的图案。适合大批量生产。蚀刻深度可达0.02～0.05mm。

(6) 电化学腐蚀加工。在适当的电化学腐蚀液中使用辅助电极，对已覆盖有花纹图案抗蚀膜的工件表面进行腐蚀加工，从而得到蚀刻的花纹图案。蚀刻速率较快，形成的图纹较深，需要使用专门的仪器及设备。

10.2　不锈钢的化学铣切

10.2.1　不锈钢的混合酸化学抛光铣切[2]

利用化学抛光可以同时达到去除毛刺、氧化膜，均匀去铣切尺寸的目的。关键是要控制化学抛光过程中腐蚀的均匀性，避免发生过腐蚀和点腐蚀。

(1) 化学抛光铣切液的性质。

① 溶解速率略大于成膜速率。化学抛光是在较强的酸性氧化性溶液中在特定的规范下进行的，有效地控制溶解与成膜的速率比，使溶解速率略大于成膜速率，就可实现抛光、铣切、去毛刺的目的。

② 既有溶解性又具备一定的钝化性。化学抛光铣切溶液要具有提高化学抛光铣切速率的性质，能够有效地溶解各类氧化物及碳化物，又必须具备一定的钝化性，以保证基体不产生过腐蚀和大量渗氢，使零件上微观凸出表面呈活化状态而优先溶解，微观凹入表面呈钝态而被保护。

③ 可调节的加工工艺参数。通过调节加工工艺参数，控制化学反应的速率和界面反应的均匀性，以保证铣切后的零件几何尺寸。

(2) 化学抛光铣切溶液成分及工艺条件。

硫酸（H_2SO_4）（d=1.84）	200～300mL/L	盐酸（HCl）（d=1.19）	60～70mL/L
		水	余量
硝酸（HNO_3）（d=1.42）	35～45mL/L	甘油	酸溶液总量的0.1%～0.2%
		温度/℃	40～80

时间：0.5～3min/次（温度在下限时，时间取上限；温度在上限时，时间取下限）。

搅拌：每次化学抛光要反复抖动零件，使界面反应均匀，气体易于排出，起到搅拌的作用，有利于扩散和对流，减少零件附近溶液的浓度差别。

化学铣切量：每次化学抛光可均匀铣切去0.1～0.15mm，毛刺则容易去除，根据零件需要铣切后的尺寸要求，可反复进行3～5次或多次，零件表面基本保持光亮平整。

（3）化学抛光铣切液各成分的影响。

① 盐酸的作用和影响。盐酸的氯离子具有较强的浸蚀活性。溶液在持续的抛光铣切过程中成分消耗不断变化，盐酸消耗量较大，导致溶液比例失调，影响化学铣切的速率，因此，要按照配方添加盐酸，以维持化学抛光铣切的正常进行。

② 硝酸的作用和影响。硝酸具有较强的钝化作用，硝酸消耗量较大，影响化学抛光的质量，要按照相应的比例补充硝酸。

③ 温度。温度对化学反应速率的影响很大，温度低时，化学抛光速率慢，且往往容易使零件表面致钝，窒息化学抛光的进行。这时，必须采用盐酸溶液活化去钝后，方可继续化学抛光铣切。当化学抛光溶液温度升至上限时，化学抛光反应速率急剧加快。化学抛光反应本身为放热反应，大量的放热，使化学抛光溶液的温度持续上升，若超过80℃，并放出白色或淡棕色的氧化氮气体，硝酸引起分解，不锈钢快速溶解，表面产生过腐蚀现象。此时，应立即停止化学抛光铣切，果断采取降温措施。

（4）化学抛光铣切工艺流程。

有机溶剂除油→测量零件尺寸→化学或电化学除油→热水洗→冷水洗→化学抛光铣切

↓

水洗→
- →中和（5%碳酸钠溶液）→抽查尺寸
- →表面存在浸蚀生成黑色浮灰→擦洗或10%盐酸浸亮→水洗→中和→抽查尺寸

→尺寸合格零件→除氢（250～300℃，时间2h）→检验入库

（5）化学抛光铣切溶液的老化。当化学抛光溶液金属含量达到铁50g/L、三价铬20g/L时，化学抛光作用却难于正常维持，即使添加其他成分，化学抛光作用也严重受影响，保证不了表面质量，称为化学抛光溶液已达到老化。此时，应及时更换化学抛光溶液，才能确保化学抛光铣切的正常进行。

10.2.2 不锈钢的三氯化铁化学腐蚀加工[3]

三氯化铁溶液作为不锈钢的化学腐蚀加工的腐蚀剂的优点如下。

① 特别适用于用明胶、骨胶与重铬酸盐感光剂作抗蚀剂的情况。三氯化铁不属于强酸、强碱之列，对上述抗蚀剂的腐蚀极微小，提高了不锈钢腐蚀加工的合格率。

② 用波美相对密度计控制和检测浓度方便。辅用电子毫伏计、铂电极和饱和甘汞电极测量电位，能够准确地控制腐蚀速率。

③ 可使用钛泵作为循环压力泵，提高腐蚀速率。金属钛对三氯化铁是较稳定的。

④ 腐蚀液氧化还原电位降低后，可以使废液再生，能将废液的氧化还原电位复升至原液水平，降低了成本，避免了环境污染。

10.2.2.1 三氯化铁溶液腐蚀机理

三氯化铁腐蚀不锈钢（如1Cr18Ni9）的主要氧化还原反应如下。

铁与三氯化铁反应生成二氯化铁：

$$Fe+2FeCl_3 = 3FeCl_2 \tag{10-1}$$

铬与三氯化铁反应生成三氯化铬和二氯化铁：

$$Cr+3FeCl_3 = CrCl_3+3FeCl_2 \tag{10-2}$$

镍与三氯化铁反应生成二氯化镍和二氯化铁：

$$Ni+2FeCl_3 = NiCl_2+2FeCl_2 \tag{10-3}$$

在25℃时的标准电位查得：

$$\varphi(Fe^{3+}/Fe^{2+})=0.771V$$

$$\varphi(Fe^{2+}/Fe)=-0.44V$$

$$\varphi(Cr^{3+}/Cr)=-0.74V$$

$$\varphi(Ni^{2+}/Ni)=-0.25V$$

随着腐蚀过程的进行，体系内三价铁（Fe^{3+}）减少，二价铁（Fe^{2+}）、二价镍（Ni^{2+}）及三价铬（Cr^{3+}）增加，体系氧化还原电位变负，腐蚀速率下降是腐蚀反应的必然趋势。

10.2.2.2 工艺参数

最佳腐蚀工艺配方的确定：通过氧化-还原电位的测定、波美相对密度的测定，不锈钢腐蚀过程重量变化的精确量度，找出腐蚀规律，求得最佳腐蚀工艺配方及始终点。腐蚀液初始浓度：三氯化铁溶液42°Bé；初始氧化还原电位560mV以上；腐蚀液氧化-还原电位降至480mV以下，加双氧水（H_2O_2）与盐酸（HCl）混合

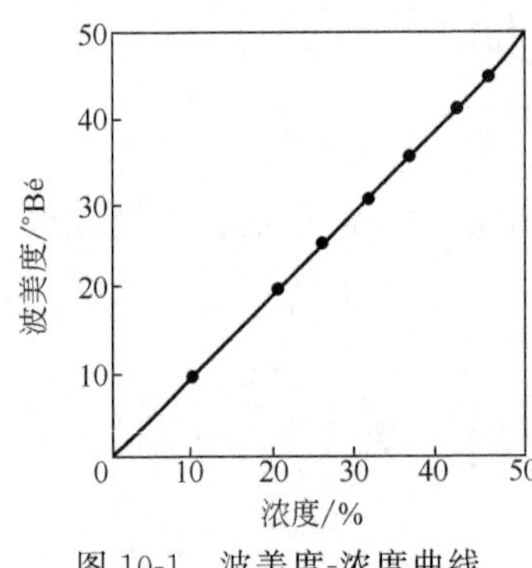

图 10-1　波美度-浓度曲线

液将电位提升至 540～560mV。

（1）波美相对密度与三氯化铁溶液百分浓度的关系图见图 10-1，在操作温度 30℃时测得。此图可用作浓度-波美度换算曲线。

（2）不同浓度的氧化还原电位。用 PHS-2C 型酸度计或 PZ-26b 型数字电压表，用光滑铂电极为正极，饱和甘汞电极（SCE）为负极，测量溶液的氧化还原电位，氧化还原电位值均为相对于 SCE 电位值，温度 30℃，用化学纯或工业级三氯化铁（$FeCl_3$）配制溶液，其结果见表 10-1。

表 10-1　三氯化铁溶液氧化还原电位

浓度/%	波美度/°Bé	氧化还原电位/mV	
		化学纯	工业级
27.0	26.5	690	542
36.0	35.2	700	555
41.6	41.0	731	566
45.2	44.5	752	570

由表 10-1 可见：随着溶液浓度的增加，氧化还原电位变正。对于一定等级一定浓度的三氯化铁溶液，其氧化还原电位基本上应为一定值，如果电位值偏负，意味着部分三氯化铁被还原。工业级三氯化铁因纯度不高，氧化还原电位较负，42°Bé 工业级三氯化铁的氧化还原电位一般应比 560mV 正。否则，应加过氧化氢及盐酸混合液，将电位调到比 560mV 正。

（3）腐蚀过程中腐蚀液氧化还原电位与腐蚀速率的关系。腐蚀过程中三氯化铁溶液氧化还原电位随时间的变化见图 10-2。由图 10-2 可见，不论溶液浓度多大、初始氧化还原电位值多正，随着腐蚀的进行，电位都是下降的。腐蚀开始的 10min 内，电位很快下降 170mV 左右，以后的变化趋势逐渐减少。

（4）腐蚀速率随腐蚀时间的变化。不同浓度的三氯化铁溶液中腐蚀速率随腐蚀时间的变化见图 10-3。由图 10-3 可见，随着腐蚀时间的增长，腐蚀速率大致趋势是降低的。联系图 10-2 氧化还原电位随腐蚀时间变得越来越负的规律，很容易得到同一浓度下，氧化还原电位越正，腐蚀速率越大的结论。也就是说，浓度相同，氧化还原电位不同，腐蚀速率也不同，电位值越负，腐蚀速率越慢。

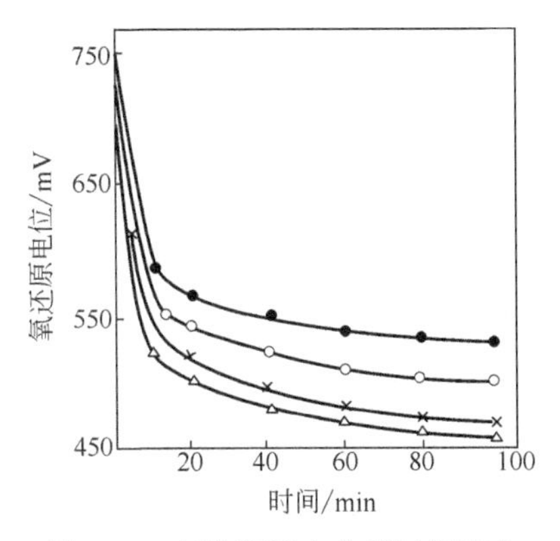

图 10-2　氧化还原电位随时间变化

—△— 26.5°Bé；—○— 41.0°Bé；

—×— 35.2°Bé；—●— 44.5°Bé

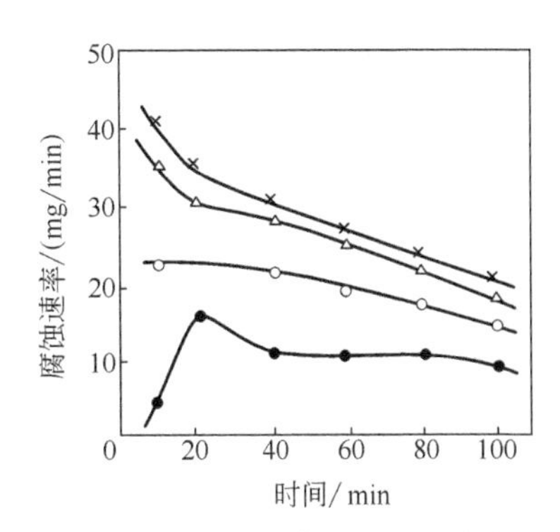

图 10-3　腐蚀速率随时间的变化

—△— 26.5°Bé；—○— 41.0°Bé；

—×— 35.2°Bé；—●— 44.5°Bé

(5) 工业级和化学纯三氯化铁溶液的腐蚀速率比较。用工业级和化学纯三氯化铁分别配成 37°Bé 的三氯化铁溶液的电位以及腐蚀速率见表 10-2。

表 10-2　37°Bé 不同级别三氯化铁溶液的电位以及腐蚀速率

三氯化铁级别	三氯化铁含量/%	氧化还原电位/mV	初期腐蚀速率/(mg/min)
工业级	95	546	22
化学纯	>99	564	35

由表 10-2 可见，虽然配制的溶液浓度相等，但因三氯化铁的有效含量不同，化学纯的氧化还原电位值比工业级的电位值正，其腐蚀速率较工业级的大。

10.2.2.3　影响腐蚀速率的因素

(1) 腐蚀液浓度对腐蚀速率的影响。4 种不同浓度腐蚀液腐蚀 1Cr18Ni9 不锈钢时，腐蚀量随时间的变化见图 10-4。由图 10-4 可见，35.2°Bé 线位居各线之上，44.5°Bé 线位居各线之下，26.5°Bé 线仅次于 35.2°Bé 线，41°Bé 线居中。也就是说，腐蚀液浓度太高或太低时，都不能获得最大腐蚀速率。只有在适当的浓度区间才可能获得理想的腐蚀速率。

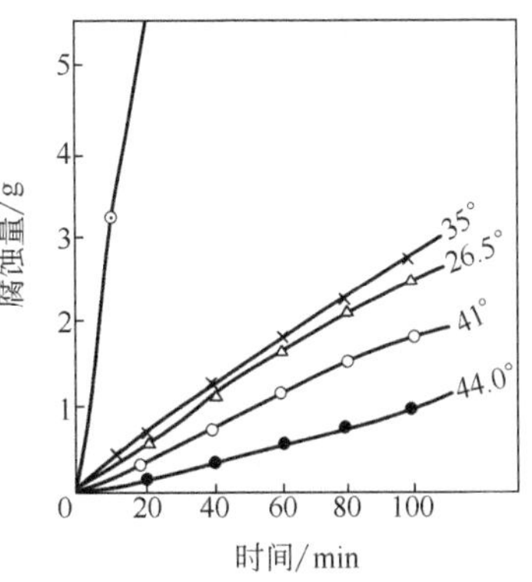

图 10-4　不同浓度下腐蚀量随时间的变化

—△— 26°Bé；—×— 35°Bé；

—○— 41°Bé；—●— 44.0°Bé；

—⊙— 41.5°Bé 加压喷洒腐蚀

为了找到这一浓度区间，采用各种浓度溶液在不同腐蚀时间测得的腐蚀速率见图 10-5，由图可得出以下结论。

① 在 31～39°Bé 的腐蚀液中，腐蚀速率

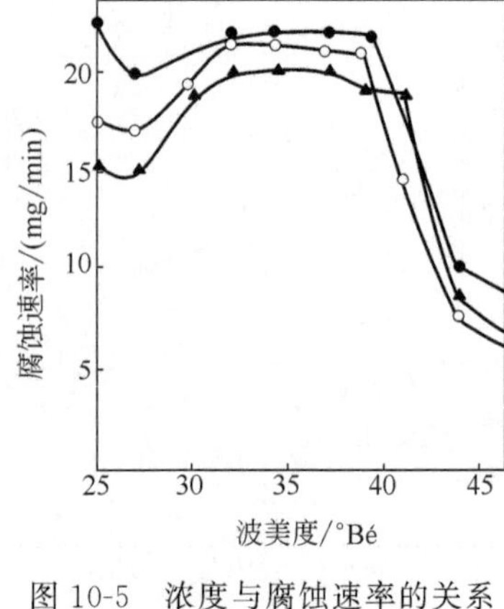

图 10-5　浓度与腐蚀速率的关系

—●— 10min；

—○— 40min；

—▲— 100min

较大。

② 小于 31°Bé 的腐蚀液中含三氯化铁量较少，氧化还原电位较负，腐蚀过程中 Fe^{3+} 与 Fe^{2+} 的比值下降迅速，因而腐蚀速率较低。

③ 溶液相对密度大于 40°Bé，虽有较正的氧化还原电位，Fe^{3+}、Fe^{2+} 的比例降低较慢，但从金属表面腐蚀下来的 Fe^{2+}、Cr^{3+} 等金属离子很难扩散离开金属表面，从而使金属原子溶解下来变为相应离子的趋势变小，腐蚀速率显著下降。从热力学角度看，有较大的腐蚀潜力和反应趋势，但从动力学角度看，浓度过高反而降低腐蚀速率。

④ 在生产中既要考虑腐蚀速率以提高生产效率，又要考虑腐蚀质量和废液再生的要求，以保证产品质量及腐蚀液多次循环再生，不至于使浓度降得太低，腐蚀机上使用三氯化铁浓度为 40～42°Bé 的溶液。

(2) 腐蚀液的 pH 的影响。

① 腐蚀液的 pH 低，有利于不锈钢的腐蚀。

② 腐蚀液的 pH 太高，三氯化铁水解成氢氧化铁[$Fe(OH)_3$]沉淀，失去腐蚀作用。在生产中，腐蚀液用到一定程度要适当加入一些盐酸。

(3) 腐蚀液温度的影响。温度越高，腐蚀速率越大。但考虑到抗蚀膜的承受能力，一般可用 30～40℃的温度。

(4) 腐蚀方式及液压对腐蚀速率的影响。2kg 液压的喷射腐蚀，将腐蚀时间由原来静态腐蚀的 60min 减少至动态腐蚀的 6min。由于动态腐蚀，使腐蚀产物尽快离开不锈钢表面，让尽量多的三价铁与金属表面动能撞击，提高反应速率。由于被腐蚀工件与腐蚀液的滞留时间只有静态时间的 1/10，在抗蚀膜破坏前腐蚀已经完成，因而腐蚀质量提高，成品率由 40%提高到 95%以上。

(5) 不锈钢表面钝化膜的影响。在静态腐蚀中，腐蚀液的浓度低于 38°Bé，腐蚀速率很快时，不锈钢表面蒙有一层黑色胶状金属沉积膜，在 30～38°Bé 间，浓度越低，膜层越厚，腐蚀减速严重。用等离子光量计分析，残渣中铁、铬、硫、钙、硅的相对含量较高，可能存在硫化铁、硫化铬、硅酸钙，都较难溶于三氯化铁腐蚀液中，加酸可以将其溶解，在加压喷洒腐蚀中可将其从不锈钢表面排除。

10.2.2.4　废旧腐蚀液的再生

(1) 腐蚀液的老化。随着腐蚀过程的进行，体系氧化态 Fe^{3+} 浓度下降，还原

态 Fe^{2+} 浓度增高，腐蚀液氧化还原电位降低。与此同时，溶液总金属离子浓度不断上升，最后导致腐蚀液失去腐蚀能力。

(2) 腐蚀液的再生。加过氧化氢（H_2O_2）和盐酸混合液，能将废液氧化还原电位复升至原液水平，即提升至540～560mV。

10.2.3 不锈钢的混合酸化学腐蚀加工[4]

10.2.3.1 工艺流程

1Cr18Ni9Ti 不锈钢基体→化学除油①→热水洗→冷水洗→浸蚀②→水洗→水洗→晾干→丝网印刷③→固化④→腐蚀加工⑤→水洗→脱胶⑥→烘干→成品检验入库。

网框准备：采用铝合金框及合成纤维丝网，按印料的黏度选用适当目数（150目）的丝网→涂感光胶⑦→干燥→将底片覆盖在感光胶上曝光→显影⑧→水洗→干燥→制成合格丝网板待丝印用。采用丝网印刷，可提高工作效率和细小线条有较好的分辨率。

注：各道工序的溶液成分及操作要点如下。

① 化学除油。

氢氧化钠	80g/L	十二烷基硫酸钠	1g/L
碳酸钠	15g/L	温度	45～55℃
磷酸三钠	30g/L	时间	15min

② 浸蚀液。

盐酸	75g/L	温度	室温
硝酸	180g/L	时间	1～3min
氢氟酸	90g/L		

③ 丝印。采用热固型涂料、手工操作。

涂料黏度	100～150Pa·s	反面保护用虫胶	450g，酒精 1000mL

④ 固化。丝印完成后在烘箱中固化。

温度	120～140℃	时间	30min

⑤ 腐蚀加工。

盐酸（HCl）(38%)	210g/L	磷酸氢二钠（$Na_2HPO_4 \cdot 12H_2O$）	10g/L
硝酸（HNO_3）(68%)	200g/L	温度	50～55℃
氢氟酸（HF）(40%)	200g/L	时间	3～8min
乙酸（CH_3COOH）(99%)	20g/L	表面加工深度	0.1～0.25mm

⑥ 脱胶。刷净冲洗后在5%硝酸中中和，再洗净。氢氧化钠150～200g/L，温度80～85℃，时间10～30s。

⑦ 感光胶。

聚乙烯醇 [$(CH_2=CHOH)_n$]（聚合度1700，醇介度88%） 80～100g/L

蛋白片	10g/L
重铬酸铵 [$(NH_4)_2Cr_2O_7$] C.P级	5～20g/L
波美度	2.5～3°Bé

重铬酸铵用量应视季节和光源强弱而定，室温高，或光源强要少放些，室温低，或光源弱要适当增加，使其在感光晒版时2～3min之内能晒好为好。

波美度应根据天气不同而变化。夏季波美度应大些，冬天应小点。

重铬酸铵在曝光后产生分解反应：

$$(NH_4)_2Cr_2O_7 \xrightarrow{h\nu} 2NH_3\uparrow + 2CrO_2 + H_2O + O_2\uparrow$$

$$4CrO_2 \longrightarrow 2Cr_2O_3 + O_2\uparrow$$

分解生成的三氧化二铬（Cr_2O_3）是难溶于水的化合物，这样便生成不溶于水的硬膜。

蛋白片也可用新鲜的鸡蛋清代替。

聚乙烯醇主要是起着结合体和支持体的作用。

⑧ 显影。先将曝光晒版放入40～50℃温水盘中让未感光部分胶膜溶解于水中，然后再放入显影液中显影。

碱性紫5BN（盐基性青莲）	5～10g/L	时间	30s
温度	40～50℃		

碱性紫5BN显影后，在流水中用脱脂棉揩去未感光的余膜。揩好的版子连同丝网架一起放在红外线灯下加热到40～50℃烘干。

10.2.3.2　混合酸腐蚀加工的工艺参数对腐蚀速率及表面状况的影响

（1）温度的影响。不同温度对腐蚀速率的影响见图10-6。由图10-6可见，在温度55℃左右，腐蚀速率达到最高（0.027mm/min），温度再升高，速率反而下降，温度低于50℃时，表面状况较差。

（2）硝酸含量的影响。其他组分不变，硝酸含量对腐蚀速率的影响见图10-7，腐蚀速率随硝酸含量的升高而增高。浓度为3mol/L（相当于189g/L）时，表面状况良好，浓度为4mol/L（相当于252g/L）时，表面粗糙。

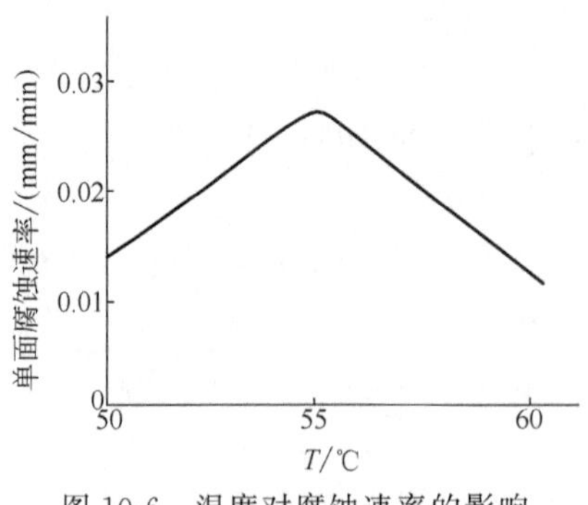

图10-6　温度对腐蚀速率的影响

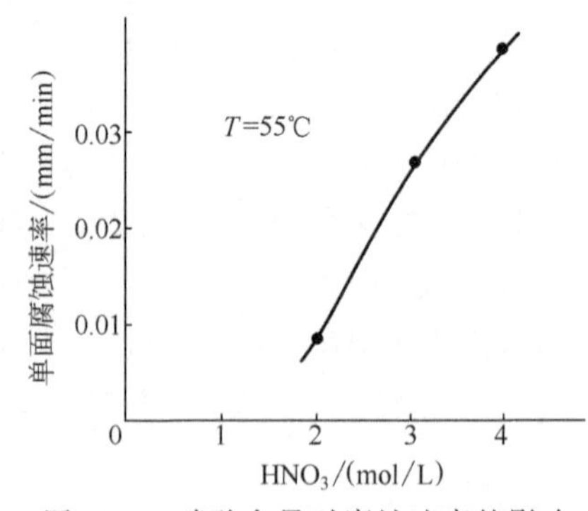

图10-7　硝酸含量对腐蚀速率的影响

（3）盐酸含量的影响。其他组分不变，盐度含量对腐蚀速率的影响见图 10-8。由图 10-8 可见，盐酸浓度为 2mol/L（相当于 192g/L）时，腐蚀速率最大，可达到 0.027mm/min。

（4）氢氟酸含量的影响。其他组分不变，氢氟酸含量对腐蚀速率的影响见图 10-9，由图 10-9 可见，氢氟酸浓度为 4mol/L（相当于 200g/L）时，腐蚀速率为 0.025mm/min。经腐蚀 4～10min，表面加工深度可达 0.1～0.25mm。

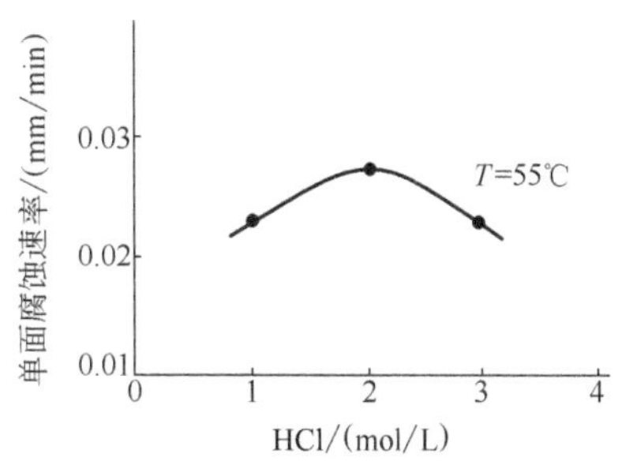

图 10-8　盐酸含量对腐蚀速率的影响

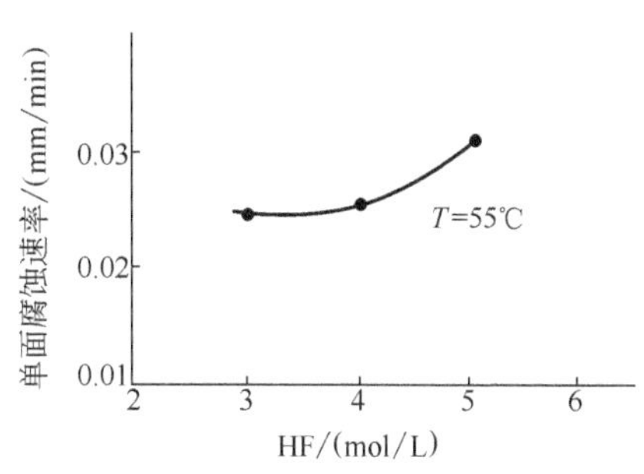

图 10-9　氢氟酸含量对腐蚀速率的影响

（5）乙酸含量的影响。乙酸对腐蚀速率没有影响。少量的添加可以提高表面加工的表面光洁度，还可以防止氢氟酸挥发，减少污染。

10.2.4　不锈钢的混合酸电化学抛光铣切[5]

10.2.4.1　电化学抛光铣切原理

（1）黏膜的整平作用。在电化学抛光铣切时，工件作为阳极产生溶解，阳极附近溶液中的金属盐浓度不断增加，生成高电阻率的黏膜，这层黏膜在表面毛刺及微观凸出部分的厚度较小，电流密度较大，溶解较快，而在微观凹入处的黏膜厚度较大，电阻较大，电流密度较小，溶解较慢。这样使表面微观凸起部分的尺寸减小较快，毛刺得以溶解，微观凹入处的尺寸减小较慢，达到不锈钢表面平滑而被抛光，尺寸被均匀铣切一些。同时，阳极上产生的氧气泡或放电，可以破坏表面毛刺及凸峰上的黏膜，促使不平处更强烈的溶解，进一步达到整平零件的目的。

（2）黏膜的钝化作用。黏膜也会阻碍阳极的溶解，使阳极的极化作用增大，在表面上会生成一层氧化膜，具有一定的稳定性，使表面不受化学作用，处于轻微钝化状态，表面便获得光泽。

10.2.4.2　不锈钢电化学抛光铣切工艺

溶液成分及工艺条件：

磷酸（H_3PO_4）（d=1.65）	（60%～70%）（最佳 70%）
硫酸（H_2SO_4）（d=1.84）	（8%～15%）（最佳 12%）

铬酐（CrO_3）　（5%～15%）（最佳12%）

水　余量

温度/℃　（50～100）（最佳70～80）

阳极电流密度（D_A）/（A/dm²）　（10～55）（最佳20～50）

阴阳极面积之比　（1～1.5）∶1

各组分及工艺条件的影响如下。

（1）磷酸含量的影响。在硫酸15%，铬酐15%，水余量，极距15mm，阳极电流密度25A/dm²，时间10min，温度50～100℃，不同磷酸含量的影响见表10-3。

表10-3　不同磷酸含量的影响

磷酸含量/%	铣切量/mm	光亮状况	去毛刺情况	备注
20	0.05	良	去毛刺不倒手	有滞流纹
40	0.045	优	去毛刺不倒手	稍带乌光
60	0.05	优	去毛刺不倒手	
70	0.04	优	去毛刺不倒手	
80	0.045	优	去毛刺不倒手	
90	0.04	优	去毛刺不倒手	

在实验过程中，随着磷酸含量的增加，电压有升高的趋势。从表10-3可见，磷酸含量在40%～90%范围内均可。选取60%～70%为宜。

（2）硫酸含量的影响。在磷酸65%，铬酐12%，水余量，极距15mm，阳极电流密度25A/dm²，时间9min，温度50～100℃，不同硫酸含量的影响见表10-4。

表10-4　不同硫酸含量的影响

硫酸含量/%	铣切量/mm	光亮状况	去毛刺情况	备　注
2	0.04	优	不太明显	
5	0.03	优	稍有去毛刺	
8	0.035	优	去毛刺不倒手	
10	0.04	优	去毛刺不倒手	
12	0.045	优	去毛刺不倒手	
15	0.03	优	去毛刺不倒手	
18	0.035	优	去毛刺不倒手	液面产生气泡
20	0.03	良	去毛刺不倒手	产生大量气泡

实验过程中，随着硫酸的增加，电压有下降的趋势。硫酸超过15%以后，在液面产生大量的气泡。由表10-4可见，硫酸含量在8%～15%之间均可，选取硫酸12%为宜。

（3）铬酐含量的影响。在磷酸65%，硫酸15%，水余量，极距15mm，阳极电流密度$20A/dm^2$，时间8min，温度50～100℃，不同铬酐含量的影响见表10-5。

表10-5　不同铬酐含量的影响

铬酐含量/%	铣切量/mm	光亮状况	去毛刺情况	备　注
2	0.035	良	去毛刺不倒手	
5	0.035	优	去毛刺不倒手	
8	0.035	优	去毛刺不倒手	
10	0.035	优	去毛刺不倒手	
12	0.035	优	去毛刺不倒手	
15	0.03	优	去毛刺不倒手	
20	0.03	良	去毛刺不倒手	呈乌光色亮

随着铬酐含量的增加，电压有下降的趋势。从表10-5可见，铬酐含量在5%～15%之间均可，选取铬酐含量12%为宜。

（4）电流密度大小的影响。

① 电位-电流密度的断续测定，每次更换试片，试片被抛光面积均为$1dm^2$。在磷酸65%，硫酸12%，铬酐12%，水余量的溶液中进行，极距15mm，起始温度50℃，结果见表10-6。

表10-6　断续测定的电位-电流密度情况

电抛时间/min	给定电位/V	实测电流/A	光亮程度	去毛刺情况	备　注
6	2.5	2.5	一般	不能	阴极有气泡30s后升至4A
6	3	4	一般	不明显	阴极气泡>阳极气泡
6	35	6	良	不太明显	阴阳极均有气泡
6	4	10	优	去毛刺不倒手	阴阳极均有气泡
6	4.5	15	优	去毛刺不倒手	阴阳极均有气泡
6	5	18	优	去毛刺不倒手	反应较强烈
6	5.5	25	优	去毛刺不倒手	反应强烈
6	6	32	优	去毛刺不倒手	反应强烈
6	7	37	优	去毛刺不倒手	溶液沸腾

② 电位-电流密度连续测定，不更换试片，一直测下去，其结果见表10-7。测定时的其他条件均与断续测定相同。

表10-7　连续测定的电位-电流密度情况

给定电位/V	3	3.5	4	4.5	5	5.5	6	6.5	7	7.5	8	8.5	9	9.5
测得电流/A	3	6	10	15	18	27	32	35	40	46	50	55	62	70
电抛时间/min	5	5	5	5	3	3	2	2	2	2	2	2	2	2
溶液温度/℃	50	55	60	65	70	75	80	90	100	溶液沸腾，有大量气体逸出				

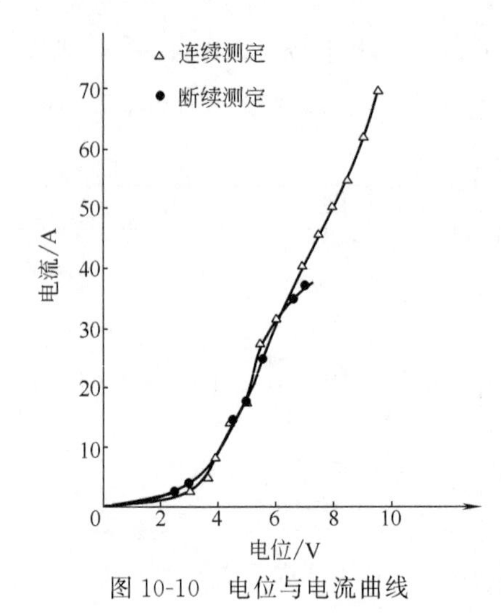

图 10-10　电位与电流曲线

根据表 10-6 和表 10-7 的结果，给出电位与电流的密度曲线见图 10-10。

由图 10-10 可见，阳极电位上升到 3V，此时电流密度缓慢上升至 $4A/dm^2$，试片表面不光亮，说明此区域不起电化学抛光作用。电位从 3V 升到 4V，电流密度升至 $10A/dm^2$，试片表面光亮程度仍不太理想，可能是由于离子扩散速率还稍大于金属溶解速率，金属表面的黏性膜仍未生成，电化学抛光作用仍不起作用。电位超过 4V 后，电流密度呈直线上升。此时，阴阳极上均有气泡析出。试片表面的光亮程度优良，铣切均匀，有去毛刺作用。阳极电位与电流密度如继续提高，电化学反应甚为激烈，溶液沸腾，气体大量逸出，溶液处于不稳定状态。综上所述，电流密度在 $10\sim55A/dm^2$ 均可取得满意的结果。故电流密度取 $20\sim50A/dm^2$ 为宜。

(5) 阴阳极间距离。阴阳极间距离的大小将直接影响电能的利用率。极距过大，大量电能将消耗于电抛液的欧姆电阻，产生的热能使电抛液温度升高，极距过小，容易造成阻塞或短路。表 10-8 为在其他条件相同时，电流密度 $30A/dm^2$，不同极距所需要的电压值。

由表 10-8 可见，极距宜小，以不影响电抛液的流动和短路为原则。

(6) 温度的影响。

① 温度低。电流效率低，抛光不亮或缓慢。呈灰白色，无铣切能力和去毛刺作用。

表 10-8　极距、电流密度和电位关系

极距/mm	电流密度/(A/dm^2)	所需电位/V
5	30	6
11	30	7
20	30	8

② 温度高至 60℃。溶液扩散作用强，阳极溶解加快，电抛光性能好，毛刺除去不倒手。

③ 温度太高至 100℃。溶液沸腾，大量气体逸出，表面抛光优良，去毛刺不倒手，但恶化操作环境。

不同温度对抛光和去毛刺的效果见表 10-9。

表 10-9 不同温度对抛光和去毛刺的效果

溶液温度/℃	电流密度/(A/dm²)	时间/min	效果
18	15	6	表面灰白,有去毛刺作用
60	15	6	表面光亮,去毛刺不倒手
100	15	6	表面光亮,去毛刺不倒手

温度可选在70～80℃为宜。

工艺配方中各组分的作用如下。

① 磷酸的作用。磷酸是电抛光、铣切、去毛刺溶液的主要成分。属于中等强度的无机酸，是促进稠性黏膜的必不可少的组分，其主要作用是增进抛光效果，因此，在抛光液中的含量比较高。若磷酸含量低，使溶液相对密度减少，黏度减小，使离子扩散速率加大，对金属的溶解加快，不能达到整平和抛光的目的。但磷酸浓度也不宜过高，否则电阻增大，电流升不上，使反应缓慢。

② 硫酸的作用。硫酸能提高溶液的导电率，改善分散能力，提高阳极电流效率，加速铣切和去毛刺作用。硫酸含量控制在15%以下。硫酸含量过高时，液面易产生大量的气泡，恶化操作条件，此外，使电抛液的化学溶解能力强，不易得到光亮的表面，且使溶液中的六价铬还原成三价铬的速度加快，易使电解液老化。

③ 铬酐的作用。铬酐能使不锈钢表面形成氧化薄层，局部钝化，保持其不受化学腐蚀，以获得光亮表面，有利于尖端毛刺电化学溶解速率的加快。铬酐浓度太低，不易获得光亮表面。浓度太高时在大电流下，易产生沉淀析出，降低电流效率，使抛光表面产生麻点等过腐蚀。三价铬超过15g/L时，抛出来的表面呈乌光色。

10.2.4.3 电化学抛光铣切去毛刺

工艺流程：不锈钢1Cr18Ni9Ti或00Cr17Ni14Mo2→机械抛光→电化学除油①→热水洗→冷水洗→第一次电抛光②→冷水洗→第二次电抛光（调一个方向）→冷水洗→中和③→水洗→干燥→验收入库。

注：① 电化学除油配方及工艺条件。

氢氧化钠	30～40g/L	电流密度	3～6A/dm²
碳酸钠	30～40g/L	温度	75～85℃
磷酸三钠	30～40g/L	阳极除油时间	5～10min
硅酸钠	5g/L		

② 电抛光去毛刺溶液配方及工艺条件，见本章10.2.4.2节，极距10mm，时间10～20min，视光洁度、去毛刺和铣切尺寸而定。

③ 中和。

碳酸钠	3%	温度	室温
水	97%	时间	5min

10.2.4.4 溶液的老化

由于不锈钢的铁、铬、镍等金属元素在电化学过程中被溶入电抛光溶液中，这些杂质一旦积累到一定程度，使溶液黏稠，电阻增大，使不锈钢表面抛不光亮。杂质中三价铬起了主要的作用。三价铬的来源有：

① 不锈钢的铬元素溶解成三价铬；

② 溶液中六价铬（铬酐所含的铬）还原成三价铬。

阴极面积过大，使六价铬接受电子还原成三价铬的速度加快。相反，阴极面积减小，阳极面积增大，电流开大，阳极上产生的氧原子会使三价铬氧化为六价铬。如果溶液中三价铬含量太高时，可增加阳极面积，使阴极面积∶阳极面积＝1∶5时，大电流电解处理，可使三价铬含量降低，六价铬含量升高。在平常的电抛光过程中，阴阳极面积保持在（1～1.5）∶1，使溶液中的三价铬不会很快积累，延缓溶液的老化过程的时间。

10.3 不锈钢化学与电化学蚀刻

10.3.1 不锈钢化学与电化学蚀刻的一般工序[1]

不锈钢化学与电化学蚀刻花纹图像技术是材料科学、表面处理、照相制版、特种印刷及金属腐蚀加工等有机结合的多学科综合性工艺技术。一般包括以下几方面的工序：

① 绘制图案与制备底片；

② 不锈钢基体前处理（包括除油、抛光或着色等）；

③ 在不锈钢上覆盖带有图纹的抗蚀膜；

④ 用适当的蚀刻液进行化学或电化学蚀刻；

⑤ 在图纹上电镀或着色；

⑥ 退除抗蚀膜层；

⑦ 涂覆处理，包括固膜、封闭、上涂料、罩光。

上述工序的过程中，没有抗蚀膜的不锈钢表面被腐蚀凹入，呈浅灰色，与有抗蚀膜保护的未被腐蚀的光亮表面形成反差而显现花纹图案。根据花纹图像或背景被腐蚀可分为：

① 阴图案，花纹图案被腐蚀而凹进；

② 阳图案，花纹突出未被腐蚀，周围凹进，具有立体感。

10.3.2　不锈钢化学与电化学蚀刻用抗蚀膜[1]

在不锈钢化学与电化学蚀刻中，均需形成具有花纹图案的抗蚀膜，保护不被腐蚀的表面。抗蚀膜的种类列于表10-10。

表 10-10　不锈钢的抗蚀膜

抗蚀膜	蚀刻方法	制备方法	特点、适用范围
感光胶膜	照相感光蚀刻法	浸涂、辊涂、喷涂感光胶或贴感光胶膜后曝光、显影	图纹精度高，复制效果好，运用于平面或曲面
耐蚀丝印油墨	丝网印刷蚀刻法	制成丝网印版后进行丝印	图纹精度受用丝网目数限制，适用平面或曲面
耐蚀胶印油墨	平版胶印蚀刻法	制成 PS 版等进行胶印	适用于薄钢板的平面印刷蚀刻
移印油墨或移印纸	印刷膜转移蚀刻法	印制移印纸后将印刷膜转移	适用于任意表面，特别是凹凸面
印制版的印刷丝网	丝网电解蚀刻法	制成印刷丝网紧贴工件表面	适用于形状复杂的表面，快速局部蚀刻

10.3.3　不锈钢化学与电化学蚀刻法[1]

（1）照相感光蚀刻法。用一次性感光膜涂覆在不锈钢表面上，然后覆上有花纹的底片，进行曝光，然后进行显影，即在不锈钢上形成花纹抗蚀膜，然后在腐蚀液中进行蚀刻，达到预期的蚀刻效果。

① 不锈钢量尺的蚀刻[3]。即用照相感光蚀刻法，以三氯化铁为蚀刻液，蚀刻后，再进行镀黑色镀层，形成清晰的有色刻度、数字和标记的不锈钢量尺。

② 不锈钢笔杆、笔套上蚀花的半色调腐蚀成像工艺[6]，其方法是将摄有图案连续调的负片，进行加网翻拍，成为由网点组成的半色调底片，将底片覆盖在已涂有感光膜的不锈钢笔杆、笔套上，然后将其插在可旋转的轴芯上旋转曝光。显影后在室温下用三氯化铁溶液蚀刻至0.02～0.03mm，最后镀黑或白铬，涂罩光涂料。

③ 不锈钢手表壳、表带通过照相蚀刻法形成凹凸面的图案，并在腐蚀的凹面部分着上彩色膜[7]，或除去抗蚀膜后镀镍及金[8]，得到具有良好装饰性的手表壳、表带。

（2）丝网印刷蚀刻法。丝网印刷因制版、印刷简便，适于各种形状的表面，不受印刷数量多少的限制，成为目前国际上五大印刷工艺之一。随着丝网印版、丝印油墨及设备等技术的进步，丝印的精度越来越高，与照相感光蚀刻法一样，丝印蚀刻法在不锈钢标牌、装饰板等的生产中已得到广泛的应用。

日本粟野秀记介绍在不锈钢表面用丝印方法形成带图纹的非导电性抗蚀膜[9]，在45℃，40°Bé的三氯化铁溶液中将裸露部分的不锈钢蚀刻，深度为0.02～0.05mm，然后电解着色。

日本中村三等介绍在SUS304不锈钢餐具上用丝网印刷各种耐酸的不同色彩的搪瓷玻璃料进行掩蔽腐蚀的方法[10]，形成多色彩的花纹图案。

(3) 平版胶印蚀刻法。与丝印相比，平版胶印的速度较快，抗蚀膜的印刷可用印铁流水线来完成[11]，但适印范围较窄，印刷面积受到限制，且仅适用于厚度为0.15～0.30mm的薄不锈钢平版印刷蚀刻。

日本特许公报[12]介绍了一种用于不锈钢胶印掩蔽蚀刻的油墨，该油墨是由酚醛树脂经5%～10%硝酸处理后制成的。普通的印铁油墨为改性醇酸树脂，也可作为抗蚀膜使用。

(4) 印刷膜转移蚀刻法。李金题利用印刷膜转移法的原理提出一种在凹凸不锈钢制品上印刷花纹图案腐蚀的技术方案[13]。先印制带有图案的薄纸，然后涂上一层均匀的桃胶，晾干后，再印刷一层抗腐蚀油墨在薄纸上形成印刷膜，然后把印刷膜转移到不锈钢工件表面，经过清水浸泡后，薄纸面脱落，但抗腐蚀油墨仍贴在不锈钢表面，经修饰后用三氯化铁溶液蚀刻形成花纹图案。

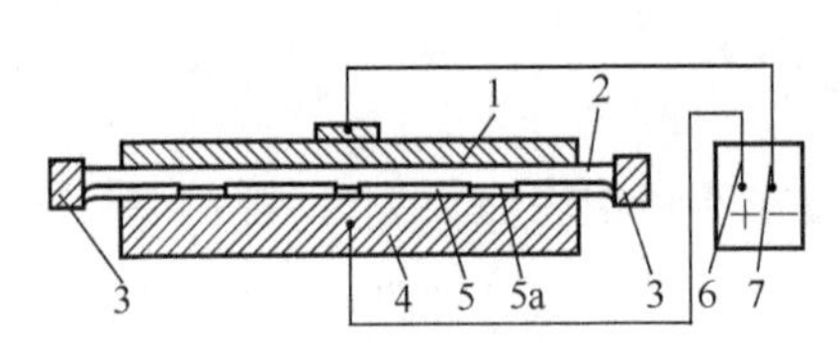

图10-11　丝网电解蚀刻不锈钢示意图

1—电极；2—蚀刻液；3—网框；4—工件；5—已制版的丝网（5a处无感光胶）；6—导电线；7—电解用电源

(5) 丝网电解蚀刻法。丝网电解蚀刻法是利用已制版的丝网印版紧贴于不锈钢工件表面作为抗蚀膜层，在丝网上涂布蚀刻液，然后以工件为阳极，以能覆盖图案的辅助电极为阴极进行电解蚀刻。丝网电解蚀刻SUS304不锈钢示意图见图10-11[14]。蚀刻过程可交替变换电极极性，也可以使用交流或直流与交流交替进行蚀刻。丝网电解蚀刻法可省去印刷抗蚀油墨、烘干及腐蚀后除膜等工序，蚀刻速率快，可在几何形状复杂的表面进行局部蚀刻，特别适用于在产品上直接打标印[15]。

电解蚀刻液一般含有硫酸、磷酸及盐酸等无机酸，以不锈钢工件为阳极，裸露部分的不锈钢表面腐蚀剥落，形成花纹图像。专利丝网电解蚀刻液及工作条件有下列几例。

① 户信夫日本专利丝网电解蚀刻液[14]。

硫酸（H_2SO_4）	10%	阳极电流密度（D_A）	$3A/dm^2$
氯化钠（NaCl）	1%	时间	30s
聚丙烯酸钠	3%		

辅助电极手动移动。

② 日本专利电解蚀刻除去不锈钢上的彩色膜[16]。不锈钢先经铬酸、硫酸着色，并经铬酸-硫酸溶液阴极坚膜处理，然后在硫酸与（或）磷酸和表面活性剂的溶液中进行阳极电解蚀刻，可得到平滑的蚀刻面。

③ 方琳专利快速深度电化学蚀刻液[17]。

三氯化铁（$FeCl_3$）	40%～60%(质量分数)	水	余量
		电极	石墨
盐酸（HCl）	1%～10%	温度	20～35℃
扩散剂 JFC	0.01%～1.00%		

电流：先以 D_K=0.1～0.5A/cm^2 阴极极化 1～2min，再以D_A=0.6～1.0A/cm^2 阳极极化 50～60min。

蚀刻过程用喷淋装置连续喷刷不锈钢表面。

④ 何积铨专利超微精细蚀刻方法[18]。

三氯化铁（$FeCl_3$）	1000mL	重铬酸钾（$K_2Cr_2O_7$）	0.5%～1.0%
盐酸（HCl）	40～50mL	辅助电极	18-8SS
硝酸（HNO_3）	150～200mL	阳极与阴极面积比	$S_A:S_K$=1∶1

电流：先以 D_K = 0.5 ～ 1.0A/cm^2 阴极极化 50 ～ 60min，再以 D_A = 0.2 ～ 0.5A/cm^2 阳极蚀刻。

蚀刻过程不断搅拌蚀刻液。

⑤ 谭文武介绍了电解标印方法[15]。用同为孔版的蜡纸或透明薄膜等模版代替丝网，将电解标印设计成专用的电解标印仪。将辅助电极制成标印头（打标头），使刻印操作更为简便。电解蚀刻时随标印字符的多少变化自动调控电流与电压，使之保持电压12～36V，电流 0～2A，蚀刻时间 2～3s，蚀刻深度 0.01～0.10mm，透明薄膜膜版的使用寿命达到上万次。据报道[19]，瑞典奥斯汀标志系统公司在广州展示其专利产品电解腐蚀打标机，其原理及操作方法与上述电解标印完全一致。

（6）多层次蚀刻法。多层次蚀刻法是通过系列的抗蚀涂膜和蚀刻步骤，获得不锈钢表面不同蚀刻深度的花纹图案的一种工艺方法[20]。其工艺步骤为：

① 在不锈钢表面形成第一层次的抗蚀膜，蚀刻、去膜；

② 在上述不锈钢表面形成第二层次的抗蚀膜，再次蚀刻，去膜；

③ 最少有一部分第一层次和第二层次的蚀刻图纹互相覆盖，使该处的表面被蚀刻两次，形成不同蚀刻深度的多层次花纹图案。

10.3.4　不锈钢标牌的化学铣切

不锈钢标牌的化学铣切实用范围：大型不锈钢标牌的制作，如最大尺寸可达

6m×1.2m，腐蚀深度可达0.6mm。

小型标牌的生产可采用照相蚀刻或丝印蚀刻法，大型标牌可采取印刷膜蚀刻法。

工艺流程如下[21]。

① 去油。先用有机溶剂去油，再用化学除油。油除尽可保证防蚀保护涂层与基体结合牢固。除油后水洗净，晾干。

② 涂保护涂料。选用的保护涂层应与基体有良好的结合力，有较高的强度和拉伸率。涂层厚度为0.2～0.3mm。涂层无流挂，无颗粒和气泡。晾干。

③ 固化。使涂层有足够的强度和结合力，固化温度和时间视涂料种类而定。

④ 修补。对操作过程中造成的损伤及影响性能的颗粒、气泡、夹杂物进行修补。修补部分需用热空气（电吹风）进行局部固化。

⑤ 移印。先用电脑排版出图，再将所需腐蚀的文字图案移印至保护涂层。在腐蚀过程中同时向深度和宽度两个方向进行，腐蚀的深度与宽度的增量在0.8～1.1mm之间，加工深度超过0.3mm的工件，对凹字标牌，文字线条和图案图形要根据腐蚀深度按比例缩小，对凸字标牌则应扩大线条图形外廓尺寸。

⑥ 刻印。用手术刀（刀片）将印有文字和图案的保护涂层刻透，既要刻透涂层，又要少损伤基体，然后揭去需要腐蚀部分的保护涂层。

⑦ 铣切。腐蚀铣切液配方：

三氯化铁（$FeCl_3$）	420～450g/L	温度	40～50℃
硝酸（HNO_3）	100～200mL/L		

腐蚀铣切液用泵通过喷嘴喷射至工件表面上，液体回到腐蚀槽。腐蚀到一半深度时将标牌上下倒置一次，使腐蚀深度一致。喷射量要分布均匀。喷射压力1.5～2kgf/cm^2（1kgf/cm^2=98.067kPa）。最后用水洗。

⑧ 切边。切除标牌多余部分。

⑨ 清理。撕去保护涂层，除去腐蚀产物。

⑩ 填涂料。用涂料填充凹部，突出文字图案，将涂料烘干。

⑪ 罩清漆。用聚氨酯清漆进行喷涂，烘干。

10.3.5 不锈钢板图纹蚀刻

采用丝网印刷、化学蚀刻、化学着色对不锈钢板进行图纹装饰，所得图纹清晰，色泽鲜艳，装饰性、耐蚀性、耐磨性良好，增强不锈钢装饰板材的档次。不锈钢板图纹蚀刻工艺流程[22]如下。

（1）不锈钢板选取。如1Cr17、1Cr18Ni9Ti、1Cr13Al及304等不锈钢，板厚

0.5～1mm，均可用。

（2）除油。为了使丝印油墨与基体有良好的结合力，应彻底去除表面油污，除油可采用常规的碱性化学除油溶液，温度 70～80℃，时间 20～30min。除油后水洗干净，干燥待用。

（3）丝印模板。

① 丝网目数：150 目。

② 丝网材料：不锈钢丝网、聚酯或尼龙单丝网均可选用。

③ 感光胶：DH 重氮型丝印感光胶，江苏省昆山市化工涂料厂生产。

将丝网用绷网机固定在网框上，丝网清洁干燥后，用上桨器刮涂 DH 重氮感光胶在丝网上，需涂覆 2～3 次，待涂膜干燥后，用摄制好的图文的黑白胶片附着在涂膜丝网上，经曝光、显影后，即制得丝印模版。

（4）印抗蚀膜。

① 油墨。金龙牌 99-956 和 99-200K 型碱溶性耐酸油墨（广东省顺德大良油墨经销部有提供）。

② 丝网印刷。将丝印模版固定在丝网印刷机上，用油墨将图文印在不锈钢板上，自然干燥时间 1h，然后烘烤温度为 60℃，时间4～5min，注意烘烤温度不宜过高，时间不能过长，否则影响后面的除墨，不易清洗干净。

（5）图纹蚀刻。蚀刻液配方及工艺条件：

三氯化铁（$FeCl_3$）	600～800g/L	温度	5～45℃
盐酸（HCl）	80～120g/L	时间	15～20min
磷酸（H_3PO_4）	20～30g/L		

蚀刻温度过高或时间过长，油墨与基体的结合力下降，蚀刻交界处可能出现油墨脱落，导致图纹模糊，影响装饰效果。

（6）除去油墨。油墨退除溶液：

氢氧化钠	40～60g/L	浸渍时间	3～5min
温度	50～70℃		

蚀刻后的不锈钢板浸入退油墨的碱性溶液中，即可除去丝印油墨，必要时可用布擦拭。如果只要求不锈钢本色，干燥后即可。

如果要求着彩色，后处理步骤如后。

（7）电化学抛光。

磷酸（H_3PO_4）	600～650mL/L	电流密度（D_A）	15～30A/dm^2
硫酸（H_2SO_4）	200～250mL/L	温度	50～60℃
铬酐（CrO_3）	50g/L	时间	2～6min

(8) 化学着色。

铬酐 (CrO_3)	240～300g/L	温度	70～90℃
硫酸 (H_2SO_4)	240～280g/L	浸渍时间	10～30min

所得不锈钢颜色控制浸渍时间依次可得茶色、蓝色、橙色、金黄色、红色、绿色、黄绿色。

(9) 固膜处理。

铬酐 (CrO_3)	250g/L	阴极电流密度 (D_K)	0.2～1.0A/dm^2
硫酸 (H_2SO_4)	2.5g/L	时间	5～10min
温度	(50±2)℃	阳极材料	铅锑合金

(10) 封闭处理。

硅酸钠 (Na_2SiO_3)	10g/L	温度	沸腾
十二烷基苯磺酸钠	2.5g/L	时间	5min

10.3.6 不锈钢彩色花纹制备

10.3.6.1 不锈钢的活化腐蚀

不锈钢极易生成肉眼看不见的薄钝化膜，影响着色的均匀性。尤其是大面积不锈钢板。如果不进行电化学活化腐蚀，或电化学抛光，将导致表面状况不一致，使生成膜的速率不一致，着色不均匀，产生条纹或多种色彩。

10.3.6.2 活化腐蚀溶液成分及工艺条件[23]

磷酸 (H_3PO_4) (85%)	450mL/L	阳极电流密度	0.2～0.5A/dm^2
硫酸 (H_2SO_4) (98%)	390mL/L	时间	5～10min
去离子水	160mL/L	阴极材料	铅或不锈钢
温度	65～70℃	阳极面积∶阴极面积	1∶2

10.3.6.3 彩色花纹不锈钢的制备原理[24]

不锈钢板基体经过前处理，包括机械抛光、除油、由活化腐蚀或电抛光活化后晾干，在不锈钢表面采用丝网漏印具有一定厚度、耐蚀性能好的、附着牢固的、易于用碱液去除的、图文再现精度高的花纹图案的耐蚀墨膜，经过晾干、固化后采用化学或电化学着色，获得彩色花纹后，然后固膜处理、封闭处理，最后用碱溶液去除耐蚀墨膜[24]。这样便获得了在不锈钢板材上加工出各种精细图案、文字、花纹的彩色膜，做到锦上添花，提高彩色不锈钢板材的附加值，极具经济意义。但立体感不强。

10.3.6.4 丝网印刷原理

首先是在丝网上制得印刷模板。在印刷模板上制成与所需花纹相反的负片。使用较普遍的制版法是照相制版法。在绷紧的丝网上涂布感光胶，晾干后经曝光、显影，即得印刷模板。印版上不需过墨的部分受光形成固化膜，将网孔封住，印刷时不透过油墨。印版上需过墨部分的网孔不封闭，可将油墨漏印在不锈钢表面上，见图10-12。丝网印版采用300目涤纶丝网绷制。制版时涂敷厚度为0.01～0.03mm的重氮感光胶。耐印力可高达5000～10000次。

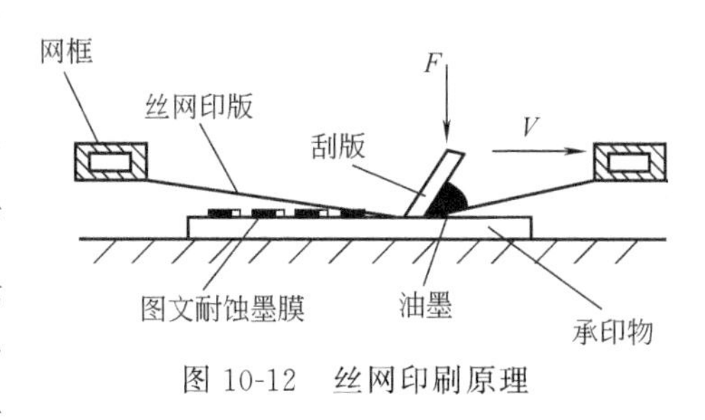

图10-12　丝网印刷原理

10.3.6.5　印制图文耐蚀膜

耐蚀膜用油墨可采用金龙牌99-956和99-200K型碱溶性耐酸油墨。印制图文耐蚀膜要求：

刮印角度	25°～65°	网版距	2～4mm
刮印速率	3.6～12m/min	功能性油墨黏度	4～12Pa·s
刮印压力		耐蚀膜厚度	0.05～0.07mm

(0.5～2.5)×10^4 N/m^2（1N/m^2＝1Pa）

图文线条最细可达0.1mm，分辨率达150线/in（1in＝0.0254m）。耐蚀膜与不锈钢基体表面的牢固度达99%～100%。

耐蚀膜厚，覆盖性好，耐蚀性强，但图文再现精度低，油墨损耗量大；印制的耐蚀膜薄，则覆盖性差，耐蚀性弱，但图文再现精度高，油墨损耗相对较小，但易出现针孔，着色液从针孔处浸入，造成杂色花点的毛病。通过控制刮印角度、刮印压力、网版距、油墨黏度等参数，获得厚度合理的、尺寸为0.05～0.07mm、图文再现精度高、耐蚀性强、针孔率小的耐蚀膜。

10.3.6.6　不锈钢彩色花纹板的制备工艺流程

工件材料（1Cr18Ni9Ti，尺寸0.3m×0.4m×0.001m）→机械抛光（用600#、1000#、1400#粗细砂纸依次打磨至准镜面光洁度）→除油（常规碱性除油，70～80℃，6～10min）→热水洗→冷水洗→电化学活化腐蚀（见10.3.6.2节）或电化学抛光→清洗→晾干→丝网印刷花纹图案耐蚀膜（见10.3.6.5节）→干燥（自干1h，温度60℃，烘烤4～5min）→着色（按需要的颜色）→清洗→固膜处理→清洗→封闭→去除耐蚀膜（氢氧化钠50～100g/L，温度50～70℃，时间3～5min，用涤纶丝刷刷去）→清洗→烘干。

10.3.7　不锈钢浮雕精饰加工[25]

不锈钢表面浮雕精饰是活化腐蚀与多层电镀的综合加工，表面浮雕精饰后的金属制品图案清晰，光彩绚丽夺目，层次手感柔和，立体感强，富有金属雕刻效果。首先在制笔行业得到大批量应用，收到巨大的经济效益。

10.3.7.1　消光镀铬底色镀金或消光镀铬底色银光浮雕工艺流程

（1）机械磨光、抛光。可按不锈钢抛光工艺进行。

① 抛光表面要求：无麻点、硬丝路、冲拉模具痕及飞边。

② 金刚砂：磨光按表面光洁度需要选用 300#、400#、500# 金刚砂。

③ 抛光膏：磨光用黄抛光膏，抛光用绿抛光膏，拉白光亮用白抛光膏＋维也纳石灰。

④ 抛磨温度：不宜过高，以免使不锈钢金相结构改变。

（2）拉毛消光。可用砂轮、皮带车、喷砂、钢丝抛盘及专用拉丝机进行拉毛，按不同要求进行消光处理。

（3）化学除油。

磷酸三钠（$Na_3PO_4 \cdot 12H_2O$）	20～30g/L	海鸥洗涤剂	2～3mL/L
		温度	90～100℃
碳酸钠（Na_2CO_3）	10～15g/L	时间	10～30min

（4）水清洗，并上挂具。

（5）电化学除油。

氢氧化钠（NaOH）	10～15g/L	平平加（匀染剂）	0.5～1.0g/L
磷酸三钠（$Na_3PO_4 \cdot 12H_2O$）	20～25g/L	温度	80～90℃
		阴极电流密度（D_K）	1～3A/dm²
碳酸钠（Na_2CO_3）	10～15g/L	时间	1～5min

（6）水清洗（一）。

（7）电解活化腐蚀（一）。

硫酸（H_2SO_4）	10～20g/L	时间	10～30s
温度	15～40℃	阴极材料	不锈钢
阳极电流密度	1～1.5A/dm²		

（8）水清洗（二）。

（9）镀铬。

铬酐（CrO_3）	250～280g/L	阴极电流密度	25～35A/dm²
硫酸（H_2SO_4）	2.8～3.0g/L	时间	1～3min
温度	45～50℃		

（10）回收、清洗。

（11）卸挂具，并上烘架烘干。

烘架要求易插易取，互不接触，并经防锈处理。

烘干温度	90～100℃	烘干时间	10～15min

(12) 丝网漏印。

① 印刷油墨。自干型耐腐蚀丝网印料。由无锡化工研究设计院研制生产，具备易干、耐酸蚀、成膜清晰均匀、脱除方便的特性。

② 稀释剂。由该院配套供应，用以调节印料稠度，清理丝网印版及工具。

③ 丝印设备。平面零件可类同普通油印机，圆柱形笔杆应选用万能丝印机，工作原理如图 10-13 所示。

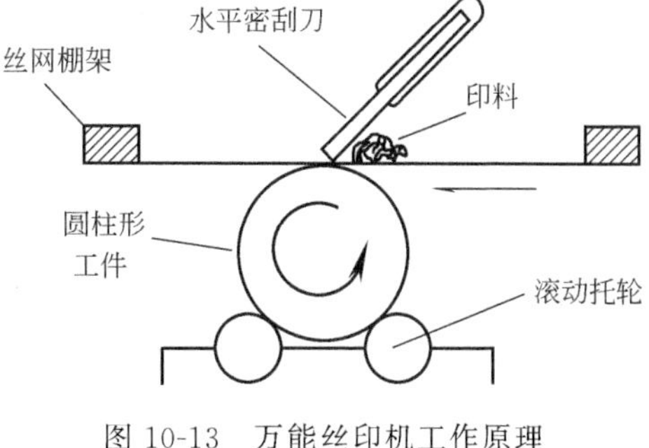

图 10-13 万能丝印机工作原理

(13) 上烘架烘干。

烘干温度	70～90℃	烘干时间	30～40min

(14) 涂敷封口，修补丝印。

(15) 上烘架烘干，同 (13)。

(16) 上挂具。

(17) 电解活化腐蚀（二），退除未覆盖丝印油墨部分的铬层，并活化基体表面。

盐酸 (d=1.17)	30%	阳极电流密度	0.5～2A/dm^2
十二烷基硫酸钠	0.1～0.3g/L	时间	1～2min
温度	室温		

(18) 水清洗（三）。

(19) 闪镀高氯镍。

氯化镍 ($NiCl_2 \cdot 6H_2O$)	140～180g/L	时间	30～90s
盐酸 (HCl) (d=1.17)	100～120g/L	阴极移动	16～18 次/min
温度	室温	阳极材料	轧制镍板，套袋
阴极电流密度	3～5A/dm^2		

(20) 流动水清洗两次以上，防止氯离子大量进入亮铜槽，认真彻底清洗。

(21) 镀酸性光亮铜。为了快速加厚浮雕图案，采用高浓度、大电流快速沉积铜，加速阴极移动。由于图纹线条粗细疏密不一，电镀时的电流密度分布不匀，以粗密图案近阳板，细疏及无图案处远离阳极，以防细疏图案 D_K 过大烧毛。

光亮酸性铜液成分及工作条件：

硫酸铜（$CuSO_4 \cdot 5H_2O$）	200～240g/L
硫酸（H_2SO_4）	55～75g/L
光亮剂209A	0.5mL/L（上海永生助剂厂）
光亮剂 209B	0.5mL/L
光亮剂 209C	8mL/L
氯离子（Cl^-）	50～80mg/L
温度	15～38℃
阴极电流密度	1.5～8A/dm^2（按实际受镀面积计算）
阴极移动	25～30 次/min
时间	铜层厚度达到明显的浮雕效果即可（10～30min）

（22）水清洗（四）。

（23）镀光亮镍。在普通亮镍槽中进行，作为中间层，能使图案更绚丽光彩，并提高防护性和抗变色性。镀亮镍配方及工作条件（参见 4.3.7 节，125 页）（上海永生助剂厂）：

硫酸镍（$NiSO_4 \cdot 7H_2O$）	280～320g/L	pH	4～4.8
氯化镍（$NiCl_2 \cdot 6H_2O$）	50～60g/L	温度	57～62℃
硼酸（H_3BO_3）	40～45g/L	阴极电流密度（D_K）	
5＃A	0.6～0.8mL/L		2～8A/dm^2（按实际受镀面积计算）
光亮剂 5＃B	5～6mL/L	时间	2～3min
润湿剂 LB	1～2mL/L	阴极移动	18～22 次/min

（24）水清洗（五）。

（25）先消光镀铬底色镀金。采用镀金-钴-铟合金，镀层光亮，耐磨性高，延长浮雕精饰层的使用寿命。

镀金合金溶液成分及工作条件：

氰化金钾［$KAu(CN)_2$］	5～8g/L
柠檬酸钾（$K_3C_6H_5O_7$）	50～90g/L
柠檬酸（$H_3C_6H_5O_7$）	40～50g/L
硫酸钴（$CoSO_4 \cdot 7H_2O$）	12～15g/L
硫酸铟（$InSO_4$）	1～1.5g/L
pH	3.5～4.2
温度	35～38℃
阴极电流密度（D_K）	0.5～1.0A/dm^2
阳极	99.99%纯金
（阳极也可用不溶性不锈钢，但要按需补充金盐）	
时间	30～90s

阴极移动		需要，可采用旋转阴极，使金层更加均匀	

银光亮浮雕工艺。镀普通装饰铬，溶液成分及工作条件：

铬酐（CrO_3）	250～280g/L	阴极电流密度	20～28A/dm^2
硫酸（H_2SO_4）	2.5～2.8g/L	时间	0.5～1.5min
温度	45～50℃		

(26) 回收金或铬酸，再用水清洗。

(27) 脱除印料。弱碱溶液成分及工作条件：

磷酸三钠（$Na_3PO_4 \cdot 12H_2O$）	10～30g/L	温度	40～50℃
		时间	以自来水能冲尽印料为止
碳酸钠（Na_2CO_3）	5～10g/L		

(28) 水清洗，去离子水浸洗。

(29) 上烘架。

(30) 烘干。

温度	60～80℃	时间	10～20min

(31) 成品检验包装。

10.3.7.2 黑珍珠底色镀金，或黑珍珠底色银光亮浮雕工艺流程

机械磨光、抛光、拉白粉光亮→上挂具→电解除油→水清洗→电解活化腐蚀（一）→清洗→闪镀高氯镍→流动水清洗两次以上→镀酸性光亮铜→清洗→镀光亮镍→水清洗→镀黑珍珠底色① （或茶色）→水清洗→卸挂具上烘架烘干→丝网漏印→上烘架烘干→封边补漏→上烘架烘干→上挂具→电解活化腐蚀（二）(退除局部裸露的黑珍珠底层)→水清洗→闪镀高氯镍→流动水清洗两次以上→镀酸性光亮铜→水清洗→镀光亮镍→水清洗→A 镀金合金或 B 镀装饰铬→回收金液或铬液，水清洗→脱除印料→水清洗→去离子水浸洗→上烘架→烘干→成品检验包装。

注：①黑珍珠色电镀溶液成分和工作条件。

氯化镍（$NiCl_2 \cdot 6H_2O$）	50～75g/L	pH	10.5～11
氯化锌（$ZnCl_2$）	20～35g/L	温度	50～60℃
钼酸铵[$(NH_4)_6Mo_7O_{24} \cdot 4H_2O$]	适量	阳极	镍板
总氰化钠（NaCN）	60～75g/L	时间	0.5～3min（按色泽深浅选择）
氨水（NH_4OH）	1～2mL/L		

10.3.7.3 不锈钢本色镀金、银浮雕工艺流程

机械磨光、抛光→机械拉毛消光→丝网漏印→上烘架烘干→封边补漏→上烘架烘干→上挂具→电解活化腐蚀（二）→清洗→闪镀高氯镍→流动水清洗两次以上→镀酸性光亮铜→水清洗→镀光亮镍→清洗→A 镀金合金或 B 镀装饰铬→回收、清洗→脱除印料→清洗→去离子水浸洗→上烘架→烘干→成品检验包装。

10.4 不锈钢模具板化学蚀刻、抛光和电镀铬

10.4.1 不锈钢模具板国产化前景

利用蚀刻的方法在不锈钢模具上雕刻出各种花纹图案，提供人造木材的色彩鲜艳、图案清晰和价廉物美的产品，广泛应用于建筑和家具行业。人造木材生产的关键是模具板。过去，人造木材行业应用的模具板主要是从欧洲进口的，不仅价格昂贵，而且修复困难，因此，不锈钢模具板的国产化势在必行。我国不少企业已开始在模具板的制造上开展生产工作。山东大学化学与化工学院孙从征、管从胜已于2006年对不锈钢模具板的制作进行了化学蚀刻、化学抛光和电镀铬的研究，并提供最佳工艺参数和操作规范[26]。因此，开展不锈钢模具板的国产化已具备条件和客观需求及可能性，前景广阔。

10.4.2 不锈钢模具板制作工艺流程及操作条件

不锈钢工件→前处理（手工清理表面油污、杂质、焊瘤焊渣）→装挂→除油（常规碱性除油溶液：氢氧化钠45～55g/L，碳酸钠35～45g/L，磷酸三钠30～35g/L，硅酸钠5～8g/L，OP乳化剂10mL/L，温度70～80℃，时间15～20min）→流动水清洗→干燥→覆盖带有图纹的膜（应具有无孔、耐酸和耐热性）→化学蚀刻（三氯化铁660～850g/L，盐酸8～20mL/L，添加剂10～20g/L，温度45～50℃，蚀刻速率10～20μm/h，详见10.4.3节）→流动冷水洗→脱模→清洗→化学抛光［硝酸（65%）15～40mL/L、盐酸（36.5%）60～100mL/L，磷酸（85%）20～45mL/L，复合光亮剂1～5g/L，缓蚀剂0.2～2.0g/L，增稠剂2～20g/L，温度25～40℃，时间1～5h详见10.4.4节］→流动冷水洗→中和（碳酸钠5～15g/L，温度25～40℃，时间1min）→流动冷水洗→电镀铬（铬酐230～270g/L，硫酸2.3～2.7g/L，三价铬<5g/L，温度55～60℃，阴极电流密度50～60A/dm^2，详见10.4.5节）→流动冷水洗→干燥（吹干或拭干，保护处理）→检验→入库（包装）。

10.4.3 蚀刻工艺与溶液维护

（1）$FeCl_3$浓度。在50℃温度和HCl 12mL/L时：

① $FeCl_3$低于600g/L时，蚀刻速率很慢，难以达到蚀刻效果；

② $FeCl_3$为600～900g/L时，蚀刻速率随着$FeCl_3$浓度的增大而增加；

③ $FeCl_3$ 大于 900g/L 时，蚀刻速率随着 $FeCl_3$ 浓度的增高而减小，而且蚀刻面出现不均匀现象，这是由于蚀刻产物在蚀刻表面上结晶析出所致。

因此，$FeCl_3$ 浓度应控制在 660～850g/L。

搅拌有利于蚀刻产物的溶解和离去，但搅拌应适度进行，因为搅拌速率过急，会引起图纹膜的脱落。

(2) 盐酸浓度。盐酸有利于提高蚀刻的速率，可避免 Fe^{3+} 水解成 $Fe(OH)_3$。实验结果显示，采用 8～20mL/L 的盐酸效果较好。

(3) 蚀刻液温度。温度影响蚀刻速率，又影响蚀刻面的光泽度、平整性和图纹膜的稳定性。温度太高，使蚀刻面粗糙度增大和咬边现象明显。因此，综合考虑蚀刻速率、蚀刻光泽效果和图纹膜的热稳定性、温度控制在 45～50℃为宜。

(4) 蚀刻溶液维护与再生。随着蚀刻反应的进行，Fe^{3+} 不断消耗，在蚀刻过程中转变为 Fe^{2+}，盐酸的 H^+ 也逐渐消耗，蚀刻速率逐渐减慢，因此，在蚀刻过程中，及时补加盐酸、$FeCl_3$ 和双氧水 H_2O_2，使 Fe^{2+} 被氧化恢复成 Fe^{3+}，使蚀刻溶液的蚀刻能力再生。及时分析溶液中 $FeCl_3$ 和 HCl 的浓度，以便补充至最佳范围。

(5) 蚀刻溶液的老化。随着蚀刻的进行，不锈钢中的 Cr、Ni 和 Fe 不断溶解，溶液中 Cr^{3+}、Ni^{2+} 和 Fe^{2+} 的浓度不断增大，当浓度增大到一定值后，无论如何调整也达不到蚀刻效果，此时蚀刻溶液达到老化状态，应局部或全部弃去，重新配置。

10.4.4　化学抛光工艺与溶液维护

(1) 硝酸浓度对抛光的影响。在盐酸为 100mL/L、磷酸为 25mL/L 时，温度 35℃，时间 2h 的条件下：

① 硝酸 10mL/L 时，不锈钢表面上开始形成浅黄色黏膜，后期呈浅灰色，亮度很差；

② 硝酸在 15～50mL/L 时，表面先形成较厚的青色黏膜，后期表面形成一层深灰，擦去后表面光亮如镜；

③ 当硝酸大于 50mL/L 时，表面先有一层极厚的青绿色黏膜，后期表面有大量深灰，亮度很差，且有大量黄烟生成。

由于硝酸是强氧化性酸，对不锈钢有酸性溶解和氧化钝化的双重作用。硝酸浓度过低时，主要表现为酸性腐蚀溶解，无抛光亮作用。硝酸浓度过高时，不锈钢溶解过快，形成大量氧化氮黄烟且无光亮。综合考虑，硝酸浓度应以 15～40mL/L 为宜。

（2）盐酸浓度对抛光的影响。在硝酸浓度为45mL/L、磷酸为25mL/L、温度为35℃和时间为2h的条件下：

① 当盐酸浓度小于50mL/L时，表面形成浅黄色黏膜层，后期表面虽平整，但不光亮；

② 盐酸浓度为60～130mL/L时，表面形成较厚的青色黏膜，擦拭后表面比较光亮；

③ 盐酸浓度大于140mL/L时，表面开始有一层较厚的青绿色黏膜，后期表面无浮灰，但乌黑，并有明显的气道和大量黄烟生成。

由于盐酸是非氧化性酸，对不锈钢基体有溶解和整平作用，但有明显的气流痕迹，抛光效果差。同时产生大量的Fe^{2+}加速硝酸的还原，析出NO_2黄烟，污染环境。综合考虑，盐酸应控制在60～100mL/L为宜。

（3）磷酸浓度对抛光的影响。在硝酸浓度为45mL/L、盐酸浓度为100mL/L，温度为35℃和时间2h的条件下：

① 磷酸小于15mL/L时，开始表面形成一层浅黄色黏膜，后期表面不平整并发黑；

② 磷酸浓度为20～50mL/L时，开始表面形成较厚的青色黏膜，可以得到较高的光亮度；

③ 磷酸大于60mL/L时，开始表面有一层厚的青绿色黏膜，后期没有亮度，且发乌黑。

由于磷酸在抛光液中是为了在不锈钢表面形成一层磷酸盐膜，以阻止对不锈钢基体过腐蚀，但较高的磷酸浓度形成较厚的磷酸盐膜，影响溶解速率，导致光亮度较差，综合考虑，磷酸浓度以20～45mL/L为宜。

（4）添加剂。

① 光亮剂。含有氯烷基吡啶、卤素化合物、含氰化合物和磺基水杨酸等化合物，添加量为1～5g/L。

② 缓蚀剂。含有若丁和有机胺等化合物，添加量为0.2～2g/L。

③ 增稠剂。含有纤维素醚、聚乙二醇、丙二醇和丙三醇等化合物、添加量为2～20g/L。

实验发现，采用复合添加剂的效果较好，其重量比则为光亮剂：缓蚀剂：增稠剂＝4：1：6。复合添加剂的最适用量为5～10g/L。

（5）温度和时间。当盐酸125mL/L、硝酸45mL/L、磷酸25mL/L、复合添加剂6g/L时，实验发现，在25～40℃温度范围内，抛光1～5h，都可以获得光亮如镜的抛光面。降低抛光温度，必须适当增加抛光时间。

（6）抛光溶液维护。随着抛光时间的进行，三种酸的浓度会有所改变，抛光效果会越来越差。为了保持抛光的效果，抛光溶液的体积要适当大些，以保持抛光溶液的抛光稳定效果。如果体积太小，则在抛光时间内达不到光亮度的要求。要求其寿命在10～20h内保证获得所需达到的光亮度。在此时间内抛光效果变差后，为了延长抛光溶液的寿命，则需要对抛光溶液进行调整补充：三酸的添加比例按硝酸：盐酸：磷酸＝10：1：1。如有条件，可对抛光液进行浓度测定，以按原始配方补充所缺浓度。但当抛光溶液使用较长时间，由于杂质含量增长到一定量仍得不到理想的效果时，应弃去重配。废液应经处理无害化后排放。

10.4.5　电镀铬的溶液维护及操作

（1）铬酐浓度。其浓度在230～270g/L，维持较高的浓度，以保持较高的导电率，可通过较高的电流密度，以维持镀液的稳定，有较高的抗杂质能力。

（2）硫酸浓度。硫酸浓度应保持与铬酐的浓度比值为100：1。当硫酸浓度的比值小于1时，会引起镀层在镀不上铬层处轻者呈现黄彩膜，即俗称“漏黄”，重者呈蓝膜，无铬层与未镀铬的交界处模糊。有铬层表面镀铬较厚处有微小圆形颗粒，镀层光亮度较差，比值进一步减少时，如0.5以下，分散能力恶化，镀不上铬的面积扩大，电流大些，面积甚至呈乌黑色烧焦状铬层。

而硫酸的比值大于1至1.2以上时，镀层分散力也会恶化，但不出现“露黄”现象，此时，有铬层镀上处与未镀上处的交界线很明显。比值超过越大，则未镀上区域相应扩大，最终甚至完全镀不上铬，此时比值在大于2以上。为了降低硫酸浓度，要向镀层中加入碳酸钡，使形成硫酸钡沉淀，此时需要计算碳酸钡的用量，理论上碳酸钡2g可沉降硫酸1g。处理后还要搅拌一定时间，保温2h，使硫酸钡由分散细粒聚集成较大颗粒沉降，使副反应铬酸钡转变成硫酸钡粒子沉淀。利用虹吸法将沉降至槽底的硫酸钡吸出槽外，再经澄清后将吸出的铬液回流至镀铬槽内。在生产过程中，硫酸不要无根据地任意添加入铬槽中。因为在整个镀铬过程中只消耗铬酸，而硫酸仅作为镀铬的催化剂，一般不会消耗掉。仅随着铬酐在出槽时而附带出来少量硫酸，而当补充铬槽中的铬酐时，在铬酐中一般可能要有百分之零点几的硫酸作为杂质随之进入铬槽，可弥补硫酸的不足，数量上达到自动的平衡。一般补充至正常范围的铬酐可以不必刻意地补加硫酸。铬酸根离子（CrO_4^{2-}）是负离子，它不可能在负极上放电析出铬金属层。当在SO_4^{2-}与三价铬（Cr^{3+}）生成$[Cr_4O(SO_4)_4\cdot(H_2O)_4]^{2+}$，阳离子团到阴极表面，当离子放电后，硫酸根离子（$SO_4^{2-}$）又回到阴极。

（3）三价铬Cr^{3+}的作用和影响。在新配的铬酸溶液中，在开始时没有Cr^{3+}，不能生成前述的阳离子团，在镀铬溶液中当存在适量的硫酸时，使镀铬液的酸度为pH=3时，有碱式铬酸铬［$Cr(OH)_3 \cdot Cr(OH)CrO_4$］薄膜包在阴极表面上。当有三价铬化合物所组成的带正电荷的阳离子团，才能在阴极上放电，析出金属铬层。如果溶液中没有三价铬，形不成阳离子团来促使碱式铬酸铬的薄膜溶解，就镀不上铬。故三价铬的数量虽少，但作用很大。故在配好镀铬槽后，需要用电解的方法，在阴极上产生少量的三价铬，一般使 Cr^{3+} =3～5g/L，已足够起作用。过多反而有害。在镀铬过程中，Cr^{3+} 和 H_2SO_4 重回溶液中。

（4）电流密度。在不锈钢抛光表面上，总是存在一层肉眼看不见的极薄的铬的氧化膜，在其上沉积的铬层会产生结合力不牢的现象。故在开始镀铬时，应先用小电流阴极活化，此时只产生氢气气泡，不在铬的析出电位之上，使不锈钢表面得到还原净化，存在的铬氧化膜被电解除去，电流密度应小于 3A/dm^2，时间为 1～2min。在此过程中，镀件在镀液中也受到预热，然后每 1～2min 内提升电流密度至 5A/dm^2，在 5～10min 内，阶梯式提升电流 5 次，最后以高于正常电流，大约在 50～60A/dm^2 之内冲击镀铬，时间为 2～3min，使凹入部位都能镀上铬层，然后恢复至正常电流密度 25～30A/dm^2，也可采取较大电流密度，但为防止边角烧焦，要采取辅助阴极加以保护。

（5）温度。温度和电流密度之间有密切的关系，温度在 60℃时，阴极电流密度为 60A/dm^2，铬层硬度最好，约为维氏 990HV。因此，在 50～60℃之间，硬度变化不大。但温度大于 65℃时，硬度开始下降至 900HV。当温度高达 70～75℃时，铬层失去光泽，呈乳白色，硬度也降低至 600～700HV。所以温度宜保持在 55～60℃。铬镀层由于硬度高，摩擦因数小，有良好的耐磨性，适应于模具板的要求。当电流密度为 30～40A/dm^2 时，其维氏硬度也在 1000HV 左右。

10.5 不锈钢上印字[27]

自贡市高压阀门厂化验室工作人员通过试验，选用与不锈钢反应后能显现颜色的不锈钢印字药水，经数年使用后效果较好，对提高产品质量，管理产品起到了作用。

印字显色剂：

亚硒酸	4g	盐酸（1+1）	100mL
硫酸铜	5g		

配制方法：亚硒酸、硫酸铜依次溶解于 1+1 盐酸 100mL 溶液中，盛于 120mL 茶色滴瓶中。

适用 2Cr13，1Cr18Ni9Ti，Cr18Ni12Mo3Ti 等不锈钢印字用。

印字图章应采用耐酸橡胶制品。

参 考 文 献

[1] 余焕权．不锈钢花纹图案蚀刻技术．材料保护，2000，33 (2)：22-25.

[2] 文斯雄．69111 不锈钢制品化学铣切及抛光的应用．电镀与精饰，1990，12 (6)：34-35.

[3] 顾江楠，余尚先．三氯化铁溶液蚀刻不锈钢的研究．电镀与精饰，1988，10 (4)：6-9.

[4] 周一杨，黄明珠，李澄，陈振华．不锈钢的化学腐蚀加工．材料保护，1995，28 (12)：10-11.

[5] 杨平喜．不锈钢电抛光去毛刺工艺试验报告．电镀与精饰，1990，12 (3)：23-27.

[6] 曾则鸣．不锈钢半色调腐蚀成象工艺：CN，1042195A. 1990.

[7] 日本公開特許公報 8079877. 1981.

[8] 日本特許公報 8141698. 1982.

[9] 粟野秀记．日本特許公報昭 59-29619. 1984.

[10] 中村三等．日本公開特許公報昭 57-39176，1982.

[11] 余焕权．马口铁印刷工艺．印刷杂志，1994，(5)：27-29.

[12] 日本特许公报 7863，105. 1978.

[13] 李金题．不锈钢制品印刷花纹图案腐蚀技术：CN，86108399A. 1988.

[14] 卢信夫等．日本公開特許公報平 1-234675. 1989.

[15] 谭文武．电解标印中的快速蚀刻．机械制造，1989，27 (9)：37.

[16] 日本特許公報 7844438. 1978.

[17] 方琳等．一种不锈钢快速深度电化学蚀刻方法：CN，1120078A. 1996.

[18] 何积铨等．一种不锈钢超微精细蚀刻方法：CN，1119680A. 1996.

[19] 南方日报，1995-06-16.

[20] GB，2145-977B. 1987.

[21] 沈爱华．大型不锈钢标牌的制作．表面技术，2003，32 (3)：64-65.

[22] 肖鑫，王文涛，龙有前，钟萍．不锈钢板图纹装饰工艺．表面技术，2001，30 (2)：29-30.

[23] 欧阳贵，左丹江，羊秋福．平板不锈钢着色工艺．材料保护，2003，36 (1)：44-45.

[24] 吴蒙华，包胜华，张志强，张念卿．大平面彩色不锈钢花纹装饰板的制备．表面技术，2003，32 (5)：63-65.

[25] 唐兆荣．不锈钢表面浮雕精饰的生产工艺．上海电镀，1991，4：11-15.

[26] 孙从征，管从胜．不锈钢模具板化学蚀刻、抛光和电镀铬研究．电镀与精饰，2006，28 (1)：14-17.

[27] 自贡市高压阀门厂化验室．介绍一种不锈钢零件印字药水．电镀环保，1975，(4)：5.

第11章 电镀Fe-Ni-Cr不锈钢合金

11.1 电镀 Fe-Ni-Cr 不锈钢合金的应用

现代工业的发展，对材料表面处理的要求越来越高，单一的金属镀层，如铜、镍、铬、锡、银等远不能达到预期的要求，合金镀层的研究和应用日益广泛。

Fe-Ni-Cr 不锈钢合金材料的耐蚀性和耐磨性优良，硬度适中，光泽柔和，反射性好，可认为是一种高档的防护-装饰性材料。但由于镍、铬价格昂贵，使冶金制成的不锈钢制品成本高，加工成型也比较困难，如果采用电镀的方法，既适用于面积大、形状复杂的工件，又能大批量生产，使得产品具有碳钢成本的成品变成不锈钢使用价值的产品，具有极大的竞争力。

11.2 电镀 Fe-Ni-Cr 不锈钢的发展历程

在国外，在 20 世纪 30～40 年代，曾开始研究探索电沉积法制备 Fe-Ni-Cr 合金镀层，但都未获得成功。

1987 年，A. 瓦特逊（A. Watson）、齐肖姆（Chisholm）等人曾在硫酸盐镀液体系中电沉积 Fe-Ni-Cr 合金镀层，但工艺不稳定。

1986 年，J. 克尔格（J Krger）和 J. P 纳迫尔（J. P Nepper）等人采用脉冲电流研究水溶液电沉积 Fe-Ni-Cr 合金工艺，解决镀层易产生裂纹的问题。

1988 年，M. 里德（M. Lieder）从硫酸盐镀液电沉积 Fe-Ni-Cr 合金镀层，研究阴极电流密度、镀液温度与合金镀层成分的关系。

1988 年，A. 瓦特逊（A. Watson），E. 枯兹曼（E. Kuzmann），MR 爱儿-谢里夫（M. R. El-sharrif）等人采用质子惰性溶剂 *N*,*N*-二甲基甲酰胺（DMF）对三价铬氯化物镀液体系电沉积 Fe-Ni-Cr 合金镀层进行了研究。

1989 年，卢燕平、叶忠远、吴继勋等人的《电镀不锈钢新工艺初探》一文中在氯化物-硫酸盐混合体系中，在 08F 钢上获得厚度为 4.2～4.6μm、成分类似 18-8 不锈钢的 Fe-Ni-Cr 合金镀层，研究了对电流密度、镀液 pH、搅拌等因素的影响[1]。

1991 年，郭鹤桐、覃奇贤、刘淑兰等人[2]在铁镍二元合金镀液中加入悬浮金属铬微粒进行复合镀，经过复合镀层热扩散处理得到与 304 不锈钢相似的 Fe-Ni-Cr 合金镀层。

1992 年，冯绍彬用刷镀的方法得到 Fe-Ni-Cr 三元合金镀层[3]，发现刷镀比电镀工艺更容易获得 Fe-Ni-Cr 三元合金镀层。

1993 年，赵晴、赵先明、刘伯生等人在 DMF/水体系中研究电沉积 Cr-Ni-Fe 合金[4]，得到均匀、致密、结合力好的不锈钢镀层，但镀层较薄，电镀时间较长镀层变暗、起泡脱落。

1994～1996 年，李东林、郭芳洲等人采用直流、脉冲、周期反向电流得到了 Fe-Ni-Cr 合金镀层[5,6]，在氯化物电镀液中得到厚度为 9μm 的 Fe-Ni-Cr 三元合金镀层。

1999 年，何湘柱、蒋汉瀛等人对电沉积非晶态 Fe-Ni-Cr 合金工艺进行了研究[7]。

2002 年，冯绍彬、董会超、夏同驰等人作了 Fe-Ni-Cr 不锈钢镀层的电镀工艺研究[8]。

2004 年，冯绍彬、冯丽婷、高士波等人作了电镀不锈钢工艺及镀液稳定性的研究[9]。

2006 年，许利剑、龚竹青、杜晶晶、袁志庆、王志刚等人概述电镀 Fe-Ni-Cr 合金的发展进程[10]，从基本条件、镀液体系、电镀类型、镀层晶体结构类型进行阐述，综述影响镀层质量的因素。

2009 年，席艳君、刘泳俊、王志新、卢金斌等人研究了不同工艺条件对 Fe-Cri-Ni 镀层沉积速率和腐蚀性能的影响[11]，电流密度 12A/dm^2、温度 25℃、pH＝2 时获得的镀层的耐蚀性最佳[11]。

2008 年，席艳君、刘泳俊、王志新、卢金斌等人以硫酸盐和氯化盐为主盐，将 Cr 以微粒形式悬浮于镀液中，电沉积 Fe-Cr-Ni 复合镀层。在 NaCl 饱和溶液的浸泡实验中，溶液中 Cr 粉含量为 100g/L 时获得的镀层自腐蚀电位最贵[13]。

2002 年，邓姝皓、龚竹青等对电沉积纳米晶镍-铁-铬合金进行了研究[14]。

2003 年，邓姝皓作了脉冲电沉积纳米晶铬-镍-铁合金工艺及其基础理论研究[15]。

11.3 电镀 Cr-Ni-Fe 合金镀液组成和操作条件

电镀 Cr-Ni-Fe 合金镀液组成可分为硫酸盐型、氯化物型、混合物型和 DMF-H_2O 型体系。

11.3.1 硫酸盐型体系镀 Cr-Ni-Fe 合金镀液

硫酸盐型体系镀 Cr-Ni-Fe 合金镀液组成及工艺条件见表 11-1。

表 11-1 硫酸盐镀 Cr-Ni-Fe 合金镀液组成及工艺条件

溶液成分和工艺条件	1[8]	2[16]	3[13]
硫酸亚铁($FeSO_4\cdot7H_2O$)/(g/L)	5～20	128	180
硫酸镍($NiSO_4\cdot18H_2O$)/(g/L)	8～28	65	300
硫酸铬[$Cr_2(SO_4)_3\cdot6H_2O$]/(g/L)	200	265	
铬粉/(g/L)			50～150
硼酸(H_3BO_3)/(g/L)	25	25	40
氯化铵(NH_4Cl)/(g/L)	40		
硫酸铵[$(NH_4)_2SO_4$]/(g/L)	60		
柠檬酸三钠($Na_3C_6H_5O_7\cdot H_2O$)/(g/L)	100		25
抗坏血酸/(g/L)	10		
十二烷基硫酸钠/(g/L)	0.06		0.1
光亮剂/(mL/L)	12		
糊精/(g/L)			8
三乙醇胺[$N(C_2H_4OH)_3$]/(mL/L)		150	
氯化镍($NiCl_2\cdot6H_2O$)/(g/L)			30
pH	1.5～3.0	2.0	3.5
温度℃	30～50	40	58
电流密度/(A/dm^2)	20～40	5～40	5
时间/min			30
搅拌			机械搅拌

11.3.1.1 配方 1（见表 11-1）的说明

本配方由郑州轻工业学院冯绍彬、董会超、夏同驰等人提出[8]。

硫酸盐体系镀液的导电性能差，电流效率低，电镀时间长，能耗较高，为了克服这些缺陷，向硫酸盐体系中加入了一定量的氯化物如氯化铵 40g/L，以提高其导电性和活化阳极。由于铁、镍、铬的标准电极电位相差较大，（$\varphi^{\circ}_{Fe^{2+}/Fe}=-0.447V$，$\varphi^{\circ}_{Ni^{2+}/Ni}=-0.27V$，$\varphi^{\circ}_{Cr^{3+}/Cr}=-0.744V$）因此，在简单盐溶液体系中，三种金属共沉积是很困难的，通过加入配位剂与它们形成配合离子、改变离子的活度，从而改变它们的析出电位，使其相互接近以达到共沉积的目的，本配方中使用柠檬酸三钠100g/L作为配位剂，以提高镀液的分散能力和增强镀层的致密度。

抗坏血酸用作稳定剂，阻止Fe^{2+}氧化为Fe^{3+}，抗坏血酸是强还原剂，很容易被氧化而消失其稳定作用，一旦发现出现棕色Fe^{3+}的痕迹，应及时补充抗坏血酸至10g/L，否则易使镀层粗糙、出现毛刺现象。

十二烷基硫酸钠为表面活性剂，防止镀层产生针孔、气道。

硼酸为酸度缓冲剂、稳定溶液pH，pH应保持在2左右（1.5～3.0），硼酸应保持在25g/L左右。

光亮剂用以改善镀层性能，调整镀层应力，抑制阴极析氢，提高电流效率，扩大阴极电流密度范围等。光亮剂为有机物，用量要适量，可参照镀镍的初级光亮剂、次级光亮剂。也可向原作者冯绍彬等人咨询（郑州轻工业学院）。

11.3.1.2 配方2（见表11-1）**的说明**

配方2使用的配位剂为三乙醇胺，它对Fe^{2+}的配位作用较强，也具有较强的还原作用。不需要使用抗坏血酸。

由于不含有氯离子，阳极可使用不溶性金属如铂，或镀铂的钛网。也可以采用石墨阳极。但是，由于镀层金属的沉积都取自镀液所含的金属离子，因此，要求镀液的体积要有足够的大小，并要求及时分析镀层，补充镀液成分的不足，以备满足电镀过程中金属离子的消耗，而且镀层不能要求镀得较厚，只能满足镀层能够产生不锈钢的外表结构形貌，镀层成分可以达到Fe 58%～78%，Ni 11%～27%，Cr 6%～10%，具有较强的防变色能力、耐腐蚀能力或有一定的硬度。合金镀层还要经过高温热处理之后，才能够产生不锈钢结构，借以代替不锈钢。

11.3.1.3 配方3（见表11-1）**的说明**

这个配方是属于复合镀镍铁合金，在镀液中加入细微铬粉悬浮于镀液中，电沉积Fe-Cr-Ni复合镀层。

（1）Cr粉含量对镀层沉积速率的影响。镀液中不同铬粉含量与镀层沉积速率的关系曲线见图11-1[13]。

由图11-1可见，镀层金属Fe-Ni-Cr合金沉积速率随着铬粉含量的变化先升高，后降低。在110g/L附近有一最高点。铬含量低于110g/L时，镀层的沉积速率随着铬粉含量的升高而增大，高于110g/L后，沉积速率随着铬粉含量的升高而降低。

(2) 铬粉含量不同的镀层的耐蚀性。不同 Cr 粉含量获得的镀层在饱和 NaCl 溶液中自腐蚀电位随时间的变化曲线见图 11-2[13]。

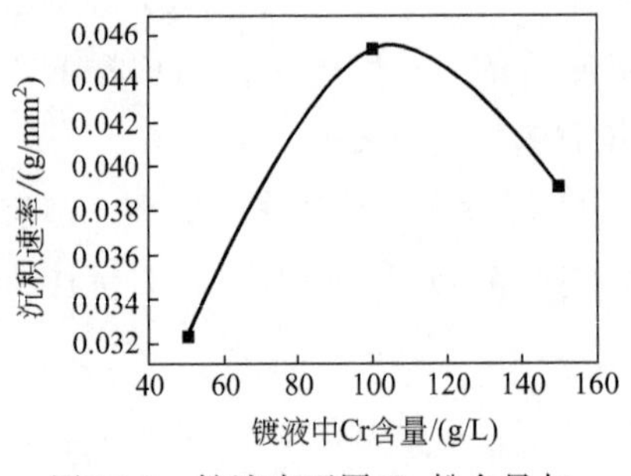

图 11-1 镀液中不同 Cr 粉含量与镀层沉积速率的关系曲线

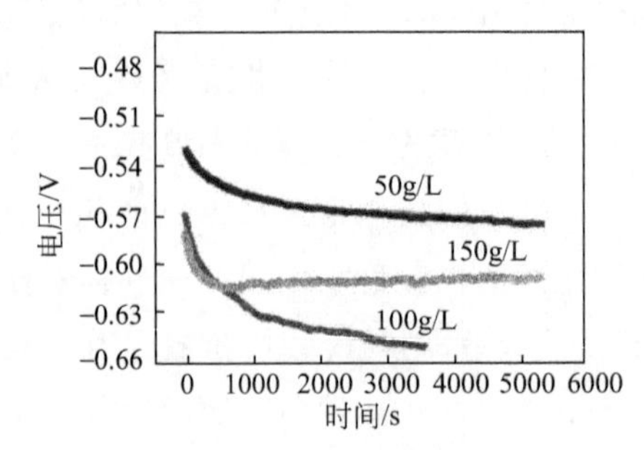

图 11-2 不同 Cr 粉含量获得的镀层在饱和 NaCl 溶液中的自腐蚀电位随时间变化曲线

由图 11-2 可见，3 种涂层均显示钝化性能，Cr 含量为 50g/L，150g/L 时获得的镀层发生明显的钝化现象。Cr 含量 100g/L 时，镀层的致钝电流和维钝电流最大。表明钝化后其阳极溶解程度最大，发生钝化比较困难，当阳极电位上升到一定值后，出现过钝化现象，钝化膜破坏，阳极曲线呈现快速的电流增长趋势，使最终阳极溶解电流密度快速增长，表明此镀层钝化膜不稳定，显示 Cr 粉含量为 100g/L 时的镀层的耐蚀性最差。

11.3.2 氯化物型体系镀 Cr-Ni-Fe 合金镀液

氯化物型体系镀 Cr-Ni-Fe 合金镀液组成及工艺条件见表 11-2。

表 11-2 氯化物镀 Cr-Ni-Fe 合金镀液组成及工艺条件

溶液组成及工艺条件	1[7]	2[16]	3[16]
氯化镍($NiCl_2 \cdot 6H_2O$)/(g/L)	40～60	46	14
氯化亚铁($FeCl_2 \cdot 7H_2O$)/(g/L)	5～15	30	40
氯化铬($CrCl_3 \cdot 6H_2O$)/(g/L)	130	250	160
硼酸(H_3BO_3)/(g/L)	35～50		37
柠檬酸三钠($Na_3C_6H_5O_7 \cdot 2H_2O$)/(g/L)	80	70	
抗坏血酸/(g/L)	80		
十二烷基硫酸钠/(g/L)	0.06		
氯化铝($AlCl_3 \cdot 6H_2O$)/(g/L)		130	
甘氨酸(NH_2CH_2COOH)/(g/L)			37.5
甲酸钠(HCOONa)/(g/L)			68
溴化铵(NH_4Br)/(g/L)			15

续表

溶液组成及工艺条件	1[7]	2[16]	3[16]
氯化铵(NH_4Cl)/(g/L)			54
pH	2.5	0.2～0.3	2.8～3.0
温度/℃	20	30	20～30
阴极电流密度/(A/dm^2)	12	25～30	
阳极	铂	铂	铂

11.3.2.1　配方1（见表11-2）**的说明**

本配方由长沙中南大学何湘柱提出。详见他的专著：《电沉积非晶态Fe-Ni-Cr合金工艺研究》。他采用直流电流的方法获得了光亮致密的非晶态Fe-Ni-Cr合金镀层。非晶态材料是一种具有微观近程有序、远程无序结构的材料，具有较高的硬度和耐磨性，优良的耐酸耐碱腐蚀性能，光滑平整的外观。

镀液的pH保持在2.5左右。pH过低，析氢严重，镀层质量不好，不利于铬的沉积。pH过高，Cr^{3+}易发生聚合反应，铬离子在电极表面放电阻力增大，镀层中铬含量下降，镀层边缘出现黑色沉积物，镀层耐蚀性能下降。

柠檬酸三钠含量为80g/L，作为配位剂，形成配合离子，改变铁、镍、铬离子的活度，从而改变它们的电位，使其相互接近以达到共沉积的目的。

氯化物体系的导电性能好，是其优点，但在阳极上析出大量的氯气，造成环境污染，腐蚀设备，特别是使用不溶性阳极，如铂，或镀铂的钛阳极，或石墨板，镀层色泽较暗，沉积速率较慢。这可通过添加添加剂（糊精8g/L）以改善色泽亮度，提高电流效率。在溶液中保持较高的含量如50g/L时，有抑制氯的析出的作用。

11.3.2.2　配方2（表11-2）

该配方的氯化铬的含量较高，达到250g/L，并加入有氯化铝作为导电盐，在pH较低（0.2～0.3）的范围内，阴极电流密度可开到25～30A/dm^2，使合金镀层的铬含量可达到3%～29%，镍含量8%～54%，铁含量37%～89%。

11.3.2.3　配方3（表11-2）

在配方3中含有溴化铵15g/L，溴离子具有抑制Cr^{3+}被氧化为Cr^{6+}的作用。因为镀液中有少量六价铬的存在，即会影响镀层质量，并使沉积速率下降，溴离子含量大于0.8g/L时，即能抑制六价铬的产生，适当的Br^-浓度为4～24g/L，此外，Br^-也能抑制氯的产生。当Br^-为6～10g/L时，氯的析出即被抑制。在配方中还含有甲酸钠68g/L，也是良好的氯气抑制剂。

镀液中含有硼酸，使镀液的pH保持稳定，它也有抑制氯气析出的作用，当硼酸含量达到30g/L时，氯的析出即被抑制。硼酸还有提高覆盖能力的作用。当硼酸含量低于 6g/L 时，覆盖能力很差，随着含量的增加，覆盖能力提高。硼酸的含量可达到饱和 60g/L 时使用。

镀液中含有甘氨酸 37.5g/L，甘氨酸作为配位剂，与 Fe^{2+} 形成配离子，导致 Fe^{2+} 阴极极化增加，析出电位负移，从而达到共沉积，当甘氨酸浓度含量高时，也可与 Cr^{3+} 配合作用，使铬的镀层含量下降。

11.3.3 氯化物-硫酸盐型混合体系镀 Cr-Ni-Fe 合金镀液

氯化物-硫酸盐型混合体系镀 Cr-Ni-Fe 合金镀液组成及工作条件见表 11-3。

表 11-3　氯化物-硫酸盐型混合体系镀 Cr-Ni-Fe 合金镀液组成及工作条件

溶液组成及工艺条件	1[5]	2[11]	3[12]
硫酸镍($NiSO_4 \cdot 6H_2O$)/(g/L)	31	100	160(160～220)
硫酸亚铁($FeSO_4 \cdot 7H_2O$)/(g/L)	22	60	40(40～60)
氯化铬($CrCl_3 \cdot 6H_2O$)/(g/L)	213	35	25(15～35)
硼酸(H_3BO_3)/(g/L)	25	35	45
氯化铵(NH_4Cl)/(g/L)	106		
硫酸铵[$(NH_4)_2SO_4$]/(g/L)	20		
丙三醇/(g/L)	18		
氯化镍($NiCl_2 \cdot 6H_2O$)		50	45(25～45)
糊精/(g/L)		8	
十二烷基硫酸钠/(g/L)		0.06	0.06
柠檬酸三钠($Na_3C_6H_5O_7 \cdot H_2O$)/(g/L)		80	30
抗坏血酸/(g/L)			10(10～12)
添加剂(有机盐)/(g/L)			20
复合光亮剂/(mL/L)			2
糖精/(g/L)			3
pH	2.0	2.0	2.0
温度/℃	30	25	30(25～45)
阴极电流密度/(A/dm^2)	12.3	12	14(10～18)
搅拌速率/(r/min)	250		

11.3.3.1 配方 1（表 11-3）

镀液中使用的丙三醇（即甘油）是一种光亮剂，可提高镀层的光泽。

pH 控制在 1.8～2.2 之间，pH 较低时，镀液覆盖能力较差，沉积速率较快。pH 较高时，镀液覆盖能力较佳，但镀层色泽较暗，沉积速率较慢。用盐酸降低 pH，用氨水提高 pH。由于镀液中有硼酸缓冲剂的存在，使镀液的 pH 变化非常缓慢，一般在 8～12h 后用 pH 计测量，方可稳定准确测得镀液的 pH，一旦加入过多的氨水，当 pH＞3.0 时，三价铬会出现 $Cr(OH)_3$ 沉淀，造成镀液浑浊，要用盐酸加入降低 pH 至 2，才能逐步缓慢溶解所生成的 $Cr(OH)_3$ 沉淀。

本溶液要用电磁转动子搅拌电镀，电磁子转速为 250r/min。

11.3.3.2　配方 2（表 11-3）

本配方中使用柠檬酸三钠作为配位剂，糊精作为提高镀层光泽的添加剂。

沉积速率实验结果见表 11-4[11]。

表 11-4　沉积速率实验结果

电流密度/(A/dm^2)	温度/℃	pH	沉积速率/[$g/(mm^2 \cdot h)$]
12	25	2	3.8462×10^{-4}
12	35	3	3.1688×10^{-4}
20	25	3	2.9853×10^{-4}
20	35	2	3.6667×10^{-4}

从表 11-4 可见，pH＝2 时，沉积速率最大，其次是电流密度，温度对沉积速率的影响最小。

镀层的电化学腐蚀测试：动电位扫描测试是将电极放在 3.5% NaCl 室温溶液中的，极化范围调到相对开路电位±0.2V，扫描速率 0.2mV/s，测定阴阳极极化曲线，计算腐蚀速率，腐蚀电流的实验结果见表 11-5。

表 11-5　腐蚀电流实验结果[11]

电流密度/(A/dm^2)	温度/℃	pH	腐蚀电流 i/(A/cm^2)
12	25	2	1.28×10^{-5}
12	35	3	1.669×10^{-5}
20	25	3	2.62×10^{-5}
20	35	2	3.223×10^{-5}

由表 11-4、表 11-5 可见，不同工艺参数下，电镀得到的镀层的耐蚀性能相差很大，Fe-Cr-Ni 合金在 3.5% NaCl 溶液中没有明显的钝化现象，但却显示了一定的延缓腐蚀效果，通过实验得出的最优方案为电流密度为 $12A/dm^2$，温度为 25℃，pH 为 2。

11.3.3.3　配方 3（表 11-3）

（1）镀液 pH 的影响。

① 镀液 pH 对镀层成分含量的影响。镀液 pH 对镀层成分含量的影响见图 11-3（温度 30℃，电流密度 $14A/dm^2$，$CrCl_3 \cdot 6H_2O$ 25g/L，Fe^{2+}/Ni^{2+}浓度比为1∶5)[12]。

由图 11-3 可见，随着 pH 的升高，镀层中铁和铬的含量先略有升高，然后降低。pH＝2 时出现峰值。

② 镀液 pH 对镀层硬度的影响。镀液 pH 对镀层硬度的影响见图 11-4[12]（温度 30℃，电流密度 $14A/dm^2$，$CrCl_3 \cdot 6H_2O$ 25g/L，Fe^{2+}/Ni^{2+} 浓度比 1∶5）[12]。

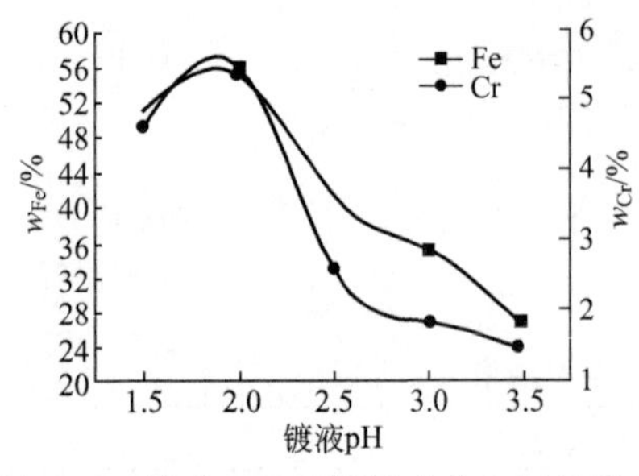

图 11-3 镀液 pH 对镀层成分含量的影响

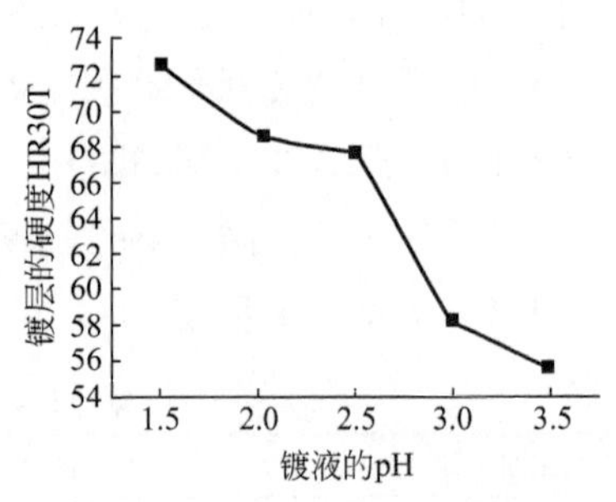

图 11-4 镀液 pH 对镀层硬度的影响

由图 11-4 可见，镀层的硬度随 pH 的升高而减小。这是由于 pH 升高，镀层中铁和铬的含量降低，使镀层硬度下降。pH 升高，阴极析氢量减少，使合金层中氢含量减少而降低镀层硬度。pH 1.5 时，镀层硬度最高，pH 2～2.5 时，镀层中铁和铬的含量下降迅速，硬度下降缓慢。pH 过低，析氢严重，表面出现气道和针孔。pH 过高，Cr^{3+} 易发生羟桥基聚合反应，镀层边缘出现黑色沉积物，质量变坏。故 pH 应控制在 2.0 为宜。

（2）阴极电流密度的影响。

① 阴极电流密度对镀层成分含量的影响。阴极电流密度对镀层成分含量的影响见图 11-5（温度 30℃，pH 2.0，$CrCl_3 \cdot 6H_2O$ 25g/L，Fe^{2+}/Ni^{2+} =1∶5）[12]。

由图 11-5 可见，随着阴极电流密度的增大，镀层中铁和铬的含量迅速增加，电流密度大于 $14A/dm^2$ 后，镀层中铁和铬的含量略有下降。阴极电流密度过大，镀层表面质量变差，析氢严重，铁、铬含量略有下降。因此，电流密度控制在 $14A/dm^2$ 为宜。

② 阴极电流密度对镀层硬度的影响。阴极电流密度对镀层硬度的影响见图 11-6（温度 30℃，pH 2.0，$CrCl_3 \cdot 6H_2O$ 25g/L，Fe^{2+}/Ni^{2+} =浓度比 1∶5）。

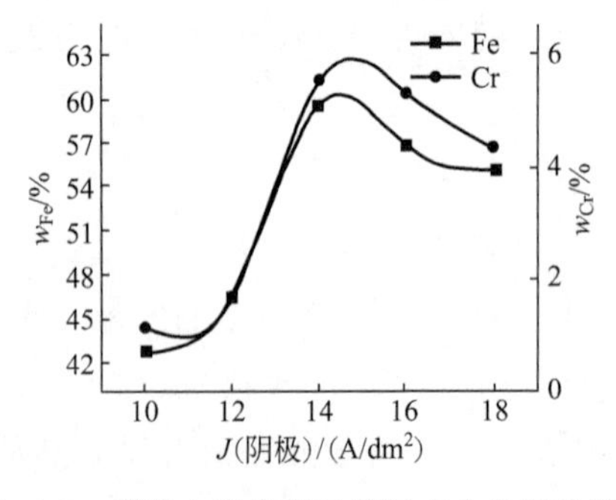

图 11-5 阴极电流密度对镀层成分含量的影响

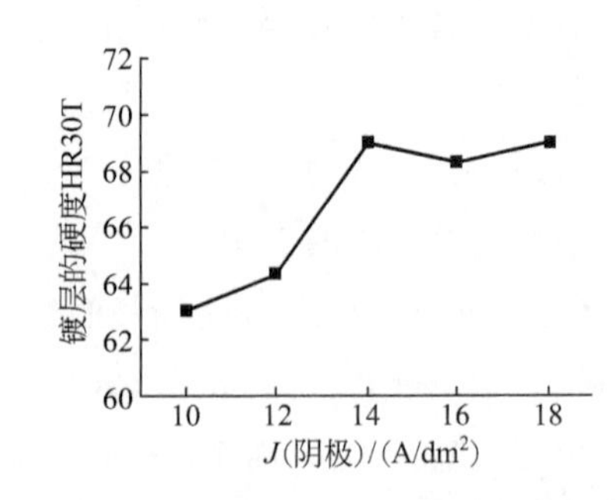

图 11-6 阴极电流密度度对镀层硬度的影响

由图 11-6 可见，随着阴极电流密度的增大，镀层中铁和铬的含量迅速增加，相应镀层的硬度也随之增加。

（3）温度的影响。

① 镀液的温度对镀层成分含量的影响。镀液的温度对镀层成分含量的影响见图 11-7（电流密度 $14A/dm^2$，pH=2，$CrCl_3 \cdot 6H_2O$ 25g/L，Fe^{2+}/Ni^{2+} 浓度比 1∶5）[12]。

由图 11-7 可见，镀液温度的升高，镀层中铁和铬的含量先增加后减小，在 30℃时出现峰值。

② 镀液温度对镀层硬度的影响。镀液的温度对镀层硬度的影响见图 11-8（电流密度 $14A/dm^2$，pH=2，$CrCl_3 \cdot 6H_2O$ 25g/L，Fe^{2+}/Ni^{2+} 浓度比 1∶5）[12]。

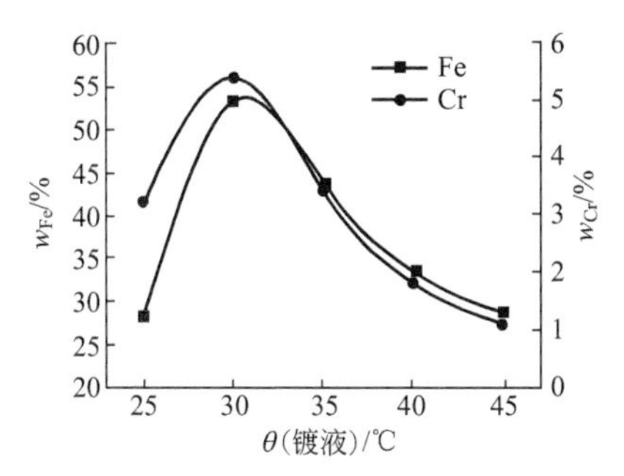

图 11-7　镀液的温度对镀层成分含量的影响

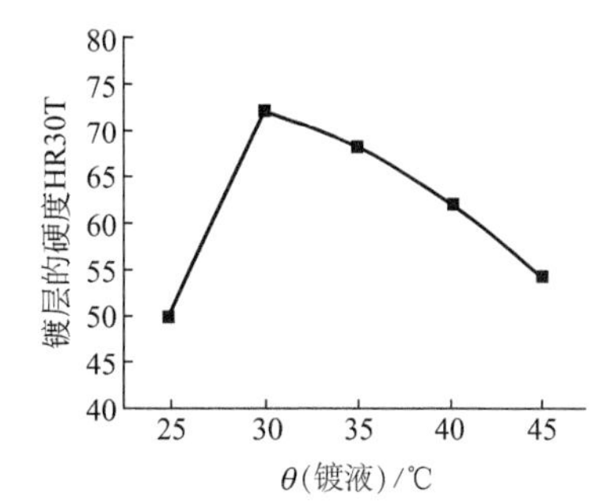

图 11-8　镀液的温度对镀层硬度的影响

由图 11-8 可见，随着镀液温度的升高，镀层的硬度在 30℃时出现峰值。故温度应控制在 30℃为宜。

（4）镀液中 $CrCl_3 \cdot 6H_2O$ 浓度的影响。

① 镀液中 $CrCl_3 \cdot 6H_2O$ 浓度对镀层成分含量的影响。镀液中 $CrCl_3 \cdot 6H_2O$ 浓度对镀层成分含量的影响见图 11-9[12]（电流密度 $14A/dm^2$，pH=2，温度 30℃，镀液中 Fe^{2+}/Ni^{2+} 浓度比 1∶5）[12]。

由图 11-9 可见，随着镀液中 $CrCl_3 \cdot 6H_2O$ 浓度的增大，镀层铬的含量缓慢增加，铁含量缓慢减少，由于增大 Cr^{3+} 浓度有利于 Cr^{3+} 的沉积，但 Cr^{3+} 浓度过大，Cr^{3+} 易发生羟桥反应，使 Cr^{3+} 在阴极放电析出困难，使镀层中铬含量降低，故 $CrCl_3 \cdot 6H_2O$ 浓度应控制在 25g/L 为宜。

② 镀液中 $CrCl_3 \cdot 6H_2O$ 浓度对镀层硬度的影响。镀液中 $CrCl_3 \cdot 6H_2O$ 浓度对镀层硬度的影响见图 11-10[12]（电流密度 $14A/dm^2$，pH = 2，温度 30℃，Fe^{2+}/Ni^{2+} 浓度比 1∶5）[12]。

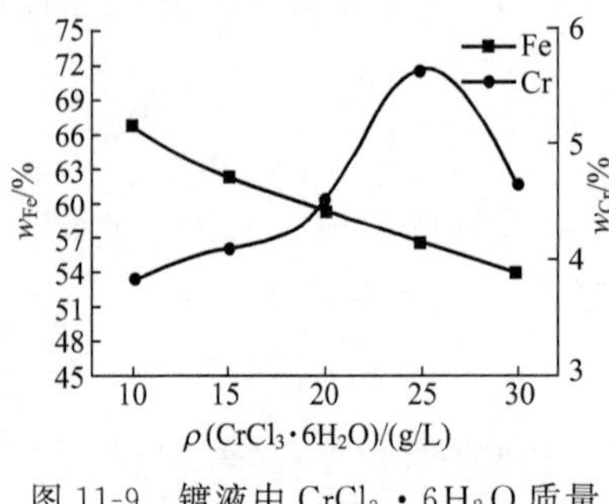

图 11-9　镀液中 $CrCl_3 \cdot 6H_2O$ 质量浓度对镀层成分含量的影响

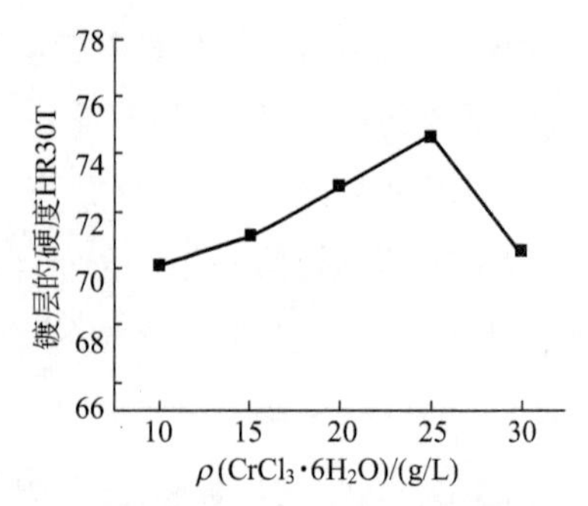

图 11-10　镀液中 $CrCl_3 \cdot 6H_2O$ 质量浓度对镀层硬度的影响

由图 11-10 可见，由于增大镀液中 Cr^{3+} 的浓度，有利于 Cr 的沉积，镀层的硬度变化和镀层中铬的含量上升趋势相同，当 $CrCl_3 \cdot 6H_2O$ 为 25g/L 时，镀层硬度达到峰值。Cr^{3+} 浓度过大，Cr^{3+} 易发生羟桥反应，Cr^{3+} 在阴极放电析出困难，镀层中铬含量降低，导致镀层硬度变小，故 $CrCl_3 \cdot 6H_2O$ 应控制在 25g/L 为宜。

（5）镀液中 Fe^{2+}/Ni^{2+} 浓度比值的影响。

① 镀液中 Fe^{2+}/Ni^{2+} 浓度比值对镀层成分含量的影响。镀液中 Fe^{2+}/Ni^{2+} 浓度比对镀层成分的影响见图 11-11（电流密度 $14A/dm^2$，pH＝2，温度 30℃，$CrCl_3 \cdot 6H_2O$ 25g/L）[12]。

由图 11-11 可见，镀液中 $c(Fe^{2+})/c(Ni^{2+})$ 对合金中铁的含量影响比较大，通过固定镀液中 Ni^{2+} 的浓度而改变 Fe^{2+} 的浓度，镀层中铁的含量先迅速增加，镍的含量自然下降，由于 Fe-Ni-Cr 合金为异常共沉积，镀液中 Fe^{2+} 的浓度增加，更有利于优先沉积，铬含量也略有上升。当 $c(Fe^{2+})/c(Ni^{2+})$ 接近 0.2 时，可得到合铁铬较高的合金镀层。

② 镀液中 Fe^{2+}/Ni^{2+} 浓度对镀层硬度的影响。镀液中 $(Fe^{2+})/(Ni^{2+})$ 浓度比对镀层硬度的影响见图 11-12[12]。

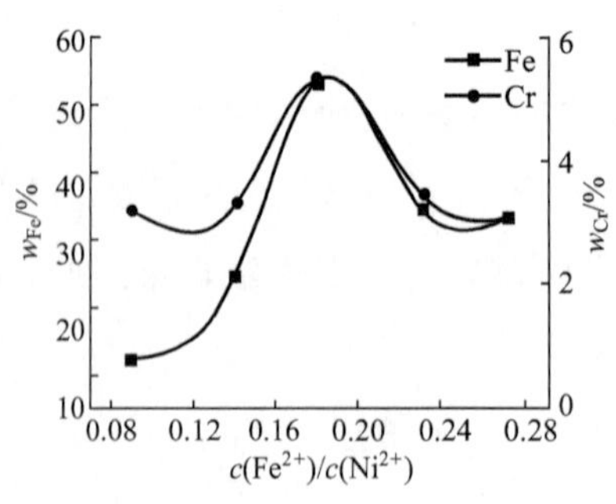

图 11-11　镀液中 $c(Fe^{2+})/c(Ni^{2+})$ 对镀层成分含量的影响

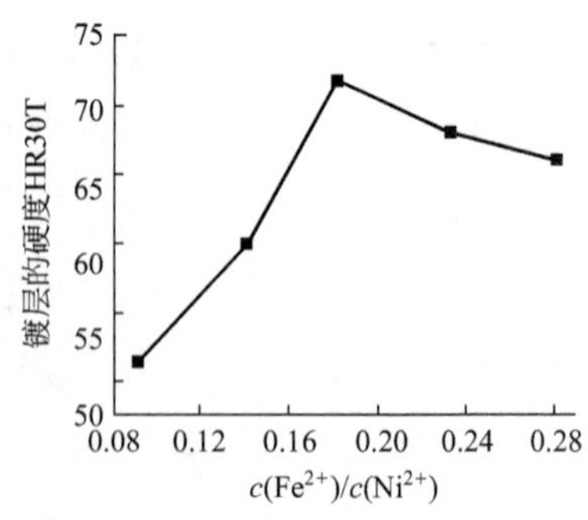

图 11-12　镀液中 $c(Fe^{2+})/c(Ni^{2+})$ 对镀层硬度的影响

由图11-12可见，通过固定镀液中Ni^{2+}的浓度而改变Fe^{2+}的浓度，镀层中铁含量迅速增加，镍含量下降，更有利于先沉积，铬含量也略有上升。镀层的硬度则由于铁含量迅速上升而不断增大，当$c(Fe^{2+})/c(Ni^{2+})$接近0.2时出现最大值，随后铁和铬的含量下降，硬度也随之下降。由此可见，控制$c(Fe^{2+})/c(Ni^{2+})$接近0.2，可得到含铁、铬较高，硬度较大的合金镀层。

(6) 镀层形貌和结构。按照表11-3的配方3的最佳含量及工艺控制在最佳条件，电镀实验可得Cr 6%、Fe 54%、Ni 40%，硬度高达70（HR30T）的光亮镀层。所得镀层扫描电镜可见镀层表面结晶均匀，结构致密，没有孔洞和裂纹，镀层光亮性极好，只有当电沉积时间较长、镀层较厚时才会出现细小的裂纹，但也不存在针孔。

[配方3中的添加剂（有机盐）20g/L和复合光亮剂2mL/L由湖南长沙中南大学冶金科学与工程学院许利剑、龚竹青、杨余芳（邮编410083）和何新快、杜晶晶（湖南株洲工学院包装与印刷学院，邮编412008）提供，如有需要，可向他们咨询。]

11.3.4　DMF-H_2O体系镀Cr-Ni-Fe合金镀液

DMF的化学式为二甲基甲酰胺，在化工市场方面有成品出售。例如德国产6400元/t，江阴市多利化工有限公司有货，吴昊13337916618；江苏新亚产99.5%，7000元/t，常州市诚邦化工有限公司，陈良13606128183。

由于该体系使用了缓冲能力强的DMF，可使镀液的pH稳定，从而使镀层厚度的增加成为可能。沉积速率快，镀层光亮，耐蚀性好，使用DMF溶液体系时溶液的导电性差，需要较高的槽电压，电耗较高，但郑姝皓、龚竹青等人使用DMF溶液沉积得到了纳米晶Ni-Fe-Cr合金，并成功用于核电站冷凝管上[14]。

11.3.4.1　DMF-H_2O体系镀液组成和操作条件[14]

镀液组成和操作条件如下：

氯化铬（$CrCl_3\cdot6H_2O$）	0.8mol/L（213g/L）	DMF（二甲基甲酰胺）	500mol/L
		水（H_2O）	500mol/L
氯化镍（$NiCl_2\cdot6H_2O$）	0.2mol/L（48g/L）	稳定剂①	0.05mol/L
		光亮剂②	1～2g/L
氯化亚铁（$FeCl_2\cdot7H_2O$）	0.03mol/L（7.6g/L）	温度	20～30℃
		pH	小于2
氯化铵（NH_4Cl）	0.5mol/L（27g/L）	电流密度	5～30A/dm^2
硼酸（H_3BO_3）	0.15mol/L（10g/L）		

采用的脉冲参数：周期为 100ms、75ms、50ms、25ms、10ms、5ms、2ms、1ms；

占空比 t_{off}/t_{on}=0（直流）、0.2、0.25、0.3、0.4、0.5、0.6、0.7、0.8。

①②所需稳定剂、光亮剂可向邓姝皓咨询。或参阅：长沙中南大学邓姝皓著《脉冲电沉积纳米晶铬-镍-铁合金工艺及其基础理论研究》一书。

11.3.4.2　镀液及镀层特性

（1）Ni-Fe-Cr 合金层表面的 SEM 图像见图 11-13。

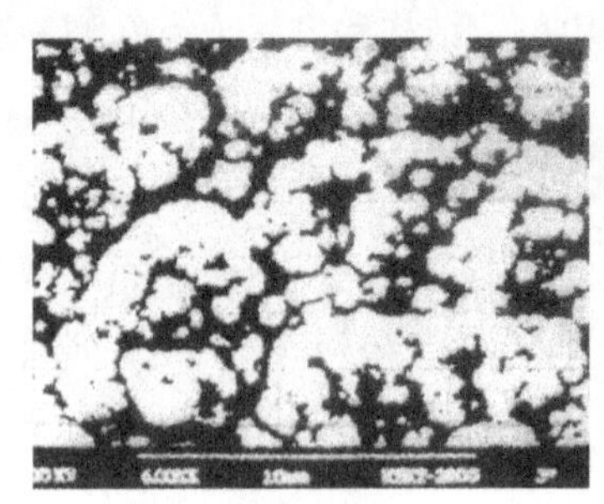

(a) 直流电沉积试样　(b) 脉冲电沉积试样

图 11-13　Ni-Fe-Cr 合金层表面的 SEM 图像

由图 11-13 可见，脉冲和直流电沉积所获得的合金镀层的晶粒都在纳米范围内，但脉冲电沉积的晶粒（b）小于直流电沉积的晶粒（a）。

（2）合金晶粒尺寸与外观。直流和脉冲条件下合金层晶粒尺寸与外观的比较（SEM）见表 11-6。

表 11-6　直流和脉冲条件下合金层晶粒尺寸与外观的比较

电沉积时间/min	直流电沉积	脉冲电沉积
15	细密/光亮	过细/光亮
40	36nm/光亮	过细/光亮
60	72nm/光亮	36nm/光亮
80	100nm/光亮	36nm/光亮

由表 11-6 可见，脉冲电沉积条件下得到的合金晶粒尺寸和镀层外观均优于直流电沉积，直流电沉积镀层的晶粒随电镀时间的延长而明显增大，而脉冲电沉积晶粒长大的速率则不明显。

（3）直流和脉冲电沉积 Ni-Fe-Cr 合金极化曲线。直流和脉冲电沉积 Ni-Fe-Cr 合金极化曲线见图 11-14[14]。

由图 11-14 可见，脉冲电沉积曲线的斜率高于电流电沉积曲线的斜率，故脉冲电沉积可获得比直流电沉积更为细致的结晶。

（4）直流和脉冲电沉积 Ni-Fe-Cr 合金的时间和沉积速率的关系。直流和脉冲电沉积 Ni-Fe-Cr 合金的时间和沉积速率的关系见图 11-15。

由图 11-15 可见，脉冲电沉积的沉积速率高于直流电沉积。

（5）直流和脉冲电沉积 Ni-Fe-Cr 合金的时间和阴极电流效率的关系。直流和脉冲电沉积 Ni-Fe-Cr 合金的时间和阴极电流效率的关系见 11-16。

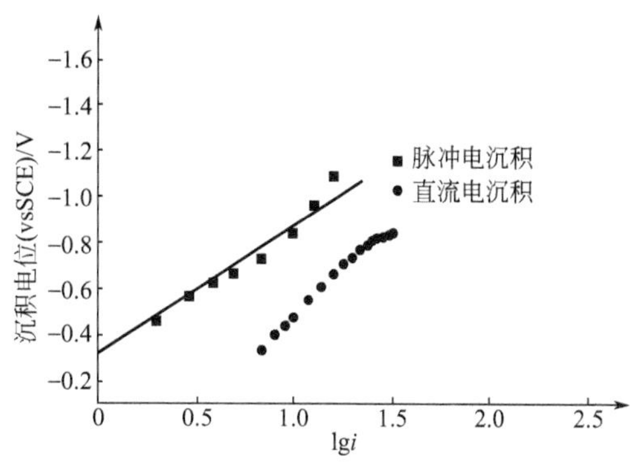

图 11-14　直流和脉冲电沉积 Ni-Fe-Cr 合金的极化曲线

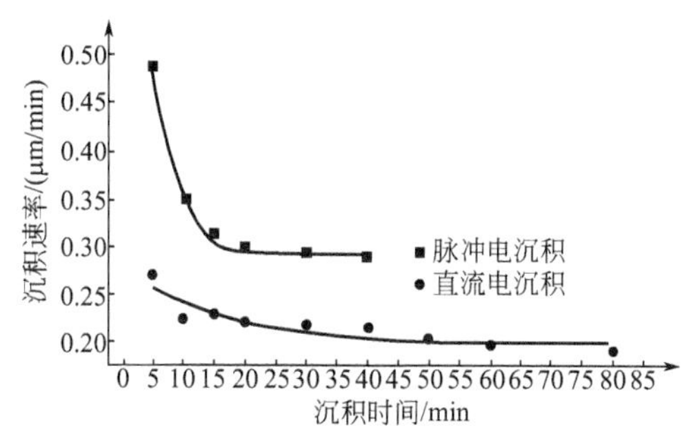

图 11-15　直流和脉冲电沉积 Ni-Fe-Cr 合金的时间和沉积速率的关系

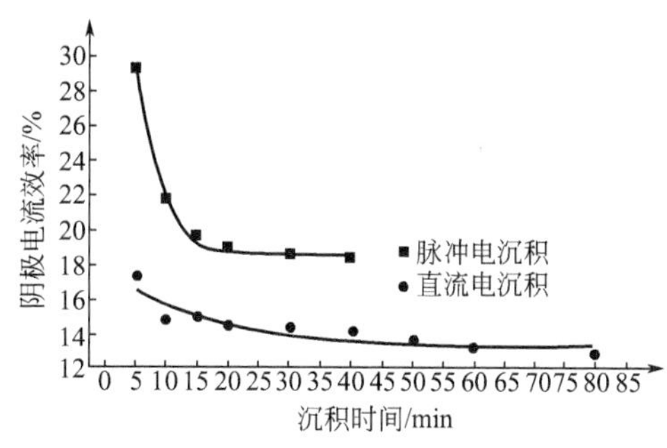

图 11-16　直流和脉冲电沉积 Ni-Fe-Cr 合金的时间和阴极电流效率的关系

由图 11-16 可见，脉冲电沉积的阴极电流效率高于直流电沉积。

在采用脉冲电沉积时，选择适宜的脉冲参数是非常重要的。

参考文献

[1]　卢燕平，叶忠远，吴继勋．电镀不锈钢新工艺初探．电镀与精饰，1989，11（4）：16-18.

[2]　郭鹤桐，覃奇贤，刘淑兰．复合电镀不锈钢镀层的研究．电镀与精饰，1991，13（1）：4-7.

[3]　冯绍彬．刷镀不锈钢的研究．材料保护，1992，25（9）：20-22.

[4]　赵晴，赵先明，刘伯生．DMF/水体系 Cr-Ni-Fe 合金电沉积研究．表面技术，1993，22（6）：8-10.

[5]　李东林，郭芳洲．电镀 Fe-Cr-Ni 合金及 Fe-Ni 合金相组成研究．电镀与精饰，1994，16（2）：9-13.

[6]　李东林，刘建平，郭芳洲等．电镀 Fe-Ni-Cr 合金纤维结构研究．电化学，1996，2（2）：223-228.

[7]　何湘柱．电沉积非晶态 Fe-Ni-Cr 合金工艺研究．长沙：中南工业大学，1999.

[8]　冯绍彬，董会超，夏同驰．Fe-Ni-Cr 不锈钢镀层的电镀工艺研究．郑州轻工业学院学报：自然科学版，2002，17（2）：1-4.

[9]　冯绍彬，冯丽婷，高士波．电镀不锈钢工艺及镀液稳定性的研究．材料保护，2004，37（1）：46-47.

[10]　许利剑，龚竹青，杜晶晶，袁志庆，王志刚．电镀 Fe-Ni-Cr 合金的现状和发展．电镀与环保，2006，

(3)：1-4.

[11] 席艳君，刘泳俊，王志新，卢金斌．Fe-Cr-Ni电镀工艺和电化学腐蚀研究．表面技术，2009，38 (5)：83-85.

[12] 许利剑，龚竹青，杨余芳，何新快，杜晶晶．电镀工艺条件对铁-镍-铬合金镀层成分和硬度的影响．电镀与涂饰，2006，25 (4)：8-11.

[13] 席艳君，刘泳俊，王志新，卢金斌．Cr含量对Fe-Cr-Ni镀层电化学腐蚀性能的影响．表面技术，2008，37 (5)：13-14.

[14] 邓姝皓，龚竹青等．电沉积纳米晶镍-铁-铬合金．电镀与涂饰，2002，21 (4)：4-8.

[15] 邓姝皓．脉冲电沉积纳米晶铬-镍-铁合金工艺及其基础理论研究．长沙：中南大学，2003.

[16] 沈品华．现代电镀手册：上册．北京：机械工业出版社，2010：7-140.

不锈钢电镀与精饰的创新发展

（代后记）

（一）

我1929年生于温州，幼年时正值日本侵华战争，随家迁居江西，1942年考入设在赣州大后方的国立十九中学；1945年日本投降后回浙，转入著名的省立杭高就读；中学毕业正值杭州解放，1950年考入清华大学，成为新中国首批大学生，攻读化工专业。按国家要求，大学三年级时提前毕业，1953年进入国防工业，从事表面处理与防腐蚀专业，由此进入了电镀这个技术领域。

当时以学习苏联先进科技为主，力图不断提升自身的科技水平。鉴于缺乏电镀专业技术类参考书，在20世纪60年代，我与人合作翻译出版了前苏联《电镀与油漆手册》，为前苏联《电镀工作者手册》的出版做校译工作。这些图书填补了当时的空白，客观上对我国建国初期的电镀工作者起到了启蒙作用，让他们开拓了新的视野，并在一定程度上摆脱了对西方技术盲目的依赖性，掌握了技术自主权。

自幼受到温州祖辈开拓精神的熏陶，我在电镀领域力求扎实的学识功底，掌握和利用技术攻克难关；虽没有各种堂皇的头衔和绚丽的光环，却不断有新的发现与创造，服务于民。20世纪80年代在打破职务禁区后，我晋升为高级工程师，受聘为《上海电镀》杂志编委。90年代退休后，我仍以饱满的精神，总结经验，潜心钻研，写出了10多篇技术论文，发表在电镀专刊上。其中最受欢迎的可能是《仿金（24K）电镀实用技术》一文，发表在2000年第六届全国电镀与精饰学术年会（金华）论文集上，获得优秀论文奖。因为公开了我当时研制和总结的镀24K仿金新工艺，轰动一时，此后受邀在各地电镀学术会议上作报告，受到欢迎。

（二）

近些年来，经济蓬勃发展带动了电镀行业的发展。小业主们只需花上万元的资金，购买电镀设备及化工原料，即可进行小型的电镀生产。虽然早有环保条例，但早期还没有意识到环境污染的严重性，管理不严，因此，电镀行业负担较轻，收益一般比较高，中小电镀企业收入颇丰，掘得第一桶金。

但当电镀行业造成环境污染，后果严重，民怨沸腾，政府也开始大力进行环境整治，在各地建立大型的电镀园区，集中治理污水排放，力图从根本上杜绝偷排漏排的弊端。目前，由于国家严厉的环保政策，废水的排放要达标，电镀企业经济的支出较大，如每吨水在排放后的处理达标的水处理费要十几元甚至数十元。如电镀企业有较大的规模，废液在一万升以上，则必须实施自动线生产，设备的维护和工人工资的支出都比较高，规模大的电镀企业可能要靠银行贷款，银行利息也是一个很大的负担，而电镀企业的收益由于竞争的加剧而提不上去。因此，电镀企业如不改革，奋起应变，恐难免遭受淘汰之厄运。

优胜劣汰是自然发展规律。在发展过程中，一些技术和资金处于劣势的电镀企业难免遭到淘汰。但是也应该看到，市场对电镀有客观的需求，总有那些有志于改革和创新的电镀企业，在困境中觅得生机，突破困境，走出新的路子，进一步发展壮大，成为我国电镀行业的中坚力量。因此，不能坐以待毙，事在人为。

（三）

在不锈钢电镀与精饰领域，电镀企业的改革和创新就能减轻环保的压力，产生非常好的效益。这也是本书修订再版的主题之一。

例如，选用不锈钢，以代替不耐蚀的材料，但是不锈钢有些性能达不到要求，这时，可对不锈钢采取环保性表面处理措施，以提高其耐蚀性。本书中的第 5 章高温抗氧化涂层及耐蚀涂层中，提供对不锈钢的诸多表面处理方法，以改善不锈钢适应各种环境的使用需求，可以避免不锈钢电镀带来的环境污染；在第 6 章中提供柠檬酸化学钝化方法，摒弃传统的“硝酸＋重铬酸钾”的钝化溶液。

又如，不锈钢的花色品种的开发可谓百花齐放，而且绿色环保。可以不用有机染料，就能将不锈钢着成黑、黄、蓝、绿、金黄、红等鲜艳的外观；在第 9 章中电化学着彩色中，推荐不用硫酸、铬酸的电解液，也能制得丰富多彩的颜色；在第 10 章中的着色、蚀刻，更可以制造出精饰浮雕产品，各式各样的花色品种，在市场上受到欢迎；在第 11 章中，将普通的铁制品镀上一层不锈钢外层，大大提高产品的价值和品级。

（四）

我在 2000 年前后发表了不锈钢表面处理系列文章，后经整理和补充，于 2004 年出版《不锈钢表面处理技术》第一版。十多年来，发行一万五千多册，得到成千上万的读者的关注。

这次修订，恰逢国家提出全面建成小康社会，进一步强调创新、绿色等发展理念。因而我主要通过文献调研，获取了大量的符合创新、绿色环保的新工艺和新方法，把这些新的内容融入到修订版文稿中。要感谢这些文献的作者富有创意的工作！

有感于自己几十年执着于表面技术的经历，有感于创新、绿色等发展理念对于电镀行业、对于不锈钢电镀与精饰技术的重要意义，写就本文，代为后记。

陈天玉

2016 年 2 月

欢迎订阅化学工业出版社表面技术专业图书

ISBN 号	书名	作者	定价/元
工具书			
9787122066824	表面处理化学品技术手册	杨丁	98
9787122053251	表面工程技术手册(上)	徐滨士	130
9787122053244	表面工程技术手册(下)	徐滨士	130
9787122110596	电镀工程师手册	谢无极	188
9787122161154	电镀故障手册	谢无极	188
9787122165145	电镀化学分析手册	戴永盛	198
9787122185693	防腐蚀涂装工程手册(第二版)	金晓鸿	88
9787122096111	粉末涂料及其原材料检验方法手册	庄爱玉	69
9787122013484	简明电镀手册	陈治良	48
9787122127327	简明涂料工业手册	张传恺	148
9787122056009	建筑涂料涂装手册	王国建	68
9787122071583	美术涂料与装饰技术手册	崔春芳	89
9787122157584	涂装车间设计手册(第二版)	王锡春	150
9787122150646	涂装工工作手册	曹京宜	39
9787122209269	涂装检查参考手册	蒋一兵	39
9787122078728	现代电镀手册	刘仁志	158
9787122061812	现代涂装手册	陈治良	148
9787122197870	英汉电化学与表面处理专业词汇	王玥	49
电镀技术			
9787122020406	表面处理清洁生产技术丛书——印制电路板电镀	毛柏南	15
9787122172082	玻璃加工技术丛书——玻璃镀膜技术	宋秋芝	48
9787122094544	电镀层均匀性和镀液稳定性——问题与对策	张三元	36
9787122212108	电镀电化学原理(蔡元兴)	蔡元兴	30
9787122023995	电镀工艺及产品报价实务	谢无极	29
9787122089779	电镀工艺学(冯立明)	冯立明	38
9787122149213	电镀故障精解(二版)	谢无极	68
9787122030122	电镀件装挂技术问答	郑瑞庭	26
9787122113597	电镀实践 1000 例	郑瑞庭	68
9787122045553	电镀与化学镀技术(黄元盛)(附光盘)	黄元盛	18
9787122048738	电镀知识三十讲	袁诗璞	38
9787122136589	电镀专利:解析·申请·利用	刘仁志	48

续表

ISBN号	书名	作者	定价/元
9787122178398	电镀装挂操作问答	郑瑞庭	38
9787122026651	电镀自动线生产技术问答	张三元	22
9787122014740	电子电镀技术	刘仁志	48
9787122113313	镀铬技术问答	王尚义	36
9787122075635	镀镍技术丛书——镀镍故障处理及实例	陈天玉	29
9787122009227	镀镍技术丛书——镀镍合金	陈天玉	38
9787122036919	镀镍技术丛书——复合镀镍和特种镀镍	陈天玉	46
9787122138293	非金属电镀与精饰:技术与实践(二版)	刘仁志	58
9787122152428	钢材热镀锌技术问答	苗立贤	39
9787122074232	钢带连续涂镀和退火疑难对策	许秀飞	58
9787122006899	钢带热镀锌技术问答	许秀飞	32
9787502540401	工人岗位培训实用技术读本——电镀技术	程秀云	27
9787122083739	滚镀工艺技术与应用	侯进	58
9787122039286	合金电镀工艺	曾祥德	38
9787122135599	就业金钥匙——电镀工上岗一路通(图解版)	组织编写	36
9787122152480	绿色环保电镀技术	屠振密	80
9787502593247	纳米电镀	[日]渡辺辙	58
9787122010469	实用电镀技术丛书(2)——彩色电镀技术	何生龙	27
9787122079060	实用电镀技术丛书(2)——电镀溶液分析技术(二版)	邹群	48
9787122105691	实用电镀技术丛书(2)——电镀溶液与镀层性能测试	曹立新	25
9787122082817	实用电镀技术丛书(2)——电铸原理与工艺	陈钧武	25
9787122197559	实用电镀技术丛书(2)——防护装饰性镀层(二版)	屠振密	58
9787122039279	实用电镀技术丛书(2)——钢铁制件热浸镀与渗镀	李新华	39.8
9787122128829	实用电镀技术丛书(2)——化学镀实用技术(二版)	李宁	68
9787122136206	实用电镀技术丛书——铝镁及其合金电镀与涂饰(二版)	李异	48
9787122150981	实用电镀技术丛书——现代功能性镀层(二版)	姚素薇	48
9787122205827	实用热镀锌技术	苗立贤	128
9787122207142	涂镀钢铁选用与设计	顾宝珊	89
9787122127808	真空科学技术丛书——真空镀膜	李云奇	85
9787122215826	中国电镀史	马捷	128
涂料涂装			
9787122118356	地坪涂料与涂装技术	陈文广	39
9787122147028	防水涂料	贺行洋	48
9787122198792	粉末涂料与涂装技术(第三版)	南仁植	148

续表

ISBN号	书名	作者	定价/元
9787122115591	家具表面涂饰技术	朱毅	49
9787122185150	建筑涂料入行快速通道	熊茂林	29.8
9787122065919	金属表面粉末涂装	李正仁	48
9787122033055	纳米材料改性涂料	刘国杰	45
9787122134752	汽车漆、汽车修补漆与涂装技术	汪盛藻	88
9787122083586	汽车涂装(吕江毅)	吕江毅	20
9787122104267	汽车涂装技术(宋东方)	宋东方	27
9787122023087	实用涂装基础及技巧(二版)	曹京宜	36
9787122122018	涂层失效分析	[美]韦尔登	58
9787122046031	涂料工艺(仓理)(二版)	仓理	18
9787122066763	涂料工艺(上.下)(四版)	刘登良	280
9787122144959	涂料和涂装的安全与环保(曾晋)	曾晋	24
9787122124975	涂料化学与涂装技术基础(鲁钢)	鲁钢	38
9787502567156	涂料技术导论(刘安华)	刘安华	24
9787502583996	涂料喷涂工艺与技术	梁治齐	45
9787122169402	涂料与涂装原理(郑顺兴)	郑顺兴	49
9787122155337	涂装工艺及装备(刘会成)	刘会成	21
9787122164483	涂装工艺与设备	冯立明	98
9787122146861	涂装系统分析与质量控制	齐祥安	68
9787122083753	新型建筑涂料涂装及标准化	陈作璋	89
9787122144393	新型外保温涂层技术与应用	谢义林	68
9787122178749	重防腐涂料与涂装技术	李荣俊	88
表面工程			
9787122108838	Fe-Al/Al_2O_3 复合陶瓷涂层制备与性能	张景德	35
9787122126900	表面保护层设计与加工指南	李金桂	58
9787122102065	表面处理技术概论(刘光明)	刘光明	35
9787122178442	表面处理溶液分析实验指导书(郭晓斐)	郭晓斐	29
9787122075321	表面覆盖层的结构与物性	廖景娱	40
9787122171597	表面及特种表面加工	冯拉俊	48
9787122062673	表面物理化学(滕新荣)	滕新荣	29
9787122110299	材料表面工程(王兆华)	王兆华	49
9787122089793	材料表面工程技术(李慕勤)	李慕勤	35
9787122068330	材料表面现代分析方法(贾贤)	贾贤	29
9787122051769	工程材料系列教材——模具材料及表面强化技术(何柏林)	何柏林	27

续表

ISBN号	书名	作者	定价/元
9787122106568	工艺饰品表面处理技术	郭文显	38
9787122209276	金属材料表面技术原理与工艺(杨川)	杨川	39
9787122126726	铝合金表面处理膜层性能及测试	朱祖芳	68
9787122185662	铝合金表面氧化问答	郑瑞庭	39
9787122069856	铝合金阳极氧化与表面处理技术(二版)	朱祖芳	68
9787122015563	模具材料及表面工程技术(张蓉)	张蓉	15
9787122195784	现代表面工程技术(姜银方)(第二版)	姜银方	36
材料延寿丛书			
9787122205322	材料延寿与可持续发展——表面耐磨损与摩擦学材料设计	高万振	49
9787122204523	材料延寿与可持续发展——表面完整性理论与应用	高玉魁	56
9787122206725	材料延寿与可持续发展——材料环境适应性工程	蔡健平	69
9787122215406	材料延寿与可持续发展——工程结构损伤和耐久性	胡少伟	59
9787122202864	材料延寿与可持续发展——管道工程保护技术	张炼	46
9787122204622	材料延寿与可持续发展——海洋工程的材料失效与防护	许立坤	69
9787122212559	材料延寿与可持续发展——核电材料老化与延寿	许维钧	49
9787122223586	材料延寿与可持续发展——火力发电工程材料失效与控制	葛红花	58
9787122207166	材料延寿与可持续发展——可再生能源工程材料失效及预防	葛红花	39
9787122214348	材料延寿与可持续发展——煤矿工程设备防护	程瑞珍	50
9787122206558	材料延寿与可持续发展——农业机械材料失效与控制	吕龙云	30
9787122207173	材料延寿与可持续发展——钛合金选用与设计	杜翠	39
9787122227140	材料延寿与可持续发展——特种合金钢选用与设计	干勇	59
9787122202659	材料延寿与可持续发展——铁道装备防护	杜存山	32
978712220714	材料延寿与可持续发展——涂镀钢铁选用与设计	顾宝珊	89
9787122206268	材料延寿与可持续发展——现代表面工程技术与应用	李金桂	78
9787122207180	材料延寿与可持续发展——现代橡胶选用设计	熊金平	46
9787122224590	材料延寿与可持续发展——油气工业的腐蚀与控制	路民旭	46
9787122223807	材料延寿与可持续发展——再制造技术与应用	徐滨士	36